U0233947

# 《化工过程强化关键技术丛书》编委会

"十三五"国家重点出版物
出版规划项目

化工过程强化关键技术丛书

中国化工学会 组织编写

# 液固旋流分离新技术

# Advanced Hydrocyclone Technology for Liquid-Solid Separation

汪华林 等著

化学工业出版社

·北京·

《液固旋流分离新技术》是《化工过程强化关键技术丛书》的一个分册。本书以三维旋转湍流场动力学、颗粒材料运动学和污染物传递分离的关联理论为基础，系统介绍了液固旋流分离新技术原理及工程应用，发展了液固旋流分离过程的检测新方法，建立了液固微旋流器并联放大工程设计模型，开发了颗粒自转、排序、过滤的强化液固旋流分离新技术，构建了以液固旋流分离为核心的甲醇制烯烃反应废水处理、沸腾床加氢液固在线分离、沸腾床外排催化剂资源化和废水深度处理的工艺流程和工程装置。

《液固旋流分离新技术》是多项国家和省部级成果的系统总结，提供了大量基础研究和工程应用数据，可供化工、材料、环境、制药、食品等领域科研人员、工程技术人员、生产管理人员以及高等院校化工、环境、给排水及相关专业研究生、本科生学习参考。

**图书在版编目（CIP）数据**

液固旋流分离新技术/中国化工学会组织编写；汪华林等著．—北京：化学工业出版社，2019.8（2025.1重印）
（化工过程强化关键技术丛书）
国家出版基金项目 “十三五”国家重点出版物出版规划项目
ISBN 978-7-122-34335-2

Ⅰ.①液… Ⅱ.①中… ②汪… Ⅲ.①旋流分离器 Ⅳ.①TQ051.8

中国版本图书馆CIP数据核字（2019）第071256号

责任编辑：杜进祥 丁建华　　装帧设计：关 飞
责任校对：杜杏然

出版发行：化学工业出版社（北京市东城区青年湖南街13号 邮政编码100011）
印 装：北京建宏印刷有限公司
710mm×1000mm 1/16 印张29¾ 字数590千字 2025年1月北京第1版第2次印刷

购书咨询：010-64518888　　售后服务：010-64518899
网 址：http://www.cip.com.cn
凡购买本书，如有缺损质量问题，本社销售中心负责调换。

定 价：298.00元

# 作者简介

**汪华林**，华东理工大学教授，曾获上海科技精英、国家杰出青年基金、何梁何利基金科学与技术青年创新奖、教育部长江学者特聘教授、国务院政府特殊津贴。入选“百千万人才工程”国家级人选、国家“万人计划”领军人才，国家科技部重点领域“污染物减排与资源化”创新团队负责人。获四川大学学士、硕士学位，1995 年获华东理工大学博士学位，留校工作至今，曾到英国诺丁汉大学、美国加州大学伯克利分校做学术访问。30 年来，致力于物理法环境污染物减排与资源化科学技术研究，专注于液液、液固、气液旋流分离理论和技术及高浓度难降解污染物源头控制及回收利用工艺，为甲醇制烯烃国家战略性新兴产业、国家油品质量升级工程和海洋强国战略提供环保技术保障服务。发现了旋流器中三维旋转湍流场中颗粒高速自转的规律，创新了系列化学污染物物理分离的工艺流程和装置，实现了“颗粒高速自转”从现象发现到工程应用的突破，代表性成果被列入 Elsevier 出版的工程技术手册“Handbook of Spent Hydroprocessing Catalysts”（第二版）。已应用至我国 27 个省（区、市）的十五种类型 110 个重大化工装置、海上油气平台的废水废气废热废液综合防治中，实现了“不用或少用化学药剂”的污染物源头控制和资源化。以第一发明人获国家科技进步二等奖 2 项、国家技术发明二等奖 1 项；以第一发明人、指导的研究生为第一发明人获发明专利中国 98 件、国外 18 件；以第一作者或通讯作者发表论文 133 篇（其中 SCI 收录 69 篇）；已培养研究生 50 名。兼任高浓度难

降解有机废水处理技术国家工程实验室副主任、中国腐蚀与防护学会化工过程专业委员会副主任委员、中国化工学会化工机械专业委员会副主任委员、中国化工学会化工过程强化专业委员会副主任委员、中国化工学会过滤与分离专业委员会副主任委员、中国通用机械工业协会分离机械分会技术委员会主任委员、全国化工机械与设备标准化技术委员会副主任委员等。

# 丛书序言

化学工业是国民经济的支柱产业，与我们的生产和生活密切相关。改革开放 40 年来，我国化学工业得到了长足的发展，但质量和效益有待提高，资源和环境备受关注。为了实现从化学工业大国向化学工业强国转变的目标，创新驱动推进产业转型升级至关重要。

“工程科学是推动人类进步的发动机，是产业革命、经济发展、社会进步的有力杠杆”。化学工程是一门重要的工程科学，化工过程强化又是其中的一个优先发展的领域，它灵活应用化学工程的理论和技术，创新工艺、设备，提高效率，节能减排、提质增效，推进化工的绿色、低碳、可持续发展。近年来，我国已在此领域取得一系列理论和工程化成果，对节能减排、降低能耗、提升本质安全等产生了巨大的影响，社会效益和经济效益显著，为践行“绿水青山就是金山银山”的理念和推进化工高质量发展做出了重要的贡献。

为推动化学工业和化学工程学科的发展，中国化工学会组织编写了这套《化工过程强化关键技术丛书》。各分册的主编来自清华大学、北京化工大学、中北大学等高校和中国科学院、中国石油化工集团公司等科研院所、企业，都是化工过程强化各领域的领军人才。丛书的编写以党的十九大精神为指引，以创新驱动推进我国化学工业可持续发展为目标，紧密围绕过程安全和环境友好等迫切需求，对化工过程强化的前沿技术以及关键技术进行了阐述，符合“中国制造 2025”方针，符合“创新、协调、绿色、开放、共享”五大发展理念。丛书系统阐述了超重力反应、超重力分离、精馏强化、微化工、传热强化、萃取过程强化、膜过程强化、催化过程强化、聚合过程强化、反应器（装备）强化以及等离子体化工、微波化工、超声化工等一系列创新性强、关注度高、应用广泛的科技成果，多项关键技术已达到国际领先水平。丛书各分册从化工过程强化思路出发介绍原理、方法，突出应用，强调工程化，展现过程强化前后的对比效果，系统性强，资料新颖，图文并茂，反映了当前过程强化的最新科研成果和生产技术水平，有助于读者了解最新的过程强化理论和技术，对学术研究和工程化实施均有指导意义。

本套丛书的出版将为化工界提供一套综合性很强的参考书，希望能推进化工过程强化技术的推广和应用，为建设我国高效、绿色和安全的化学工业体系增砖添瓦。

中国科学院院士：费维扬

中国工程院院士：舒兴田

2019 年 3 月

# 序言

改革开放40年来，中国经济的高速发展举世瞩目，但是在另一方面，过度开发带来的生态环境破坏，也成为一个愈发严峻的问题。随着我国环保要求的日趋严格和资源的日渐短缺，环境保护的发展已经由“末端治理”的“术”，发展为“源头控制”的“道”，污染物源头控制及资源化已成为环境保护的必由之路。

“湍流动力学和颗粒材料运动学的综合理论”被《Science》杂志列为今后1/4世纪需要解决的125个科学前沿问题之一。“水中微量污染物分离”也被《Nature》杂志评论为“将改变世界的七种分离技术”之一。旋流分离器是具有一百多年历史的通用环保离心分离设备，具有结构简单、分离效率高、处理能力大、运行和维护成本低等技术优势，在石油、化工、轻工、环保、食品、医药、机械、冶金、采矿、建材等众多领域中获得了广泛的应用，尤其是在高温、高压、高浓度、高黏度、强腐蚀、剧毒、深冷、易燃、易爆等恶劣环境中发挥着其他分离技术无法替代的作用。但因受湍流扩散的制约，常规的旋流分离精度往往只能达到微米级，难以去除纳米级颗粒和离子、分子态污染物。华东理工大学汪华林教授在百年来国内外学者认识到的旋流器内流场流动与颗粒运动形式基础上，发现了旋流场中颗粒物高速自转、自转和公转耦合振荡、排序等现象，并利用这些新现象开发了相应的旋流分离过程强化方法、工艺流程和工程装置，将旋流器分离精度从微米提高到纳米、离子、分子尺度。《液固旋流分离新技术》正是汪华林教授团队二十多年来在该领域辛勤耕耘的结晶。

该书以三维旋转湍流场动力学和颗粒运动学关联理论为基础，综合环境工程、化学工程、流体力学、工程热力学等学科，发展了液固旋流分离过程的检测新方法，建立了液固微旋流器并联放大工程设计模型，开发了颗粒自转、排序、过滤的强化液固旋流分离的新技术，构建了以液固旋流分离为核心的甲醇制烯烃反应废水处理、沸腾床加氢液固在线分离、沸腾床外排催化剂资源化和废水深度处理的工艺流程和工程装置，包括国内外首创的石油焦化冷焦污水密闭循环处理方法和装置，国内第一个生产硫含量达到欧V标准的加氢裂化单元的短流程循环氢脱硫方法和装置，以及世界首套甲醇制烯烃商业化装置的急冷废水旋流分离利用成套方法和装置等。本书具有原创性突出、应用效果好、指导性强等特点。

（1）原创性突出　该书是2014年国家技术发明二等奖“重大化工装置中细颗粒污染物过程减排新技术研发与应用”以及国家杰出青年基金项目“废水旋流分离过程中调控制粒捕获污染物的基础研究”、科技部863课题“催化外甩油浆的微旋流分离与利用技术”等多项国家和省部级成果的系统总结，其中部分内容已被用作现行的国家和行业标准，具有较强的创新性和规范性，它的出版将填补液固旋流分离工程技术图书的空白。

（2）应用效果好　该书中涉及的基于旋流分离的物理法污染物源头减排及资源化科技成果已应用到国内外60多套大型、特大型石油化工生产单元装置中，节能减排成效突出，社会效益和经济效益显著，应用潜能巨大。

（3）指导性强　该书论述系统，既有基础理论、实验研究、测试分析、模拟计算，又有工程应用实例，较好地反映了该领域目前的动向和富有特色的工作。全书注重举例示范，注重工程化应用，内容丰富翔实，对学术研究和工程实施均有指导意义，是废水废液工业化处理领域难得的一本好书。

作为《化工过程强化关键技术丛书》的分册之一，该书紧紧围绕党的十九大精神与方针，强调用科技创新解决行业瓶颈问题。相信该书的出版对我国旋流分离技术乃至整个非热分离领域的发展将有重要的推进作用，并将进一步推动环保事业向污染物源头控制及资源化方向发展。

中国工程院院士

清华大学教授

郝吉明

2019年3月2日

# 前言

在石油化工等行业中，分离过程的投资和运行成本占总成本的 40%~90%，合理的分离手段可有效地降低工艺成本，对于我国工业污染物的控制具有重要的作用。旋流分离作为一种典型的物理分离方法，主要是通过物体的动力学原理进行分离，能耗低，可不加或少加药剂，不产生二次污染，是最“干净”的分离方法之一。

旋流分离是利用分散相颗粒和连续相流体在围绕旋流器中心轴线高速公转的过程中产生的离心力实现具有密度差的两相或多相在旋流器内的分离。自 1885 年第一个用于空气中固体颗粒分离的旋风分离器专利（J. M. Finch, Dust collector, US 325521, 1885）和 1891 年第一个水力旋流器专利（E. Bretney, Water purifier, US 453105, 1891）发表以来，对旋流器的研究已经有 130 多年的历史，旋流分离技术的发展也经历了三个阶段：第一阶段，1950 年前的液固旋流分离阶段，该阶段发展受煤、金属等陆上矿产资源开发的驱动，主要分离毫米级以上的固体颗粒；第二阶段，1950 ~ 2000 年的液液旋流分离与微细液固分离阶段，该阶段发展主要受海洋油田开采及其环境保护的驱动，主要针对微米级的液滴或者较难分离的固体颗粒物；第三阶段，2000 年以后的离子、分子及其聚集态污染物的旋流分离新阶段，该阶段受纳米技术、环境技术发展的驱动，使旋流分离技术由微米尺度分离，发展到现在的非均相体系中离子、分子及其聚集体等纳米尺度分离。但是，目前国内外有关旋流分离过程强化方法介绍的专著很少，且大多局限于基础理论和一般技术。

《液固旋流分离新技术》系统介绍了我们团队二十多年在液固旋流分离科研和工程应用的成果，如“冷焦水密闭循环处理工艺”已被国家环境保护行业标准《清洁生产标准　石油炼制业》(HJ/T 125—2003)采纳，成功应用在全国50个石油焦化装置，总加工能力5800万吨/年，占国内百万吨级及以上大型焦化装置数的80%，回收延迟焦化污油能力约29万吨/年，污水循环利用能力约3400万吨/年，解决了焦化冷焦水污染问题；“甲醇制烯烃(MTO)废水热废耦合利用成套工艺技术”被中国石油和化学工业联合会、中国化工环保协会评为“石油和化工行业环境保护、清洁生产重点支撑技术”，应用在全国8个省区的15个MTO项目(世界四大MTO工艺全部采用)，烯烃总产能919万吨/年，占全国MTO战略性新产业总产能的70%，废水利用能力3000万吨/年，解决了MTO国家战略性新兴产业的环保难题。此外，我们还负责起草了《液－固微旋流分离器技术条件》(HG/T 4380—2012)等。本书以三维旋转湍流场动力学和颗粒运动学关联理论为基础，综合环境工程、化学工程、流体力学、工程热力学等学科，发展了液固旋流分离过程的检测新方法，建立了液固微旋流器并联放大工程设计模型，开发了颗粒自转、排序、过滤的强化液固旋流分离的新技术，构建了以液固旋流分离为核心的甲醇制烯烃反应废水处理、沸腾床加氢液固在线分离、沸腾床外排催化剂资源化和废水深度处理的成套工艺流程和工程装置。

本书是2014年国家技术发明二等奖“重大化工装置中细颗粒污染物过程减排新技术研发与应用”以及国家杰出青年基金项目“废水旋流分离过程中调控制粒捕获污染物的基础研究”、科技部863课题“催化外甩油浆的微旋流分离与利用技术”、上海市科委重大项目“炼油厂焦化冷焦水密闭循环利用成套技术与示范”、中国石油化工股份有限公司科研项目“冷焦水密闭循环处理工艺技术”、中国石油天然气股份有限公司科研项目“延迟焦化装置快速除焦缩短生焦周期技术开发”等多项成果的结晶，在此衷心感谢国家自然科学基金委、科技部、上海市科委、中国石油化工股份有限公司和中国石油天然气股份有限公司的大力支持与资助。我们课题组的付鹏波、黄渊、杨强、白志山、吕文杰、李剑平、张艳红、常玉龙、陈建琦、刘毅、王剑刚、王飞、袁威、范轶、黄聪、陈聪等以严谨认真、一丝不苟的态度和要求为书稿的撰写和编校付出艰辛的努力。四川大学陈文梅教授对全书进行了悉心审读。全国工程勘察设计大师、中石化洛阳工程有限公司刘昱教授级高工，全国工程勘察设计大师、中石油华东设计院郝希仁教授级高工，中国石化工程建设有限公司李浩教授级高工，中石油华东设计院谢克谦教授级高工，中石化洛阳工程有限公司乔立功教授级高工、程磊，中国神华集团阎国春等专家多年来对我们的各项工作提供了大力帮助。在此，向他们致以崇高的敬意和衷心的感谢！另外，在此也特别感谢中国化工学会、化学工业出版社的不断鼓励和协调。

本书力求覆盖全面、论述系统、丰富翔实，既有基础理论、实验研究、测试分析、模拟计算，又结合工程应用，较好地反映了该领域目前的前沿动向和富有特色的工作，但限于编著者的水平、学识，内容遗漏、编排和归类存在不妥和不足之处在所难免，恳请有关专家和读者不吝指正。

汪华林

2019 年 3 月

# 目录


## 第一章　绪论　/ 1

第一节　污染物源头控制及资源化…… 1
第二节　液固分离应用领域…… 3
第三节　液固旋流分离研究进展…… 6
　一、测试研究…… 9
　二、模拟研究…… 13
　三、分离性能…… 15
　四、应用拓展…… 17
第四节　液固旋流分离过程强化研究进展…… 21
　一、调整结构尺寸强化旋流分离过程…… 22
　二、操作参数调整强化旋流分离过程…… 23
　三、改善物料性质强化旋流分离过程…… 24
　四、其他强化旋流分离过程的方法…… 24
第五节　旋流器内湍流流动-颗粒运动-污染物分离的关联…… 25
　一、旋流场中颗粒自转强化污染物分离…… 26
　二、旋流场中颗粒排序强化污染物分离…… 30
第六节　本章小结…… 31
　参考文献…… 32

## 第二章　旋流动力学与颗粒运动学　/ 38

第一节　旋流场流体运动基本形式…… 39
　一、内旋流和外旋流…… 39
　二、短路流…… 43
　三、循环流…… 43
　四、零轴速包络面和空气柱…… 44
　五、颗粒公转和自转…… 45
第二节　颗粒自转运动…… 45
　一、颗粒自转现象…… 45
　二、剪切流场中非惯性颗粒自转模型…… 50
第三节　旋流场微球自转分析…… 52
第四节　重质旋流器内颗粒自转解析求解…… 54

一、基本假设…………………………………………………… 55
二、基本方程…………………………………………………… 55
三、模型修正…………………………………………………… 60
四、内流场方程简化…………………………………………… 62
五、颗粒自转速度计算………………………………………… 63
**第五节　旋流场颗粒自转调控…………………………………… 65**
一、微球运动速度径向分布关系……………………………… 66
二、公转速度…………………………………………………… 66
三、自转调控…………………………………………………… 66
四、颗粒自转与公转的关系…………………………………… 68
五、旋流场中颗粒自转和公转耦合…………………………… 70
**第六节　轻质旋流器内颗粒自转解析 ………………………… 71**
一、内流场方程求解…………………………………………… 72
二、内流场计算………………………………………………… 75
三、轻质旋流器内流场分布…………………………………… 75
四、轻质旋流器内颗粒公转与自转…………………………… 77
**第七节　双锥轻质旋流器内颗粒自转解析……………………… 78**
一、边界条件…………………………………………………… 78
二、流函数及速度分量求解…………………………………… 79
三、双锥旋流器内速度分布…………………………………… 82
四、双锥轻质旋流器内颗粒自转与公转……………………… 83
**第八节　本章小结…………………………………………………… 84**
参考文献………………………………………………………… 84

## 第三章　液固旋流分离过程检测及调控　/ 91

**第一节　相位多普勒粒子分析…………………………………… 91**
一、PDPA 测试系统的组成及原理 …………………………… 91
二、旋转流场的 PDPA 实验系统设计和搭建 ………………… 94
三、旋转湍流场 PDPA 检测及调控 …………………………… 99
**第二节　粒子图像测速………………………………………… 105**
一、PIV 测试系统的原理和组成 ……………………………105
二、旋转流场的 PIV 实验系统搭建和流程设计 ……………108
三、旋转湍流场 PIV 检测与调控 ……………………………111
**第三节　体三维测速…………………………………………… 122**
一、旋转流场 V3V 测试原理和平台构建 ……………………123
二、旋转流场 V3V 测试流程及方法 …………………………127

三、旋转流场V3V检测及调控 ……131
第四节 旋流场中颗粒自转和公转检测…… 139
一、检测原理……139
二、检测设备和方法……141
第五节 表/界面污染物SERS检测 …… 151
一、微流控制备具有SERS活性的多孔颗粒 ……151
二、颗粒表面污染物旋流分离在线SERS检测 ……154
三、界面SERS检测 ……167
第六节 本章小结…… 178
参考文献……178

第四章 颗粒排序强化液固旋流分离 / 180

第一节 排序型旋流器概况…… 180
一、颗粒排序方法……180
二、排序强化旋流分离……182
三、进口排序型旋流器……182
第二节 颗粒排序与微旋流分离器的设计…… 184
一、旋转流颗粒排序理论研究……184
二、基于离心沉降颗粒排序器设计……188
三、颗粒排序方式及排序微旋流器的设计……194
第三节 颗粒排序对微旋流器内流体流动的影响…… 201
一、计算数学模型……201
二、颗粒排序对微旋流器内流体流动的影响……205
三、颗粒排序对微旋流器内压力场的影响……213
第四节 颗粒排序对微旋流器内颗粒运动特性的影响 …… 214
一、控制方程……214
二、边界条件……216
三、模拟计算及讨论……216
第五节 颗粒排序对微旋流器分离性能的影响…… 227
一、实验……227
二、颗粒排序对微旋流器操作性能的影响……228
三、颗粒排序对微旋流器分离效率的影响……230
第六节 本章小结…… 234
参考文献……235

第五章 液固分离双分支流理论并联放大 / 239

第一节 微旋流器并联形式…… 239

第二节　直线型并联分支流理论…………………………… 240
一、基本分支模型……………………………………………240
二、常用分支流计算方法……………………………………241
三、Wang模型 ………………………………………………242
第三节　U-U型微旋流器并联理论 ………………………… 245
一、模型假设…………………………………………………245
二、进口-底流数学模型……………………………………245
三、模型求解…………………………………………………249
四、实验与理论对比…………………………………………252
五、U-U型并联设计准则 …………………………………256
六、U-U型并联300倍放大案例 …………………………262
第四节　Z-Z型微旋流器并联理论………………………… 269
一、数学模型…………………………………………………270
二、方程求解…………………………………………………275
三、实验与理论对比…………………………………………280
四、Z-Z型并联设计准则……………………………………283
第五节　U-Z型微旋流器并联理论 ………………………… 292
一、解析解……………………………………………………292
二、实验与理论对比…………………………………………295
三、U-Z型并联设计准则 …………………………………295
第六节　U-U、Z-Z、U-Z三种并联方式对比………… 298
一、理论模型的统一性分析…………………………………298
二、轴向速度分量的修正系数………………………………299
三、实验结果…………………………………………………299
四、理论解析解………………………………………………299
第七节　微旋流器并联应用实例………………………… 300
一、甲醇制烯烃废水液固分离微旋流器并联设计………300
二、旋流释碳器并联设计……………………………………301
第八节　本章小节……………………………………………… 303
参考文献………………………………………………………304

## 第六章　过滤-旋流分离耦合（沸腾床分离）技术　/ 306

第一节　沸腾床分离概况……………………………………… 306
一、沸腾床分离技术…………………………………………306
二、深层过滤技术概况………………………………………306
三、深层过滤滤料……………………………………………307

四、过滤-旋流分离耦合 ······308
第二节 深层过滤理论······310
一、分离过程中的相互作用······310
二、分离理论模型······315
第三节 沸腾床动力学及结构设计······325
一、沸腾床流化概述······325
二、沸腾床气-液-固三相流动 ······327
三、沸腾床结构设计······336
第四节 旋流再生器再生原理及结构设计······339
一、气–液–固分离发展概况 ······339
二、旋流再生器分离过程分析······343
三、旋流过程中颗粒自转和公转······352
四、旋流再生器结构设计与验证······355
第五节 过滤–旋流分离技术实验研究 ······357
一、小试实验······357
二、侧线中试实验······365
三、工业装置应用研究······366
第六节 本章小结······371
参考文献······371

## 第七章 液固分离成套技术应用 / 377

第一节 甲醇制烯烃反应废水处理技术······377
一、概述······377
二、液固微旋流器开发······386
三、工业应用······392
四、问题及优化······402
第二节 缺氧/好氧过程旋流强化技术 ······406
一、概述······406
二、旋流强化缺氧/好氧过程原理 ······408
三、工业应用······418
第三节 沸腾床含高浓度无机颗粒物的有机废液处理技术··· 426
一、概述······426
二、旋流自转分离方法······428
三、工业示范试验······436
四、工业应用······444
参考文献······449
索引······451

# 第一章 绪论

## 第一节 污染物源头控制及资源化

水是人类赖以生存的宝贵资源，由于工业的快速发展，我国水资源环境受到了强大的冲击。从 2011 年到 2015 年，我国工业废水排放量从 660 亿吨增加到了 735 亿吨，增幅达到 11.5%。随着我国环保要求的日趋严格和资源的日渐短缺，高效率、低能耗的液固分离技术在石油、化工、轻工、环保、采矿、冶金等众多国民支柱产业中发挥着越来越重要的作用，成为实现国家“低碳发展”“节约资源、节能减排”“可持续发展”等战略的关键技术。随着环保技术的升级，环境保护的发展也已经由末端治理逐渐转向为源头控制，通过液固分离与生产过程耦合，在源头实现污染物控制及资源化，是实现我国废水排放减量的必由之路。

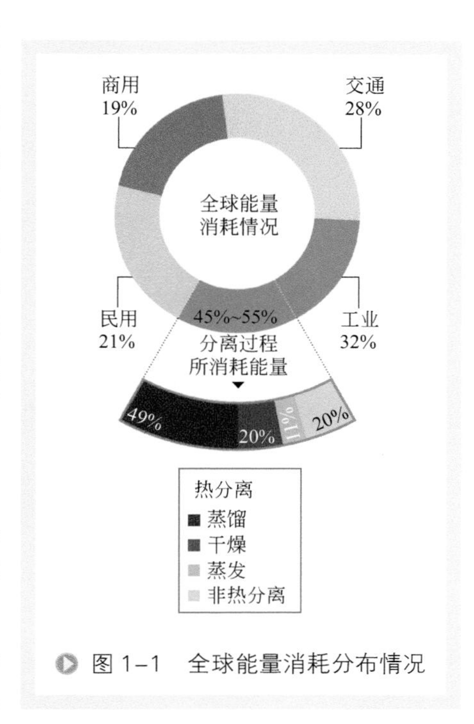


图 1-1 全球能量消耗分布情况

全球工业消耗的能量占全球总能量消耗的 32%，其中工业分离过程消耗的能量占比

45% ～ 55%，而分离当中的热分离，包括蒸馏、干燥和蒸发等，消耗的能量占比 80%，非热分离消耗的能量占比仅 20%，如图 1-1 所示。因此，“非热分离可降低全球能耗、排放及污染，并为能源发展开辟一条新航线”[1]。

图 1-2 所示为最小分离功（$W_{Fmin}$）与污染物摩尔分数（$C_{FA}$）的关系。可以看出，污染物的浓度越高，分离所需的能耗越小。尤其在低污染物的浓度下，实现污染物的分离需要的能耗急剧增加。因此，从节能的角度出发，环境治理过程中实现污染物分离的最佳手段是通过源头控制实现资源化。

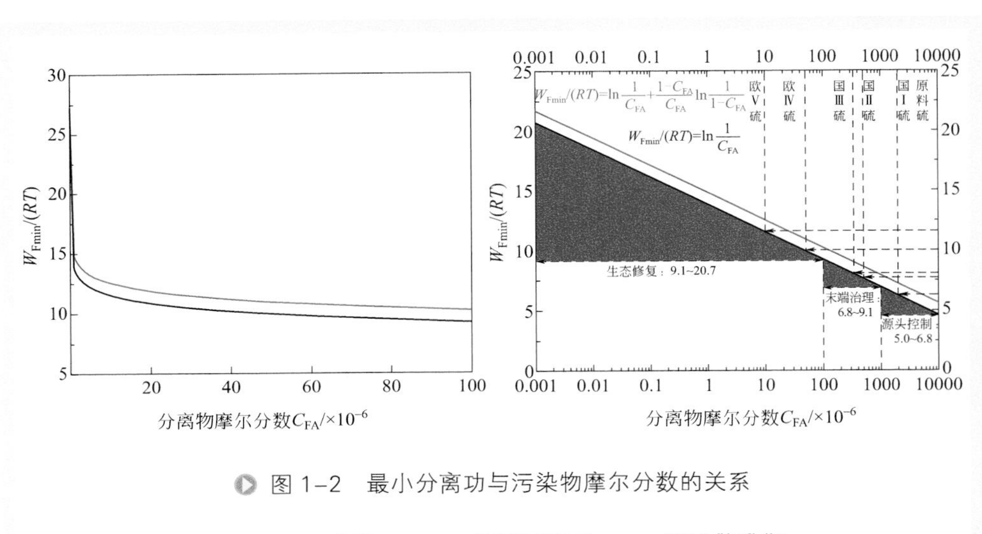


图 1-2　最小分离功与污染物摩尔分数的关系

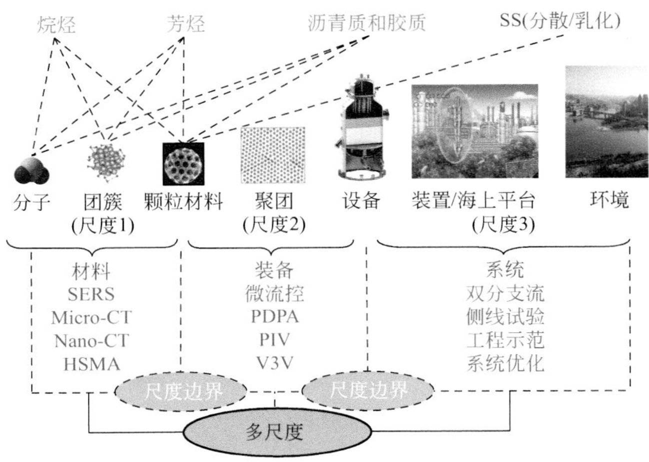


图 1-3　污染物源头控制及资源化研究全链条布局

SERS—表面增强拉曼光谱；CT—计算机断层扫描技术；Micro-CT—显微CT；Nano-CT—纳米CT；HSMA—高速摄像机；PDPA—相位多普勒粒子分析仪；PIV—粒子图像测速仪；V3V—体三维测速仪

污染防治攻坚战是中国全面建成小康社会决胜时期的“三大攻坚战”之一，源头控制是当务之急。环境污染物具有复杂多变的特性，要最终实现污染物源头控制及资源化，需从本质上认识污染物特征，研究污染机理，研发治污方法、设备、流程和装置，从材料到装备再到系统，多尺度进行关联研究，从而实现污染物源头控制及资源化研究全链条布局（图 1-3），提高对能源与环境学科中的多尺度物理化学过程的理解及对环境污染物迁移和转化规律的认识，从而促进环境污染物控制的基础理论研究、核心技术开发、关键设备研制。

## 第二节 液固分离应用领域

由于全球能源、环保行业的迅猛发展以及国际形势的复杂多变，液固分离技术也取得了高速的发展，高新技术和产品不断问世，广泛应用于各行业液固体系的分离、分级与纯化，比如核工业铀分离与浓缩，尾矿库环境风险控制，油气开采、油品质量升级，海洋微塑料污染防治，矿石开采与冶炼，化工生产，食品生产，制药、生物制品工业，长江、黄河等河流泥沙治理，天然气水合物（可燃冰）开采等，如图 1-4 所示。

### 1. 核工业铀分离与浓缩

由于全球常用的天然资源逐步减少以及国际政治经济环境复杂多变，低碳环保的核能迅速发展。铀是核工业发展的基础资源，关系到国家和社会的快速稳定发展。全球的铀矿储量约为 460 万吨，虽然我国已探明的铀资源储量约 20 万吨，但在人口基数大的背景下，实际铀资源极为匮乏。要实现能源优化，推动我国核工业

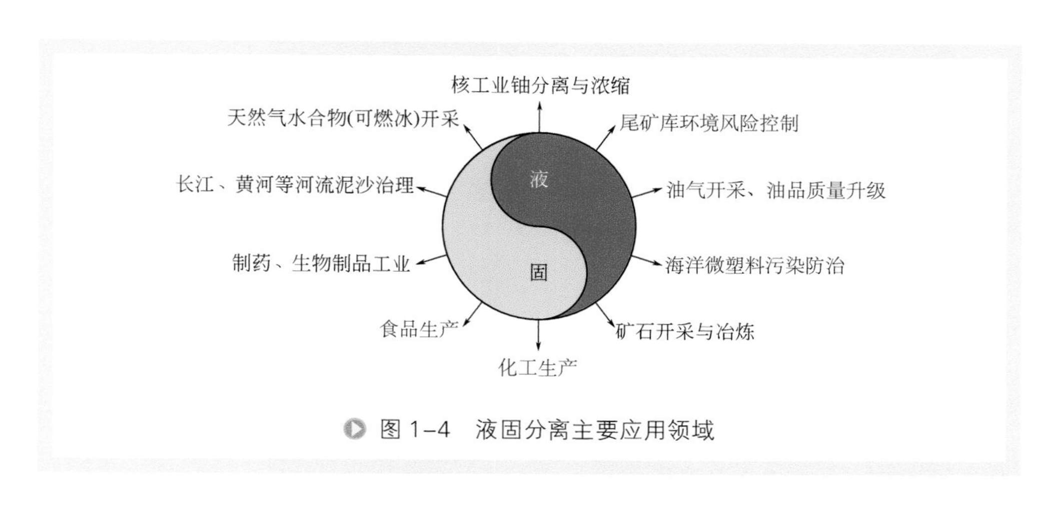


图 1-4　液固分离主要应用领域

可持续发展，就必须重视铀的长期、稳定的分离与浓缩。

由于铀是放射性金属，而且自然界中的铀大部分是铀 238（$^{238}U$），而能作为核原料的是铀 235（$^{235}U$），因此又涉及铀 238 和铀 235 同位素的分离，所以从天然铀矿石中分离与浓缩合格的铀是一项特殊复杂的化工冶金过程。铀分离与浓缩主要过程有铀浸出提取、铀精制纯化、铀转化和铀浓缩。从天然铀矿石中浸出萃取提炼低浓铀通用水冶分离提纯法，从低浓铀富集精炼高浓铀常用气体扩散与离心浓缩法，而铀产品质量（纯度）关键取决于各过程中分离与浓缩技术的高低。

### 2. 尾矿库环境风险控制

尾矿库是由筑坝拦截谷口或围地构成的、用来堆存矿山选别矿石后排出的尾矿或其他工业矿渣的场所，对防止尾矿流失、调节径流以及尾矿水的自然净化等起到重要作用，是矿山生产的重要设施。但是，尾矿库作为一个复杂的自然-人工系统，也是金属、非金属矿山巨大的环境风险源和危险源，其危害程度在全球灾害中排名第 18 位。

近年来，全球尾矿库引发的环境污染事件和安全事故不断发生，不仅污染了周边的水体、土壤和大气，而且威胁着周边居民的生命财产安全，甚至影响社会稳定。巴西当地时间 2019 年 1 月 25 日，全球最大铁矿石生产商巴西淡水河谷公司位于巴西米纳斯吉拉斯州的一处铁矿废料矿坑堤坝发生决堤事故，截至 2019 年 5 月 4 日该矿难共导致 235 人死亡，仍有 35 人失踪。事故引发大规模泥石流，导致该公司的办公区及附近村落被淹，大量采矿废水涌入河流，造成下游河流受到严重污染。事发后当地时间 2 月 2 日，淡水河谷公司陆续安装了三道隔离过滤网来保证帕拉迪米纳斯市集水系统的正常使用，滤网所使用的过滤织物可清除黏土、淤泥及有机物质的固体颗粒，降低河水的混浊度。由于尾矿库本身是一个复杂的液固体系，因此液固分离技术在尾矿库的环境风险控制以及环境灾害治理中发挥着重要作用。

### 3. 油气开采、油品质量升级

油气开采、油品质量升级中都会产生大量的含固污水，如不经处理直接排放，将造成严重的环境污染，影响人类健康，因此污水的综合治理能力已经成为一个国家炼化水平的重要标志。比如油气开采中泥沙的分离、燃油质量升级中焦化冷切焦水中焦粉分离、石油加氢/催化裂化/连续重整工艺油中微细催化剂分离等。因此，高效可靠的液固分离技术是保证我国能源连续稳定供应的前提条件。

### 4. 海洋微塑料污染防治

全球每年生产约 3 亿吨塑料，而其中只有 20% 的废弃塑料被循环利用或者焚烧处理，大部分被填埋或丢弃进海里，这些废弃的塑料在自然环境中会慢慢降解，从大块塑料慢慢降解成小块的微塑料（直径小于 5mm、由高分子聚合物构成的颗粒或者纤维），造成无处不在的微塑料污染。微塑料由于粒径小、易扩散、吸附能力强等特点，被称为“海洋中的 $PM_{2.5}$”。

2016 年国家海洋局发布的《中国海洋环境质量公报》指出，我国 41 个海域的海面漂浮垃圾和海滩垃圾中，塑料垃圾的比例在 70% 以上，约 80% 来自陆地，涵盖从北到南的中国四大海。除海洋污染外，内陆水域的微塑料污染也越来越突出。我国研究人员发现南方水系均不同程度地受到了微塑料的污染。甚至连素有“世界第三极”之称的青藏高原，其 7 个湖泊采样点中有 6 个检测到了微塑料。环境中积累的微塑料进入食物链，危及食品安全，目前已在啤酒、蜂蜜、食盐和贝类等多种食品中检测到了微塑料的存在。

因此，海洋微塑料污染问题已经不容忽视，海水中微塑料的分离回收也已经刻不容缓。

### 5. 矿石开采与冶炼

矿石开采以及金属冶炼都离不开液固分离过程。以湿法冶金为例，主要是利用浸出剂将矿石、精矿、焙砂及其他物料中有价金属组分溶解在溶液中或以新的固相析出，进行金属分离、富集和提取，主要包括浸出、液固分离、溶液净化、溶液中金属提取及废水处理等单元操作过程。从某种意义上讲，一个湿法冶金过程的成功与失败，液固分离往往起着决定性的作用。

### 6. 化工生产

2017 年我国化工行业主营收入达到 13.78 万亿元，高达国内生产总值的 17%，以煤、石油、天然气为原料能生产数以万计的化学产品。不产生或少产生废水的绿色化工过程，实现废水从无害化处理转向资源化近零排放，是将中国炼化技术打造为继高铁、核电之后又一张“国家名片”的重要举措。

以甲醇制烯烃（MTO）为例，MTO 被认为是化工技术“皇冠”上的“明珠”，是连接煤化工与石油化工的桥梁，截至 2017 年年底，我国 MTO 的产能达到了 1200 万吨 / 年，并且预期在 2020 年可达到 2000 万吨 / 年。甲醇制烯烃反应产物中水占 54%，且含有小于 2.5μm 的废催化剂。随着设备的长期运行，水系统中的催化剂会在水洗塔、换热器、空冷器等设备中沉积，导致换热效率降低，对装置的长周期运行带来不利的影响。因此，通过液固分离将甲醇制烯烃反应废水中微细催化剂分离，是保证装置稳定运转、实现水资源循环利用的关键保障。

### 7. 食品生产

啤酒、葡萄酒、白酒、果汁、豆奶以及食品添加剂制造流程的净化和无菌处理都离不开液固分离过程。此外，食品工业中产生大量的含蛋白质的废水，如果直接排放不仅造成环境污染，还会导致大量蛋白质和水资源的流失，而通过液固分离后，不仅可以节省大量的生产用水，而且可以回收高价值的蛋白质资源，实现工艺过程的节能减排。

### 8. 制药、生物制品工业

生物发酵工艺中都存在发酵液与菌丝体分离的问题，发酵残液的综合利用不但可以解决环境污染问题，同时可以得到高附加值的产品，比如饲料，具有显著的社会、经济和环境效益。而要实现这一目标，与高效的液固分离技术和设备密切相关。此外，在酶制剂工业中碱性蛋白酶、脂肪酶和多糖微生物的浓缩分离，在制药工艺中抗生素的生产和无菌水的制备等，都离不开液固分离工序。

### 9. 长江、黄河等河流泥沙治理

在中国的大江大河中，长江流域面积排第一位，黄河流域面积位居第二，但黄河作为中华民族的母亲河，也是世界上最为复杂难治的河流。黄河干流河道全长约5464km，流域面积约79.50km$^2$，20世纪50～90年代年均入黄泥沙量13亿吨左右，年均沙量和年均含沙量均为中国各大江河之首。长江水量大约是黄河的20倍，含沙量约为黄河的1/3。因此，不管是长江、黄河还是其他河流，通过液固分离实现河水中泥沙与水的分离，对我国水资源安全具有重要的意义。

### 10. 天然气水合物（可燃冰）开采

天然气水合物又称“可燃冰”，是一种高密度、高热值的非常规能源，主要分布在北极冻土带及印度洋、太平洋、北冰洋、大西洋等深水陆坡区（水深大于300m海床下0～1100m)，约95%储存在深海区域。据估计，全球天然气水合物的资源总量换算成甲烷为(1.8～2.1)×10$^{16}$m$^3$，相当于全世界已知煤炭、石油和天然气等能源总储量的2倍。因此，天然气水合物特别是海洋天然气水合物有可能成为页岩气、煤层气之后又一储量巨大的接替能源。天然气水合物开采是一个复杂的气、液、固三相过程，最终要得到纯净的天然气水合物产品，必须实现气、液、固三相的有效分离，实现天然气水合物的开采、海水的回注、泥沙的回填，降低地层坍塌风险。因此，高效可行的分离技术是实现天然气水合物商业化开采的关键技术之一。

## 第三节 液固旋流分离研究进展

液固旋流分离的基本原理是利用分散相颗粒和连续相流体围绕旋流器中心轴线高速公转产生的离心力实现具有密度差的液固两相或多相在旋流器径向上不同位置分布，重相往旋流器边壁迁移最终从底流口排出，而轻相往旋流器中心迁移最终从溢流管排出，进而实现非均相混合物分离。液固旋流分离器基本结构及流场流动、颗粒运动特性如图 1-5 所示。自 1885 年第一个用于空气固体颗粒分离的旋风分离器专利（J. M. Finch, Dust collector, US 325521, 1885）和 1891 年第一个水力旋流器专利（E. Bretney, Water purifier, US 453105, 1891）发表以来，对旋流器分离性能的研究已经有 130 多年的历史。通过国内外学者的不懈努力，旋流分离技术的分离精度也从微米级发展到纳米级，甚至是能实现离子、分子态污染物的分离，旋流分离精度及斯维尔伯格数发展历程如图 1-6 所示。

自 1891 年第一个液体旋流分离器专利面世以来，旋流分离技术的发展经历了三个阶段（图 1-7）：1890 ～ 1950 年的液 - 固旋流分离阶段，该阶段发展受煤、金

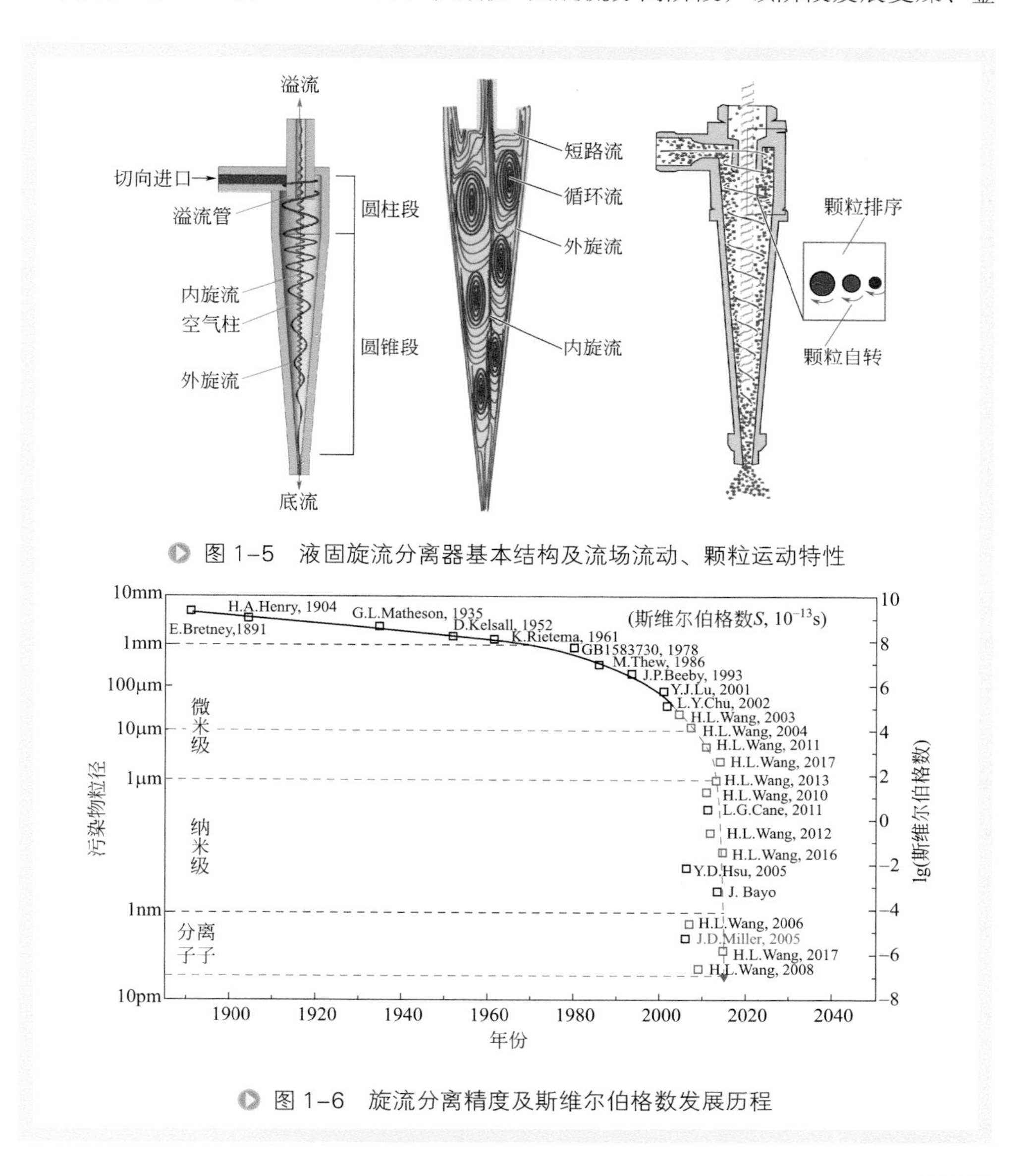


图 1-5　液固旋流分离器基本结构及流场流动、颗粒运动特性

图 1-6　旋流分离精度及斯维尔伯格数发展历程

属等陆上矿产资源开发的驱动，主要分离毫米级以上的固体颗粒，如图 1-7 所示的第一阶段线；1950 ～ 2000 年的液 - 液旋流分离与微细液固分离阶段，该阶段发展主要受海洋油田开采及其环境保护的驱动，主要针对微米级的液滴或者较难分离的固体颗粒物，如图 1-7 所示的第二阶段线；2000 年以后的离子、分子及其聚集体杂质的旋流分离新阶段，该阶段受纳米技术、环境技术发展的驱动，使旋流分离技术由微米尺度分离，发展到现在的非均相体系中离子、分子及其聚集体等纳米尺度分离，如图 1-7 的第三阶段线。在第三阶段发展中，通过加注捕集颗粒实现了直径为 0.001 ～ 1μm 重金属离子、分子及其聚集体等污染物或杂质去除，如图 1-7 的①线，但捕集颗粒粒径往往都在 5μm 以上，如图 1-7 的 $K_1$ 线分布；也通过减小旋流器公称直径或者附加一些强化手段使旋流器的分离精度由级效率的 $G_1$ 线提高到 $G_2$ 线。对于 3μm 以下的固体微粒的去除，如对图 1-7 中的粒度为 $K_2$ 分布的颗粒，还很难做到本质的高效分离。如果能将分级效率提高到 $G_3$ 线，那么对粒径如 $K_2$ 分布的超细颗粒达到有效地去除同时可以将捕集剂的粒径减小，如 $K_1$ 线粒径分布的捕集剂减小到 M 线分布，则大大提高了捕集剂颗粒的比表面积，增强了表面活性而使捕集剂的用量降低。所以开发适用于 3μm 以下的微细固体颗粒分离的微旋流分离技术属于旋流分离的研究重点和难点，具有重要的意义。

众所周知，旋流器的分离性能由旋流器内部流场特征及分散相运动规律决定，尽管旋流器结构简单，内部的流体力学行为及分散相颗粒运动情况却非常复杂，包

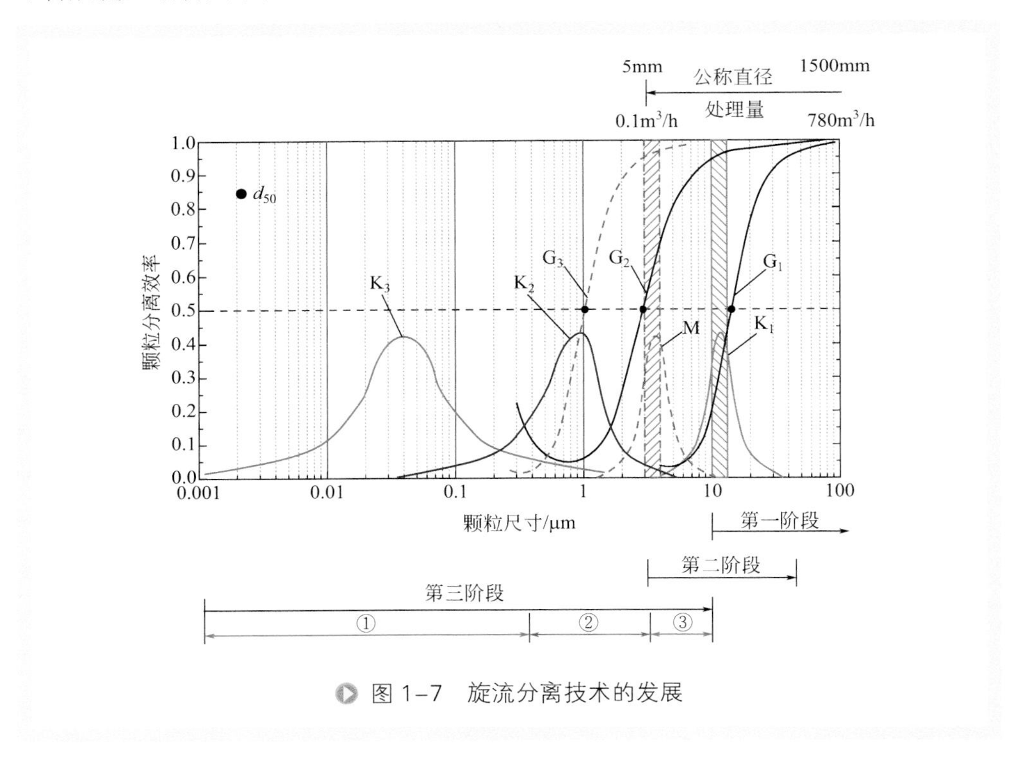


图 1-7　旋流分离技术的发展

括涡量的高度守恒、旋涡破碎、逆流等现象。由于普通旋流器固有的流场特征（例如短路流、循环流、空气柱），其分离过程存在一些固有的缺陷，难以得到令人满意的分离效率和精度。目前主要通过调节微旋流器本身的结构参数来提高分离效率和精度，比如改变旋流器的公称直径和其他相关结构参数来满足对不同物料的分离要求；也可以通过改善物料可分离的因素，如引入第三相介质强化分离、改变操作参数等提高分离效率；也可根据处理物料的电性、磁性特点通过引入电场、磁场强化分离。

## 一、测试研究

在20世纪中期以前，由于受到测试技术和仪器的制约，对旋流器的研究主要集中于结构参数、操作条件和物料性质对分离性能的影响上，这样的研究方式更类似于“黑箱”理论。提高分离性能是研究旋流器的最终目标，但是随着旋流器大规模的工业应用，其能量消耗及设备制造等成本因素也开始受到重视。从旋流器的分离原理可以知道，分离性能的提高一般意味着能耗增大，而从旋流器的结构参数到操作条件，再到物料性质，有数十个变量影响着旋流器的分离性能，因此通过研究旋流器内部流场有助于深入理解分离的机理以及能量消耗的机理，从而使得以最小的能量消耗获得最高的分离性能。

流场测试一般是指流场压力分布和速度分布的测试，主要是通过基于声、光、电、磁和压力的传感器进行测量。一般基于压力和电流传感器需要将测量仪器的感应元件侵入待测流场中，这种方式称为接触式测量。Bergström 和 Vomhoff [2, 3] 利用一个安装了医用微压力转换器的皮托压差计测量了旋流器内不透明的纸浆纤维悬浮液的切向速度。虽然将探针元件做到很小，但是还是不可避免对流场产生干扰，进而导致较大的测量误差。

而基于声、光和磁的传感器则不需要将测量仪器的感应元件侵入待测流场中，这种方式称为非接触式测量。显然，最好的方式是采用非接触方式对旋流场进行测量。现有的先进的利用非接触测量对旋流器内三维旋转湍流场进行多尺度检测的方法主要有（图1-8）：

① 相位多普勒粒子分析仪（PDPA）检测（点检测）：PDPA可获得基于零维点测量的切向速度指数、零轴速度包络面、二次涡流的分布和变化规律以及旋流场的湍流特性等参数；

② 粒子图像测速仪（PIV）检测（面检测）：PIV可获得基于二维面测量的零轴速度包络面、短路流和二次涡流的分布和变化规律以及二维湍流特性；

③ 体三维测速仪（V3V）检测（体检测）：V3V可获得基于三维体测量的旋流器内切向、轴向、径向速度分量和短路流、循环流等流动结构的定性和定量描述。

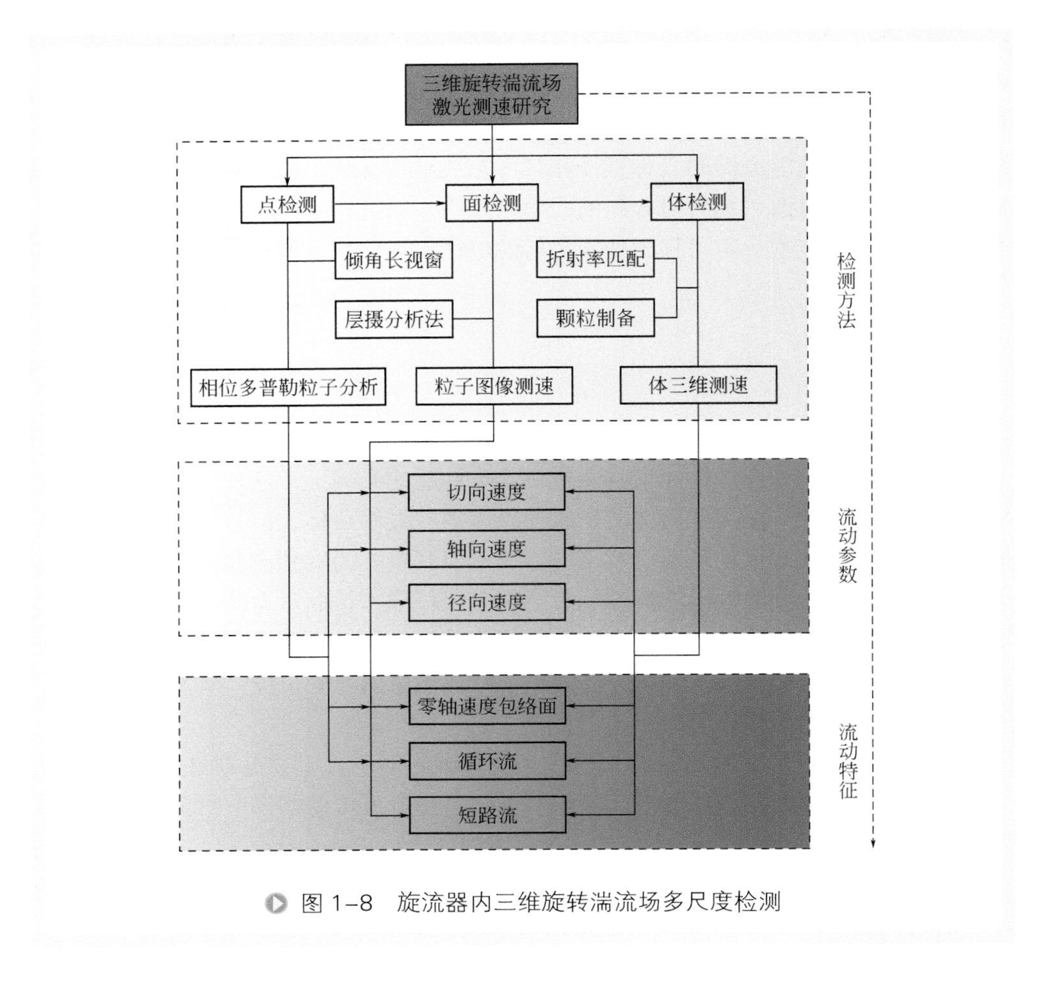


图 1-8　旋流器内三维旋转湍流场多尺度检测

## 1. 基于激光多普勒效应的流场测量

Hsieh 和 Rajamani[4, 5] 利用激光多普勒测速仪（laser Doppler velocimetry, LDV）测量了一根直径为 75mm 旋流器内的三维流场速度，即切向、轴向和径向速度。其采用碳化硅粉作为示踪粒子，水作为连续相介质。采用 LDV 一次只能测量流场中一个点上的粒子运动速度，即流体速度。因此为了得到较完整的流场信息，需要设置大量的测试点。其测量结果表明，由于采用单一进口，旋流器进口附近的轴向速度呈现出非轴对称性，但是在远离进口的锥段内呈现出非常好的轴对称性。另外，在溢流管与边壁之间的环隙中存在多处逆流流动。

Chu 等 [6] 利用粒子动态分析仪（particle dynamics analyzer, PDA）对旋流器内颗粒速度、粒径和浓度分布进行了测量。PDA 基于相位多普勒速度原理，是对激光多普勒测速仪（LDV）的拓展。因此 PDA 同 LDV 一样，属于单点测量。其测量结果表明旋流器锥段内径向速度沿半径从边壁向中心呈增大趋势，并且在空气柱边界附近达到最大值，然后迅速衰减。径向速度在内旋流中沿径向的梯度远大于外旋流中的速度梯度。由于循环流的存在，在旋流器半径上出现两个轴向速度为零的点。

Chiné 和 Concha[7] 利用 LDV 对直径 102mm 的锥形和圆柱形两种类型的旋流器内的切向速度和径向速度场进行了测量。通过调控旋流器的压降、底流和溢流管直径，获得相应的轴向、切向速度以及其湍流强度分布。测量结果表明，进口仅影响速度大小，不影响其分布趋势。两种类型的旋流器中流场切向速度分布相似，但是轴向速度差异较大。虽然在两种旋流器中轴向速度与径向位置成流函数关系，但是轴向速度在圆柱形旋流器中沿竖直方向（轴向）呈线性分布。

Bai 等 [8] 利用相位多普勒粒子分析仪（phase Doppler particle analyzer, PDPA）测量了直径 35mm 气泡强化油 / 水分离型旋流器内空气微气泡和流场运动速度，以及微气泡的粒径分布。气泡的切向速度分布与流体的相似，但是气液体积比会对气泡在旋流器边壁和旋流中心的轴向和切向速度产生较大影响。另外，Bai 等 [9] 利用 LDV 同样研究了直径 35mm 除油型旋流器内流场的切向、轴向和脉动速度分布，以及与空气柱的关系。研究结果表明，当空气柱产生时，旋流场的脉动速度增大，脉动速度在边壁和旋流中心值最大。

Zhou 等 [10] 利用 PDA 研究了直径 50mm 油 / 水分离旋流器内的速度场和油滴粒径分布。由于采用单切向进口，旋流场呈现出非轴对称性。在进口流量为 2000L/h、分流比为 20% 的情况下，旋流器顶部到底流口，油滴粒径从 43 ～ 126μm 减小到 19 ～ 21μm。当进口流量从 1300L/h 增大到 2000L/h 时，底流口油滴粒径从 40μm 减小到 20μm。油滴主要集中于旋流器的上部中心区域。

He 等 [11] 利用 PDPA 对直径 25mm 微旋流器溢流管插入深度对两相流动的影响进行了研究，结果表明，当溢流管插入深度越大，在柱锥界面上的切向速度将越小；当溢流管长度小于柱段长度时，随着溢流管增长，零轴（向）速（度）包络面半径将减小；当溢流管长度超过柱段长度，将在溢流管周围产生剧烈的湍动。

Liu 等 [12] 利用 PDPA 对直径为 35mm 旋流器内轴向速度场进行检测，对循环流的影响因素进行了探测研究。考查的因素有溢流管长度和直径、锥段角度、进口流量以及分流比。结果表明，零轴速包络面是由速度梯度引起，并可以利用循环流进行描述。通过结构的优化可以减小循环流，进而提高分离效率。

Qian 等 [13] 利用 PDPA 对直径 35mm 液液旋流器内液滴浓度分布影响因素进行了研究，影响因素包括了旋流器锥角和进口流量。研究结果表明锥角对液滴浓度分布影响显著，特别是在锥段。当旋流器锥角为 6° 时，分离效率最高。液滴浓度沿旋流器径向呈抛物线分布，通过对旋流器进行结构优化后应用于乙烯脱水工艺。

### 2. 基于粒子光学图像的流场测试

粒子图像测速仪（particle image velocimetry, PIV）是最常用的基于粒子光学图像原理的流场测量技术，其通常形成一个二维平面上的流体速度场分布。受旋流器圆柱形和锥形壁面造成的光学折射影响，在旋流器的PIV测试中通常需要在细长的旋流器外面加一个矩形的水套，以减小光的折射带来的测量误差。相对于基于光或声的多普勒效应的流场测量技术，PIV得到是一个瞬时的全场流场分布，因此其在流场瞬态分析中具有重要作用。

Lim等[14]利用PIV对直径45mm旋流器内的流场进行测量研究，通过流场的速度矢量图可以看到进口附近的短路流动，同时也发现了循环流的存在。

Marins等[15]同时利用PIV和LDV对旋流器内无空气柱旋流场进行了表征。通过PIV测试结果得到表征的切向速度经验公式$u_\theta r^n = C$的特征指数$n$=0.61，而径向速度的经验公式$u_r r^m = -D$的特征指数$m$=1.59。

Cui等[16]利用PIV对直径50mm旋流器内的流场进行了测试研究，并与模拟结果进行了对比。两种方法同时获得了空气柱的形成时间为0.7s，轴向速度分布也非常一致。

Fan等[17]利用PIV研究了直径35mm微旋流器不同进口角度对速度场分布、短路流以及分级效率的影响。其结果表明，进口角度对分离性能具有重要的影响，当进口角度增大时，分离效率和分级效率同时增大。另外其测试条件下，最佳的进口角度为30°。

通过使用多个PIV相机进行组合后，就可以形成三维PIV测试系统，但是由于旋流器的特殊细长圆锥形结构，多相机的布置非常复杂。在众多基于PIV测量技术的三维测量方法中，体三维测速仪（volumetric three components velocimetry, V3V）是全球第一个成熟的三维三向流场测速系统，其特征是通过三个在竖直方向成品字形布置的PIV相机同步拍摄流场中的粒子图像，进而通过相关算法算出流场中每个点上的$x$、$y$、$z$三个方向速度。V3V在许多领域中都有应用，而最近Wang等[18]首次利用V3V对直径35mm旋流器内三维旋转流动进行了测量，根据其测量结果发现，旋流器柱段和锥段内切向、轴向和径向速度在$r$-$z$平面上比值约为4∶2∶1。其拟合的自由涡中切向速度的特征指数值$n$=0.5～0.7，并随轴向位置的改变而不同。由于二次涡流的发展，造成了径向速度的非轴对称性，而切向和轴向速度具有准轴对称性。另外其通过三维轴向速度获得了旋流器内短路流流量。

### 3. 基于超声多普勒效应的流场测试

在非接触式流场检测中均需要利用微细示踪粒子进行流场或其本身的运动表征，根据光可视性原理，无论是基于激光多普勒效应的LDV（PDA/PDPA）还是基于粒子光学图像的PIV，均对流场中粒子的浓度有限制，即要保证悬浮液的透明性。当颗粒浓度较高而形成不透明悬浮液后，基于光学的流体测速方法将不适用。而在实际生产中，随着颗粒浓度的增大，悬浮液的黏性、密度等性质也将发生变化，进而将影响其在旋流器中的分离性能。

Bergström和Vomhoff[2]在对不透明纤维悬浮液分离旋流器流场检测中，一方面利用了接触式的皮托压差计进行检测，另一方面利用基于超声回波扫描的非接触式超声速度测试仪（ultrasonic velicity profiler, UVP）进行检测。在其实验中，UVP 方法被用于检测不同进料浓度下纤维颗粒径向速度，结果表明，随着进料浓度的提高，流向中心的径向速度增大。

Siangsanun 等[19]利用多普勒超声测速仪（Doppler ultrasound velocimetry, DUV）对直径 100mm 圆柱形旋流器内的油滴运动速度进行了检测，结果表明，DUV 是一个快速的流场速度检测方法。但是 DUV 方法在处理声音信号判断其是否是精确的数据方面有一定的难度，并且无法测量轴向速度。

### 4. 其他流场测试方法

Williams 等[20]利用电阻层析成像（electrical resistance tomography, ERT）技术对旋流器运行过程进行在线监控，通过算法开发，可以对旋流器底流口排放情况进行监测；精确测量不同操作条件下的空气柱尺寸；根据三维数据重建直接计算颗粒的浓度分布。

Chu 等[21]利用电阻应变仪首次测量了旋流器内湍动压力的平均和脉动特征。其研究结果表明，在溢流管下部的中心区域，压力径向梯度、压力脉动和相对压力脉动均非常大。这表明在该区域能量损失和湍流动能耗散都非常严重。

Stegowski 和 Leclerc[22]用放射性同位素示踪方法研究了旋流器在处理铜矿过程的分离性能。用放射性同位素 $^{64}Cu$ 对不同粒径的矿石颗粒进行标记，并通过实验获得停留时间分布函数。通过停留时间分布函数可以获得运动参数（平均停留时间、流速或真实颗粒体积分数以及混合度）和对不同粒径颗粒的分离性能。

## 二、模拟研究

对旋流场的理论求解，主要是通过流体连续性方向、动量方程、能量方程以及相应的边界条件建立封闭的求解方程组。任何模拟策略都有两个基本的组成，即真实的物理模型和可以定量求解这个真实模型的有效数学模型。

Bloor 等[23]在球坐标系下对旋流器锥段流动建立了一个简单的数学模型，并得到了锥段旋流场的解析解。其模型中将流体视为非黏性并且具有轴对称性。

Hsieh 和 Rajamani[4]通过柱坐标系下三个动量方程（N-S 方程）和一个连续性方程确定的不可压缩牛顿流体的基本方程建立了旋流器单相流动的现象学模型（phenomenological model）。该模型通过湍流黏性的 Prandtl 混合长度模型进行了求解，并以一根直径 75mm 流体柱为例，与 LDV 的测试结果进行了对比。作者认为其模型的求解结果精度非常好，但是湍流模型还需要改进。随后作者为了验证模型的适应性，对不同结构参数和操作工况条件下的旋流器进行与 LDV 测试结果的验证，结果表明模型具有很好的适应性。

Dyakowski 和 Williams[24] 基于其之前的湍动旋流场模拟方法，通过将计算雷诺正应力分量的方程与 $k$-$\varepsilon$ 模型进行结合，进而克服了湍流黏性各向异性和平均旋度与平均应变的非线性关系问题。该改进模型用于模拟直径 10 ～ 40mm 微旋流器内的湍流流动，并准确获得了不同结构旋流器内的流场。另外，其还模拟研究了在旋流器中心插入一根固体棒以消除空气柱，以提高旋流器的分级性能。其模型网格径向节点至少为 20 个，轴向节点至少为 35 个。

Dai 等 [25] 基于 $k$-$\varepsilon$ 模型对直径 80mm 旋流器内含空气柱的三维旋流场进行了模拟研究。模拟工况下空气柱的直径为 8.5mm，并在模型中将空气柱界面上的所有径向速度设置为零，进而实现了带空气柱模拟。另外，由于旋流器内具有湍流黏性各向异性，因此其对模型中的常数值进行了修正。计算域内轴向和径向网格节点数量分别为 27 个和 17 个。利用该模型，成功预测了旋流器内速度场、压力场以及湍流动能耗散率的分布。

Salcudean 和 Gartshore[26] 通过在耗散方程中加入流线曲线修正项（一个经验常数）对 $k$-$\varepsilon$ 模型进行了改进，从而克服了标准 $k$-$\varepsilon$ 模型对旋流场预测的大误差问题。该改进模型对旋流场的预测与实验测试值非常吻合，但是其模型还不能很好地预测旋流器的分离性能。

随着计算机技术的快速发展，计算流体力学（computational fluid dynamics, CFD）也迅速崛起，计算精度出现质的飞跃。许多商业化的 CFD 软件开始出现，为科学研究和工业应用提供了便捷的工具，如 Fluent 软件。对于旋流器的模拟研究，从网格数量、湍流模型和计算精确度等方面取得了非常大的提高。

在旋流器的 CFD 研究中，空气柱尺寸对于预测溢流与底流流量之比具有非常重要的作用，而这个流量比又影响了旋流器分级曲线的预测。Delgadillo 和 Rajamani[27] 分别利用改进的 $k$-$\varepsilon$ 模型、雷诺应力模型（Reynolds stress model, RSM）和大涡模拟（large eddy simulation, LES）模型预测了直径 75mm 旋流器内的空气柱尺寸、流量比、轴向和切向速度。空气柱的模拟是采用 VOF（volume of fluid）模型，颗粒运动模拟采用了拉格朗日追踪和随机模型。由于 LES 模拟更能表现湍流的细节特征，相比之下 LES 预测的结果更接近实验数据。而根据 LES 模拟的速度场得到的颗粒运动结果更符合实验结果的粒子分级曲线。

Narasimha 等 [28] 以 Fluent 6 为模拟平台，采用标准 $k$-$\varepsilon$ 模型和分散相模型（discrete phase model, DPM）分别对直径 101mm 旋流器内的三维旋转流场和颗粒运动进行了模拟。其模拟研究了底流口直径和进口流速对分流比和颗粒分级性能的影响。研究结果表明，增大进口流量并减小底流口直径可以提高分离精度，预测结果与在线实验结果一致。后续，Narasimha 等利用 LES 及 VOF 模型对旋流器内的空气柱尺寸和形状进行了预测，并用混合模型（mixture model）对旋流器的颗粒分离性能进行模拟研究。

Bhaskar 等 [29] 利用 Fluent 6.1.22 平台，分别采用 RSM 和 DPM 对直径为 50mm

和 76mm 旋流器内的流场和灰尘颗粒运动进行了模拟研究。给出了一个详细模拟过程，为后续利用商业软件进行旋流场模拟提供了良好的指导作用，因此受到很多研究者的关注。

随着 CFD 模拟技术的日益成熟，其应用不再限于对旋流器的流场结构和分离机理等方面进行研究，而是向如何提高分离性能和拓展应用领域方向发展[30, 31]。

## 三、分离性能

旋流器的分离性能指标主要包括分级效率 $G(d)$、切割粒径 $d_{50}$ 和分离效率 $E$。对旋流器分离性能产生影响的因素包括三个方面：原料的物理性质、旋流器的几何结构以及旋流器的操作参数。从这三个方面可以确定影响旋流器分离性能的相关参数和变量，而众多研究者正是根据理论和实验数据对这些参数和变量进行整合，从而得到了许多旋流器分离效率的理论或经验模型。计算分离效率的经典模型有 Plitt 模型、Lynch 模型、Antunes&Medronho 模型等；计算切割粒径的方法有平衡轨道法、最大切线速度轨迹面法、内旋流法、零轴向速度包络面法等。

Kawatra 等[32]利用泥浆黏度线性测量技术研究了黏度对旋流器切割粒径的影响，研究结果表明，随着泥浆黏度的增大，颗粒的沉降速率降低，切割粒径 $d_{50}$ 变大。根据其测试数据发现，切割粒径 $d_{50}$ 与泥浆黏度的 0.35 次方成正比，进而其在 Lynch&Rao 模型的基础上进行改进得到了旋流器的分级模型，涵盖了温度对黏度的影响。

由于旋流器分级曲线“鱼钩效应”（fish hook）的存在，众多研究者又对分级曲线进行修正，得到了更准确的分级曲线。但是到目前为止，对于鱼钩效应的产生原因众说纷纭。对于鱼钩效应的解释主要有三种原因：一是根据 Kelsall（1953）所说的所有尺寸的颗粒进入底流的概率等于分流比而与分级无关的理论解释的“bypass”因素；二是根据 Majumder 等（2003）的假设固体颗粒在沉降速度从“Stokesian”变到“Transient regime”时出现了骤降；三是大颗粒夹带小颗粒的边界层模型。

对旋流器研究者来说，一方面要弄清楚包含了旋流器几何结构、物性参数和操作条件的旋流分离机理，另一方面要通过旋流器几何结构的优化来达到最低能耗、最高分离效率的目标。如 Chu 等[33]设计了一种新型旋流器，其特征是在传统旋流器的溢流管下方设置了一个带襟翼的核心。由于增加了这个核心，旋流器内的时均压力、压力脉动、相对压力脉动等都得到了有效的控制。通过湍流结构的控制，使得旋流器的分离性能得到显著的提高。另外，Chu 等[34]通过在传统旋流器中心插入一根固体棒以消除空气柱，进而提高旋流器的分离性能。

由于对颗粒的分离作用从颗粒进入旋流器就开始了，所以旋流器的进口形式和溢流管尺寸对旋流器分离性能的影响重大，因此受到广泛的研究。Noroozi 等[35]采用计算流体力学（CFD）模拟研究了四种不同进口形式对除油型旋流器性能的影响，其新设计的进口形式与传统切向进口形式相比明显增大进口速度，从而增大了分离效率。当采用螺旋进口形式时，分离效率可以提高10%。这从Fan等[17]的流场测试结果中同样可以得到解释，当原料螺旋进入旋流器时，减小了顶盖附近的短路流。溢流管的结构和尺寸设计对减小短路流提高分离效率也是影响显著。

从旋流器实际选用来说，当分离的物料中颗粒粒径越小，则应选择直径（柱段内径）更小的旋流器，因此通过旋流器的直径大小也可以对其分离能力进行分类。大型旋流器一般用于选矿行业，而直径较小的旋流器多用于石油化工等行业。对于小型旋流器的直径大小划分没有统一的界定。Tavares等[36]将柱段直径小于75mm的旋流器认为是小型旋流器，根据这个界定，本章总结了文献中具有工业应用价值的典型不同直径液固旋流器和液液旋流器及其分离性能，分别见表1-1和表1-2。从表1-1可以看出小型旋流器的切割粒径可以大致认为在30μm以下。当旋流器直径小于30mm时，其切割粒径就可以达到2μm以下，当然这与固液密度比有关系。从表1-2可以看出，液液旋流器处理的两相密度比一般在0.8～0.9范围，为了使旋流场更加稳定，在后期主要采用双进口形式，最高分离效率一般在80%以上，甚至可以达到95%。

**表1-1　不同直径液固旋流器分离性能**

| 直径/mm | 作者 | 固液密度比 | 最小 $d_{50}$/μm | 备注 |
|---|---|---|---|---|
| 75 | Chu等[37]2000 | 2.65 | 29 | |
| | Vakamalla等[38]2014 | 2.2～2.66 | 12 | 45°倾斜 |
| 50 | Vallebuona等[39]1995 | 2.78 | 13 | |
| | Roldan-villasana等[40]1999 | 2.91 | 10 | 加絮凝剂 |
| | Zhao等[41]2008 | 1.65 | 15 | 循环分离 |
| 38 | Ma等[42]2013 | 1.42 | 30 | |
| 30 | Vieira等[43]2010 | 2.98 | 1.6 | 锥段过滤 |
| 25 | Vallebuona等[39]1995 | 2.78 | 12 | |
| | Yang等[44]2013 | 1.4 | 1.7 | |
| | Lv等[45]2015 | 1.4 | 1.78 | |
| 20 | Pratarn等[46]2008 | 2.21 | 1.767 | 电势、中心棒 |
| 10 | Frachon等[47]1999 | 2.65 | 1.29 | |
| | Pasquier等[48]2000 | 2.65 | 1.08 | |
| | Cilliers等[49]2004 | 1.5 | 2.8 | |
| | Neesse等[50]2015 | 4.5 | 0.5 | 高进口压力 |
| | Yu等[51]2016 | 5.13 | <1 | 大流量 |

表1-2　不同直径液液旋流器分离性能

| 直径 /mm | 作者 | 密度比（轻相 / 重相） | 最大分离效率 /% | 备注 |
|---|---|---|---|---|
| 95 | Simkin 等 [52]1956 | 0.8 | 91 | 单进口 |
| 50 | Gómez [53]2001 | 0.857 | 95 | |
| 50 | Meyer 等 [54]2003 | 0.845 | 95 | |
| 42 | Belaidi 等 2003 | 0.854 | 81.5 | 细长型 |
| 40 | Husveg 等 [55]2007 | 0.871 | 70 | 单进口 |
| 35 | Bai 等 [56]2011 | 0.82 | 85 | 注气、双进口 |
| 30 | Sheng 等 [57]1974 | 0.9 | 91 | |
| 20 | Nascimento 等 [58]2013 | 0.84 | 80.7 | 双进口 |

## 四、应用拓展

传统旋流器仅用于非均相的分离，受机械分离的极限制约，在工程应用中其分离能力仅能达到微米级。但是旋流分离的技术优势一直吸引着研究者不断开发出新形式的旋流器以提高其分离性能。

Parga 等 [59] 利用注气型旋流器（gas-sparged hydrocyclone, GSH）作为反应器用于处理氰化物溶液。采用的旋流器是由两个同心细长圆管及一个切向进口组成，中间的圆管为多孔材料，方便气体介质通过，外圆管为非多孔材料。其处理过程是氰化物溶液首先从旋流器顶部的切向进口进入，并在旋流器内形成旋流场。当 $ClO_2$ 气体从旋流器进口附近外圆管壁面的喷嘴喷射进入旋流器时，就会被高速旋转的液流剪切成高浓度的小粒径气泡，并与氰化物溶液充分接触反应。气体产物径向迁移穿过多孔中心溢流管并排出到后续处理单元。该处理过程在任何 pH 值下 5min 内对自由氰化物的氧化效率达到 99%，GSH 系统的比容量至少为 300 ～ 400gal/(min · $ft^3$)(1gal=3.78541$dm^3$=0.1336807$ft^3$)，是传统气提设备的 100 ～ 160 倍。

Rastogi 等 [60] 将旋流分离技术与固相吸附技术相结合，开发出利用粉煤灰颗粒连续吸附废水中亚甲基蓝污染物的新技术。其实验结果表明，当初始亚甲基蓝浓度为 65mg/L 时，在 pH 为 6.75，吸附剂用量为 900mg/L 时可以达到 58.24% 的最大去除效率。由于粉煤灰价格低廉，因此该技术可在含污染物废水预处理中发挥重要作用。

Vieira 等 [61, 43] 将液固旋流器锥段壁面换成滤网结构，从而将旋流分离与过滤分离相结合。其研究结果表明，过滤型旋流器的分离性能显著受到滤网特性影响。由于过滤介质的介入，增大了旋流器总的分离效率。

除了两相密度差外，颗粒粒径大小也是决定其是否被旋流器分离的重要参数，而在工程应用中直接通过旋流分离将无法对粒径 3μm 及以下颗粒进行高效的分离，

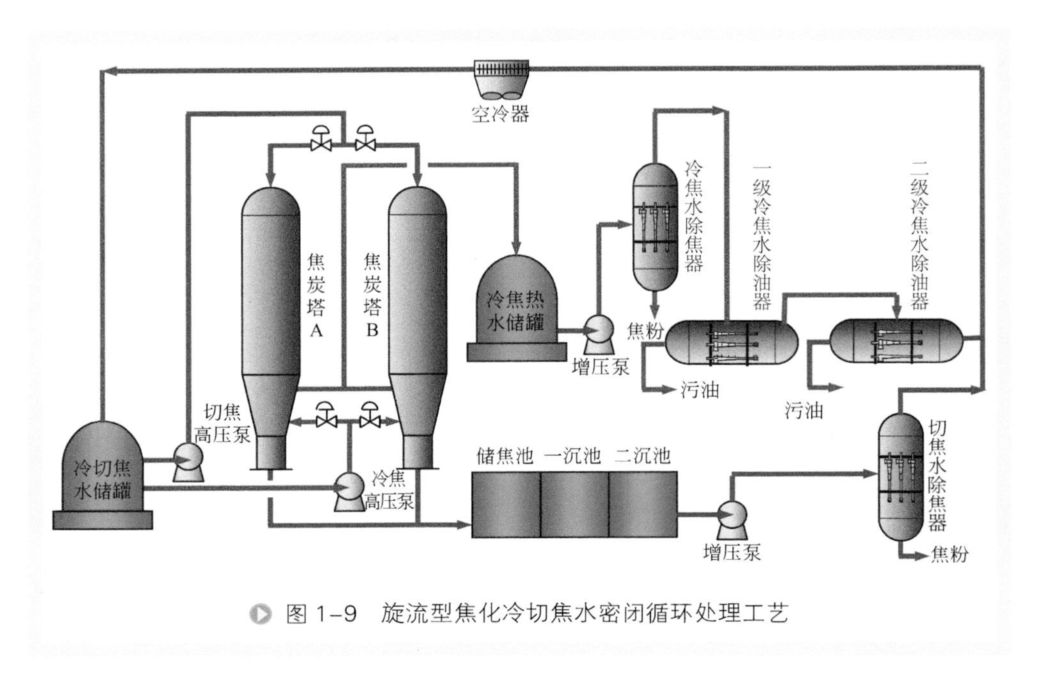


图 1-9　旋流型焦化冷切焦水密闭循环处理工艺

因此需要将这些小粒径颗粒通过一定的方式变成大粒径的颗粒，从而有利于旋流分离。常用的方法就是通过在原料中添加絮凝剂，使原料中亚微米颗粒聚集成数十微米的易分离颗粒，然后再通过旋流器进行分离，进而提高分离效率。

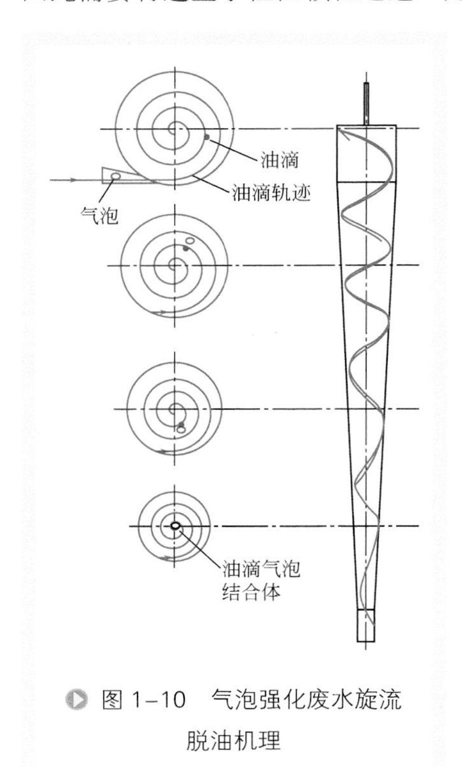


图 1-10　气泡强化废水旋流脱油机理

本书著者一直从事旋流器的性能提升及应用拓展的研究工作，并通过过程设备来强化过程工艺。

基于旋流分离技术开发了石油焦化冷切焦水密闭循环处理工艺[62]（图 1-9），并成功应用于我国石油焦化装置，对冷焦废水进行密闭除焦粉颗粒和污油回收，代替了我国使用近半个世纪的“隔油 - 凉水塔”敞开处理技术，解决了焦化装置长期以来的环境污染问题。

白志山[63]基于复合力场强化，提出基于气液混合的气泡强化废水旋流脱油方法，通过实验、测试和模拟等手段深入分析了气泡强化废水旋流脱油机理（图 1-10），并将该技术应用于冷焦废水脱油处理中，在加入 1%

气泡时，可使除油效率由 72% 提高到 85%，如图 1-11 所示。

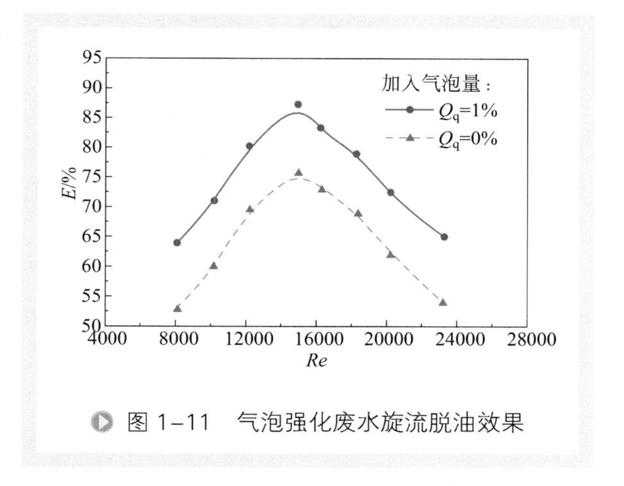


图 1–11　气泡强化废水旋流脱油效果

杨强[64]基于旋流场颗粒径向分离原理，提出了通过旋流器进口颗粒排序改善旋流器对微细固体颗粒的分离性能的方法，并通过 CFD、PDPA 测量以及实验研究等手段，对颗粒排序强化微旋流器分离性能的机理进行了细致深入的研究，得到了颗粒排序与分离性能的构效关系。所开发的逆旋微旋流器对粒径小于 5μm 的颗粒的分离能力比常规旋流器提高约 10%。该技术经过小试、中试研究后，成功应用于全球首套甲醇制烯烃（MTO）的商业化科技示范工程中（图 1-12）。其通过 240 根微旋流器并联设计，使处理能力达到 240t/h，进口颗粒中粒径小于 3μm 的颗粒占比 98% 的条件下，切割粒径达到 1.686μm。

李剑平[65]基于传统水热脱附方法，理论分析了旋流场中颗粒自转对水热脱附过程的强化机理，并通过实验探索了水热旋流脱附可行性，并将该技术应用于沸腾床渣油加氢含油催化剂除油工程项目中，结果表明，由于旋流场中颗粒高速自转，

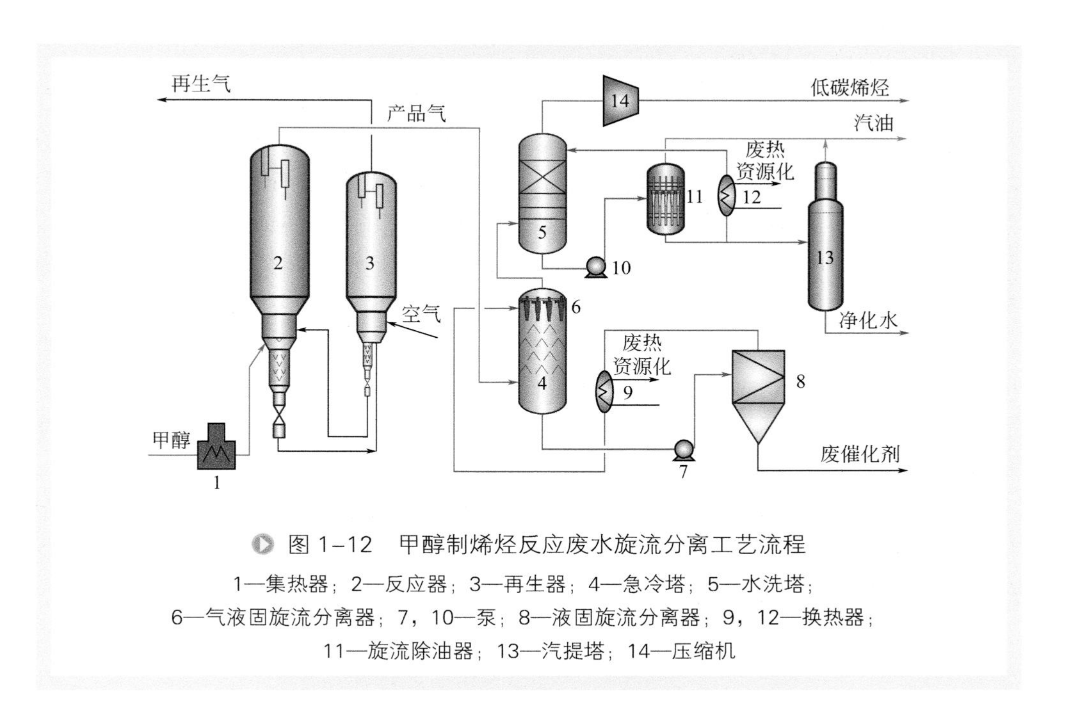


图 1–12　甲醇制烯烃反应废水旋流分离工艺流程

1—集热器；2—反应器；3—再生器；4—急冷塔；5—水洗塔；
6—气液固旋流分离器；7，10—泵；8—液固旋流分离器；9，12—换热器；
11—旋流除油器；13—汽提塔；14—压缩机

水热旋流脱附后沸腾床渣油加氢外排废催化剂含油率从 40% ～ 50% 降低到 11.3%，比传统水热脱附降低 5.76%，其中孔隙油的脱附效率提高了 31.9%。

何凤琴[66]通过 CFD 模拟、PDPA 流场测量、PIV 流场测量等手段对直径 25mm 微旋流器流场特征和分离性能进行了详细研究，并利用高速摄像技术初步测量了分散相颗粒在三维旋转流场中的自转和公转规律。测量结果表明，旋流器进口流速、柱锥结构对颗粒自转速度具有密切影响。

针对微旋流器分离精度高，但处理量小，而工业应用一般要求设备处理量大的问题，工程应用中一般通过微旋流器的并联方法提高总处理量，如在 MTO 装置废水净化中就一次并联了 240 根微旋流器[64]。虽然通过并联方式解决了处理量的问题，但同时也带来了微旋流器组压降和流量分布不均匀的问题，进而严重影响并联微旋流器组的整体分离性能，严重情况下可能造成旋流器的堵塞以致停车检修。黄聪[67]基于歧管系统单分支流理论，在考虑惯性效应和摩擦效应的基础上，建立了 U-U 型并联配置微旋流器组进口 - 底流数学模型，通过数学模型的解析解来预测在不同流动条件和几何结构下的压力和流量分布，对微旋流器工程应用中的并联放大具有重要指导作用。

马良[68]同样根据旋流场颗粒径向分离原理，提出气溶胶旋流排序方法和逆旋分离方法，通过实验研究、PIV 测试、CFD 模拟等手段，研究了逆旋强化旋转离心分离去除气溶胶的机理，并成功开发了短流程循环氢脱硫工艺，应用到石化加氢装置中，见图 1-13。其实验结果表明，当旋流器进口气体中气溶胶浓度为 2mg/L 时，经逆旋分离器处理后溢流出口残留气溶胶浓度仅为 0.01mg/L，是常规旋流器处理后溢流出口浓度的 15.6%。

吕文杰[69]通过 PIV 流场测试和高速摄像颗粒自转测试研究了旋流场中剪切力场作用下的污泥破解脱水过程，并定量表征污泥絮体的变化规律，探讨了旋流剪切场中污泥破解脱水的机理。测试表明，在旋流场中条棒状（模拟不规则形状的污泥絮体）除了具有围绕其长轴的高速自转运动，同时还围绕其短轴发生的翻转运动。说明污泥絮体在旋流场中受到强剪切力作用，因此可造成污泥絮体的破解，进而释放包覆的水。

钱鹏[70]基于旋转剪切场中液滴自转强化气液传质原理，提出了通过在旋流器内液滴自转强化吸收剂对 $H_2S$ 选择性吸收的新方法，通过 CFD 模拟和实验研究了旋流场强化选择性吸收 $H_2S$ 的机理，并成功开发了工业用旋流选择性脱硫技术，应用到克劳斯硫黄液硫尾气脱硫装置中。

综上所述，旋流剪切场中颗粒自转对于非均相之间的传质分离强化具有重要作用，为旋流器的分离性能提升和应用拓展提供了一种新的方向。但是旋流场中颗粒的自转行为及其强化机理有待进一步研究。

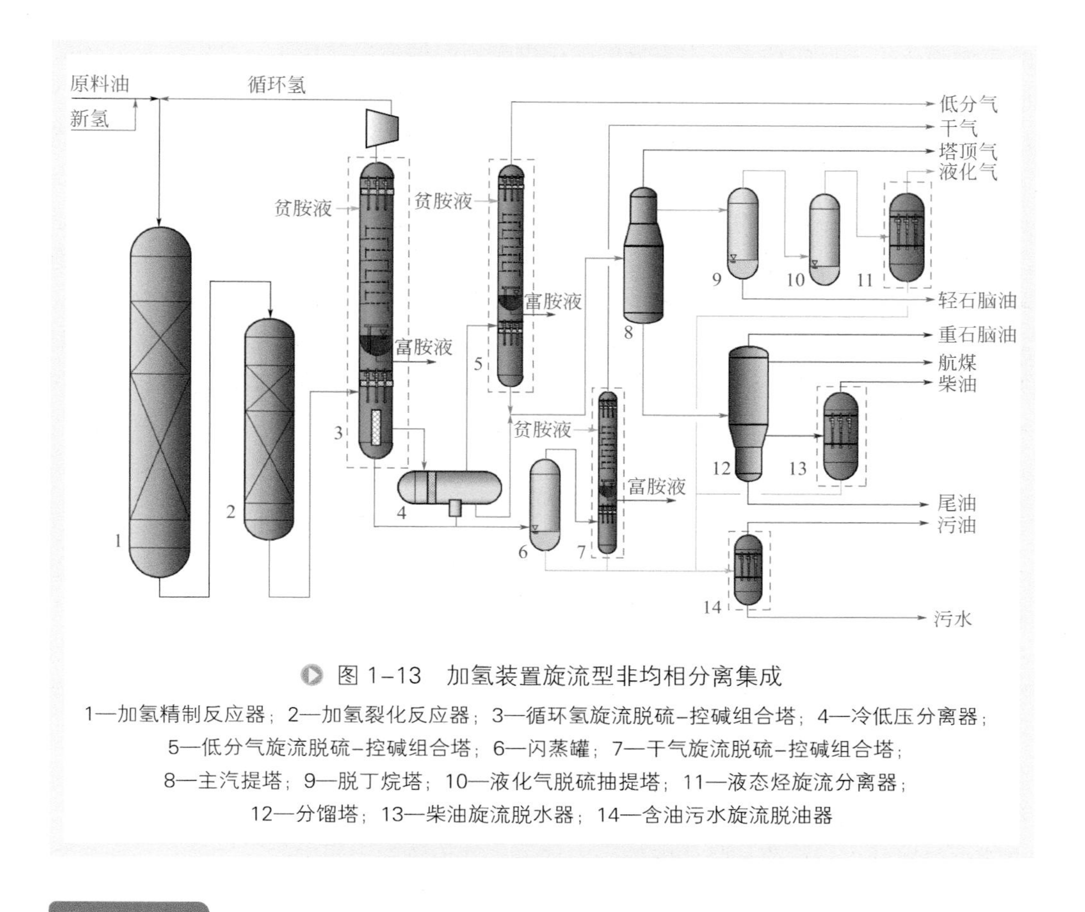


图 1-13 加氢装置旋流型非均相分离集成

1—加氢精制反应器；2—加氢裂化反应器；3—循环氢旋流脱硫-控碱组合塔；4—冷低压分离器；5—低分气旋流脱硫-控碱组合塔；6—闪蒸罐；7—干气旋流脱硫-控碱组合塔；8—主汽提塔；9—脱丁烷塔；10—液化气脱硫抽提塔；11—液态烃旋流分离器；12—分馏塔；13—柴油旋流脱水器；14—含油污水旋流脱油器

## 第四节 液固旋流分离过程强化研究进展

旋流分离器是一种按粒度、密度进行分级或分离的设备，和其他技术相比具有分离效率高、设备体积小、适合长周期运转的特点。可用于液体澄清、料浆浓缩、固相颗粒洗涤、液相除气与除砂、固相颗粒分级与分类，以及两种非互溶液体的分离等多种过程作业，迄今已经在矿物加工、石油、化工、轻工、环保、食品、医药、采矿、冶金、机械、建材等众多工业部门获得了广泛的应用，而且由于旋流分离器结构及型式的日趋多样化，旋流分离技术已经从传统的矿业工程领域扩展到许多新领域，如危险物质处理处置——利用硫铁矿灰旋流富集土壤中 As、Cd、Cu、Hg、Pb、Zn 等重金属元素，粉煤灰旋流吸附废水中含氮和硫的有机物，主要含硝酸盐的实验室废水处理，受石油污染的土壤修复，含重金属、放射性污染物质的多种污染土壤的水洗；水和废水处理——利用旋流分离 - 过滤改善滴灌系统；生物与生命领域——采用旋流技术分离仓鼠卵巢细胞；废气防治方面——燃料气脱除 $SO_2$

的气泡强化旋流反应技术、水雾喷射强化煤颗粒的旋流捕获技术、带电硅颗粒的电旋流捕获技术、气体中微量纳米颗粒的在真空条件下旋风捕获技术等。单根旋流分离器的直径一般为 5 ～ 2500mm，分离精度为 2 ～ 250μm，单根旋流分离器处理能力一般为 0.1 ～ 780m$^3$/h，其操作压降一般在 0.01 ～ 0.6MPa 内，小直径的旋流器通常压降较高，小直径的旋流器的切割粒径越小，分离精度越高。目前水力旋流器的技术规格通常指直径，为适应设备大型化的处理能力和特种材料工艺所需特细物料分离精度的要求，水力旋流器的技术规格向两极化发展，即既向大型化发展，又向小型化发展。也有相关研究者从复合力场的采用入手，相继研制发明了许多新型的旋流分离器来改善分离性能，如：直流电式旋流分离器、磁力旋流分离器等用以对微细料浆进行分离净化，但有着应用局限性。

## 一、调整结构尺寸强化旋流分离过程

旋流器分离性能的提高最初主要是通过优化旋流器的基本尺寸：进出口结构和大小、柱段直径、锥段锥角、溢流管插入深度等。随着高速摄像技术、激光测试技术等研究手段以及 CFD 技术的飞速发展，旋流分离机理已经得到了充分的认识和理解，许多学者从内部流场调控的角度开发了强化旋流分离过程、提高旋流器分离性能的新方法。褚良银等[71]发明了一种具有环齿形外壁溢流管的水力旋流器，能有效地减少短路流，提高了分离精度；Boadway[72]采用渐扩管代替直圆筒式溢流管，能减少短路流并能降低能耗 27% ；徐继润[73]用厚壁溢流管代替薄壁溢流管，也能有效地减少短路流和降低内部压力损失，使传统旋流器中的零轴速包络面变为包络区间。研究表明，中心固棒有稳定旋流器内流场的作用，有利于分级过程的进行，从而提高分级效率，中心固棒以及厚壁溢流管的旋流器形式可使旋流器内部的能量损失降低 50%。在颗粒轨道研究的基础上，在旋流器进口引入蜗形腔，调控颗粒在进口截面的初始位置，使沿着直径指向器壁方向颗粒的粒径和浓度从小到大排列，可使小颗粒的分离效率得到有效提升。

而旋流器的结构调整，只是在一定公称直径下对旋流器分离性能的优化，而能从本质上提高分离精度的方法是减小旋流器公称直径，即目前较为流行的微旋流分离技术。微旋流器笼统地指小直径旋流器，与常规旋流器没有明确的界限，学者也很少区分，Tavares[36]以 75mm 为界，但没有给出原因，我们把 50mm 以内的旋流器称为微旋流器。对于微旋流分离过程，“鱼钩效应”既是研究的热点，也是提高微细颗粒分离效率的一个难点。

越来越多的人发现利用微旋流技术分离超细颗粒时，当粒径小于临界粒径时，会出现颗粒回收率随粒径减小反而增大的现象，即“鱼钩现象”（或鱼钩效应），如图 1-7 中的 $G_2$ 线。Hwang 等[74]绘制的典型鱼钩状分离效率曲线如图 1-14 所示，将曲线的变化趋势分成五个不同的区域（A ～ E）进行描述：在 A 区域，粒径小于

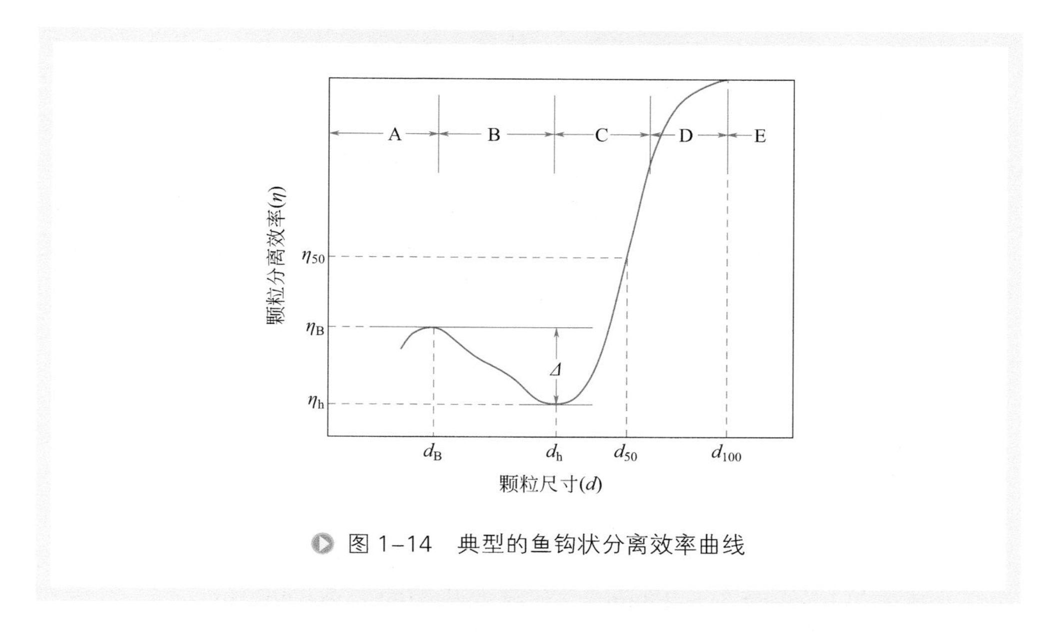


图 1-14　典型的鱼钩状分离效率曲线

临界粒径 $d_B$，分离效率随粒径的增大而增大，在临界粒径处达到最大值 $\eta_B$；在 B 区域，分离效率随粒径的增大而减小到 $\eta_h$；C、D、E 区域，变化趋势与传统分离效率曲线一致；$\eta_B$ 与 $\eta_h$ 的差 $\varDelta$ 称为“鱼钩的深度”。

Neesse 等 [75] 认为鱼钩效应与多分散悬浮液中的细颗粒夹带有关；Majumder 等 [76] 认为，鱼钩效应是由于离心场内颗粒雷诺数的突然变化引起的，是离心分离过程的特征现象；Kilavuz 等 [77] 发现：进口压力较小时，鱼钩效应更加显著，但是在高分流比的时候又消失了。鱼钩效应虽然尚存争议，但是多数学者赞成其存在，只是其产生机理非常复杂，可能是多方面的因素（湍流扩散、干涉沉降、颗粒夹带等）共同作用的结果。为了克服鱼钩效应带来的对“鱼钩的深度”范围内的小颗粒去除效率低的问题，诸多学者从操作条件、物料特性、微旋流器结构方面进行了研究，而减小旋流器直径提高分离精度可能是该问题比较好的一个解决办法，但又存在公称直径的减小带来了处理量的降低、对大颗粒分离不适用的问题，属于利用微旋流技术处理微细颗粒的研究难点。因此，通过减小旋流器的直径进而提高旋流分离精度的方法有着其应用局限性，特别是针对处理 3μm 以内的亚微米颗粒。

## 二、操作参数调整强化旋流分离过程

操作参数主要包括进口流量、压力降、分流比三个参数。目前对旋流器的研究基本都涉及以上三个参数，基本共性结论是：在特定处理物料体系下，进口流量对分离效率有显著的影响。当流量较小时，旋流器内离心力也比较小，不足以对两相混合物进行有效的分离，分离效率不高；随着流量增加，旋流器产生的离心力也逐渐增大，分离效率上升；当流量达到一定值后，分离效率开始下降，一方面是由于流量增大时，流速过高，使得固相颗粒在旋流器内的停留时间缩短，不利于充分分离；操作压降是跟进料处理量和分流比有关的一个参数，一般随进料量的增加而增加，溢流与底流的压降会影响到分流比，进而影响分离效率；一般说来，分离效率随分流比的增大而增大，分流比较小时，溢流流量较大，固体颗粒大量地随着溢流离开旋流器，分离效率较低；随着分流比的增大，底流排出量增多，分离效率也提高，但会造成底流固含量降低、进料液跑损的问题。

## 三、改善物料性质强化旋流分离过程

进料的黏度，分散相颗粒的密度、粒径以及浓度都是影响旋流分离效率的关键因素，而通过改善进料性质强化旋流分离也基本从以上几个方面着手。如通过改变温度进而降低黏度提高旋流分离效率的研究：Cilliers 等 [78] 研究了温度（10 ～ 60℃）对 10mm 微旋流器切割粒径和短路流的影响，发现：温度升高，固相的回收率增加，分离精度提高（5.3 ～ 2.8μm），有利于两相的分离；Williamson 等 [79] 采用 15mm 旋流器对水中的赤铁矿、磁铁矿和硅粉微粒进行了分离实验，研究发现在适当的高压降和低黏度操作条件下，2μm 的颗粒可以得到有效的分离。通过改变分散相粒径、密度提高分离效率的研究，如液固分离过程采用絮凝剂，Woodfield 等 [80] 用 22mm Mozley 旋流器分离进料浓度为 1%（质量分数）的矾土悬浮液，在 100kPa 的操作压力下，分离效率由于絮凝的作用从 0.75 提高到 0.84，但絮凝物的密度偏小是分离效率不能继续提升的主要原因；Bai 等 [81] 采用气泡强化液液除油过程，通过在废水中加注 1% 的气泡，除油效率可提高约 11%。

近年来，在旋流器前通过加注萃取剂进而捕集去除纳米级微粒或者离子微粒受到了关注，如利用硫铁矿灰旋流富集土壤中 As、Cd、Cu、Hg、Pb、Zn 等重金属元素，粉煤灰旋流吸附废水中含氮和硫的有机物，用多分散性的脱盐水滴作为捕集剂来捕集钠离子、胺分子等。以上通过在旋流器前添加捕集剂，将旋流器分离精度从微米级提高到纳米、离子、分子级，也属于旋流分离的研究热点。

## 四、其他强化旋流分离过程的方法

被分离物料的其他性质也可作为旋流分离过程的强化手段，如物料的电性、磁性等性质，有些研究者设计了电场、磁场旋流器对某些特殊物料进行处理，但有着应用局限性。如 Yoshida 等 [82] 采用 20mm 电旋流器分离中径为 754nm 的硅石微粒，利用底流回收箱中金属圆柱壁面与中心金属电极间静电力使切割粒径比一般旋流器减小了 9.2%；Tue Nenu 等 [83] 用 20mm 电旋流器在分流比为 0.2 的条件下分离中径为 0.2μm 的超细硅粉末，研究表明：进料分散时间越长，$d_{50}$ 越小；电压大于 40V，硅粉开始分级，且电压越大，分级效果越好；$d_{50}$ 随进料浓度增加先减小后增大，在 1.5% 的质量浓度时最小；Pratarn 等 [84] 用 20mm 电旋流器分离进料体积浓度为 0.2%，中径为 754nm 的硅石微粒，发现在有底流和无底流两种情况下电压的作用正好相反，壁面带正电、中心带负电的条件更有利于分离，且电压能够使切割粒径 $d_{50}$ 比一般旋流器减小 10%；Pratarn 等 [85] 研究了 20mm 电旋流器的分离性能，发现切割粒径 $d_{50}$ 最小值出现在底流壁面带正电、中心带负电的旋流器中，并且中心金属直径越大、pH 值越大和尾浆收集箱越长，切割粒径 $d_{50}$ 越小。

Wang 等 [86] 通过研究发现进口颗粒所处的位置对该颗粒的可分离性能有影响，Liu 等 [87] 通过在进口处引入蜗壳结构达到了颗粒预沉降的功效，使小颗粒的分离效率得到了有效提升，但对进料颗粒排序对分离效果的影响未进行深入研究。

## 第五节 旋流器内湍流流动–颗粒运动–污染物分离的关联

“湍流动力学和颗粒材料运动学的综合理论”被《Science》杂志列为今后 1/4 世纪需要解决的 125 个科学前沿问题之一 [88]。而对旋流分离技术而言，研究旋流器内连续相流场流动、分散相颗粒运动以及污染物迁移分离的关联理论，通过流场调控与颗粒运动相结合（图 1-15），是利用旋流器实现污染物源头控制及资源化的关键。本书著者长时间专注于旋流器内流体流动、颗粒运动和污染物传递相关联的分离理论、技术，围绕高浓度难降解污染物源头控制及回收利用工艺，发现了旋流器内三维旋转湍流场中颗粒高速自转及细颗粒物排序的现象，发明了液滴自转旋流捕获微量分子、离子，细颗粒排序旋流拦截更细颗粒，气泡公转黏附 / 脱附油滴技术，建立了化学污染物物理分离的工艺流程和工程装置，应用至海洋石油开发、生

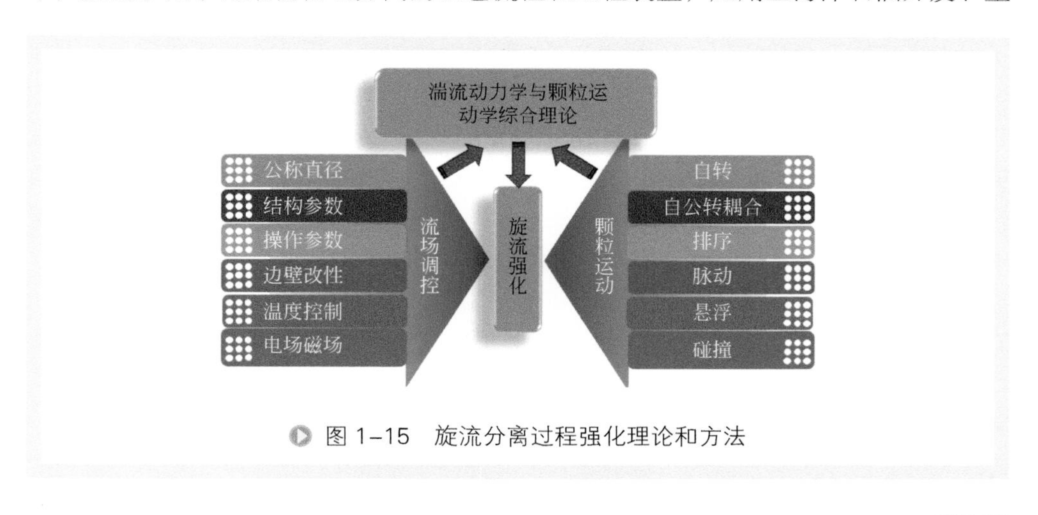


图 1–15　旋流分离过程强化理论和方法

物航煤及石油加氢、甲醇制烯烃、天然气脱硫等领域。

## 一、旋流场中颗粒自转强化污染物分离

### 1. 旋流场中颗粒高速自转运动

通过微流控造粒技术制备了旋流场中颗粒自转检测示踪粒子，结合同步高速摄像技术（D-HSMA，最高拍摄频率216000fps，拍摄图像的像素最大可达1024×1024ppi），并通过理论解析进行验证，发现了旋流场中颗粒物不仅绕旋流器轴心做公转运动，同时围绕颗粒中心做高速自转运动，气体旋流场中颗粒自转速度高达20000～60000r/min，液体旋流场中颗粒自转速度也高达30000r/min。

### 2. 旋流自转强化液液萃取

旋流器内旋转剪切流场对液液萃取的强化作用主要分为三个方面：一是分散相液滴在旋流场剪切应力作用下，大粒径的液滴会破碎为小液滴，从而增大传质面积；二是在旋流场剪切应力作用下，微液滴发生自转，增大了液滴表面所受剪切应力的不均匀性，进而加速液滴表面更新，强化传质过程；三是旋流场中液滴自转与公转的耦合，通过液滴与气流场的相对运动，增加液滴与待萃取物的碰撞接触概率，提高萃取效率[24]。

在常规的液液萃取塔设备中，连续相流体流动比较接近均匀湍动，因此液滴主要受到连续相流体的脉动曳力作用，其影响主要是造成液滴的形变。但是一般当液滴粒径小于1mm后，其受界面张力的影响，液滴基本保持球体形态，因此周围均匀湍流对液滴表面的更新主要受由两相相对运动产生的剪切应力产生，如图1-16（a）所示。二维图形中，在不考虑表面滑移的情况下，液滴表面速度与周围连续相流体相等。与固体颗粒不同，液滴表面具有流动性，因此在其中心轴线两侧由于表面流动更新，以及液滴内部产生小的涡流，进而提高了传质速率。

当液滴位于湍动剪切流场中时，一方面周围的流体强烈湍动使得连续相中溶质分子充分对流扩散，减小了由于浓度差造成的传质阻力，同时也减小了相界面在连续相一侧的停滞膜厚度；另一方面液滴周围流体存在速度梯度，使得液滴表面所受剪切作用力不均匀，使得液滴具有自转的趋势，如图1-16（b）所示。由于颗粒自转运动造成颗粒表面应力存在加强区域，因此液滴表面流动加快，进而使得微液滴内形成较强的涡流流动，降低了相界面内侧的传质阻力。

根据旋流器内剪切流场与液滴运动特征，得到旋转剪切流场强化微液滴萃取的原理及过程如图1-16（c）～（e）所示：①旋流器内是由复合涡流组成的强湍流流场，由于强烈的涡流扩散作用[图1-16（c）]，使得连续相内溶质具有很高的传质速度；②萃取剂液滴在曳力、离心力等的作用下跟随连续相做螺旋曲线运动，使得连续相与分散相具有很长的接触混合长度，提高了分散相捕获连续相内溶质粒子的

概率；③在流场剪切力作用下产生液滴自转运动［图 1-16（d）］，使得液滴内形成内循环流［图 1-16（e）］，从而增大了滴内的传质速率。

本技术应用于中国石油克拉玛依石化分公司 2 万吨 / 年规模 MTBE（甲基叔丁基醚）装置 $C_4$ 原料净化工程中，设计了一套 $C_4$ 原料胺碱净化新工艺，如图 1-17

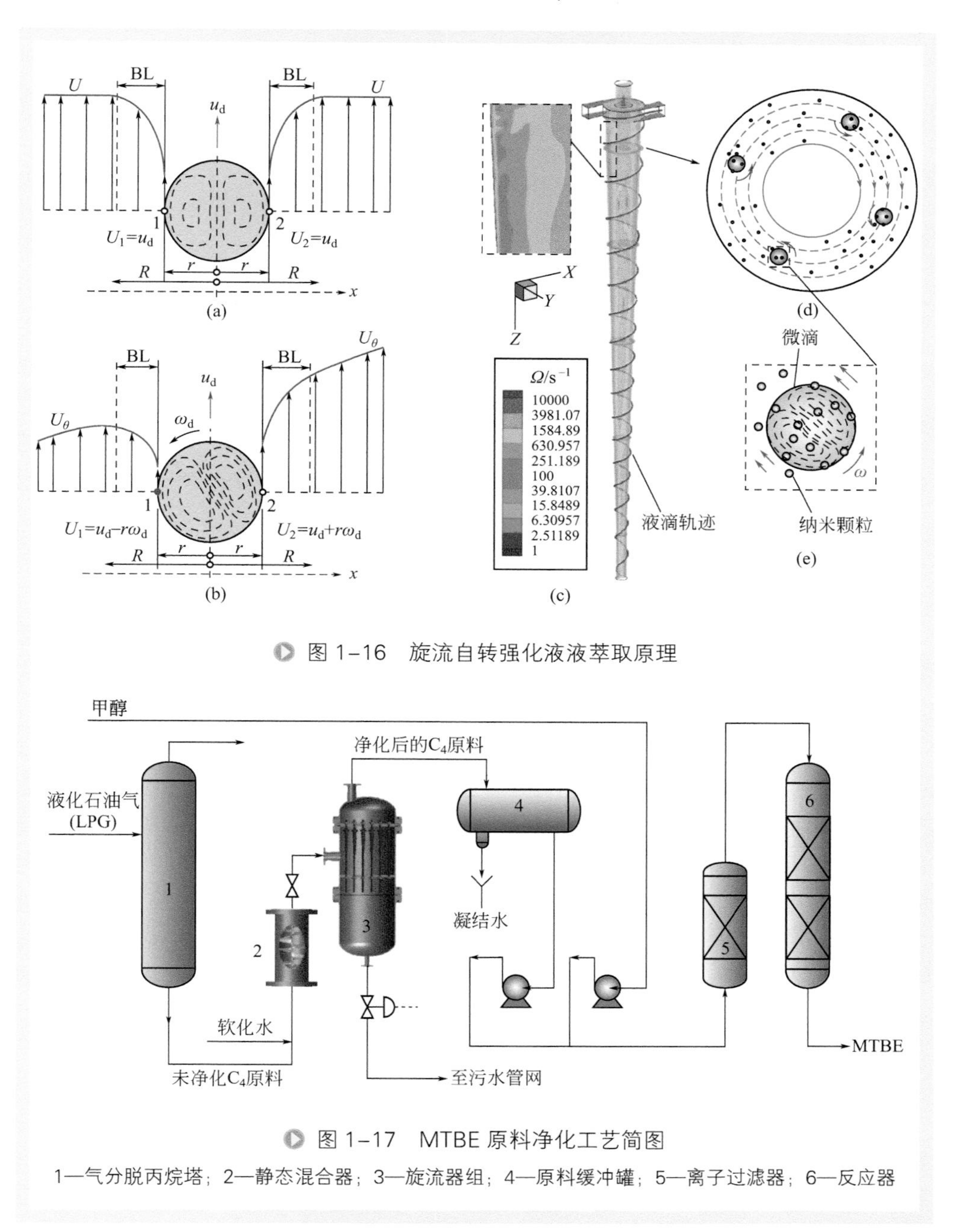


图 1-16　旋流自转强化液液萃取原理



图 1-17　MTBE 原料净化工艺简图

1—气分脱丙烷塔；2—静态混合器；3—旋流器组；4—原料缓冲罐；5—离子过滤器；6—反应器

所示。来自气分脱丙烷塔塔底的含大量胺碱杂质的 $C_4$ 原料首先在静态混合器中与软化水预混合，使得软化水分散为小液滴，同时完成初步传质；然后 $C_4$ 原料与软化水的混合物进入油脱水型旋流器组，在微旋流器内液滴被进一步剪切破碎，并在流场剪切作用下自转，强化传质。通过液液旋流器的离心分离，重相的含有大量胺碱杂质的水相从旋流器组底流总管排出，进入污水管网，而轻相的净化后的 $C_4$ 原料从旋流器组溢流总管排出至原料缓冲罐，进一步沉降降低原料中的水含量，最后依次进入离子过滤器和反应器。为了满足处理量的要求，采用多根微旋流器并联处理。

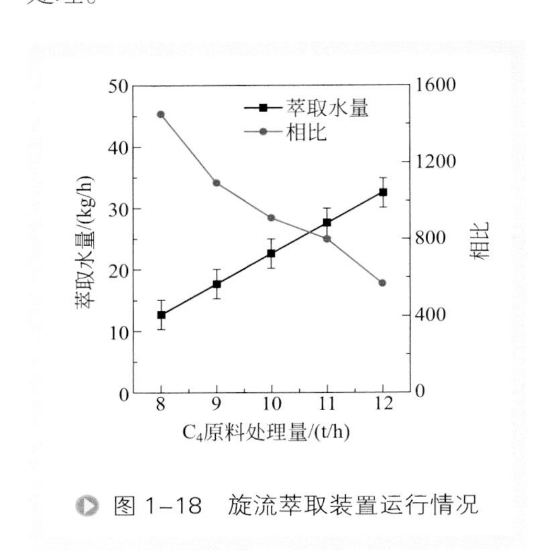

图 1-18　旋流萃取装置运行情况

对中国石油克拉玛依石化公司 MTBE 原料净化旋流萃取装置的运行情况进行跟踪分析，$C_4$ 原料萃取过程萃取水量与对应的相比（原料体积与萃取剂体积比）如图 1-18 所示。MTBE 装置 $C_4$ 原料的平均处理量为 8 ～ 12t/h，用于萃取胺碱杂质的水量为 10 ～ 35kg/h，其萃取相比达到了 570 ～ 1450。装置每年进行一次维护，且每次装置内所有催化剂将被替换。反应器前两台填装与反应器相同催化剂的保护过滤器交替使用，以消耗萃取剩余杂质，最终保障反应器的正常运行。两台过滤器的催化剂更换周期保持稳定在 40 天（采用旋流萃取器前为 15 天），从而有效保证了反应器的稳定运行。

根据界面传质双膜理论及旋流器内微液滴运动行为的模拟结果可知，旋流场对液液萃取过程的强化主要有三个方面：①旋流器内三维湍流流场具有强烈的涡流扩散作用，从而降低了连续相内溶质传质阻力，强化了界面外侧传质速率；②在流场剪切力作用下液滴产生自转运动，使得液滴内形成较强的内循环流，加速了液滴表面更新及液滴内对流，从而降低了液滴内侧的传质阻力，增大了液滴内的传质速率；③液滴在曳力、离心力等的作用下跟随连续相做螺旋曲线运动，使得连续相与分散相具有很长的混合接触长度，从而提高了分散相捕获连续相内溶质粒子的概率，最终强化了液液萃取效率。

### 3. 多孔颗粒纳米孔道中污染物旋流自转脱除

在固废资源化过程中，多孔材料由于发达的孔隙结构，孔隙中吸附的大量有毒有害污染物难以脱除，是导致固废环境危害大、资源化难度高的主要问题之一。多孔颗粒纳米孔道污染物旋流自转脱除技术依托于旋流自转脱液技术，其技术原理如图 1-19 所示，含污染物多孔颗粒在高温气体的输送下进入旋流自转脱液器，以高温气体为热载体降低多孔颗粒表面及孔道中污染物的黏度，从而降低脱附阻力，同时利用颗粒在旋流器内的高速自转运动（20000 ～ 60000r/min），强化颗粒孔隙中污染物的离心脱除与机械剥离，加快传质界面的更新速率强化传质，实现多孔颗粒中污染物的快速高效脱除。旋流器的离心分离可同时将气相（携带污染物）和净化后颗粒进行分离：污染物迁移到气相中并随着气体从旋流器溢流口排出，去进行回收，净化颗粒从旋流器底流口排出，去进行资源化利用。

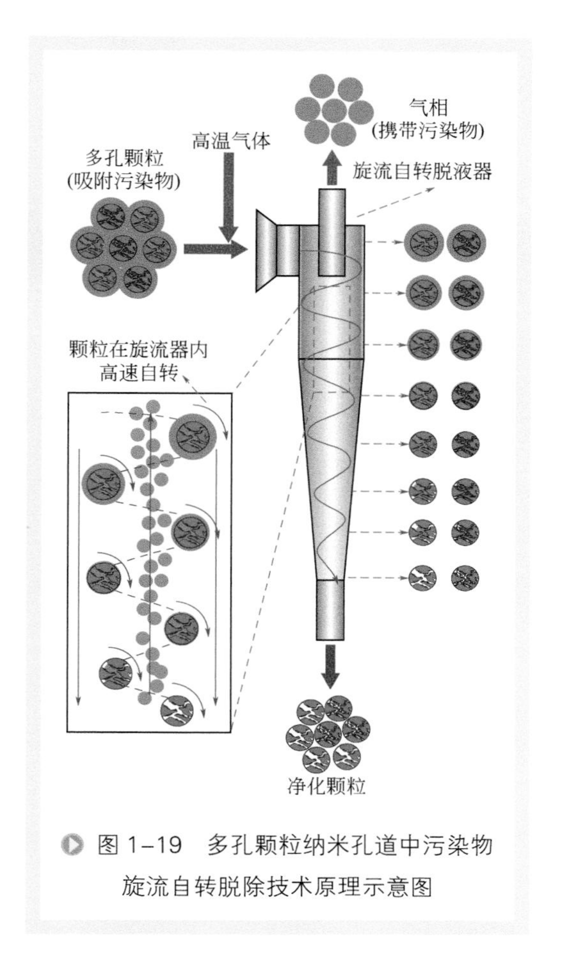


图 1-19　多孔颗粒纳米孔道中污染物旋流自转脱除技术原理示意图

该技术应用于中国石化“十条龙”科技攻关项目、中国石化第一套自主研发和自主知识产权的沸腾床渣油加氢（Sinopec Technology Residual Oil New Generation，STRONG）技术中，由华东理工大学开发的旋流自转除油 - 高活性催化剂气流加速度分选技术被专家一致认为属国内外首创，具有低能耗、高效率的工艺优势。图 1-20 所示为中国石化金陵石化分公司 5 万吨 / 年沸腾床渣油加氢（STRONG）工业示范装置外排催化剂的旋流自转除油效率。外排催化剂经沉降滗油后的原始油含量为 31.8%，经旋流自转除油后，温度超过 300℃时，油含量可以降低到 3% 左右，最高可降到 1.7%，最高的除油效率可以达到 95.6%，如图 1-20（b）所示。未经沉降滗油的外排催化剂原始油含量可达 49.5%，在高原始油含量下，300℃时油含量也能降到 5% 左右。图 1-20（c）和（d）为旋流自转除油前后催化剂颗粒的状态照片，从图可以看出，经旋流自转除油后，催化剂由带液态油的团聚态变成干燥的粉体状态，并且具有较好的单分散性和流动性。该技术的应用有效实现了沸腾床渣油加氢外排催化剂孔道中油相的回收利用，同时实现了装置危废减量。

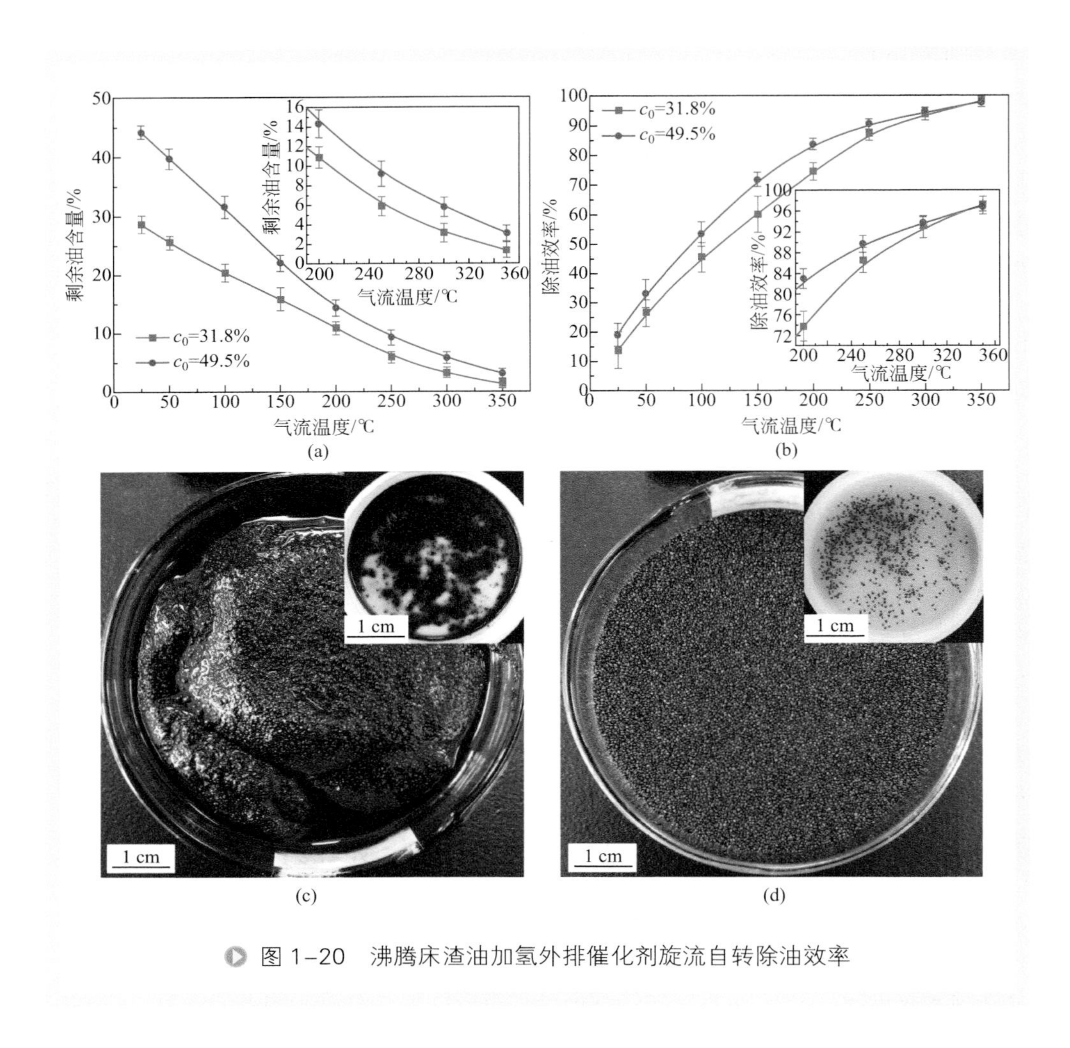

图 1-20　沸腾床渣油加氢外排催化剂旋流自转除油效率

## 二、旋流场中颗粒排序强化污染物分离

### 1. 旋转离心力场中颗粒排序运动

根据粒径不同的细颗粒在离心力场中径向和轴向受力不同导致运动轨迹不同的牛顿力学原理，通过三维旋转湍流流动与颗粒运动的关联，可以发现不同粒径细颗粒在旋转离心力场中排序现象：不同大小的颗粒由无序状态转变成有序排列状态。

### 2. 颗粒排序强化旋流分离

对细颗粒污染物旋流分离而言，小粒径的颗粒由于在旋流场中受到的离心力不足以支撑分离，是造成旋流分离对细颗粒群整体分离效率不高的主要原因，而研究表明，颗粒从旋流器进口的轴向下侧和径向外侧进入旋流器有利于颗粒进入旋流器底流实现分离。因此，可以通过颗粒排序使颗粒群在旋流器进口由常规的无序状态变成有序排列状态，并且使难分离的小粒径颗粒从旋流器进口的轴线下侧和径向外侧这一有利于分离的位置进入旋流器，可以直接提高难分离的小粒径颗粒的分离效率，而大粒径的颗粒虽然处于不利于分离的位置，但由于本身受到的离心力较大，足以支撑分离，而且大粒径颗粒在径向内侧和轴向上侧向边壁（径向外侧）和底流口（轴向下侧）迁移的过程中，能形成径向和轴向的移动膜，推动小粒径颗粒向旋流器边壁和底流口运动，进一步提高小粒径颗粒的分离效率。因此通过颗粒排序可以提高小粒径颗粒的分离效率而不影响大粒径颗粒的分离效率，从而可提高旋流器对颗粒群的整体分离效率。

该技术已经成功应用于甲醇制烯烃反应废水液固旋流分离过程强化，并拓展到乙烯烧焦外排烟气控制、$PM_{2.5}$旋流分离深度控制工程中，从源头控制工业污染物的排放量。

上述旋流场中颗粒自转和排序强化污染物旋流分离原理和方法，将在第四章中进行详细介绍。

## 第六节　本章小结

旋流分离器作为高效的分离设备之一，和其他分离设备相比具有分离效率高、设备体积小、适合长周期运转的特点。但是在理论研究和应用方面均存在着一些明显的不足，如旋流器内连续性流场结构了解不够透彻，分散性颗粒的多层次运动无法检测，对微细颗粒分离效率不高，通过减小公称直径来提高分离精度但是又带来对大颗粒分离的不适应性及处理量减小的问题。对旋流分离过程的强化一直是该领域的研究热点和难点。

本书将通过介绍粒子图像测速仪（PIV）技术和体三维测速仪（V3V）技术，将旋流器流场测试从二维扩展到三维，对旋流场的认识从介观尺度转换到旋流分离过程中微粒界面的传递、反应、结构、演化过程的微观尺度以及微观、介观现象与宏观性能的耦合；利用自开发的同步高速摄像（D-HSMA）技术研究了旋流场中颗粒高速自转和翻转现象，并通过自转、翻转与公转的耦合，使旋流分离过程强化手段从依靠流体 - 固体壁面结构（旋流分离器的几何结构）和操作参数拓展到还外加调控的功能微球（液滴、气泡、固粒排序、相态复合微球）；其知识结构也从化学工程延伸到材料、化学、生物、物理、环境等多学科交叉，应用范围从传统的分离净化扩展到旋流吸收、旋流萃取、旋流脱附、土壤修复等领域。本书还在旋流器微小化提高旋流器分离精度的条件下，将单分支流扩展到双分支流，指导微旋流器并联放大，使旋流分离过程强化同时满足分离精度和处理量的工业需求。

旋流分离过程强化的研究任重而道远，随着技术的发展，旋流器的应用范围、应用领域也将越来越广，其分离精度也必将从微米级扩展到离子、分子及其聚集体。发展旋流器中旋转湍流场与颗粒运动之间的综合理论，建立湍流流动 - 颗粒运动 - 污染物传递分离的关联机制，从而开发相应的旋流分离强化方法将是广大从事旋流分离技术科技工作者为之奋斗的目标。

## 参考文献


[1] Sholl D S,Lively R P. Seven chemical separations to change the world[J]. Nature, 2016, 532: 435-438.

[2] Bergström J,Vomhoff H. Velocity measurements in a cylindrical hydrocyclone operated with an opaque fiber suspension[J]. Minerals Engineering, 2004, 17(5): 599-604.

[3] Bergström J, Vomhoff H,Söderberg D. Tangential velocity measurements in a conical hydrocyclone operated with a fibre suspension[J]. Minerals Engineering, 2007, 20(4): 407-413.

[4] Hsieh K T,Rajamani K. Phenomenological model of the hydrocyclone:model development and verification for single-phase flow[J]. International Journal of Mineral Processing, 1988, 22: 223-237.

[5] Monredon T C, Hsieh K T,Rajamani R K. Fluid flow model of the hydrocyclone: an investigation of device dimensions[J]. International Journal of Mineral Processing, 1992, 35: 65-83.

[6] Chu L-Y,Chen W-M. Research on the motion of solid particles in a hydrocyclone[J]. Separation Science and Technology, 1993, 28(10): 1875-1886.

[7] Chiné B,Concha F. Flow patterns in conical and cylindrical hydrocyclones[J]. Chemical Engineering Journal, 2000, 80(1-3): 267-273.

[8] Bai Z, Wang H,Tu S T. Study of air-liquid flow patterns in hydrocyclone enhanced by air bubbles[J]. Chemical Engineering & Technology, 2009, 32(1): 55-63.

[9] Bai Z S, Wang H L,Tu S T. Experimental study of flow patterns in deoiling hydrocyclone[J]. Minerals Engineering, 2009, 22(4): 319-323.

[10] Zhou N Y, Gao Y X, An W, et al. Investigation of velocity field and oil distribution in an oil-water hydrocyclone using a particle dynamics analyzer[J]. Chemical Engineering Journal, 2010, 157(1): 73-79.

[11] He F Q, Zhang Y H, Wang J G, et al. Flow patterns in mini-hydrocyclones with different vortex finder depths[J]. Chemical Engineering & Technology, 2013, 36(11): 1935-1942.

[12] Liu Y, Yang Q, Qian P, et al. Experimental study of circulation flow in a light dispersion

hydrocyclone[J]. Separation and Purification Technology, 2014, 137: 66-73.

[13] Qian P, Ma J, Liu Y, et al. Concentration distribution of droplets in a liquid-liquid hydrocyclone and its application[J]. Chemical Engineering & Technology, 2016, 39(5): 953-959.

[14] Lim E W C, Chen Y-R, Wang C-H, et al. Experimental and computational studies of multiphase hydrodynamics in a hydrocyclone separator system[J]. Chemical Engineering Science. 2010, 65(24): 6415-6424.

[15] Marins L P M, Duarte D G, Loureiro J B R, et al. LDA and PIV characterization of the flow in a hydrocyclone without an air-core[J]. Journal of Petroleum Science and Engineering, 2010, 70(3-4): 168-176.

[16] Cui B-y, Wei D-z, Gao S-l, et al. Numerical and experimental studies of flow field in hydrocyclone with air core[J]. Transactions of Nonferrous Metals Society of China, 2014, 24(8): 2642-2649.

[17] Fan Y, Wang J G, Bai Z Y, et al. Experimental investigation of various inlet section angles in mini-hydrocyclones using particle imaging velocimetry[J]. Separation and Purification Technology, 2015, 149: 156-164.

[18] Wang J, Bai Z, Yang Q, et al. Investigation of the simultaneous volumetric 3-component flow field inside a hydrocyclone[J]. Separation and Purification Technology, 2016, 163: 120-127.

[19] Siangsanun V, Guigui C, Morchain J, et al. Velocity measurement in the hydrocyclone by oil droplet, Doppler ultrasound velocimetry, and CFD modelling[J]. Canadian Journal of Chemical Engineering, 2011, 89(4): 725-733.

[20] Williams R A, Jia X, West R M, et al. Industrial monitoring of hydrocyclone operation using electrical resistance tomography[J]. Minerals Engineering, 1999, 12(10): 1245-1252.

[21] Chu L-Y, Qin J-J, Chen W-M, et al. Energy consumption and its reduction in the hydrocyclone separation process. Ⅱ. Time-averaged and fluctuating characteristics of the turbulent pressure in a hydrocyclone[J]. Separation Science and Technology, 2000, 35(15): 2543-2560.

[22] Stegowski Z,Leclerc J P. Determination of the solid separation and residence time distributions in an industrial hydrocyclone using radioisotope tracer experiments[J]. International Journal of Mineral Processing, 2002, 66(1-4): 67-77.

[23] Bloor M I G,Ingham D B. The flow in industrial cyclones[J]. Journal of Fluid Mechanics, 1987, 178:507-519.

[24] Dyakowski T,Williams R A. Modelling turbulent flow within a small-diameter hydrocyclone[J]. Chemical Engineering Science, 1993, 48(6): 1143-1152.

[25] Dai G Q, Li J M,Chen W M. Numerical prediction of the liquid flow within a hydrocyclone[J].

Chemical Engineering Journal, 1999, 74:217-223.

[26] He P, Salcudean M,Gartshore I S. A numerical simulation of hydrocyclones[J]. Chemical Engineering Research & Design, 1999, 77(A5): 429-441.

[27] Delgadillo J A,Rajamani R K. A comparative study of three turbulence-closure models for the hydrocyclone problem[J]. International Journal of Mineral Processing, 2005, 77(4): 217-230.

[28] Narasimha M, Sripriya R,Banerjee P K. CFD modelling of hydrocyclone-prediction of cut size[J]. International Journal of Mineral Processing, 2005, 75(1-2): 53-68.

[29] Bhaskar K U, Murthy Y R, Raju M R, et al. CFD simulation and experimental validation studies on hydrocyclone[J]. Minerals Engineering, 2007, 20(1): 60-71.

[30] Yuan H, Fu S, Tan W, et al. Study on the hydrocyclonic separation of waste plastics with different density[J]. Waste Manag, 2015, 45:108-111.

[31] 王朝阳，杨强，许萧等．旋流脱气性能影响因素的 CFD 模拟 [J]. 化工进展，2015, 34(6): 1569-1577.

[32] Kawatra S K, Bakshi A K,Rusesky M T. Effect of viscosity on the cut size of hydrocyclone classifiers[J]. Minerals Engineering, 1996, 9(8): 881-891.

[33] Chu L Y, Chen W M,Lee X Z. Enhancement of hydrocyclone performance by controlling the inside turbulence structure[J]. Chemical Engineering Science, 2002, 57(1): 207-212.

[34] Chu L Y, Yu W, Wang G J, et al. Enhancement of hydrocyclone separation performance by eliminating the air core[J]. Chemical Engineering and Processing, 2004, 43(12): 1441-1448.

[35] Noroozi S,Hashemabadi S H. CFD simulation of inlet design effect on deoiling hydrocyclone separation efficiency[J]. Chemical Engineering & Technology, 2009, 32(12): 1885-1893.

[36] Tavares L M, Souza L L G, Lima J R B, et al. Modeling classification in small-diameter hydrocyclones under variable rheological conditions[J]. Minerals Engineering, 2002, 15(8): 613-622.

[37] Chu L-Y, Chen W-M,Lee X-Z. Effect of structural modification on hydrocyclone performance[J]. Separation and Purification Technology, 2000, 21:71-86.

[38] Vakamalla T R, Kumbhar K S, Gujjula R, et al. Computational and experimental study of the effect of inclination on hydrocyclone performance[J]. Separation and Purification Technology, 2014, 138:104-117.

[39] Vallebuona G, Casali A, Ferrara G, et al. Modelling for small diameter hydrocyclones[J]. Minerals Engineering, 1995, 8(3): 321-327.

[40] Roldan-Villasana E J,Williams R A. Classification and breakage of flocs in hydrocyclones[J]. Minerals Engineering, 1999, 12(10): 1225-1243.

[41] Zhao L, Jiang M,Wang Y. Experimental study of a hydrocyclone under cyclic flow

conditions for fine particle separation[J]. Separation and Purification Technology, 2008, 59(2): 183-189.

[42] Ma L, Yang Q, Huang Y, et al. Pilot test on the temoval of coke powder from quench oil using a hydrocyclone[J]. Chemical Engineering & Technology, 2013, 36(4): 696-702.

[43] Vieira L G M, Damasceno J J R,Barrozo M A S. Improvement of hydrocyclone separation performance by incorporating a conical filtering wall[J]. Chemical Engineering and Processing: Process Intensification, 2010, 49(5): 460-467.

[44] Yang Q, Li Z M, Lv W J, et al. On the laboratory and field studies of removing fine particles suspended in wastewater using mini-hydrocyclone[J]. Separation and Purification Technology, 2013, 110:93-100.

[45] Lv W J, Huang C, Chen J Q, et al. An experimental study of flow distribution and separation performance in a UU-type mini-hydrocyclone group[J]. Separation and Purification Technology, 2015, 150: 37-43.

[46] Pratarn W, Wiwut T, Yoshida H, et al. Effect of pH of fine silica suspension and central rod diameter on the cut size of an electrical hydrocyclone with and without underflow[J]. Separation and Purification Technology, 2008, 63(2): 452-459.

[47] Frachon M,Cilliers J J. A general model for hydrocyclone partition curves[J]. Chemical Engineering Journal, 1999, 73:53-59.

[48] Pasquier S,Cilliers J J. Sub-micron particle dewatering using hydrocyclones[J]. Chemical Engineering Journal, 2000, 80:283-288.

[49] Cilliers J J, Diaz-Anadon L,Wee F S. Temperature, classification and dewatering in 10mm hydrocyclones[J]. Minerals Engineering, 2004, 17(5): 591-597.

[50] Neesse T, Dueck J, Schwemmer H, et al. Using a high pressure hydrocyclone for solids classification in the submicron range[J]. Minerals Engineering, 2015, 71:85-88.

[51] Yu J-F, Fu J, Cheng H, et al. Recycling of rare earth particle by mini-hydrocyclones[J]. Waste Management, 2016.

[52] Simkin D J,Olney R B. Phase separation and mass transfer in a liquid-liquid cyclone[J]. A I Ch E Journal, 1956, 2(4): 545-551.

[53] Gómez C H. Oil-water separation in liquid-liquid hydrocyclones (LLHC)-experiment and modeling[D]. Master, Tusa, USA: The University of Tulsa, 2001.

[54] Meyer M,Bohnet M. Influence of entrance droplet size distribution and feed concentration on separation of immiscible liquids using hydrocyclones[J]. Chemical Engineering & Technology, 2003, 26(6): 660-665.

[55] Husveg T, Rambeau O, Drengstig T, et al. Performance of a deoiling hydrocyclone during variable flow rates[J]. Minerals Engineering, 2007, 20(4): 368-379.

[56] Bai Z-S, Wang H-L,Tu S-T. Oil–water separation using hydrocyclones enhanced by air

bubbles[J]. Chemical Engineering Research and Design, 2011, 89(1): 55-59.
[57] Sheng H P, Welker I R,Sliepcevich C M. Liquid-liquid separation in a conventional hydrocyclone[J]. The Canadian Journal of Chemical Engineering, 1974, 32:487-491.
[58] Nascimento M R M, Bicalho I C, Mognon J L, et al. Performance of a new geometry of deoiling hydrocyclones: experiments and numerical simulations[J]. Chemical Engineering & Technology, 2013, 36(1): 98-108.
[59] Parga J R,Cocke D L. Oxidation of cyanide in a hydrocyclone reactor by chlorine dioxide[J]. Desalination, 2001, 140: 289-296.
[60] Rastogi K, Sahu J N, Meikap B C, et al. Removal of methylene blue from wastewater using fly ash as an adsorbent by hydrocyclone[J]. J Hazard Mater, 2008, 158(2-3): 531-540.
[61] Vieira L G M, Silva C A, Damasceno J J R, et al. A study of the fluid dynamic behaviour of filtering hydrocyclones[J]. Separation and Purification Technology, 2007, 58(2): 282-287.
[62] 周萍，白志山，杨强等．石油焦化冷焦废水封闭分离与利用技术 [J]. 化工环保．2008, 28(4): 336-339.
[63] 白志山．气泡强化废水旋流脱油机理及其工程应用的研究 [D]. 上海：华东理工大学，2009.
[64] 杨强．微粒排序及其强化微旋流分离的原理及应用研究 [D]. 上海：华东理工大学，2011.
[65] 李剑平．水热旋流脱附技术及其在含油多孔介质脱油中的应用研究 [D]. 上海：华东理工大学，2013.
[66] 何凤琴．固液旋流分离场研究 [D]. 上海：华东理工大学，2014.
[67] 黄聪．U-U 型并联配置微旋流器组压降和流量分布研究 [D]. 上海：华东理工大学，2014.
[68] 马良．气溶胶颗粒逆排旋流去除原理与应用 [D]. 上海：华东理工大学，2014.
[69] 吕文杰．污泥化学调理及其旋流脱水研究 [D]. 上海：华东理工大学，2017.
[70] 钱鹏．旋流选择性吸收硫化氢的机理研究 [D]. 上海：华东理工大学，2017.
[71] 褚良银，罗茜．锥齿形高效水力旋流器 [P]. CN2183824. 1994-11-30.
[72] Boadway J D. A hydrocyclone with recovery of velocity energy[C]. Proceedings of the Second International Conference on Hydrocyclone, Bath, England, 1984: 99-108.
[73] 徐继润．水力旋流器强制涡及内部损失的研究 [J]. 沈阳；东北工学院，1989.
[74] Hwang K J, Hsueh W S, Nagase Y. Mechanism of particle separation in small hydrocyclone[J]. Drying Technology, 2008, 26(8): 1002-1010.
[75] Neesse T, Duech J, Minkov L. Separation of finest particles in hydrocyclones[J]. Minerals Engineering, 2004, 17(5): 689-696.
[76] Majumder A K, Shah H, Shukla P, et al. Effect of operating variables on shape of “fish-hook” curves in cyclones[J]. Minerals Engineering, 2007, 20(2): 204-206.
[77] Kilavuz F S, Glsoy Ö Y. The effect of cone ratio on the separation efficiency of small diameter hydrocyclones[J]. International Journal of Mineral Processing, 2011, 98(3-4): 163-

167.

[78] Cilliers J J, Diaz-Anadon L, Wee F S. Temperature, classification and dewatering in 10mm hydrocyclones[J]. Minerals Engineering, 2004, 17(5): 591-597.

[79] Williamson R D, Bott T R, Kumar H S, et al. Use of hydrocyclones for small particle separation[J]. Separation Science and Technology, 1983, 18(Compendex): 1395-1416.

[80] Woodfield D, Bickert G. Separation of flocs in hydrocyclones—significance of floc breakage and floc hydrodynamics[J]. International Journal of Mineral Processing, 2004, 73(2-4): 239-249.

[81] Bai Z S, Wang H L, Tu S T. Oil-water separation using hydrocyclones enhanced by air bubbles[J]. Chemical Engineering Research and Design, 2011, 89(1): 55-59.

[82] Yoshida H, Fukui K, Pratarn W, et al. Particle separation performance by use of electrical hydro-cyclone[J]. Separation and Purification Technology, 2006, 50(3): 330-335.

[83] Tue Nenu R K, Yoshida H, Fukui K, et al. Separation performance of sub-micron silica particles by electrical hydrocyclone[J]. Powder Technology, 2009, 196(2): 147-155.

[84] Pratarn W, Wiwut T, Yosida H. Classification of silica fine particles using a novel electric hydrocyclone[J]. Science and Technology of Advanced Materials, 2005, 6(3-4): 364-369.

[85] Pratarn W, Wiwut T, Yoshida H, et al. Effect of pH of fine silica suspension and central rod diameter on the cut size of an electrical hydrocyclone with and without underflow[J]. Separation and Purification Technology, 2008, 63(2): 452-459.

[86] Wang Z B, Chu L Y, Chen W M, et al. Experimental investigation of the motion trajectory of solid particles inside the hydrocyclone by a Lagrange method[J]. Chemical Engineering Journal, 2008, 138(1-3): 1-9.

[87] Liu P K, Chu L Y, Wang J, et al. Enhancement of Hydrocyclone Classification Efficiency for Fine Particles by Introducing a Volute Chamber with a Pre-Sedimentation Function[J]. Chemical Engineering & Technology, 2008, 31(3): 474-478.

[88] Kennedy D, Norman C. What don’t we know?[J]. Science, 2005, 309: 78-102.

# 第二章

# 旋流动力学与颗粒运动学

自从雷诺（Reynolds）1883 年在管流实验中观察到湍流现象以来，湍流动力学的理论体系至今仍未完成，湍流已成为流体力学界公认的难题，美国著名物理学家费曼（Feynman）曾说，湍流是经典物理学中最后一个未被解决的难题[1]。

中国著名学者周培源先生创立了湍流模式理论，被誉为湍流计算模式（computational modeling）之父。他在 1940 年首次提出了湍流脉动方程，奠定了湍流模式理论的基础。1945 年，他又提出了两种求解湍流脉动方程的方法。他的这些理论和方法为后来以雷诺应力方程为出发点的工程湍流模式理论奠定了基础，并在国际上形成了湍流模式理论学派，推动了湍流理论的发展。对湍流的认识是现代数学和理论物理中最具挑战性的问题之一，“湍流动力学和颗粒材料运动学的综合理论”被《Science》列入今后 1/4 世纪需要解决的 125 个科学前沿问题中。

旋流器内为三维旋转湍流场，根据旋流场的特性，可知浸没在旋流场中的颗粒受液体浮力、曳力和地球施加的重力，以及跟随液体围绕旋流器中心轴线公转而受到旋转离心力，而离心力正是旋流器完成多相分离功能的动力来源。但是从湍流和两相流的角度来看，旋流场中的分散相颗粒还受到颗粒加速度力（巴西特力、视质量力、速度波动力）和由速度梯度引起的力（马格努斯力、滑移 - 剪切升力）等。在这些力中，大部分对颗粒在旋流场中的迁移运动产生影响，使得颗粒沿螺旋线的运动变得复杂；而速度梯度引起的剪切力使得颗粒产生自转运动，并对颗粒内部受力分布产生影响。

本章通过旋流场经验速度公式及 Bloor 和 Ingham 理论模型求解了旋流场中的剪切应力分布，并推导出了颗粒在旋流场中自转和公转运动速度分布，发现了旋流场中颗粒自、公转耦合的离心分离增强特性，获得了颗粒内部的受力特点。

# 第一节 旋流场流体运动基本形式

旋流分离是利用流体旋转产生的离心力将非均相体系分离开来的通用机械分离方法。目前，旋流分离技术在生产中的应用非常广泛：在甲醇、石油等介质的催化裂化工艺过程中，正是旋流分离器使得催化剂在运行过程中循环使用；在环己烷氧化工艺过程中，使整个生产装置的连续运转周期延长 2 ～ 3 倍；在其他过程制造和产品制造业中，旋流分离器位于环境保护和清洁生产的前沿；同时它们也是高压分离器、分馏塔出气口的关键部件，还是火车、直升机涡轮进气口及大功率化学激光发生器等的关键部件。

水力旋流器的相关研究随着其广泛的应用呈现出越来越深入的趋势。然而，目前还存在着一个主要的瓶颈：由于水力旋流器内流场十分复杂，包括了内旋流、外旋流、短路流（盖下流）、二次涡流（循环流或闭环涡流）、空气柱（气核）、涡核进动、底流返混等多种流动结构，以及存在涡量高度守恒、旋涡破碎、逆流等现象，目前还没有完善的理论体系来支撑。学者们一般会采用实用主义的观点，暂时忽略旋转流场的复杂性，在认识旋流分离机理以及发展出优化的旋流分离理论体系前，先通过实验来确定连续相流体和分散相颗粒的运动规律。然而，即使如此，由于旋转流场具有明显的和旋流器自身几何结构相对应的非对称特性[2]，短路流、二次涡流、涡核进动等特征又具有高度的三维性[3]，这些复杂的流动结构和运动现象，对于测量手段的要求很高。目前常用的测量方法，如激光多普勒测速仪（laser Doppler velocimetry，LDV）方法或者粒子图像测速仪（particle image velocimetry，PIV）方法，主要局限于单点或者平面测量，虽然不同的测量方法均有各自的侧重和优势，但是，对于旋转流场及其内部结构的三维特性研究而言，这些方法依然存在很大的局限性，相关的测量研究也很难深入和细化。因此，通过构建三维三分量（three dimensional three component，3D3C）的速度场测量方法，并结合其他点、面测量方法，系统地、定性定量地研究整体上旋转流场的各个速度分量以及细节上的各种流动结构，具有相当重要的意义。而改变旋流器结构参数[4, 5]（比如公称直径、进口形状尺寸、锥度、溢流管直径和插入深度、内部结构、底流口等）和操作参数（比如进口流量、分流比、空气柱、压力等），都会改变相对应的流场结构特征，研究不同旋流器结构参数和操作参数下流场的变化情况，对摸清旋转流场的分离机制，提高水力旋流器的分离效率，具有十分重要的意义。

## 一、内旋流和外旋流

水力旋流器流场结构如图 2-1 所示，典型的旋流器由切向进口、溢流管、底流

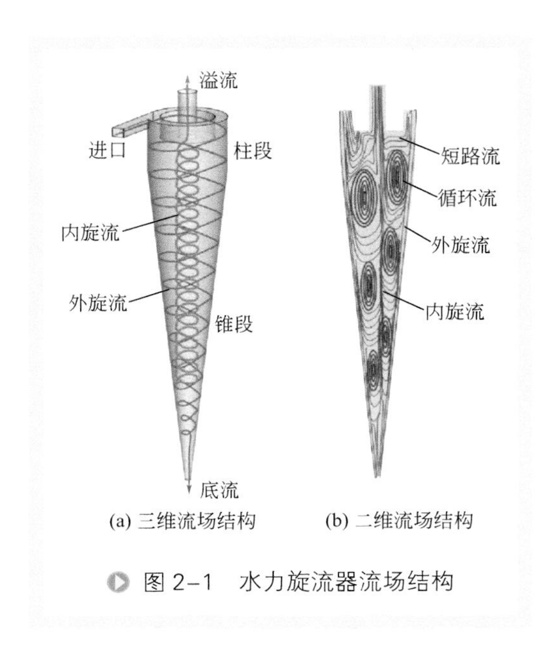

图 2-1　水力旋流器流场结构

口、柱段和锥段组成。液体由切向进口进入旋流器腔体后，高速旋转产生巨大的离心力和压力梯度，形成外旋流。由于底流口较小，流体通过能力不足，部分流体发生转向，向上运动形成内旋流。对于进料为多相混合物的情况，轻相被挤压到旋流器的中心处，从上端的溢流口排出，重相被甩到边壁处，从下端的底流口排出。旋流场内存在短路流，即流体从进口进入旋流器后，不经过外旋流直接沿端盖和溢流管外壁流入溢流口。旋流场内还存在二次涡流，或者称循环流，这主要是流体受到边壁的黏性力作用以及底流和溢流通过能力不足导致的流体旋转。

旋转流场的研究对认识旋流器分离机理的意义十分巨大。旋转流场的内旋流和外旋流通常采用切向、轴向和径向三个速度分量来描述。

### 1. 切向速度

切向速度决定了旋转流场所产生的离心加速度大小，流体的动能传递到分散相颗粒上，决定了颗粒的向外迁移能力。该速度分量是影响颗粒分离的重要参数，是离心分离的基础。从旋流器边壁到轴心的方向来看，切向速度先增大，到达某位置后（比如溢流管内径处[6]）到最大值，呈现出准自由涡的规律，其后急剧降低，呈现出强制涡的规律。这种准自由涡 - 强制涡的规律，称为组合涡。实际情况中，强制涡的大部分区域被空气柱占据，而空气柱附近的液流，一般表现为强制涡和自由涡之间的过渡流动[7]。不考虑空气柱及其附近流场的情况下，1949 年 Alex 等[8] 提出了切向速度的最简单最经典的表达式，即将旋流器内外旋流部分看作准自由涡分布：

$$U_\theta r^n = C \tag{2-1}$$

式中　$U_\theta$——切向速度，m/s；

$r$——径向位置，m；

$C$——常数；

$n$——切向速度指数。

后来，Kelsall[9] 通过高速相机频闪照相法对旋转流场内布撒的示踪微球进行实验分析，并验证了这一说法。和其他经验性公式相比，切向速度的准自由涡模型最为简洁，因此得到了广泛的应用，Kelsall 得到的切向速度分布见图 2-2（a）。

切向速度指数 $n$ 的数值一般在 0.4 ～ 0.9[10]，是确定切向速度数学模型的关键参数，在旋转流测试和模拟计算中受到较广泛的关注，一般由实验或者模拟结果通过最小二乘法拟合确定。

### 2. 轴向速度

轴向速度决定了流体在溢流和底流中的分配，其主要分布特征为在边壁和底流口附近的向下运动，中心和溢流口附近的向上运动。轴向速度的大致分布可以参考 Kelsall 测得的数据，如图 2-2（b）所示。

轴向速度的表达式较多，目前大多都是经过经验计算后获得，比如国内学者徐继润根据实验数据采用数学回归方式拟合得到轴向速度的表达式[7]：

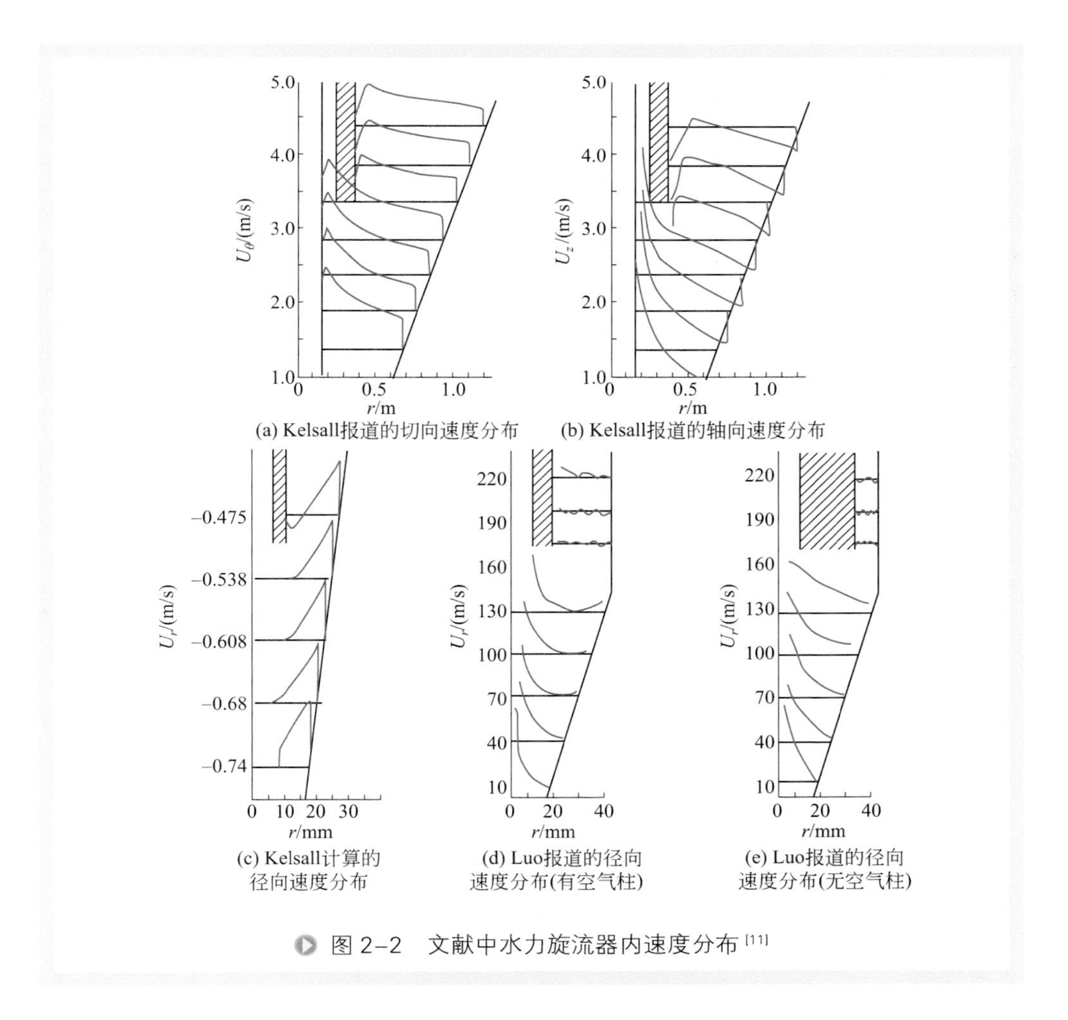


图 2-2　文献中水力旋流器内速度分布[11]

$$U_z = \ln \frac{r}{a+br} \tag{2-2}$$

式中　$U_z$——轴向速度，m/s；

$r$——径向位置，m；

$a$，$b$——常数。

另外一种获得轴向速度表达式的方法是从连续性方程和运动方程出发进行推导，如国外学者 Bloor 和 Ingham 的表达式[12]：

$$U_z = \frac{1}{2}B(3\alpha - 5r/z)\frac{1}{r^{0.5}} \tag{2-3}$$

式中　$B$——待定常数；

$\alpha$——旋流器半锥角，rad；

$r$——旋流器径向位置，m；

$z$——旋流器轴向位置，m。

### 3. 径向速度

径向速度的研究目前还不够充分，但是其对分离同样有着巨大的影响。径向速度促进轻质相向内迁移，阻碍重质相向外迁移。径向速度研究的不充分主要是由于其测量一直存在巨大的难点，由于径向速度在三个速度分量中最小，即使采用最先进的激光多普勒技术或者平面粒子成像技术，器壁与介质的折射和切向速度都会对径向速度的测试产生巨大干扰。因此，测量中难以获得可信的精确值，学者们往往倾向于测定切向和轴向速度，然后通过 Navier-Stokes 方程或者其他数学方法估算出径向速度的大小，例如 Kelsall 就通过这种方法获得了旋转流场的径向速度分布，见图 2-2（c）。但是，计算径向速度往往需要测出精确的轴向速度和切向速度，而这一点同样不容易做到[6, 13]。目前一般认为，从壁面到轴心，其径向速度逐渐增大，并在空气柱附近急剧降低，如图 2-2（d）和（e）所示。

Kelsall[9] 根据实验测得数据，利用连续性方程计算径向速度，即：

$$\frac{\partial(U_r r)}{r\partial r} = -\frac{\partial U_z}{\partial z} \tag{2-4}$$

可以得到径向速度的表达式：

$$U_r r^m = K \tag{2-5}$$

式中　$U_r$——径向速度，m/s；

$r$——径向位置，m；

$K$——常数；

$m$——径向速度指数，且 $0<m \leqslant 1$。

表达式（2-5）说明，旋转流场内的径向速度呈现出一种准汇流的流动状态[14, 15]。

当然，也有其他学者将切向速度代入 Navier-Stokes 方程中，获得其他表达式，或者通过实验数据进行回归计算。这些表达式各有优势，但都不如上述表达式（2-5）简洁，本书暂不予讨论。

## 二、短路流

短路流是流体沿切向进口进入旋流器后，由于顶盖边界层的存在，与主流发生脱离的部分流体，直接沿旋流器盖顶，绕过溢流管外壁和底端进入溢流形成的。溢流管插入一定深度的设计初衷就是为了尽可能地消除短路流的影响。据研究，旋流器内短路流量往往高达 15% 以上，大量颗粒不经过分离，随着短路流直接从溢流口排出，影响了旋流器的分离性能。虽然短路流经常在研究者的实验、流场模拟以及颗粒场模拟中被发现，但针对性的研究目前还较少，目前也没有统一的模型能够解释短路流的产生机理或者定量表征短路流的流量。但是，其存在确实影响了旋流器的分离效果，甚至能耗。因此也有学者在设计分离效率的经验模式时，增加设计了相关系数来表达短路流对分离效率的影响[16, 17]。此外，研究人员也通过各种方法来降低短路流对分离的影响，例如改变柱段的形状[18]和宽度[19]，或者在溢流口上设计一些结构针对短路流中未被分离完全的颗粒进行二次分离[20]，以及预先分离容易进入短路流的颗粒来防止短路流的危害[21]。对于其产生的原因，Dai[22]认为溢流管管壁外侧产生的二次涡使得流体在溢流管低端产生径向流动，沿旋流器顶盖和溢流管管壁进入溢流，形成短路流。相似地，Narasimha 等[23]也发现了短路流和二次涡流成对出现在溢流管管壁和旋流器壁的环形空间内的情况。Wang 等[24]则认为短路流的形成主要是由于刚刚进入和已经绕过溢流管一周的两股流体之间的碰撞形成。有学者采用 CFD 数值模拟不同的网格尺寸、离散格式对短路流的影响，定性地提出了减小网格和提高离散格式精度可以减少由于短路流引起的计算误差，不过他的着重点和判断依据主要是短路流造成的颗粒跑损，而不是短路流本身。

## 三、循环流

旋流器内的循环流（circulatory flow），也常被称为二次涡流，其存在通常认为与溢流管的通过能力有关，即溢流口通过能力有限，没有及时排出的液体被迫返回而形成循环流。循环流主要影响了流场的稳定，改变了颗粒向外迁移时的运动状态，并增加了流场的能量消耗。循环流不是同种介质的往复运动，其中的流体是持续更新的。和短路流一样，循环流的形成机理还没有明确，定性表征还只是简单的两维表征，定量模型更加缺少。

通常学者们通过一些颗粒运动的现象，或者通过模拟或者实测流体运动参数判断二次涡的存在，并直观描述其中的二次涡流现象以及进行一定程度的解释。例如 Cullivan 等[2]通过流线曲率法证实了旋流器进口、柱段及锥段均存在二次涡流，并且，柱段的二次涡流位置正是颗粒相聚集程度较高的位置。Huang[25] 发现双锥液液旋流器内柱段和锥段各有一个二次涡，分别占据整个锥段和整个柱段。Zhang 等 [26] 发现锥段的上行流的轴向速度有所减小，并判断轴向速度的减小是由于部分上行流被循环流吸收。Chang 等 [27] 探测到颗粒在锥段某位置突然停留时间加长，并认为这是由于进入了二次涡流的原因。Delgadillo 等 [28] 认为旋流器内切向速度对称性较好，然而轴向速度在溢流管下方某些位置出现波动，其原因是二次涡的存在。

部分学者讨论了二次涡的形成原理。Dabir[29] 和 Petty 认为二次涡流是基于封闭涡流（confined vortex flow）的原理而形成的。Saidi 等 [30] 认为二次涡流的产生可能和压力梯度有关。也有学者讨论了二次涡受结构参数和操作参数的影响。Wang 等 [31] 通过对径向速度的研究，发现大尺寸的旋流器二次涡流运动加剧，而加大锥段的长度则可以减小二次涡流，而分离精度随着二次涡流的增大而下降。Liu 等 [32] 发现旋流器柱段存在二次涡，且随着旋数（swirl number）的增大而减小。Saidi 等 [30] 发现不同的锥度对二次涡的形态和数量都有影响，由于大锥角旋流器锥段底部形成了一个新的二次涡（小锥角旋流器中只有柱锥段有一个二次涡）。王剑刚 [33] 则发现进口尺寸会导致旋流器 *r-z* 切面上二次涡流运动加剧。另外，也有学者分析了二次涡对旋流分离的意义。Wang[34] 和 Zhao[35] 认为液液分离型旋流器中循环流有利于分离。Kraipech[36] 认为旋流场内的二次涡能促进颗粒混合。Narasimha[37, 38] 发现了旋流器进口附近偏下方存在一个循环流，并认为轻相分散相颗粒容易陷入到这个流体结构当中。Noroozi[39] 则认为液液旋流器内的二次涡阻止了液滴穿越其边界，因此降低了分离效率。

## 四、零轴速包络面和空气柱

旋转流场的轴向速度从边壁到轴心，在旋流器半径的中部位置由负（向下）转正（向上），这个转折的零点在旋流器轴向大部分位置均存在，其组成的平面就是著名的零轴速包络面（LZVV）。结构参数一定的旋流器，LZVV 形状和大小基本不变 [14]。轴向速度定义了旋转流场的分离空间，LZVV 的径向位置决定水力旋流器的切割粒径。一般认为，LZVV 是内旋流和外旋流的分界面。Dai[40] 探讨了零轴速包络面（LZVV）对分离的意义，他认为 LZVV 不是绝对的分离边界，在内旋流区域，颗粒同样可能有机会迁移到边壁并从底流口排出。另外分散相颗粒浓度最大值并不在边壁处，而在 LZVV 附近。最后，减小甚至消除 LZVV 所包围的区域，可以提升分离效率。

空气柱是影响旋转流场稳定性和分离效率的一个重要而复杂的流动结构。其形成主要是由于离心力场导致的中心负压区引起的空气吸入和流体中气体析出。其结构大体稳定，但在部分位置存在明显的波动。

## 五、颗粒公转和自转

颗粒在旋转流场的驱动下，存在绕旋流器轴心的公转运动和绕自身几何中心的自转运动。三维旋转湍流场中微球沿螺旋曲线运动的同时存在自转现象的发现，对旋转流认识从宏观深入到介观尺度，为旋流分离机理探明提供了突破口。何凤琴[41]通过单相机高速摄像技术初步研究了直径 25mm 微旋流器在不同溢流管直径和插入深度下分散相颗粒的自转和公转规律。Li 等[42]报道了利用微型旋流器强化洗涤含油废催化剂颗粒，并指出旋流洗涤强化原理与旋流剪切流场引起的颗粒自转有关。黄渊[43]利用微流控造粒和高速成像技术，构建检测沿螺旋线快速迁移微球自转运动的同步高速运动分析系统，研究了具有柱锥组合细长结构旋流器中颗粒的自转、公转速度及其径向分布，指出旋流场中微球自转速度不仅与公转速度方向相反，数值上同样不同。微球在边界层内的自转速度远高于公转速度，且随着高度降低而降低。在自由涡内，当微球位于零轴速包络面 LZVV 内侧时，自转速度略小于公转速度（0.95 倍以上），且比值随轴向高度降低而增大；而当微球位于 LZVV 外侧时，自转速度大于公转速度，且比值随轴向高度降低而减小。

# 第二节 颗粒自转运动

## 一、颗粒自转现象

在流体剪切流动中，浸没其中的颗粒不仅受到曳力、浮力、重力等促使颗粒产生宏观迁移运动的作用力，还受到表面不平衡的剪切应力作用，进而产生自转运动。颗粒自转在工业、地球物理和生命科学等两相流中普遍存在。对流体中颗粒自转运动的研究，使我们对两相流的认识从宏观深入到介观尺度，对多相流的本质特征的认识具有重要意义，例如在物理和生物科学方面，我们经常关心携带小颗粒的流体或者携带细胞的血浆性质。由于颗粒的存在，悬浮液的性质受到很大影响，特别是黏度。颗粒在剪切流场中自转会受到如 Magnus 等升力作用[44, 45]，这些作用力对其在流体中的分布具有重要影响。对流体中颗粒自转的研究主要从流动的复杂程度进行分类。

### 1. 层流

典型的两种层流形式为管中的泊肃叶流（Poiseuille flow）和移动边界之间的库埃特流（Couette flow）。在泊肃叶管流中，颗粒由于自转运动而受到径向升力作用，进而影响了颗粒在管截面上的分布。实验研究表明，在管流中，颗粒主要集中于管半径中心处[46-50]，如图 2-3（a）所示。相比于泊肃叶流，库埃特流在应用中更加广泛，常见的库埃特流存在于同心旋转圆筒之间[51-53]、对转圆盘之间[54, 55]以及具有相对运动的平行板之间[56, 57]。对于非球形颗粒（椭球形、棒状和片状等），颗粒在剪切流场中的取向问题也是研究的主要内容。以下为具有代表性的层流中的研究成果，包括理论研究、实验研究及模拟研究。

Hermans 等[58]利用 Taylor-Couette 装置对手性物体进行分离，详细分析了涡流与不同立体异构物的相互作用关系，即手性特征升力。其实验结果表明，该升力方向与剪切平面平行。不同异构手性物体在涡流场中由于自转受到的径向升力不同，进而实现不同异构体的分离，如图 2-3（b）所示。

Einstein[59]最早证明牛顿流体中颗粒表面无滑移速度条件下，颗粒在仅受流体作用力时，自转速度等于周围流体剪切速率的一半。Jeffery[60]最早系统地论述了黏性流体中的椭球颗粒的理论运动，其将颗粒作为一个质点考查了作用在颗粒上的所有流体作用力，并将所有力归纳为两个力偶，一个力偶使得颗粒转动与周围流体一

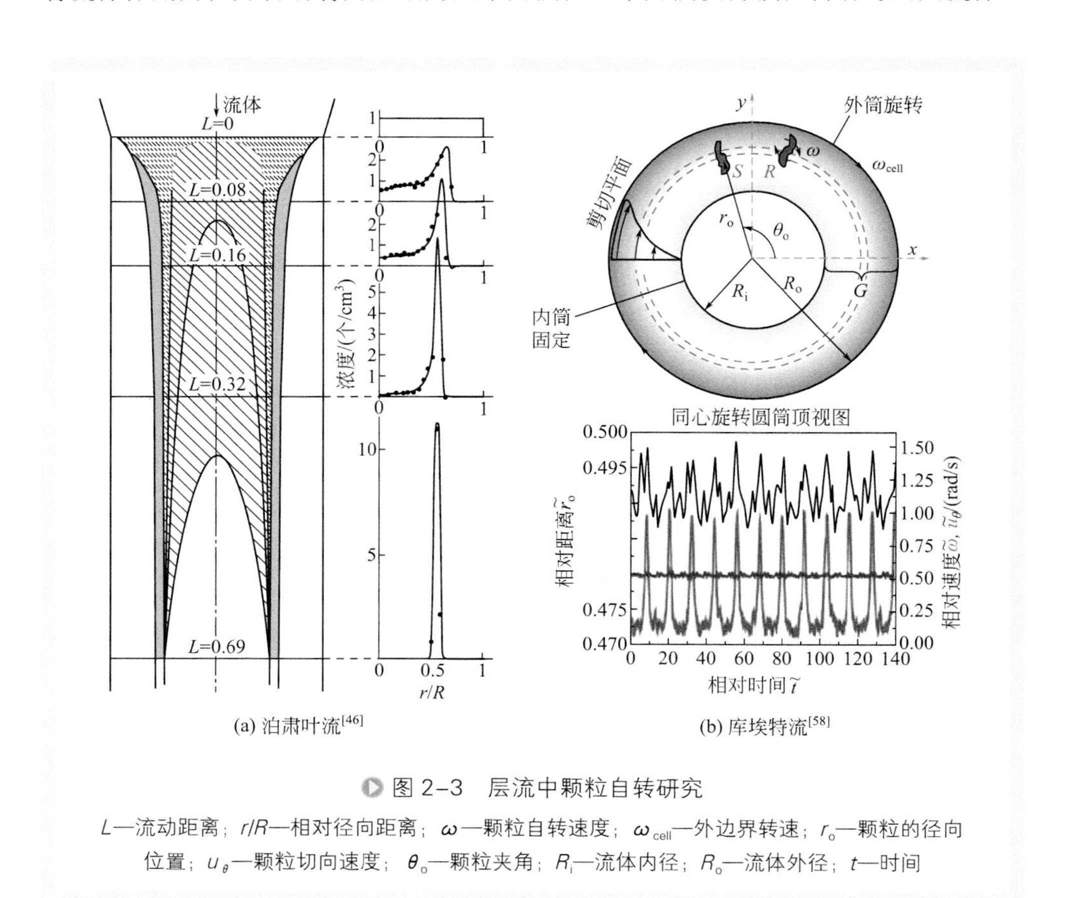

(a) 泊肃叶流[46]　　(b) 库埃特流[58]

图 2-3　层流中颗粒自转研究

$L$—流动距离；$r/R$—相对径向距离；$\omega$—颗粒自转速度；$\omega_{cell}$—外边界转速；$r_o$—颗粒的径向位置；$u_\theta$—颗粒切向速度；$\theta_o$—颗粒夹角；$R_i$—流体内径；$R_o$—流体外径；$t$—时间

致，另一个力偶使得颗粒的转轴与周围流体变形的主轴平行。随后 Taylor[51] 通过实验证实椭球长轴与流体涡线一致。

Bretherton[61] 更进一步理论研究了 Jeffery 关于低雷诺数均匀简单剪切流中一般性形状颗粒的运动轨道相似性问题，研究发现在任何一维流动或者在库埃特流动中，任何转动物体的转轴方向都是时间的周期函数。即使在沿流线方向颗粒受到重力作用也成立。在定常均匀剪切流中任何转动体将最终达到一个最优取向。

Hinch[62] 根据欧拉角推导了低雷诺数条件下简单剪切流中非对称椭球转动方程组。三阶系统方程组的数值解显示了转动的双重周期性，且当颗粒在某一平面转动变得不稳定时，解的一般性发生了改变。对近似球体和几乎轴对称椭球做了进一步分析，近似球体表现出了与一般椭球一样的定性行为，轴对称性的一点差异将导致转动的很大改变。

Roberts 等 [63] 利用水平旋转圆柱体作为乳胶反应器，研究了微球在旋转流场中的轨道特性，为在地面上制造 3μm 以上大粒径的单分散性乳胶微球提供研究基础，其原理就是利用旋转剪切流场中颗粒自转产生了径向升力，最大限度减小了沉降作用，从而克服了地面重力环境的影响。

Subramanian 等 [64] 理论研究了惯性效应对简单剪切流中无力矩作用类球体颗粒的取向动力学。其同时考虑了颗粒和悬浮液的惯性，并分别以斯托克斯数 $St$ 和雷诺数 $Re$ 来表示。当颗粒比周围流体重得多时，比如气溶胶，$St \gg Re$（两个参数都远小于单位 1），流体中的惯性力可以忽略。在无重力条件下，长球体（橄榄球形）的长轴与流体剪切平面趋于平行，而扁球体（冰球形）短轴趋于涡轴方向。对于悬浮颗粒（$St=Re$），颗粒和流体的惯性都将起作用。

Altenbach 等 [65] 通过数值求解几个二维流场中细长纤维颗粒的运动方程和流体连续性方程，研究了均匀流场中纤维状颗粒的惯性旋转运动。数值结果表明，对于具有主涡（椭圆或旋转流）的平面流场，惯性效应使细长颗粒缓慢趋向于流动平面。Altenbach 等 [66] 还仔细分析了剪切流中细长颗粒的运动行为，其在特定的初始条件下，将转动运动的本构方程简化为关于固定轴转动角度的一个单一的二阶常微分方程。方程的相图表明颗粒行为与初始条件和惯性参数有关。

随着计算机技术快速发展及计算流体力学（CFD）的成熟，CFD 也被广泛应用于剪切流场中颗粒的自转行为研究。

Pozrikidis[67] 利用数值方法模拟了有界域内黏性流中任意形状颗粒所受正应力、迁移和自转速度。模拟结果发现，根据颗粒形状的不同，颗粒在垂直于剪切流流线方向的净位移有正值也有负值，而光滑的球体位移为零。

D'Avino 等 [68] 利用三维有限元模拟了宏观剪切流中悬浮液黏弹性对球体自转周期的影响，结果表明：相对于牛顿流体，流体的黏弹性使得球体的自转速度降低，并且不同的黏弹性流体降低颗粒自转速度的强度也不同。

Luo 等 [69] 利用直接数值模拟，研究了牛顿流体中竖直壁面附近颗粒沉降过程的旋转运动。结果发现，颗粒在沉降过程中存在“异常转动”“旋转漂移”“曲折迁移”等微观现象，这些现象与颗粒的初始位置和平均末端沉降雷诺数有关。“异常转动”与壁面效应有关，而“转动漂移”和“曲折迁移”与旋涡脱落有关。

Megias-Alguacil[70] 研究了液体剪切流中 1mm 液滴的表面转动。研究结果表明，随着连续相流体剪切应变增大，以及液滴与连续相黏性比的增大，液滴表面自转速度都将加快。当黏性比大于 1 时，随着黏性比的增加，液滴表面自转速度增长缓慢。当黏性比等于 0.17 时，液滴表面自转速度小于固体颗粒自转速度的一半。

## 2. 湍流

相对于层流，湍流中由于速度具有强脉动性，使得浸没其中的颗粒运动变得非常复杂。对湍流中颗粒运动及其两相作用关系的研究以及工业生产中两相混合等问题的研究最有重要的意义。

Best[71] 利用一个充满油的流道研究了颗粒雷诺数在 300 以下具有固定自转轴颗粒（球体和椭球）自转运动对颗粒尾流稳定性的影响。首先其定义了一个表征颗粒表面速度与液固两相速度差的比值 $\beta$，实验结果发现，当 $\beta>0.5$ 时，两种形状颗粒的尾流都被破坏；当 $0<\beta<0.5$ 时，颗粒周围的尾流区尺寸明显小于颗粒不自转情况下的尾流区尺寸。在 $0<\beta<0.5$ 时，球形颗粒尾流涡脱落频率通过调整后等于颗粒自转速度，而椭球颗粒的涡脱落频率为颗粒自转速度的两倍。

Kajishima[72] 对包含大量沉降颗粒的均匀流动进行了直接数值模拟，以研究颗粒自转对颗粒诱导湍流中颗粒聚集行为的影响。由于尾流吸引，颗粒在雷诺数为 300 时产生了颗粒簇（高浓度区）。颗粒转动极大影响了数值结果。不转动颗粒被吸入颗粒簇，而转动颗粒从颗粒簇中产生逃逸。这是由于在剪切流中两种颗粒所受升力的方向相反造成。而且，当颗粒形成簇后，颗粒诱导湍流强度是单个颗粒上旋涡脱落形成湍流强度总和的几倍。

Mortensen 等 [73] 研究了处于湍流通道中小球体颗粒的位移和旋转运动。其在 Euler-Lagrange 体系下考查了三种不同颗粒，以确定响应时间对颗粒运动的统计影响。在靠近通道壁的区域，颗粒平均旋转速度超过了流体平均角速度。对于重颗粒，其旋转的脉动量一般低于相应的流体角速度。

Huang 等 [74] 利用多松弛时间（MRT）格子玻耳兹曼方法（lattice Boltzman method）研究了库埃特流中平衡浮力球形颗粒的转动。发现关于长球颗粒雷诺数超过 305 时的周期性稳定转动模型，其模拟范围达到了 700。结果表明长球体的转动行为不仅与雷诺数，还与颗粒的初始取向有关。但是扁球的动力学对其初始取向不敏感。

Parsa 等 [75] 报道了一种三维实验方法用于检测八面体罐［（1×1×1.5）m³］中湍流场中棒状颗粒（直径 200μm，长 1mm）的取向动力学，发现各向异性颗粒的自转速度与颗粒的取向有非常大的关系，而颗粒取向与颗粒的形状密切相关。

在相同装置内，Marcus 等[76]使用 3D 打印的各向异性颗粒（十字交叉和三维正交叉颗粒，颗粒构件直径 300μm，长 3mm）来测量拉格朗日涡量和各向异性颗粒的旋转动力学，发现十字颗粒自转与圆盘颗粒相同，而三维正交颗粒与球体颗粒相同，另外实验证实圆盘颗粒的翻转速度大于条棒颗粒。

同样在 Parsa[75]所用的装置中，Ni 等[77]同步测试了湍流中棒状颗粒（直径 30μm，长 700μm）动力学和其周围流动的速度梯度张量。颗粒总翻转速度最大约为 15rad/s，流体涡量对总翻转速度的影响大于流体应变的影响。

Challabotla 等[78]利用直接数值模拟研究了湍流通道中悬浮扁球颗粒的平移和转动动力学行为。颗粒在平均剪切平面中表现出明显的取向性。扁球颗粒关于对称轴的转动惯性阻碍了颗粒的转速达到液体平均流动涡量。当 Stokes 数从 1 增加到 30 时，颗粒形状对取向和转动的影响将减小，颗粒越接近球形，自转速度越大。

对于湍流中球形颗粒的自转研究，Klein 等[79]开发了湍流场中惯性颗粒自转与迁移运动的三维测量技术，其利用表面嵌有 6 个对称荧光粒子的超吸水性聚丙烯酸酯球形颗粒作为示踪小球，并以三个高速相机构成的成像系统同步测量了 Kármán 湍流中示踪小球（直径 10mm）的自转和迁移运动。其实验显示，两倍小球半径的球形区域都是小球与周围液体的相互作用区，这与颗粒的诱导尾流有关。

Meyer 等[80]以内嵌荧光粒子的水凝胶球形颗粒为自转测试颗粒，利用三维粒子成像技术研究了矩形对称搅拌罐中均匀各向同性湍流中小球（直径 8mm）的自转运动，微球自转速度非常低，总自转速度仅为 0.038rad/s。表 2-1 为文献报道中实验研究颗粒在湍流中的自转速度。

表2-1　湍流场中颗粒自转研究

| 作者 | 雷诺数 | 颗粒类型 | 粒径 /mm | 迁移轨迹和速度 /(m/s) | 自转速度 / (rad/s) | 自转方向 |
|---|---|---|---|---|---|---|
| Ye and Roco[56]<br>肯塔基大学 | $Re=9.2\times10^4$ | 球形 | 6.35 | 直线<br>$u_p=1$ | 17.5 | 不变 |
| Meyer 等[80]<br>加州大学伯克利分校 | $Re_\lambda=110$ | 球形<br>椭球 | 8<br>16 | 自由运动<br>$u_p=0.1$ | 0.038<br>0.058 | 随机 |
| Marcus 等[76]<br>卫斯理安大学 | $Re_\lambda=91$ | 棒粒 | 3 | 自由运动<br>$u_p=0.02$ | 5.5 | 随机 |
| Ni 等[77]<br>卫斯理安大学 | $Re_\lambda=140$ | 棒粒 | $0.7\times0.03$ | 自由运动<br>$u_p=0.02$ | 15 | 随机 |

注：$Re_\lambda$ 为泰勒雷诺数，$Re_\lambda=(15uL/\nu)^{1/2}$，其中 $u$ 为流动均方根速度，m/s；$L$ 为湍流积分长度，m；$\nu$ 为流体运动黏度，$m^2/s$。

Fukada 等[81]利用数值模拟研究了旋转流场的流线曲率和稳态涡量对球形颗粒角速度和所受升力的影响。其研究了两种旋流场中的颗粒转动：自由涡（无旋流动）和强制涡（刚性旋转流动）。在两种流场中，当颗粒雷诺数在 5 ～ 100 之间时，颗粒的角速度表现出与流体质点自旋的相似性。对于升力，在两种流场中由于流体剪切流动导致的颗粒转速的影响不能忽略。在两种流场中自由旋转或不旋转颗粒所受的升力由流线的曲率、流体涡量和颗粒旋转角速度三个因素的线性组合所确定。

从以上综述可知，对流场中颗粒自转行为的研究实质是确定液体动力学与颗粒运动学之间的关系。自由悬浮颗粒的自转行为是受流体剪切作用产生，当忽略惯性力作用时，对于球形颗粒，自转速度低于剪切应变的一半，但对于非球形颗粒，受颗粒取向影响其自转（翻转）速度小于相同条件下的球形颗粒自转速度。无论是在层流还是湍流场中，颗粒自转测试研究主要包括具有自转辨识性的测试颗粒和对应的检测系统（主要是光学成像系统）两部分。非球形颗粒，如椭球、条棒、圆盘等，通过颗粒外形就可以直接进行自转辨识；对于球形颗粒，则需要对颗粒表面或内部添加辨识标志。

## 二、剪切流场中非惯性颗粒自转模型

在剪切流动流场中，颗粒表面由于受到流体非平衡力矩作用而产生自转运动。Jeffery 于 1922 年直接给出了黏性不可压缩简单剪切流场中颗粒自转速度与流体剪切变形之间的关系，对于球形颗粒，自转速度等于流体微元的自转速度[60]，即等于流体剪切应变的一半。而后许多研究者从实验上也验证这一结论，并且利用这一关系进行了数值模拟研究。但是 Jeffery 并没有从流体动力学和颗粒运动学的角度给出这个关系的建立过程，本节利用简单剪切流场中非惯性微球与周围流体之间界面动量平衡原理，从理论上证明了该关系式。

### 1. 基本假设

建立如图 2-4 所示直角坐标系，并有以下假设条件：

① 连续相为牛顿流体，并沿 $x$ 方向呈线性层流，即 $U_x=f(y)$，$U_y=0$；

② 微球表面无流体滑移；

③ 微球为非惯性粒子，即微球具有良好流体跟随性，微球中心迁移速度与当地流体速度一致；

④ 微球运动仅影响其周围很薄的边界层，即微球边界层外相

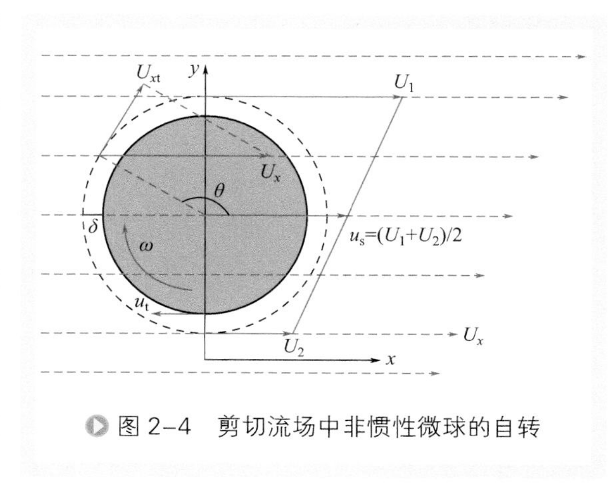


图 2-4　剪切流场中非惯性微球的自转

同高度处的流体速度相等。

### 2. 模型推导

在图 2-4 所示直角坐标系中，任一圆周上各点的 $y$ 坐标可表示为

$$y = r\sin\theta + y_{\mathrm{s}} \tag{2-6}$$

式中，$r$ 为圆的半径；$y_{\mathrm{s}}$ 为球心 $y$ 轴坐标值；$\theta$ 为圆周上各点所在半径的方位角。

对于牛顿流体，流场剪切应变为

$$S = \frac{U_1 - U_2}{2\left(r_{\mathrm{s}} + \delta\right)} \tag{2-7}$$

式中，$U_1$ 和 $U_2$ 分别为微球最高点和最低点主流速度；$r_{\mathrm{s}}$ 为微球半径；$\delta$ 为微球边界层厚度。由速度梯度的定义反推可得 $x$ 方向的速度为

$$U_x = Sy = \frac{U_1 - U_2}{2(r_{\mathrm{s}} + \delta)}[(r_{\mathrm{s}} + \delta)\sin\theta + y_{\mathrm{s}}] \tag{2-8}$$

微球边界层外沿的切向速度为

$$U_{x\mathrm{t}} = U_x \sin\theta = \frac{U_1 - U_2}{2(r_{\mathrm{s}} + \delta)}[(r_{\mathrm{s}} + \delta)\sin\theta + y_{\mathrm{s}}]\sin\theta \tag{2-9}$$

由此得到微球边界层外沿的积分动量为

$$\begin{aligned} K_1 &= \int_l \rho U_{\mathrm{t}} \mathrm{d}l = \int_0^{2\pi} \rho \frac{U_1 - U_2}{2(r_{\mathrm{s}} + \delta)}[(r_{\mathrm{s}} + \delta)\sin\theta + y_{\mathrm{s}}]\sin\theta(r_{\mathrm{s}} + \delta)\mathrm{d}\theta \\ &= \rho(r_{\mathrm{s}} + \delta)\frac{U_1 - U_2}{2}\pi \end{aligned} \tag{2-10}$$

式中，$\rho$ 为液体密度；$l$ 为边界层外沿周长。

微球表面圆周动量为

$$K_2 = 2\pi\rho r_{\mathrm{s}} u_{\mathrm{t}} \tag{2-11}$$

忽略边界层内动量损失，则 $K_1$=$K_2$，由此得球体表面切向速度为

$$u_{\mathrm{t}} = \frac{r_{\mathrm{s}} + \delta}{4r_{\mathrm{s}}}(U_1 - U_2) \tag{2-12}$$

球体颗粒自转速度为

$$\omega = \frac{u_{\mathrm{t}}}{r_{\mathrm{s}}} = \frac{r_{\mathrm{s}} + \delta}{4r_{\mathrm{s}}^2}(U_1 - U_2)$$

由于微球边界层厚度 $\delta \ll r_{\mathrm{s}}$，则得到

$$\omega \approx \frac{U_1 - U_2}{4(r_{\mathrm{s}} + \delta)} = \frac{S}{2} \tag{2-13}$$

## 第三节 旋流场微球自转分析

众多研究结果表明，按流体切向速度径向变化规律，旋流器内沿径向从中心到边壁一般可分为四个区域：空气柱（air core，AC）、呈强制涡的内旋流（inner vortex，IV）、呈准自由涡的外旋流（outer vortex，OV）和边界层（boundary layer，BL），如图 2-5 所示。其中外旋流区域最大，其次是内旋流。流体切向速度 $U_\theta$ 的常用经验表达式为式（2-1）。当 $n=-1$ 时，流场属于强制涡，流体围绕旋转中心做刚性转动；当 $n=1$，流场属于自由涡，流体沿半径增大的方向衰减，但是流体角动量不变；实验 $n$ 值小于 1，属于准自由涡。

对于旋流器内轴对称旋转流场，流体质点可视为围绕中心轴线做旋转运动，本书称为公转运动，则根据旋流场中各点切向速度表达式得到各流体质点的公转速度 $\omega_a$ 计算式为

$$\omega_a=\frac{U_\theta}{r}=\frac{C}{r^{n+1}} \tag{2-14}$$

式中，$\omega_a$ 为流体质点公转速度，rad/s。

对于强制涡，公转速度为常数 $C$，即公转速度沿径向不变。而对于自由涡，公转速度 $\omega_a=C/r^2$，公转速度会随着半径的增大而迅速减小。

柱坐标系下，旋转流场各点切向应变 $S_\theta$ 计算式[82]为

$$S_\theta=r\frac{\mathrm{d}\omega_a}{\mathrm{d}r}=-\frac{n+1}{r^{n+1}}C \tag{2-15}$$

由式（2-15）可知，在强制涡区域无切向应变（$S_\theta=0$），而在（准）自由涡区域切向应变方向与公转方向相反（$S_\theta<0$）。本书的微球自转运动定义为受周围流体的切向剪切作用力而产生的旋转运动，其转速用 $\omega_z$ 表示。对于非惯性微球，根据式（2-13）～式（2-15）得到柱坐标系下微球轴向自转速度分量为

$$\omega_z=\frac{r\mathrm{d}\omega_a}{2\mathrm{d}r}=\frac{\mathrm{d}U_\theta}{2\mathrm{d}r}-\frac{U_\theta}{2r}=\omega_z'-\omega_a \tag{2-16}$$

或

$$\omega_z=-\frac{n+1}{2r^{n+1}}C \tag{2-17}$$

由式（2-16）可以看出，柱坐标系下微球自转速度等于微球在直角坐标系下的自转速度 $\omega_z'$ 与公转速度 $\omega_a$ 之差。由式（2-17）可以看出，柱坐标系下强制涡区域微球受流体剪切应力作用的自转速度为零，在（准）自由涡区域不为零，随着公转半径增大而迅速减小，自转方向与公转相反。

剪切流场中颗粒自转速度大小与流体剪切强度正相关，在旋流器壁面附近的边界层内速度梯度远大于其他区域，因此微球存在较高的自转速度。当微球与壁面边

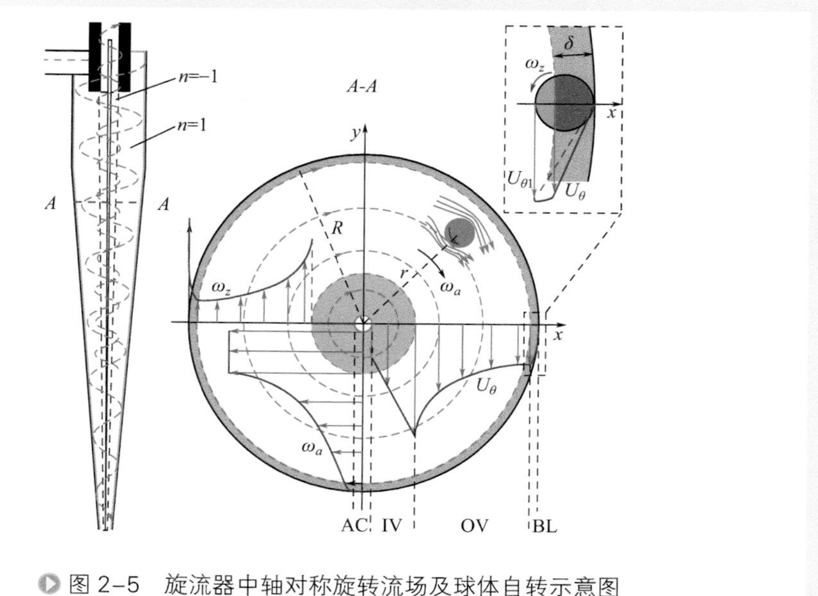


图 2-5　旋流器中轴对称旋转流场及球体自转示意图

AC—air core，空气柱；IV—inner vortex，内旋流；OV—outer vortex，外旋流；
BL—boundary layer，边界层

界层有接触时，其越靠近壁面，所受流体剪切作用越强，自转速度也越大。当微球与壁面产生接触（碰撞），微球将达到最高转速。本节对旋流器壁面边界层内的切向速度径向分布采用线性处理，如图 2-5 所示，从而简化得到一个近似的边界层内速度梯度。该线性区域宽度等于微球直径，因此当微球直径越小时，微球中心越靠近壁面，自转速度也越高。边界层内最高微球自转速度估算式为

$$\omega_z = -\frac{U_{\theta 1}}{2d_s} \tag{2-18}$$

式中　$U_{\theta 1}$——公转半径为 $r=R-d_s$ 处的流体切向速度，m/s；

$R$——微球所在旋流器轴向高度处的旋流器内径，m；

$d_s$——微球直径，m。

另外，流体轴向速度为直线运动，其沿径向也存在较大的速度梯度，根据牛顿流体剪切定律得轴向剪切应变为

$$S_z = \frac{dU_z}{dr} \tag{2-19}$$

式中　$S_z$——轴向剪切应变，$s^{-1}$；

$U_z$——流体轴向速度，m/s。

同式（2-16）一样，微球颗粒受轴向剪切作用，切向自转速度分量表示为

$$\omega_\theta = \frac{S_z}{2} = \frac{dU_z}{2dr} \tag{2-20}$$

式中　$\omega_\theta$——颗粒切向自转分量。

但是在实际中，若没有碰撞等其他外力因素的影响，由于颗粒的惯性作用，其自转速度应小于式（2-16）和式（2-20）的计算结果。

## 第四节　重质旋流器内颗粒自转解析求解

旋流分离器利用切向进入流体快速公转产生的离心力场实现具有密度差的两相或多相介质的分离。图 2-6（a）表示出了旋流器的基本结构和主要流场特征。旋流器内流场具有一定的轴对称性，重相往旋流器边壁迁移最终随外旋流从底流口排出，而轻相往旋流器中心迁移最终随内旋流从溢流管排出，进而实现非均相混合物的分离。

旋流器内三维旋转流场除了外旋流和内旋流两种主要流态外，还存在短路流、循环流等二次涡流，如图 2-6（b）所示。沿着旋流器的圆柱段顶盖和溢流管外壁存在着短路流，短路流携带的一部分重质颗粒未经分离直接进入溢流管，导致分离效

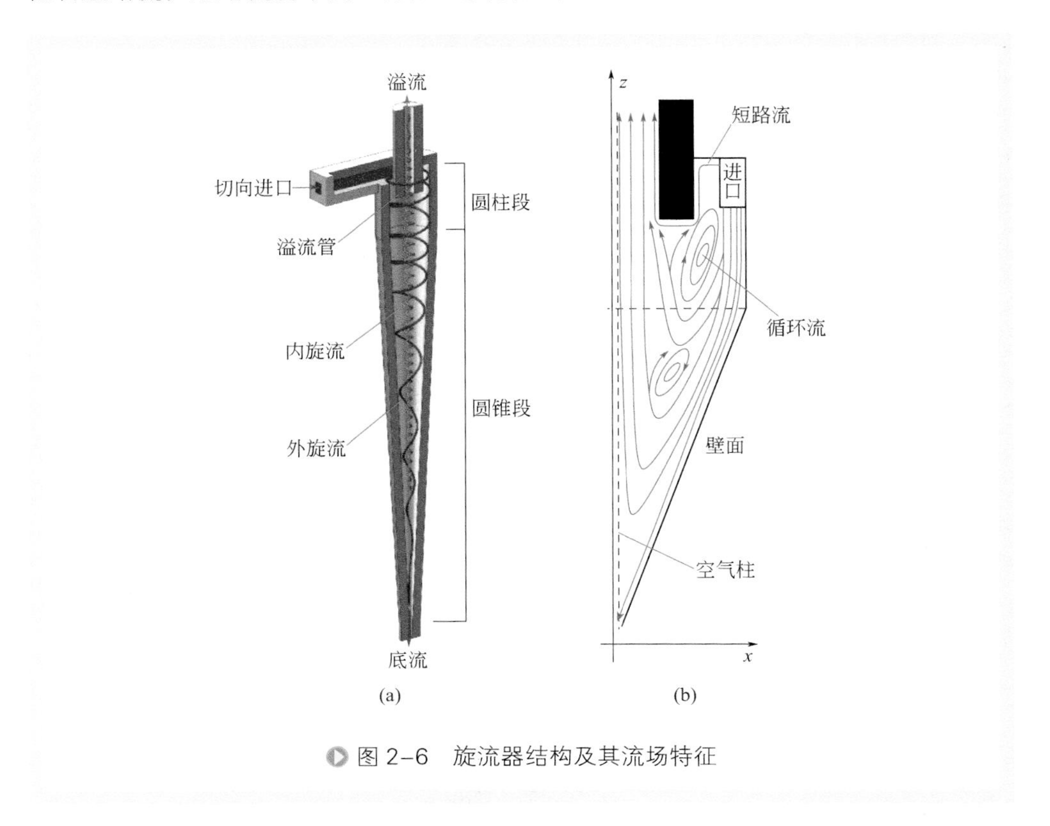


图 2-6　旋流器结构及其流场特征

率降低。而在外旋流和内旋流之间还存在循环流，循环流的存在阻碍了所有的径向流动，使得该区域成为了一个上行流和下行流的缓冲区[83]。由于旋转流场轴对称，可以近似认为旋流器内每个竖直面上的流体流线整体呈现 V 形分布，如图 2-6（b）所示。

Bloor 和 Ingham[84] 于 1973 年发表了球坐标系下求解旋流器内流场的方法，其速度分布的求解结果与 Kelsall[85] 的实验结果在零轴速包络面上非常吻合。但是由于该方法中没有考虑溢流管附近短路流以及空气柱的影响，其预测的切向速度大小与实测结果相差较大。经过多年的修正改进，Bloor 和 Ingham[86] 于 1987 年发表了在非黏性、轴对称的条件下获得的液固旋流器内流场。本节将基于该模型（Bloor & Ingham 模型，以下简称 B & I 模型），加上适当的修正，求解液固微旋流器内的速度场。

## 一、基本假设

旋流器一般有一个、两个或多个切向进口。当流体从切向进口管进入旋流器内腔中，流体由直线运动变为三维旋转运动。由于单进口偏心及多进口流量不均等因素影响，入口附近的流体旋转运动对称性较差。只有当流体沿轴向远离入口一段距离后，流体的旋转运动才可视为具有较好的对称性。

因此，为了求解方便进行，对旋流器内流场做如下假设：

① 计算域只限于旋流器锥段（由坐标系所决定）。

② 当流体从旋流器入口沿轴向到达柱锥交接面时，轴向距离已经足以使流体在该截面上达到均匀的轴对称流动（方便建立流函数方程。对于柱段直径 75mm 以上的工业旋流器，其柱段长度一般达到 70mm 以上[87, 88]，这个长度应该足够使流体在到达柱锥交接面时已经不受进口影响而形成自由涡；而对于柱段长度仅有 40mm 左右的微旋流器，该长度可能就不足以使流体达到自由涡状态[89, 90]，在溢流管下端附近，切向速度受溢流管环隙影响在其下端的壁面附近还存在一个峰值）。

③ 流体流动过程的黏性力忽略不计，角动量保持守恒（该模型忽略了能量的耗散）。

④ 进口处流体不存在切向旋涡（即假设旋转流场无二次涡）。

⑤ 忽略底流流量的影响（液固旋流器底流分流比一般较小）。

## 二、基本方程

建立如图 2-7 所示的球坐标系（$s$，$\theta$，$\varphi$），其中坐标原点为旋流器锥顶点。对于稳态的不可压缩轴对称流体，球坐标系中流体的连续性方程可表示为

$$\frac{\partial(U_s s^2)}{s^2 \partial s}+\frac{\partial(U_\theta)}{s\sin\varphi\partial\theta}+\frac{\partial(U_\varphi \sin\varphi)}{s\sin\varphi\partial\varphi}=0 \tag{2-21}$$

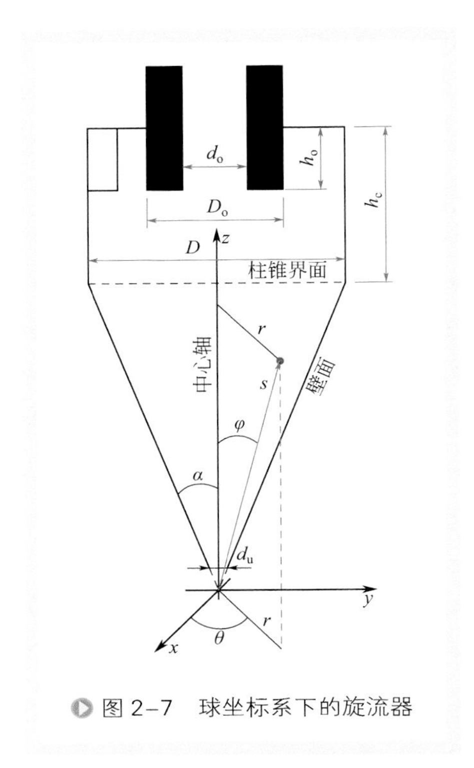


图 2-7　球坐标系下的旋流器

式中　$U_s$——流体在球坐标系中的径向速度分量，m/s；

$U_\theta$——流体在球坐标系中的切向速度分量（方位角方向），m/s；

$U_\varphi$——流体在球坐标系中的仰角速度分量，m/s。

由于假设旋流场为轴对称流动，因此对切向的偏导数为零，则旋流器计算域内的连续性方程变为

$$\frac{\partial(U_s s^2 \sin\varphi)}{\partial s}+\frac{\partial(U_\varphi s^2 \sin\varphi)}{\partial\varphi}=0 \quad (2\text{-}22)$$

设流体的流函数为 $\psi$，在球坐标系中，流函数与速度分量的关系为

$$\frac{\partial\psi}{\partial\varphi}=s^2\sin\varphi U_s \quad (2\text{-}23)$$

$$\frac{\partial\psi}{\partial s}=-s\sin\varphi U_\varphi \quad (2\text{-}24)$$

将式（2-23）和式（2-24）代入式（2-22），即得到流函数的连续性方程，此处不再列出。

在忽略黏性力的条件下，不可压缩流体的动量方程可表示为

$$\nabla\left(\frac{p}{\rho}+\frac{U^2}{2}\right)-\boldsymbol{U}\times\boldsymbol{\Omega}=\boldsymbol{0} \quad (2\text{-}25)$$

式中　$p$——流体静压力，Pa；

$\rho$——流体密度，kg/m$^3$；

$\boldsymbol{U}$——流体速度张量，即 $\boldsymbol{U}$=（$U_s, U_\theta, U_\varphi$），m/s；

$\boldsymbol{\Omega}$——流场速度向量的旋度（涡量），即 $\boldsymbol{\Omega}=(\Omega_s, \Omega_\theta, \Omega_\varphi)$，s$^{-1}$。

速度向量的旋度，即 $\boldsymbol{\Omega}=\nabla\times\boldsymbol{U}$。在球坐标系下旋度分量[91]分别为

$$\Omega_s=\frac{1}{s\sin\varphi}\frac{\partial\left(U_\theta\sin\varphi\right)}{\partial\varphi} \quad (2\text{-}26)$$

$$\Omega_\theta=\frac{1}{s}\left[\frac{\partial(sU_\varphi)}{\partial s}-\frac{\partial U_s}{\partial\varphi}\right] \quad (2\text{-}27)$$

$$\Omega_\varphi=-\frac{1}{s}\frac{\partial\left(sU_\theta\right)}{\partial s} \quad (2\text{-}28)$$

流体中任一点的总压头为

$$H=\frac{p}{\rho}+\frac{U^2}{2} \tag{2-29}$$

由于在流速 $\boldsymbol{U}$ 方向上有 $\boldsymbol{U}\times\boldsymbol{\Omega}=\boldsymbol{0}$，所以由式（2-25）可知，在任一流线上 $H$ 为常数，但是对整个流场内不同的流线位置而言，$H$ 的值不等。因此，整个流场内式（2-25）可表示为

$$\frac{p}{\rho}+\frac{U^2}{2}=H(\psi) \tag{2-30}$$

将式（2-30）代入式（2-25），并展开该式的各项为

$$\begin{aligned}&\boldsymbol{e}_r\left[\frac{\partial H}{\partial s}+\left(U_\varphi\Omega_\theta-U_\theta\Omega_\varphi\right)\right]+\boldsymbol{e}_\theta\left[\frac{\partial H}{s\sin\varphi\partial\theta}+\left(U_\varphi\Omega_s-U_s\Omega_\varphi\right)\right]\\&+\boldsymbol{e}_\varphi\left[\frac{\partial H}{s\partial\varphi}+\left(U_s\Omega_\theta-U_\theta\Omega_s\right)\right]=0\end{aligned} \tag{2-31}$$

式中　$\boldsymbol{e}_r$，$\boldsymbol{e}_\theta$ 和 $\boldsymbol{e}_\varphi$——球坐标系单位向量。

将式（2-26）～式（2-28）代入式（2-31）得式（2-31）$\theta$ 分量为

$$\left(U_s\frac{\partial}{\partial s}+\frac{U_\varphi}{s}\frac{\partial}{\partial\varphi}\right)\left(U_\theta s\sin\varphi\right)=0 \tag{2-32}$$

由式（2-32）积分可得

$$U_\theta s\sin\varphi=C(\psi) \tag{2-33}$$

式（2-33）是对流体角动量守恒的一个简单表示。将式（2-33）代入式（2-26）得到

$$\Omega_s=\frac{1}{s^2\sin\varphi}\frac{\mathrm{d}C}{\mathrm{d}\psi}\frac{\partial\psi}{\partial\varphi} \tag{2-34}$$

式中　$C$——与 $\Psi$ 有关的常数项。

取式（2-25）的 $\varphi$ 分量，并用式（2-23）、式（2-24）、式（2-33）和式（2-34）消除 $U_s$、$U_\theta$ 和 $\Omega_s$，得到 $\Omega_\theta$ 为

$$\frac{\Omega_\theta}{s\sin\varphi}=\frac{C}{s^2\sin^2\varphi}\frac{\mathrm{d}C}{\mathrm{d}\psi}+\frac{\mathrm{d}H}{\mathrm{d}\psi} \tag{2-35}$$

为了确定 $C(\psi)$ 和 $H(\psi)$ 的函数形式，必须考虑相应的边界条件，特别是进口条件。Bloor 和 Ingham 的处理方法如下。

假设在旋流器锥段入口截面处的切向速度为恒定值 $V$，则在此进口边界上 $C$ 值表示为

$$Vs\sin\varphi=C \tag{2-36}$$

如果用恒定值 $W$ 来表示垂直于旋流器柱锥界面上的速度分量，并且旋流器柱段半径为 $R_0$，在旋流器壁面处 $\psi$=0，则根据流函数的特性，在柱锥界面上有

$$\psi=\frac{W}{2}(R_0^2-s^2\sin^2\varphi) \tag{2-37}$$

用 $Q$ 表示流体流入旋流器柱锥界面的体积流量，则可得到

$$Q=-\pi W(R_0^2-r_c^2) \tag{2-38}$$

式中　$r_c$——定义为柱锥界面上一个特征位置，在 $r_c<s\sin\varphi<R_0$ 的环隙范围内，进入该环隙的流体流量等于 $Q$。

联立式（2-36）和式（2-37）以消除 $s\sin\varphi$，并对流函数微分，得到

$$C\frac{\mathrm{d}C}{\mathrm{d}\psi}=-\frac{V^2}{W} \tag{2-39}$$

因为入口处径向速度分量的选择是为了使总压头 $H$ 恒定不变，即

$$H=W^2+V^2+U^2+\frac{p_0}{\rho}=常数 \tag{2-40}$$

式中　$U$——柱坐标系下旋流器柱锥界面上流体的径向速度，m/s；

$V$——柱坐标系下旋流器柱锥界面上流体的切向速度，m/s；

$W$——柱坐标系下旋流器柱锥界面上流体的轴向速度，m/s。

因此，根据式（2-23）、式（2-24）和式（2-27），用流函数 $\psi$ 来表示 $\Omega_\theta$，再与式（2-39）和式（2-40）一起代入式（2-35）得到流函数 $\psi$ 的偏微分方程：

$$\frac{\partial^2\psi}{\partial s^2}+\frac{\sin\varphi}{s^2}\frac{\partial}{\partial\varphi}\left(\frac{1}{\sin\varphi}\frac{\partial\psi}{\partial\varphi}\right)=\frac{V^2}{W} \tag{2-41}$$

### 1. 各参数无量纲化

为了简化后续的推导过程，将各变量进行无量纲化。对长度用 $R_0$ 进行无量纲化，$R_0=D/2$，$D$ 为旋流器公称直径。对于流函数 $\psi$ 用 $Q/(2\pi)$ 进行无量纲化，对各速度分量用 $Q/(2\pi R_0^2)$ 进行无量纲化，对 $C(\psi)$ 用 $Q/(2\pi R_0)$ 进行无量纲化，式（2-23）、式（2-24）和式（2-33）分别变为

$$E_s=\frac{1}{\delta^2\sin\varphi}\frac{\partial\Phi}{\partial\varphi} \tag{2-42}$$

$$E_\varphi=-\frac{1}{\delta\sin\varphi}\frac{\partial\Phi}{\partial\delta} \tag{2-43}$$

$$E_\theta=\frac{1}{\delta\sin\varphi}C_d(\Phi) \tag{2-44}$$

式中　$E_s$——流体在球坐标系 $s$ 方向上的无量纲速度分量；

$E_\varphi$——流体在球坐标系 $\varphi$ 方向上的无量纲速度分量；

$E_\theta$——流体在球坐标系 $\theta$ 方向上的无量纲速度分量；

$\Phi$——无量纲流函数；

$\delta$——无量纲长度，$\delta=s/R_0$。

在柱锥交接面上，式（2-36）～式（2-38）分别变为

$$C_{\mathrm{d}} = \frac{2\pi R_0^2 V \delta}{Q} \sin\varphi \tag{2-45}$$

$$\Phi = \frac{\pi R_0^2 W}{Q}(1 - \delta^2 \sin^2\varphi) \tag{2-46}$$

$$\frac{Q}{\pi R_0^2 W} = \xi_{\mathrm{c}}^2 - 1 \tag{2-47}$$

式（2-39）和式（2-41）分别变为

$$C_{\mathrm{d}} \frac{\mathrm{d}C_{\mathrm{d}}}{\mathrm{d}\Phi} = 2\sigma \tag{2-48}$$

$$\frac{\partial^2 \Phi}{\partial \delta^2} + \frac{\sin\varphi}{\delta^2}\frac{\partial}{\partial\varphi}\left(\frac{1}{\sin\varphi}\frac{\partial\Phi}{\partial\varphi}\right) = -2\sigma \tag{2-49}$$

以上公式中相应的常数项分别为

$$C_{\mathrm{d}} = \frac{C(\psi)}{Q/(2\pi R_0)} \tag{2-50}$$

$$\sigma = -\frac{\pi R_0^2 V^2}{QW} \tag{2-51}$$

$$\xi_{\mathrm{c}} = \frac{r_{\mathrm{c}}}{R_0} \tag{2-52}$$

### 2. 内流场方程求解

对式（2-49）进行检验可以确定其解的形式为

$$\Phi = \delta^2 f(\varphi) \tag{2-53}$$

将式（2-53）代入式（2-49）得到

$$2f(\varphi) + \sin\varphi \frac{\mathrm{d}}{\mathrm{d}\varphi}\left[\frac{1}{\sin\varphi}\frac{\mathrm{d}f(\varphi)}{\mathrm{d}\varphi}\right] = -2\sigma \tag{2-54}$$

式（2-54）的解的形式为

$$f(\varphi) = -\sigma + A\sin^2\varphi + B\left(\sin^2\varphi \ln\tan\frac{\varphi}{2} - \cos\varphi\right) \tag{2-55}$$

式中　$A$，$B$——积分常数。

因为在壁面和轴心处，流函数 $\Phi$ 为零，所以用于确定 $A$ 和 $B$ 的边界条件为

$$f(\varphi = 0) = f(\varphi = \alpha) = 0 \tag{2-56}$$

式中　$\alpha$——旋流器锥角的一半。

将式（2-55）代入式（2-56）得到积分常数 $A$ 和 $B$ 分别为

$$A = \sigma\left(\frac{1 - \cos\alpha}{\sin^2\alpha} + \ln\tan\frac{\alpha}{2}\right) \tag{2-57}$$

$$B = -\sigma \tag{2-58}$$

再将式（2-57）和式（2-58）代入式（2-55），再利用式（2-53）得到无量纲流函数的解为

$$\Phi = \sigma\delta^2 \sin^2 \varphi \left[ \ln \frac{\tan(\alpha/2)}{\tan(\varphi/2)} + \frac{1-\cos\alpha}{\sin^2\alpha} - \frac{1-\cos\varphi}{\sin^2\varphi} \right] \tag{2-59}$$

## 三、模型修正

B & I 液固旋流场流模型建立于球坐标系下，如图 2-7 所示。B & I 液固旋流场流函数模型建立过程详见文献 [12, 86]。根据式（2-51）可知，由于没有确定 $W$ 的值，所以参数 $\sigma$ 的值也无法确定。为了确定 $\sigma$ 的值，Bloor 和 Ingham 仅说明将溢流管底端无量纲流函数设置为 $\Phi$=1，即其忽略了溢流管的壁厚的影响。对于尺寸较大的旋流器也许可以忽略溢流管壁厚，但是对于微旋流器，壁厚就不能被忽视。如以下将进行验证的微旋流器柱段直径为 25mm，其结构尺寸及参数分别见图 2-7 和表 2-2。此微旋流器的壁厚 $\Delta l=(D_o-d_o)/2$=5mm，占整个半径的 40%，如果忽略将造成非常大的误差。图 2-8 给出了该模型所描述的旋流场中理想流线。

表2-2　液固微旋流器结构

| $D$/mm | $D_o$/mm | $d_o$/mm | $d_u$/mm | $h_o$/mm | $h_c$/mm | $\alpha$/(°) |
|---|---|---|---|---|---|---|
| 25 | 17 | 7 | 3 | 20 | 35 | 3 |

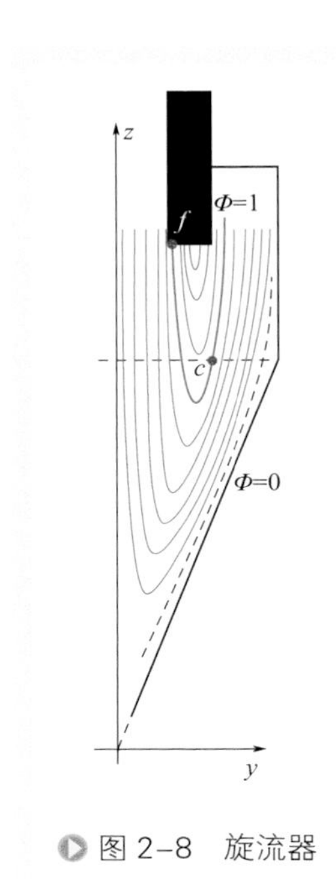


图 2-8　旋流器内流场模型

因为将旋流器外壁处的流函数设定为 0，因此根据流函数的性质“两流函数值之差为对应两流线之间的体积流量”和旋流器进口环隙内流体流动特点，可以认为溢流管外壁及底面上的无量纲流函数均等于 1。通过计算发现，用于确定 $\sigma$ 值的 $f$ 点位置不同，$\sigma$ 值明显不同，进而影响了旋流器内流场分布的预测。根据 He 等 [89] 利用 PDPA 测试的公称直径 25mm 微旋流器内的流场分布结果，确定了 $f$ 点选择的修正策略为

$$r_f = \frac{D_o + d_o}{4} - k_1 \frac{D_o - d_o}{4} \tag{2-60}$$

式中　$r_f$——柱坐标系下 $f$ 点所在位置处半径，m；

$D_o$——旋流器溢流管外径，m；

$d_o$——旋流器溢流管内径，m；

$k_1$——流线修正系数，其计算式为

$$k_1 = \frac{D_o - d_o}{D} + 5\tan\alpha \tag{2-61}$$

式中　$D$——旋流器公称直径，m。

由此该边界条件的数学表示为

$$\Phi(\delta=\delta_{\mathrm{f}},\varphi=\varphi_{\mathrm{f}})=1 \tag{2-62}$$

由式（2-62）得参数 $\sigma$ 的值的计算式为

$$\sigma=\left\{\delta_{\mathrm{f}}^{2}\sin^{2}\varphi_{\mathrm{f}}\left[\ln\frac{\tan(\alpha/2)}{\tan(\varphi_{\mathrm{f}}/2)}+\frac{1-\cos\alpha}{\sin^{2}\alpha}-\frac{1-\cos\varphi_{\mathrm{f}}}{\sin^{2}\varphi_{\mathrm{f}}}\right]\right\}^{-1} \tag{2-63}$$

B & I 模型直接认为进入锥段的流量等于从切向进口进入旋流器的流量，但实际是受到溢流管插入深度的影响，有大量的流体从溢流管下端与柱锥交接面之间的区域直接进入溢流管而没有进入锥段。进入计算域的流量为

$$Q_{\mathrm{c}}=k_{2}Q \tag{2-64}$$

式中　$k_2$——流量修正系数。

对流入计算域内的流量 $Q_{\mathrm{c}}$ 修正的策略为

$$k_{2}=\Phi_{\mathrm{c}}\leqslant 1 \tag{2-65}$$

式中，$\Phi_{\mathrm{c}}$为开始截面（$z=R_0/\tan\alpha$）上$c$点的无量纲流函数值。当计算出的流线$\Phi=1$穿过锥段开始截面，则$\Phi_{\mathrm{c}}=1$；若流线$\Phi=1$未穿过锥段开始截面，则$\Phi_{\mathrm{c}}$取开始截面上的最大值。对于小锥角旋流器，$k_2$一般等于1。

积分式（2-48）得到

$$C_{\mathrm{d}}^{2}=4\sigma\Phi+\text{常数} \tag{2-66}$$

将柱锥交接面上的边界条件式（2-45）和式（2-46）及式（2-51）代入式（2-66）得到

$$\text{常数}=\frac{4\pi^{2}R_{0}^{4}V^{2}}{Q^{2}} \tag{2-67}$$

代入式（2-66）得到

$$C_{\mathrm{d}}=2\sqrt{\sigma\Phi+\frac{\pi^{2}R_{0}^{4}V^{2}}{Q^{2}}} \tag{2-68}$$

将式（2-64）代入式（2-47），将式（2-68）代入式（2-44），并联合式（2-47）、式（2-51）和式（2-52）可得到无量纲切向速度分量的表达式

$$E_{\theta}=\frac{2}{\delta\sin\varphi}\sqrt{\sigma\left(\frac{k_{2}D^{2}}{D^{2}-4r_{\mathrm{c}}^{2}}+\Phi\right)} \tag{2-69}$$

将式（2-59）代入式（2-42）和式（2-43）可得另外两个无量纲速度分量分别为

$$E_{s}=2\sigma\left[\left(\frac{1-\cos\alpha}{\sin^{2}\alpha}+\ln\tan\frac{\alpha}{2}-\ln\tan\frac{\varphi}{2}\right)\cos\varphi-1\right] \tag{2-70}$$

$$E_{\varphi}=2\sigma\left[\left(\ln\tan\frac{\varphi}{2}-\frac{1-\cos\alpha}{\sin^{2}\alpha}-\ln\tan\frac{\alpha}{2}\right)\sin\varphi+\frac{1-\cos\varphi}{\sin\varphi}\right] \tag{2-71}$$

将式（2-69）～式（2-71）分别乘以无量纲$Q/(2\pi R_0^2)$得到各速度分量为：

$$U_\theta = \frac{2Q}{\pi}\sqrt{\sigma\left\{\frac{k_2}{(D^2-4r_c^2)z^2\tan^2\varphi}+\frac{4\sigma}{D^4}\left[\ln\frac{\tan(\alpha/2)}{\tan(\varphi/2)}+\frac{1-\cos\alpha}{\sin^2\alpha}-\frac{1-\cos\varphi}{\sin^2\varphi}\right]\right\}} \tag{2-72}$$

$$U_s = \frac{4\sigma Q}{\pi D^2}\left\{\left[\frac{1-\cos\alpha}{\sin^2\alpha}+\ln\frac{\tan(\alpha/2)}{\tan(\varphi/2)}\right]\cos\varphi-1\right\} \tag{2-73}$$

$$U_\varphi = \frac{4\sigma Q}{\pi D^2}\left\{\left[\ln\frac{\tan(\varphi/2)}{\tan(\alpha/2)}-\frac{1-\cos\alpha}{\sin^2\alpha}\right]\sin\varphi+\frac{1-\cos\varphi}{\sin\varphi}\right\} \tag{2-74}$$

由式（2-72）～式（2-74）可以看出旋流场速度大小与进口流量成正比。柱坐标系与球坐标系中切向速度分量相同，通过坐标变换得到柱坐标系下旋流场中流体径向和轴向速度分量分别为

$$\begin{aligned} U_r &= U_s\sin\varphi-U_\varphi\cos\varphi \\ &= \frac{4\sigma Q}{\pi D^2}\left\{\left[\frac{1-\cos\alpha}{\sin^2\alpha}+\ln\frac{\tan(\varphi/2)}{\tan(\alpha/2)}\right]\sin 2\varphi-\sin\varphi-\frac{1-\cos\varphi}{\tan\varphi}\right\} \end{aligned} \tag{2-75}$$

$$\begin{aligned} U_z &= U_s\cos\varphi+U_\varphi\sin\varphi \\ &= \frac{4\sigma Q}{\pi D^2}\left\{\left[\frac{1-\cos\alpha}{\sin^2\alpha}+\ln\frac{\tan(\varphi/2)}{\tan(\alpha/2)}\right]\cos 2\varphi-2\cos\varphi+1\right\} \end{aligned} \tag{2-76}$$

## 四、内流场方程简化

当旋流器锥角（$2\alpha$）较小时，存在关系式：

$$\varphi\approx\sin\varphi\approx\tan\varphi$$

$$\frac{1-\cos\varphi}{\sin^2\varphi}\approx 0.5$$

因此可对内流场计算式进行简化处理，具体如下：

无量纲流函数计算式（2-59）简化为

$$\Phi' = -\sigma\delta^2\varphi^2\ln\frac{\varphi}{\alpha} = 4\sigma\left(\frac{z\varphi}{D}\right)^2\ln\frac{\alpha}{\varphi} \tag{2-77}$$

则式（2-63）简化为

$$\sigma = \frac{D^2}{4z_f^2\varphi_f^2\ln\dfrac{\alpha}{\varphi_f}} \tag{2-78}$$

由式（2-42）和式（2-43）分别得无量纲速度分量 $E_s$ 和 $E_\varphi$ 的简化式为

$$E_s' = -\frac{\sigma\varphi}{\sin\varphi}\left(2\ln\frac{\varphi}{\alpha}+1\right) \tag{2-79}$$

$$E_\varphi' = 2\sigma\frac{\varphi^2}{\sin\varphi}\ln\frac{\varphi}{\alpha} \tag{2-80}$$

进而速度分量 $U_s$ 和 $U_\varphi$ 的近似解分别为

$$U'_s = -\frac{2Q\sigma}{\pi D^2}\left(2\ln\frac{\varphi}{\alpha}+1\right) \tag{2-81}$$

$$U'_\varphi = \frac{4Q\sigma\varphi}{\pi D^2}\ln\frac{\varphi}{\alpha} \tag{2-82}$$

由式（2-72）得速度分量 $U_\theta$ 的简化式为

$$\begin{aligned} U'_\theta &= \frac{2Q}{\pi}\sqrt{\sigma\left[\frac{k_2}{(D^2-4r_c^2)z^2\varphi^2}+\frac{4\sigma}{D^4}\ln\frac{\alpha}{\varphi}\right]} \\ &= \frac{2Q}{\pi}\sqrt{\sigma\left[\frac{k_2}{(D^2-4r_c^2)r^2}+\frac{4\sigma}{D^4}\ln\frac{\alpha}{\arctan(r/z)}\right]} \end{aligned} \tag{2-83}$$

由式（2-75）、式（2-76）、式（2-81）和式（2-82）得旋流场轴向速度和径向速度分量简化式分别为

$$U'_r = \frac{2Q\sigma\varphi}{\pi D^2}\left(4\ln\frac{\alpha}{\varphi}-1\right) \tag{2-84}$$

$$U'_z = \frac{2Q\sigma}{\pi D^2}\left[(2\varphi^2-2)\ln\frac{\varphi}{\alpha}-1\right] \tag{2-85}$$

## 五、颗粒自转速度计算

为了验证修正 B & I 模型（c-B & I 模型）的适应性，将修正 B & I 模型的计算结果与 He 等[89]测试结果进行对比。表 2-2 为测试所用 HL/S25 型微旋流器结构参数。由式（2-60）得到 $r_f$=4.345mm，则根据微旋流器结构得到 $\varphi_f$= 0.982°，$z_f$ = 253.489mm。代入式（2-78）可得 $\sigma$=7.410，由此确定了微旋流器内的无量纲流函数 $\Phi$ 的表达式，即确定旋流场结构。

根据无量纲流函数计算式［式（2-77）］，由图像法（图 2-9）求得在柱锥交接面上 $\Phi$=1 流线上的 $c$ 点。由图 2-9 可以看出，无量纲流函数在柱锥交接面上存在两个 $\Phi$=1 的点，根据旋流器内的流线分布特点可以知道左侧 $\Phi$=1 的点及其左边的流体将流出计算域，右侧 $\Phi$=1 的点及其右侧流体将流入计算域，而 $\Phi$>1 的区域则为循环流。因此取右侧点为 $c$ 点。由 $\varphi_c$=2.447° 得到柱坐标系下 $c$ 点半径 $r_c$=10.597mm。

分别根据 B & I 模型和修正 B & I 模型计算得到的旋流器的轴截面上的流线图对比如图 2-10 所示。如前所述，B & I 模型是以球坐标系建立的整个计算过程，仅适用于底流分流比较小的旋流器锥段内的自由涡流场预测。图中 $\Phi$>1 的区域为循环区，本章所使用的模型并不能适用于该区域。虽然该区域会对主流体流动产生一定的影响，但是其对分离过程并不产生直接的影响。连接图中每条流线的拐点（切线斜率为零的点）就得到了流场零轴速包络线，包络线与中心轴的夹角小于半锥角。另外，由图 2-10 可以看出，修正 B & I 模型预测的循环流区域将减小。

图 2-11 为不同高度上流体切向速度理论计算值与 He 等[89]利用 PDPA 测量值

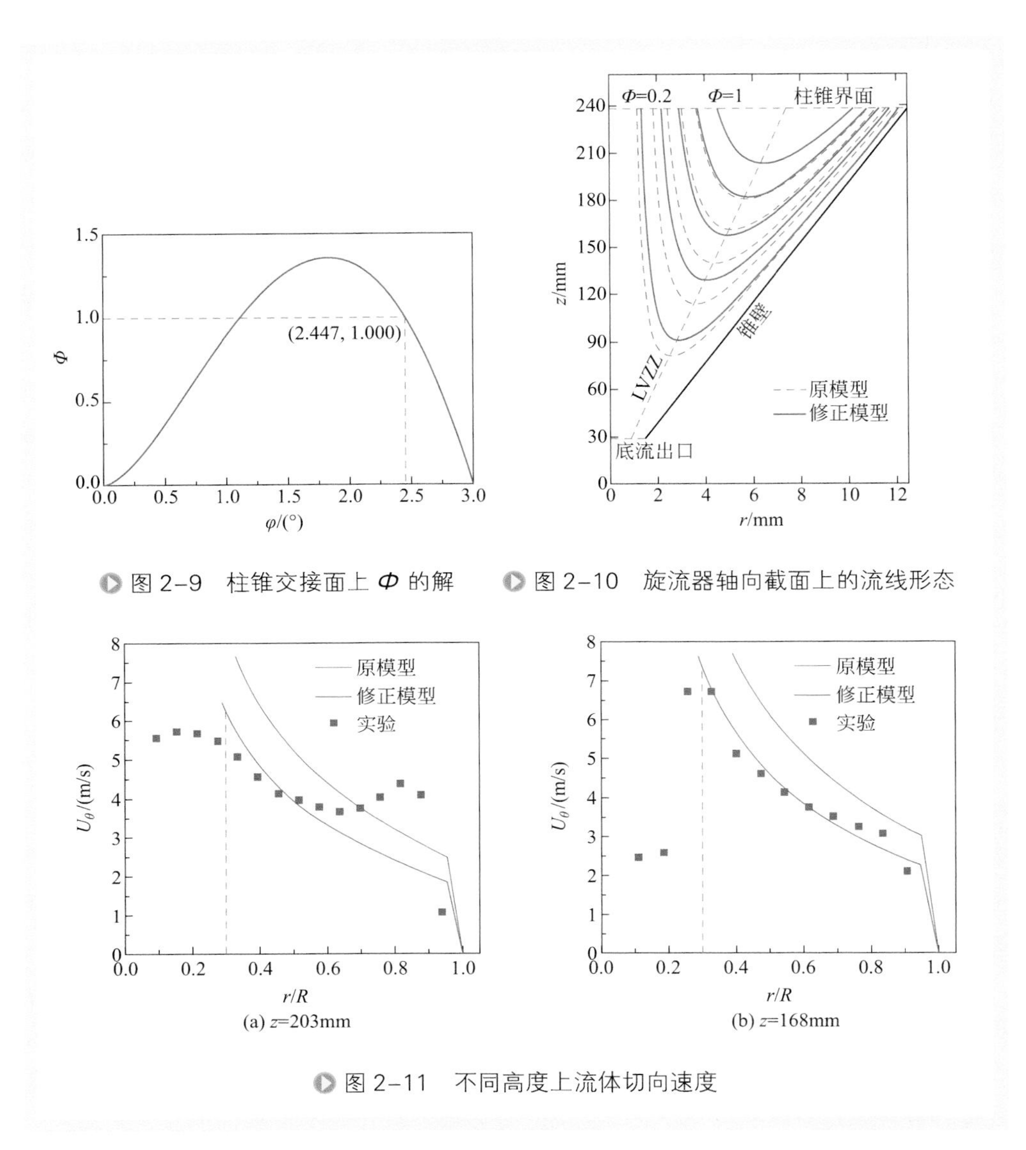


图 2-9 柱锥交接面上 $\Phi$ 的解

图 2-10 旋流器轴向截面上的流线形态

图 2-11 不同高度上流体切向速度

的对比。对比高度分别为 $z$=203mm 和 $z$=168mm，而该微旋流器溢流管下端和柱锥界面的高度分别为 $z$=253.5mm 和 $z$=238mm。由测量数据可以看出，在微旋流器内受溢流管环隙的影响，近溢流管下端切向速度出现双峰结构，该影响距离在50.5mm 和 85.5mm 之间。因流场模型假定锥段内流场达到轴对称流动而不再受进口不均匀的影响，因此理论模型预测结果中并没有考虑溢流管环隙对计算域（锥段）内流场的影响。由图可知，原 B & I 模型预测结果明显大于实验结果，而修正 B & I 模型的预测结果与实测结果非常吻合。根据测试结果可以看出，强制涡区范围约为 $r/R<0.3$，仅占整个流场横截面面积的 9%，因此自由涡区域占主导地位。

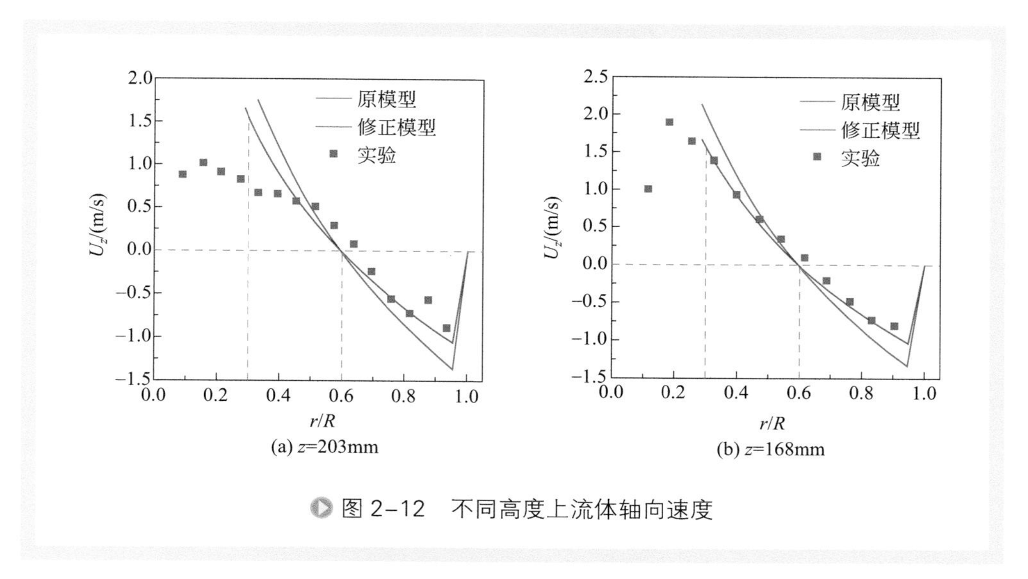


图 2-12　不同高度上流体轴向速度

这说明颗粒的分离主要在自由涡区域内完成。

图 2-12 为轴向速度理论计算值与 PDPA 测量值的对比。通过流场模型修正，轴向速度径向分布曲线的倾斜度减小，且与测量数据的重合度优于原 B & I 模型的预测结果，并且与切向速度分布相似，预测结果与实验结果重合最佳范围为 $r/R>0.3$。在此仅考虑准自由涡区域及近壁面区内颗粒自转，即 $0.3<r/R<1$。另外对比理论预测和实验结果发现，两个截面上的零轴速点均位于 $r/R=0.6$ 处。

由于 B & I 旋流场模型忽略了能量耗散、底流等因素的影响，其适应性存在局限性，本节对其流线和流量进行修正，使得该模型适用于微旋流器内流场预测。另外通过边界层线性化处理，使得该模型可以估算边界层内微球的最大自转速度。

由式（2-16）和式（2-83）得旋流场自转速度 $z$ 方向分量计算式为

$$\omega_z = \frac{Q}{\pi}\frac{\mathrm{d}}{\mathrm{d}r}\left\{\sqrt{\sigma\left[\frac{k_2}{(D^2-4r_c^2)r^2}+\frac{4\sigma}{D^4}\ln\frac{\alpha}{\arctan(r/z)}\right]}\right\} - \frac{Q}{\pi r}\sqrt{\sigma\left[\frac{k_2}{(D^2-4r_c^2)r^2}+\frac{4\sigma}{D^4}\ln\frac{\alpha}{\arctan(r/z)}\right]} \tag{2-86}$$

## 第五节　旋流场颗粒自转调控

本节计算中微球直径采用 470μm，且假设颗粒具有良好流体跟随性，因此微球公转速度与流体相同，颗粒自转速度可利用式（2-16）～式（2-20）进行计算。

## 一、微球运动速度径向分布关系

以柱锥交接面为例，微球切向速度 $u_\theta$、公转速度 $\omega_a$、轴向自转速度 $\omega_z$ 和切向自转速度 $\omega_\theta$ 的径向分布关系如图 2-13 所示。在准自由涡区域，微球切向速度、公转速度和自转速度绝对值均随着半径增大呈指数单调递减，且微球公转方向与自转方向相反；但在旋流器壁面附近，切向速度和公转速度迅速减小为零，自转速度急剧增大，轴向自转方向同准自由涡相同，与公转相反，而切向自转方向发生改变。三者的变化趋势与本章第二节分析一致。

## 二、公转速度

图 2-14 为根据修正 B & I 模型预测微旋流器三个轴向高度上的微球公转速度沿径向的分布。高度间隔为 35mm。在自由涡内，公转速度沿径向增大的方向呈指数衰减，随着高度降低（锥径减小），相同无量纲半径上公转速度呈增大趋势。流体中携带的固体颗粒受流体曳力作用，其公转速度也将随流体公转速度增大而增大。说明越靠近旋流器底流口，颗粒的公转速度越大，颗粒所受公转离心力 $F_c=r\omega_a^2$ 也越大，因此旋流器锥段可增大旋流分离离心力，进而提高分离效率。

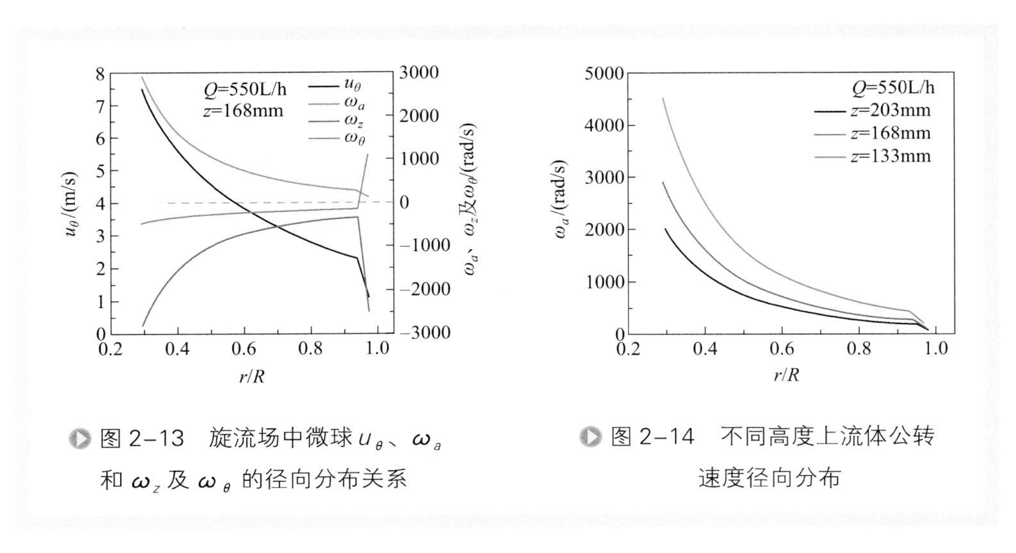


图 2-13 旋流场中微球 $u_\theta$、$\omega_a$ 和 $\omega_z$ 及 $\omega_\theta$ 的径向分布关系

图 2-14 不同高度上流体公转速度径向分布

## 三、自转调控

旋流器内流体和颗粒运动一般在柱坐标系中进行描述。由于径向速度远小于切向和轴向速度，其准确性暂不能确定，本节将不对其进行分析。图 2-15 为进口流量 $Q$=550L/h 工况下，三个高度上微球自转轴向分量 $\omega_z$ 和切向分量 $\omega_\theta$ 的径向分布，负号仅表示其方向与公转速度方向相反。由图 2-15 可以看出，在自由涡内两

个分量均随径向位置增大而减小，随轴向高度而增大。但在边界层内随着自转速度绝对值均急剧增大，但是切向自转速度将反向。自由涡内微球自转轴向分量 $\omega_z$ 在三个高度上的最大绝对值分别达到 1936rad/s、2792rad/s 和 4411rad/s，最小绝对值分别是 248rad/s、336rad/s 和 505rad/s。边界层内自转轴向分量 $\omega_z$ 最大绝对值分别是 2032rad/s、2475rad/s 和 3177rad/s。自由涡内微球自转切向分量 $\omega_\theta$ 在三个高度上的最大绝对值分别达到 369rad/s、446rad/s 和 563rad/s，最小绝对值分别是 108rad/s、132rad/s 和 169rad/s。边界层内自转轴向分量 $\omega_\theta$ 最大绝对值分别是 1122rad/s、1099rad/s 和 1064rad/s。由此可以得出，在相同操作条件下，自由涡内相同位置旋流场中微球轴向自转速度 $\omega_z$ 是切向自转速度分量 $\omega_\theta$ 的 2 ～ 8 倍，边界层内为 2 ～ 3 倍。

图 2-16（a）所示为不同进口流量条件下，微球在微旋流器 $z$=168mm 高度上的自转速度预测。如图 2-16（b）所示，三种流量对应的旋流器特征雷诺数 $Re_D$ 分

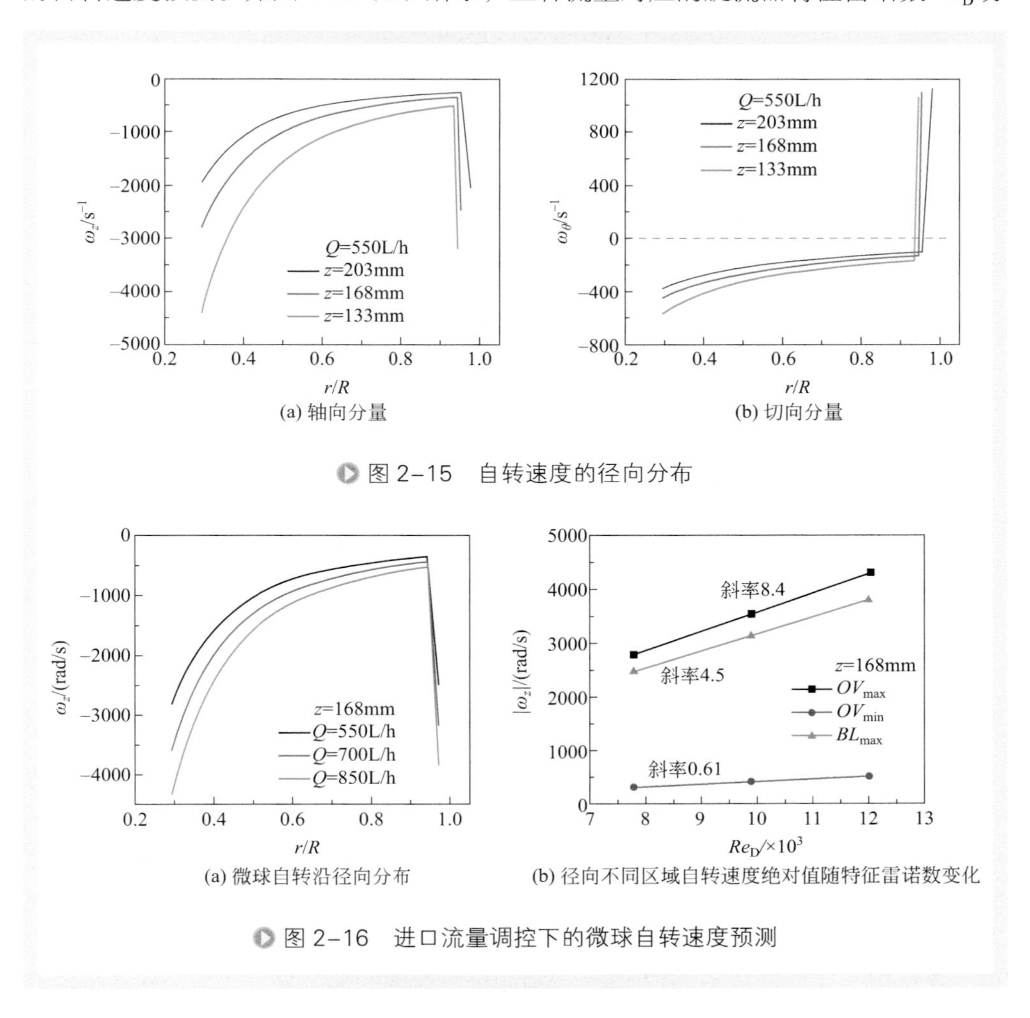


图 2-15 自转速度的径向分布

图 2-16 进口流量调控下的微球自转速度预测

别为 7782、9901 和 12024。三种流量条件下，自由涡内微球自转速度最大绝对值（$OV_{max}$）分别为 2792rad/s、3552rad/s 和 4314rad/s，最小绝对值（$OV_{min}$）分别为 336rad/s、427rad/s 和 519rad/s，边界层内最大自转速度（$BL_{max}$）分别为 2475rad/s、3148rad/s 和 3824rad/s。显然进口流量的增大可以有效地提升微球自转速度，且微球自转速度是进口流量的线性函数，如图 2-16（b）所示。由直线增长斜率可知，自由涡内随进口流量的增大，越靠近旋流中心，微球自转速度增长越快。边界层内的增长率小于自由涡内侧自转速度增长率。

为研究旋流器锥角对微球自转速度的影响，图 2-17 给出不同锥角大小对旋流场中微球自转速度的调控作用。选取锥角分别为 6°、10° 和 20°，微球位于柱锥界面上，进口流量 $Q$=550L/h。由图 2-17 可以看出，随着锥角的增大，微球轴向自转分量显著增大，并且边界层内的自转速度远高于自由涡区域。三种锥角下，自由涡内微球自转速度最大绝对值分别为 1425rad/s、1586rad/s 和 2420rad/s，最小绝对值分别为 196rad/s、213rad/s 和 311rad/s，边界层内最大自转速度分别为 1726rad/s、3636rad/s 和 5557rad/s。在自由涡内，随着锥角增大，微球自转速度增长率有所增加，而边界层内微球自转速度的增长率有所减小。

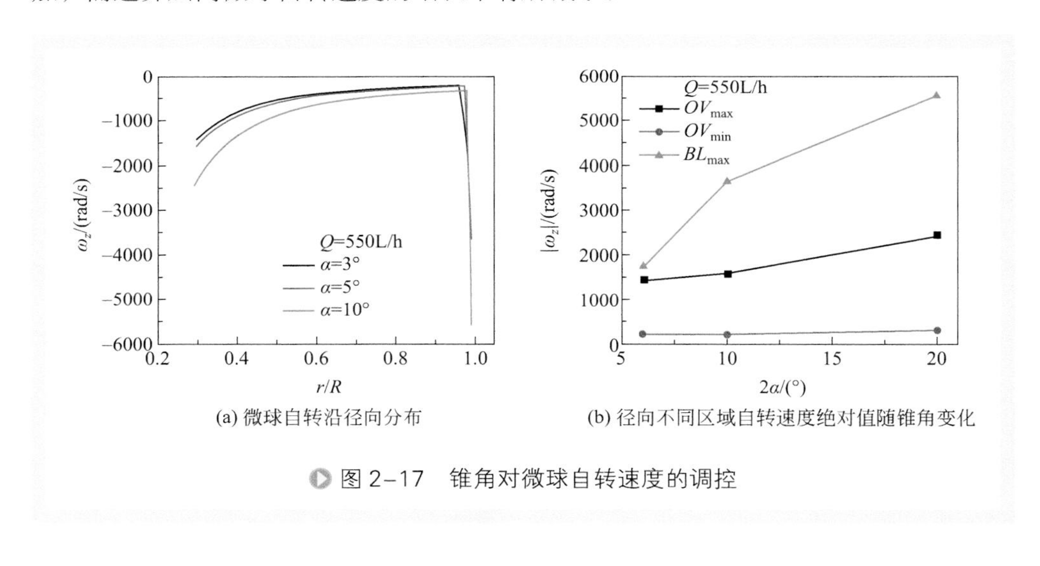


图 2-17 锥角对微球自转速度的调控

## 四、颗粒自转与公转的关系

旋流器内颗粒受流体曳力作用而围绕中心轴线做公转运动，另外由于流场中存在速度梯度，使得颗粒表面所受流体剪切应力不平衡而产生一个力矩，进而导致流场中的颗粒发生自转运动。图 2-18 给出了在锥段不同高度上颗粒自转和公转速度沿径向的分布。随着高度的降低（靠近底流出口），在边界层和自由涡区域公转速度和自转速度均呈现增大趋势，说明旋流器锥角对于颗粒自转速度具有重要调控作用。该作用同样可以从图 2-17（a）得到印证。在强制涡区域，流体公转速度沿径

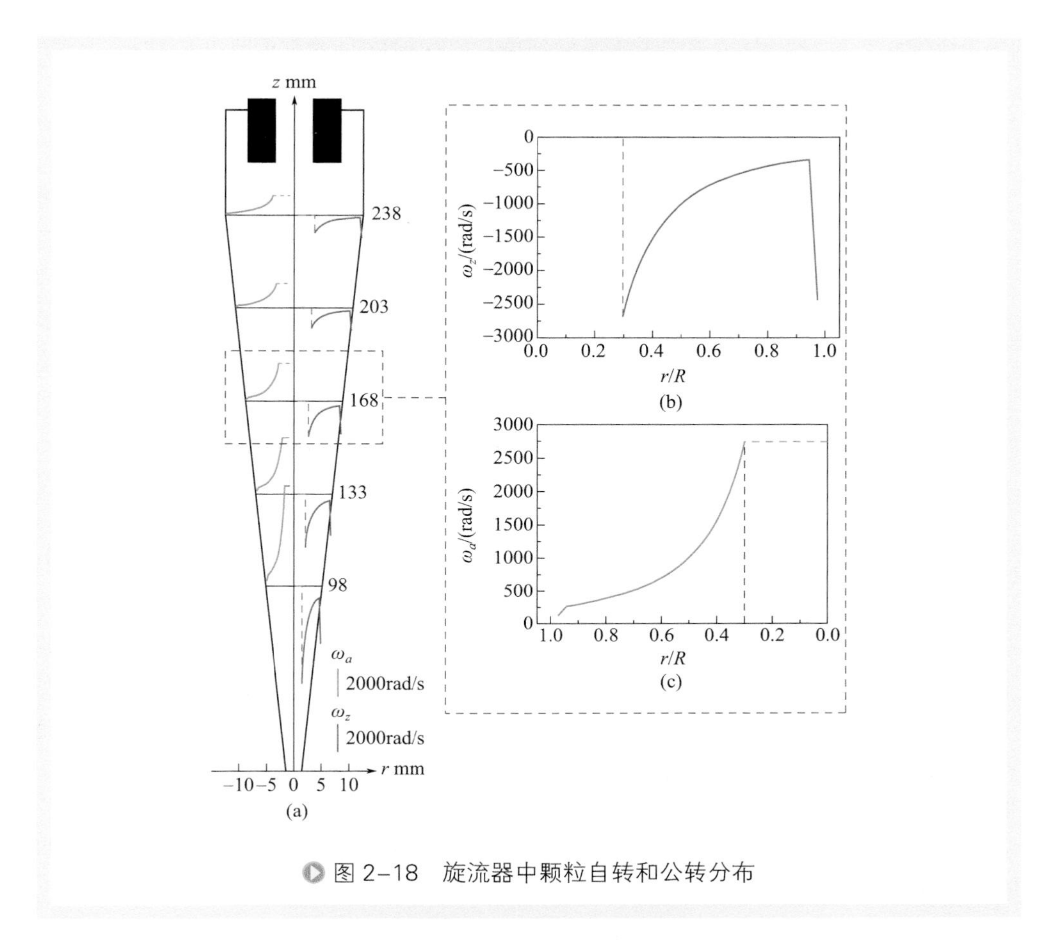


图 2-18　旋流器中颗粒自转和公转分布

向保持不变，即流体相对于旋流中心沿旋流器径向无切向速度梯度，因此在强制涡区域颗粒相对于旋流中心无自转，自转速度为零。

旋流场中微球自转速度不仅与公转速度方向相反，数值上同样不同。图 2-19 给出了进口流量 $Q$=550L/h 工况下，三个截面高度上微球自转速度和公转速度的绝对比值。由图 2-19 可知，微球在边界层内的自转速度远高于公转速度，分别达到 22 倍、18 倍和 14 倍，即随着高度降低而降低。在自由涡内，当微球位于零轴速包络面 LZVV 内侧时，自转速度略小于公转速度（0.95 倍以上），且比值随轴向高度降低而增大；而当微球

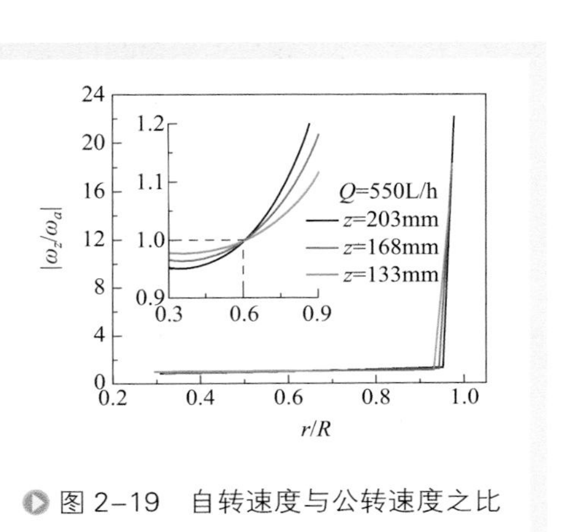


图 2-19　自转速度与公转速度之比

位于 LZVV 外侧时，自转速度大于公转速度，且比值随轴向高度降低而减小。

## 五、旋流场中颗粒自转和公转耦合

离心分离因数 $Fr$ 是表征离心分离设备分离能力的重要指标，其等于离心加速度与重力加速度之比，比值越大分离能力越强。物体所受离心力来自于圆周运动，包括公转和自转。对于旋流场中多孔球形颗粒中污染物粒子，其所受公转和自转产生的耦合离心分离因数如图 2-20 所示。由于在旋流器三维螺旋流场中颗粒跟随流体围绕中心轴线公转，因此颗粒上每个质点都受到因公转产生的离心力作用（$Fr_a$），作用方向始终从中心轴线指向旋流器壁面。受公转离心力作用，颗粒向旋流器壁面迁移，从而被分离。当颗粒公转轨道稳定时，公转离心力沿颗粒径向的分力（$Fr_{a1}$）便可能使孔道中的污染粒子发生径向迁移。由图 2-20 可以看出，球形颗粒靠近公转中心一侧孔道中的污染物粒子受公转离心力作用将向颗粒中心迁移，即不利于污染物粒子从孔道中分离；而外侧孔道中的污染物粒子受公转离心力作用将向颗粒外迁移，即有利于污染粒子从孔道中分离。颗粒公转产生的作用于球形颗粒上使孔道中污染物粒子产生径向迁移的离心分离因数计算式为

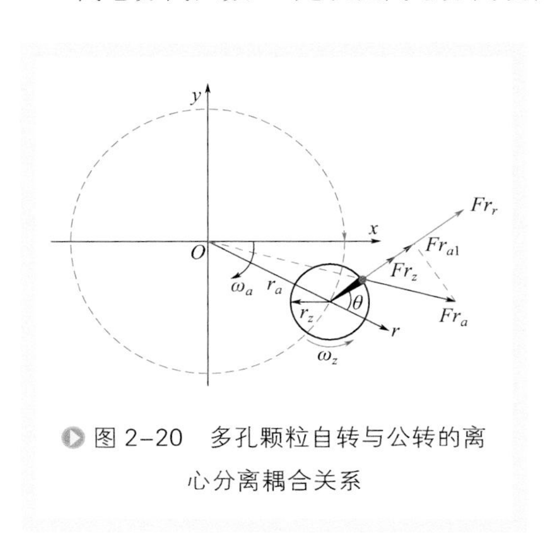

图 2-20　多孔颗粒自转与公转的离心分离耦合关系

$$Fr_{a1}=\frac{(r_z+r_a\cos\theta)\omega_a^2}{g} \tag{2-87}$$

式中　$r_z$——球形颗粒上质点的自转半径，m；

$r_a$——颗粒公转半径，m。

由于颗粒具有自转运动，因此颗粒上每个质点还受到自转产生的离心力作用，作用方向始终沿颗粒径向向外。自转产生的离心分离因数计算式为

$$Fr_z=\frac{r_z\omega_z^2}{g} \tag{2-88}$$

式中　$g$——重力加速度，m/s²。

在柱坐标系下，球形颗粒相对于中心轴线的自转角度 $\theta$ 为

$$\theta=\omega_z t \tag{2-89}$$

式中，$t$ 为时间，s。由式（2-87）～式（2-89）可得到颗粒上质点所受沿颗粒径向

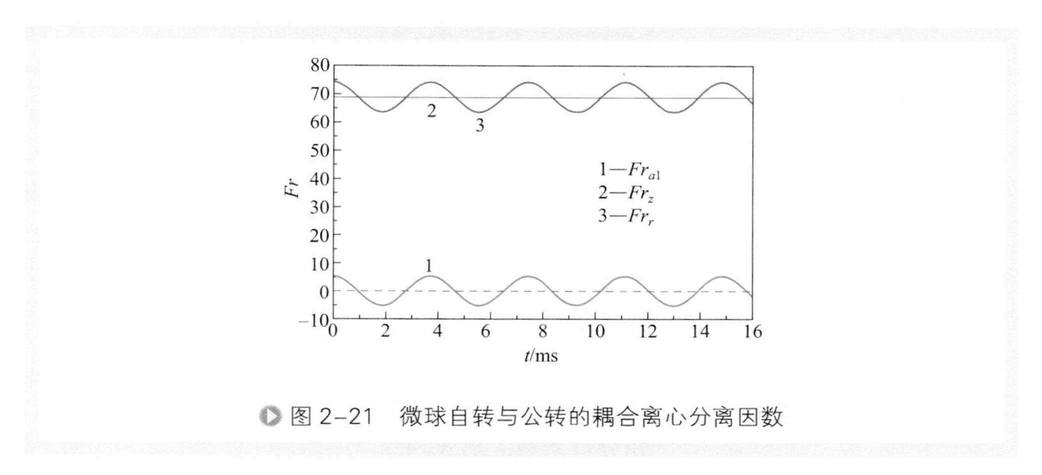


图 2-21 微球自转与公转的耦合离心分离因数

的耦合离心分离因数为

$$Fr_r = Fr_z + Fr_{a1} = \frac{r_s\omega_z^2}{g} + \frac{\left[r_z + r_a\cos\left(\omega_z t\right)\right]\omega_a^2}{g} \tag{2-90}$$

颗粒自转和公转导致的耦合离心力振荡周期为［$\omega_z$ 的计算参见式（2-86）］

$$T = \frac{2\pi}{\omega_z} \tag{2-91}$$

图 2-21 给出了截面高度 $z$=243mm 边界层中直径 470μm 球形颗粒表面上所受公转、自转及其耦合离心分离因数随时间的变化规律。微球公转速度 $\omega_a$=64.88rad/s，自转速度 $\omega_z$=−1693.17rad/s，耦合离心力振荡周期达到 3.7ms。由图 2-21 可知，虽然微球半径（0.235mm）远小于公转半径（12.265mm），但是由于边界层中自转速度远大于公转速度，使得多孔颗粒中的污染物粒子所受耦合离心力达到重力的 60 倍以上，并且耦合离心力均沿颗粒半径向外，即强化了多孔颗粒中污染物的离心分离。

## 第六节 轻质旋流器内颗粒自转解析

旋流器是利用两相或多相之间的密度差进行离心分离，当含量较少的分散相密度小于连续相时，就需要利用轻质旋流器进行分离，例如，塑料颗粒和天然气水合物颗粒的分离。轻质旋流器的特点是密度小的分散相汇集于溢流管，而密度大的连续相主要从底流口排出。从旋流器的结构上来说，轻质旋流器的溢流管直径小于底流口。由此可以看出，轻质旋流器的底流流量不可忽略，旋流场模拟必须对两个出口的流量都要进行考虑。

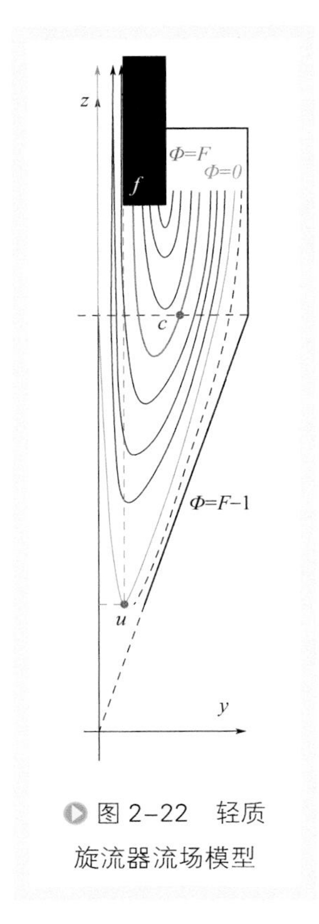

图 2-22 轻质旋流器流场模型

## 一、内流场方程求解

由于轻质旋流器的边界条件与重质旋流器不同，其流场结构如图 2-22 所示，因此对于式（2-49）必须寻求更为通用的通解形式。假定方程式（2-49）具有如下解的形式

$$\Phi=\delta^2 f(\varphi)+g(\varphi) \tag{2-92}$$

并且函数 $g(\varphi)$ 满足以下条件

$$\frac{\mathrm{d}}{\mathrm{d}\varphi}\left(\frac{1}{\sin\varphi}\frac{\mathrm{d}g}{\mathrm{d}\varphi}\right)=0 \tag{2-93}$$

积分得到解的形式为

$$g(\varphi)=C_1\cos\varphi+C_2 \tag{2-94}$$

式中 $C_1$，$C_2$——积分常数。

将式（2-92）和式（2-94）代入式（2-49）得到无量纲流函数 $\Phi$ 的全解形式为

$$\Phi=\delta^2\left[-\sigma+A\sin^2\varphi+B\left(\sin^2\varphi\ln\tan\frac{\varphi}{2}-\cos\varphi\right)\right]+C_1\cos\varphi+C_2 \tag{2-95}$$

式中 $A$，$B$——积分常数。

对于轻质旋流器，在轴心处流函数 $\Phi$ 为零，由于底流流量不可忽略，因此用于确定 $A$ 和 $B$ 的边界条件为

$$\Phi(\delta,\varphi=0)=0 \tag{2-96}$$

$$\Phi(\delta,\varphi=\alpha)=-(1-F) \tag{2-97}$$

式中 $F$——溢流口流量与底流口流量之比，即分流比。

由式（2-96）和式（2-97）两个边界条件得到

$$\Phi(\delta,\varphi=0)=\delta^2(-\sigma-B)+C_1+C_2=0$$

及

$$\Phi(\delta,\varphi=\alpha)=\delta^2\left[-\sigma+A\sin^2\alpha+B\left(\sin^2\alpha\ln\tan\frac{\alpha}{2}-\cos\alpha\right)\right]+C_1\cos\alpha+C_2=-(1-F)$$

由于对于任意的 $\delta$ 值两式均成立，所以得到

$$(-\sigma-B)=0 \tag{2-98}$$

$$C_1+C_2=0 \tag{2-99}$$

$$\left[-\sigma+A\sin^2\alpha+B\left(\sin^2\alpha\ln\tan\frac{\alpha}{2}-\cos\alpha\right)\right]=0 \tag{2-100}$$

$$C_1\cos\alpha + C_2 = -(1-F) \tag{2-101}$$

由式（2-98）～式（2-101）得到积分常数分别为

$$A = \sigma\left(\frac{1-\cos\alpha}{\sin^2\alpha} + \ln\tan\frac{\alpha}{2}\right) \tag{2-102}$$

$$B = -\sigma \tag{2-103}$$

$$C_1 = \frac{F-1}{\cos\alpha - 1} \tag{2-104}$$

$$C_2 = \frac{1-F}{\cos\alpha - 1} \tag{2-105}$$

将式（2-102）～式（2-105）代入式（2-95），得到无量纲流函数的解为

$$\begin{aligned}\Phi &= \sigma\delta^2\left[\left(K - \ln\tan\frac{\varphi}{2}\right)\sin^2\varphi + \cos\varphi - 1\right] + G(\cos\varphi - 1)\\ &= \sigma\left(\frac{2z}{D}\right)^2\left[\left(K - \ln\tan\frac{\varphi}{2}\right)\tan^2\varphi + \frac{\cos\varphi - 1}{\cos^2\varphi}\right] + G(\cos\varphi - 1)\end{aligned} \tag{2-106}$$

式中，常数 $K$ 和 $G$ 与分流比和锥角有关，分别为

$$K = \ln\tan\frac{\alpha}{2} + \frac{1}{1+\cos\alpha} \tag{2-107}$$

$$G = \frac{1-F}{1-\cos\alpha} \tag{2-108}$$

式（2-71）中还有一个参数 $\sigma$ 需要确定，因此还需要增加边界条件。为了确定边界条件，赵庆国[12]进行了如下分析：根据 Bradley 的实验结果及 Thew 对旋流器内流场的观察，从溢流口流出的内旋流流体可以认为大致是能够延伸至接近底流口位置的圆柱体形状，其直径等于溢流管内径。因此可以认为，进入旋流器的流体质点沿轴向向下并沿径向向内运动的过程中，如果在到达底流口之前已经进入溢流管内径以内的区域（$r<r_o$），则这个流体质点必然进入内旋流并从溢流口排出；反之，如果一个流体质点在沿径向运动至 $r=r_o$ 的区域之前就已经到达底流口位置（$z=z_u=r_u/\tan\alpha$），则这个流体质点必然从底流口排出。根据前面的规定，从底流口排出的流体质点的流函数（流线）为负，从溢流口流出的流体质点流函数为正。则得到溢流管内径小于底流口内径的水脱油型液液旋流器应该满足另一个边界条件

$$\Phi = (r = r_o, z = z_u) = 0 \tag{2-109}$$

式中，$r_o$ 为溢流管内半径；$z_u$ 为柱坐标系中底流口位置处的轴向高度。将式（2-106）代入式（2-109）得到

$$\sigma = \frac{G(1-\cos\varphi_u)}{\delta_u^2\left\{\sin^2\varphi_u\left[K - \ln\tan(\varphi_u/2)\right] + \cos\varphi_u - 1\right\}} \tag{2-110}$$

式中

$$\delta_{\rm u}=\sqrt{r_{\rm o}^2+z_{\rm u}^2}\Big/R_0=\sqrt{r_{\rm o}^2+(r_{\rm u}/\tan\alpha)^2}\Big/R_0 \tag{2-111}$$

$$\varphi_{\rm u}=\arctan(r_{\rm o}\tan\alpha/r_{\rm u}) \tag{2-112}$$

由此确定了旋流场无量纲流函数，则由式（2-42）和式（2-43）确定的速度分量分别为

$$E_s=2\sigma\left[\left(K-\ln\tan\frac{\varphi}{2}\right)\cos\varphi-1\right]-\frac{G}{\delta^2} \tag{2-113}$$

$$E_\varphi=2\sigma\left[\frac{1-\cos\varphi}{\sin\varphi}-\left(K-\ln\tan\frac{\varphi}{2}\right)\sin\varphi\right] \tag{2-114}$$

为了求出无量纲切向速度 $E_\theta$，还必须解出无量纲形式的常数 $C_{\rm d}$。在本节中，液液旋流器边壁处的无量纲流函数给定为式（2-97），即不为零，根据流函数的特性，式（2-37）变为

$$\psi=\frac{W}{2}(R_0^2-s^2\sin^2\varphi)+\psi_0 \tag{2-115}$$

式中，$\psi_0$ 为旋流器壁面处的流函数。对式（2-115）进行无量纲化，并代入式（2-97）得液液旋流器柱锥界面上的无量纲流函数为

$$\Phi=\frac{\pi R_0^2 W}{Q}(1-\delta^2\sin^2\varphi)-(1-F) \tag{2-116}$$

将柱锥交接面上的边界条件式（2-45）和式（2-97）及式（2-51）代入式（2-66）得到

$$常数=\frac{4\pi^2R_0^4V^2}{Q^2}\left[1-\frac{Q(1-F)}{\pi R_0^2W}\right] \tag{2-117}$$

将式（2-117）代入式（2-66）得到

$$C_{\rm d}=\sqrt{4\sigma\Phi+\frac{4\pi^2R_0^4V^2}{Q^2}-\frac{4\pi R_0^2V^2(1-F)}{QW}} \tag{2-118}$$

将式（2-118）代入式（2-44），并联合式（2-47）、式（2-51）和式（2-52）可得到无量纲切向速度分量的表达式

$$E_\theta=\frac{2}{\delta\sin\varphi}\sqrt{\sigma\left(\frac{D^2}{D^2-4r_{\rm c}^2}+\Phi-F+1\right)} \tag{2-119}$$

将式（2-69）、式（2-113）和式（2-114）分别乘以无量纲 $Q/(2\pi R_0^2)$ 得到各速度分量为：

$$U_\theta=\frac{2Q}{\pi}\sqrt{\frac{4\sigma^2}{D^4}\left(K-\ln\tan\frac{\varphi}{2}-\frac{1}{\cos\varphi+1}\right)+\frac{\sigma}{z^2\tan^2\varphi}\left[\frac{1}{D^2-4r_{\rm c}^2}+\frac{G(\cos\varphi-1)-F+1}{D^2}\right]} \tag{2-120}$$

$$U_s = \frac{4\sigma Q}{\pi D^2}\left[\left(K - \ln\tan\frac{\varphi}{2}\right)\cos\varphi - 1\right] - \frac{GD^2\cos^2\varphi}{4z^2} \tag{2-121}$$

$$U_\varphi = \frac{4\sigma Q}{\pi D^2}\left[\frac{1-\cos\varphi}{\sin\varphi} - \left(K - \ln\tan\frac{\varphi}{2}\right)\sin\varphi\right] \tag{2-122}$$

由式（2-121）～式（2-122）可以看出旋流场速度大小与进口流量成正比。柱坐标系与球坐标系中切向速度分量相同，通过坐标变换得到柱坐标系下旋流场中流体径向和轴向速度分量分别为

$$\begin{aligned} U_r &= U_s\sin\varphi - U_\varphi\cos\varphi \\ &= \frac{2Q}{\pi D^2}\left\{2\sigma\left[2\cos\varphi\left(K - \ln\tan\frac{\varphi}{2}\right) - \frac{1+2\cos\varphi}{1+\cos\varphi}\right] - \frac{GD^2\cos^2\varphi}{4z^2}\right\}\sin\varphi \end{aligned} \tag{2-123}$$

$$\begin{aligned} U_z &= U_s\cos\varphi + U_\varphi\sin\varphi \\ &= \frac{2Q}{\pi D^2}\left\{2\sigma\left[\left(K - \ln\tan\frac{\varphi}{2}\right)\cos2\varphi - 2\cos\varphi + 1\right] - \frac{GD^2\cos^3\varphi}{4z^2}\right\} \end{aligned} \tag{2-124}$$

## 二、内流场计算

为了验证 c-B & I 模型的适应性，将 c-B & I 模型的计算结果与 Bai 等 [92] 测试结果进行对比。表 2-3 为测试所用 HL/L35 型微旋流器结构参数。由式（2-111）得到 $\delta_u$=4.362，则根据微旋流器结构得到 $\varphi_u$=0.013rad。另外，由式（2-107）和式（2-108）分别得到 $K$=−3.142 和 $G$=693.192。代入式（2-110）可得 $\sigma$=15.666，由此确定了微旋流器内的无量纲流函数 $\Phi$ 的表达式（2-106）中所有待定参数都确定。旋流器进口流量 $Q=2.78\times10^3\mathrm{m}^3/\mathrm{s}$。

**表2-3　液液微旋流器结构参数**

| 项目 | 参数 | 项目 | 参数 |
|---|---|---|---|
| $D$ | 35mm | $L/D$ | 7.37 |
| $D_o/D$ | 0.057 | $L_u/D$ | 16.29 |
| $d_u/D$ | 0.23 | $L_o/D$ | 0.1 |
| $L_s/D$ | 1 | $\theta$ | 6° |

根据式（2-106），用图像法求取柱锥交接面上 $\Phi=F$ 的点 $c$ 坐标。

## 三、轻质旋流器内流场分布

为了验证旋流场理论模型的预测结果，从旋流器柱锥界面开始，以间隔

30mm，取 5 个截面上的数据进行对比研究。图 2-23 给出了旋流器的柱锥界面（$z$=35mm）及轴向高度 $z$=155mm 处切向速度和轴向速度的径向分布，并与 PDPA 测试数据做对比。从图 2-23 中可以看出，对于切向速度，在靠近壁面的自由涡中，理论计算值略低于实验测试值，且随着轴向高度的增大，理论计算结果与实验测试结果差值变小。但对于轴向速度，在靠近壁面的自由涡中，理论计算值略高于实验测试值，且随着轴向高度的增大，理论计算结果与实验测试结果差值变大。这说明，理论预测结果在旋流器靠近柱锥界面的区域更加准确。

图 2-24 分别给出了实验测试和理论预测的切向速度随着旋流器轴向高度变化的结果，由图 2-24 中可以看出，随着轴向高度的增大，在相同公转半径处，切向速度呈减小趋势。公转半径越大，随着轴向高度的增大，衰减越明显。理论预测结

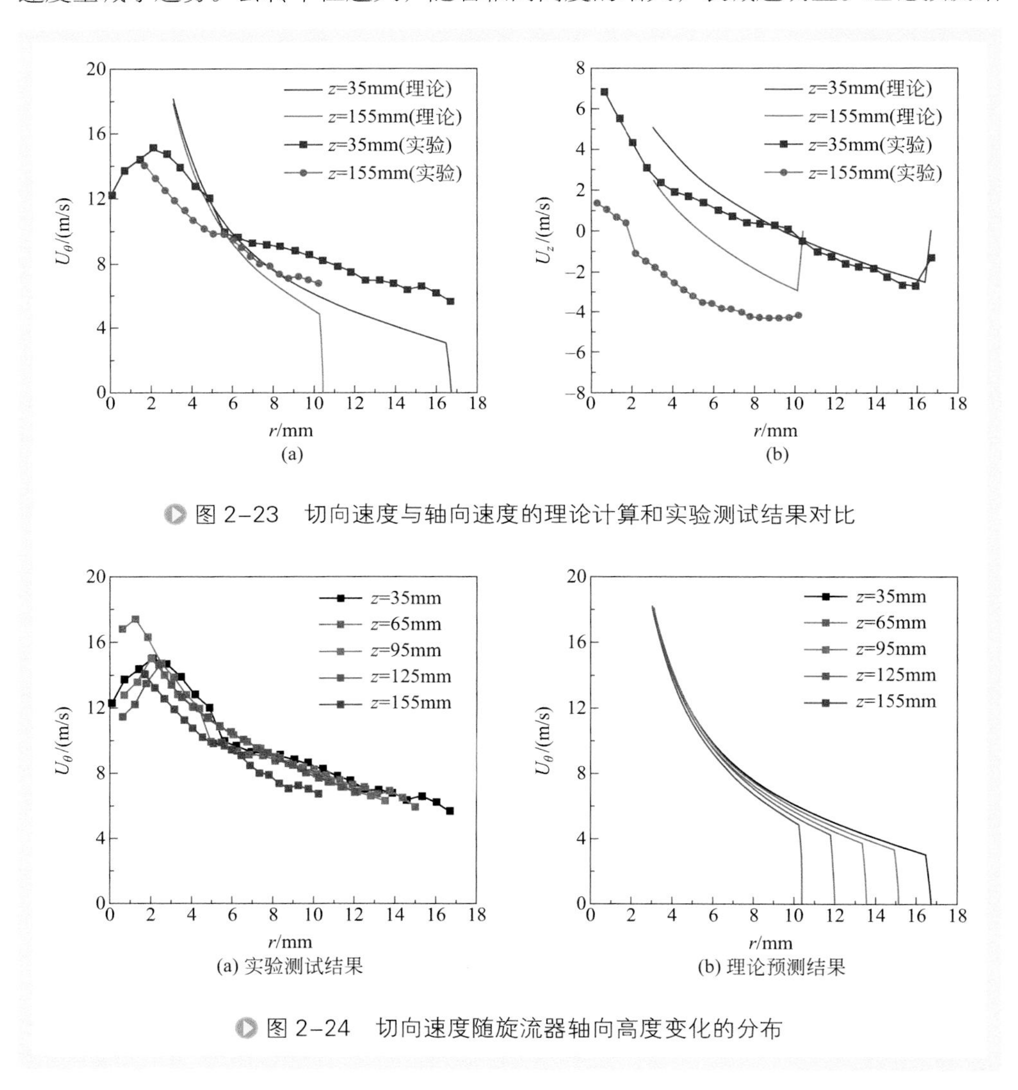


图 2-23 切向速度与轴向速度的理论计算和实验测试结果对比

图 2-24 切向速度随旋流器轴向高度变化的分布

果表明，在自由涡靠近旋流中心附近，切向速度基本相等。

图 2-25 为实验测试和理论预测的轴向速度随着旋流器轴向高度变化的结果，从图 2-25 中可以看出，旋流器自由涡中轴向速度随着轴向高度的增大呈衰减趋势，旋流中心向上为正，流向溢流口，靠近边壁一侧为负，流向底流口。但从轴向速度绝对值来说，在靠近旋流器壁面一侧，随着轴向高度的增大，轴向速度增大。

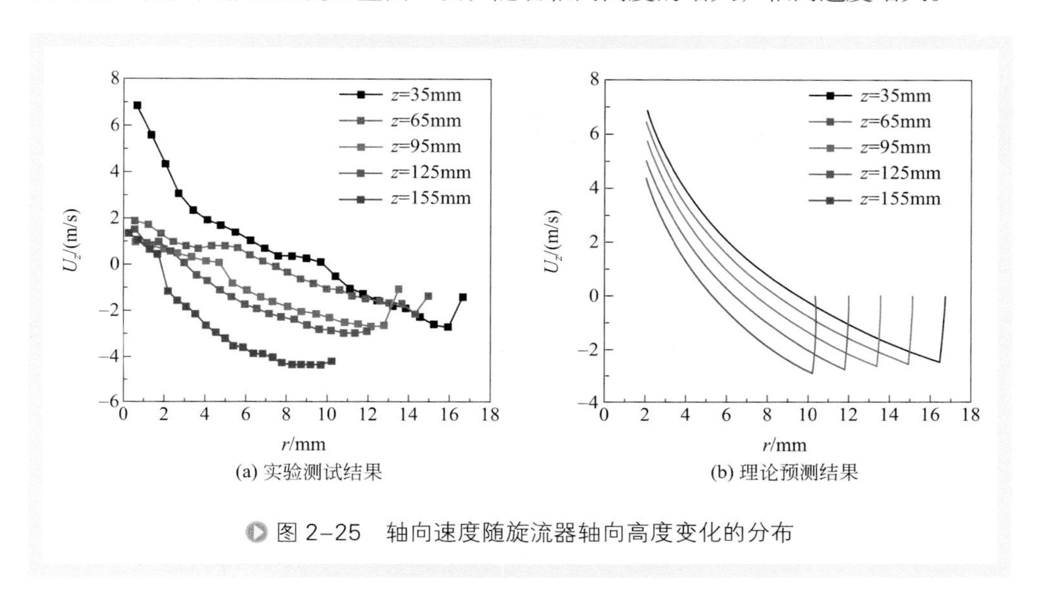


图 2-25 轴向速度随旋流器轴向高度变化的分布

## 四、轻质旋流器内颗粒公转与自转

旋流器中的颗粒围绕中心轴线公转，公转速度的大小直接反映了公转离心分离

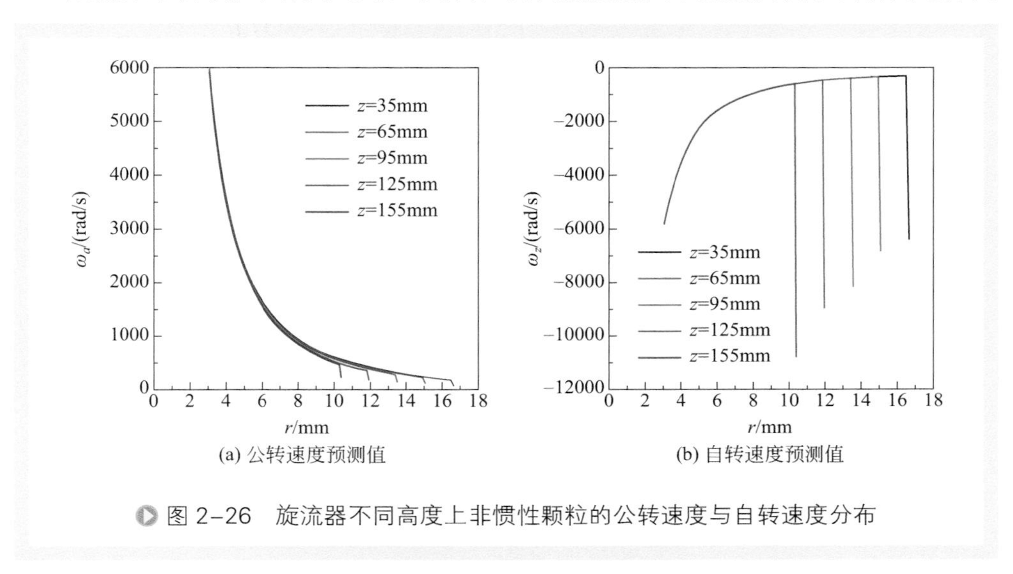


图 2-26 旋流器不同高度上非惯性颗粒的公转速度与自转速度分布

能力的强弱。轻质旋流器中非惯性颗粒的公转速度可以由式（2-14）和式（2-120）进行预测，如图 2-26（a）所示。越靠近旋流中心公转速度越大，随着公转半径的增大，公转速度迅速衰减。随着轴向高度的增大，锥段自由涡内相同公转半径处的公转速度呈减小趋势，但随着锥段内径收缩，与壁面距离相等位置的公转速度得到增强。由图 2-26（b）可知，对于颗粒自转速度，公转半径相同处自转速度相等。

# 第七节 双锥轻质旋流器内颗粒自转解析

## 一、边界条件

建立如图 2-27 所示的旋流器球坐标系。规定每一锥段内坐标系原点为锥角顶

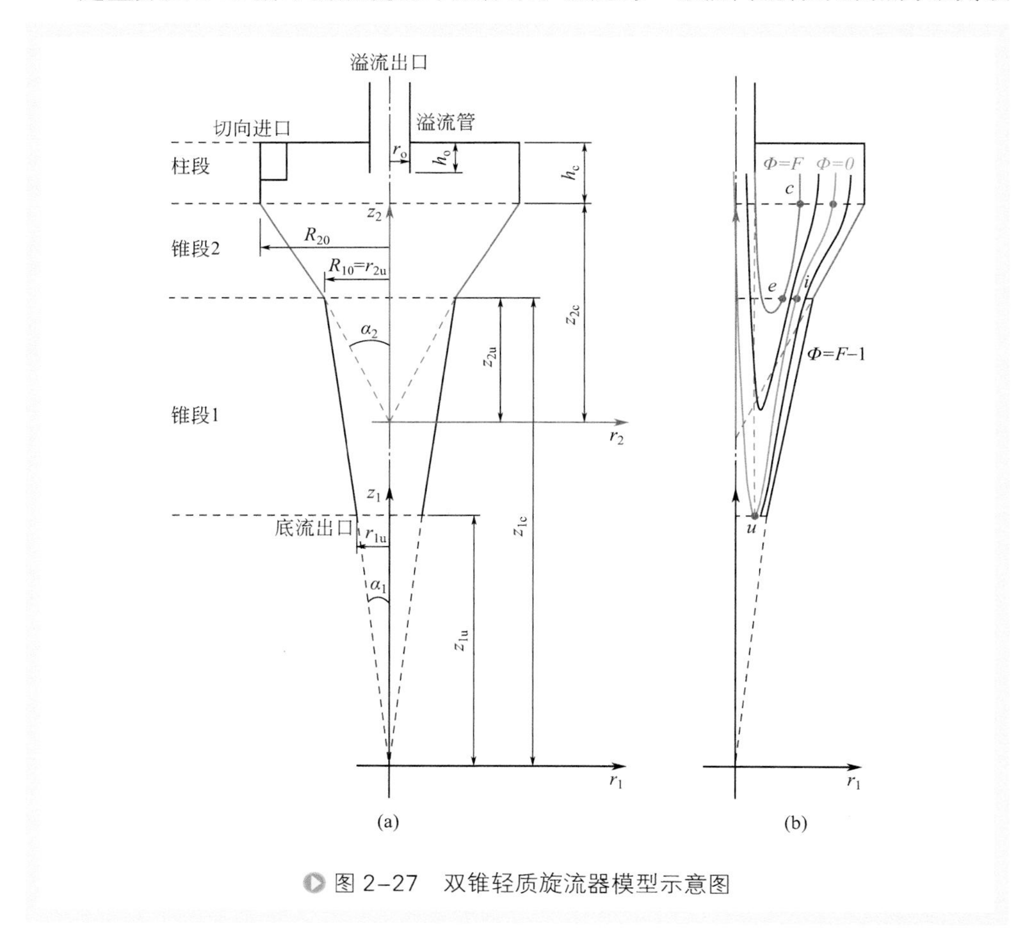


图 2-27 双锥轻质旋流器模型示意图

点，每一段内的结构参数表示方法与单锥旋流器相同，只是下标分别用数字 1 和 2 表示。其中下标 2 表示与柱段直接相连的锥段（一般为大锥段），下标 1 表示上部与锥段 2 相连、下部与底流管（尾管）相连的锥段（一般为小锥段）。

按上述规定后，锥段 1 和锥段 2 的球坐标系分别用坐标（$s_1$, $\varphi_1$, $\theta_1$）和（$s_2$, $\varphi_2$, $\theta_2$）表示，柱坐标分别用（$r_1$, $\theta_1$, $z_1$）和（$r_2$, $\theta_2$, $z_2$）表示。在两锥段内，流函数应该分别满足下列条件

$$\begin{cases}\Phi_1(\varphi_1=0)=0\\ \Phi_1(\varphi_1=\alpha_1)=-(1-F)\end{cases} \tag{2-125}$$

及

$$\begin{cases}\Phi_2(\varphi_2=0)=0\\ \Phi_2(\varphi_2=\alpha_2)=-(1-F)\end{cases} \tag{2-126}$$

## 二、流函数及速度分量求解

锥段 1 的无量纲流函数：

$$\Phi_1=\sigma_1\delta_1^2\left[\left(K_1-\ln\tan\frac{\varphi_1}{2}\right)\sin^2\varphi_1-(1-\cos\varphi_1)\right]-G_1(1-\cos\varphi_1) \tag{2-127}$$

其中

$$\delta_1=\frac{s_1}{R_{10}}$$

$$K_1=\frac{1}{1+\cos\alpha_1}+\ln\tan\frac{\alpha_1}{2}$$

$$G_1=\frac{1-F}{1-\cos\alpha_1}$$

如图 2-27 所示，由锥段 1 底流口的 $u$ 点确定的边界条件为 $\Phi_1(\delta=\delta_{1u},\varphi=\varphi_{1u})=0$，由此得到

$$\sigma_1=\frac{G_1}{\delta_{1u}^2\left[\left(K_1-\ln\tan\frac{\varphi_{1u}}{2}\right)(1+\cos\varphi_{1u})-1\right]} \tag{2-128}$$

其中

$$\delta_{1u}=\frac{\sqrt{r_o^2+z_{1u}^2}}{R_{10}}=\frac{\sqrt{r_o^2+(r_{1u}/\tan\alpha_1)^2}}{R_{10}}$$

$$\varphi_{1u}=\tan^{-1}\frac{r_o\tan\alpha_1}{r_{1u}}$$

另外

$$\sigma_1=-\frac{\pi R_{10}^2V_1^2}{QW_1} \tag{2-129}$$

$$W_1=-\frac{Q}{\pi(R_{10}^2-r_{1c}^2)} \tag{2-130}$$

将式（2-127）代入无量纲速度分量式（2-42）、式（2-43）得到球坐标系下无量纲速度分量

$$E_{1s}=\frac{1}{\delta_1^2\sin\varphi_1}\frac{\partial\Phi_1}{\partial\varphi_1}=2\sigma_1\left[\left(K_1-\ln\tan\frac{\varphi_1}{2}\right)\cos\varphi_1-1\right]-\frac{G_1}{\delta_1^2} \tag{2-131}$$

$$E_{1\varphi}=-\frac{1}{\delta_1\sin\varphi_1}\frac{\partial\Phi_1}{\partial\delta_1}=2\sigma_1\left[\frac{1-\cos\varphi_1}{\sin\varphi_1}-\left(K_1-\ln\tan\frac{\varphi_1}{2}\right)\sin\varphi_1\right] \tag{2-132}$$

仿照式（2-119），锥段 1 内的切向速度无量纲流函数为

$$E_{1\theta}=\frac{1}{\delta_1\sin\varphi_1}C_{1\mathrm{d}}(\Phi_1)=\frac{2}{\delta_1\sin\varphi_1}\sqrt{\sigma_1\left[\frac{D_1^2}{D_1^2-4r_{1\mathrm{c}}^2}+(1-F)+\Phi_1\right]} \tag{2-133}$$

通过坐标变换，并对式（2-131）～式（2-133）乘以无量纲因子 $Q/(2\pi R_0^2)$ 得到柱坐标系下的速度分量分别为

$$U_{1\theta}=\frac{2Q}{\pi}\sqrt{\frac{4\sigma_1^2}{D_1^2}\left(K_1-\ln\tan\frac{\varphi_1}{2}-\frac{1}{\cos\varphi_1+1}\right)+\frac{\sigma_1}{z_1^2\tan^2\varphi_1}\left[\frac{D_1^2}{D_1^2-4r_{1\mathrm{c}}^2}+G_1\left(\cos\varphi_1-1\right)-F+1\right]} \tag{2-134}$$

$$\begin{aligned}U_{1r}&=U_{1s}\sin\varphi_1-U_{1\varphi}\cos\varphi_1\\&=\left\{\frac{4\sigma_1Q}{\pi D_1^2}\left[2\cos\varphi_1\left(K_1-\ln\tan\frac{\varphi_1}{2}\right)-\frac{2+\cos\varphi_1}{1+\cos\varphi_1}\right]-\frac{G_1D_1^2\cos^2\varphi_1}{4z_1^2}\right\}\sin\varphi_1\end{aligned} \tag{2-135}$$

$$\begin{aligned}U_{1z}&=U_{1s}\cos\varphi_1+U_{1\varphi}\sin\varphi_1\\&=\frac{4\sigma_1Q}{\pi D_1^2}\left[\left(K_1-\ln\tan\frac{\varphi_1}{2}\right)\cos2\varphi_1-2\cos\varphi_1+1\right]-\frac{G_1D_1^2\cos^3\varphi_1}{4z_1^2}\end{aligned} \tag{2-136}$$

式中，$D_1=2R_{10}$。

同理得锥段 2 的无量纲流函数：

$$\Phi_2=\sigma_2\delta_2^2\left[\left(K_2-\ln\tan\frac{\varphi_2}{2}\right)\sin^2\varphi_2-(1-\cos\varphi_2)\right]-G_2(1-\cos\varphi_2) \tag{2-137}$$

其中

$$\delta_2=\frac{s_2}{R_{20}}$$

$$K_2=\frac{1}{1+\cos\alpha_2}+\ln\tan\frac{\alpha_2}{2}$$

$$G_2=\frac{1-F}{1-\cos\alpha_2}$$

为确定锥段 2 中的流函数，仅需要确定式（2-137）中的常数 $\sigma$，同时考虑到要使锥段 1 和锥段 2 内的流线连续［图 2-27（b）］，因此需要锥段 1 和锥段 2 内流函数等于零的流线在两个锥段界面处连接在同一个点上，即图中的 $i$ 点，由此得到锥

段 2 内在 $i_2$ 点的边界条件 $\Phi_2(\delta=\delta_{2i},\varphi=\varphi_{2i})=0$，由此得到

$$\sigma_2=\frac{G_2}{\delta_{2i}^2\left[\left(K_2-\ln\tan\frac{\varphi_{2i}}{2}\right)(1+\cos\varphi_{2i})-1\right]} \tag{2-138}$$

其中

$$\delta_{2i}=\frac{\sqrt{r_o^2+z_{2i}^2}}{R_{20}}=\frac{\sqrt{r_o^2+(r_{2i}/\tan\alpha_2)^2}}{R_{20}}$$

$$\varphi_{2i}=\tan^{-1}\frac{r_o\tan\alpha_2}{r_{2i}}$$

另外

$$\sigma_2=-\frac{\pi R_{20}^2V_2^2}{QW_2} \tag{2-139}$$

$$W_2=-\frac{Q}{\pi(R_{20}^2-r_{2e}^2)} \tag{2-140}$$

将式（2-127）代入与无量纲流函数相关的无量纲速度分量式得到球坐标系下无量纲速度分量为

$$E_{2s}=\frac{1}{\delta_2^2\sin\varphi_2}\frac{\partial\Phi_2}{\partial\varphi_2}=2\sigma_2\left[\left(K_2-\ln\tan\frac{\varphi_2}{2}\right)\cos\varphi_2-1\right]-\frac{G_2}{\delta_2^2} \tag{2-141}$$

$$E_{2\varphi}=-\frac{1}{\delta_2\sin\varphi_2}\frac{\partial\Phi_2}{\partial\delta_2}=2\sigma_2\left[\frac{1-\cos\varphi_2}{\sin\varphi_2}-\left(K_2-\ln\tan\frac{\varphi_2}{2}\right)\sin\varphi_2\right] \tag{2-142}$$

$$E_{2\theta}=\frac{1}{\delta_2\sin\varphi_2}C_{2d}(\Phi_2)=\frac{2}{\delta_2\sin\varphi_2}\sqrt{\sigma_2\left[\frac{D_2{}^2}{D_2{}^2-4r_{2e}^2}+(1-F)+\Phi_2\right]} \tag{2-143}$$

通过坐标变换得到柱坐标系下的速度分量分别为

$$U_{2\theta}=\frac{2Q}{\pi}\sqrt{\frac{4\sigma_2^2}{D_2{}^2}\left(K_2-\ln\tan\frac{\varphi_2}{2}-\frac{1}{\cos\varphi_2+1}\right)+\frac{\sigma_2}{z_2^2\tan^2\varphi_2}\left[\frac{D_2^2}{D_2^2-4r_{2e}^2}+G_2(\cos\varphi_2-1)-F+1\right]} \tag{2-144}$$

$$\begin{aligned}U_{2r}&=U_{2s}\sin\varphi_2-U_{2\varphi}\cos\varphi_2\\&=\left\{\frac{4\sigma_2Q}{\pi D_2^2}\left[2\cos\varphi_2\left(K_2-\ln\tan\frac{\varphi_2}{2}\right)-\frac{2+\cos\varphi_2}{1+\cos\varphi_2}\right]-\frac{G_2D_2^2\cos^2\varphi_2}{4z_2^2}\right\}\sin\varphi_2\end{aligned} \tag{2-145}$$

$$\begin{aligned}U_{2z}&=U_{2s}\cos\varphi_2+U_{2\varphi}\sin\varphi_2\\&=\frac{4\sigma_2Q}{\pi D_2^2}\left[\left(K_2-\ln\tan\frac{\varphi_2}{2}\right)\cos2\varphi_2-2\cos\varphi_2+1\right]-\frac{G_2D_2^2\cos^3\varphi_2}{4z_2^2}\end{aligned} \tag{2-146}$$

其中 $D_2=2R_{20}$。

为了使锥段 1 和锥段 2 内的流线连续，在锥段 1 和锥段 2 的截面上应该满足条

件为

$$\Phi_1(\delta_1=\delta_{1c},\varphi=\varphi_{1c})=\Phi_2(\delta_2=\delta_{2c},\varphi_2=\varphi_{2c})=F \tag{2-147}$$

$$\Phi_1(\delta_1=\delta_{1i},\varphi_1=\delta_{1i})=\Phi_2(\delta_2=\delta_{2i},\varphi_2=\varphi_{2i})=0 \tag{2-148}$$

采用白志山等[93]的旋流器结构及操作参数进行模型验证。该双锥轻质旋流器的结构尺寸参数见表 2-4，由此得到对应的结构尺寸参数如表所列。进口流量 2m³/h，溢流分流比为 0.05。

表2-4　双锥轻质旋流器结构参数

| $D$/mm | $d_u$/mm | $d_o$/mm | $\alpha_2$/(°) | $\alpha_1$/(°) | $L_1$/mm | $L_2$/mm | $L_c$/mm | $L_u$/mm |
|---|---|---|---|---|---|---|---|---|
| 70 | 18 | 4 | 10 | 0.75 | 635.6 | 114.4 | 70 | 700 |

先计算锥段 1 内的流函数，由旋流器结构尺寸参数得到 $K_1$=−4.529，$G_1$=11088.749，$\delta_{1u}$=39.695，$\varphi_{1u}$=0.0291 rad，$\sigma_1$=2.34，由此确定了锥段 1 内的流函数

$$\Phi_1=2.34\left(\frac{z_1}{R_{10}\cos\varphi_1}\right)^2\left[\left(-4.529-\ln\tan\frac{\varphi_1}{2}\right)\sin^2\varphi_1-\left(1-\cos\varphi_1\right)\right]-11088.749\left(1-\cos\varphi_1\right) \tag{2-149}$$

由边界条件式（2-147）和式（2-148）分别得到 $\varphi_{1c}$=0.468°，$\varphi_{1i}$=0.505°，则 $r_{1c}$=10.802mm，$r_{1i}$=11.425mm。

锥段 2 底端无量纲流函数为零的点的无量纲径向长度和角度分别为

$$\delta_{2i}=\frac{\sqrt{r_{1i}^2+z_{2i}^2}}{R_{20}}=\frac{\sqrt{r_{1i}^2+(r_{2i}/\tan\alpha_2)^2}}{R_{20}}=\frac{\sqrt{r_{1i}^2+(R_{10}/\tan\alpha_2)^2}}{R_{20}}=2.859 \tag{2-150}$$

$$\varphi_{2u}=\tan^{-1}(r_{1i}\tan\alpha_2/R_{10})=6.77° \tag{2-151}$$

将 $\delta_{2i}$=2.859，$\varphi_{2u}$=0.118rad 代入式（2-138）得 $\sigma_2$=9.815，其中 $K_2$=−1.932，$G_2$=62.532。由此得到锥段 2 内的无量纲流函数。

求取锥段 2 入口截面上满足无量纲流函数值为 $F$ 的点的径向坐标，通过图像法求取得 $\varphi_{2u}$=8.458°=0.148rad，$r_{2c}$=29.517mm。求取锥段 2 入口截面上满足无量纲流函数值为 0 的点的径向坐标，通过图像法求取得 $\varphi_{2i}$=9.089°=0.159rad，$r_{2i}$=31.755mm。

## 三、双锥旋流器内速度分布

图 2-28 给出了公称直径 70mm 的双锥轻质旋流器中非惯性颗粒的切向速度［图 2-28（a）］和轴向速度［图 2-28（b）］随轴向高度的径向分布。高度 $z$=70mm 为锥段 2 的开始截面处，在高度 $z$=168mm 和 $z$=169mm 分别为在两个锥段交接面两侧高度，其中高度 $z$=168mm 在锥段 2 一侧，高度 $z$=169mm 在锥段 1 一侧。从图 2-28（a）

可以看出，随着轴向高度的增大，靠近壁面的切向速度呈衰减趋势。切向速度在双锥交接面处并不连续。而从图 2-28（b）可以看出，轴向速度在双锥交接面处连续，且在锥段 2 内轴向速度迅速衰减，而在小锥角的锥段 1 内轴向速度衰减随着轴向高度增大衰减缓慢。

## 四、双锥轻质旋流器内颗粒自转与公转

图 2-29（a）和（b）分别为双锥轻质旋流器内不同轴向高度上非惯性颗粒公转

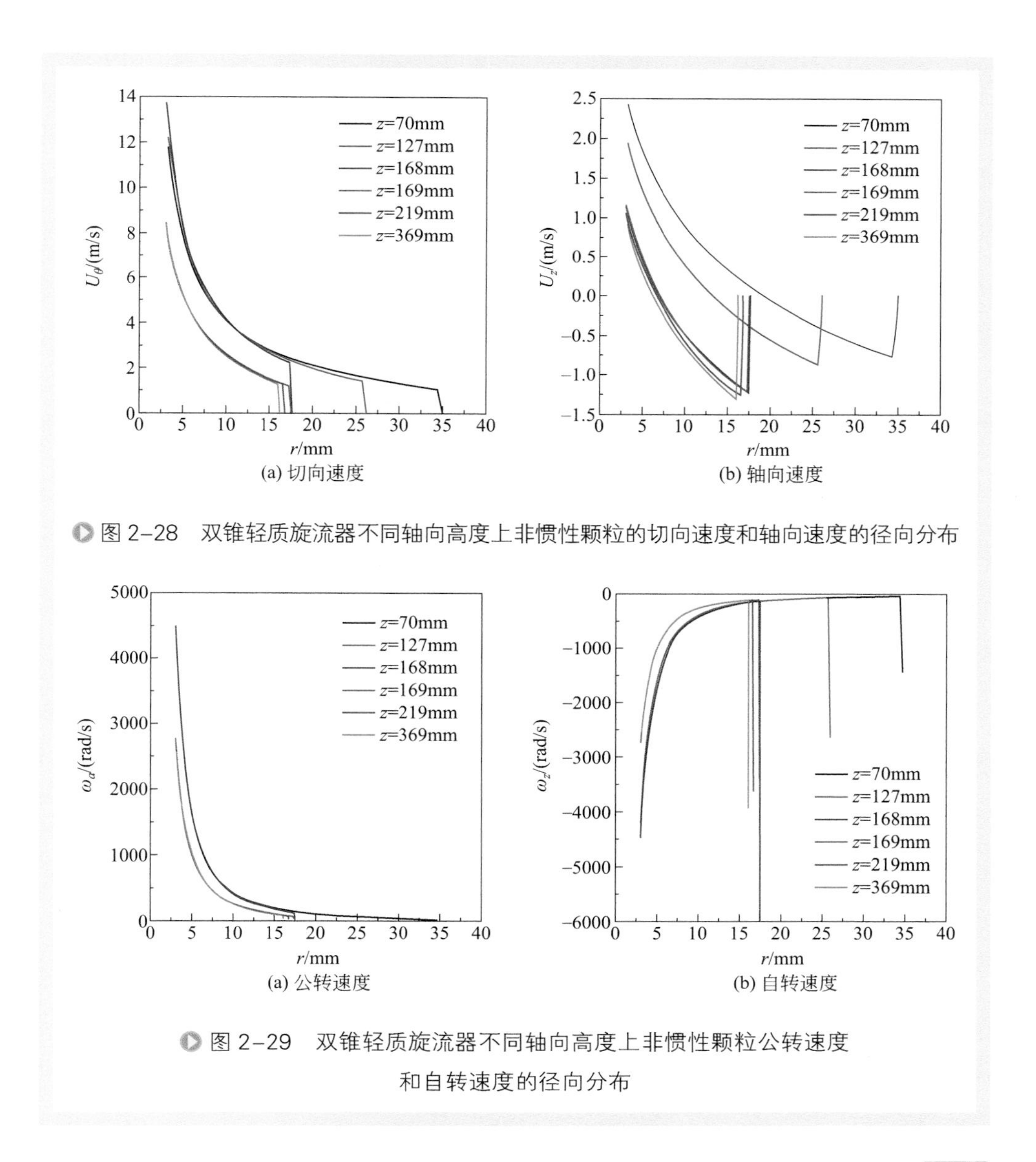


图 2–28　双锥轻质旋流器不同轴向高度上非惯性颗粒的切向速度和轴向速度的径向分布

图 2–29　双锥轻质旋流器不同轴向高度上非惯性颗粒公转速度和自转速度的径向分布

速度和自转速度的径向分布。受切向速度的影响，大锥角的锥段 2 内公转速度明显大于小锥角的锥段 1 内的公转速度。在相同公转半径处，颗粒自转速度与公转速度相反，且自转速度大锥角更大。这说明增大锥角有利于颗粒的高速自转。

## 第八节 本章小结

本章利用修正的 B & I 旋流场模型和剪切流场非惯性微球自转模型，初步建立了旋流器内三维旋转流动条件下的非惯性微球自转速度模型，利用该模型分析发现微旋流器内微球自转速度比层流和各向同性湍流中高出两个数量级。此外，分析发现旋流场中颗粒自转离心力和公转离心力在颗粒内部产生耦合作用，耦合离心力周期性振荡，耦合离心分离因数高出重力加速度至少一个数量级。根据重质旋流器的修正 B & I 模型建立的轻质旋流器旋流场模型，进而获得单锥轻质旋流器和双锥轻质旋流器内颗粒公转和自转速度分布，发展了旋流场颗粒自转预测模型。对于研究各种形式旋流场中颗粒自转行为提供了新的方法。

### 参考文献


[1] 陆夕云 , 林建忠 . 能否发展关于湍流动力学和颗粒材料运动学的综合理论？ [J]. 科学通报 , 2017, 62(11): 1115-1118.

[2] Cullivan J C, Williams R A, Dyakowski T, et al. New understanding of a hydrocyclone flow field and separation mechanism from computational fluid dynamics[J]. Minerals Engineering, 2004, 17(5): 651-660.

[3] Cortes C,Gil A. Modeling the gas and particle flow inside cyclone separators[J]. Progress in Energy and Combustion Science, 2007, 33(5): 409-452.

[4] Chu L Y, Chen W M,Lee X Z. Effects of geometric and operating parameters and feed characters on the motion of solid particles in hydrocyclones[J]. Separation and Purification Technology, 2002, 26(2-3): 237-246.

[5] Chu L Y, Chen W M,Lee X Z. Enhancement of hydrocyclone performance by controlling the inside turbulence structure[J]. Chemical Engineering Science, 2002, 57(1): 207-212.

[6] 褚良银 , 陈文梅 . 旋转流分离理论 [M]. 北京：冶金工业出版社 , 2002.

[7] 徐继润 , 罗茜 . 水力旋流器流场理论 [M]. 北京：科学出版社 , 1998.

[8] Alex C H,Stein L E. Gas cyclones and swirl tubes[M]. Springer, 1997.

[9] Kelsall D. A study of the motion of solid particles in a hydraulic cyclone[J]. Chemical Engineering Research and Design, 1952, 30(a): 87-108.

[10] Svarovsky, Ladislav. Solid-liquid separation[M]. 4th Butterworth-Heinemann, 2001.
[11] Bergstrom J,Vomhoff H. Experimental hydrocyclone flow field studies[J]. Separation and Purification Technology, 2007, 53(1): 8-20.
[12] 赵庆国，张明贤．水力旋流器分离技术 [M]. 北京：化学工业出版社，2003.
[13] 褚良银．水力旋流器 [M]. 北京：化学工业出版社，1998.
[14] 庞学诗．水力旋流器理论与应用 [M]. 长沙：中南大学出版社，2005.
[15] 梁政，任连城，李莲明．固液分离水力旋流器流场理论研究 [M]. 北京：石油工业出版社，2011.
[16] King R P, Juckes A H,Stirling P A. A quantitative model for the prediction of fine coal cleaning in a spiral concentrator[J]. Coal Preparation, 1992, 11(1-2): 51-66.
[17] Srivastava M P, Pan S K, Prasad N, et al. Characterization and processing of iron ore fines of Kiriburu deposit of India[J]. International Journal of Mineral Processing, 2001, 61(2): 93-107.
[18] Delgadillo J A,Rajamani R K. Exploration of hydrocyclone designs using computational fluid dynamics[J]. International Journal of Mineral Processing, 2007, 84(1-4): 252-261.
[19] Motsamai O S. Investigation of the influence of hydrocyclone geometric and flow parameters on its performance using CFD[J]. Advances in Mechanical Engineering, 2010: 593689.
[20] Wang J M,Wang L Z. Experimental study of a new hydrocyclone for multi-density particles separation[J]. Separation Science and Technology, 2009, 44(12): 2915-2927.
[21] Maharaj L, Loveday B K,Pocock J. The effect of the design of a secondary grinding circuit on platinum flotation from a UG-2 ore[J]. Minerals Engineering, 2011, 24(3-4): 221-224.
[22] Dai G Q, Li J M,Chen W M. Numerical prediction of the liquid flow within a hydrocyclone[J]. Chemical Engineering Journal, 1999, 74(3): 217-223.
[23] Narasimha M, Brennan M,Holtham P N. Prediction of magnetite segregation in dense medium cyclone using computational fluid dynamics technique[J]. International Journal of Mineral Processing, 2007, 82(1): 41-56.
[24] Wang B, Chu K W,Yu A B. Numerical study of particle-fluid flow in a hydrocyclone[J]. Industrial & Engineering Chemistry Research, 2007, 46(13): 4695-4705.
[25] Huang S. Numerical simulation of oil-water hydrocyclone using Reynolds-stress model for Eulerian multiphase flows[J]. Canadian Journal of Chemical Engineering, 2005, 83(5): 829-834.
[26] Zhang Y H, Qian P, Liu Y, et al. Experimental study of hydrocyclone flow field with different feed concentration[J]. Industrial & Engineering Chemistry Research, 2011, 50(13): 8176-8184.
[27] Chang Y F, Ilea C G, Aasen Ø L, et al. Particle flow in a hydrocyclone investigated by

positron emission particle tracking[J]. Chemical Engineering Science, 2011, 66(18): 4203-4211.

[28] Delgadillo J A, Al Kayed M, Vo D, et al. CFD simulations of a hydrocyclone in absence of an air core[J]. Journal of Mining and Metallurgy Section B-Metallurgy, 2012, 48(2): 197-206.

[29] Dabir D. Mean velocity measurements in a 3 inches hydrocyclone using laser doppler anemometry[D]. Department of Chemical Engineering, Michigan State University, USA, 1983.

[30] Saidi M, Maddahian R,Farhanieh B. Numerical investigation of cone angle effect on the flow field and separation efficiency of deoiling hydrocyclones[J]. Heat and Mass Transfer, 2013, 49(2): 247-260.

[31] Wang B,Yu A B. Numerical study of particle-fluid flow in hydrocyclones with different body dimensions[J]. Minerals Engineering, 2006, 19(10): 1022-1033.

[32] Liu H F, Xu J Y, Zhang J, et al. Oil/Water separation in a liquid-liquid cylindrical cyclone[J]. Journal of Hydrodynamics, 2012, 24(1): 116-123.

[33] 王剑刚，张艳红，白兆圆等．进口尺寸对旋转流场分离特征的影响 [J]. 化工学报，2014, 65(1): 205-212.

[34] Wang J W, Wang H L,Song J W. Numerical simulation on turbulent flow field within double-inlet cyclone pipe with twin cones[J]. Journal of East China University of Science & Technology, 2003.

[35] Zhao L X, Jiang M H, Liu S M, et al. CFD analysis, measurements and applicable fields on hydrocyclonic separation technology research[J]. Proceedings of the 25th International Conference on Offshore Mechanics and Arctic Engineering, 2006, 4: 855-862.

[36] Kraipech W, Nowakowski A, Dyakowski T, et al. An investigation of the effect of the particle-fluid and particle-particle interactions on the flow within a hydrocyclone[J]. Chemical Engineering Journal, 2005, 111(2-3): 189-197.

[37] Narasimha M, Brennan M,Holtham P N. Large eddy simulation of hydrocyclone - prediction of air-core diameter and shape[J]. International Journal of Mineral Processing, 2006, 80(1): 1-14.

[38] Narasimha M, Brennan M S,Holtham P N. A review of flow modeling for dense medium cyclones[J]. Coal Preparation, 2006, 26(2): 55-89.

[39] Noroozi S,Hashemabadi S H. CFD analysis of inlet chamber body profile effects on de-oiling hydrocyclone efficiency[J]. Chemical Engineering Research & Design, 2011, 89(7A): 968-977.

[40] Dai G Q, Chen W M, Li J M, et al. Experimental study of solid-liquid two-phase flow in a hydrocyclone[J]. Chemical Engineering Journal, 1999, 74(3): 211-216.

[41] 何凤琴 . 固液旋流分离场研究 [D]. 上海 : 华东理工大学 , 2014.

[42] Li J P, Yang X J, Ma L, et al. The enhancement on the waste management of spent hydrotreating catalysts for residue oil by a hydrothermal–hydrocyclone process[J]. Catalysis Today, 2016, 271: 163-171.

[43] Huang Y, Li J-P, Zhang Y-h, et al. High-speed particle rotation for coating oil removal by hydrocyclone[J]. Separation and Purification Technology, 2017, 177: 263-271.

[44] Barkla H M,Auchterlonie L J. The Magnus or Robins effect on rotating spheres[J]. Journal of Fluid Mechanics, 1971, 47(3): 437-447.

[45] M.J. Goodyer R I H, M. Judd. The measurement of magnus force and moment using a magnetically suspended wind tunnel model[J]. Transactions on Magnetics, 1975, 11(5): 1514-1516.

[46] Segre G,Silberberc A. Radial particle displacement in Poiseuille flow of suspensions[J]. Nature, 1961, 189(4760): 209-210.

[47] Segre G,Silberberg A. Behaviour of macroscopic rigid spheres in Poiseuille flow Part 2. Experimental results and interpretation[J]. Journal of Fluid Mechanics, 1962, 14(1): 136-157.

[48] Oliver D R. Influence of particle rotation on radial migration in the Poiseuille flow of suspensions[J]. Nature, 1962, 194(4835): 1269-1271.

[49] Tachibana M. On the behaviour of a sphere in the laminar tube flow[J]. Rheologica Acta, 1973, 12(1): 58-69.

[50] Choi C R,Kim C N. Inertial migration and multiple equilibrium positions of a neutrally buoyant spherical particle in Poiseuille flow[J]. Korean Journal of Chemical Engineering, 2010, 27(4): 1076-1086.

[51] Taylor G I. The motion of ellipsoidal particles in a viscous fluid[J]. Proceedings of the Royal Society of London, 1923, 103(720): 58-61.

[52] Halow J S,Wills G B. Experimental observations of sphere migration in Couette systems[J]. Industrial and Engineering Chemistry Research Fundamentals, 1970, 9(4): 603-607.

[53] Trevelyan B J,Mason S G. Particle motions in sheared suspensions. Ⅰ. Rotations[J]. Journal of Colloid Science, 1951, 6(4): 354-367.

[54] Arbaret L, Mancktelow N S,Burg J P. Effect of shape and orientation on rigid particle rotation and matrix deformation in simple shear flow[J]. Journal of Structural Geology, 2001, 23(1): 113-125.

[55] Frank Snijkers, Gaetano D’Avino, Pier Luca Maffettone, et al. Rotation of a sphere in a viscoelastic liquid subjected to shear flow. Part Ⅱ. Experimental results[J]. Journal of Rheology, 2009, 53(2): 459-480.

[56] Ye J,Roco M C. Particle rotation in a Couette flow[J]. Physics of Fluids A, 1992, 4(2): 220-

224.
[57] Zettner C M,Yoda M. Moderate-aspect-ratio elliptical cylinders in simple shear with inertia[J]. Journal of Fluid Mechanics, 2001, 442: 241-266.
[58] Hermans T M, Bishop K J M, Stewart P S, et al. Vortex flows impart chirality-specific lift forces[J]. Nature Communications, 2015, 6: 5640.
[59] Einstein A. Eine neue bestimmung der moleküldimensionen[J]. Annalen Der Physik, 1906, 4(19): 289-306.
[60] Jeffery G B. The motion of ellipsoidal particles immersed in a viscous fluid[J]. Proceedings of the Royal Society of London, 1922, 102(715): 161-179.
[61] Bretherton F P. The motion of a rigid particle in a shear flow at low Roynolds number[J]. Journal of Fluid Mechanics, 1962, 14(02): 284-304.
[62] Hinch E J. Rotation of small non-axisymmetric particles in a simple shear flow[J]. Journal of Fluid Mechanics, 1979, 92(3): 591-608.
[63] Roberts G O, Kornfeld D M,Fowlis W W. Particle orbits in a rotating liquid[J]. Journal of Fluid Mechanics, 1991, 229: 555-567.
[64] Subramanian G, Koch D L. Inertial effects on the orientation of nearly spherical particles in simple shear flow[J]. Journal of Fluid Mechanics, 2006, 557: 257.
[65] Altenbach H, Naumenko K, Pylypenko S, et al. Influence of rotary inertia on the fiber dynamics in homogeneous creeping flows[J]. Zamm-Zeitschrift Fur Angewandte Mathematik Und Mechanik, 2007, 87(2): 81-93.
[66] Altenbach H, Brigadnov I,Naumenko K. Rotation of a slender particle in a shear flow: influence of the rotary inertia and stability analysis[J]. Zamm, 2009, 89(10): 823-832.
[67] Pozrikidis C. Interception of two spheroidal particles in shear flow[J]. Journal of Non-Newtonian Fluid Mechanics, 2006, 136(1): 50-63.
[68] D’Avino G, Hulsen M A, Snijkers F, et al. Rotation of a sphere in a viscoelastic liquid subjected to shear flow’. Part Ⅰ: Simulation results[J]. Journal of Rheology, 2008, 52(6): 1331-1346.
[69] Luo K, Wei A, Wang Z, et al. Fully-resolved DNS study of rotation behaviors of one and two particles settling near a vertical wall[J]. Powder Technology, 2013, 245(8): 115-125.
[70] Megias-Alguacil D. Surface rotation of liquid droplets under a simple shear flow: experimental observations in 3D[J]. Soft Materials, 2013, 11(1): 1-5.
[71] Best JL. The influence of particle rotation on wake stability at particle Reynolds numbers, $Re_p$<300-implications for turbulence modulation in two-phase flows[J]. International Journal of Multiphase Flow, 1998, 24(5): 693-720.
[72] Kajishima T. Influence of particle rotation on the interaction between particle clusters and particle-induced turbulence[J]. International Journal of Heat and Fluid Flow, 2004, 25(5):

721-728.
[73] Mortensen P H, Andersson H I, Gillissen J J J, et al. Particle spin in a turbulent shear flow[J]. Physics of Fluids, 2007, 19(7): 1-4.
[74] Huang H, Yang X, Krafczyk M, et al. Rotation of spheroidal particles in Couette flows[J]. Journal of Fluid Mechanics, 2012, 692(692): 369-394.
[75] Parsa S, Calzavarini E, Toschi F, et al. Rotation rate of rods in turbulent fluid flow[J]. Physical Review Letters, 2012, 109(13): 1-5.
[76] Marcus G G, Parsa S, Kramel S, et al. Measurements of the solid-body rotation of anisotropic particles in 3D turbulence[J]. New Journal of Physics, 2014, 16(10): 102001.
[77] Ni R, Kramel S, Ouellette N T, et al. Measurements of the coupling between the tumbling of rods and the velocity gradient tensor in turbulence[J]. Journal of Fluid Mechanics, 2015, 766(766): 202-225.
[78] Challabotla N R, Zhao L H,Andersson H I. Orientation and rotation of inertial disk particles in wall turbulence[J]. Journal of Fluid Mechanics, 2015, 766(2): 1-11.
[79] Klein S, Gibert M, Bérut A, et al. Simultaneous 3D measurement of the translation and rotation of finite-size particles and the flow field in a fully developed turbulent water flow[J]. Measurement Science and Technology, 2013, 24(2): 1-11.
[80] Meyer C R, Byron M L,Variano E A. Rotational diffusion of particles in turbulence[J]. Limnology and Oceanography, 2013, 3(1): 89-102.
[81] Fukada T, Takeuchi S,Kajishima T. Effects of curvature and vorticity in rotating flows on hydrodynamic forces acting on a sphere[J]. International Journal of Multiphase Flow, 2014, 58(1): 292-300.
[82] Masuda T, Mizuno N, Kobayashi M, et al. Stress and strain estimates for Newtonian and non-Newtonian materials in a rotational shear zone[J]. Journal of Structural Geology, 1995, 17(3): 451-454.
[83] Svarovsky L. Hydrocyclones[M]. Eastourne: Holt, Rinehart and Winston Ltd, 1984.
[84] Bloor M I G,Ingham D B. Theoretical investigation of the flow in a conical hydrocyclone[J]. Transactions of the Institution of Chemical Engineers, 1973, 51(1): 36-41.
[85] Kelsall D F. A study of the motion of the solid particles in a hydraulic cyclone[J]. Chemical Engineering Research & Design, 1952, 30(1): 87-108.
[86] Bloor M I G,Ingham D B. The flow in industrial cyclones[J]. Journal of Fluid Mechanics, 1987, 178: 507-519.
[87] Chu L-Y, Chen W-M,Lee X-Z. Effect of structural modification on hydrocyclone performance[J]. Separation and Purification Technology, 2000, 21(1): 71-86.
[88] Yang Q, Wang H L, Liu Y, et al. Solid/liquid separation performance of hydrocyclones with different cone combinations[J]. Separation and Purification Technology, 2010, 74(3): 271-

279.

[89] He F Q, Zhang Y H, Wang J G, et al. Flow patterns in mini-hydrocyclones with different vortex finder depths[J]. Chemical Engineering & Technology, 2013, 36(11): 1935-1942.

[90] Wang J, Bai Z, Yang Q, et al. Investigation of the simultaneous volumetric 3-component flow field inside a hydrocyclone[J]. Separation and Purification Technology, 2016, 163: 120-127.

[91] 路彦峰 , 刘建军 , 路洪艳 . 圆柱、球坐标系下 $\nabla \boldsymbol{\Phi}$、$\nabla \cdot \boldsymbol{A}$、$\nabla \times \boldsymbol{A}$ 和 $\nabla^2$ 的运算公式 [J]. 淮北师范大学学报 ( 自然科学版 ), 2011, 32(1): 37-40.

[92] Bai Z-S, Wang H-L,Tu S-T. Experimental study of flow patterns in deoiling hydrocyclone[J]. Minerals Engineering, 2009, 22(4): 319-323.

[93] 白志山 , 汪华林 , 王建文 . 液 - 液旋流分离管湍流流场的数值模拟 [J]. 华东理工大学学报 ( 自然科学版 ), 2005, 31(3): 409-412.

# 第三章

# 液固旋流分离过程检测及调控

旋转流场中一些主要的流动特征和参数一般采用各类基于声、光、电的传感器进行测量，一般只能用来测量局部的非细节性的特定参数，如空气柱尺寸、总体流量、进出口流速等。对于细节性的各速度分量分布的测量而言，早期的切向速度测量一般都采用安装在一个转子上的探针、叶轮、叶片或者小球，放置于空气柱中心进行测量，或者利用热线热膜这些测量手段，可想而知，这些侵入式的流场测量方法往往存在实验布置困难，干扰流动形态和测量精度差等各种问题。与侵入式测试方法相比，光学和声学流场测试方法作为非侵入式方法具有显著的优势。声学方法，应用在旋转流测试中的主要是基于回波扫描的超声速度测试仪（ultrasonic velocity profiler，UVP）或者多普勒平移的多普勒超声测速仪（Doppler ultrasound velocimetry，DUV），不过超声检测方法依然存在测量精度较差和测量区域局限较大等问题，因此只能作为光学方法的补充。而在光学方法方面，自从 1952 年 Kelsall 发表了第一篇完整的旋转流场测试论文开始，科学研究人员先后采用图像法、相位多普勒粒子分析仪（phase Doppler particle analyzer，PDPA）、粒子图像测速仪（particle image velocimetry, PIV）等各种手段，对旋转流场进行了测量研究，人们对旋流场的认识也逐渐深入，非侵入式的光学流场测试方法由此获得了广泛的认可，成为旋转流场测试的主流。

## 第一节 相位多普勒粒子分析

### 一、PDPA 测试系统的组成及原理

#### 1. PDPA 测试系统的组成

相位多普勒粒子分析仪（PDPA）技术是目前技术较成熟，精度较高，应用十

分广泛的一种单点测量技术。通过 PDPA 可测量旋转流场中连续相的一些基本参数，如切向速度、轴向速度和各分量的均方根（root mean square，RMS）湍动速度，以及一些基本流动特征，如切向速度指数、零轴速包络面、二次涡流等。本章针对 35mm 轻质分散相型水力旋流器，通过改变其进口流量和进口尺寸，探测旋转流场速度分布规律及随工况和结构尺寸的变化规律。

相位多普勒粒子分析仪（PDPA）也称粒子动态分析仪（PDA），采用两相流测量技术。本章实验采用 Dantec Dynamics 公司（丹麦）所生产的 PDPA 系统，如图 3-1 所示，主要由发射光路元件组（包括激光器）、接收光路元件组（包括光检测器）、三维坐标平移架、信号处理器和软件系统组成。其中激光器和信号处理器性能指标见表 3-1。

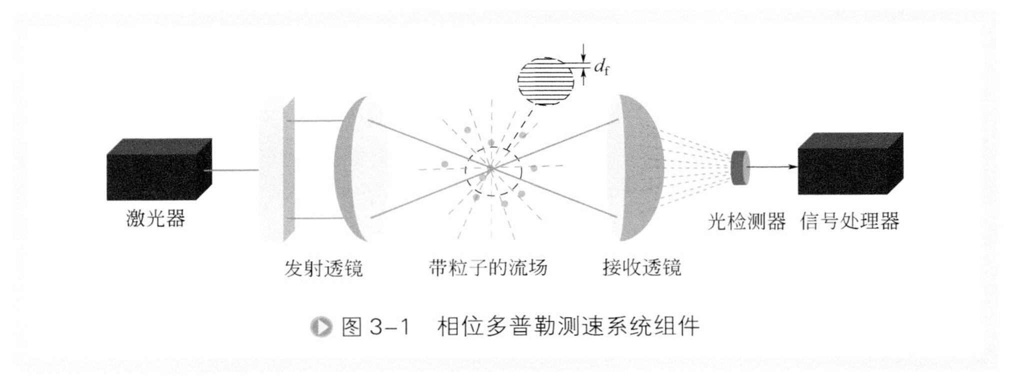


图 3-1 相位多普勒测速系统组件

表3-1 PDPA系统主要组件和技术指标

| 组件 | 技术指标 | |
|---|---|---|
| 激光器 | 类型 | 氩离子连续激光器 |
| | 波长 /nm | 514.5（$U_x$）/488（$U_y$） |
| | 最大功率 /W | 5 |
| | 高斯光束直径 /mm | 1.35 |
| | 光束扩展系数 | 1 |
| | 光束间距 /mm | 8 |
| | 干涉条纹数 | 35 |
| | 散射模型 | 反射模式 |
| | 光路类型 | FiberPDA |
| 信号处理器 | 型号 | BSA P80 |
| | 速度范围 | 可达声速 |
| | 粒径范围 /μm | 0.5 ～ 13000 |
| | 速度精度 | 0.5% |
| | 粒径精度 | 0.5% |
| | 浓度范围 /（个 /cm³） | 60 |

### 2. PDPA测试原理

（1）多普勒频移　激光多普勒测速仪（LDV）是基于多普勒频移开发出来的流体测速设备。多普勒频移是指物体辐射的波长在传播过程中，波源、传播介质、接收器存在相对运动，导致波被压缩或拉长，频率发生变化的现象。如图3-2所示，信号接收器R（光电传感器）接收到的运动颗粒散射光频率经历了两次多普勒频移效应。

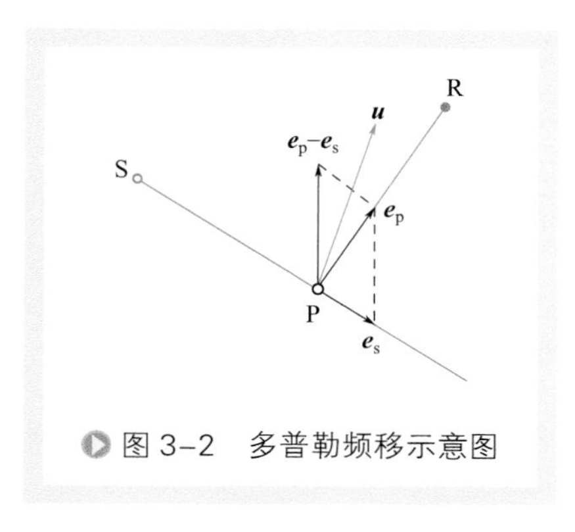

图3-2　多普勒频移示意图

光源S的光波频率为$f_s$，其与运动微粒P之间的相对运动导致一次多普勒频移，微粒散射光频率变为$f_R$，运动微粒P和接收器R之间的相对运动导致第二次多普勒频移，在$u<<c$的时候，经历两次多普勒效应后接收器感受到的频率$f_R$的表达式：

$$f_R = f_s\left[1+\frac{\boldsymbol{u}(\boldsymbol{e}_p-\boldsymbol{e}_s)}{c}\right] \tag{3-1}$$

式中，$\boldsymbol{u}$为运动微粒的速度矢量；$\boldsymbol{e}_p$、$\boldsymbol{e}_s$分别为颗粒运动方向和光源发射方向上的单位矢量；c为光速。

因此，多普勒频移$f_D$为：

$$f_D = f_R - f_s = \frac{f_s}{c}\cdot\boldsymbol{u}\cdot(\boldsymbol{e}_p-\boldsymbol{e}_s) = \frac{1}{\lambda}\left|\boldsymbol{u}\cdot(\boldsymbol{e}_p-\boldsymbol{e}_s)\right| \tag{3-2}$$

式中，$\lambda$为激光的波长。

如果光源S、微粒P和接收器R位置确定，可以确定$\boldsymbol{u}$在$\boldsymbol{e}_p-\boldsymbol{e}_s$上的投影。通过合理布置光源和接收器，可以测得所需方向的速度大小。

（2）PDPA的流速测试原理　由于流体实验中的粒子速度远小于光速，故频移量十分微小，所以PDPA/LDV一般采用干涉或差动技术来进行测量，通常可分为参考光、双散射、双光束三种光路类型。本书采用的Dantec Dynamics公司（丹麦）所生产的相位多普勒粒子分析仪（PDPA）流速测试原理与激光多普勒测速仪LDV是相同的，即根据运动颗粒在通过两束相交的相干光时，颗粒的散射光发生多普勒频移，由于频移与运动速度存在正比关系计算得到颗粒的速度。和LDV不同的是，该系统同时发射四束激光，分别为两束绿光和两束蓝光，四束光所在的两个平面成90°布置，相当于两组双光束型LDV系统，可以实现流速的三分量测量和粒径的测量，并可以根据不同的频率和波长来辨别结果的对应关系。如图3-3所示，双光束LDV发射出两束相干光，相交于P，形成测量体。颗粒经过测量体P的位置时，其发出的散射光被接收器R接收，由于散射角不同，对应的多普勒频移也不同，通

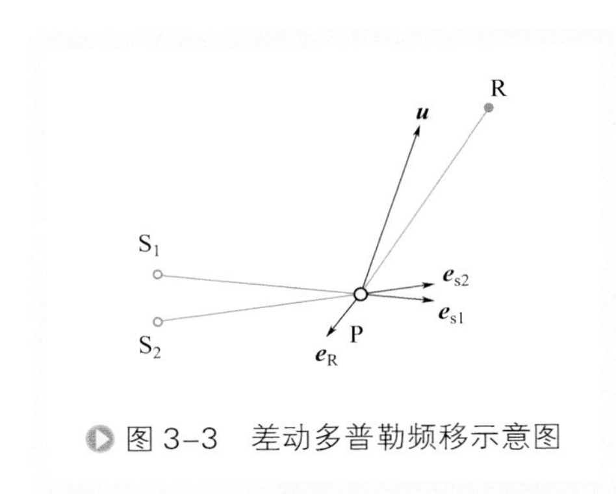

图 3-3　差动多普勒频移示意图

过两者的差别可以计算出差动多普勒频移。

根据式（3-2）

$$f_{R1}=f_s+\frac{1}{\lambda}\cdot\boldsymbol{u}\cdot(\boldsymbol{e}_{s1}-\boldsymbol{e}_R) \tag{3-3}$$

$$f_{R2}=f_s+\frac{1}{\lambda}\cdot\boldsymbol{u}\cdot(\boldsymbol{e}_{s2}-\boldsymbol{e}_R) \tag{3-4}$$

因此多普勒频移 $f_D$ 为：

$$f_D=\left|f_{R1}-f_{R2}\right|=\frac{1}{\lambda}\left|\boldsymbol{u}\cdot(\boldsymbol{e}_{s1}-\boldsymbol{e}_{s2})\right| \tag{3-5}$$

由式（3-5）可以看出，差动多普勒技术中，多普勒频移仅仅取决于入射光方向，与散射光方向无关，且由于入射光束的位置确定，则多普勒频移量和 $\boldsymbol{e}_{S1}-\boldsymbol{e}_{S2}$ 投影方向上的速度分量成正比，通过光电检测器测得多普勒频移量，即可获得需要的旋转流场速度。

## 二、旋转流场的PDPA实验系统设计和搭建

### 1. 旋流器尺寸设计

本实验采用的旋流器为35mm轻质分散相型水力旋流器，为了研究不同进口的旋流器内切向和轴向两个主要速度的分布，以及其他湍流和流动结构的信息，设计了三种不同尺寸的矩形进口，分别为旋流器1（4mm × 8mm）；旋流器2（5mm × 10mm）；旋流器3（6mm × 12mm）。旋流器详细尺寸见图3-4和表3-2。

### 2. 旋流器测试模型设计

旋流器测试模型设计应遵循在满足压力情况下，尽量增大透光面的透光性、减少激光信号传递的光程这一基本原则。在PDPA发射出的激光光束用透镜聚焦到旋流器内部形成测量体时，激光穿越旋流器模型壁面，会对能量有一定的损耗，如果不考虑环境温度、湿度、压强和空气组分对激光光束的影响，那么模型结构和选材对激光能量和最终颗粒信号的影响最为显著。有机玻璃（聚甲基丙烯酸甲酯，PMMA）虽然具有强度较高、可加工性较强等优点，但是其材质不均匀，表面相对粗糙，会导致炫光、对焦困难、信噪比低的现象，严重情况下可导致粒子信号的接收失败。因此，结合有机玻璃的优点，辅以石英玻璃透光性好、材质均匀的优点，可以较好地完成旋流器测试模型的设计。

如图3-5所示，本实验采用有机玻璃（PMMA）作为旋流器模型主材料，由UG三维建模后制作成型，并通过氯仿黏结后采用螺钉固定。另外，采用石英玻璃作为激光透射视窗，装配到旋流器模型上后用硅胶制作密封层，并通过铝合金紧固

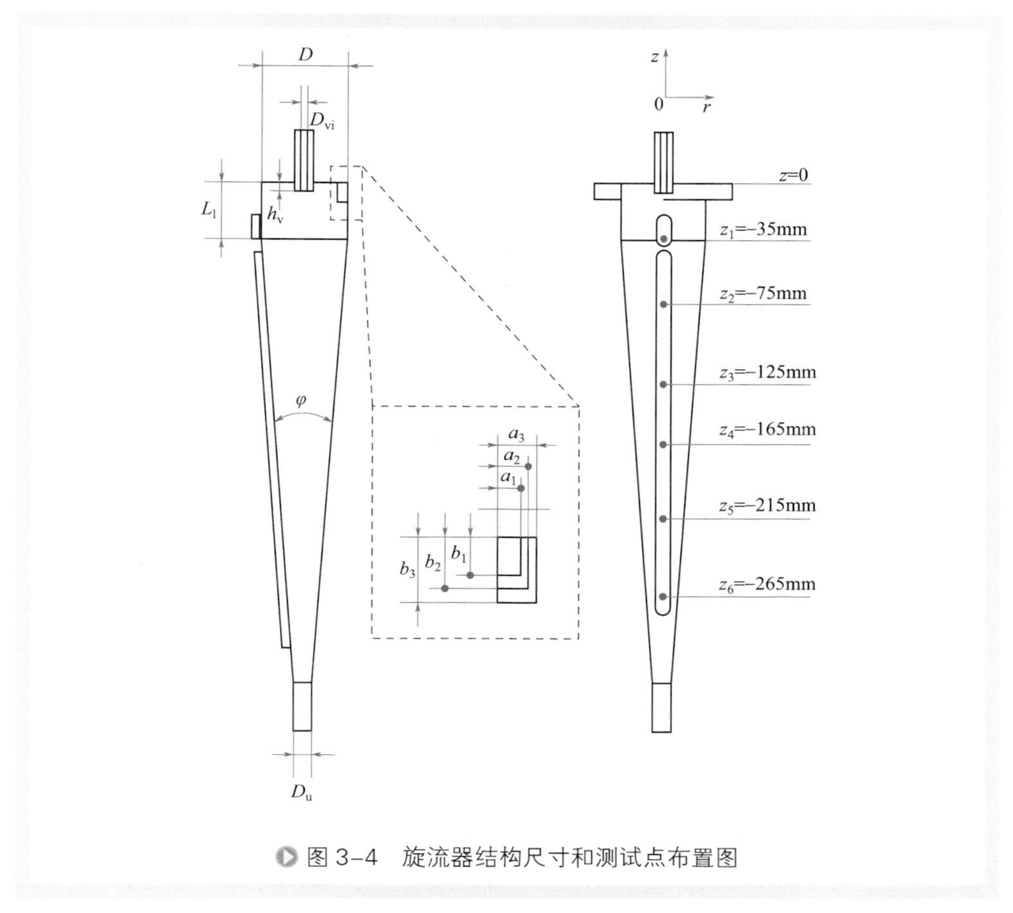


图 3-4　旋流器结构尺寸和测试点布置图

件和螺钉固定。模型经过水压测试，可以保证在进口达到 0.3MPa 压力时连续运转 3h 不渗水，满足实验需要的强度和密封性。

表3-2　旋流器结构尺寸

| $D$ /mm | $a_1\times b_1$ /mm×mm | $a_2\times b_2$ /mm×mm | $a_3\times b_3$ /mm×mm | $L_1$ /mm | $D_{vi}$ /mm | $h_v$ /mm | $D_u$ /mm | $\varphi$ /（°） |
|---|---|---|---|---|---|---|---|---|
| 35 | 4×8 | 5×10 | 6×12 | 35 | 2.5 | 5 | 8 | 6 |

图 3-5（b）、（c）所示分别为旋流器测试模型的激光透射面和信号接收面的特写。在旋流器测试模型的激光透射面，设置四片长条形光学石英玻璃作为视窗。其宽度和厚度分别为 8mm 和 4mm，长度分别为 20mm、80mm、80mm、80mm，这些玻璃视窗采用压板固定安装在模型壁面设置的透光槽内，用来将激光束导入旋流器内部流场中，且满足极佳的聚焦性能和光强。模型的信号接收面为厚度 5mm 的抛光面，PDPA 的接收器通过从这个抛光面检测测量体的光信号。为了获得清晰的测量体，在模型的接收面设置光学补偿水套，减少测量体的扭曲和信号损失。

(a) 旋流管进口模块分解

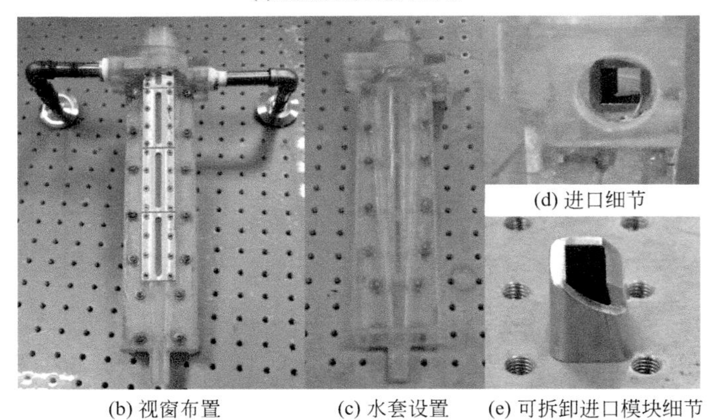

(d) 进口细节

(b) 视窗布置　　(c) 水套设置　　(e) 可拆卸进口模块细节

图 3-5　旋流器模型设计

### 3. 倾角长视窗设计

研究人员通过在 PMMA 旋流器模型透光面开孔，并嵌入石英玻璃圆片或者长片，这些玻璃片与锥段壁面之间存在 3° 的夹角，因此玻璃片的长度受到了限制，过长则会改变锥形结构，破坏流场。而玻璃片长度的限制则使测量的灵活性受到巨大的影响，首先，测试点在轴向上数量有限；其次，一旦模型设计完成，测试点高度就已固定，后续无法再补充其他高度上的流动数据。为了解决这个问题，本实验中采用较长的透射视窗，且沿锥度设置玻璃片，即玻璃片和锥度壁面的夹角为 0。测试可以在 $z$=15 ～ 275mm 之间的任意高度上进行（实际测量中，仍然采用分四段长视窗的方法，以满足密封性和抗压性，见图 3-5），测试点的数量也可以大大增加。在测量锥段的过程中，旋流器倾斜 3° ，使得视窗与水平入射激光光束垂直。通过误差分析可知这种操作对测量结果的影响十分有限。

### 4. 测试流程

图 3-6 是 PDPA 旋流场测试实验流程和仪器模型布置示意图。首先，在容量为 50L 的水箱内装入约 40L 室温蒸馏水，液相进口流量分别为 0.5m$^3$/h 和 1.5m$^3$/h。

其次，在其中布撒适量的示踪粒子。影响 PDPA 测量精度的一个重要参数是测量体积，PDPA 为局部非接触测量，测量体为相交两束光的交点，宏观上被认为是一个点，实际上为一椭球体（因此该椭球体内所有经过的示踪粒子的运动速度均视为该椭球体中心点处流体的运动速度）。为了得到更精确的测量结果，需要选择合适的示踪粒子，而在进行多相流场测试时，则需要控制被测相的粒径分布，以免影响测量精度。示踪粒子为 Dantec 提供的专用示踪颗粒，平均粒径为 8μm，密度为 1100kg/m³，如图 3-7 所示。

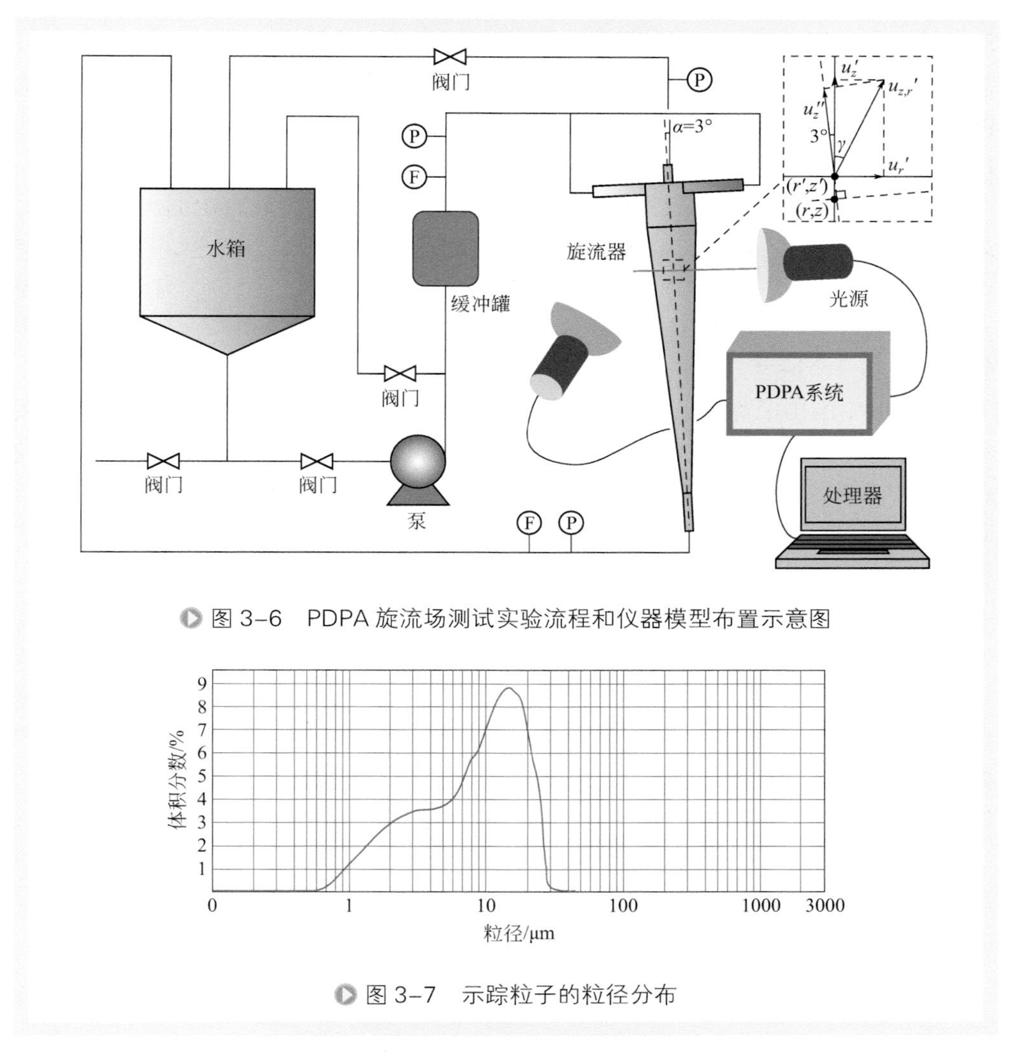


图 3-6　PDPA 旋流场测试实验流程和仪器模型布置示意图

图 3-7　示踪粒子的粒径分布

采用尼可尼涡流泵将流体增压并经缓冲罐缓冲后输入旋流器内，底流口和溢流口排出的流体返回水槽内形成循环。

测量在调整到指定工况，等待旋流器内流场达到基本稳定的状况（空气柱形状基本确定，无气泡迁移，压力流量数值稳定，一般需要 15 ～ 30min）后进行。测量体的信号通过接收器接收，并通过处理软件计算速度、粒径和浓度信息。PDPA的测量主要是从边壁 0.5mm 到轴心处每隔一定间距逐点测量。本实验中，测量在 6 个截面上进行。从上到下分别命名为 $z_1$、$z_2$、$z_3$、$z_4$、$z_5$ 和 $z_6$。$z_1$ ～ $z_6$ 的具体位置见图 3-4。

### 5. 误差分析

本实验中，采用沿锥面布置长视窗的方法来实现测量位置点的灵活性。在锥段测量时将旋流器倾斜3° ，使得长视窗满足垂直于入射光线的条件。针对这种情况，需要计算倾斜后导致的测量数据的误差。必须注意的是，此处所指的误差不包括 PDPA 的系统误差，且此误差的计算需要通过对已经测量得到的数据进行插值等处理后获得。

为了简洁起见，把实测的与旋流器径向成 3° 夹角的测量点数据组〈$u_z(r_1)$，$u_z(r_2)$，…，$u_z(r_n)$〉，其中 $r_1$，$r_2$，…，$r_n$ 为测量方向上各点坐标，不加修正地看做为〈$u_z(r_1')$，$u_z(r_2')$，…，$u_z(r_n')$〉，其中 $r_1'$，$r_2'$，…，$r_n'$ 为旋流器半径方向上各点坐标（即 $r$ 和 $r'$ 数值相等，方向不同），那么就会引入一个位置偏差引起的误差和一个速度方向偏差引起的误差。

图 3-6 中给出了测量点、测量光线与旋流器轴线之间的位置关系，通过这个关系可以计算出名义测量点位置坐标与实际测量点位置坐标之间的偏差。对于切向速度分量来说，旋流器模型 3° 的倾斜不会对切向速度的大小产生影响，所以倾斜对旋转流场的影响主要是位置偏差产生的影响。在本实验给定的旋流器结构尺寸参数下，这个轴向和径向位置偏差的最大值发生在径向距离壁面最远的测量点上，即 $r$=3.5mm，$z$=35mm，根据计算，3° 倾斜产生的轴向和径向偏差只有 0.73mm 和 0.04mm，约占半径的 4.2% 及 0.2%，对切向速度的绝对值影响则更小（具体数值可以在测量结束后通过实测值进行插值后估算）。这个 3° 的倾斜对于轴向速度测量的影响则分为两部分，一部分和切向速度一样，主要是倾斜产生的测量点的位置偏差引起的速度值误差，另一部分则是由于测量激光光束和轴线不垂直，故获得的轴向速度的方向和轴线方向也有一个 3° 的夹角，这个夹角也会导致轴向速度误差。前一个误差，即测量点的位置偏差引起的误差同样可以通过插值来估算，而后一个误差，即实测的速度与真实的轴向速度方向上不一致产生的误差，则可以通过下式计算获得：

$$\sqrt{(u_z')^2+(u_r')^2}\sin(\gamma-3°)<u_z''<\sqrt{(u_z')^2+(u_r')^2}\sin(\gamma+3°) \tag{3-6}$$

$$u_z'\cos 3°-u_r'\sin 3°<u_z''<\gamma u_z'\cos 3°+u_r'\sin 3° \tag{3-7}$$

式中，0<$\gamma$<90° 代表了实测速度（轴向和径向速度的合速度）与水平方向的夹角；$u_z'$、$u_r'$ 分别为测量点（$r'$，$z'$）上实测的垂直向和水平向速度；$u_z''$ 为测量点（$r'$，$z'$）上真实的轴向速度（忽略径向速度）。由于在先前的研究中，径向速

度的大小一般比轴向速度小一个数量级，假设双进口的旋流器中涡核偏心程度可以忽略且测量严格地在指向涡核是径向位置上，可以将径向速度 $u_r'$ 大致用 $0.1u_z'$ 代入到式（3-7）中，用来计算轴向速度的相关误差。

根据实测数据插值推算，测量位置偏差引起的切向速度的最大误差小于0.04%。测量位置偏差引起的轴向速度的最大误差则小于0.09%，速度方向偏差引起的轴向速度的最大误差通过式（3-7）计算，约为0.6%。因此，轴向速度因为位置和方向偏差引起的误差总和最大值为0.69%。研究结果显示，切向和轴向速度因为位置偏差和速度方向偏差引起的误差都是比较小的，事实上，本实验所使用的PDPA本身的系统误差也有0.5%左右，两者相加，最高误差也只有1.3%左右，相对其他测量手段（如PIV的误差一般在1%～2%），在精度上仍然具有一定的优势。因此，这种实验方法对结果的影响可以接受。

## 三、旋转湍流场PDPA检测及调控

针对两种流量500L/h和1500L/h，以及1500L/h流量下三种进口尺寸4mm×8mm（旋流器1）、5mm×10mm（旋流器2）、6mm×12mm（旋流器3）的旋流器内流场，采用PDPA进行测量，每个测量点的样本数为2000，将所有采样颗粒的速度进行分析，获得切向和轴向的平均速度，以及切向和轴向的均方根（root mean square，RMS）速度。

### 1. 通过流量调控切向和轴向速度分布

图3-8是旋流器内 $z_1$ ～ $z_6$ 截面上流速为500L/h和1500L/h工况下切向速度和轴向速度的分布图。结果显示，首先，切向速度在壁面处由于壁面的黏滞效应，其速度为零；其次，从壁面到轴心，切向速度陡然增大到一定数值，这是由于边界层的效应；接着，切向速度相对缓慢地增大到轴心空气柱附近达到峰值，这是自由涡区域；最后，从最高点陡降至零，这是强制涡区域。而轴向速度同样由于边壁的黏滞效应壁面速度为零，然后经过边界层区域其绝对值突然增大到一定数值，轴向速度在靠近边壁处速度为负（方向向下），越往中心，向下的速度越小，并在约1/3半径处穿过零点。这个零点在各个高度截面的连线就是零轴速包络面（LZVV）。但是，在一些截面上，存在不止一个零点，也就是说，轴向速度分布曲线在该位置“波动”，因此有研究者称之为零轴速波动面。

当进口流速增大时，切向速度的绝对值随之增大，很明显的，这种增大主要是整个流场的速度发生了线性的增加，如不同进口流速情况下旋流器内 $z_1$ 截面上无量纲切向速度和轴向速度对比图所示（见图3-9），无论是切向速度还是轴向速度，两者的分布趋势均基本一致，因而旋转流场的无量纲切向速度分布形态基本不受进口流量的影响。实验中为了获得真实的工况，没有通过调整进出口开度刻意控制或消除空气柱，因此在空气柱附近的强制涡区域，速度是无法测量的，事实上，和边界层区域相似的，强制涡区域本身也是粒子布撒的难点区域。由于进口速度增大对水力旋流器内的湍动流场的平均速度分布影响是线性增加的，将重点放在进口大小引起的流场速度分布和流动结构变化的问题上，实验工况确定为1500L/h。

## 2. 通过进口尺寸调控切向速度分布

旋流场内速度分量，尤其是切向速度分量，直接和进口输入的动量有关，而进

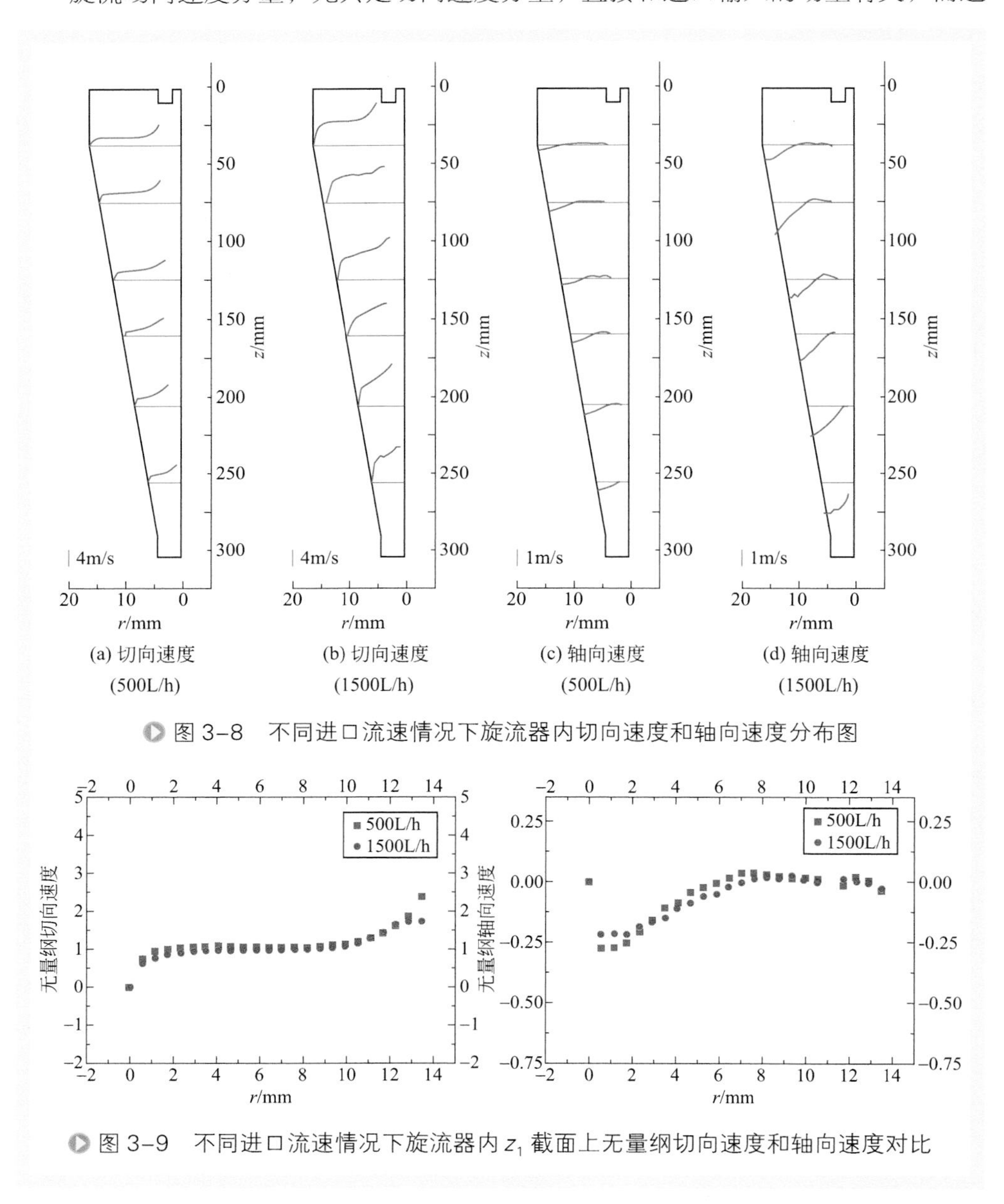


图3-8 不同进口流速情况下旋流器内切向速度和轴向速度分布图

图3-9 不同进口流速情况下旋流器内$z_1$截面上无量纲切向速度和轴向速度对比

口尺寸的增加提高了输入旋流器进口的流体的动量，因此是值得注意和研究的。

上述研究证明了，直接提高进口流速可以同时提高进口速度和轴向速度。在此基础上，1500L/h工况下，测定三个不同进口尺寸的旋流器内切向速度和轴向速度。在本书作者团队先前的工作[1]中，发现水力旋流器在进口尺寸减小的情况下，切向速度会有较大的提高。这个现象的意义在于，在处理量一定的情况下，减小进口尺寸同样能够提高旋流场的切向速度，即离心力，从而提高分离效率，因此需要探讨进口尺寸变化时旋转流场切向速度的变化规律，为更好地认识旋转流场和旋转流场的分离机理及其影响因素，提供有益的参考结论。而在水力旋流器的结构参数中，进口尺寸是重要而又基础的一项，大量研究人员对旋流器构效关系的研究表明该参数对分离精度的提高意义重大，即采用较小的进口尺寸可以提高分离精度。

不过，之前研究人员主要的关注点在分离实验中旋流器进口尺寸的选择对分离效率的影响上，很少有报道侧重于不同进口尺寸下旋转流场的探测和研究。Hwang[2]研究了进口宽度变化下的流体运动和分级效率变化，证明了更小的进口尺寸对应了更大的分级效率。Siangsanun[3]研究了进口尺寸为3mm和5mm的非传统的新式旋流器，本书作者团队[1]采用CFD研究三种不同进口的液固分离水力旋流器，发现切向速度、双峰轴向速度和二次涡流的分布形态有显著不同。虽然上述工作揭示了不同进口尺寸的水力旋流器内流场的一些特征，但是，其系统性和深入程度仍有不足，对不同进口尺寸下各速度分量和流动结构的变化情况缺少专门的分析，对进口尺寸变化对分离效率影响的相关机理探讨也比较薄弱。

切向速度在靠近轴线的位置均存在一个峰值，这个峰值将整个半径分成强制涡区域和准自由涡区域。在准自由涡区域靠近边壁附近，则可以看到一个迅速下降（理论上会降为零）的切向速度区域，这个区域可以定义为边界层，也就是黏性流体在壁面存在的一个速度梯度较大的区域。图3-10为三种旋流器内切向速度的分布曲线。为了更清楚地说明问题，图3-11给出了$z_1$截面上不同进口尺寸的旋流器内切向速度对比。在所测试的准自由涡区域，进口尺寸越小，切向速度越大，说明旋流器1具有更大的离心强度。在旋流器的上半段，尤其是柱段位置，边壁附近的流体的切向速度似乎受到进口尺寸的影响较大，即进口尺寸越小，边壁处的切向速度相对旋流器中心处就越高。小尺寸的旋流器为边壁处的流体提供了更大的动量，从柱锥交接面的$z_1$来看，在进口最小的旋流器1中，甚至有部分沿边壁的位置，切向速度由峰值降低后又有一定程度的上升，在旋流器柱段的整个半径上，均具有较高的切向速度，对分离无疑是十分有利的，而旋流器3中，从中心到边壁切向速度降低太显著，边壁处的分离效果必然受到影响。这种分布特征，也可以在Zhou课题组对一种油/水分离型的水力旋流器流场测试的报道中看到[4]。

### 3. 通过进口尺寸调控轴向速度分布

不同进口尺寸的旋流器内$z_1$～$z_6$截面上轴向速度分布如图3-12所示。进口尺

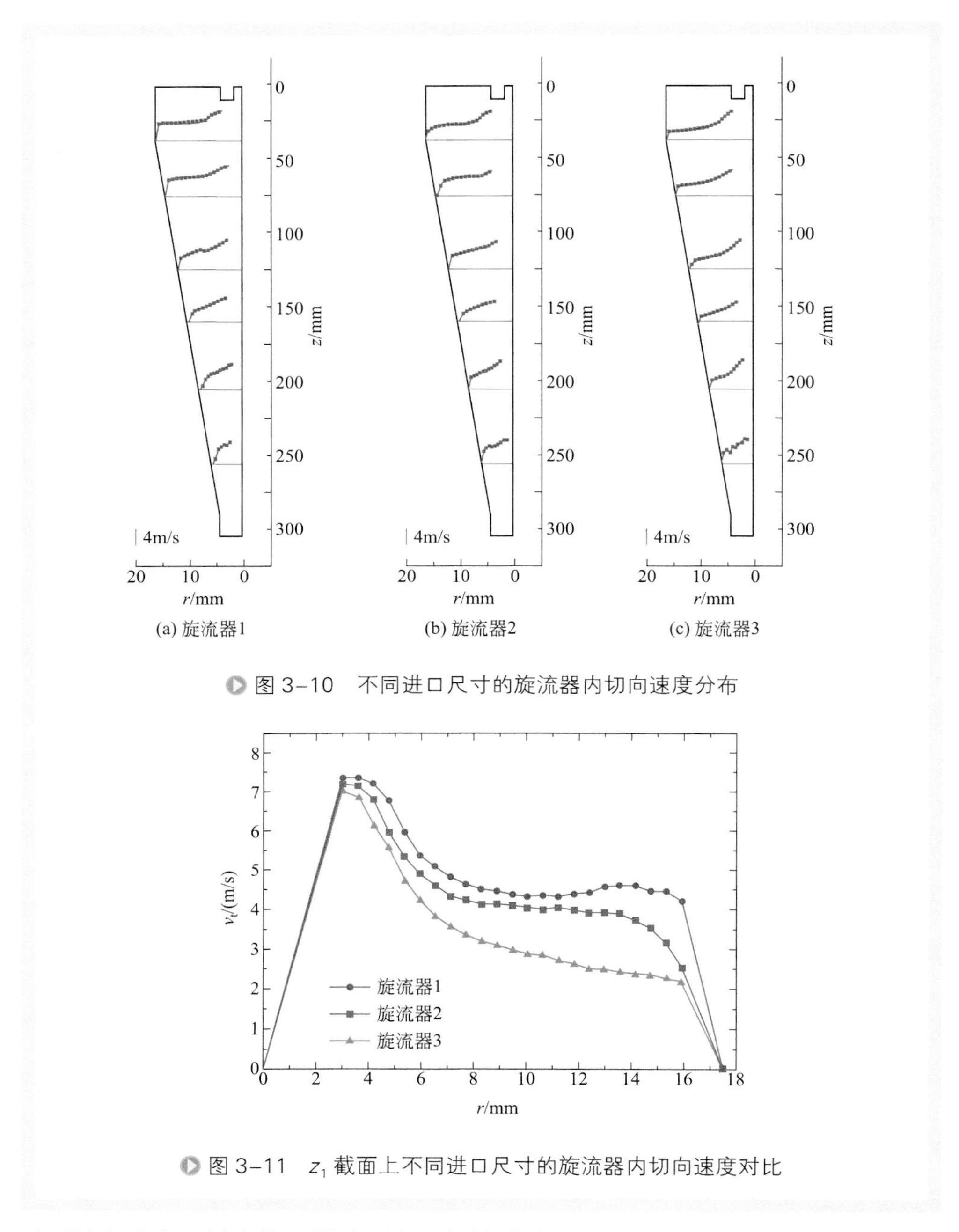


图 3-10 不同进口尺寸的旋流器内切向速度分布

图 3-11 $z_1$ 截面上不同进口尺寸的旋流器内切向速度对比

寸对轴向速度的最大值的影响不大，但是对零轴速包络面影响较大。旋流器 1 的 LZVV 离旋流器边壁最近，但是其最低点又离底流口最远。这种现象说明 LZVV 离壁面的距离可能和进口尺寸有关，即进口尺寸越大，LZVV 离壁面的距离越远。另外，大尺寸的旋流器旋流较弱可能也是一个原因。

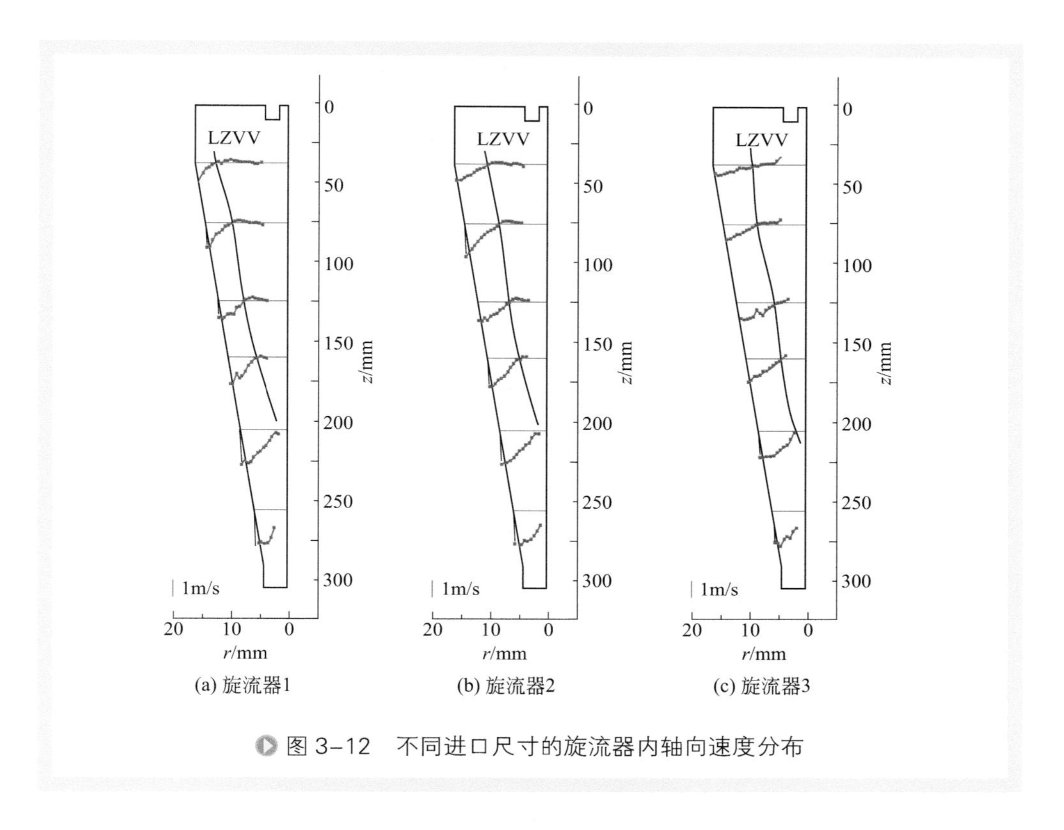

(a) 旋流器1　(b) 旋流器2　(c) 旋流器3

图 3-12　不同进口尺寸的旋流器内轴向速度分布

### 4. 通过进口尺寸调控切向和轴向RMS速度分布

均方根（root mean square，RMS）速度 $v_{\mathrm{RMS}}$ 反映了当地的湍流强度，由下式定义：

$$v_{\mathrm{RMS}}=\sqrt{\frac{(v_1-\overline{v})^2+(v_2-\overline{v})^2+\cdots+(v_j-\overline{v})^2}{k}}\quad (j=1,2,\cdots,k) \tag{3-8}$$

不同进口尺寸的旋流器内 $z_1$ ～ $z_6$ 截面上切向和轴向 RMS 速度分别如图 3-13 和图 3-14 所示。结果显示，旋流器边壁附近和轴心附近具有较强的切向 RMS 速度，与 He 等 [5] 的 PDPA 旋流场测试研究结果相类似。但是与其不同的是，本实验中边壁处的切向 RMS 速度更大，这可能是由于轻质分散相型水力旋流器和液固分离型水力旋流器之间结构尺寸的不同导致。轴向 RMS 速度在边壁处最大，这与 He 等的测量结果一致。对切向和轴向 RMS 速度的综合分析显示，最大的湍流强度主要出现在向下的速度占据的空间内，也就是靠近边壁的区域。另外，通过对三种尺寸的旋流器内切向和轴向 RMS 速度的对比发现，随着进口尺寸的减小，RMS 速度均会不同程度地增大，所以旋流器 1 具有最大的湍动强度。由于湍动强度和旋流器内的能量耗散有关，而且由于进口压力损失的存在，相同进口流量下，旋流器 1 的压力降必然大于旋流器 2 和旋流器 3。

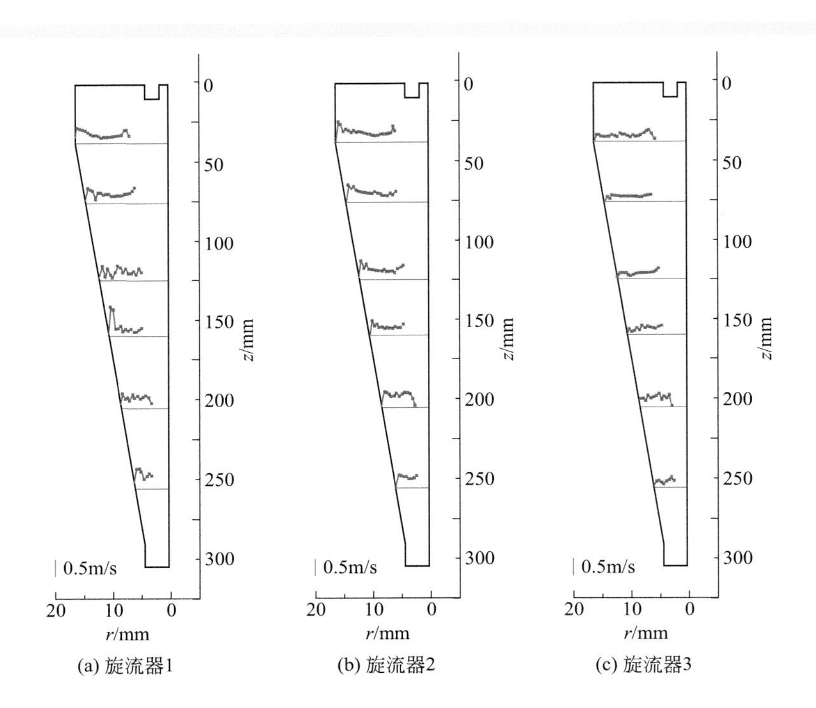

(a) 旋流器1　(b) 旋流器2　(c) 旋流器3

图 3-13　不同进口尺寸的旋流器内切向 RMS 速度分布

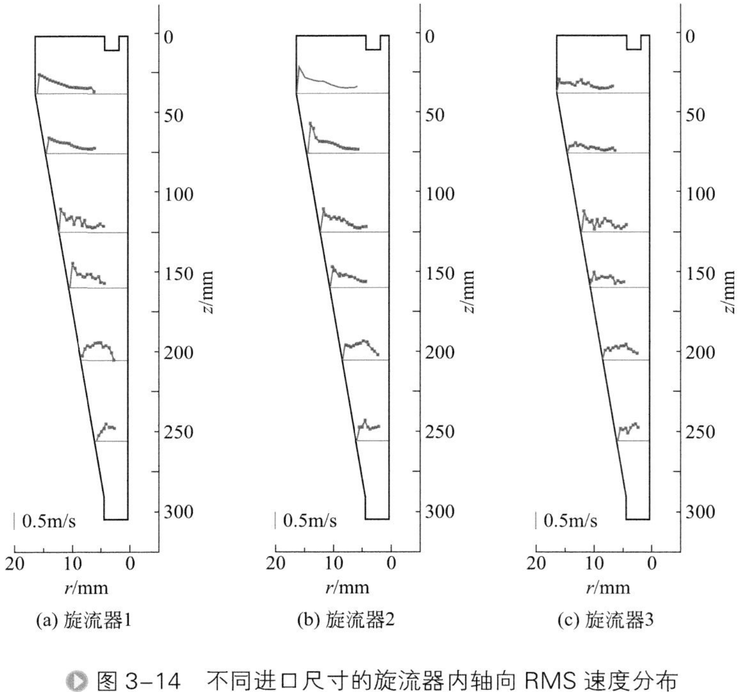

(a) 旋流器1　(b) 旋流器2　(c) 旋流器3

图 3-14　不同进口尺寸的旋流器内轴向 RMS 速度分布

# 第二节 粒子图像测速

粒子图像测速仪（particle image velocimetry，PIV）采用20世纪70年代末发展起来的一种瞬态、多点、非侵入式的流体力学测速方法。近几十年来得到了不断完善与发展，PIV技术的特点是超出了单点测速技术（如LDA）的局限性，能在同一瞬态记录下大量空间点上的速度分布信息，并可提供丰富的流场空间结构以及流动特性。PIV技术除向流场散布示踪粒子外，所有测量装置并不介入流场，具有较高的测量精度。

近二十年来激光测量技术进步很快，流动可视化、显示分辨等被高度重视，并由此集成引入诸多新技术，尤为重要的是激光片光、计算速度、激光扫描等方面取得了一系列重要进展。PIV又称粒子图像测速法，是一种基于颗粒应变位移测量的散斑技术，融合了光学、计算机、图像处理、流体力学等多门学科。

## 一、PIV测试系统的原理和组成

### 1. PIV测试技术原理

粒子图像测速仪（PIV）能够得到全流场的瞬态速度矢量场及其导出物理量。是当今实验流体力学发展中的一个里程碑，可实现复杂环境下全流场的无接触、无扰动、高准确度测量和显示，特别适用于湍流等非定常复杂流场的测量，是研究湍流等复杂形态瞬态流动的有力手段。PIV技术的系统组成和基本测试流程见图3-15。

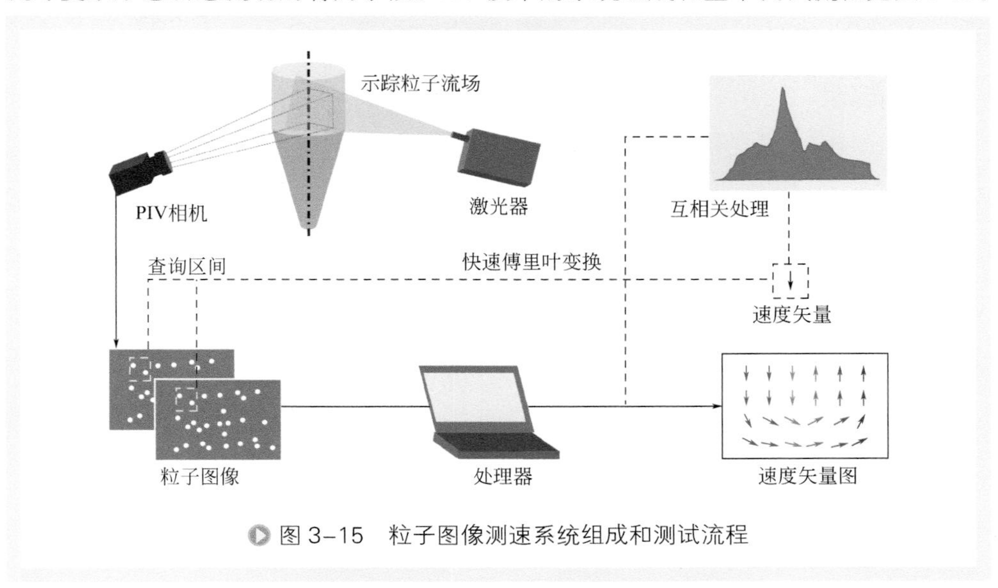


图3-15 粒子图像测速系统组成和测试流程

在流场中散播示踪粒子，用激光片光源照射所测流场区域，摄取该区域粒子图像的帧序列，并记录相邻两帧图像序列之间的时间间隔，进行图像相关分析，识别示踪粒子图像的位移，从而得到流体的速度场，其基本原理如图 3-16 所示。PIV 技术的关键在于建立良好的光学成像和分析系统，主要包括激光光源、时钟触发、图像获取传输及分析等。图像分析的关键在于有效建立示踪粒子图像位移的算法，目前常用的算法主要是快速傅里叶变换（FFT）互相关分析。

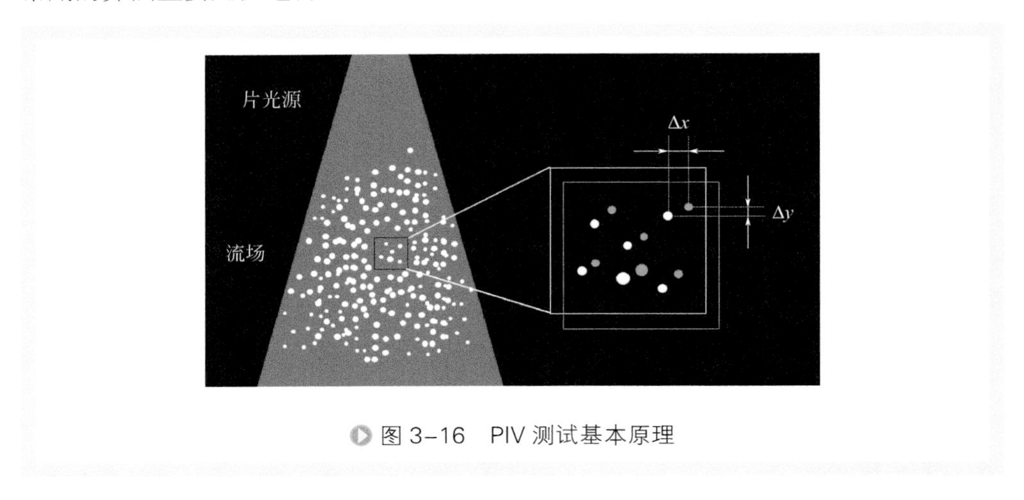


图 3-16　PIV 测试基本原理

PIV 互相关处理的步骤如图 3-17 所示。

PIV 测试的互相关分析处理为：

$$f_2(x, y) = f_1(x + \Delta x, y + \Delta y) \tag{3-9}$$

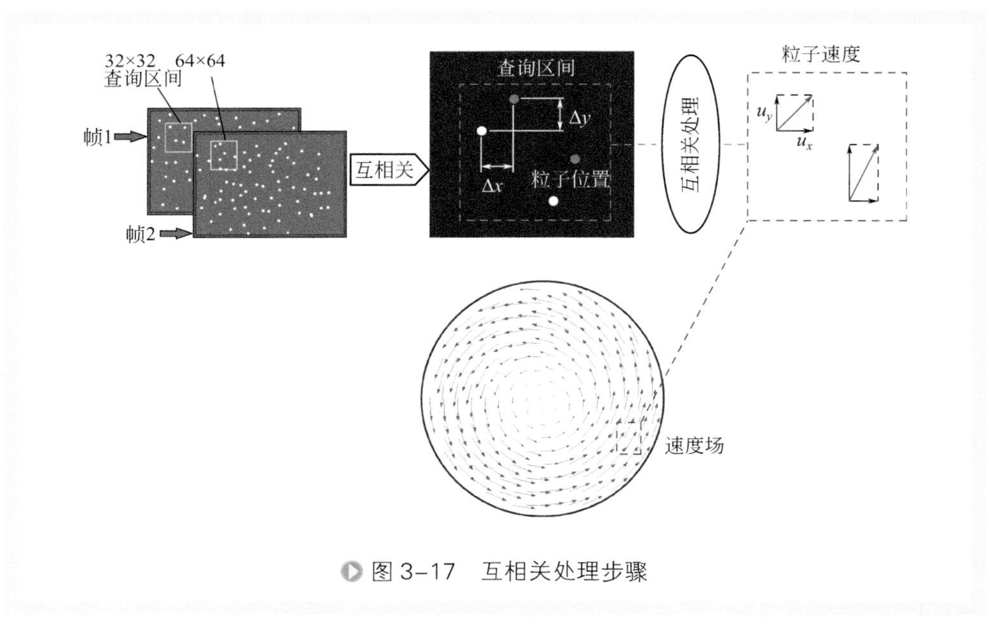


图 3-17　互相关处理步骤

因此，该查询区间内的图像为：

$$F(x,\ y)=f_1(x,y)+f_2(x+\Delta x,\ y+\Delta y) \tag{3-10}$$

这样，可以对第一对 AB 帧图像进行快速傅里叶变换（FFT）：

$$\overrightarrow{f_1}(\omega_x,\ \omega_y)=\frac{1}{2\pi}\iint f_1(x,\ y)\mathrm{e}^{\mathrm{i}(\omega_x x,\ \omega_y y)}\mathrm{d}x\mathrm{d}y \tag{3-11}$$

$$\overrightarrow{f_2}(\omega_x,\ \omega_y)=\frac{1}{2\pi}\iint f_2(x,\ y)\mathrm{e}^{\mathrm{i}(\omega_x x,\ \omega_y y)}\mathrm{d}x\mathrm{d}y \tag{3-12}$$

然后进行 FFT 平移变换，可以得到：

$$\overrightarrow{f_2}(\omega_x,\omega_y)=\overrightarrow{f}_1(\omega_x,\omega_y)\mathrm{e}^{-\mathrm{i}(\omega_x\Delta x,\ \omega_y\Delta y)} \tag{3-13}$$

再进行一次 FFT 转换，可以得到：

$$F(x,y)=\frac{1}{2\pi}\iint\overrightarrow{f_1}(\omega_x,\ \omega_y)\overrightarrow{f_2}(\omega_x,\ \omega_y)\mathrm{e}^{-\mathrm{i}(\omega_x x,+\omega_y y)}\mathrm{d}\omega_x\mathrm{d}\omega_y \tag{3-14}$$

将式（3-13）代入式（3-14）得：

$$F(x,y)=\overrightarrow{f}(x+\Delta x,y+\Delta y) \tag{3-15}$$

## 2. PIV测试系统组件

旋转流场的粒子图像通过 CCD（电荷耦合元件）系统（TSI 公司，美国）采集，通过在跨帧相机上安装 60mm 微距镜头（Nikon，日本）来提高图像的清晰度以及灵活的焦距调节。采用一台 500mJ/ 脉冲的激光器（镭宝，中国）作为激光光源，实际使用中采用 350mJ/ 脉冲的能量并调节相机的光圈即可获得满意的粒子图像。采用由 25mm 柱面镜和 500mm 球面镜组成的镜片组来产生片光源（图 3-18），前者的目的是将激光束扩展成片状光，后者的目的是将发散的片光聚焦到需要的厚度（1 ～ 2mm）。镜片组根据聚焦镜片的焦距设置在旋流器轴线上方约 500mm 的位置，通过与光学平台垂直的螺纹孔板固定，镜片组安装在激光导光臂的出口端，产生的片光作为示踪粒子的照明使用，以获得粒子的散射光图像（图 3-19）。粒子图像完成采集后，通过 Insight 3G（TSI 公司，美国）软件进行处理，获得速度分布

(a) 柱面镜

(b) 球面镜

(c) 透镜组合

图 3-18　片光源透镜

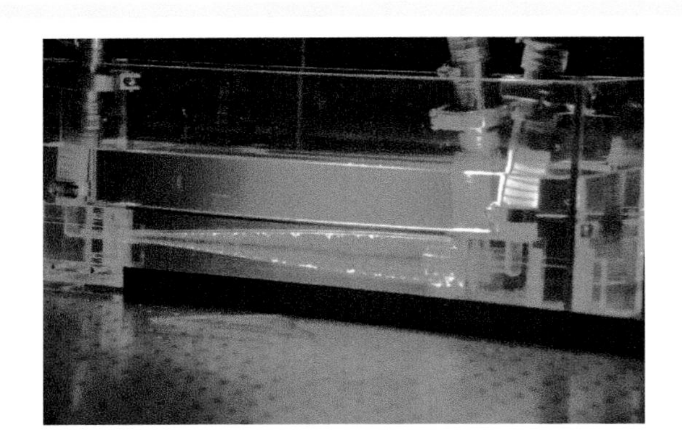

图 3-19　PIV 测试实验实景图

信息。具体的 PIV 系统组件和参数见表 3-3。

表3-3　PIV系统组件和参数

| 组件 | 型号 | 参数 | | 生产商 |
|---|---|---|---|---|
| Nd:YAG 激光器 | Vlite-500 | 波长<br>最高能量<br>脉冲宽度<br>重复频率<br>光束直径<br>精度 | 532 nm<br>500 mJ/ 脉冲<br>6 ～ 8 ns<br>15 Hz<br>8 mm<br>2 ns | 镭宝，中国 |
| 镜片组 | 球面镜 | 焦距 | 25mm | 尼康，日本 |
| 同步器 | 610035 | 延迟<br>可控脉冲宽度<br>时间分辨率<br>控制精度 | 0 ～ 1000s<br>10ns ～ 1000s<br>1ns<br><400ps | TSI，美国 |
| CCD 相机 | 630159 | 像素分辨率<br>帧率<br>最小跨帧时间<br>镜头焦距 | 2048×2048ppi<br>15 fps<br>200ns<br>60mm | TSI，美国 |

## 二、旋转流场的PIV实验系统搭建和流程设计

### 1. 微旋流器测试模型设计

用于 PIV 测试的 35mm 水力旋流器模型结构尺寸见图 3-20 和表 3-4。该类型旋流器的结构专门为液固分离的目的设计，旋流器采用石英玻璃制成，具有折射率低

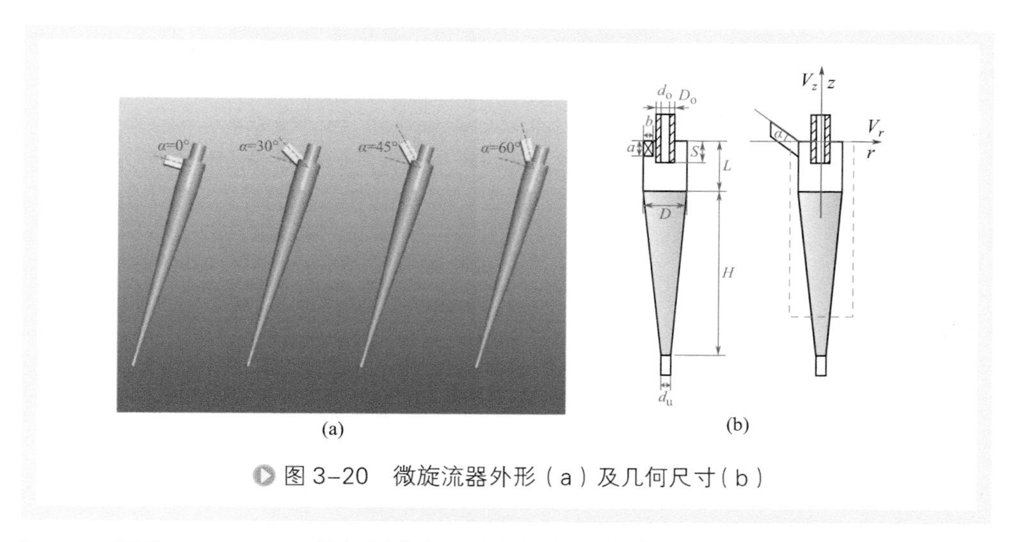


图 3-20　微旋流器外形（a）及几何尺寸（b）

（1.47，低于 PMMA1.49 的折射率）、透光性好的优点，对于光学测试十分适合。

表3-4　不同进口角度微旋流器结构尺寸

| 旋流器 | α/（°） | D/mm | a×b/mm×mm | L/D | H/D | S/D | $d_o/D$ | $D_o/D$ | $d_u/D$ |
|---|---|---|---|---|---|---|---|---|---|
| Ⅰ | 0 | 35 | 8.4×5.6 | 1.48 | 7.37 | 0.57 | 0.24 | 0.68 | 0.08 |
| Ⅱ | 30 | | | | | | | | |
| Ⅲ | 45 | | | | | | | | |
| Ⅳ | 60 | | | | | | | | |

## 2. 中轴面上轴向和径向速度的测量方法与流程

如图 3-21 所示，室温蒸馏水通过增压泵从 50L 的水槽内被输入缓冲罐，等压

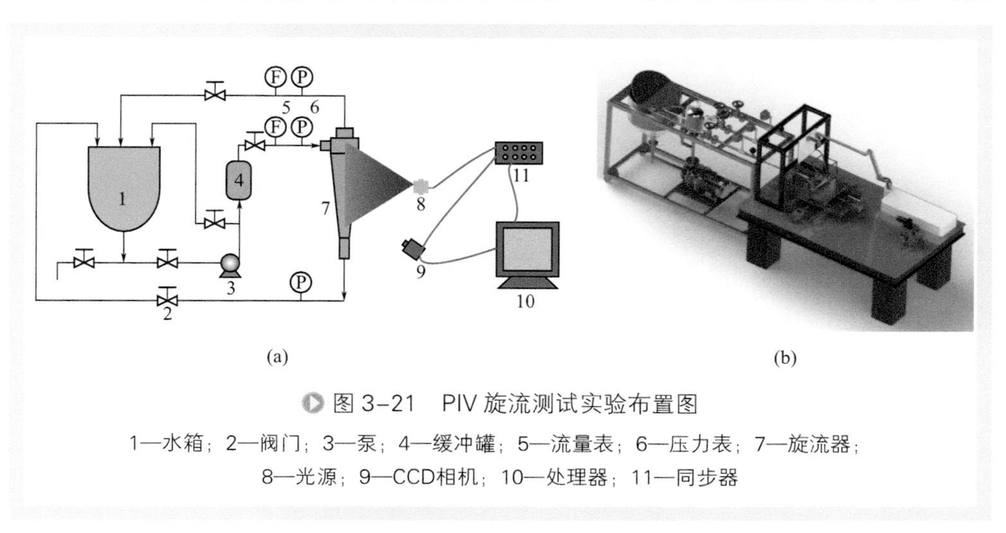


图 3-21　PIV 旋流测试实验布置图

1—水箱；2—阀门；3—泵；4—缓冲罐；5—流量表；6—压力表；7—旋流器；8—光源；9—CCD相机；10—处理器；11—同步器

力稳定后，进入旋流器的方形切向进口。溢流和底流均返回水槽形成循环，分流比由截止阀控制，进出口压力和流量通过压力表和转子流量计控制。

示踪粒子采用罗丹明-B染色的三聚氰胺树脂微球（华科微科）[图3-22（a）]并被布撒到蒸馏水中随旋转流体运动，其颗粒密度约为1100g/cm³，颗粒直径约为10μm（图3-23）。镜头上则相对应地安装高通滤光片[图3-22（b）]，以消除反光和杂质信号，获得真实的粒子图像。

测量在调整到指定流量工况后，等待旋流器内流场达到基本稳定的状况（压力流量数值稳定，一般需要30min左右）后进行。

由于石英玻璃为脆性材料，且烧制过程中容易产生形变和应力集中，大的压力波动很容易发生爆裂事故。因此控制进口压力在0.3MPa，此时流量一般不超过1.5m³/h。本实验在四个工况下进行，对应具体流量分别为0.5m³/h、0.75m³/h、1.0m³/h和1.25m³/h。由于微旋流器尺寸小，无法通过在其溢流口上方或底流口下方进行CCD图像采集，在之前的研究中，只能获得中轴面上的径向速度和轴向速度，而微旋流器中的切向速度是影响其分离性能最重要的因素，对其的研究和测试十分重要。在本实验中，通过引入高精度位移平台，逐层拍摄旋转流场的纵切面，通过提取其中最大值，获得旋转流场的切向速度。

在实际的实验中，CCD相机在分析面（激光照射面）上对焦完成后，相机与

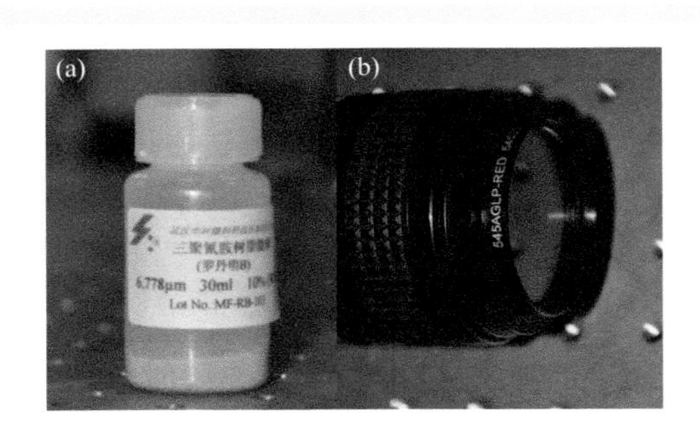


图3-22　罗丹明-B染色的荧光粒子和安装滤镜的镜头

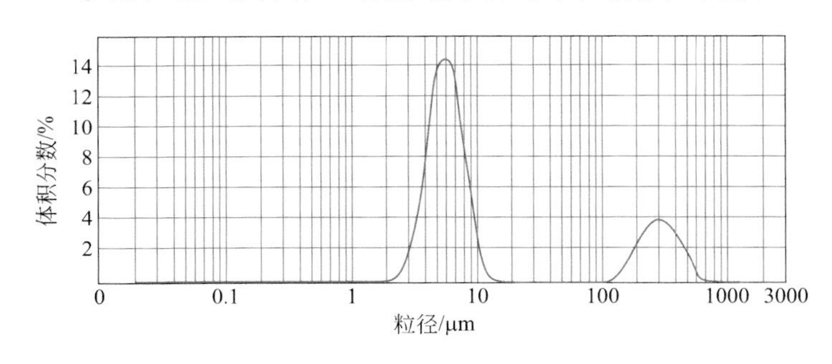


图3-23　荧光粒子粒径分布图

激光的相对位置不动，而通过位移平台移动微旋流器，从而得到微旋流器不同纵切面上的速度图像。在各个工况中，旋流器每移动 2mm 就进行一次数据采集，从旋流器中轴线开始，向两边依次移动，共采集 17 次，然后进行数据处理。

此外，为了将旋流器曲面对粒子图像质量的影响降到最低，本实验采用了简单的折射率匹配方法，即通过将旋流器放入方形水缸，并在内外加入蒸馏水。相比不采用折射率匹配的粒子图像测量方法，这种方法可以有效地提高 PIV 图像的质量，减少半径方向上各粒子的散射光信号与 CCD 感光元件之间的光程差，减少粒子图像的扭曲。

本实验中，通过拍摄 *r-z* 截面上轴向和径向速度分布，分析以旋流器几何中心为基准的流场分布，这是旋转流场 PIV 测量的重要测试面布置方式。

## 三、旋转湍流场 PIV 检测与调控

### 1. 分流比调控

分流比是指旋流器内，分散相出口流量和进口流量的比值，在液固分离型水力旋流器内，主要指底流口和进口的流量比值 $R_s=Q_u/Q_i$。分流比在进口流量一定的情况下，对轴向速度的影响十分巨大。本节共测试 3 个分流比的流场数据。由图 3-24 可以获得如下结论。

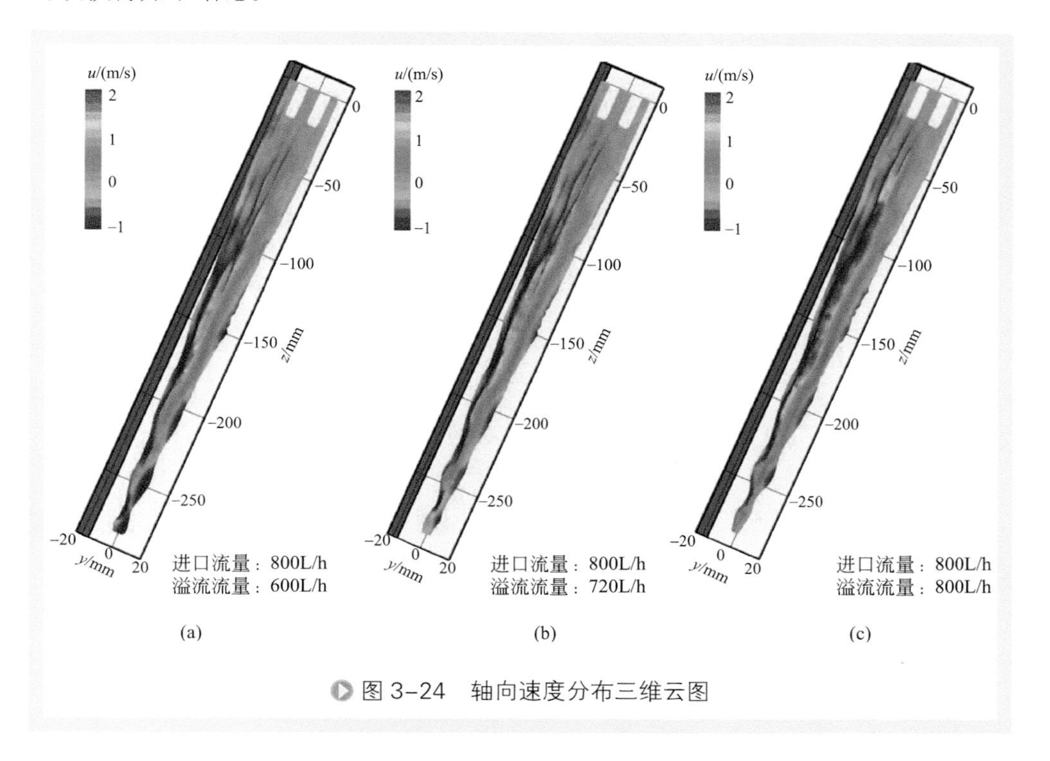


图 3-24　轴向速度分布三维云图

首先，分流比减小，向上轴向速度显著增大，向下的轴向速度显著减小，这是显而易见的。其次，分流比导致旋流场内压力梯度的变化，使得空气柱直径发生改变。由图 3-25 和图 3-26 可以发现，在分流比 $R_s$ 为 10% 和 25% 的工况中，轴向速

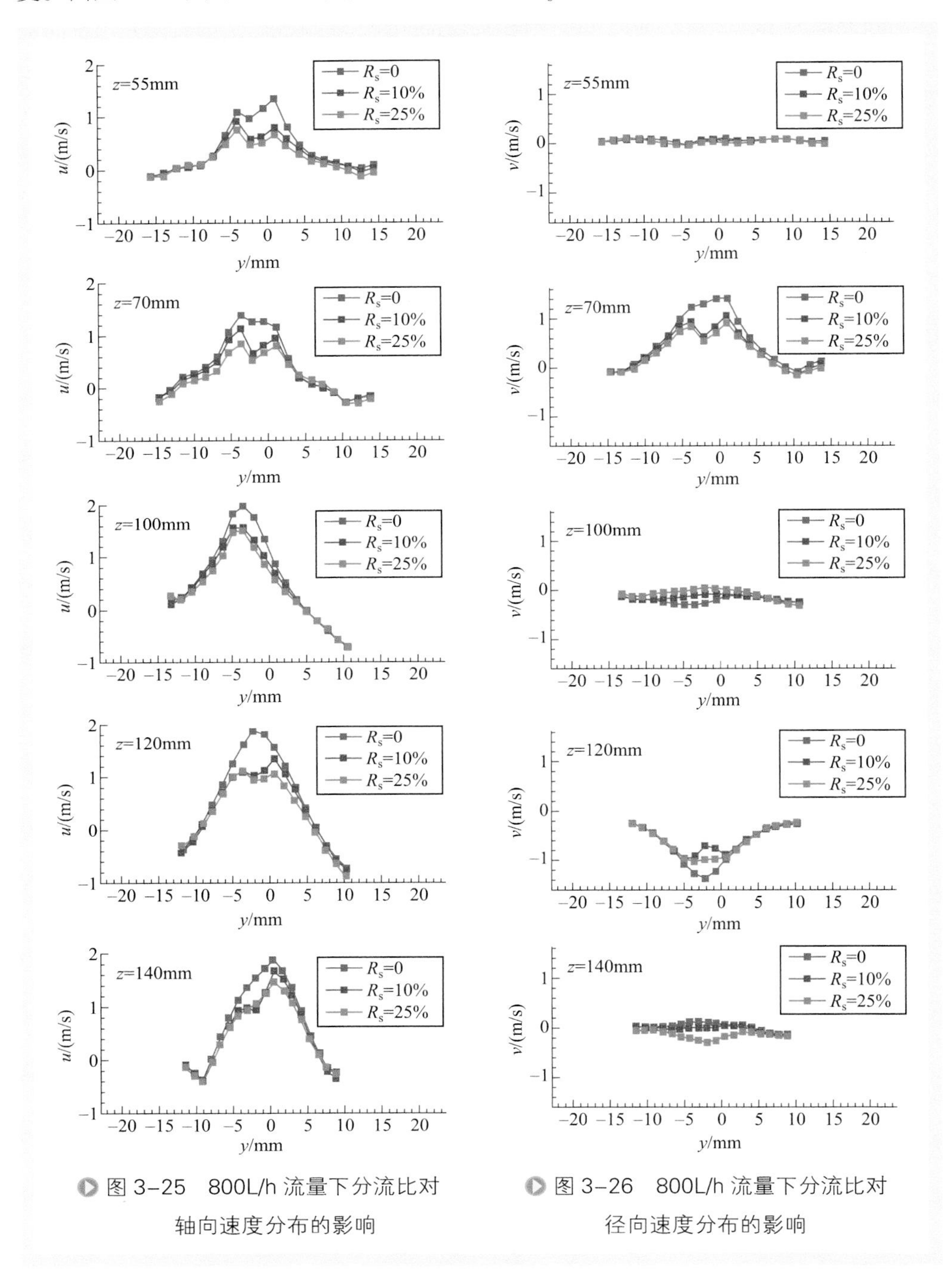


图 3-25 800L/h 流量下分流比对轴向速度分布的影响

图 3-26 800L/h 流量下分流比对径向速度分布的影响

度存在明显的双峰结构特征，而分流比为0的工况下，旋转流场锥段区域则并不明显存在双峰的结构特征。值得注意的是，双峰结构主要和旋流场内的轴向压力梯度有关。

在没有空气柱的情况下，沿径向的轴向速度分布仍然存在明显的双峰结构，因此分流比为0的工况下，双峰结构被消除，应该是轴向压力梯度改变的缘故。

再次，从图3-27的三种分流比情况下的零轴速包络面（LZVV）变化情况可以看出，随着分流比的减小，LZVV变得逐渐不连续，说明在局部位置，流体只存在向上的运动，换言之，过小的分流比导致了过大的向上的轴向速度，使得流体冲撞旋流器壁面，流场的稳定分布被破坏。最后，从图3-28的两种流量下旋流场内LZVV的变化情况可以看出，分流比对上锥段的LZVV影响最小，在这个位置，两个LZVV区域重合的位置较多。

然而，在下锥段，LZVV更靠下和靠近边壁，更小的分流比对应了更长的LZVV，说明流体在旋流器底端仍然存在向上的趋势。同样，在柱段和进口段，也

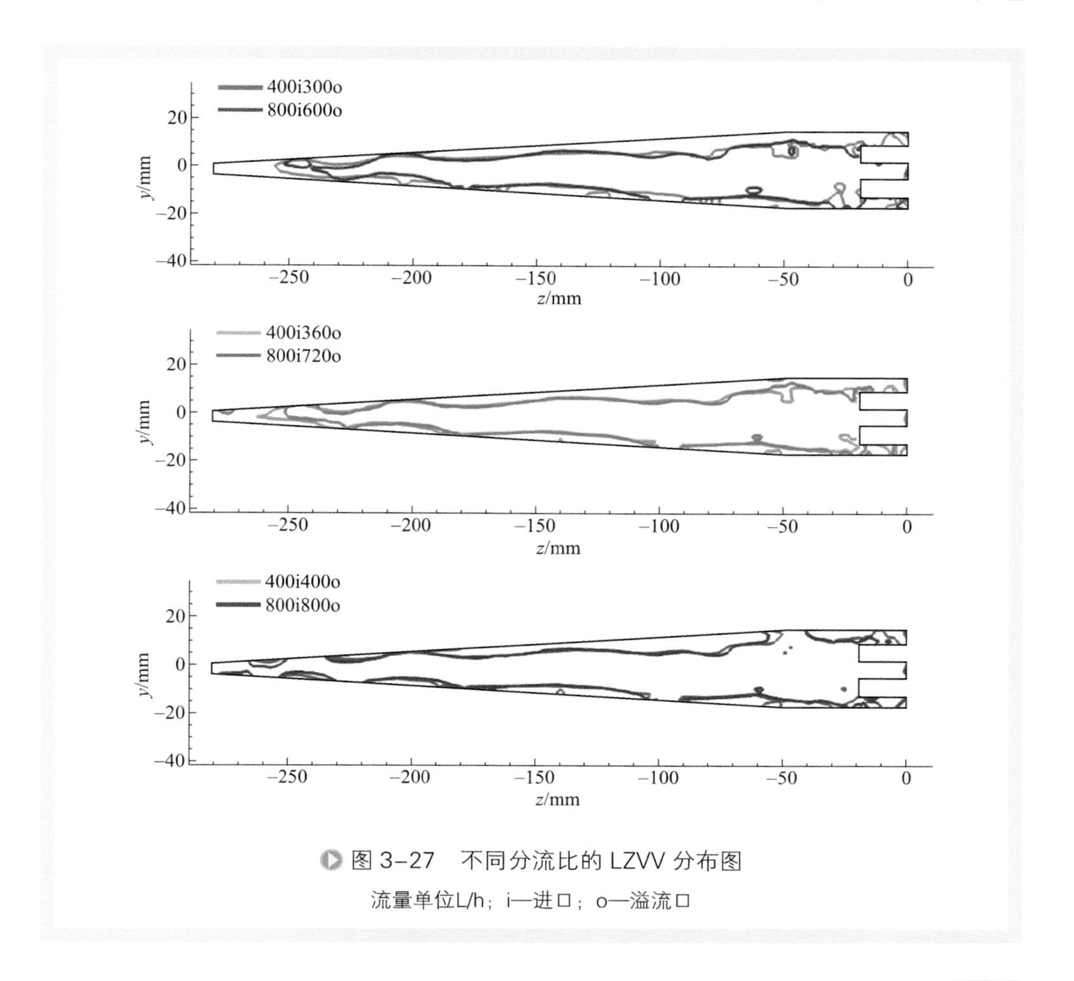


图3-27　不同分流比的LZVV分布图

流量单位L/h；i—进口；o—溢流口

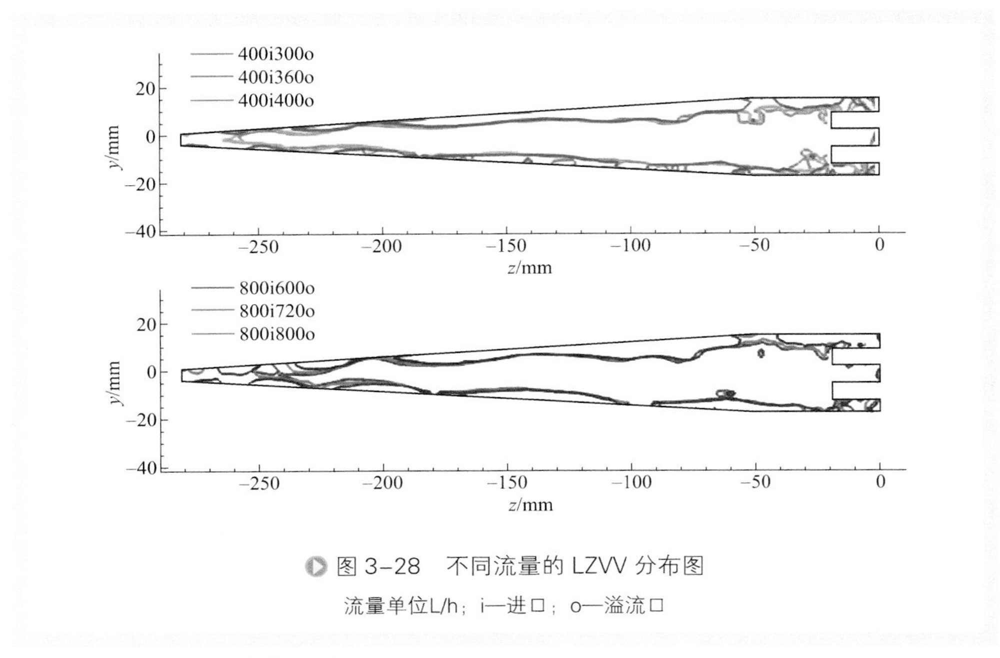


图 3-28　不同流量的 LZVV 分布图

流量单位L/h；i—进口；o—溢流口

可以发现 LZVV 更为靠近边壁。

图 3-29 是基于层摄分析法的径向速度分布，可以看出，通过层摄分析法获得的径向速度分布规律和采用 PDPA 等其他方法测得的数据在分布趋势上并无二致。

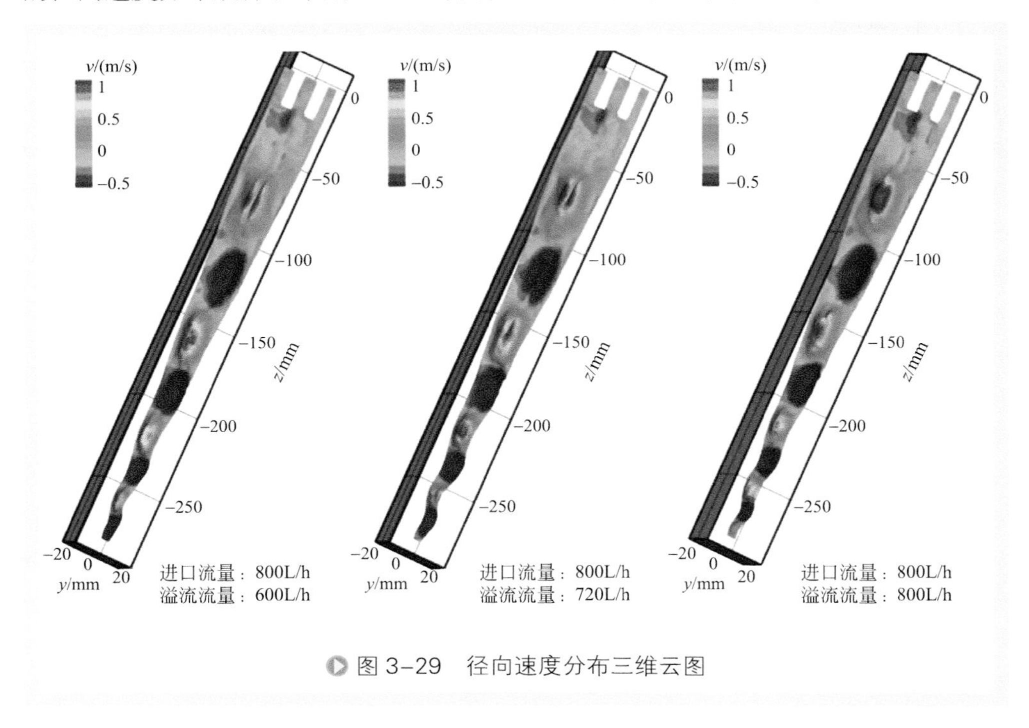


图 3-29　径向速度分布三维云图

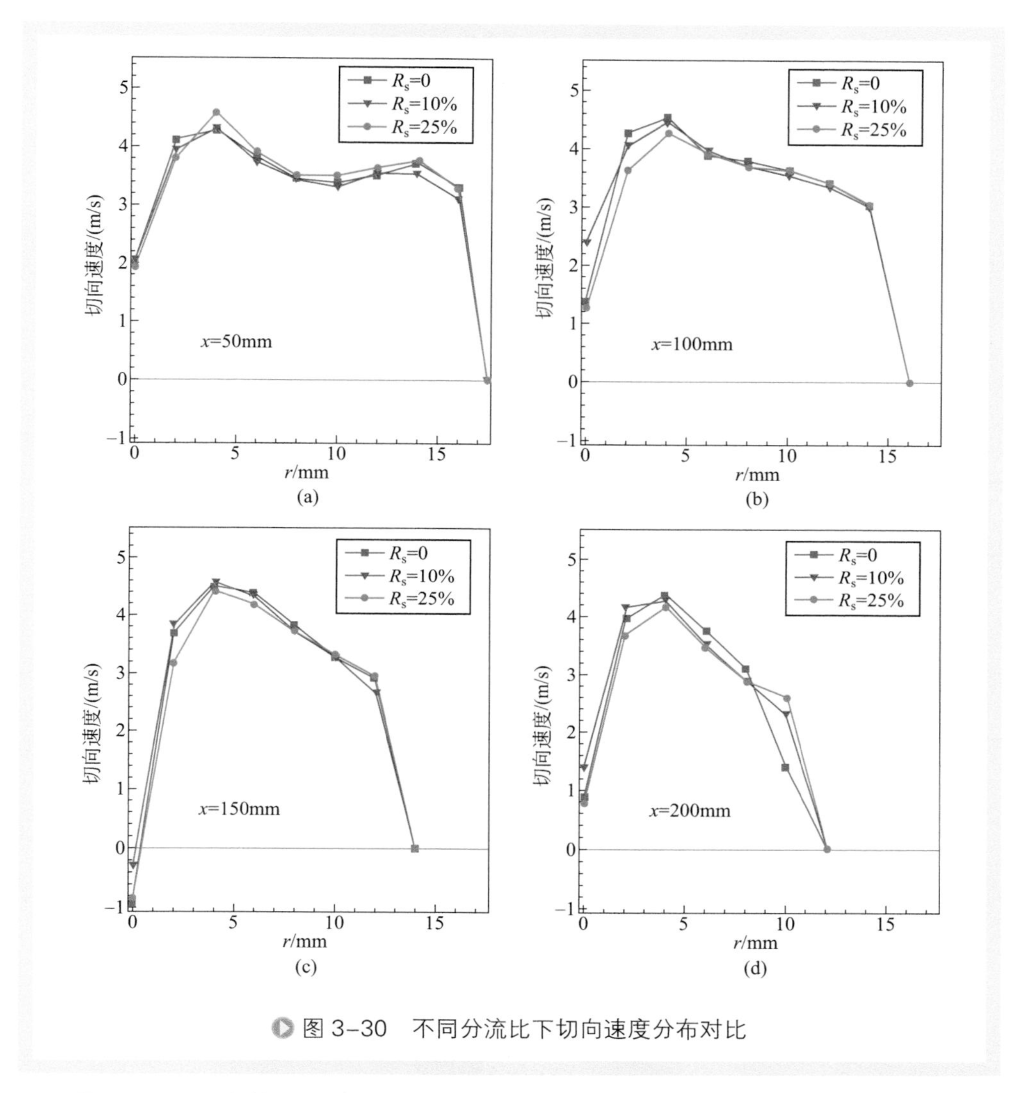


图 3-30　不同分流比下切向速度分布对比

从图 3-30 四个截面上 0、10% 和 25% 三个分流比的切向速度分布对比可以看出，由于分流比改变了轴向速度分布，分流比为 0 的工况下旋转流场中心处强制涡区域的切向速度明显增大，而边壁处的切向速度则有一定的削弱。

采用 PIV 层摄分析法，可以满足一般情况下切向速度的测量。但是限于其测试原理，仅能给出特定平面上的切向速度分布，无法和 V3V 一样，得到整个微旋流器内部的 3D3C 速度分布。

## 2. 进口角度调控

引入进口雷诺数来表征微旋流器不同进口流速 $v_i[v_i = 4Q_i / (\pi d_i^2)]$ 下的螺旋流场流动，则

$$Re_{\mathrm{i}}=\frac{\rho v_{\mathrm{i}}d_{\mathrm{i}}}{\mu} \tag{3-16}$$

式中，$\rho$ 为流体密度，kg/m³；$d_{\mathrm{i}}$ 为旋流器进口直径，m；$\mu$ 为流体黏度，Pa·s。

研究了进口流量从 0.5m³/h 逐渐增大到 0.75m³/h、1.0m³/h 和 1.25m³/h 四种工况下微旋流器轴截面上的速度分布，具体操作参数见表 3-5。

表3-5　实验操作条件

| 温度 /℃ | 流量 $Q_{\mathrm{i}}$/(m³/h) | 雷诺数 $Re_{\mathrm{i}}$/×10⁴ |
|---|---|---|
| 35 | 0.5 | 1.95 |
| | 0.75 | 2.93 |
| | 1.0 | 3.90 |
| | 1.25 | 4.88 |

采样频率为 15fps，采样帧对间隔 $\Delta t$=100μs。每个工况的流场结构的结果均为 200 组瞬时速度图像进行平均化得到。

（1）轴向速度分布　图 3-31 表述了进口角度为 0° 的微旋流器的轴向速度分布云图，其中，正值表示速度方向向上，负值表示速度方向向下。可见，微旋流器内旋流的轴向速度向上，而外旋流部分轴向速度则向下。零轴速包络面作为反映微旋

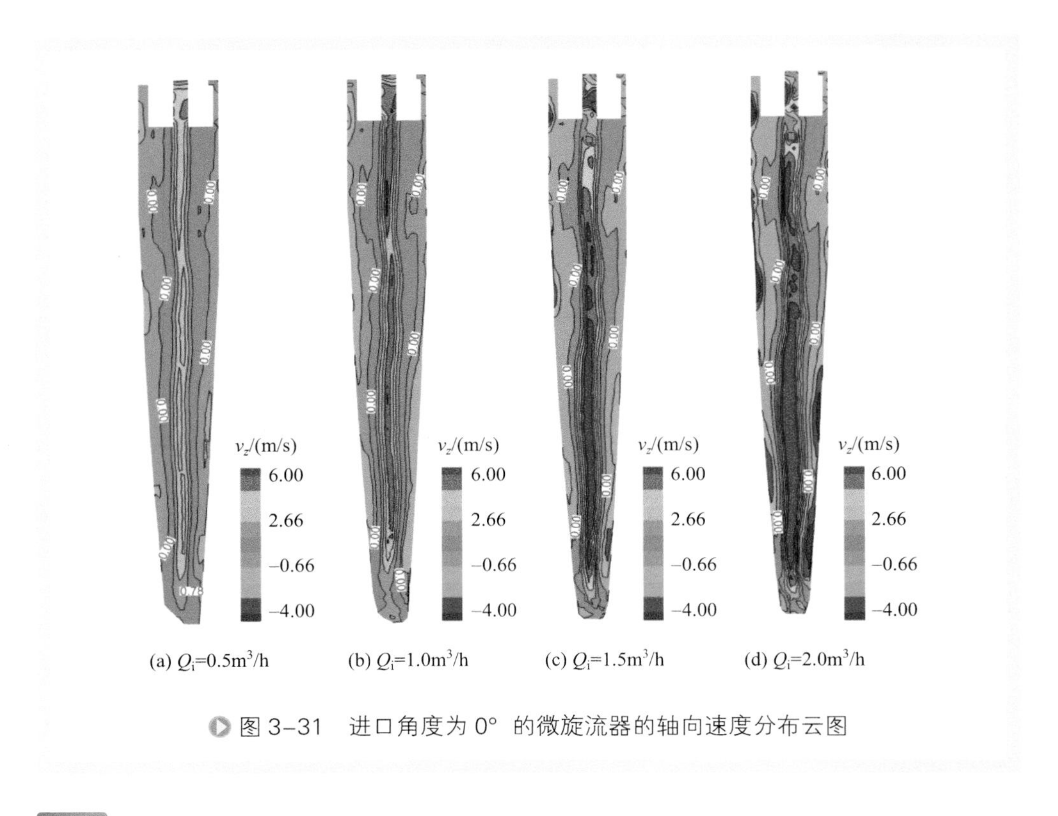


图 3-31　进口角度为 0° 的微旋流器的轴向速度分布云图

流器分离性能的重要参数，不同截面高度轴向速度径向分布如图 3-32 所示。

不难看出，尽管试验研究中采用了四种不同的进口流量，轴向速度场的分布仅有极小范围的波动产生，四种不同进口角度下的微旋流器在不同流量下的结构型式十分相似。所以，引入无量纲轴向速度能够大大简化后面的讨论。无量纲轴向速度由四种不同进口角度下的轴向速度 $v_z$ 除以相对应的进口流速 $v_i$ 获得。

不同进口角度无量纲轴向速度云图如图 3-33 所示。对于进口角度 $\alpha$ = 30° 和 $\alpha$ = 45° 的微旋流器，零轴速包络面（LZVV）和进口角度 $\alpha$ = 0° 时的分布比较相似，且是一种连续的存在，即存在明显的外旋流和内旋流。而当进口角度 $\alpha$ =60° 时，由于过大的进口角度，导致切向速度损失明显，产生了严重的不对称流，整个微旋流器内部向上的轴向速度非常有限，所以 LZVV 出现非常不规律和明显的扭曲。

四种不同进口角度下不同轴向高度位置的无量纲轴向速度数值在图 3-32 中可

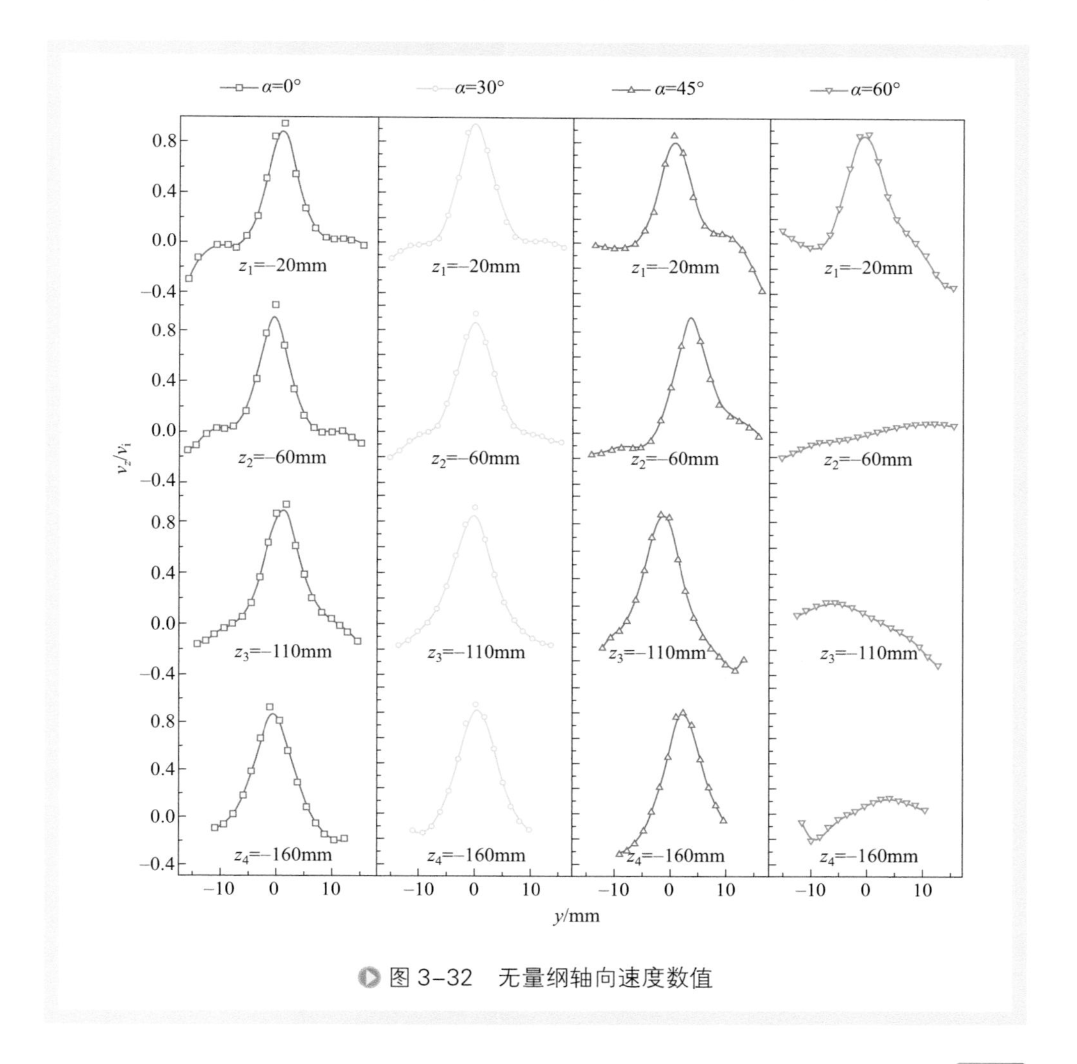


图 3-32　无量纲轴向速度数值

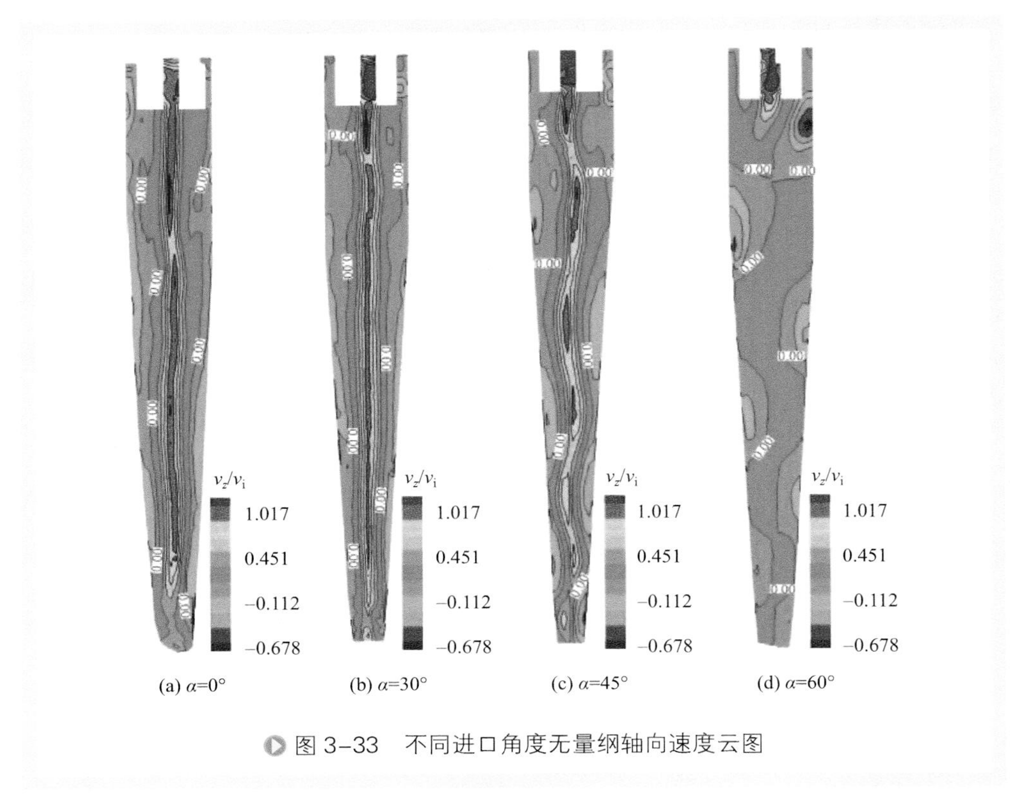


图 3-33　不同进口角度无量纲轴向速度云图

以定量地获得。

此外，进口角度 $\alpha$ = 30° 的微旋流器相比于其他进口角度微旋流器，轴向速度分布最为规整，可以预见其分离效果也会相对突出。进口角度 $\alpha$ = 0° 时，微旋流器进口处液体直接撞向旋流器柱段内壁面，引起较大的扰动。而当进口角度继续增大到 $\alpha$ = 45° 乃至 $\alpha$ = 60° 时，进口速度在切向方向上分量又相对损失较大，减少了离心效果，导致了向下的轴向速度分量过大，扰乱了微旋流器内部的分离。

（2）径向速度分布　与轴向速度分布类似的，图 3-34 给出了进口角度 $\alpha$ = 0° 时不同进口流量下的径向速度分布云图。在图 3-34 中，负值速度方向向左，而正值速度方向向右，即微旋流器内，左半部分负值为离心方向，右半部分负值为向心方向。径向速度由旋流器内壁向中心处逐渐增大。而在轴向方向上，径向速度正负值交替出现，且在同一轴向位置上，径向速度绝对方向一致（或同为正值，或同为负值）。

和轴向速度分布类似的，平均后的流场结构在不同流量下呈类似线性的关系，后续的分析同样引入无量纲径向速度进行分析。即，将所得到的径向速度值除以相对应的进口流速 $v_i$。

图 3-35 给出了不同进口角度微旋流器的无量纲径向速度云图。可以看出，径

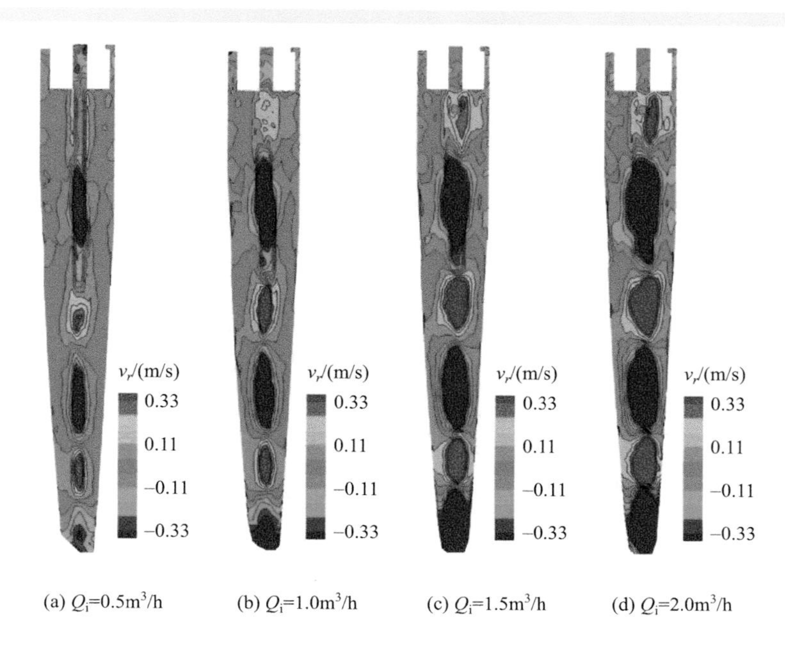


图 3-34　进口角度 $\alpha=0°$ 时不同进口流量下的径向速度分布云图

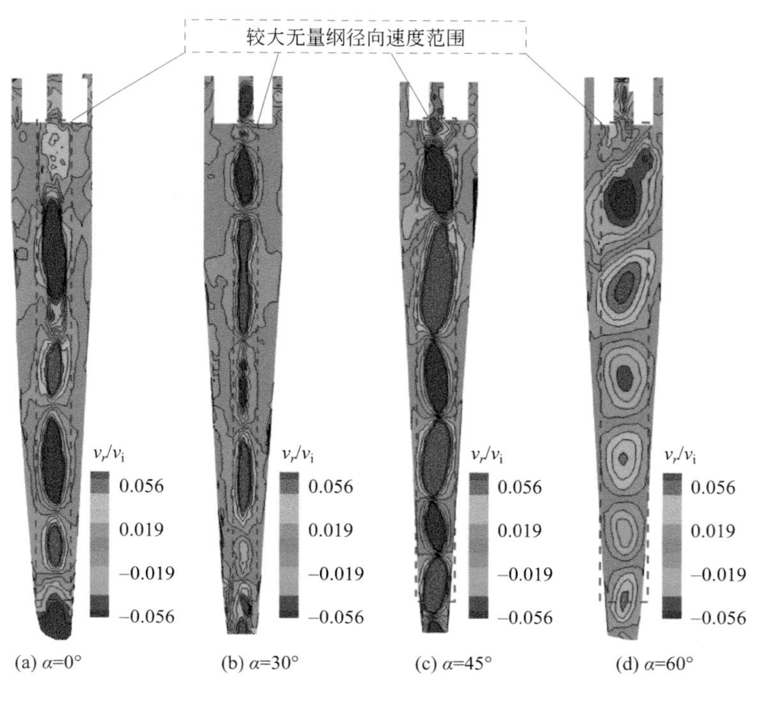


图 3-35　不同进口角度微旋流器的无量纲径向速度云图

向速度数值上比轴向速度要小很多，但由于径向速度是微旋流器中颗粒迁徙分离过程中的阻力因素，其对分离性能的影响还是非常重要的。从图 3-35 中可以看到，进口角度 $\alpha$ = 0° 的微旋流器在同样轴向高度上，与其他进口角度微旋流器径向速度相反。此外，可以看出，进口角度 $\alpha$ =30° 微旋流器的较大无量纲径向速度范围（定义为 $|v_r/v_i| > 0.019$）最小。也就是说，进口角度 $\alpha$ =30° 微旋流器的大径向速度

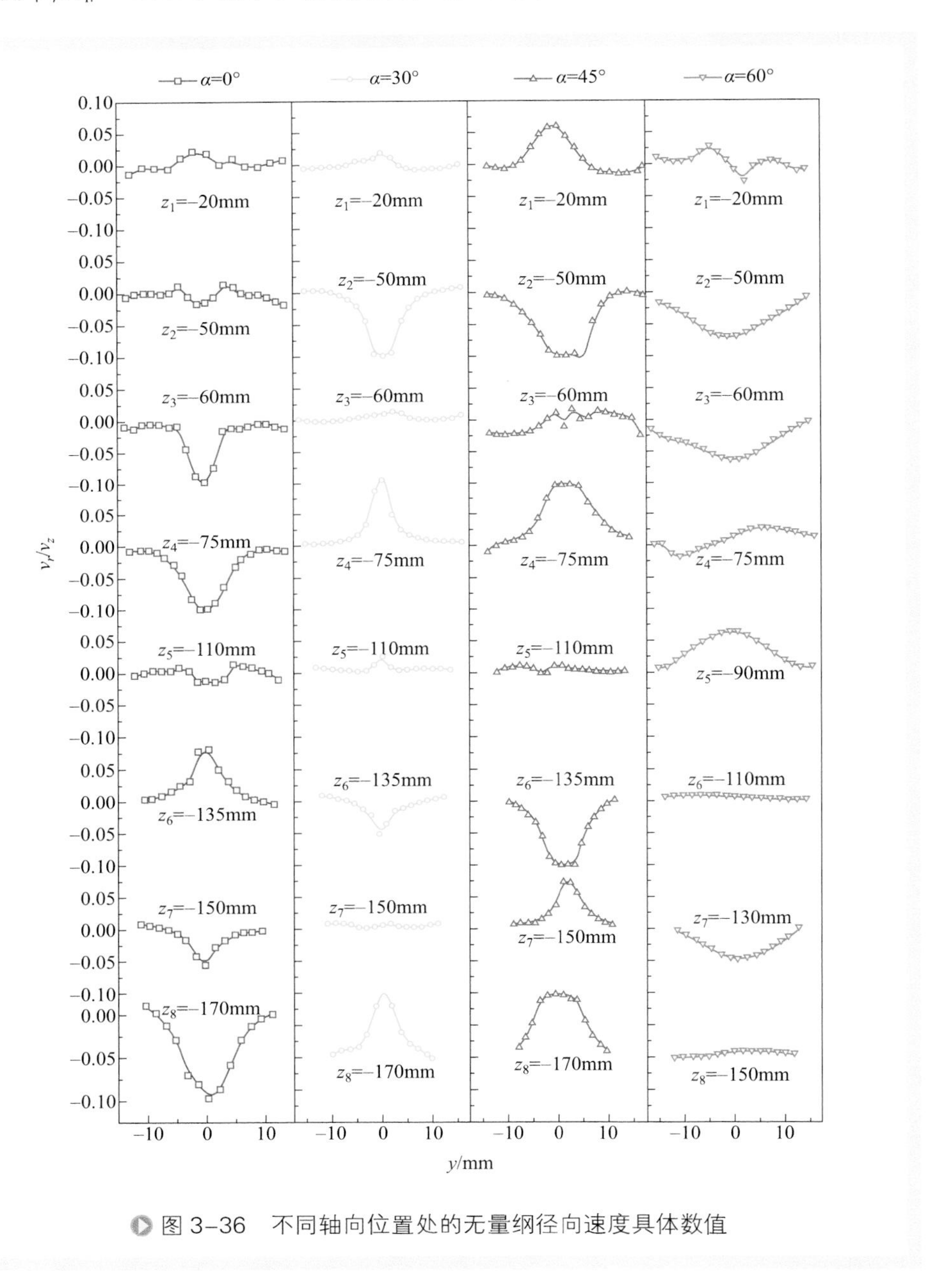


图 3-36 不同轴向位置处的无量纲径向速度具体数值

范围更为集中，这意味着在分离过程中，粒子迁移过程遇到的径向上的阻力要小很多。同样，图 3-36 给出了不同轴向位置处的无量纲径向速度具体数值。

（3）中轴线流线图　图 3-37 给出了由轴向和径向速度计算而来的微旋流器轴截面流线分布。在红色方框中标注出明显旋涡，沿微旋流器中轴线自上而下交替出现。这是由微旋流器内部的循环流或二次涡流导致的。二次涡流的产生，会破坏整个微旋流器的分离结构，而且造成能量耗散，对分离性能的提升极为不利。从图 3-37 中可以观察到，当进口角度 $\alpha$=0° 时，测试区域中已经出现不少的二次涡流，而当进口角度 $\alpha$=30° 时，二次涡流数量减少，并且出现破裂的趋势。当进口角度 $\alpha$ 继续增大到 45° 乃至 60° 时，二次涡流又出现了增多。并且二次涡流出现的位置从微旋流器的内壁逐渐迁移到了中心位置。轴向速度向下的分量增大，而微旋流器底流口直径 $d_u$ 不变，导致内部流体产生大量积压，循环流流量变大，最终二次涡流数量增多。

（4）短路流流量　沿微旋流器溢流管外壁面从溢流口底部未经旋转离心作用直接进入溢流口流出的部分被称作短路流。短路流的存在，较大地影响了微旋流器的分离性能。显而易见的是，进口角度的存在能够对短路流起到抑制作用。

通过 PIV 测试所得到的轴向速度结果，微旋流器中不同轴向高度位置的上行流量和下行流量均可以通过以下积分方式获得：

$$L=\int_{r_1}^{r_2} 2\pi r v_z \mathrm{d}r \tag{3-17}$$

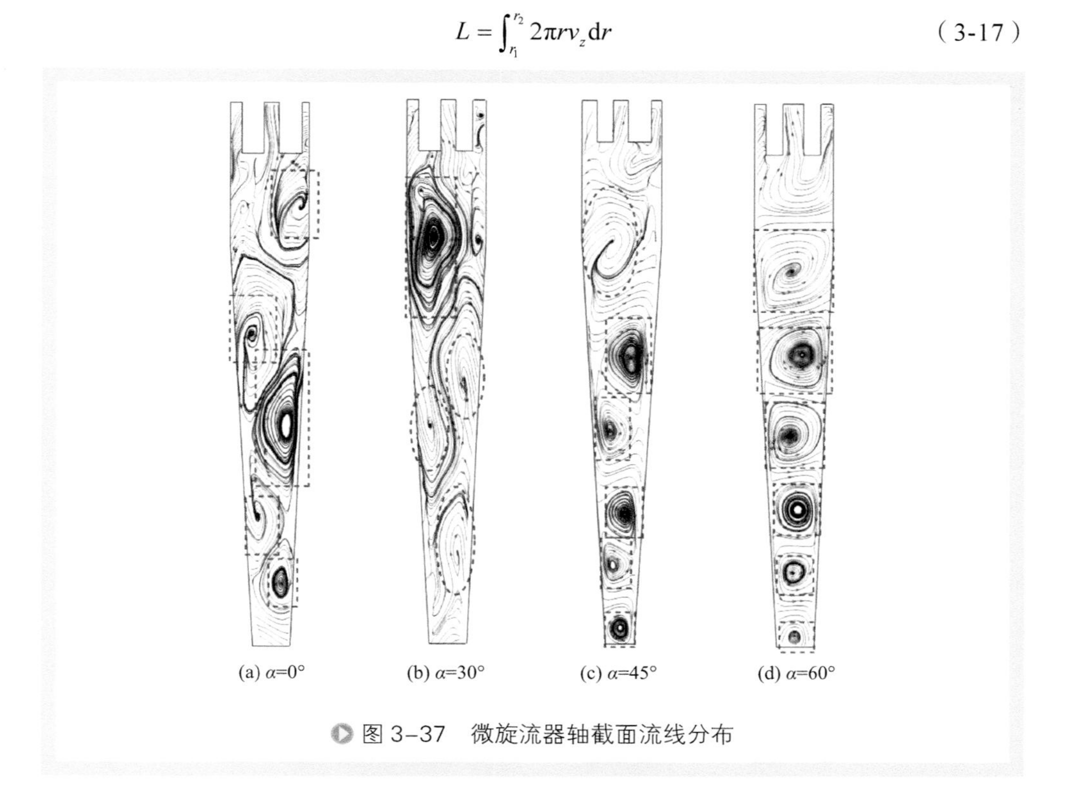


图 3-37　微旋流器轴截面流线分布

微旋流器内部的短路流流量 $I$ 可以认为是进口流量与溢流口底部所在的轴向高度位置的下行流流量 $Q_i$ 与上行流流量 $L$ 之间差值，即

$$I = Q_i - L \tag{3-18}$$

通过该方程和测得的轴向速度结果，计算得到进口角度为 $\alpha$=0°、30°、45°和 60° 时，微旋流器短路流量分别为 18.23%、13.73%、12.60% 和 10.08%。可见，进口角度的存在，确实能够抑制微旋流器的短路流效应。

## 第三节 体三维测速

体三维测速仪（V3V）是目前最成熟的三维流场测速方案之一。鉴于旋转流场的变化与分离效率和能耗等的密切联系，本书作者团队基于世界上最先进的三维三分量（3D3C）测量技术 V3V，搭建了旋转流场三维光学直接测量系统，实现了三维体区域内包括切向、轴向和径向的三个速度分量的精确测量，颗粒位置识别精度达到 20 ～ 80μm。并通过这些数据计算等值面、流线、涡量等数据来全面表征旋转流场的状态。研究过程中，通过折射率匹配消除了旋流器壁面曲率对测量的严重影响，标定了旋流器内部的空间数据，并通过成功布撒示踪微球，分析获得了示踪微粒在流场内的三维运动图像，并基于图像追踪法研究其运动规律。最大化地实现良好的跟随性，实现了旋转流场内的体三维速度测量。研究还实现了对旋流场内重要分离指标零轴速包络面的测量，这对分析旋流场的分离区域判断有着重要的意义。最后，研究对旋流场内的二次涡流进行了测定，其对旋转流场的分离功耗和状态稳定性具有重要的意义。

目前主要的光学流场测速技术，无论是基于多普勒效应的 LDV/PDPA，还是基于粒子图像方法的 PIV/V3V，均属于粒子示踪法，必须以示踪粒子为媒介，通过粒子反射或者散射出的光信号间接测量流体的运动。相对于普通 PIV 和 PDPA，测试难度较大，对实验条件的要求更为苛刻，适用于常规 PIV 和 PDPA 的光学条件并不能满足体三维流场测试的要求。通过分析体三维光学流场测试方法的测试光路对颗粒在三相机成像时“判定三角”的影响，确定 V3V 测试时必要的光学条件，并以此为依据，采取针对性的措施来优化体三维流场测试的实验条件。其中最重要，同时也是最难实现的两点是：改善旋转流场内示踪颗粒与 CCD 相机之间的散射光光路条件；根据需要制备合适的示踪颗粒。也就是说，既要满足粒子信号在接收器上可以得到真实的反映，又要满足粒子本身对流体的跟随性，以及物性参数可调节等特性。前者，可以通过旋流器壁面和工作流体的折射率匹配来改善粒子和感光元件之间的光路。而后者，可以通过微流控的方法合理调节颗粒的形状、尺寸、密度等

物性参数。上述实验条件的优化，可以很大程度上提高测试精度，提升测量实验的成功率，为获得真实可信的流动参数，确定流体结构的表征和计算打下坚实的基础。

## 一、旋转流场V3V测试原理和平台构建

### 1. V3V颗粒识别基本原理

V3V 的颗粒识别原理就是利用了散焦原理（defocusing），即粒子散射光通过单孔模板、双孔模板或三孔模板后，在聚焦面外发生散焦现象的特性，据此，可以设计相关的方法和装置来确定颗粒的空间三维坐标。

首先从最简单的单孔模板开始讨论。当参考面上的颗粒 A 在受到激光束照射并激发出米氏散射光线时，光线经过组合在一起的聚焦透镜和单孔模板，正好在聚焦平面成像 A′，而另一不在参考面上的颗粒 B，通过同样的聚焦透镜和单孔模板，只能在聚焦平面外成像 C，这时颗粒 B 在聚焦平面上的粒子散射光图像变模糊、亮度变低、直径变大，成虚像 B′。这种现象叫做“单孔光线散焦”。如图 3-38（a）所示。

双孔模板与单孔模板类似，当颗粒 A 发射的散射光线通过双孔模板时，在聚焦平面仍然成颗粒 A 的单颗粒图像 A′，但是，当颗粒 B 发射的散射光线通过双孔模

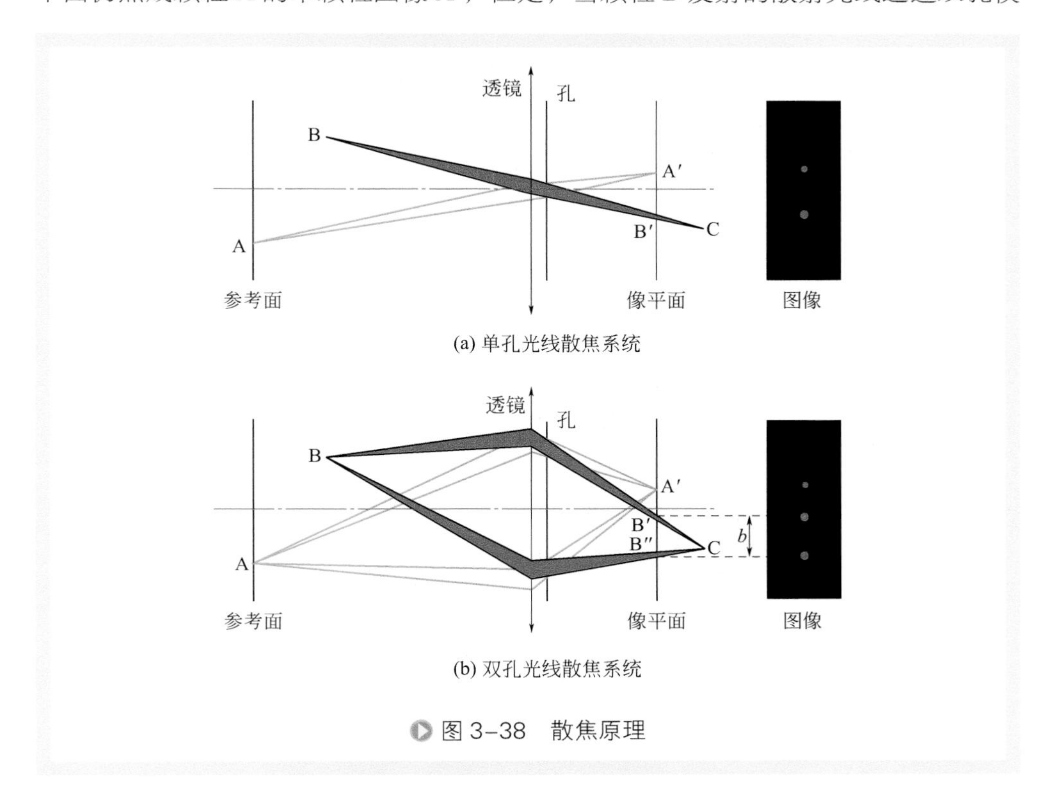

(a) 单孔光线散焦系统

(b) 双孔光线散焦系统

图 3–38　散焦原理

板时，颗粒 B 只能在焦外成像，而聚焦平面成的是两个虚像 B′ 和 B″，且 B′ 和 B″ 成虚像，成像模糊、亮度变低、直径变大，这个现象叫做“双孔光线散焦”。如图 3-38（b）所示。

V3V 的颗粒识别过程是利用了三孔模板的颗粒光散焦特性。忽略颗粒经过单孔时发生的散焦现象，颗粒 P 的散射光会通过聚焦透镜和三孔模板（实际应用中是三个相机的镜头和光圈）在像平面上成像。定义物距 $z=L$ 时，颗粒 $P_0$ 在像平面上聚焦为一点 $P_0'$，那么，当 $z<L$ 以及 $z>L$，颗粒在像平面上都会发生散焦的现象，即当 $z<L$ 时，颗粒 $P_1$ 在像平面成的三个像 $P_1'$、$P_1''$ 和 $P_1'''$ 形成底边在下的正三角形，当 $z>L$ 时，颗粒 $P_2$ 在像平面成的三个像 $P_2'$、$P_2''$ 和 $P_2'''$ 形成底边在上的倒置正三角形。颗粒 P 通过三个小孔从像平面上聚焦成一点到焦外的发散成三角形这个散焦现象，就是 V3V 赖以判断粒子位置的基本原理。

可以预见，当颗粒和透镜间引入曲壁面时，由于光路在曲壁面上产生了折射现象，最终在投影面上形成的三角形发生一定程度的扭曲。如图 3-39 所示，颗粒经过曲壁面后形成的三角形三个顶点离原投影有一定程度的偏移，偏移量由光路曲面夹角决定，其中最大的偏移量，本书标记为 $\delta$。由于 V3V 计算前，必须通过判定三角的标定，即通过拍摄移动的标定靶盘上已知的点光源分布阵列的粒子图像，获得

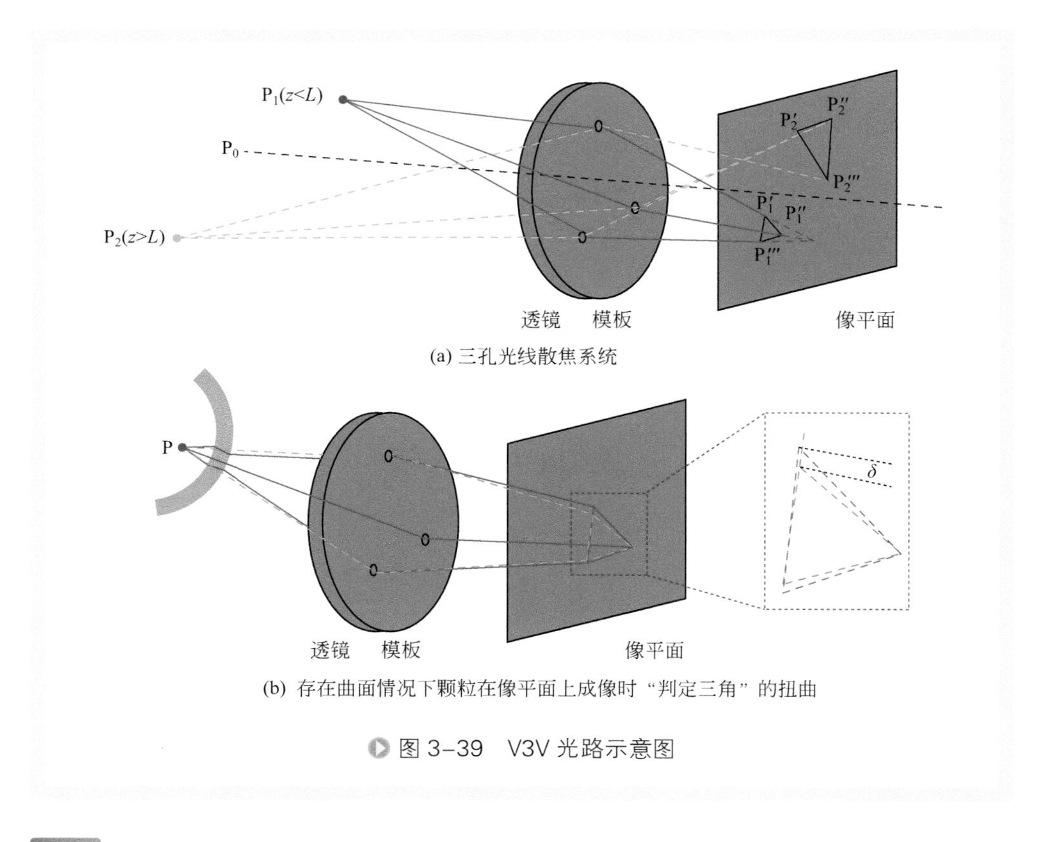


图 3-39　V3V 光路示意图

$z$ 方向上不同位置的“判定三角”的形状和位置，当 $\delta$ 大于搜寻精度时，颗粒将不能被识别，则该粒子图像数据无效。

## 2. V3V流动测量原理

（1）三维成像原理　多视角照相，采用三个 CCD 芯片，组成了分辨率为 12M 的粒子图像拍摄探头（即三相机系统）。三个 CCD 芯片以“共面 - 三角”形式集成在同一个板面上。三个 CCD 芯片成像的景深很大，三个 CCD 芯片的重合的测量区域为 V3V 的测量区域，最大测量体积为（140mm × 140mm × 100mm）。在此测量区域中每个粒子的图像同时被三个 CCD 芯片捕捉。每个粒子有三个图像，三个图像叠加构成三角形，对三角形的分析可以得到粒子的空间位置。

（2）V3V 布置　采用双脉冲激光器作为光源，配 2 个柱面镜作为体光源透镜组（图 3-40）。激光发射后由线光源经过一次透镜转变为片光源，经过二次透镜转变为体光源，为旋流场内颗粒示踪提供光源照明。同步器（610035 或 610036）作为时序控制系统，控制相机和激光器之间的同步拍摄问题，其精度可以达到 400ps。V3V-88003D 相机探头和 Insight V3V 图像采集和分析系统以及海量存储系统（目

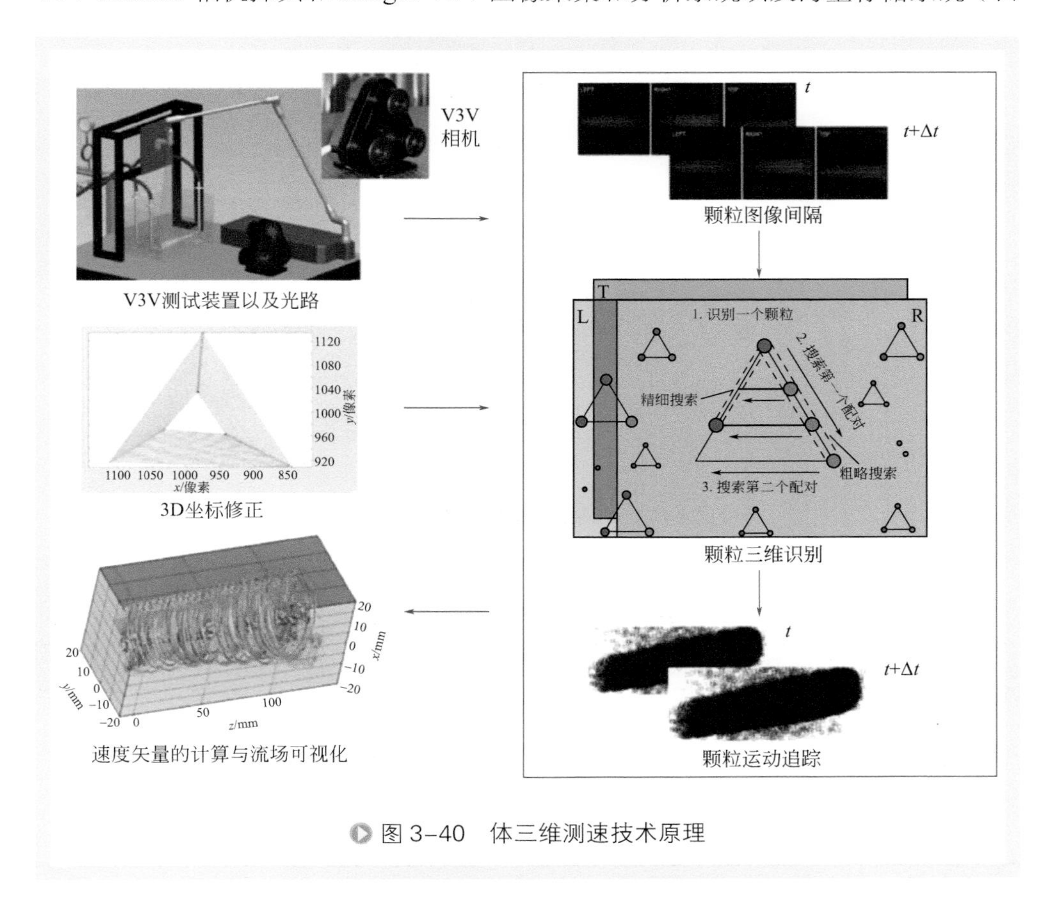

图 3-40　体三维测速技术原理

前升级为大内存存储）保证了粒子图像的清晰拍摄和快速传输，为后续处理提供坚实支撑。

### 3. V3V测试系统组成

体三维旋转流场测量的实验布置如图3-41所示。采用V3V系统（TSI，美国）来进行3D3C流场的测量。V3V相机和激光器通过同步器（TSI，美国）来触发。一台500mJ，重复频率为15Hz，波长为532nm的双腔Nd:Yag激光器作为粒子照明光源。发射的激光光束通过两个成90° 夹角的焦距为25mm柱面镜组成的镜片组扩展成体光源。在旋流器下方再布置一块反光镜片，一方面用来增强旋流器内示踪颗粒的亮度，另一方面使得颗粒的图像更加均匀，避免米氏散射造成的颗粒图像圆度变差的问题，提高颗粒的二维识别率。详细组件和参数见表3-6。

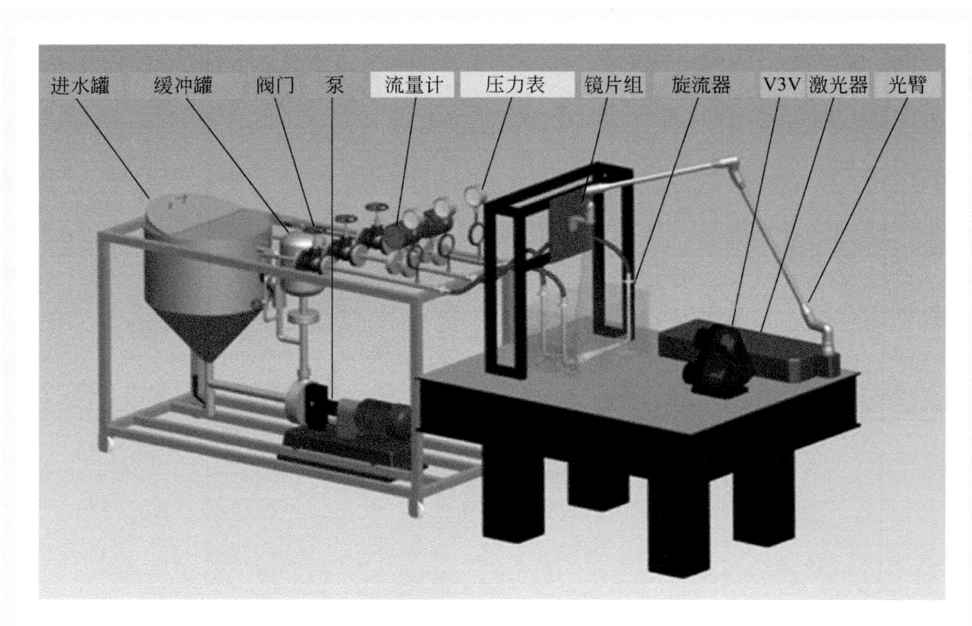


图3-41 旋转流场的体三维流场测试系统

表3-6 V3V系统组件和参数

| 组件 | 型号 | 参数 | | 生产商 |
|---|---|---|---|---|
| Nd:Yag激光器 | Vlite-500 | 波长 | 532 nm | 镭宝，中国 |
| | | 最高能量 | 500 mJ/脉冲 | |
| | | 脉冲宽度 | 6 ～ 8 ns | |
| | | 重复频率 | 15 Hz | |

续表

| 组件 | 型号 | 参数 | | 生产商 |
|---|---|---|---|---|
| Nd:Yag 激光器 | Vlite-500 | 光束直径<br>精度 | 8 mm<br>2 ns | 镭宝，中国 |
| 镜片组 | 柱面镜 | 焦距<br>数量 | 25mm<br>2 | 尼康，日本 |
| 同步器 | 610035 | 延迟<br>可控脉冲宽度<br>时间分辨率<br>控制精度 | 0 ～ 1000s<br>10ns ～ 1000s<br>1ns<br><400ps | TSI，美国 |
| CCD 相机 | 630159 | 像素分辨率<br>帧率<br>最小跨帧时间<br>镜头焦距 | 2048×2048ppi<br>15fps<br>200ns<br>60mm | TSI，美国 |

## 二、旋转流场V3V测试流程及方法

### 1. 旋流器测试模型设计和实验平台构建

用于 PIV 测试的 35mm 水力旋流器模型结构尺寸见图 3-42 和表 3-7。旋流器采用光学玻璃（熔凝石英，牌号 JGS2）制成，透光性好，对于光学测试十分适合。该旋流器同样用于 PIV 的测量中。另外，测试结果采用两套坐标系表示，即笛卡儿坐标和柱坐标，以适应不同的分析需要，具体的坐标系设置见图 3-42。

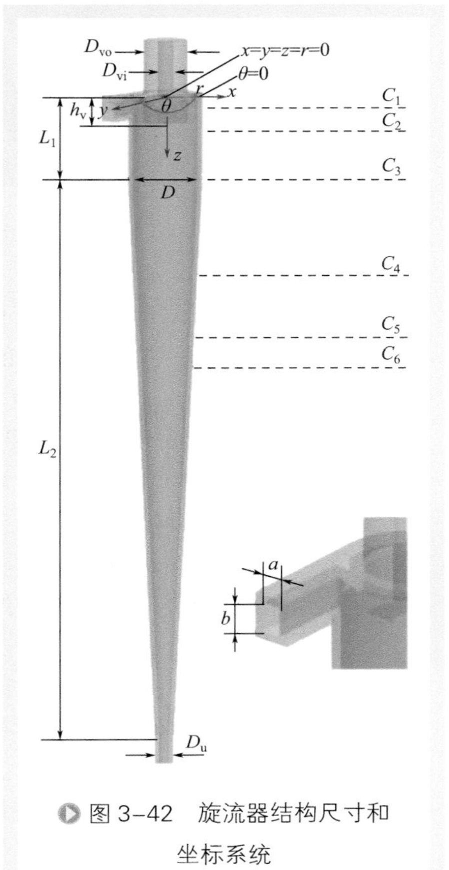


图 3-42　旋流器结构尺寸和坐标系统

采用尼可尼离心泵作为动力输送装置，将水罐内流体通入旋流器内，罐体容量 100L，实现最大入口压力 0.5MPa，最大流量 $1m^3/h$。旋流器入口、溢流口、底流口均设置压力表，入口和溢流口设置涡轮流量计。泵出口设置缓冲罐，实现稳压作用。体三维旋转流场测试现场见图 3-43。

实验中采用 53%（质量分数）碘化钠 - 水溶液作为匹配介质，其目的是将旋流器内外的液体和旋流器的母材石英玻璃的折射率调节成一致。通过微流控技术制备的单分散高分子荧光微球，其中值粒径约为75μm。布撒到旋转流场后，通过V3V三相机同步拍摄粒子图像，并进行速度处理。实验中，由于碘化钠的密度较高，旋流器进口处压力升高较快，为了避免旋流器发生爆裂，操作压力需要设定在0.3MPa的安全值以下，因此将流量设定在500L/h。

表3-7　旋流器结构尺寸

| $D$/mm | $L_1/D$ | $L_2/D$ | $D_{vi}/D$ | $D_{vo}/D$ | $D_u/D$ | $a$/mm | $b$/mm |
|---|---|---|---|---|---|---|---|
| 35 | 1.48 | 8.78 | 0.24 | 0.68 | 0.08 | 8 | 12 |

## 2. 测试流程及数据处理

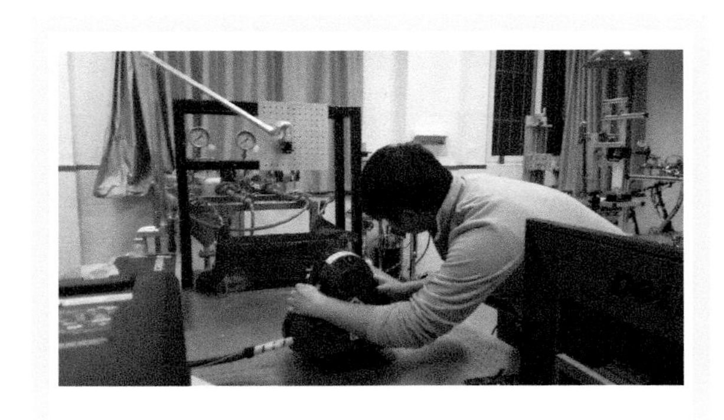

图3-43　V3V测试现场

（1）折射率匹配　V3V测试拍摄图像的示踪颗粒与相机间的光路必须与相机标定时一致。即如果示踪颗粒和相机间有引起光路传播方向与标定时相对改变的介质，则会引起颗粒识别的失败。所以在颗粒图像拍摄和标定靶盘拍摄时需要考虑采用折射率匹配方法使得两者的光路传播一致。采用53%（质量分数）的碘化钠水溶液作为实验中的折射率匹配液，其折射率和石英玻璃的折射率一致，均为1.47。这种方法在Amatya的实验报道中被证明是有效的[6]。溶液的物理性质和旋流器内的常见连续相水类似，其黏度为$1.1\times10^{-6}$ m²/s，相对密度为1.57。

（2）空间标定　V3V测试需要进行三维空间标定和相机校准。即在需要拍摄粒子图像的位置采集校准靶盘在$z$轴上多个点上的图像（图3-44），寻找每幅靶盘图像的中心，纠正机械误差。首先在长方体有机玻璃水缸内放入碘化钠水溶液，并将特制的靶盘放入水缸中需要进行测试的位置，该位置暂时不安装旋流器。由于碘化钠水溶液与旋流器石英玻璃壁面的折射率完全相同，直接在溶液中标定结果和加入旋流器后是相同的。靶盘上分布透光孔，横向（$x$）和纵向（$y$）均为5mm间距，从靶盘后方布置的灯光透过透光孔直射入左、右、顶三个CCD，形成点阵图像（相当于位置已知的粒子图像，见图3-45）。从$z$=600mm（近似于参考平面，即三个相机可视范围的交叉面）处开始，靶盘在轨道上移动，每隔5mm采集一次点阵图像，行程覆盖所有需要测试的区域。在靶盘从参考平面移动到测量结束平面的过程中，透光孔在每个相机上成的像从一个点，逐渐发生“散焦”现象，即在三个相机叠加图像上形成一个三角形。每个位置的点阵图像组均形成一个唯一的三角形，其中心

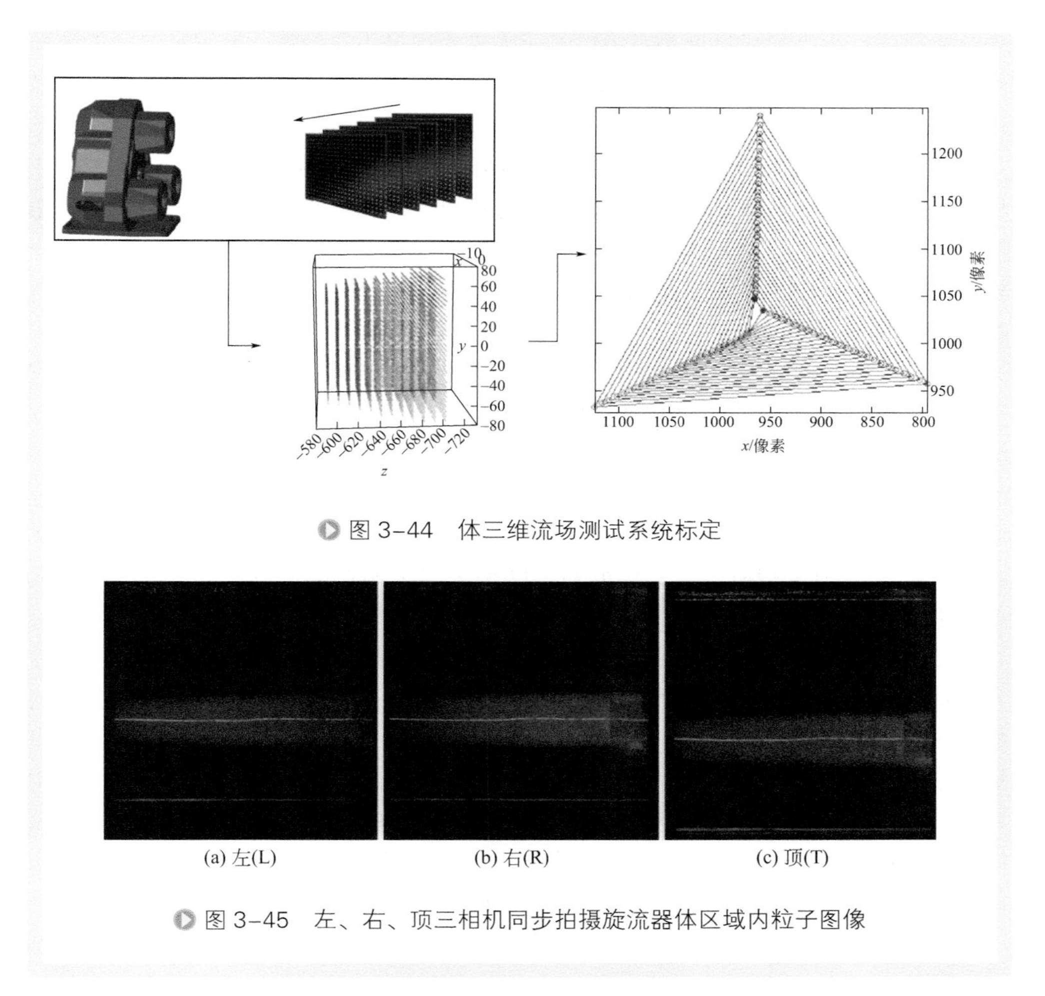


图 3-44　体三维流场测试系统标定

图 3-45　左、右、顶三相机同步拍摄旋流器体区域内粒子图像

位置是光孔的平面位置（$x$，$y$），其边长是光孔的第三向位置 $z$。在标定中，这些具体数值是已知的，标定过程重构了靶盘图像的网格节点，建立三维空间坐标，为后续实测中拍摄到的粒子确定坐标提供了依据。另外，标定对每个靶盘图像建立扭曲图像恢复公式，纠正相机棱镜的变形，而且对每个靶盘图像建立像素调整因子，纠正了针孔的偏离。

（3）颗粒图像拍摄　标定完成后，旋流器被固定安装在水缸内标定过的位置上，由于折射率匹配优良，旋流器柱锥结构引起的内部颗粒图像（尤其是判定三角）的扭曲问题可以忽略，标定数据仍然有效。碘化钠水溶液通过增压泵从 50L 的水槽内被输入缓冲罐，等压力稳定后，进入旋流器的矩形切向进口。溢流和底流均返回水槽形成循环，进口流量和分流比由截止阀控制，进出口压力和流量通过压力表和涡轮流量计控制。荧光高分子微球作为示踪粒子被布撒到水溶液中随旋转流体运动，其颗粒密度约为 1510g/cm$^3$，颗粒直径约为 100μm。测量在调整到指定流量和分流比的过程中，通过增加进出口的压力来实现最小空气柱的情况，等待旋流器内流场达到基本稳定的状况（压力流量数值稳定，一般需要 5 ～ 10min）后进行粒子图像的采集。

采用三相机同步激光器拍摄，帧率为 15Hz。粒子图像采集时，在 V3V 三个相机镜头前均设置高通滤光片，将波长为545nm以下光信号滤去，只剩下由罗丹明-B染色的示踪微球，其最大吸收波长为 552nm，激发出最大 610nm 的荧光。通过荧光粒子的使用，提高了粒子图像的质量，同时避免旋流器壁面反光和空气柱反光干扰颗粒的识别。

（4）颗粒二维识别　V3V 程序对粒子图像上所有颗粒进行二维识别，首先设置全场灰度阈值，粒子图像每个像素均有 256 个灰度级别，将阈值设置为 35，可以滤去杂光信号，提高对比度，然后分别在 $t$ ～ $t+\Delta t$ 各三对相机图像上，根据二维（2D）高斯粒子图像灰度分布高斯曲线拟合识别二维颗粒，对于颗粒的亮度峰值标记为颗粒的中心位置。对于重叠的颗粒，允许存在 50% 的重叠率。本实验中左、右、顶三相机同步采集的粒子图像上二维颗粒的识别量最高达到 25000 个左右。

（5）颗粒三维识别　如图 3-46 所示，叠加相机的三张图片，采用三维三角搜索算法，首先识别顶部相机中的一个粒子，由于粒子在顶、左和右相机中的图像，构成一个三角形（本书称这个三角形为“判定三角”），根据标定过程建立的三维坐标和三角形大小之间的关联，搜索可能的三角形。每个三角形代表一个粒子，其中心位置是颗粒的 $x$，$y$ 坐标，其边长代表 $z$ 坐标。这样就分别获得了 $t$ 和 $t+\Delta t$ 时刻的示踪颗粒三维空间坐标值。本实验中左、右、顶三相机同步采集的粒子图像组合计算而成的三维颗粒的识别量最高达到 15000 个左右。三维识别率超过 50%。

（6）颗粒三维追踪　如图 3-47 所示，在 $t$ 和 $t+\Delta t$ 时刻（A/B 两帧）的示踪颗粒三维空间坐标值确定后，采用松弛算法（粒子跟踪）将识别的示踪颗粒划分为不同的粒子群，或称三维查询空间（与 PIV 查询区间相似），在每个三维查询空间中，平均包含 5 ～ 8 个粒子，算法根据相邻区域的粒子的运动是相似的这一规律，判断 $t$ 时刻的 3D 颗粒在 $t+\Delta t$ 时刻的位置，实现粒子追踪。本实验中左、右、顶三相机同步采集的粒子图像组合计算而成的三维颗粒的识别量最高达到 5000 个左右。三维追踪识别率超过 30%。

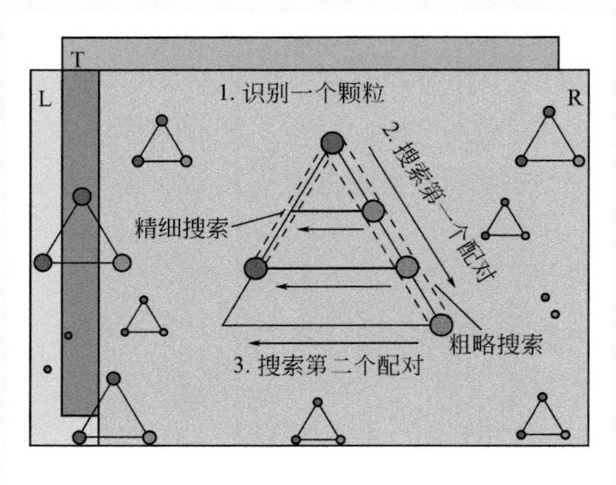


图 3-46　颗粒三维空间位置的判定（三角搜索算法）

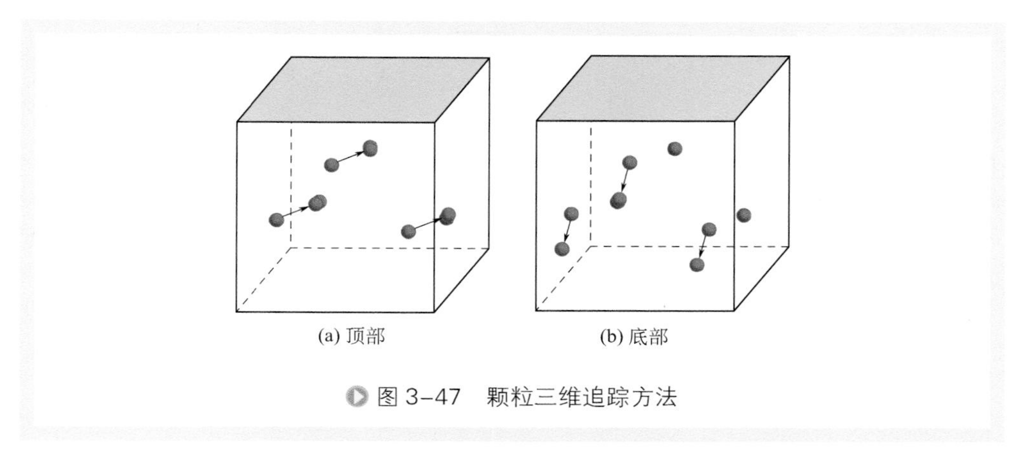


图 3-47　颗粒三维追踪方法

（7）速度计算和网格插值　颗粒三维追踪过程中通过位移 $\Delta x$、$\Delta y$、$\Delta z$ 和时间间隔 $\Delta t$ 计算获得的颗粒的运动数据是不规则分布的离散速度矢量（离散的点），难以进行处理和分析。其中 $\Delta t$ 即 A、B 帧拍摄间隔，设定为 50μs。需要将离散的速度点通过标准高斯权重插值（regular Gaussian-weighted interpolation）将数据插值到规则的网格间，才算真正完成 V3V 体三维流场的速度测量。

## 三、旋转流场 V3V 检测及调控

本实验通过统计平均法改善 V3V 测量的空间分辨率，即将 500 组旋流器内瞬时流场的速度矢量叠加到一个规则网格（网格单元边长 2mm，即本次测量的空间分辨率）中，然后再对每个网格的速度进行算术平均处理。由于测量区域是长方体的，而水力旋流器的几何形状是一个柱 - 锥的组合，且具有溢流管的结构，为了提高显示效果，创建了一个旋流器内流体的正六面体网格模板。然后，将方形网格的测量结果插值到旋流器网格模板中。

测量结果通过纵向切片（$C_0$：$\theta$=0 ～ 180°）和 7 个主要垂直截面（$C_1$ ～ $C_6$：$z$=10/16/50/80/110/120，单位 mm）的选择来显示较好的结果，其中，截面 $C_2$ 略低于溢流管底端，$C_3$ 为圆柱和圆锥的交接面。详细的坐标系统和截面位置如图 3-42 所示。

### 1. 旋转流场的径向速度分布

由于实验测量获得的速度场最初是在笛卡儿坐标系统中显示的，但是显而易见的，圆柱坐标系统更加适合旋转流场。

因此通过下面一系列表达式来将笛卡儿坐标下的速度分量 $u_x$(即 $u$)，$u_y$(即 $v$)，$u_z$ 转换成 $u_\theta$，$u_r$，$u_z$：

$$u_\theta = u_{uv}\sin\beta_3 = u_{uv}\sin\left(\frac{\pi}{2}-\beta_1-\beta_2\right) = \sqrt{u^2+v^2}\sin\left(\arctan\frac{x}{y}-\arctan\frac{v}{u}\right) \quad (3\text{-}19)$$

$$u_r = u_{uv}\cos\beta_3 = u_{uv}\cos\left(\frac{\pi}{2}-\beta_1-\beta_2\right) = \sqrt{u^2+v^2}\cos\left(\arctan\frac{x}{y}-\arctan\frac{v}{u}\right) \quad (3\text{-}20)$$

$$u_z = w \quad (3\text{-}21)$$

式中，$u$、$v$、$w$ 为笛卡儿坐标下实测值；$u_{uv}$ 为 $u$、$v$ 的合速度。由此获得切向、径向和轴向速度分布。

通过以上的坐标变换，获得柱坐标下三个速度分量：切向速度 $u_\theta$，径向速度 $u_r$，轴向速度 $u_z$（图 3-48、图 3-49）。

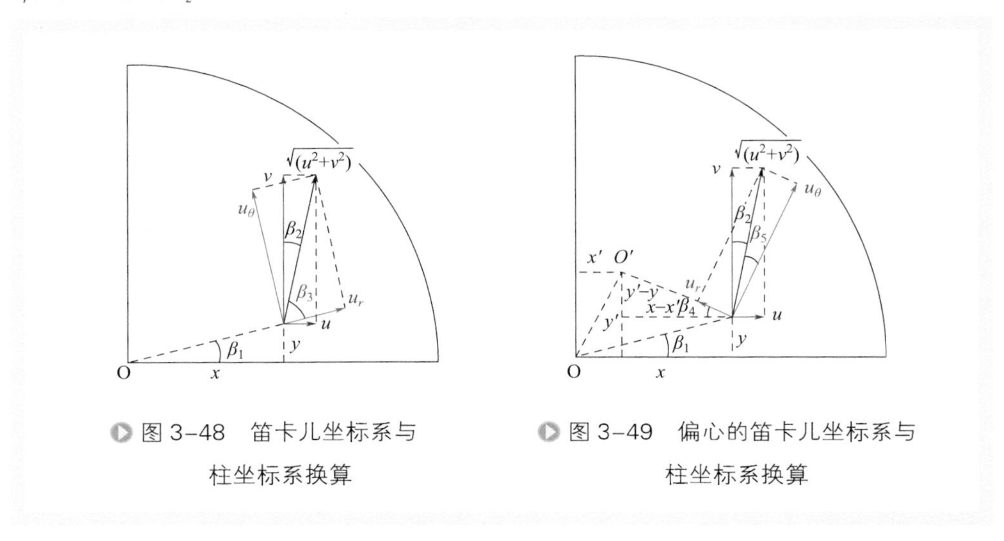


图 3-48　笛卡儿坐标系与柱坐标系换算

图 3-49　偏心的笛卡儿坐标系与柱坐标系换算

三个分量中，径向速度是最难以测量的一个：首先，对于单点测量的 LDV/PDPA 或平面测量的 PIV，如果测量点不能严格与旋流场涡核中心对齐，那么测得的径向速度会受到其他速度分量（切向速度）影响，然而，在单进口的旋流器流场中，流场的涡核与旋流器几何中心轴并不重合，径向速度呈现出强烈的非轴对称的特性。其次，沿轴线呈扭曲状分布，对径向速度的测量带来了巨大的挑战。采用传统的 LDV/PDPA 或 PIV 在旋流器几何中心引出的半径上测量，就会出现如图 3-50 所示的，径向速度呈现出似源似汇的分布状态，其中负值代表向内的径向速度。在 $C_0$、$C_2$、$C_4$ 和 $C_6$ 截面上综合展示了旋流场内的三维径向速度分布。溢流管下端存在的径向速度是向内的，说明有短路流的存在，值得注意的是，短路流也不是对称分布的。

而在整个旋流器柱锥段的大部分位置，可以看到径向速度的分布基本上是扭曲交错布置的情况。一方面，这说明了测量旋流器几何中心上切面，获得的径向速度本身并不是旋转流场的径向汇流速度，另一方面，这种交错布置的径向速度分布情况，很可能和二次涡流的分布有很大的关系。

为了研究旋流场内的径向汇流速度，可以采用坐标平移变换的方式（参见图 3-49），将旋转流的中心 $O'$ 设定为计算零点，通过下式重新计算径向汇流速度：

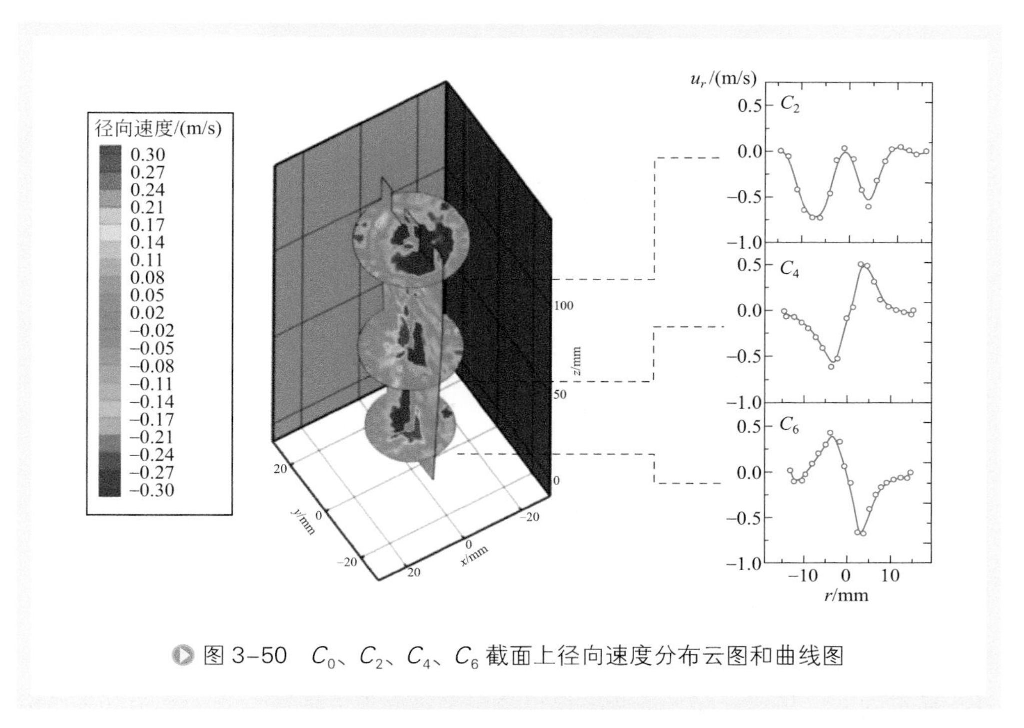


图 3-50　$C_0$、$C_2$、$C_4$、$C_6$ 截面上径向速度分布云图和曲线图

$$u_\theta = u_{uv}\sin\beta_5 = \sqrt{u^2+v^2}\sin\left(\arctan\frac{y'-y}{x-x'} - \arctan\frac{v}{u}\right) \tag{3-22}$$

$$u_r = u_{uv}\cos\beta_5 = u_{uv}\cos\left(\arctan\frac{y'-y}{x-x'} - \arctan\frac{v}{u}\right) \tag{3-23}$$

$$u_z = w \tag{3-24}$$

计算径向速度需要确定旋转流场的涡核位置，通过 Tecplot360（ver.2016，美国），采用速度梯度本征模态法计算涡核，提取 $C_2$、$C_4$、$C_6$ 截面的涡核信息，此外再提取 $C_2$ 下方 3mm 处 $C_7$ 截面的流场特征，如图 3-51 所示，可以看到事实上在分析的截面 $C_2$，$C_7$，$C_4$，$C_6$ 上，涡核中心相对旋流器的中心的偏移是十分微小的，只有 0.5 ～ 1，其中最大 $x$ 向偏移出现在最底部的 $C_6$ 截面上为 0.609854mm，最大的 $y$ 向偏移出现在最顶部的 $C_2$ 平面上为 0.13513mm，再参考流体的运动方向可以知道，溢流管处的 $y$ 向涡核偏移为正向，指向靠近进口的一侧，应当是进口射流在从入口注入旋流器腔体后流体和压力分布的不均匀性导致的。在远离进口的一侧，由于离心力的作用，流体紧贴壁面，同时部分向下运动，在运动到进口一侧时，对应位置的流体单元减少，压力减弱，因此涡核被挤压到更靠近进口的一侧，引起了涡核的不对称现象，可以理解在整个旋流器长度上，均存在上述类似的现象，这是旋流器几何结构不对称（进口不对称）导致的必然现象。

确定不同 $z$ 向截面的涡核位置后，通过式（3-22）～式（3-24）可以完成径向汇流速度的计算。不过由于径向速度绝对值过小，这个数值的测量结果精度较低，

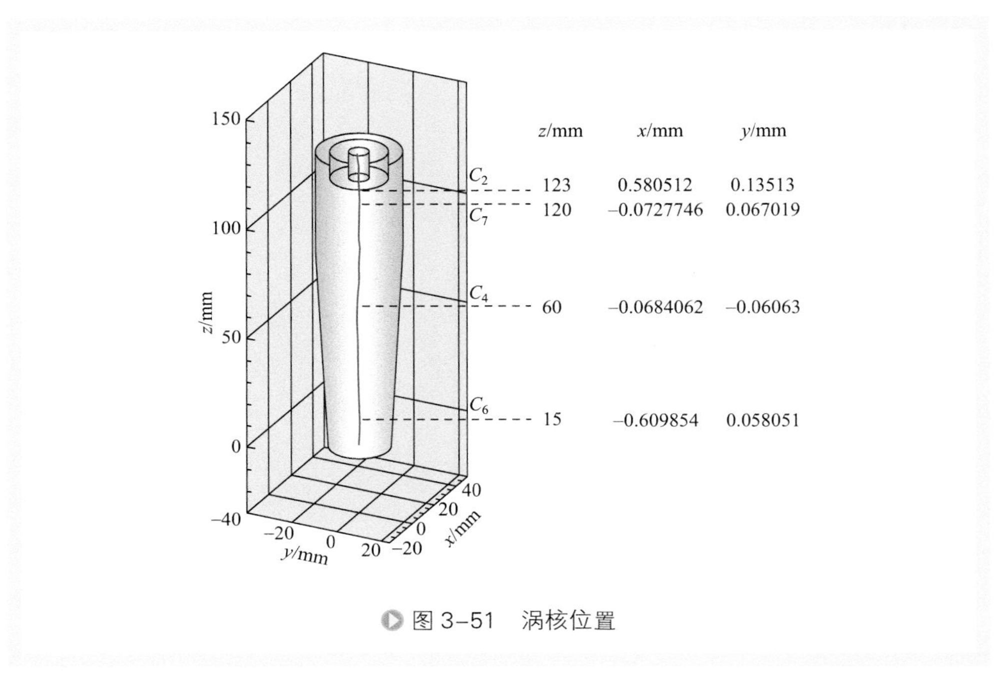

图 3-51　涡核位置

计算后径向速度规律性较差，此处仅仅给出了径向汇流速度的基本原理和计算方法，更进一步的测定需要后续研究继续提高体三维流场测速的空间分辨率和测量精度，来获得径向汇流速度更准确的分布。

### 2. 旋转流场的切向速度分布

由于切向速度对颗粒迁移和分离的重要性，其分布特性一直是研究的热点。图3-52为V3V测量获得的切向速度分布图。在 $C_0$，$C_1$，$C_3$ 和 $C_5$ 截面上综合展示了旋流场内的三维切向速度分布，其中正值代表顺时针流动。测试结果显示，在柱段，切向速度的大小从边壁到轴心先减小后在准自由涡和强制涡区域的交界处增大到峰值，然后急剧下降为零。切向速度的分布显示出明显的自由涡和强制涡的组合形态。本次测量中，切向速度指数的 $n$ 值拟合为 0.5 ～ 0.7，即沿轴线方向，切向速度指数 $n$ 的值是变化的。

切向速度是旋流器流场的三个速度分量中数值最大的，以所选截面为例，最大值达到 3.1m/s，主要位于旋流器轴线附近和进口附近壁面。结果显示的最大切向、轴向、径向速度分量是 4∶2∶1，注意这三个速度均以旋流器几何中心为基准计算。

### 3. 旋转流场的轴向速度分布及三维零轴速包络面

根据前述章节的研究成果，轴向速度同样是旋转流场三维速度分布中十分重要的一项。首先，轴向速度是计算短路流和循环流必不可少的一项，相对径向速度，轴向速度数值更大，测量更为容易，结果也更精确，通过轴向速度计算短路流和循

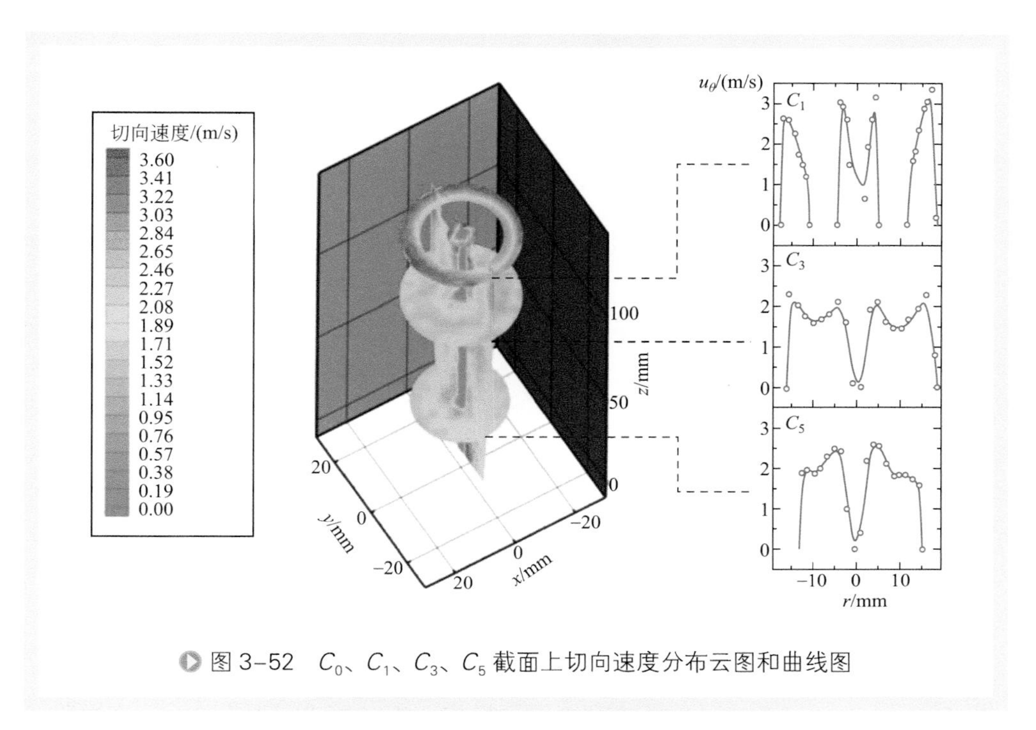


图 3-52　$C_0$、$C_1$、$C_3$、$C_5$ 截面上切向速度分布云图和曲线图

环流，其结果具有更高的可靠性。轴向速度对分离也具有重要意义，尤其是轴向速度的零点分布，即零轴速包络面（LZVV），被认为是分离的参考面，之前的研究认为 LZVV 之内的区域为低效率区，LZVV 线附近，粒子浓度达到最大。因此，测定 LZVV 的位置将有利于研究人员更好地了解旋流器的分离机制。图 3-53 给出了 V3V 测量获得的轴向速度分布图，负值表示向下的轴向速度。在 $C_0$、$C_1$、$C_3$ 和 $C_5$ 截面上综合展示了旋流场内的三维轴向速度分布。水力旋流器的轴线附近的轴向速度数值最大，方向向上。旋流器边壁附近的速度方向向下。向上和向下流动以著名的 LZVV 为界。轴向速度存在两个峰值，出现峰值的原因一方面是由于空气柱的存在，另一方面是受压力梯度的影响（事实上，这两个原因是统一的，只是是否吸入空气而已）。Liu[7] 在气相旋流器中同样发现了这种轴向速度的双峰现象。向上的轴向速度峰值（2.31 m/s）出现在溢流管内，向下的轴向速度峰值出现在旋流器柱段的边壁附近。所选截面最高的轴向速度出现在溢流管内为 2.16m/s（$C_1$）向上。在柱锥段的几个截面中，最高的轴向速度为 0.95m/s($C_4$)。LZVV 的三维形态如图 3-54 所示，可以看出 LZVV 呈扭曲的锥形，在部分溢流管壁和旋流器边壁之间的环形区域中不存在零轴向速度，轴向速度完全向下。

### 4. 短路流

短路流沿溢流管外壁并越过溢流管底端直接进入溢流口中。短路流会极大地影响分离效率，部分分散相微粒未来得及迁移到边壁的外旋流，而随着短路流从溢

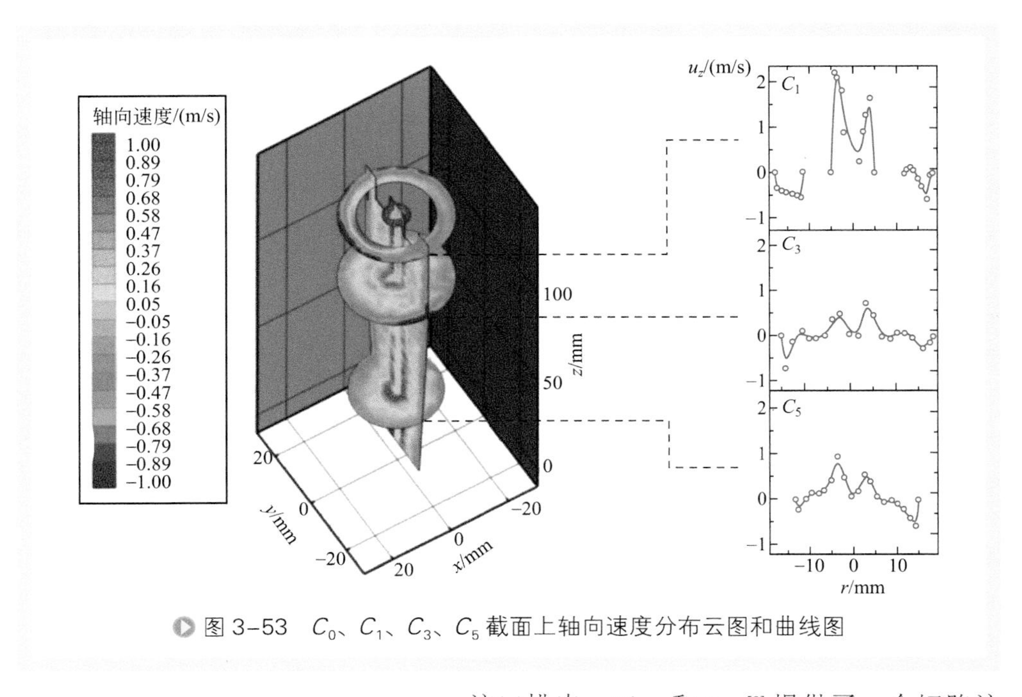


图 3-53　$C_0$、$C_1$、$C_3$、$C_5$ 截面上轴向速度分布云图和曲线图

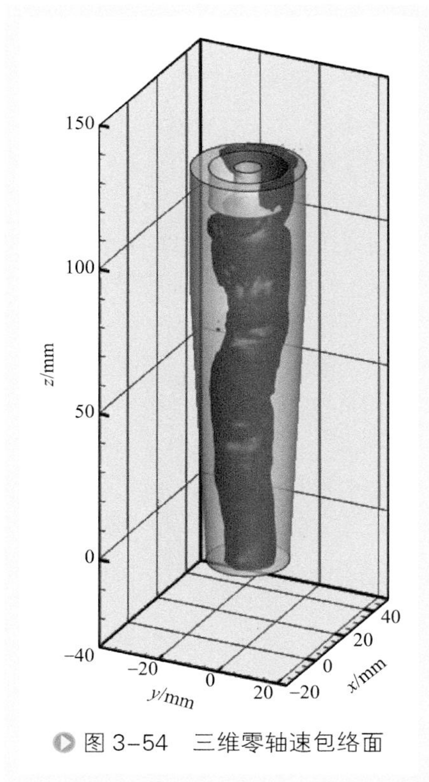


图 3-54　三维零轴速包络面

流口排出。Qian 和 Fan[8] 提供了一个短路流的计算方法：短路流量等于入口流量和下行流量的差，即式（3-18）。之前的研究采用轴对称假设，使用二维数据计算短路流。但是 V3V 作为体测量技术，可以获得体三维速度场数据，因此本书提出采用三维轴向速度分布进行短路流计算，计算方法如图 3-55 所示。

根据短路流量等于进口流量减去溢流管 - 旋流器边壁环隙的下行流量和上行流量的差这一原理，获得积分表达式，如式（3-25）所示：

$$Q_s = Q - \int_0^{2\pi} \int_{r_1}^{r_2} \boldsymbol{u}_z \mathrm{d}r \mathrm{d}\theta \tag{3-25}$$

式中，$Q_s$ 为短路流量；$\boldsymbol{u}_z$ 为轴向速度矢量。通过式（3-25）右边的积分项计算的是半径 $r_1 \sim r_2$ 的环隙面下行的通量减去上行的通量得到的通量差。实际计算中，本章采用溢流管下端第一层网格对应环隙的轴向速度数据，通过 Tecplot360（2016）计算环隙的净通量，并用进口流量减去该通量，既可获得短路流量为 13%。

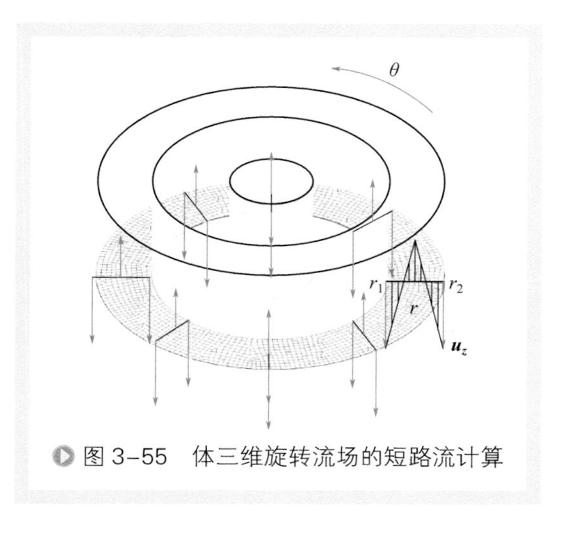


图 3-55　体三维旋转流场的短路流计算

### 5. 向下旋进的二次涡流

图 3-56 显示了若干纵向切面上的二次涡流分布。可以看到在整个水力旋流器的长度上沿螺旋线下降的二次涡流的存在。二次涡流的向下旋进现象在整个旋流器轴线上均能发现，图 3-56（a）、（b）、（c）的表面流线图分别显示了溢流管和边壁之间的环隙内、圆柱段、圆锥段的二次涡流分布。可以发现二次涡流在旋流器顶盖附近就已经形成，并进入柱段和锥段，整体而言，沿螺旋线发展的继承关系是明显的。

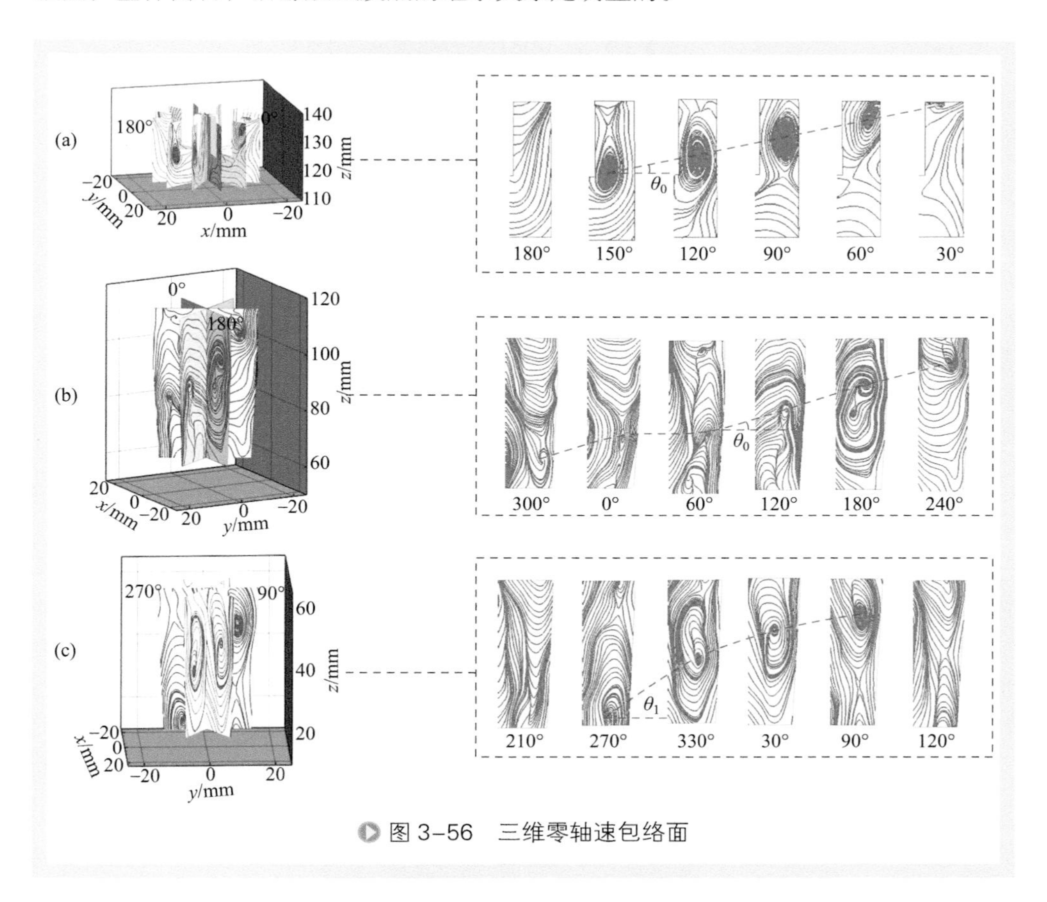


图 3-56　三维零轴速包络面

柱段的二次涡流分布较为复杂，部分区域成双涡特征，这表明二次涡流并不稳定，可能会分裂成两个或以上的小涡流。

如果采用循环流的定义，则可以得到体三维流场中旋流场内循环流量的表达式：

$$Q_{\mathrm{c}}=\int_{L}\int_{a}^{o}u_{sv}\mathrm{d}r\mathrm{d}s \tag{3-26}$$

式中，$L$ 为螺旋线；$a$ 为过涡核中心的半径方向上涡的正向速度边界；$o$ 为涡核中心。也就是该涡在螺旋线 $L$ 方向上的与该螺旋线垂直平面上涡的边界到中心速度 $u_{sv}$ 沿半径的积分。$L$ 的方程可以用涡核数据通过最小二乘法选取合适的螺旋线方程拟合获得。从图 3-56 可以发现，在柱段，循环流沿螺旋线下降的升角和螺旋半径基本一致，升角约为 11°，螺旋半径约为 $2/3r$，因此可以通过拟合圆柱螺旋线方程的方法获得螺旋线模型，从而计算循环流。然而，在锥段，由于半径渐缩的关系，螺旋线遵循升角逐渐增大，螺旋半径逐渐减小的规律，需要尝试其他螺旋线方程进行拟合，问题就变得相对复杂了。不过，在具体计算中，可以通过分段法估算循环流流量。如式（3-27）所示：

$$Q_{\mathrm{c}}=\sum_{L_1}^{L_i}\left(\sum_{a}^{o}u_{sv}\Delta r\right)\Delta L \quad (i=1,2,\cdots,n) \tag{3-27}$$

式中，$L_i$ 代表第 $i$ 对相邻切面间的螺旋线线段长度，用两个涡核的连线长代替。通过式（3-27），可以简单估算线段 $L_i$ 上循环流流量。以下锥段的循环流为例，通过提取旋转流场在 90° ～ 270° 切面上的涡边界到中心的与螺旋线垂直平面上，以螺旋线和该平面相交的交点为圆心的绕流速度分布，以及涡核位置，可以获得循环流量。其中，由于循环流沿切线旋进分布时，绕循环流涡核的绕流速度已经不是绕旋转中心时的轴向速度，而是需要通过线段 $L_i$ 与坐标轴的三个轴线的夹角，以及 $x$、$y$、$z$ 方向上速度分量的合速度计算获得，最后得到该区域的循环流量约为：$10.39\times10^{-6}\mathrm{m}^3/\mathrm{s}$。

通过上述方法，可以获得大致的循环流量的数值，但是其结果的准确性主要取决于旋流场的测量精度，例如，在某些截面上，空间分辨率不够导致的涡核缺失或者涡的分布范围的误判，会严重影响循环流的计算精度。

不过，需要指出的是，上述循环流量的计算是基于旋流器内存在循环流动的流体而言的，但是在旋流场内的循环流机理尚未明确的情况下，这个流量只能作为表征旋流场涡运动的一个参考量，旋流场中未必存在独立循环运动的流体，涡流是附加在上行和下行流上的二次涡流。事实上，根据旋转流场的机理和二次涡流原理，可以将旋转流场的二次涡流和泰勒涡流结合起来，这样，旋转流场内的二次涡流则更应当看成是由于边壁黏滞效应以及切向速度梯度导致的流体失稳。众所周知，泰勒涡的经典实验模型为内转筒外围壁面环隙中的流体的二次流动，如果将旋转流场强制涡区域（和转筒相似基本为等角速度的旋转运动）以及旋流器的壁面看成是泰勒涡模型中的转筒和壁面的话，两者二次涡流的产生机理似乎是十分相近的。不过，由于旋转流场湍流特性以及流体运动的不确定性，旋转流场的二次涡流机理仍然需要今后更系统的针对性工作。

## 第四节 旋流场中颗粒自转和公转检测

### 一、检测原理

粒子的不规则形状和表面特征均可作为颗粒自转行为的辨识标志，对于球形粒子，一般只能通过表面特征进行自转辨识。而此辨识标志的辨识度对检测精度产生重要的影响。本实验所用高单分散性的示踪微球是利用自制的两级毛细玻璃管微流控装置制备的，该微球是由双球核液滴固化而成的球状固体颗粒。其制备流程如图3-57所示，该两级微流控装置常用于制备油包水包油（O/W/O）或水包油包水（W/O/W）型复合液滴。从内层至外层分别为内相（inner phase, IP）、中间相（middle phase, MP）和外相（outer phase, OP，也称接收相）。通过调控三相之间的流量比即可控制中间相包含内相液滴的个数。制备示踪微球的三相乳液成分见表3-8。内相与外相都为水相，且组成成分基本相同，只是内相中加入了体积分数为3%的碳素墨水使得球核颗粒呈现黑色，作为示踪微球示踪的标志。中间相为透明油相，其成分中添加了体积分数为1%的光引发剂。当示踪微球乳液滴模板制备完成后，置于紫外光下约7min，油相由于光引发剂的作用会固化为固体高分子材料，即完成示踪微球制备。

最终制备的示踪微球如图3-57（d）所示，微球透明外壳直径为470μm，两个对称分布的黑色球核直径均为200μm，两个球核直径总和占整个微球直径的比例达到85%，即自转指示特征明显，有利于高速成像系统捕捉微球自转信号。表征示踪微球单分散性特征的变形系数（coefficient of variation, CV）为3%（一般认为变形系数小于5%为高单分散性）。微球密度约为1.15g/cm$^3$。

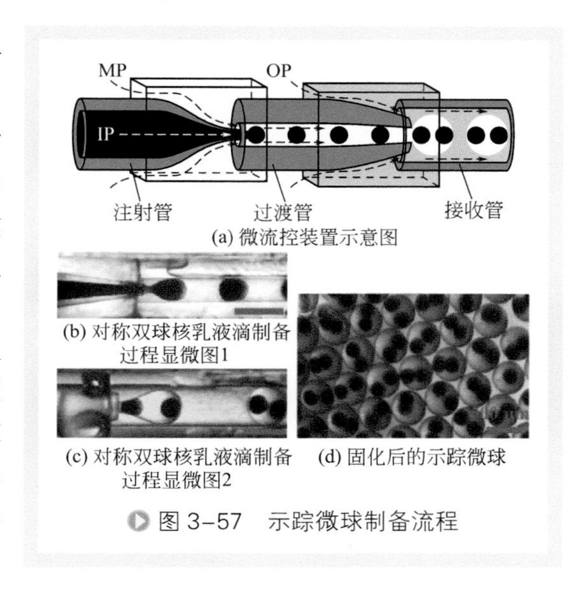

(a) 微流控装置示意图

(b) 对称双球核乳液滴制备过程显微图1

(c) 对称双球核乳液滴制备过程显微图2

(d) 固化后的示踪微球

图3-57　示踪微球制备流程

表3-8　制备示踪微球的三相乳液成分

| 项目 | 成分及含量 |
| --- | --- |
| 内相（IP） | 水 + 聚醚 F127[1%($w/v$)]+ 丙三醇 [5%($w/v$)]+ 碳素墨水 [3%($v/v$)] |
| 中间相（MP） | HDODA+ 聚甘油蓖麻醇三酯 [5%($v/v$)]+ 2- 羟基 -2- 甲基 -1- 苯基 -1- 丙酮 [1%($v/v$)] |
| 外相（OP） | 水 + 聚醚 F127[1%($w/v$)]+ 丙三醇 [5%($w/v$)] |

流场中颗粒自转运动将通过微球两个对称分布的黑色球核的相对位置变化来辨识，如图 3-58 所示。利用高速相机成像方法辨识示踪微球自转运动有两种方式，方式一：颗粒自转轴平行于高速相机成像平面，两个球核的重叠和分离交替过程表征了微球的自转运动。方式二：示踪微球两个球核中心连线与高速相机成像平面平行，即颗粒自转轴垂直于成像平面，球核中心连线方向的变化表征了微球的自转。在本节的实验中将采用方式一来测量微球在柱锥细长旋流器中的自转速度。

在本节实验中连续相采用常温自来水，实验温度约为23℃。由于受到旋流器柱锥组合细长结构的制约，以及旋流场中微球自转主要受切向应变引起，因此本节研究中仅考虑由旋流场切向速度梯度引起的颗粒自转，即微球的自转轴为旋流器的轴向（在本节的坐标系中为 $z$ 向）。微球自转辨识方法采用图 3-58 中所示的方式一，即通过黑色双球核重叠和分离的过程来判断微球的自转运动，最小分辨自转角度为 $\pi/2$。

当前是数字摄影技术的时代，目前市场上摄影设备普遍采用数字式图像传感器，根据传感器元件分为 CCD（charge coupled device, 电荷耦合元件）和 CMOS（complementary metal-oxide semiconductor, 金属氧化物半导体元件）两大类。与胶片成像一样，数字图像传感器的成像感光元件也是一个矩形，但不同的是数字感光元件的分辨率是由更小的矩形像元的数量决定。在有限的像元数量下，一个物体在数字感光元件上成像时所使用的像元数量越多，则图像越清晰，即对物体的细节表现得更加完整。图 3-59 给出了示踪微球在感光元件上的极限成像状态。从图 3-59 中可以看出，理论上三个像素点就可以辨识出示踪微球的不同姿态，即可以辨识到

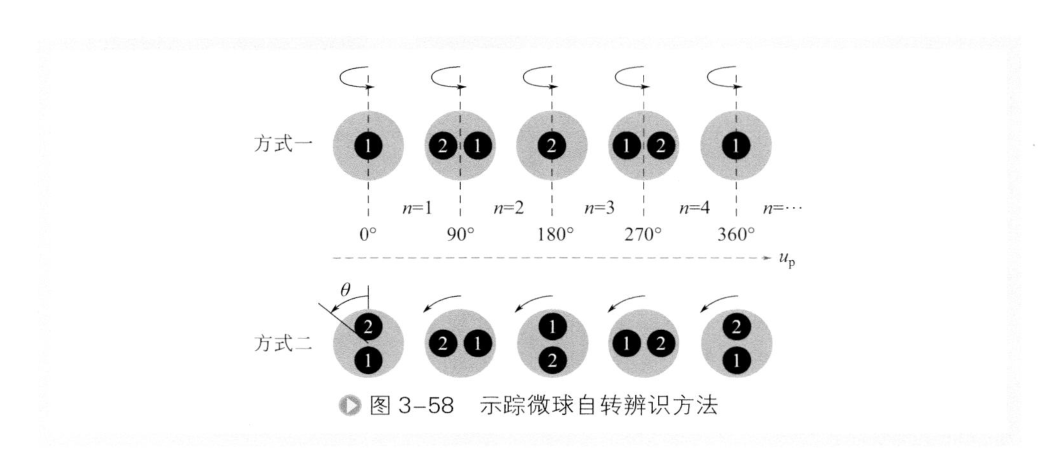

图 3-58　示踪微球自转辨识方法

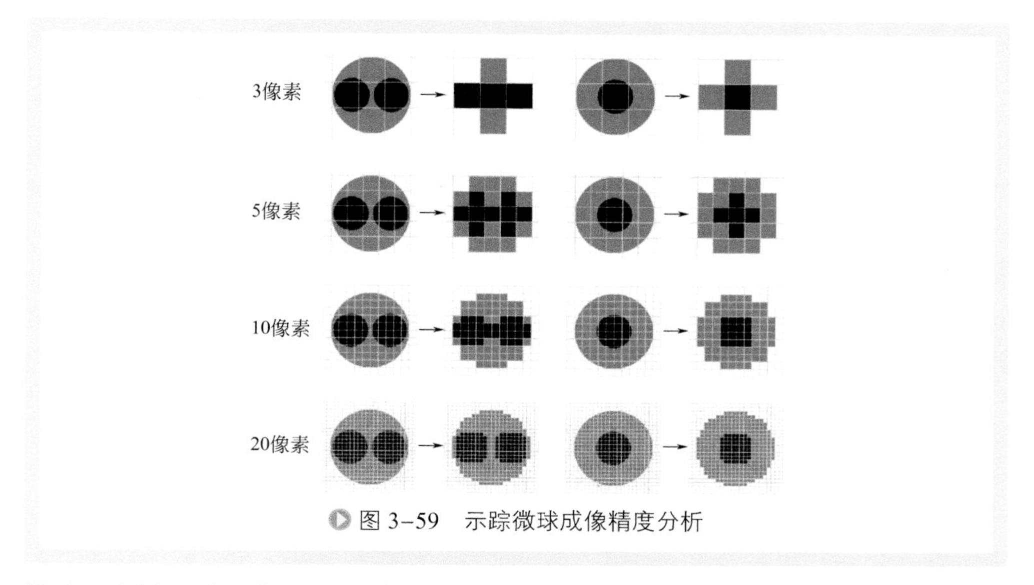

图 3-59　示踪微球成像精度分析

微球的自转运动。当达到 10 像素点时，微球的球形球核就可以被清楚地分辨出，在本节实验中，用于成像微球的像素点个数为 8 个。由此可以看出所制备的示踪微球具有非常高的辨识度。

当颗粒的密度与流体相当，浮力和惯性力可以忽略，颗粒粒度远小于流体速度梯度最小的长度尺度时可视颗粒对于其具有很好的流体跟随性，这样的粒子被称为示踪粒子，常用于流场测试。颗粒平移跟随特性一般通过颗粒雷诺数 $Re_p$ 或斯托克斯数 $St$ 进行判定，只有当 $Re_p$ 或 $St$ 小于 1 时，可将粒子视为具有良好的跟随性。

颗粒自转跟随性通过颗粒相对旋转松弛时间进行判定。Chwang 和 Wu[9] 的研究结果表明，球形颗粒的松弛时间小于 1ms 时对流动波动具有很好的跟随性。Chwang 和 Wu[9] 给出了半径为 $r$ 的球体相对于周围流体以角速度 $\Omega$ 旋转时所受力矩为 $M=-8\pi\mu r^3\Omega$。这样相对旋转松弛时间为

$$\tau_r = \frac{1}{15} r_s^2 \rho_s / \mu \tag{3-28}$$

对于本节示踪微球半径 $r_s=0.235\times10^{-3}\text{m}$，密度 $\rho_s=1150\text{kg/m}^3$，流体动力黏度 $\mu=0.001\text{Pa}\cdot\text{s}$，进而相对旋转松弛时间 $\tau_r=4.23\text{ms}$。因此示踪微球自转跟随性不太好，自转速度测量值应小于理论预测值。

## 二、检测设备和方法

### 1. 检测平台

实验装置主要包括两个部分：一是旋流分离系统；二是高速运动分析系统。旋

流分离系统流程如图 3-60 所示，物料罐中的水通过涡流泵增压后从旋流器切向入口进入石英玻璃旋流器内，在旋流器内形成三维螺旋湍流，然后分成两股流体分别从旋流器的顶部的溢流出口和底部的底流出口排出，经两支管路返回物料罐。为了防止示踪微球在旋流分离系统中循环使用，在溢流返回管和底流返回管的末端加装滤网回收示踪微球。为了降低由于旋流器壁面造成的光的折射，在石英玻璃旋流器外加装一个矩形水套。在旋流分离装置稳定运行的情况下，通过一个小支路上的加粒器加入示踪微球，可最大程度地减小循环系统的波动。示踪微球在旋流器进口处是通过一根内径为 1mm 的长注射针头注入进口中心。基于以下两个因素，实验检测域内微球数量得到严格控制：①示踪微球直径近似为注射针孔内径的一半，微球只能一个接一个地依次通过孔道；②针孔外的流体流速高于针孔内的流体流速，微球刚出针孔就加速离开，使得两个相邻颗粒之间的间距拉大。因此，颗粒之间的相互碰撞、颗粒之间的相互遮挡以及颗粒浓度对流体黏度的影响都忽略不计。

由于旋流器为竖直安装，所以实验采用两个正交分布的高速相机对旋流场中微球自转行为进行同步拍摄，如图 3-60（b）所示。测试系统的坐标系原点设置在旋流器顶盖中心，$z$ 轴方向指向底流口，两台高速相机分别从 $x$ 和 $y$ 方向进行拍摄。两台高速相机的主要性能参数设置见表 3-9。两台相机均使用微距镜头（AF Micro-Nikkor 60mm f/2.8D）。由两个镜头视场决定的检测域尺寸为 40mm × 20mm × 10mm，此检测域尺寸远小于旋流器整个检测域，因此需要对旋流器进行分段测试。实验中使用两只 100 W 的 LED 白光光源。

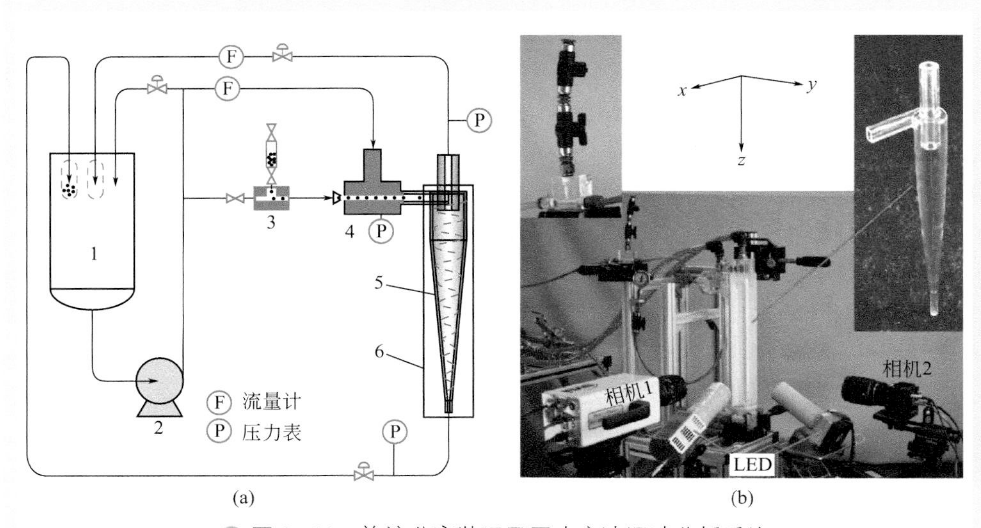


图 3-60　旋流分离装置及同步高速运动分析系统

1—物料罐；2—涡流泵；3—加粒器；4—旋流器进口接头；5—石英玻璃旋流器；6—矩形水套

表3-9　高速相机主要性能参数设置

| 部件名称 | 型号 | 主要参数设置 | | 生产厂商 |
|---|---|---|---|---|
| 相机 1 | MotionXtra N4 | 分辨率及帧频 | 640 × 360ppi<br>8000fps | IDT，美国 |
| | | 曝光时长 | 8μs | |
| 相机 2 | GigaView GVCC08-B05 | 分辨率及帧频 | 1280 × 256ppi<br>2000fps | SVSI，美国 |
| | | 曝光时长 | 100μs | |
| 透镜 | AF Micro Nikkor 60mm f/2.8D | 焦距范围 | 0.219m 至无穷 | Nikon，日本 |
| | | 光圈范围 | f1.4-f32 | |

## 2. 检测流程

为了研究操作条件对颗粒自转速度的影响，实验根据进口和溢流出口之间的压力差 $\Delta p$（压降）选择了五种工况，见表 3-10。本节研究中将特征雷诺数 $Re$ 作为操作工况的指标，其计算公式为：

$$Re = \frac{\rho D v}{\mu} \tag{3-29}$$

式中，$\rho$ 为流体密度；$D$ 为旋流器柱段直径；$\mu$ 为流体的动力黏度；$v=4Q_i/(\pi D^2)$ 为旋流器特征流速；$Q_i$ 为旋流器进口流量。旋流器分流比 $R_u$ 定义为底流流量与进口流量之比。随着进口流量的增大，分流比有所下降，从工况 Ⅰ 到工况 Ⅴ 分流比下降了仅 2.7%，因此测试结果忽略了分流比变化的影响。

表3-10　操作工况

| 项目编号 | Ⅰ | Ⅱ | Ⅲ | Ⅳ | Ⅴ |
|---|---|---|---|---|---|
| 压降 $\Delta p$/MPa | 0.10 | 0.14 | 0.18 | 0.22 | 0.26 |
| 进口流量 $Q_i$ /(L/min) | 8.12 ± 0.03 | 9.13 ± 0.02 | 10.10 ± 0.03 | 10.83 ± 0.04 | 11.61 ± 0.06 |
| 特征雷诺数 $Re$/×10³ | 6.9 | 7.7 | 8.6 | 9.2 | 9.9 |
| 分流比 $R_u$/ % | 21.46 ± 0.03 | 20.8 ± 0.05 | 20.2 ± 0.04 | 19.7 ± 0.07 | 18.8 ± 0.08 |

实验采用的是柱段直径 25mm 锥角 10° 的光学石英玻璃旋流器，其结构及其相应参数分别见图 3-61（a）和表 3-11。由于旋流器底流口附近的壁面曲率过大，因此测试中仅将旋流器上部 $z$<115 mm 区域作为检测域，并分别标记为 $z_0$ ～ $z_5$。微球在旋流场中自转测试过程如图 3-61（b）～（d）所示。高速相机 1 对焦平面位于

表3-11　柱锥旋流器结构参数

| $D$/mm | $b/a$ | $d_o/D$ | $h_o/D$ | $h_c/D$ | $h_u/D$ | $\alpha$/（°） | $d_u/D$ |
|---|---|---|---|---|---|---|---|
| 25 | 1.5 | 0.24 | 0.6 | 1.6 | 0.4 | 10 | 0.12 |

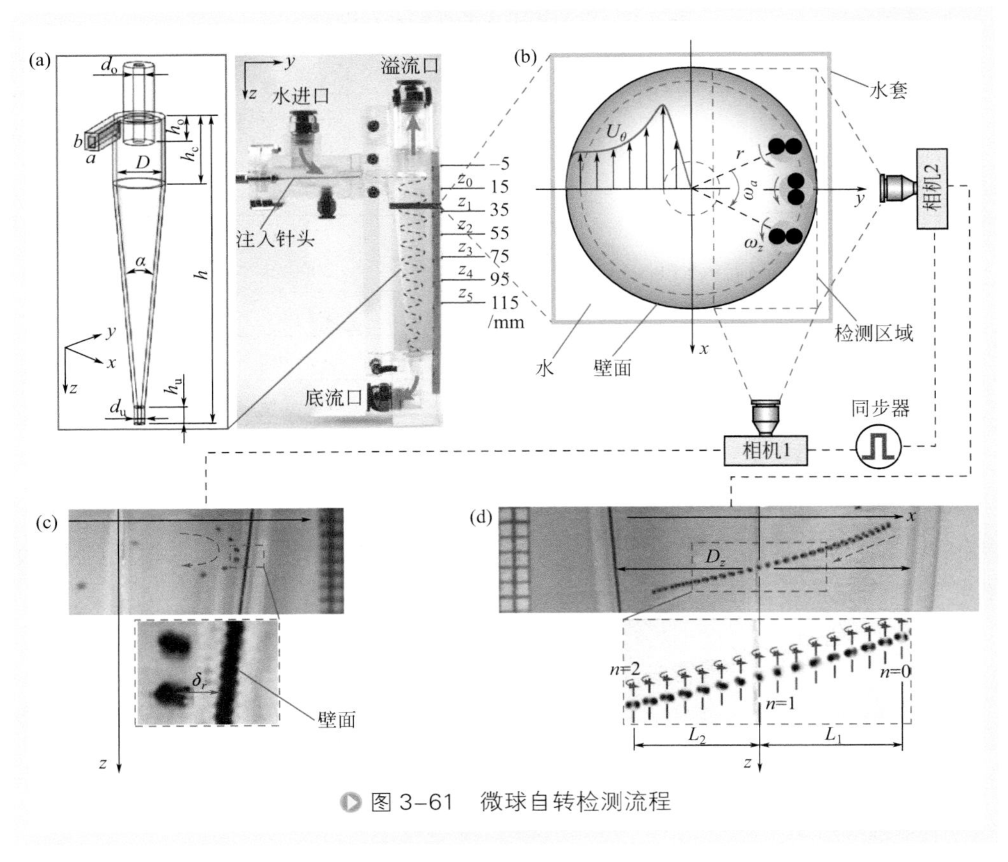


图 3-61　微球自转检测流程

$x$=0，其功能是获取微球在螺旋曲线上与旋流器边壁的距离 $\delta_r$（以下称边距），进而得到微球公转半径 $r_\theta$。由于旋流器的离心分离作用，密度大的示踪微球主要在近壁面区运动，根据高速相机配对的镜头所设置的景深范围，将高速相机 2 的对焦平面设置于 $y\approx 8$ mm 的平面上。高速相机 2 用于获取微球公转和迁移速度（近似等于切向速度）。两台高速相机由一个外部触发器同时触发拍摄，当微球出现在相机 1 视窗的最右边时，微球正好出现在相机 2 视窗的中线上，且微球处于同一高度上（$z$ 方向）。

### 3. 数据图像分析方法

图 3-61（c）和图 3-61（d）分别是由高速相机 1 和高速相机 2 获得的微球在旋流器内运动的连续照片合成。微球运动的图像分析是通过图像处理软件 Image-Pro Plus 6.0 进行识别和计算。微球自转速度是通过计算其双球核的交替重叠来获得，其计算公式为：

$$\omega_z' = \frac{n\pi f_2}{2(N_f - 1)} \tag{3-30}$$

式中，$n\pi/2$ 为从相机 2 的连续照片中获得的微球自转的角度，$n$=1，2，3⋯；$f_2$ 为高速相机 2 的拍摄帧频；$N_f$ 为记录微球自转过程的照片数量。

由于微球平衡轨道是光滑曲线，所以可以认为在很短的距离内微球公转的半径不变。因此，微球在旋流器内围绕 $z$ 轴公转的平均公转速度近似计算式为：

$$\omega_a = \frac{f_2}{N_f - 1}\left(\sin^{-1}\frac{L_1}{r} + \sin^{-1}\frac{L_2}{r}\right) \tag{3-31}$$

式中，$L_1$、$L_2$ 为位移距离，如图 3-61（d）所示；公转半径 $r = D_z/2 - \delta_r$；$D_z$ 为微球所在高度处旋流器的内径，如图 3-61（d）所示。

本节所研究的是旋流剪切作用使得颗粒产生的自转运动，自转速度 $\omega_z'$ 为公转速度与流体剪切共同作用产生表观自转速度。而旋流场剪切作用产生的自转速度计算式应该为：

$$\omega_z = \omega_z' - \omega_a \tag{3-32}$$

根据式（3-30）～式（3-32）计算得到的图 3-61（c）、（d）中微球自转速度为 $\omega_z = -1794$rad/s，负号表示自转方向为与公转方向相反，公转速度为 $\omega_a = 492$rad/s。

### 4. 误差分析

根据微球自转双球核重叠与分离的辨识方法，图像分析中最小检测角（自转测量精度）为 π/2，因此造成误差的主要原因是高速相机的拍摄帧频有限，使得记录微球自转的自转角度 $n\pi/2$ 可能偏离真实值。测量值与真实值之间的最大误差角度为：

$$\alpha_E = \frac{\omega_z}{f} \tag{3-33}$$

微球自转速度测量值的最大误差计算式为：

$$E_m = \frac{2\alpha_E}{N_a\pi} = \frac{2\omega_z}{N_a\pi f} \tag{3-34}$$

由本章的测量结果可得，微球自转速度测量值为 $\omega_z \approx 1000 \sim 2500$rad/s，高速相机帧频为 $f = 8000$Hz 时，在图像分析中一般取 $N_a \geqslant 2$，因此本节测量的自转速度最大误差范围为 $E_m = 8\% \sim 10\%$。

本书将以工况 Ⅰ 的测试结果来说明旋流器的柱锥形几何结构对示踪微球自转速度及其分布的影响。受旋流器离心分离作用，重相的微球主要在近壁面区迁移。实验中发现一些微球高速自转，但一些颗粒在通过检测域的过程中自转速度非常缓慢以致无法检测到自转速度，实验中将这些自转速度低于检测下限的微球称为低速自转微球。高速自转微球和低速自转微球的公转运动的相对径向位置 $r/R_z$ 分布如图 3-62（a）所示。由统计数据可以看出，高速自转微球主要集中于 $r/R_z > 0.9$ 的区域，而低速自转微球基本处于这个区域以外。

虽然示踪微球不是理想的流场示踪粒子，但是微球的迁移运动可以指示出流场的速度分布趋势。高速自转微球和低速自转微球的切向速度分布如图 3-62（b）所

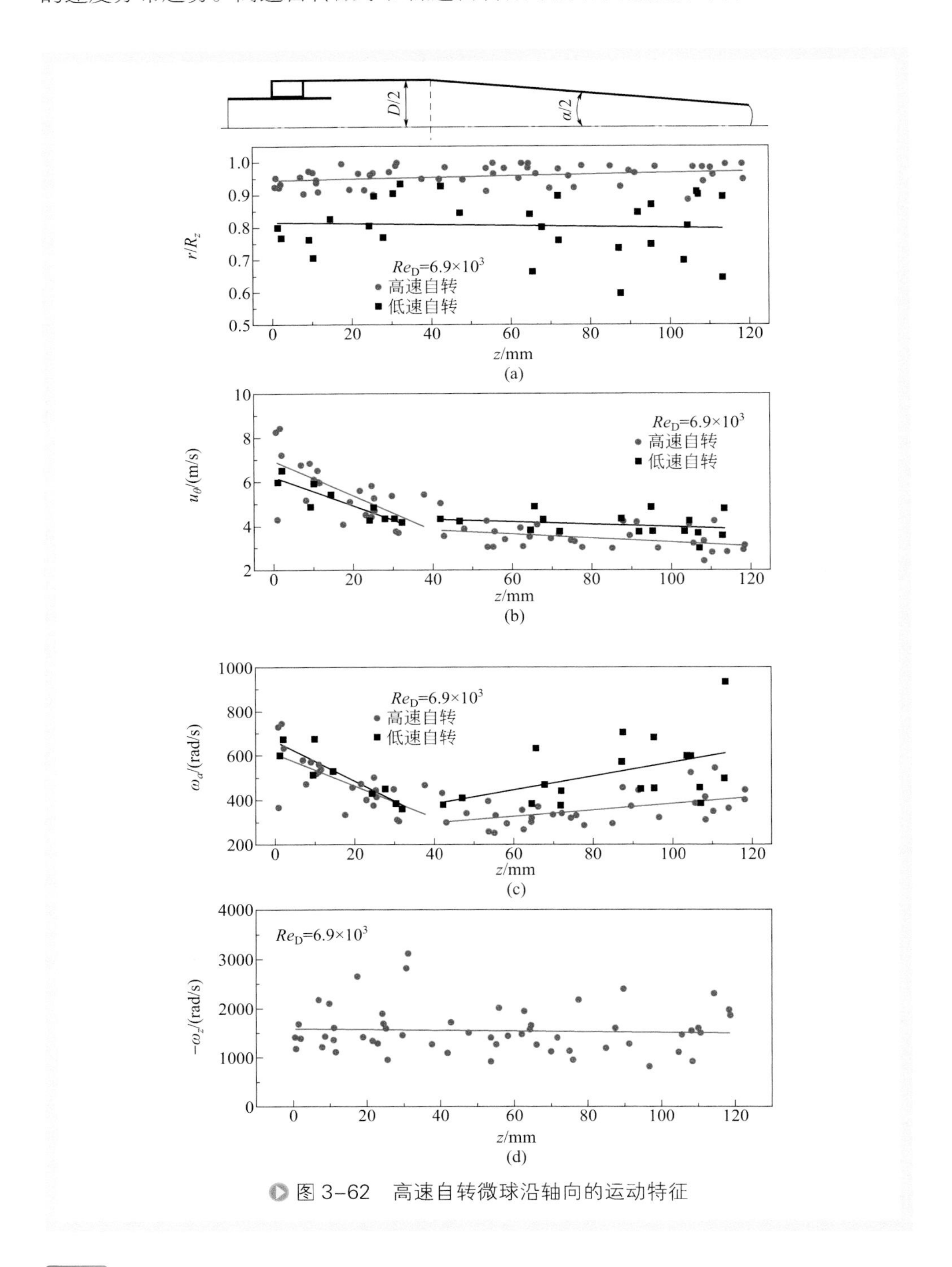


图 3-62　高速自转微球沿轴向的运动特征

示。由于受流场能量传递过程的耗散作用，流体远离进口后切向速度在柱段衰减迅速。在柱锥交接面上，微球切向速度约为 4m/s，近似等于进口切向速度的一半。但是进入锥段后，随着旋流器内径（$D_z$=2$R_z$）的减小，阻止了切向速度进一步的快速衰减。这与 Saidi[10] 的研究结果一致，其结果表明增大旋流器锥角会增大切向速度。在旋流器柱段，高速自转微球与低速自转微球的切向速度相近，但是在锥段低速自转微球的切向速度整体高于高速自转微球的切向速度。这一现象与旋流场切向速度的径向分布有关。受旋流器进口溢流管与壁面之间的环隙影响，在溢流管下端（一般在柱段范围内）的流体切向速度沿径向具有双峰形态，其中一个波峰非常靠近边壁。当流体远离环隙进入锥段后，切向速度沿径向呈递减趋势。因此在柱段两种自转速度的微球具有几乎相同的切向速度，而在锥段，更靠近旋流中心的低速自转微球切向速度更大。

在本书的研究中，公转速度对于修正微球自转速度非常重要，其同时也表征了旋流器的离心分离能力。微球沿 $z$ 轴的公转速度分布更加清楚地表明了旋流器柱锥结构对颗粒运动的影响，如图 3-62（c）所示。因为公转速度是由公式 $\omega_a = u_\theta / r$ 计算得到的，因此在柱段（$R_z$ 为定值）公转速度沿 $z$ 轴的变化趋势与切向速度相同。但是，在锥段由于旋流器内径的逐渐减小，公转速度呈增大趋势。而且，由于低速自转微球的切向速度更大而公转半径更小，其平均公转速度明显大于高速自转微球的公转速度。

微球的公转速度是由于其跟随流体运动产生，与流体曳力相关。与此不同，微球的自转速度是由旋流场中流体公转速度梯度产生。微球受流体剪切作用产生的自转速度如图 3-62（d）所示。微球在柱段和锥段的自转速度值相近，沿整个轴向介于 1000 ～ 2500rad/s 之间。该结果表明，旋流器的锥形结构有利于维持颗粒的高自转速度。与各向同性湍流中的颗粒自转速度相比，旋流场中的微球表现出了更快的迁移速度和自转速度。旋流器内微球的快速迁移和高速自转运动对成像系统提出了非常高的空间和时间分辨率的要求。幸运的是，这个问题利用具有高辨识度的双球核示踪微球解决了。

### 5. 操作条件对微球自转的影响

上一小节已发现旋流器柱锥结构对颗粒运动具有不同影响，本小节将考查操作条件（$Re_\mathrm{D}$）对自转颗粒在柱段和锥段的径向分布和自转速度的影响，如图 3-63 所示。与图 3-62（a）中微球径向分布一致，在五种工况条件下，微球在锥段更加靠近边壁。高速自转微球在锥段的平均边距 $\delta_r$ 值在 0.56 ～ 0.67mm 范围，标准方差为 0.25 ～ 0.31mm［见图 3-63（a）］，特征雷诺数对锥段内微球边距几乎没有什么影响。微球在柱段的平均边距 $\delta_r$ 为 0.81 ～ 0.89mm，标准方差为 0.33 ～ 0.39 mm。但是在工况Ⅴ时，柱段的平均边距值几乎等于锥段的边距值。这表明，在该工况下旋流器对微球产生的离心力克服了指向旋流中心的合力，包括浮力、压力梯度力、

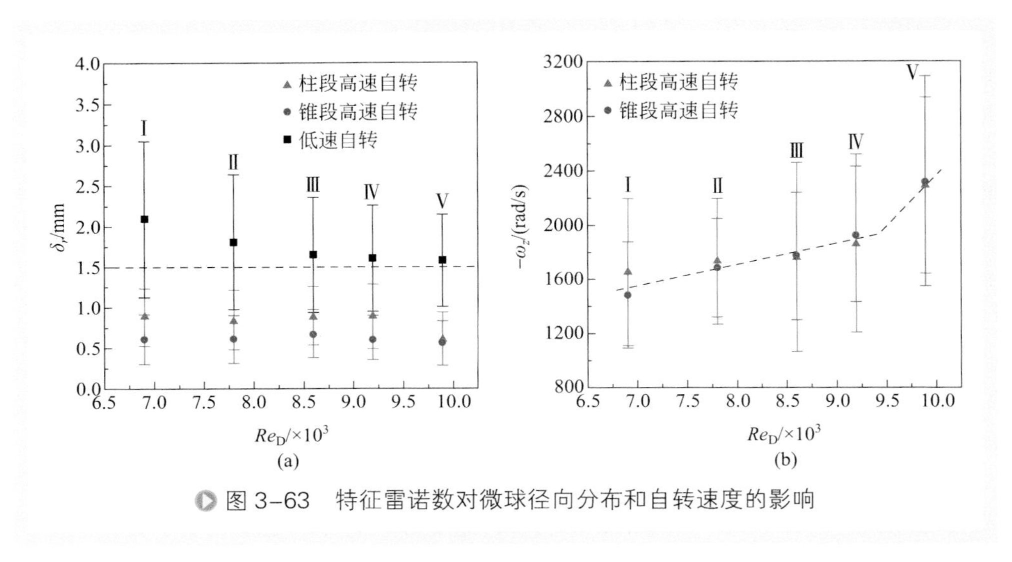


图 3-63　特征雷诺数对微球径向分布和自转速度的影响

Saffman 升力和 Magnus 升力。随着特征雷诺数的增大，低速自转微球的平均边距明显减小，公转半径趋于一个临界值。如图 3-63（a）所示，高速自转微球和低速自转微球似乎被一条临界线（$\delta_r$=1.5mm）分隔开。

特征雷诺数对自转速度的影响如图 3-63（b）所示。由于旋流器圆锥形结构的存在，使得微球在锥段的平均自转速度与柱段相当。由图 3-63 可知，在前四个工况下，微球自转速度与特征雷诺数基本成线性关系，但是增大雷诺数显著地提高了微球的自转速度与自转速度增长率（$\Delta\omega_z / \Delta Re_D$）。例如，微球在柱段的平均自转速度从 1652rad/s 增长到 2292rad/s。从工况Ⅳ到工况Ⅴ的增长率是工况Ⅰ到工况Ⅱ增长率的 6.7 倍。这可能是由于工况Ⅴ条件下柱段边距减小的原因，使得微球受到边界层内更大的剪切作用力。

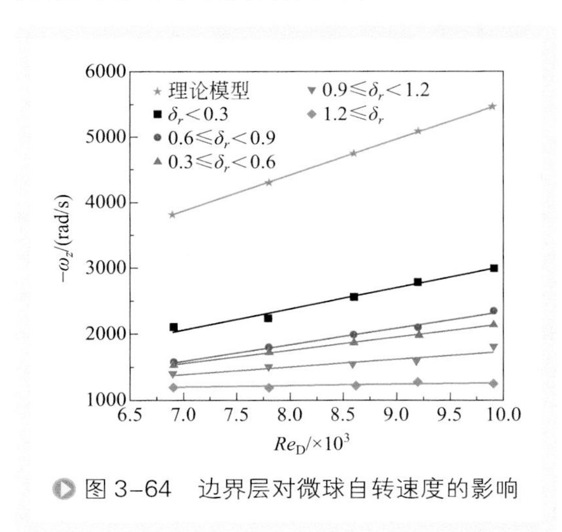


图 3-64　边界层对微球自转速度的影响

### 6. 边界效应对微球自转速度的影响

根据前两小节的结果可知，高速自转微球主要集中于壁面附近非常窄的区域，并且微球在柱段和锥段的自转速度基本相等。本小节将讨论边界层对微球自转速度的影响，如图 3-64 所示。将近壁面区沿径向从壁面（内层）到旋流中心分为 5 层，每层宽度为 0.3mm。图中标出的是每层中微球的平均自转速度。从内层到外层拟合直线的斜率分别是 311.5、249.0、

191.9、116.2 和 25.0。因此相对于外层微球的自转速度，内层微球的自转受雷诺数的影响更加明显。另外，最内层微球的自转速度远大于第二层内微球的自转速度，说明内层颗粒也许与壁面碰撞并产生了微球自转速度的突变。图 3-64 还给出了理论预测的锥段开始截面边界层内微球的最大自转速度。由于示踪微球属于惯性颗粒，因此示踪微球自转速度低于预测值，由图 3-64 可知，自转速度测量平均值小于预测值的一半。但是每层中微球自转速度均与特征雷诺数成线性关系。

### 7. 微球自转与公转耦合

虽然颗粒的表面污染物可以被流体与颗粒之间相对运动产生的剪切力所脱除，但是表面剪切力对于多孔颗粒孔道内的污染物无能为力。颗粒的高速自转会产生一个强离心力，并与公转产生的离心力共同作用将颗粒污染从孔道中驱赶出去。球体颗粒自转与公转离心分离因数耦合模型如图 3-65（a）所示。由于重质的固体微球迁移到壁面附近非常窄的区域，因此微球轨道半径相对比较稳定。因为微球公转在其内部产生离心力方向均是从旋流中心指向壁面，所以微球靠近旋流中心一侧孔道中的污染物将被推向孔道内，而微球靠近旋流器一侧孔道中的污染物将被拉出孔道。作用于微球内部各个点上的离心力产生的沿微球径向的分力的离心分离因数表达式为：

$$Fr_{a1}=\frac{\left(r_{s}\cos\varphi+r_{a}\cos\theta\right)\omega_{a}^{2}}{g}\cos\theta \tag{3-35}$$

其中 $-\pi/2\leqslant\varphi\leqslant\pi/2$，$0\leqslant\theta\leqslant 2\pi$。而自转产生的离心力方向都从微球中心向外，即使颗粒孔道内的污染物向外排出。自转离心力沿微球径向分力产生的离心分离因数表达式为：

$$Fr_{z1}=\frac{r_{s}\omega_{z}^{2}}{g}\cos^{2}\varphi \tag{3-36}$$

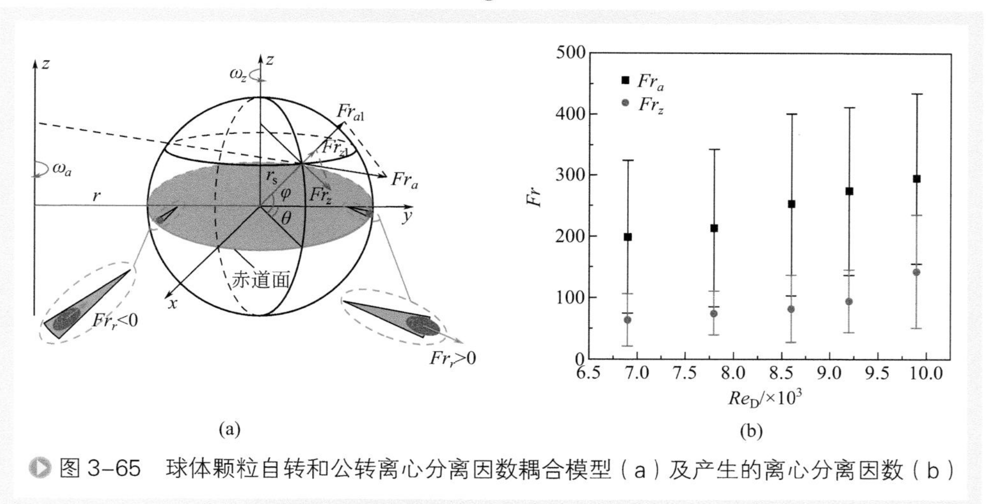


图 3-65 球体颗粒自转和公转离心分离因数耦合模型（a）及产生的离心分离因数（b）

由此可以得到示踪微球在工况Ⅰ～Ⅴ下自转和公转产生的离心分离因数，如图3-65（b）所示。根据公式（3-35）、式（3-36）进而得到自转与公转产生的沿微球径向的耦合离心分离因数表达式为：

$$Fr_r = Fr_{z1} + Fr_{a1} = \frac{r_s\omega_z^2}{g}\cos^2\varphi + \frac{(r_s\cos\varphi + r_a\cos\theta)\omega_a^2}{g}\cos\varphi \tag{3-37}$$

耦合离心因数的振荡周期为

$$T = \frac{2\pi}{\omega_z} = \frac{8\pi\rho}{\mu Re_D}\left\{\begin{aligned}&\frac{\mathrm{d}}{\mathrm{d}r}\left[\sqrt{\sigma\left(\frac{1}{\left(1-4(r_c/D)^2\right)r^2}+\frac{4\sigma}{D^2}\ln\frac{\alpha}{\arctan(r/z)}\right)}\right]\\&-\frac{1}{r}\sqrt{\sigma\left(\frac{1}{\left[1-4(r_c/D)^2\right]r^2}+\frac{4\sigma}{D^2}\ln\frac{\alpha}{\arctan(r/z)}\right)}\end{aligned}\right\}^{-1} \tag{3-38}$$

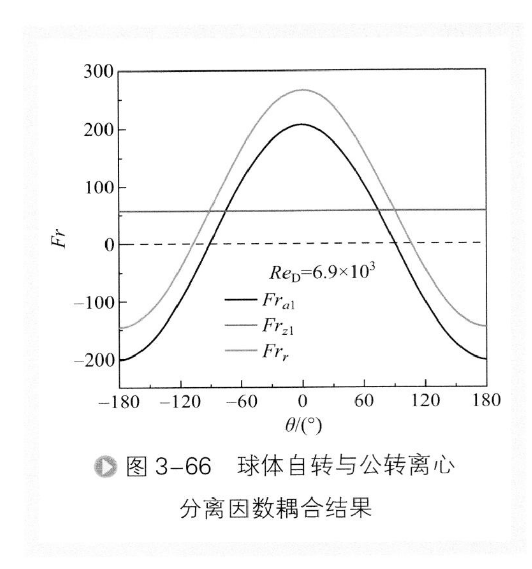


图 3-66　球体自转与公转离心分离因数耦合结果

以作用在微球赤道线（$\varphi$=0）上的离心分离因数为例，将工况Ⅰ中微球平均公转速度（$\omega_a$=412rad/s）和平均自转速度（$\omega_z$=−1555rad/s）代入式（3-35）～式（3-37），其结果如图3-66所示。由于微球的高速自转，使得公转产生的将污染物拉出孔道的离心力得到加强，使将污染物推向孔道内的作用力减弱。而且，当颗粒自转时，颗粒上的每一个位置（除两个极点）受到的合离心力都是方向周期性变化的。这个结果表明污染物受到了一个振荡的分离作用力，且其净做功使污染物排出孔道。

由微球自转条件下的公转和自转离心分离因数耦合关系可知，多孔催化剂颗粒内部孔道中的渣油可以得到强化脱除。以本章中旋流器柱段测试为例，球形催化剂孔道中污染物所受耦合离心分离因数随时间的变化规律如图3-67所示。催化剂上的质点因自转受到一个小于4ms的耦合振荡离心力，且该耦合离心力因自转而向正向偏移［图3-67（a）］，即其做功将孔道中的污染物推出孔道。在旋流器特征雷诺数为$Re_D$=6.9×10³时，耦合离心分离因数$Fr_r$在一个周期（3.6ms）内的变化范围为−128.88～282.34；当增大特征雷诺数至$Re_D$=9.9×10³时，$Fr_r$在一个周期（2.7ms）内的变化范围变为−147.84～415.94。耦合离心分离因数正值变化远大于负值变化，说明增大旋流器特征雷诺数更有利于孔道中的污染物分离。

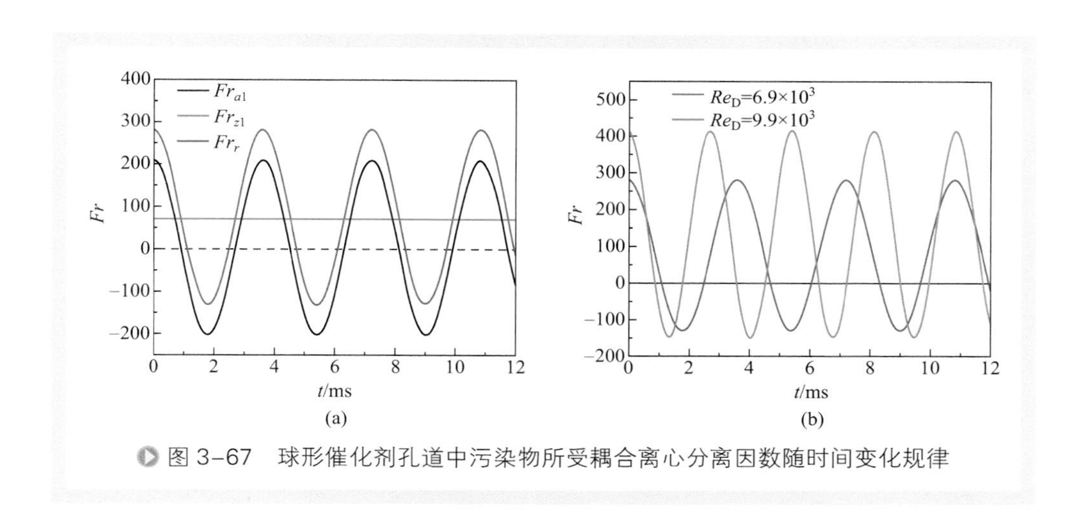


图 3-67　球形催化剂孔道中污染物所受耦合离心分离因数随时间变化规律

# 第五节　表/界面污染物SERS检测

表面增强拉曼光谱（surface-enhanced Raman spectroscopy，SERS）效应是由 Fleischmann[11] 1974 年第一次在粗糙的银电极表面吸附的嘧啶分子拉曼信号中发现的，现在已被发展成为一种能够应用在生物、医疗、环境检测等领域的高灵敏度、低检测下限，甚至能够达到单分子检测水平的先进检测技术。因为贵金属纳米颗粒簇之间产生的“热点”能够提供很强的 SERS 增强因子，影响 SERS 检测的关键是 SERS 基底的“活性”，即制备具有合适纳米结构的贵金属颗粒。现阶段制备 SERS 基底的方法有金属溶胶法、电沉积法、电化学氧化还原粗糙法、机械法等。金属溶胶法在制备过程中会产生副产物及中间产物干扰 SERS 检测；电沉积法、机械法或激光刻蚀法虽然不会产生多余离子及副产物，但是会造成大量贵金属的浪费，同时会提高成本。随着环保节能的大势所趋，急迫需要开发一种无离子“污染”，易于制备且 SERS 信号稳定的绿色制备基底的方法。

## 一、微流控制备具有SERS活性的多孔颗粒

图 3-68 所示为基于微流控技术制备具有 SERS 活性的多孔颗粒的基本流程。

### 1. 玻璃毛细管装置的制备

实验所用微流控装置为共轴型一级玻璃毛细管装置，该装置由注射管、过渡管及收集管组成。每一组件形状和功能不一，在制作过程中需先将各个毛细管毛坯分别处理制作，再按照其在整个装置中发挥作用的顺序在外部嵌套方形管一次组装，

塑料针头作为各液体的入口安装在不同毛细管入口处，最后用环氧胶水固定密封，放置 24h 等待胶水凝固即可完成装置制作，装置结构示意图及实拍图见图 3-69。

微流控装置详细结构尺寸见表 3-12，符号已在图 3-69（a）中标出。

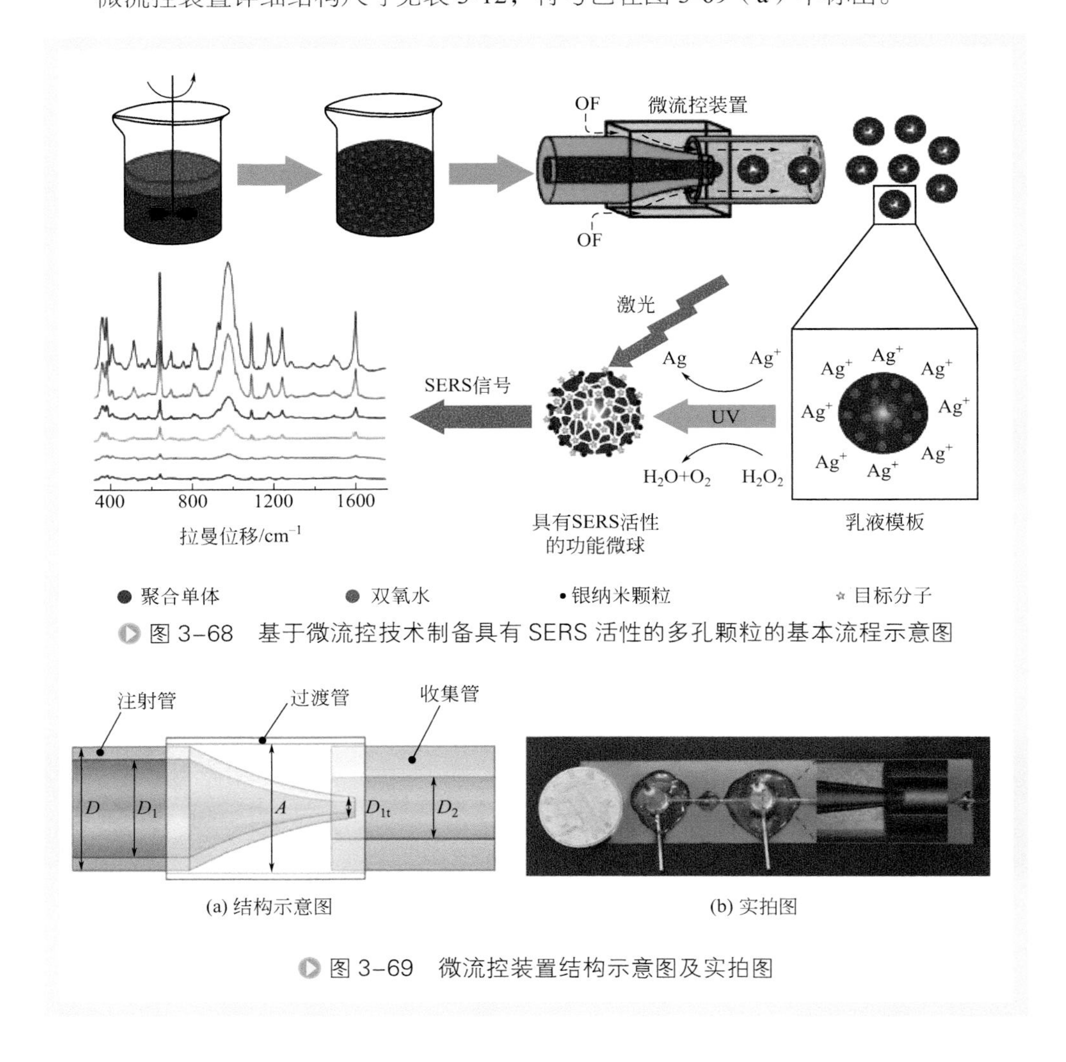


图 3-68 基于微流控技术制备具有 SERS 活性的多孔颗粒的基本流程示意图

图 3-69 微流控装置结构示意图及实拍图

表3-12 微流控装置详细结构尺寸

| 名称 | 符号 | 尺寸 /μm |
|---|---|---|
| 注射管外径 | $D$ | 990 |
| 注射管内径 | $D_1$ | 580 |
| 注射管出口内径 | $D_{1t}$ | 40 |
| 过渡管内径 | $A$ | 1000 |
| 收集管内径 | $D_2$ | 500 |

## 2. 具有SERS活性多孔微球的制备

（1）复合乳液模板制备　本节研究制备的多孔微球所用的模板为HIPE（high inner phase emulsion，高内相乳液）复合乳液体系，所以需要两相不同乳液。其中内相（IP）主要为油相，成分包括紫外光聚合单体和致孔剂的复合乳液，还添加了表面活性剂及光引发剂，需要使用高速搅拌仪将油/水混合物高速乳化为W/O型的细小乳液。外相（OP）为水相，主要为添加了黏度调节剂及表面活性剂的去离子水溶液，此外，需要在培养皿中放置一定量的接受相用以收集并临时存放乳液模板，其组分为溶解了一定浓度硝酸银的外相溶液。乳液模板各相溶液配方组分见表3-13。

表3-13　乳液模板各相溶液配方组分

| 相 | 组分 |
|---|---|
| 内相 | $H_2O_2$ + 1% F-127+ HDODA + 5% PGPR 90 + 1% HMPP |
| 外相 | 去离子水 + 5% 丙三醇 + 1% F-127 |
| 接收相 | 去离子水 + 5% 丙三醇 + 1% F-127 + $AgNO_3$+PVP |

注：各组分含量为质量分数。

各相溶液准备好后，将其抽入注射器内，再固定在微量恒流注射泵上。PE（聚乙烯）软管用于连接注射器针头与微流控装置针头，并且充当出口导管，将微流控装置制备的乳液模板导入盛有接收相溶液的培养皿中。然后设定各恒流泵推出溶液流速（内相流速800μL/h，外相流速3000μL/h），开始制备乳液模板。在微流控装置中，内相溶液通过注射管到达锥段口，而外相溶液通过方管与注射管间隙进入收集管，内相溶液在锥口处受到圆周处外相溶液的挤压及毛细管锥口部的几何约束作用形成液滴（如图3-70所示），在此过程中，形成的液滴尺寸可通过调节恒流泵来控制，而乳液模板的单分散性是由液滴机理（dripping mechanism）来保证。最后形成的液滴乳液模板通过收集管进入培养皿暂时存放并后续进行固化。

（2）复合乳液模板固化及银纳米颗粒制备　收集至一定量后，便采用装置外固

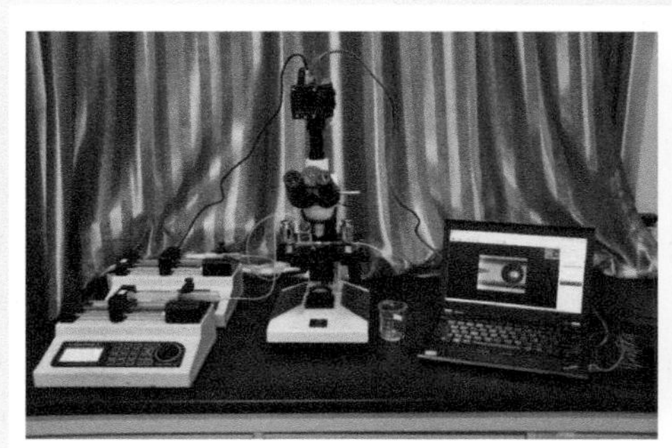

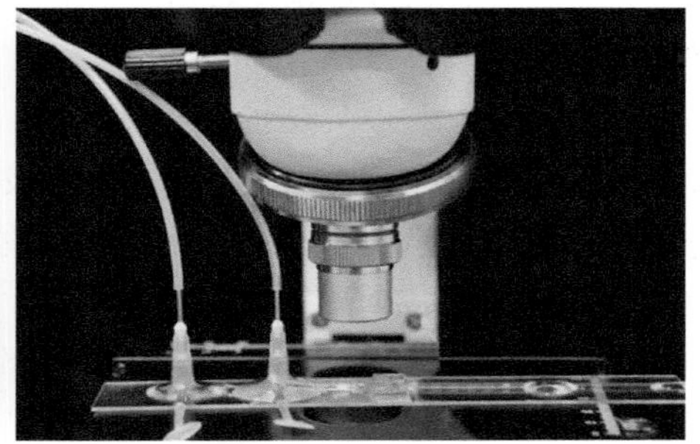

图3-70　微流控平台制备乳液模板实拍图

化（off-chip photocuring）的方法对乳液模板进行聚合固化。将培养皿置于紫外灯下（400W+365nm & 40W+260nm）照射 10min 对乳液模板进行光聚合反应，油相聚合的同时，紫外光对 $H_2O_2$ 进行还原，光解生成 $H_2O$ 和 $O_2$、$H_2O_2$ 和 $H_2O$ 占据的位置形成多孔状聚合物，而气体外逸形成的通道则成为连接聚合物多孔空间的通道。此外利用紫外光的强还原性，同时对乳液模板周围（接收相内）的 $Ag^+$ 进行还原，使得银纳米颗粒能够沉积在多孔微球表面而具有了 SERS 活性。固化后的微球经乙醇和去离子水交替清洗 3 次，然后在烘箱内低温（30℃）蒸干即可成功制备出具有 SERS 活性的多孔微球。

#### 3. 具有SERS活性多孔微球的SERS检测

通过调节搅拌速度，搅拌时间，内相中油、水的体积比，内相中 $H_2O_2$ 的质量浓度等因素可以制备出不同大小孔径、不同孔隙率的多孔微球，而通过调节紫外光强度、紫外光照射时间、接收相中银离子的浓度可以制备得到不同 SERS 活性的多孔微球。在制备好多孔微球后，配制一定浓度的待测目标分子（罗丹明 6G、亚甲基蓝、苯胺）溶液，将多孔微球浸泡在预先配制好的溶液中，静置后，取出颗粒并低温烘干，再用便携式拉曼光谱仪采集微球表面目标分子的拉曼光谱，从而得到不同条件下制备的微球 SERS 活性强度。

## 二、颗粒表面污染物旋流分离在线SERS检测

到目前为止用来检测颗粒表面污染物的主要方法有：气相色谱法、气相色谱 - 质谱联用、原子吸收光谱、红外光谱、拉曼光谱等方法。其中气相色谱 - 质谱联用、原子吸收光谱通常需要经过复杂的样品前处理过程，并且要求有精密的分离检测仪器用于定量检测。此外，还不能同时进行多元素分析检测，更重要的是这些方法都不适用于现场的快速检测。而表面增强拉曼光谱技术由于其具有分析速度快、检测灵敏且操作简单等优点，故而在颗粒表面检测方面具有很好的应用前景。正如前几小节所述，SERS 作为一种高灵敏、快速的光谱分析技术，由于其检测灵敏度高，水干扰小，并且可以提供生物分子和化学分子的结构指纹信息，已经被广泛应用于环境污染物现场快速检测中。

本小节以上一小节制备的具有 SERS 活性的多孔微球为吸附剂，选取一个动态旋流吸附过程为研究系统，进行 SERS 技术的单颗粒表面污染物在线定量检测。首先，通过研究污水中污染物浓度与污染物特征峰处 SERS 强度的关系，采用便携式拉曼光谱仪准确获得污水中污染物浓度。其次，应用上一小节制备的具有 SERS 活性的多孔微球在旋流吸附工艺中完成吸附过程，通过便携式拉曼光谱仪现场检测并获得功能微球表面污染物的 SERS 光谱。然后，通过物料平衡计算得到吸附在单位质量多孔微球上的污染物质量。最后，建立一条污染物特征峰处 SERS 强度与多孔微球表面污染物质量的双对数标定曲线，通过该曲线可以实现现场实时单颗粒

表面污染物定量监测。在实际工业生产检测中，可以采用原位沉积法在多孔颗粒表面修饰银纳米颗粒，赋予其较好的SERS活性，并采用上述方法检测得到单个多孔氧化铝颗粒表面吸附联苯胺的质量，如图3-71所示。该方法实现了单颗粒表面污染物的定量检测，为考察工业生产中与颗粒有关的相关操作单元提供了一个简单、快捷的现场检测方法。

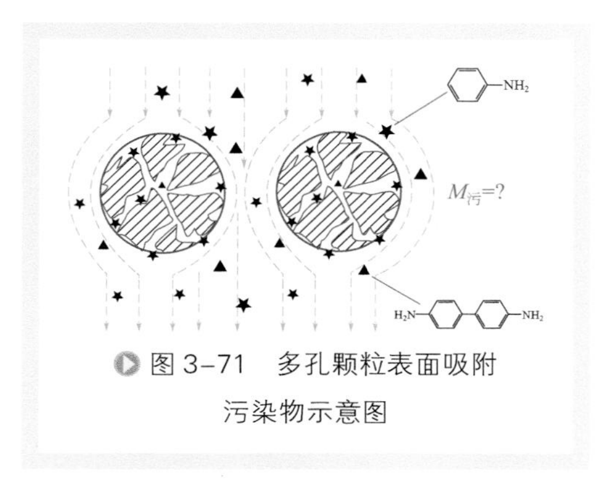

图3-71　多孔颗粒表面吸附污染物示意图

## 1. 实验

（1）试剂　硝酸银（99%）、氯化亚锡（99%）、抗坏血酸、盐酸、苯胺、联苯胺、对氯苯胺、对羟基苯胺均购自美国SIGMA公司，多孔氧化铝颗粒来自于中国科学院大连化学物理研究所，具体参数见表3-14。其他所用试剂均为分析纯且购自于阿拉丁公司，所用溶液均由Mili-Q制水系统（美国）制备的18 MΩ•cm去离子水配制。

表3-14　多孔氧化铝催化剂颗粒参数

| 平均直径 /μm | 密度 /(g/cm³) | 表观密度 /(g/cm³) | 孔隙率 /% | 比表面积 /(m²/g) |
|---|---|---|---|---|
| 472 | 3.355 | 0.992 | 71 | 377 |

（2）仪器及设备　配备了背散射扫描镜头的Ultra 55型扫描电子显微镜（德国Carl Zeiss公司）用于表征多孔颗粒表面纳米银形貌。BWS415型便携式激光拉曼光谱仪（美国必达泰克公司）用于快速检测微球SERS活性，激发波长为785nm，光谱分辨率为5cm$^{-1}$、便携式激光拉曼光谱仪光纤长约为1.5m。气相色谱-质谱联用仪（美国Agilent公司）用于表征混合溶液中不同污染物的浓度。采用*DN*25的微旋流器吸附污染物后的氧化铝多孔颗粒及净化水。*DN*25微旋流器用于分离吸附污染物后的多孔氧化铝颗粒，微旋流器对于平均粒径为500μm左右的颗粒分离效率达到99%。微旋流器结构如图3-72所示。

微旋流器结构参数如表3-15所示。

表3-15　微旋流器结构参数

| $D$/mm | $\theta$ | $W/D$ | $H/D$ | $D_c/D$ | $D_d/D$ | $L/D$ |
|---|---|---|---|---|---|---|
| 25 | 6 | 0.16 | 0.32 | 0.24 | 0.08 | 1.48 |

（3）具有SERS活性的多孔功能微球制备　采用制备的具有SERS活性的多孔微球作为实验室检测用的微球。在实际工业中采用表面增强拉曼光谱技术来实时检测颗粒表面吸附污染物的质量时，需将所用的多孔微球（氧化铝颗粒）表面修饰银纳米颗粒赋予其SERS活性。

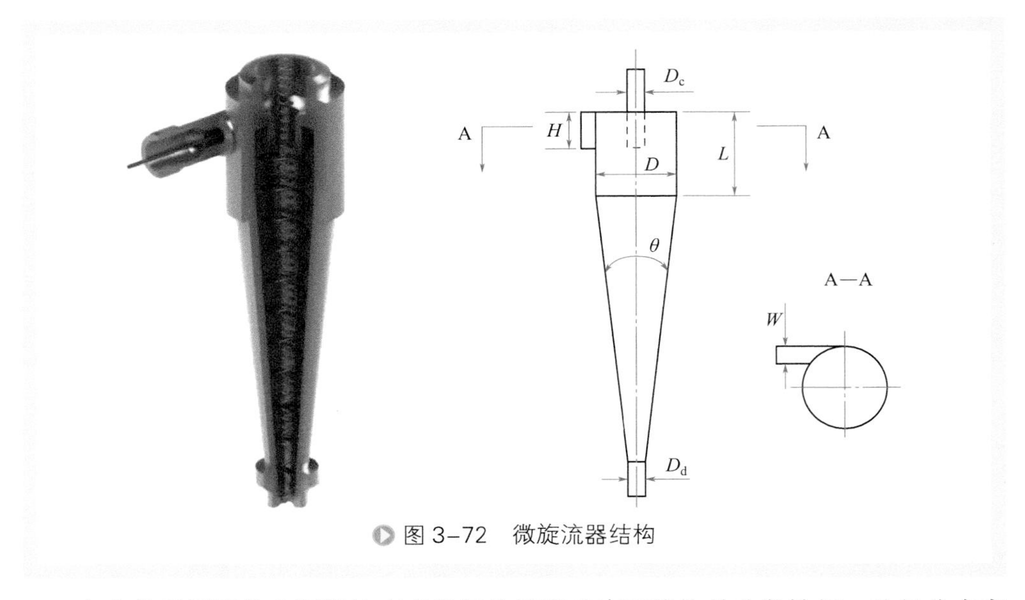


图 3–72 微旋流器结构

本小节采用原位电沉积法在多孔氧化铝颗粒表面修饰单分散性好、粒径分布窄的银纳米颗粒。首先用二氯化锡还原硝酸银，使得反应生成的银核沉积在多孔氧化铝颗粒表面；其次将沉积了银核的氧化铝多孔颗粒浸泡在抗坏血酸与硝酸银的混合溶液中，使银核能够逐渐长大，控制其反应时间，得到最佳 SERS 活性的银纳米颗粒簇。具体步骤如下：首先将多孔氧化铝颗粒浸泡在浓度分别为 0.02mol/L 的二氯化锡与 0.01mol/L 的盐酸混合水溶液中 2min，使得 $Sn^{2+}$ 能够充分沉积在氧化铝颗粒表面，混合溶液中添加盐酸溶液是为了防止二价锡离子被氧化成三价锡离子。将多孔氧化铝颗粒取出，沥干后用去离子水与丙酮交替冲洗 5 遍后置于 70℃下烘干。其次将烘干的氧化铝多孔颗粒浸泡在盛有蒸馏水的培养皿中，并用滴管滴入浓度为 0.005mol/L 的硝酸银水溶液，滴入的过程中不断搅拌，使得沉积在多孔颗粒表面的 $Sn^{2+}$ 能和 $Ag^{+}$ 迅速均一地反应生成银核，直到水溶液逐渐变色后，停止滴入硝酸银水溶液，静置 2min 使反应充分，按照第一步方法清洗、烘干氧化铝颗粒。上述两步为一个沉积过程，重复沉积过程 6 次即可在多孔氧化铝颗粒表面沉积致密的银纳米颗粒簇，整个反应过程如式（3-39）所示[12]：

$$2Ag^{\mathrm{I}}_{水溶液} + Sn^{\mathrm{II}}_{表面} \rightarrow 2Ag^{0}_{表面} + Sn^{\mathrm{IV}}_{表面} \tag{3-39}$$

第三步，将沉积了致密银纳米核的多孔氧化铝颗粒浸入 100mmol/L 的抗坏血酸和 10mmol/L 的硝酸银混合溶液中，抗坏血酸还原硝酸银原位沉积在前两步生成的银核上，从而使银核长大，并通过控制还原时间来控制银纳米颗粒的尺寸，从而得到最佳的 SERS 活性。

（4）单颗粒表面污染物在线 SERS 检测

a. 单颗粒表面污染物在线 SERS 检测方法　本小节中设计了一套可靠的在线实

时 SERS 定量检测多孔微球动态旋流吸附前后颗粒表面污染物的工艺。具体检测工艺示意图如图 3-73 所示：首先，通过原位沉积法沉积在多孔氧化铝颗粒表面修饰银纳米颗粒，使颗粒具有较好的 SERS 活性；其次，将具有 SERS 活性的多孔氧化铝颗粒或自制的多孔微球与溶解了芳香烃类污染物的污水混合后通入旋流器中，在离心力作用下，经多孔微球吸附后的净化水由溢流口排出，吸附有污染物的多孔颗粒由底流收集，由于多孔颗粒表面修饰了密集的银纳米颗粒，在两个银纳米颗粒间形成了由银纳米颗粒间局部等离子共振产生的信号“热点”，所以收集到吸附有污染物的多孔颗粒在 30℃干燥后即可用便携式拉曼光谱仪现场实时检测颗粒表面污染物的 SERS 信号。同时，旋流吸附前后的污染物浓度可以由银胶法通过表面增强拉曼光谱检测获得。

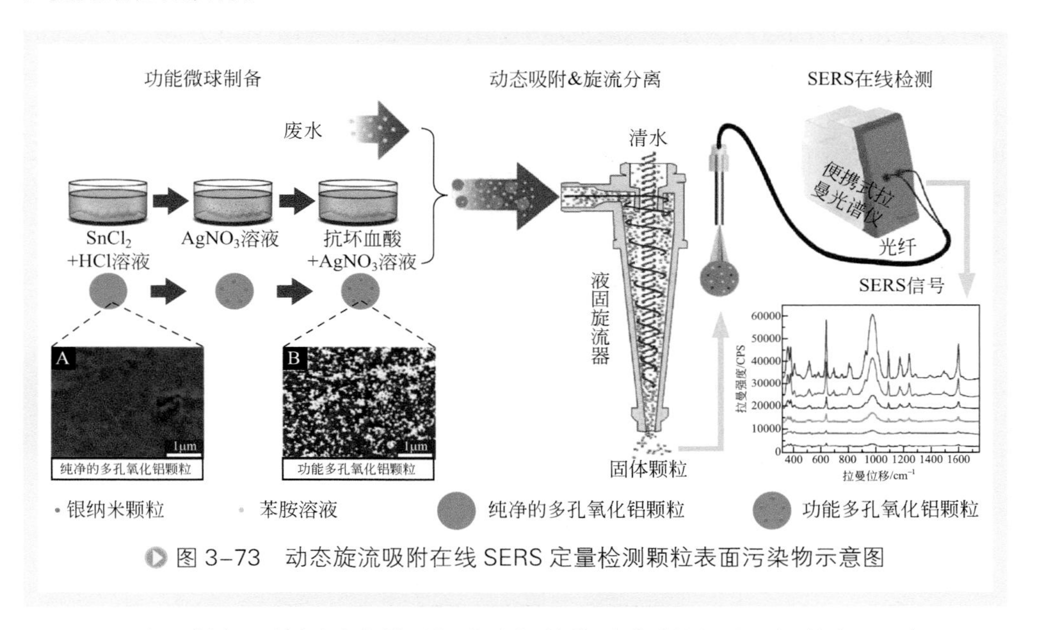


图 3-73 动态旋流吸附在线 SERS 定量检测颗粒表面污染物示意图

b. 银胶的制备 检测吸附前后污水中污染物浓度所用的银胶采用 Lee 和 Meisel 的方法制备 [13]，即利用柠檬酸钠作为还原剂，聚乙烯吡咯烷酮（PVP）作为保护剂来制备银胶溶胶。具体方法如下，在 400mL 去离子水中溶解 72mg 硝酸银，加热溶液至微沸，然后逐滴加入 8mL 1.0%（质量分数）的柠檬三酸钠和 4mL 0.02 %（质量分数）的 PVP 溶液。保持混合溶液微沸 25min，使得反应生成的银纳米颗粒逐渐长大，最后将制备的银胶溶液冷却至室温，再将胶体在 5000r/min 转速下离心 5min，移去上层 50% 的清液，剩下的银胶备用。需要注意的是，作为反应容器的烧杯在使用前必须经食人鱼洗液浸泡，强碱液冲洗，再经去离子水反复冲洗干净；同时加入柠檬三酸钠和 PVP 溶液时应逐滴滴入烧杯中，使得反应能够均匀慢速进行，从而保证生产的银纳米颗粒可以均匀。

c. 吸附前后污水中污染物浓度 SERS 检测 污水中污染物浓度 SERS 检测需建

立一条污染物浓度与污染物特征峰处 SERS 强度的标定曲线，通过检测得到的污染物特征峰处的 SERS 强度来间接得到污水中污染物的浓度。标定曲线建立具体步骤如下：首先配制六种已知的不同浓度的四种污染物（苯胺、联苯胺、对氯苯胺、对羟基苯胺）的水溶液。其次将银胶、污染物水溶液、0.1mol/L NaCl 水溶液按 3：1：1 的体积比混合后，加入石英比色皿中。然后采用便携式拉曼激光光谱仪检测采集 SERS 光谱，采集条件为 20mW 光强及 20s 积分时间。最后检测采集到的 SERS 光谱特征峰处 SERS 强度并与相应的污染物水溶液浓度建立标定曲线。

d. 工艺流程　动态旋流吸附 SERS 检测工艺流程如图 3-74 所示：自制的含有污染物的污水从储罐中由离心泵加压，在缓冲罐缓冲稳定后通入微旋流器内，修饰了银纳米颗粒的多孔氧化铝颗粒 / 自制的多孔微球被微旋流器入口的加料器加入污水中，多孔颗粒随着污水进入微旋流器中，并在离心力作用下高效分离。净化后的水由溢流口排出后收集，而吸附污染物的多孔吸附颗粒则由底流口排出而收集。多孔吸附颗粒吸附污水中污染物的时间由颗粒加入位置距旋流器的入口距离决定。同时，实验过程中由采样点 1、2、3 分别收集采样吸附前后污水及吸附污染物后的多孔颗粒。

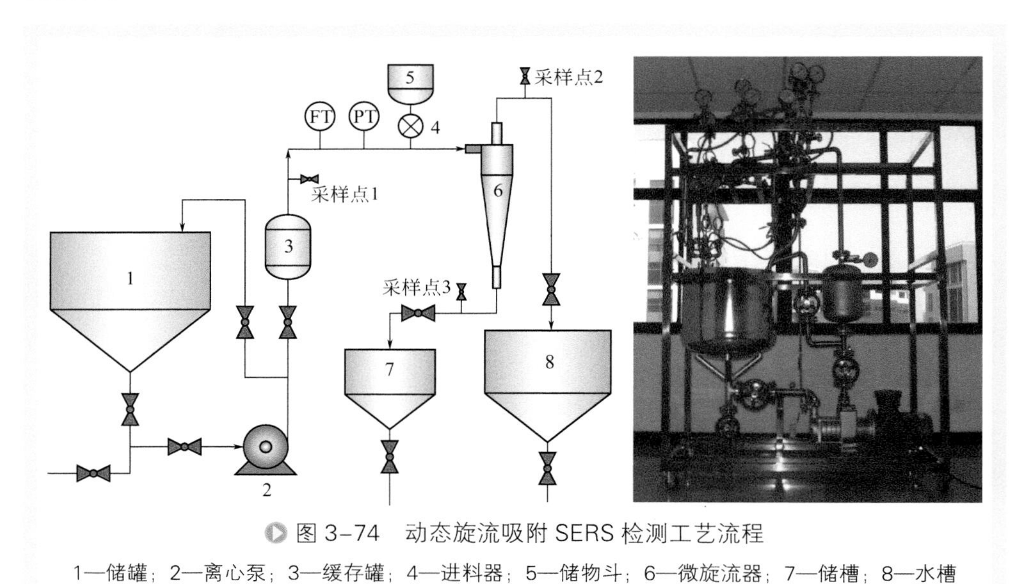


图 3-74　动态旋流吸附 SERS 检测工艺流程

1—储罐；2—离心泵；3—缓存罐；4—进料器；5—储物斗；6—微旋流器；7—储槽；8—水槽

## 2. 结果与讨论

（1）氧化还原时间对 SERS 活性的影响　氧化铝颗粒表面的 SERS 活性与 SERS 检测的质量密切相关，而银纳米颗粒的直径及单位面积上的数量直接决定了氧化铝表面的 SERS 活性，这是因为合适的银纳米颗粒直径和银纳米颗粒间的距离间隙更能满足贵金属表面等离子共振作用产生“热点”的要求，理论上会产生更强的 SERS 效应。氧化铝单位表面积上银纳米颗粒的数量由浸泡二氯化锡及硝酸银水溶液的次数决定，本章浸泡六次已达到在氧化铝颗粒表面沉积密布的银纳米颗粒簇的目的。而银纳米颗粒的直径则与浸泡沉积银核的抗坏血酸及硝酸银溶液的浓度、浸泡时间及氧化铝颗粒表面自由能有关。本章中，通过控制氧化铝颗粒在抗坏血酸及硝酸银混合水溶液的浸泡时间来控制银纳米颗粒的直径，得到大小合适的银纳米颗粒，从而获得最佳的 SERS 活性。

图 3-75 为多孔氧化铝颗粒在不同浸泡时间下 SERS 光谱图及特征峰处 SERS 强度随着浸泡时间的变化情况。由图 3-75（a）可以看出，氧化铝颗粒表面 $10^{-4}$mol/L 的联苯胺的 SERS 光谱由浸泡时间 5 ～ 35min 呈先增大后减小的趋势，在浸泡时间为 20min 时，SERS 光谱图效果最佳。这是因为在浸泡时间较短时，氧化铝颗粒表面的银核比较小，随着浸泡时间的增加，硝酸银被抗坏血酸还原，生成的银沉积在银核上而使得银纳米颗粒的粒径逐渐增大，在浸泡 20min 时达到最佳。此时银纳米颗粒间的间距使得银纳米颗粒之间表面等离子共振效应最佳，从而产生“热点”更多。当浸泡时间超过 20min 后，银纳米颗粒继续长大，但过大直径的银纳米颗粒使得 SERS 效果降低。图 3-75（b）所示为不同浸泡时间下在特征峰 1606cm$^{-1}$ 处 SERS 强度的变化情况。由图中可以看出特征峰处 SERS 强度变化情况与 SERS 谱图总体变化情况相同，都是随着浸泡时间的增加，SERS 强度先增大，在 20 min 时达到最大值，然后随着浸泡时间的增长再逐渐减小。

同时，用加装了背散射扫描镜头的 Ultra 55 型扫描电子显微镜考察了不同浸泡时间下的氧化铝颗粒表面银纳米颗粒形貌，如图 3-76 所示。

由图 3-76 中可以看出，在纯净的氧化铝颗粒表面没有银纳米颗粒沉积，而浸泡 5 min 的氧化铝颗粒表面则由于二氯化锡与硝酸银的原位反应沉积了粒径不均的

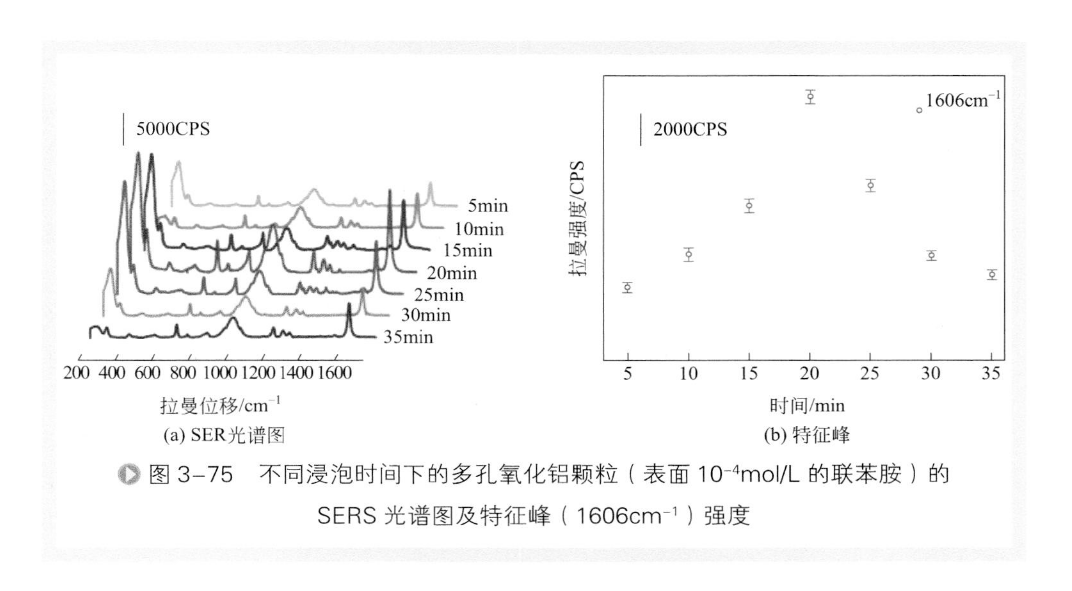


图 3-75 不同浸泡时间下的多孔氧化铝颗粒（表面 $10^{-4}$mol/L 的联苯胺）的 SERS 光谱图及特征峰（1606cm$^{-1}$）强度

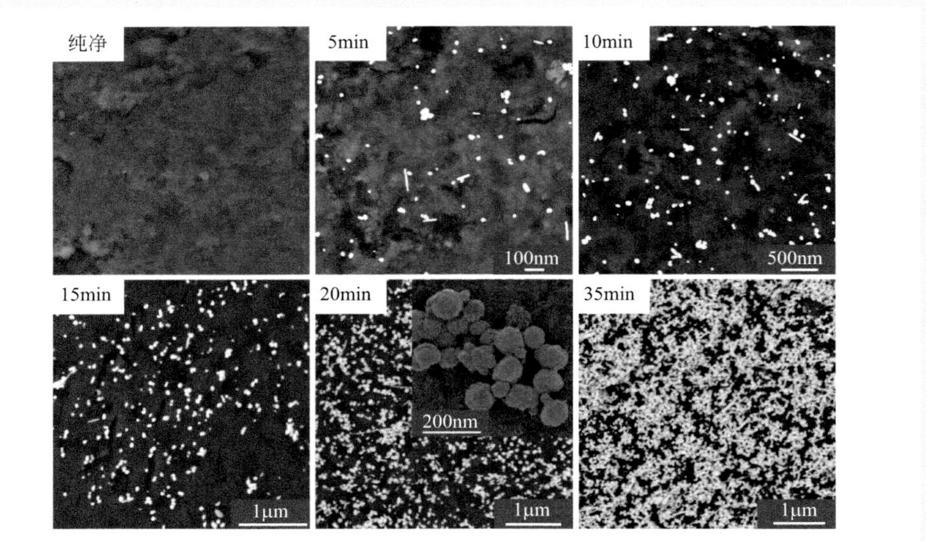

图 3-76　不同浸泡时间下的氧化铝颗粒表面银纳米颗粒扫描电子显微镜图

银纳米颗粒，粒径由 1 ～ 10nm 不等。随着浸泡时间的增加，颗粒表面银纳米颗粒粒径逐渐增大，一些粒径较小的银核开始快速出现，浸泡时间增加到 20min 时，氧化铝颗粒表面密集布满银纳米颗粒，且大部分银纳米颗粒粒径集中在 75nm 左右，此时的 SERS 效果最佳，这也与之前报道的最合适直径的银纳米颗粒产生最佳的 SERS 活性相吻合。当浸泡时间延长至 35min 时，银纳米颗粒粒径过大，且有部分银纳米颗粒可以连接成片，导致其 SERS 活性降低。

将浸泡时间为 20min 的电子扫描照片用图片处理软件 Image-Pro Plus 6.0 处理统计，得到了氧化铝颗粒表面的银纳米颗粒粒径分布直方图，如图 3-77 所示。由图中可以看出银纳米颗粒粒径分布范围较窄，大部分集中在 70 ～ 90nm 之间，这样尺寸的银纳米颗粒粒径恰好能够产生最佳的 SERS 活性。

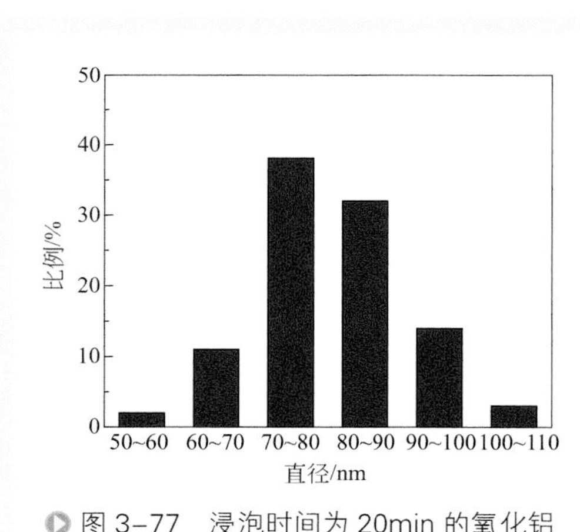

图 3-77　浸泡时间为 20min 的氧化铝颗粒表面银纳米颗粒粒径分布直方图

（2）颗粒表面 SERS 活性表征及性能评估　SERS 技术作为一种快速分析手段，SERS 活性是其关键。为了验证多孔氧化铝颗粒表面的 SERS 活性，考察了不同条件下 $5\times10^{-4}$mol/L 的联苯胺的 SERS 光谱图，如图 3-78

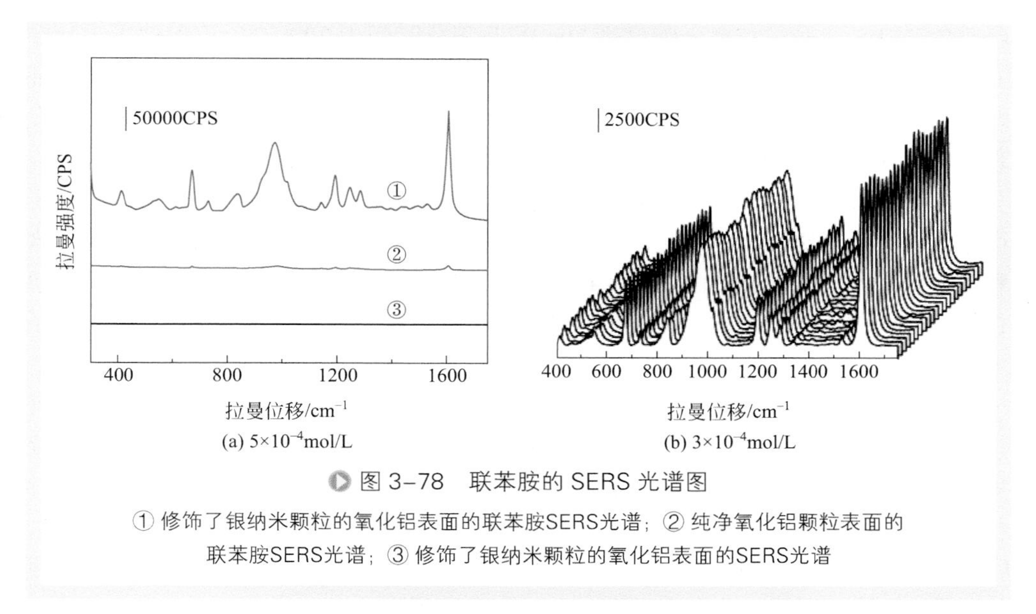


图 3-78　联苯胺的 SERS 光谱图

① 修饰了银纳米颗粒的氧化铝表面的联苯胺SERS光谱；② 纯净氧化铝颗粒表面的联苯胺SERS光谱；③ 修饰了银纳米颗粒的氧化铝表面的SERS光谱

（a）所示。由图中可以看出，修饰了银纳米颗粒的多孔氧化铝颗粒表面没有捕捉到任何 SERS 信号，是一条平直的直线（③线），而没有修饰银纳米颗粒的多孔氧化铝颗粒表面的联苯胺拉曼信号如图 3-78（a）中②线所示，特征峰处有一些微弱的信号，但是 SERS 强度较低，而对于修饰了银纳米颗粒的多孔氧化铝颗粒表面，同样浓度的联苯胺 SERS 信号则比较好，特征峰处 SERS 强度比没有修饰银纳米颗粒的颗粒表面 SERS 强度高 5 个数量级以上（①线），说明了修饰了银纳米颗粒的多孔氧化铝颗粒表面有较好的 SERS 活性。此外，通过比较 *p*-ATP 的 SERS 特征峰强度与固体样品的拉曼光谱特征峰强度（见图 3-79），计算得到多孔氧化铝颗粒表面的 SERS 增强因子（EF）为 $1.2\times10^5$。本节中以 *p*-ATP 在 1081cm$^{-1}$ 特征峰处 SERS 强度计算的 EF 约为 $1.2\times10^5$，这个结果与先进手段所制备的 SERS 基底的 SERS 活性有可比性。

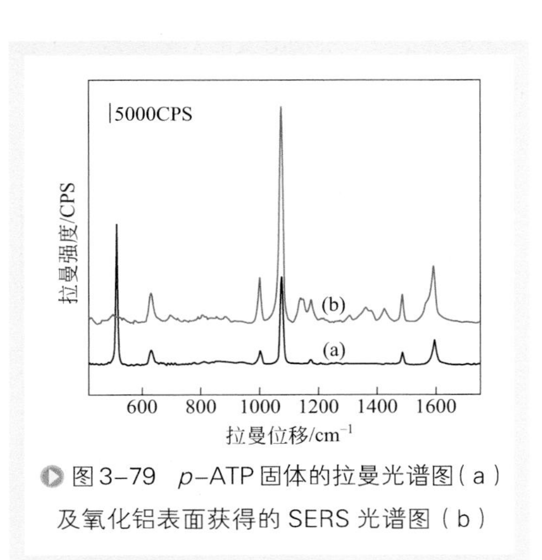


图 3-79　*p*-ATP 固体的拉曼光谱图（a）及氧化铝表面获得的 SERS 光谱图（b）

同时，作为一种常见的分析手段，除了需要考察 SERS 活性外，SERS“基底”的重复性能也是影响 SERS 检测的一个关键因素。为了验证修饰了银纳米颗粒的多孔氧化铝表面是否能产生重复性很好的 SERS 信号，随机选取浸泡过 $3\times10^{-4}$mol/L 的联苯胺的多孔氧化铝颗粒表面的 22 个检测结果的 SERS 信号，在激光强度为 20mW 及积分时间为 20 s 的检测条件下，如图 3-78（b）所示。由图中可以看出选取的 22 个 SERS 光谱信号比较均匀，每个特征峰处 SERS 强度差别较小。同时选取 976cm$^{-1}$ 特征峰处 SERS 强度作为考察点可发现，在检测的 22 个样品中，特征峰处 SERS 强度相对标准偏差均在 5% 之内，充分证明了多孔氧化铝颗粒表面的 SERS 信号的重复性。这可能是由于激光光斑处于微米尺度，而光斑照射下产生的 SERS 信号是由光斑覆盖下的几千甚至更多的纳米颗粒之间产生的信号计算的平均值，又因为银纳米颗粒是均匀、密布沉积到多孔氧化铝颗粒表面上去的，这就保证了银纳米颗粒间产生的热点的均匀性，从而保证了颗粒表面的 SERS 信号的重复性能。

（3）不同污染物特征峰处 SERS 强度与浓度的关系　近年来，大量的学者研究了 SERS 在环境、化学、医药等方面的半定量检测，通过研究污染物浓度与特征峰处 SERS 强度的关系对污染物进行半定量检测的研究逐渐兴起。同时，提高 SERS 检测技术的半定量分析能力，非常有助于 SERS 技术的应用及推广。图 3-80（a）、（c）、（e）、（g）所示为不同浓度的四种芳香烃污染物水溶液（苯胺、联苯胺、对氯苯胺、对羟基苯胺）以银胶为 SERS 基底检测得到的 SERS 光谱图，检测范围从 0.5 ppm 到 100ppm。从图中可以看出，随着污染物浓度的增大，SERS 信号也随之变强。这可能是因为随着污染物浓度的增大，吸附在纳米银颗粒表面的污染物分子也随之增多，SERS 光斑直径下采集的“热点”信号也变多，从而导致 SERS 信号也变强。图 3-80（b）、（d）、（f）、（h）所示分别为以各污染物特征峰处（苯胺 525cm$^{-1}$、796cm$^{-1}$；联苯胺 976cm$^{-1}$、1607cm$^{-1}$；对氯苯胺 640cm$^{-1}$、1600cm$^{-1}$；对羟基苯胺 508cm$^{-1}$、1322cm$^{-1}$）SERS 强度为纵坐标，对应的污染物水溶液浓度的对数作为横坐标，由 Origin 软件建立特征峰 SERS 强度与污染物浓度的双对数坐标关系曲线，再进行线性拟合。由图 3-80（b）中可以看出，四种芳香烃污染物特征峰处 SERS 强度与污染物浓度的对数形成一个良好的线性关系（$R^2=0.9838$、$R^2=0.9755$）。同时，图 3-80（d）、（f）、（h）的三种污染物也表现了相同的高质量的线性关系

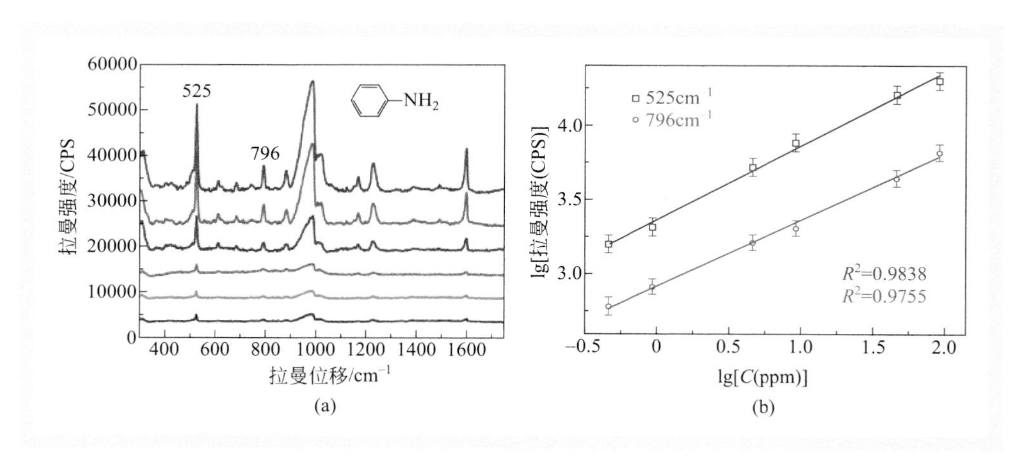

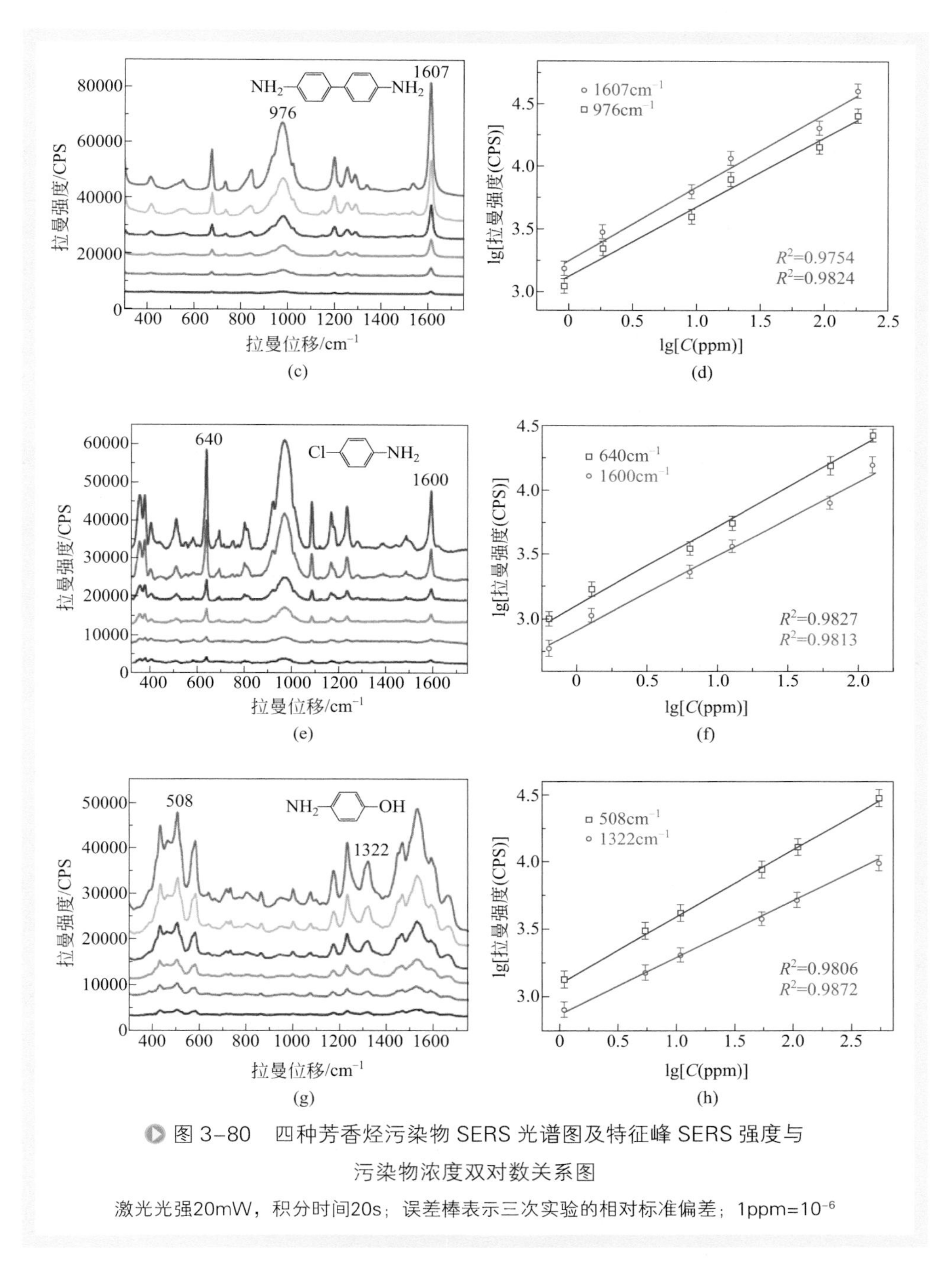


图 3-80　四种芳香烃污染物 SERS 光谱图及特征峰 SERS 强度与污染物浓度双对数关系图

激光光强20mW，积分时间20s；误差棒表示三次实验的相对标准偏差；1ppm=$10^{-6}$

（$R^2=0.9754$、$R^2=0.9824$；$R^2=0.9827$、$R^2=0.9813$；$R^2=0.9806$、$R^2=0.9872$）。这与之前研究学者报道的 SERS 半定量分析表现出了相似的线性关系[14]，特征峰的 SERS 强度与污染物浓度标定曲线的建立为后续半定量检测单颗粒表面污染物的质量奠定了良好的基础。

（4）吸附过程污染物在线半定量检测　按照本书设计的动态旋流吸附实验流程（图 3-74）来完成单颗粒表面污染物的半定量检测。首先将污水与多孔微球混合，使污染物吸附在多孔微球表面，再通过液 - 固微旋流器，使吸附完成后的净化水与多孔微球分离，在此过程中在图 3-74 中的采样点 1、2、3 分别收集吸附前后的污水及吸附后的多孔微球。吸附前后污水中污染物浓度通过便携式拉曼光谱，以银胶为 SERS 基底直接测得 SERS 光谱图。而吸附后的多孔微球则需要常温下烘干后用便携式拉曼光谱仪检测得到 SERS 光谱图，如图 3-81（a）～（d）所示。由图中可以看出，随着吸附前污水中污染物浓度的增加，吸附在多孔微球表面的污染物量也增多，当浓度达到一定值时，SERS 强度区域平缓。

当三个样品的SERS光谱被实时采集完毕后，以吸附前污水中的对氯苯胺为例，选取并测定特征峰 $640cm^{-1}$ 处的 SERS 强度，再对比图 3-80（f）建立的特征峰强度与污染物浓度关系的标定曲线，即可准确快速地得到吸附前对氯苯胺水溶液的浓度。用同样的方法可以精确快速得到吸附前后污染物水溶液的浓度。然后再通过下面公式（3-40）即可计算得到单位质量多孔颗粒表面吸附的污染物质量：

$$M=(C_{\mathrm{i}}-C_{\mathrm{o}})\times Q_{\mathrm{f}}/(Q_{\mathrm{s}}\times E) \tag{3-40}$$

式中，$Q_{\mathrm{s}}$ 为进入吸附系统的多孔微球的质量流率；$Q_{\mathrm{f}}$ 为进入旋流吸附系统的质量流率；$E$ 为微旋流器分离多孔微球的分离效率（99%）；$C_{\mathrm{i}}$ 及 $C_{\mathrm{o}}$ 分别为进出吸附系统的污染物浓度（通过图 3-80 标定曲线获得）。

由于特征峰处 SERS 强度（$I$）对吸附在多孔微球表面污染物的浓度非常敏感，根据上式计算数据及检测图谱（具体计算及检测数据见表 3-16），可以得到一个单位质量多孔微球表面吸附污染物的质量与该污染物特征峰处 SERS 强度的双对数曲线，如图 3-81（e）～（h）所示。图中可以看出，吸附在单位质量多孔微球表面的污染物质量与直接在单颗粒表面检测的特征峰处 SERS 强度有很好的线性关系，这为后续在现场实时检测单颗粒表面污染物提供了便利。

（5）SERS 技术检测实际水样中的芳香族污染物　为了更进一步研究单颗粒表面污染物 SERS 检测技术在实际工业过程中的应用能力，以工业生产中产生的污水作为研究对象，对颗粒表面吸附污染物进行 SERS 检测。分别将含有苯胺、联苯胺、对氯苯胺的水溶液通入旋流动态吸附系统中，再将多孔氧化铝颗粒加入系统，分别在 3 个采样点收集样品。通过气相色谱 - 质谱（GC-MS）仪分别检测吸附前后污染物浓度，如图 3-82（a）、（b）所示，再通过公式（3-40）精确计算得到单位质量多孔氧化铝颗粒表面的质量，同时，采集的氧化铝颗粒经干燥并采用便携式拉曼光谱仪现场采集 SERS 光谱，如图 3-82（c）所示。分别统计三种污染物特征峰处 SERS 强度，并与前文做出的标定曲线［图 3-81（e）～（g）］对照，得到由 SERS 检测得到的单颗粒表面吸附污染物的质量。如图 3-82（d）所示，由 SERS 实时现

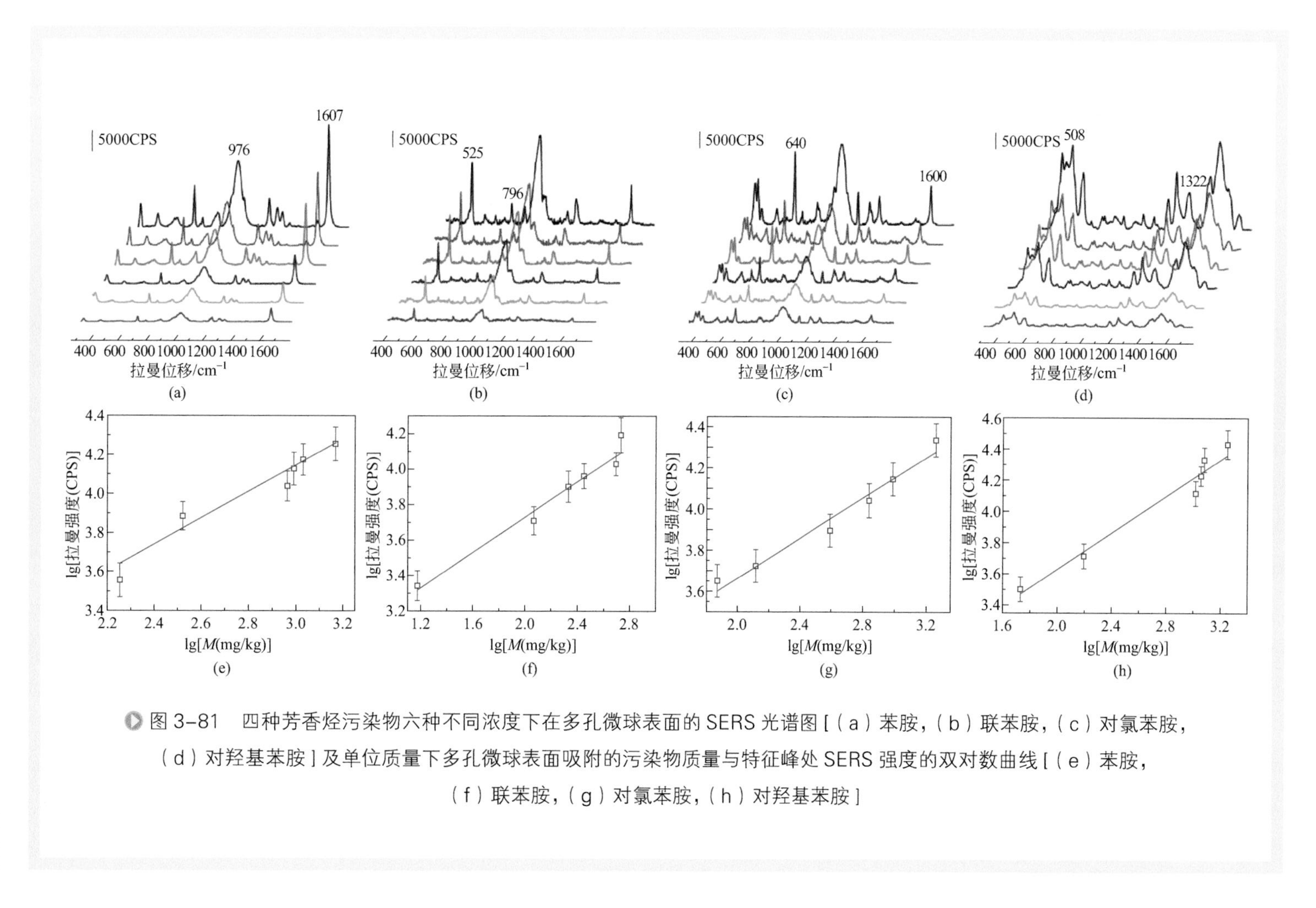


图 3-81 四种芳香烃污染物六种不同浓度下在多孔微球表面的 SERS 光谱图 [（a）苯胺，（b）联苯胺，（c）对氯苯胺，（d）对羟基苯胺] 及单位质量下多孔微球表面吸附的污染物质量与特征峰处 SERS 强度的双对数曲线 [（e）苯胺，（f）联苯胺，（g）对氯苯胺，（h）对羟基苯胺]

场检测得到的单位质量多孔氧化铝颗粒表面吸附的苯胺、联苯胺、对氯苯胺分别为 92.7mg/kg、20.5mg/kg 和 40.9mg/kg；再结合多孔氧化铝颗粒的物料性质（直径、密度）即可换算得到单个氧化铝颗粒表面吸附的苯胺、联苯胺、对氯苯胺分别 35.3ng、7.8ng 及 15.6ng。同时采用实验室内精密分析仪器 GC-MS 检测得到的单位质量多孔氧化铝颗粒吸附三种污染物的质量分别为 98mg/kg、18.8mg/kg 和 47mg/kg。比较两种技术检测结果发现，由便携式表面增强拉曼光谱仪现场检测的结果与实验室繁琐分析过程检测的结果相近，检测误差在 10% 以内。这充分证明了 SERS 技术在单颗粒表面污染物检测中的可靠性。

表3-16　图3-81中具体计算及检测数据

| 组成 | $I_{SERSi}$/CPS | $I_{SERSo}$/CPS | $I_{SERSs}$/CPS | $(C_i-C_o)$/ppm | $M$/(mg/kg) |
|---|---|---|---|---|---|
| 联苯胺（976cm$^{-1}$） | 2310 | 2170 | 2188 | 0.30 | 14.9 |
| | 5638 | 5095 | 5073 | 2.36 | 116.9 |
| | 8459 | 7742 | 7878 | 4.35 | 215.3 |
| | 9996 | 9178 | 9185 | 5.69 | 281.4 |
| | 11648 | 10367 | 10662 | 9.95 | 492.6 |
| | 16228 | 15179 | 15441 | 10.86 | 537.4 |
| 苯胺（525cm$^{-1}$） | 4552 | 3498 | 4552 | 3.63 | 179.9 |
| | 8244 | 7087 | 8244 | 6.71 | 332.2 |
| | 12752 | 10462 | 12752 | 18.57 | 919.0 |
| | 14874 | 12752 | 14874 | 19.80 | 980.1 |
| | 16040 | 13866 | 16040 | 21.63 | 1070.5 |
| | 19706 | 17158 | 19706 | 29.71 | 1470.5 |
| 对氯苯胺（640cm$^{-1}$） | 4664 | 4261 | 4453 | 1.51 | 74.8 |
| | 5546 | 4929 | 5266 | 2.63 | 130.3 |
| | 8375 | 7017 | 7885 | 7.90 | 391.2 |
| | 11103 | 9174 | 10994 | 14.00 | 694.1 |
| | 15504 | 13473 | 13946 | 19.70 | 974.9 |
| | 23333 | 20630 | 21716 | 36.71 | 1816.5 |
| 对羟基苯胺（508cm$^{-1}$） | 3249 | 2857 | 3151 | 1.08 | 53.5 |
| | 5686 | 4951 | 5123 | 3.18 | 157.1 |
| | 13081 | 10525 | 12989 | 21.00 | 1039.7 |
| | 17520 | 15378 | 16891 | 23.01 | 1139.1 |
| | 22067 | 20220 | 21429 | 24.30 | 1202.9 |
| | 28817 | 26610 | 26723 | 36.13 | 1988.2 |

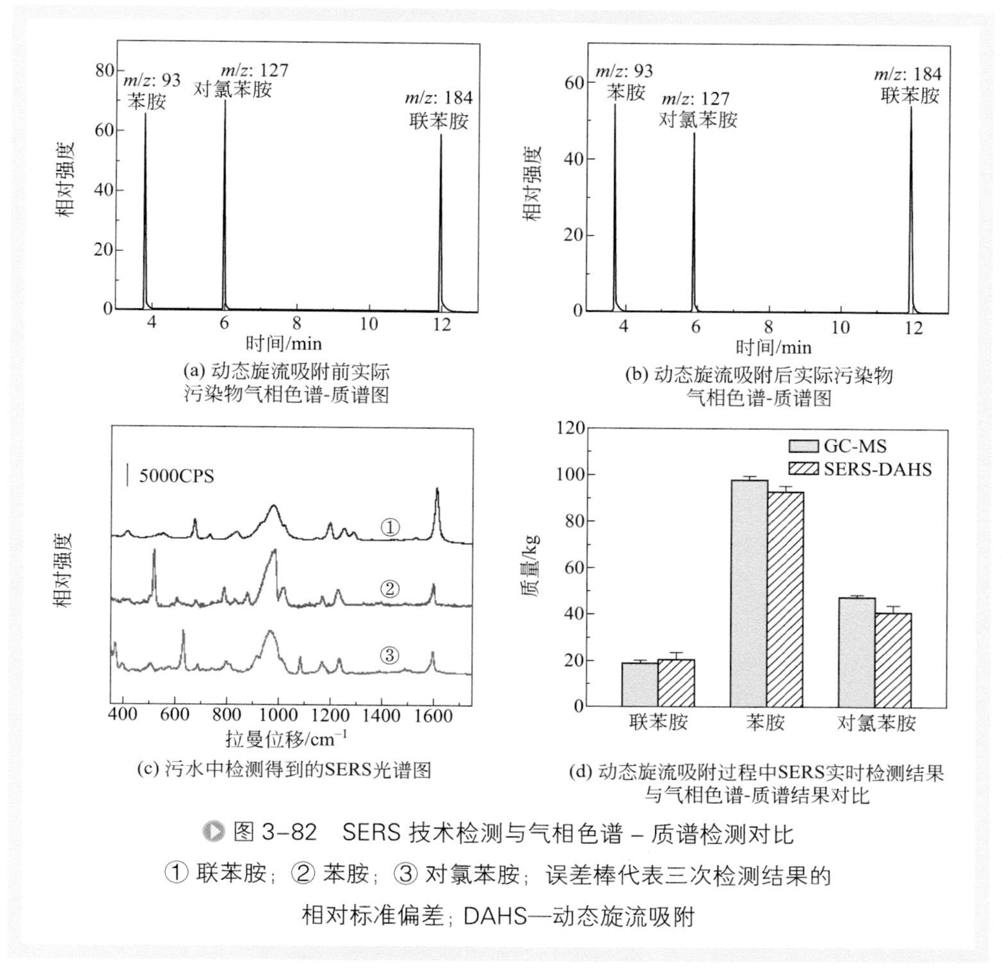


图 3-82 SERS 技术检测与气相色谱 - 质谱检测对比

① 联苯胺；② 苯胺；③ 对氯苯胺；误差棒代表三次检测结果的相对标准偏差；DAHS—动态旋流吸附

## 三、界面SERS检测

近年来，在煤化工生产过程中需要大量添加助剂来提高煤转化率。破乳剂、缓蚀剂等添加剂中含有的大量的氯离子导致产品油中氯的含量逐年增多，氯腐蚀已扩展到了加氢裂化和催化重整等二次加工装置，严重威胁着煤化工厂的安全生产。更重要的是，这些含有氯离子的油很难避免地进入了化工废水中，提高了化工废水处理的难度。在化工废悬浮液处理中，通常是油滴分散于水相中进行溶质的相间传递，液滴群在设备中的行为极其复杂，且当油滴随着悬浮液通过预涂层时，油滴与水相就在多孔预涂颗粒之间形成的弯曲微小孔道中形成层流状态。为此，引入一个微流控通道内的层流萃取过程作为基本模型（图 3-83），来深入地研究微小通道中油 / 水两相中氯离子的运动情况。

本节中，结合微流控及 SERS 技术来研究氯离子在油 / 水中的动态层流萃取过

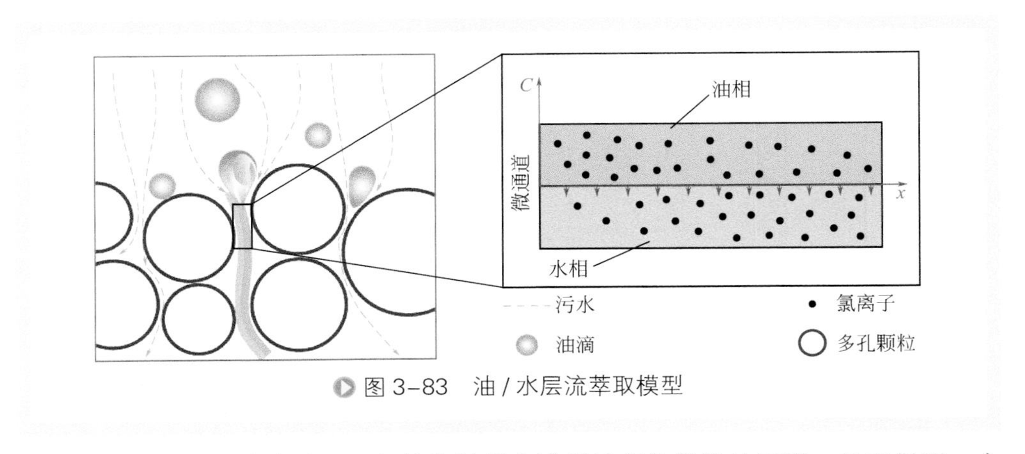

图 3-83　油 / 水层流萃取模型

程。十八烷基三氯硅烷（ODS）首先被用来选择性修饰微流控通道，从而得到一个稳定的油 / 水层流体系。溶解了氯化钠的二氯甲烷溶液作为油相，溶解了一定浓度的罗丹明 6G 的银胶溶液作为水相同时被注入 T 形通道中。在油 / 水两相汇流形成层流萃取体系后，层流流向和氯离子扩散方向呈正交耦合状态，通过调控层流流速及检测位置点在水相区域的位置可以精确控制萃取 / 扩散时间，从而得到不同萃取时间、萃取条件下的氯离子萃取效率及考察氯离子在不同体系下的扩散动力学。该方法同样适用于能够引起金、银纳米颗粒团聚的其他离子，为提高工业生产中油 / 水萃取效率提供强有力的理论支持及技术指导。

## 1. 实验部分

（1）试剂　硝酸银（$AgNO_3$）、罗丹明 6G（R6G）、十八烷基三氯硅烷（ODS）、二氯甲烷、甲苯购自国药集团化学试剂公司，其他试剂均购自阿拉丁公司。所用试剂均为分析纯且用前未经进一步纯化，所用溶液均由 Mili-Q 制水系统（美国）制备的 18 MΩ•cm 去离子水配制。

（2）仪器　XSP-8CA 生物光学显微镜（上海光学仪器一厂）用于实时观测层流状态，LSP01-2A 微量恒流泵（保定兰格公司）用于驱动油 / 水两相流体，带有聚四氟乙烯柱塞头的玻璃注射器（上海高科工业贸易公司）用于二氯甲烷溶液注入，美国科诺接触角仪用于测试修饰后玻璃表面疏水性（SL-200KB），BWS415 型便携式激光拉曼光谱仪（美国必达泰克公司）用于快速检测微通道内目标分子 SERS 光谱，激发波长为 785nm，光谱分辨率为 $5cm^{-1}$、便携光谱仪光纤长约为 1.5m。

（3）微流控芯片制作　石英玻璃芯片是由上下两块石英玻璃组合而成的，首先在下面一块石英玻璃上用干法刻蚀法[15]在石英玻璃片上加工 T 形结构的微通道，通道界面为矩形，通道具体尺寸见图 3-84（a）。之后再用低温键合加黏合技术将上面空白的石英玻璃与下面的石英玻璃键合，这样就完成了微通道的封合，然后再用高速金刚石钻头打孔使得通道与外界联通，然后经超声除去玻璃屑后用环氧树脂

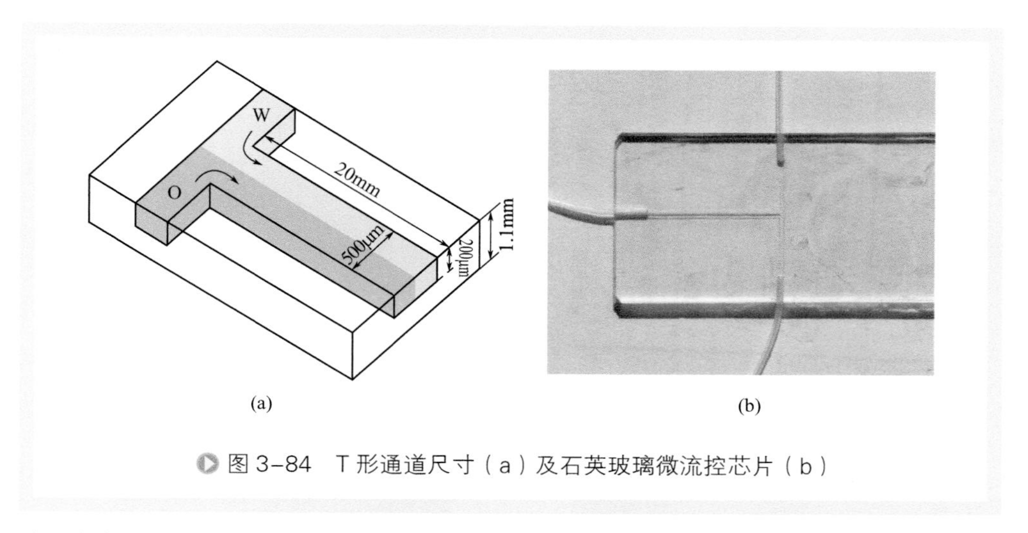


图 3-84　T 形通道尺寸（a）及石英玻璃微流控芯片（b）

胶黏剂将 PVC 软管与通道进出口连接即成功制备出了石英玻璃微流控芯片，如图 3-84（b）所示。

（4）微通道选择性改性　石英玻璃材质的微流控芯片避免了聚二甲基硅氧烷（PDMS）材料的微通道内表面亲疏水性不对称的缺点，但是在通道地面、左右两面为石英玻璃内部材料，顶面为完整的表面，所以在通道内形成油 / 水层流后受到微小压力、流量、震动等影响时，油 / 水层流会发生紊乱，难以长久保持稳定的层流状态。所以需要对微通道内部进行选择性修饰，使得其具有对称的亲疏水性，从而形成稳定的层流状态。

石英玻璃本身具有亲水性，所以只需对微通道的另一半修饰一些基团，使其具有疏水性。本书选用十八烷基硅烷（ODS）对玻璃通道进行改性修饰，然后在石英玻璃片上考察 ODS 修饰的石英玻璃的疏水性。其步骤如下：①把石英玻璃浸泡在食人鱼洗液中 3h，以充分去除石英玻璃表面杂质，随后取出并用去离子水冲洗；②把石英玻璃片浸泡在 1% 的 ODS 的甲苯溶液中 5min，保证 ODS 充分修饰在玻璃片表面。修饰完成后用接触角仪表征其疏水性，如图 3-85 所示。由图中可以看出，经过 ODS 修饰改性后的石英玻璃，亲水性液体（水）和疏水性液体（油）的接触角都有所增大，水的接触角变大的比率较高，充分说明了石英玻璃已由亲水性改性为疏水性。从而验证了 ODS 作为石英玻璃疏水改性剂的可靠性，并为下一步微通道内疏水改性打下坚实基础。

微通道内的疏水改性是利用层流图案法进行的。具体实验步骤如下，首先从 T 形通道两个入口分别通入纯甲苯溶液和 1% ODS 的甲苯溶液［图 3-86（a）］，由于两种溶液属性相同，故两溶液在 T 形通道汇合后自发形成层流，各自占据 50% 的通道空间，保持层流状态一段时间（10min），在此过程中，还有 ODS 的那一侧甲苯溶液流过的通道内壁就会被 ODS 修饰为疏水性，而纯甲苯溶液这一侧则保持原

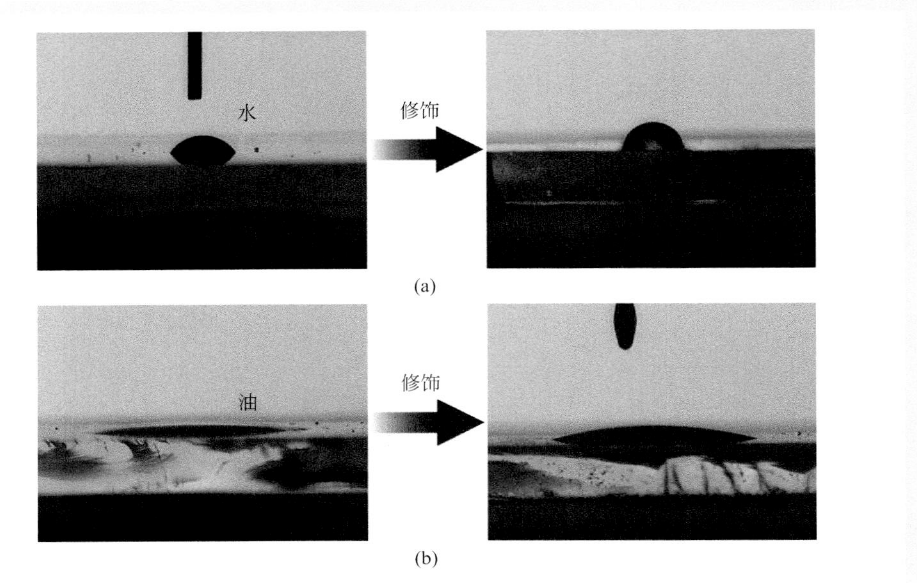

图 3-85　ODS 疏水性修饰前后对水、油在石英玻璃表面接触角的影响

来的亲水性。10min 后首先停止通入含有 1% ODS 的甲苯溶液，待甲苯溶液充满整个通道之后再停止向通道内通入甲苯溶液，这样做是为了防止 ODS 污染非改性区。最后排空整个通道内的溶液，用去离子水冲洗通道，即可得到选择性修饰的 T 形通道。修饰完成后在亲水一侧（未改性一侧）通入水相，疏水一侧（改性一侧）通入油相溶液，在表面张力的影响下，两相液体可以形成稳定的层流，如图 3-86（b）所示，从图中可以十分清晰地看出两相的液液界面。

（5）银胶的表征　银胶粒径分布及 SEM（扫描电子显微镜）图如图 3-87 所

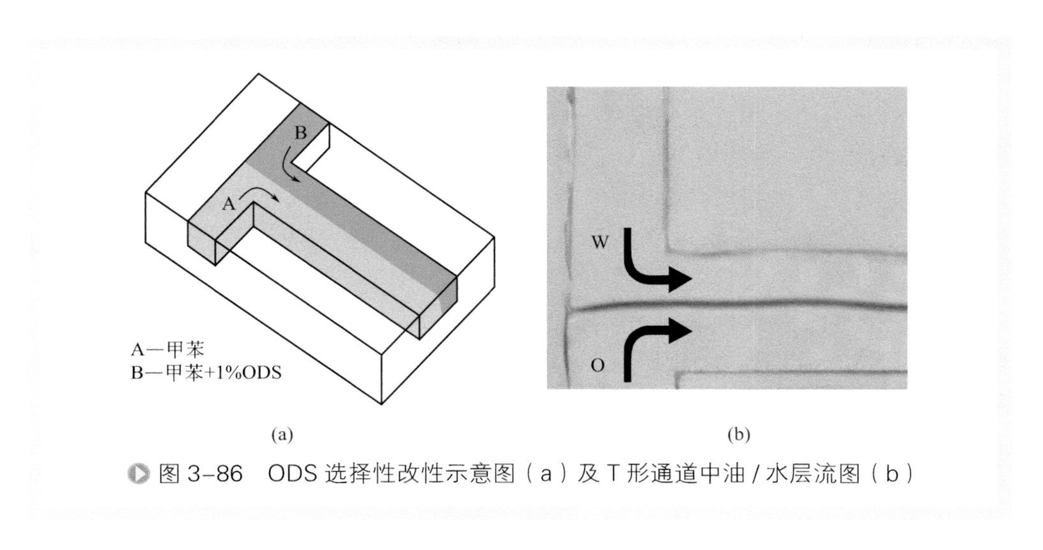

图 3-86　ODS 选择性改性示意图（a）及 T 形通道中油 / 水层流图（b）

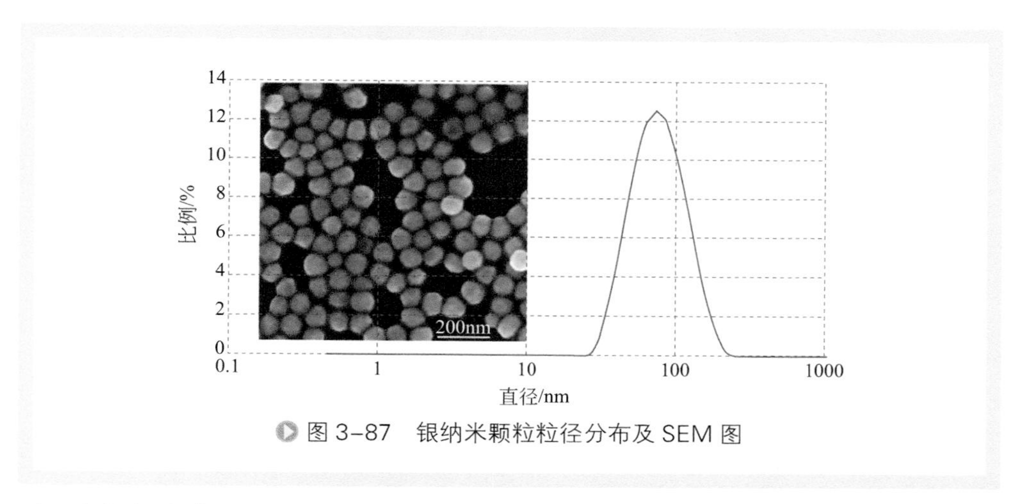

图 3-87　银纳米颗粒粒径分布及 SEM 图

示，由粒径分布图中可以看出，银纳米颗粒（AgNPs）分布均匀，且中位粒径为 75 ～ 80nm（在波长为 785nm 激光激发下，该尺寸的银纳米颗粒的 SERS 性能最好）；而由 SEM 图可以看出，银纳米颗粒为球形，且单分散性较好，直径约为 80 nm，这与激光粒度仪测出的粒径分布相吻合。同时，为了定性地测量制备的银胶的 SERS 活性，通过与前一小节相同的计算方法计算得到该胶体的增强因子（EF）约为 $1.4\times10^5$。这些结果可以表明制备的银胶具有很好的 SERS 活性，且为后续层流动态萃取检测奠定良好的基础。

（6）动态层流萃取过程中氯离子 SERS 检测　本书结合微流控及 SERS 技术来研究氯离子在油 / 水中的动态层流萃取过程，如图 3-88 所示。水相为溶有罗丹明 6G（R6G）的银胶溶液，R6G 作为 SERS 检测的目标分子；油相则为含有氯离子的二氯甲烷。油 / 水两相被微量恒流泵注入经 ODS 选择性改性的 T 形通道内，形成了稳定的层流。由于氯离子在油 / 水两相中溶解度不同，当两相接触形成稳定层流后［图 3-88（b）中 $o$ 点］，水相开始萃取油相中的氯离子。由于氯离子对水相中的银纳米颗粒有团聚作用，所以随着水相中氯离子浓度的提高，水相中银胶的团聚作用也随着变化，同时，银胶的适度团聚会引起 SERS 活性提高，从而导致浓度一定的目标分子的 SERS 特征峰强度增强。如图 3-88（c）所示，水相中的氯离子浓度会随着萃取时间的增加而增大，通过恒流泵调节层流速度及检测点在 $x$ 轴的位置来调控氯离子的萃取时间，可以检测到萃取时间为 0.1s 以内的氯离子萃取效果，从而形成一种氯离子的动态层流萃取过程。结合 SERS 强度的标定曲线，就可以通过便携式激光拉曼光谱仪的光纤探头来检测不同 $x$ 轴位置处特定浓度目标分子的 SERS 光谱的强度变化［图 3-88（d）］来间接表征检测点处氯离子的浓度。

## 2. 结果与讨论

（1）油相及 ODS 改性对 SERS 检测的影响　本书实验中选用二氯甲烷作为油

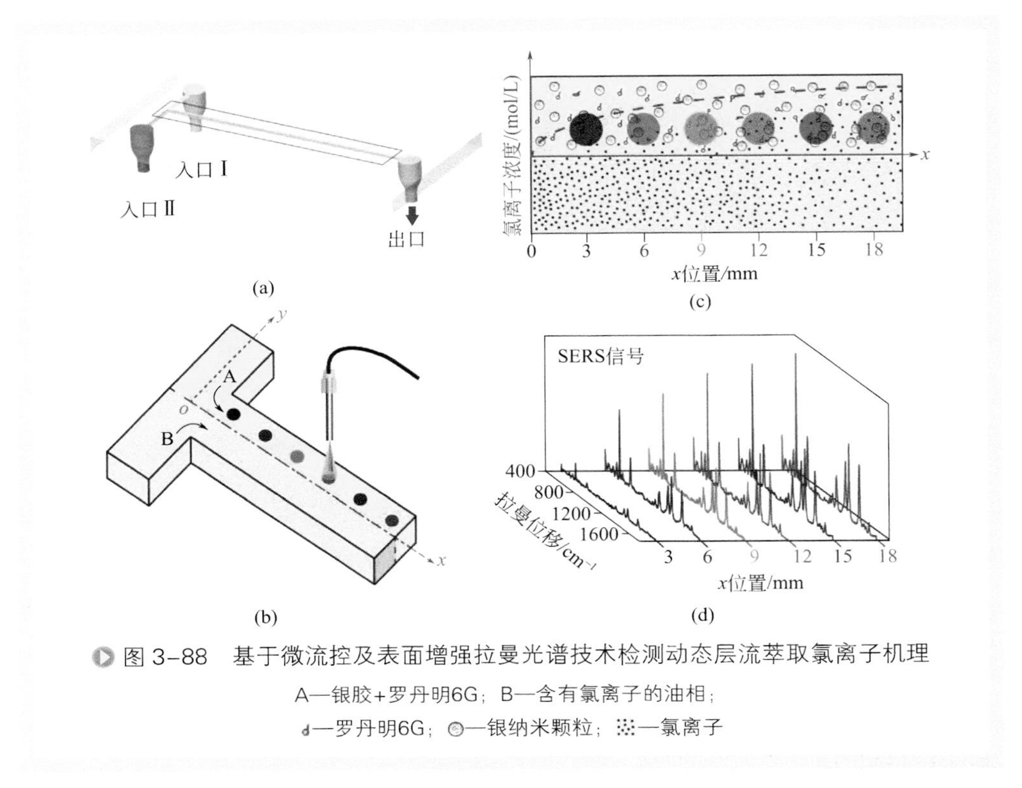


图 3-88 基于微流控及表面增强拉曼光谱技术检测动态层流萃取氯离子机理

A—银胶+罗丹明6G；B—含有氯离子的油相；

—罗丹明6G；—银纳米颗粒；—氯离子

相，这是由于二氯甲烷结构中含有氯基团，使得它作为极性溶剂能够溶解氯离子的浓度比其他油相的高，可以满足实验的需求，同时氯离子溶解度的范围也比实际工业中原油氯离子的溶解度高。首先考察了含有氯离子的二氯甲烷作为“氯源”促进银胶的团聚作用从而影响 SERS 强度的变化与氯化钠直接加入银胶溶液中引起 SERS 强度变化的区别，如图 3-89（a）中曲线①和②所示。由图中可以看出，溶有氯离子的二氯甲烷可以作为稳定的“氯源”。

由于 SERS 检测的灵敏度很高，所以微量的污染物也会影响检测的准确性。为了考察实验研究中采用 ODS 作为改性剂在后续实验中是否会对 SERS 检测有影响，分别取得了在 ODS 修饰前后通道内 R6G 的 SERS 光谱，如图 3-89（a）中曲线③和④所示，结果显示是否在微通道内修饰 ODS 实验结果差别很小，充分证明了经过疏水改性后的微通道适合当前的实验体系，而且不会影响实验结果的准确性。

由于二氯甲烷在氧气和光照的情况下会光解生成氯化氢气体，所以笔者考察了在试验过程中二氯甲烷光解生成氯化氢气体对检测结果稳定性的影响。将纯净的二氯甲烷与含有 R6G 的银胶溶液通入 T 形通道，形成稳定层流后，通过调整层流速度和检测 $x$ 轴位置，取不同萃取时间的 8 个 SERS 检测结果，并考察 R6G 在 $1508cm^{-1}$ 特征峰处强度，如图 3-89（b）所示。由图中可以看出，不同检测位置的 8 个 SERS 光谱差别很小，$1508cm^{-1}$ 特征峰处强度标准偏差在 5% 以内。说明随着时间的推移，

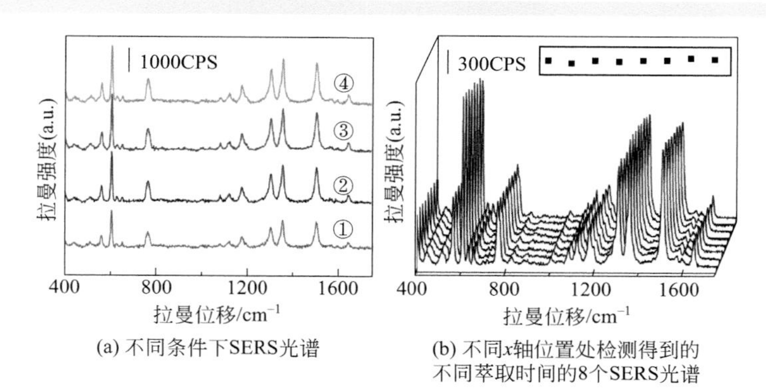


(a) 不同条件下SERS光谱

(b) 不同$x$轴位置处检测得到的不同萃取时间的8个SERS光谱

图 3-89 油相及 ODS 改性对 SERS 检测的影响

① 加入氯化钠和一定量的R6G的银胶溶液通入微通道内检测得到的SERS光谱；② 通过萃取二氯甲烷中含有的氯离子促使银胶溶液团聚得到的R6G的SERS光谱；③ 修饰了ODS的微通道内检测得到的SERS光谱；④ 未修饰ODS的微通道内检测得到的SERS光谱

二氯甲烷光解产生的氯化氢扩散到银胶溶液中引起的银胶团聚不会对检测结果有影响。充分证明了二氯甲烷光解产生的微小量氯化氢对检测结果没有影响，同时也间接说明了微小量的 R6G 从水相扩散到油相也不会影响检测结果的准确性。

（2）氯离子浓度与 SERS 强度标定曲线　为了定量研究层流萃取过程中不同萃取时间、不同区域的氯离子浓度，首先需建立一条氯离子浓度与 SERS 强度标定曲线。配制氯离子浓度分别为 $10^{-5}$mol/L，$2\times10^{-5}$mol/L，$4\times10^{-5}$mol/L，$6\times10^{-5}$mol/L，$8\times10^{-5}$mol/L，$10^{-4}$mol/L，$2\times10^{-4}$mol/L，$4\times10^{-4}$mol/L，$6\times10^{-4}$mol/L，$8\times10^{-4}$mol/L，$10^{-3}$mol/L；R6G 的浓度为 $2\times10^{-5}$mol/L 的银胶混合溶液，并立即通过微量恒流泵通入 T 形通道内，在 T 形通道汇合处［图 3-88（b）$o$ 点位置］采用便携式拉曼光谱仪依次测得各个氯离子浓度下 R6G 的 SERS 光谱图，如图 3-90（a）所示。由图中可以观察到，随着氯离子浓度的增加，R6G 的 SERS 信号逐渐增强。依次测量 R6G 特征峰 1508cm$^{-1}$（C═C 双键）处的 SERS 强度，发现氯离子浓度的对数与特征峰 1508cm$^{-1}$ 处的 SERS 强度存在线性关系，且拟合曲线拟合程度较高，相关系数为 0.9923。由此便建立了一条不同的氯离子浓度与罗丹明特征峰处 SERS 强度的关系，为后续动态层流萃取过程中氯离子的定量研究奠定了基础。

（3）氯离子的 SERS 检测　吸附在银纳米颗粒表面的目标分子数量及银纳米颗粒的聚集程度均会影响目标分子特征峰处的 SERS 强度。当相同数量的目标分子吸附在银纳米颗粒表面时，其特征峰处 SERS 强度就与产生在相邻的两个纳米颗粒之间的“热点”多少密切相关，而由氯离子引起的纳米颗粒的团聚程度则影响了纳米颗粒之间“热点”的产生。所以，可以通过考察特定浓度的目标分子的特征峰 SERS 强度变化来间接反映银纳米颗粒的团聚程度，再结合前期建立的标定曲线，最终间接表征出引起纳米颗粒团聚的氯离子浓度。

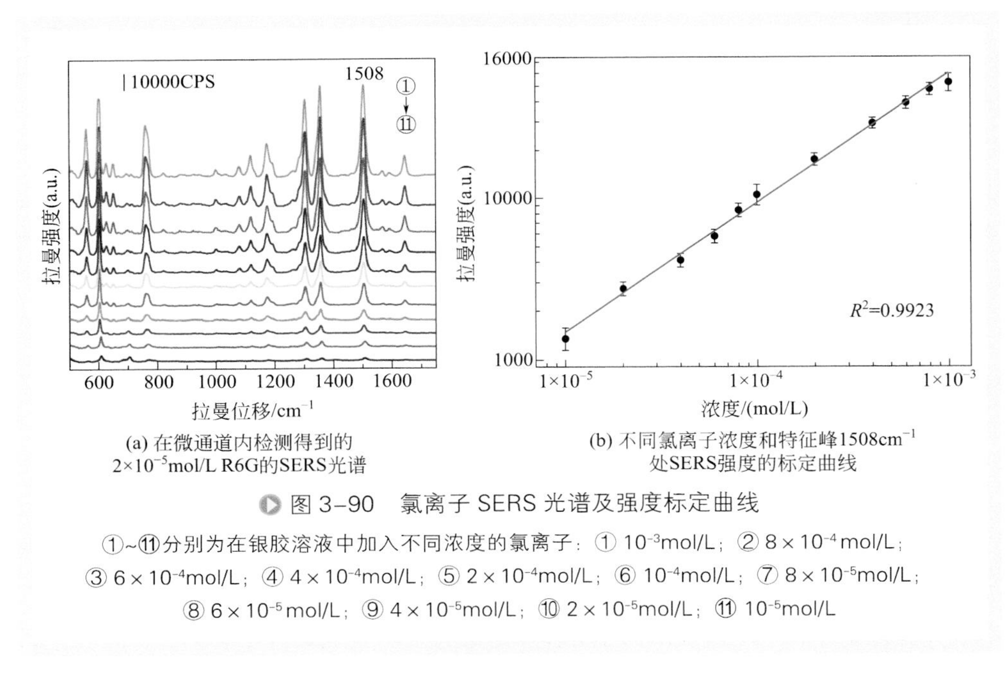

(a) 在微通道内检测得到的 $2\times10^{-5}$mol/L R6G的SERS光谱

(b) 不同氯离子浓度和特征峰1508cm$^{-1}$处SERS强度的标定曲线

图 3-90 氯离子 SERS 光谱及强度标定曲线

①~⑪分别为在银胶溶液中加入不同浓度的氯离子：① $10^{-3}$mol/L；② $8\times10^{-4}$mol/L；③ $6\times10^{-4}$mol/L；④ $4\times10^{-4}$mol/L；⑤ $2\times10^{-4}$mol/L；⑥ $10^{-4}$mol/L；⑦ $8\times10^{-5}$mol/L；⑧ $6\times10^{-5}$mol/L；⑨ $4\times10^{-5}$mol/L；⑩ $2\times10^{-5}$mol/L；⑪ $10^{-5}$mol/L

含有 $2\times10^{-5}$mol/L R6G 的银胶溶液与含有 $10^{-3}$mol/L 氯离子的二氯甲烷由微量恒流泵压入 T 形通道内，并形成稳定的层流，沿着如图 3-91 中 $x$ 轴方向，在距离油 / 水界面 10μm 处通过便携式拉曼光谱仪采集了 8 个位置（1mm、2mm、3mm、6mm、9mm、12mm、15mm、18mm）的拉曼光谱图，并统计得出不同位置处特征峰 1508cm$^{-1}$ 处 SERS 强度，如图 3-91（a）所示。由图中可以看出，SERS 强度在

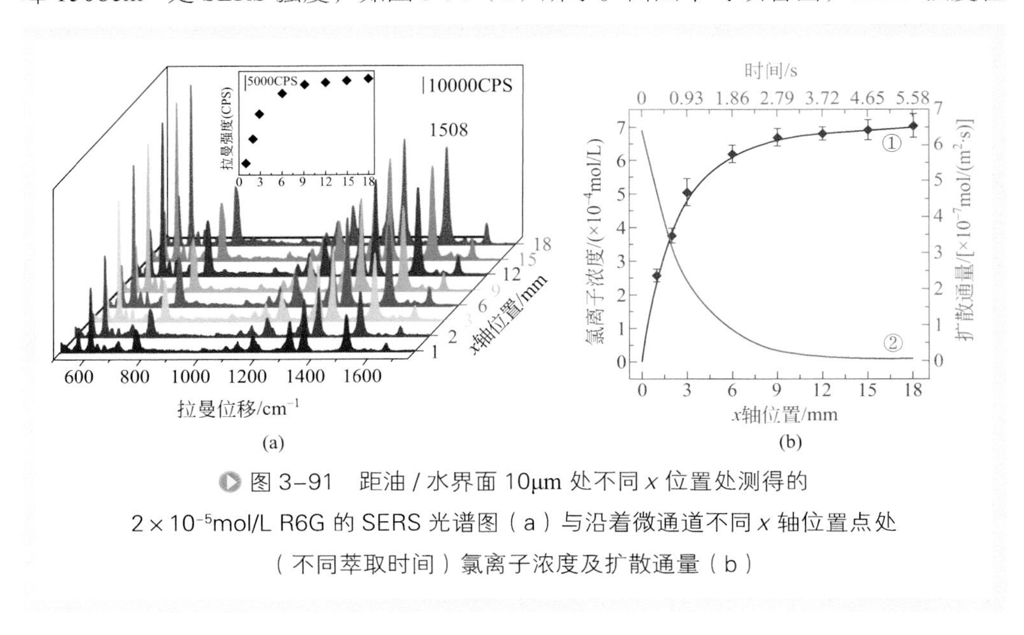

(a)

(b)

图 3-91 距油 / 水界面 10μm 处不同 $x$ 位置处测得的 $2\times10^{-5}$mol/L R6G 的 SERS 光谱图（a）与沿着微通道不同 $x$ 轴位置点处（不同萃取时间）氯离子浓度及扩散通量（b）

油 / 水层流萃取初始阶段有一个急速的增长，随着 $x$ 轴位置的增长，层流动态萃取继续进行，SERS 强度增长速度减慢，并逐渐趋于平缓，最终达到一个平衡状态。而通过 SERS 强度的变化趋势，结合图 3-90（b），可以得到整个萃取过程中氯离子的浓度变化情况，如图 3-91（b）所示。由图中可以看出，水相中氯离子浓度在动态萃取前期（1s 内）急剧增大，这是因为萃取开始阶段，氯离子在油 / 水两相浓度梯度比较大，且氯离子在两相中溶解度不同，所以，前期氯离子萃取推动力较足，浓度变化率比较大，而随着萃取过程的进行，水相中氯离子浓度逐渐趋于平缓，最终达到一个动态平衡。

通过调节层流中油 / 水两相的速度及 $x$ 轴检测点位置，可以准确得到萃取过程中不同时间内，尤其是萃取开始 1s 内的萃取效率，同时可以考察整个萃取过程中不同阶段的萃取效率，从而调控整个萃取过程，使液 - 液萃取过程处在高效区域，提高萃取效率。这种方法对研究油 / 水萃取过程中的动力学及提高萃取效率具有十分重要的意义。

（4）氯离子层流萃取动力学研究　层流萃取是基于微尺度空间下的平行流动的互不相容的油 / 水两相液体之间的分子跨油 / 水界面的扩散，这种扩散为一维扩散，所以可以由式（3-41）来描述：

$$l^2 = tD \tag{3-41}$$

式中，$D$ 为扩散系数，$m^2/s$；$t$ 为扩散 / 萃取时间，s；$l$ 为扩散距离，m，本书中扩散距离取测试点到油 / 水界面的距离 10μm。同时，氯离子在水中扩散系数为 $2.5\times10^{-11}m^2/s$。根据式（3-41），可以计算出氯离子从油相扩散到检测点处（扩散距离为 10μm）需要的时间为 4s。油 / 水两相层流的入口流量为 6000μL/h，也就是层流流速为 3.2mm/s，再根据速度公式 $s = vt$，当氯离子扩散到 10μm 的距离也就是扩散 4s 后，检测点已经到了距离 0 点 12.8mm 远的位置。从图 3-91 中，可以看出，在 $x$ 轴为 12.8mm 处，氯离子浓度大体上已经趋于稳定且此时氯离子浓度约为 $6.9\times10^{-4}$mol/L。说明 4s 内已经有 70% 的氯离子扩散到水相中距离油 / 水界面 10μm 处。

对于层流扩散，各组分的浓度仅仅与扩散距离 $l$ 相关，所以对于稳态扩散（steady-state diffusion）可以用 Fick 定律来描述：

$$J = -D\frac{\partial c}{\partial l} \tag{3-42}$$

式中，$J$ 为扩散物质的通量，$mol/(m^2\cdot s)$；$D$ 是扩散系数，$m^2/s$；$\frac{\partial c}{\partial l}$ 为随着扩散距离变化而变化的浓度梯度，$mol/m^4$，这可以通过图 3-91（b）中曲线①得到。根据式（3-42）得到了氯离子萃取过程中扩散通量变化情况，如图 3-91（b）中曲线②所示。由图中可以看出，氯离子扩散通量由起始的 $6.4\times10^{-7}mol/(m^2\cdot s)$ 降低到 $5.8\times10^{-8}mol/(m^2\cdot s)$，并且在 3s 内趋于 0，当扩散通量趋于 0 时，扩散完成。同时可以看出约有 91% 的氯离子在 2 s 内从油相中扩散到水相中。

（5）Comsol 模拟　为了验证 SERS 技术检测的层流萃取过程中氯离子浓度的

准确性，拟采用 Holden[16] 设计的层流扩散浓度稀释芯片，该芯片能够将扩散过程中的层流分离成一股股细流，从而准确地获得各个层流“线”上浓度梯度很小且不同浓度的溶液（如图 3-92 所示）。但是由于加工精度及国内技术的不足，尝试用有限元法多物理场建模与分析软件 COMSOL V4.3（COMSOL, Stockholm, Sweden）数值模拟来代替实验，辅助证明 SERS 检测结果趋势的准确性。

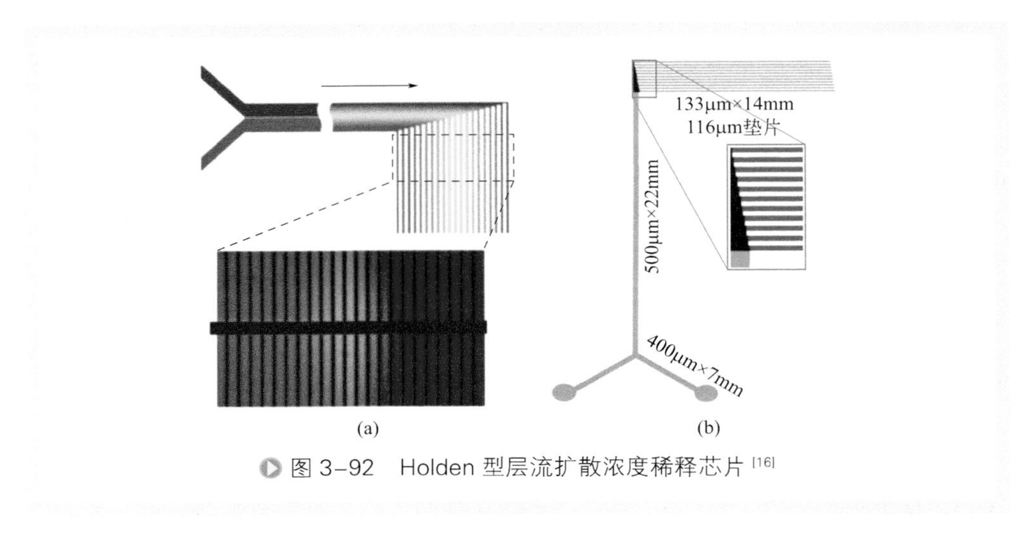


图 3-92　Holden 型层流扩散浓度稀释芯片[16]

微通道内流体流动监测及离子扩散情况可以近似在一个狭缝中采用稳态三维不可压缩的 Navier-Stokes 方程来描述

$$\rho(u\cdot\nabla)u=-\nabla\rho+\mu\nabla^2u+F_{HS} \quad \nabla u=0 \tag{3-43}$$

$$-\nabla\cdot(-D\nabla c+cu)=0 \tag{3-44}$$

式中，$u$ 为平均速度，m/s；$\mu$ 为动力黏度，Pa • s；$\rho$ 为流体密度，kg/m$^3$；$D$ 为氯离子的扩散系数，m$^2$/s；$c$ 为氯离子浓度，mol/m$^3$；鉴于选取的是间隙流动模型的 Hele-Shaw 模型，所以，Hele-Shaw 力 $F_{HS}=[(-12\mu/h^2)u]$。模拟模型采用之前实验中的 T 形及半圆形通道。

图 3-93（a）为计算机模拟的稳态情况下的层流扩散过程中氯离子浓度分布云图，氯离子起始浓度为 $10^{-3}$mol/L，流速为 6000μL/h。图中很好地显示了不同位置处氯离子的浓度。图中可以看出，在油 / 水两相刚接触时，水相中氯离子急速增加，云图中原来蓝色部分在油 / 水接触面快速变红。萃取过程随着两相流体的持续流动而进行，油相中氯离子浓度逐渐降低，而水相中氯离子浓度持续向边壁扩散，直到扩散达到动态平衡，扩散通量趋于零。图 3-93（b）为水相中距离油 / 水界面不同距离处（5 ～ 200μm）不同位置氯离子变化趋势。由图中可以看出氯离子在动态层流萃取过程开始时急剧增长，然后逐渐趋于平缓。模拟结果与实验中 SERS 检测的结果趋势相符。在距离油 / 水界面 5μm、10μm、50μm、150μm 处氯离子变化趋势相同，

距离界面 200μm 处氯离子增长趋势较前者要缓慢。

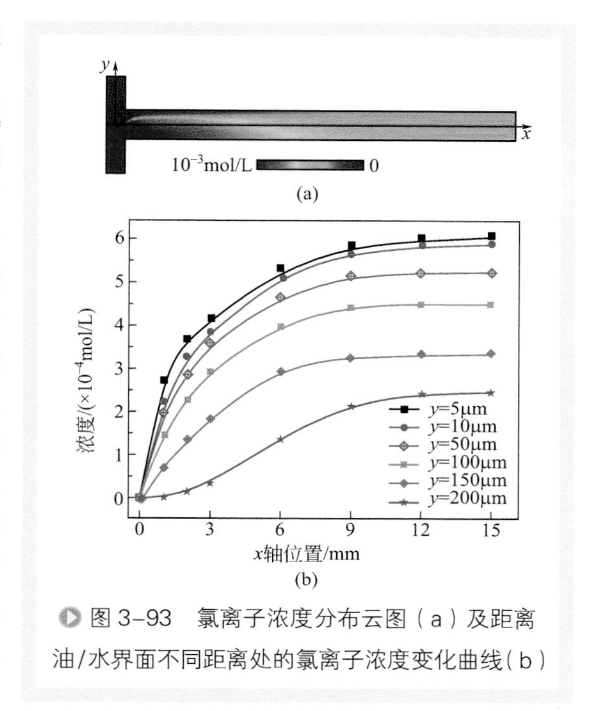


图 3-93　氯离子浓度分布云图（a）及距离油/水界面不同距离处的氯离子浓度变化曲线（b）

图 3-94（a）为不同油相中氯离子浓度 $10^{-3}$mol/L、不同层流流速下 T 形通道内氯离子浓度分布云图。①为模型网格图，②～⑥分别为不同层流流速下氯离子在水相中扩散浓度变化图。由图中可以看出，在 T 形通道内相同的 $x$ 轴位置处水相中氯离子浓度随着层流流速的增大而减小，速度越大，浓度越低。这是由于流速增大时，到达通道内相同 $x$ 轴位置处的层流两相流所需时间减小，氯离子由油相中扩散到水相中的时间变短，导致到达水相中的氯离子浓度变低。这也突出了层流萃取过程扩散时间与空间位置有较高的线性相关性的优点。图 3-94（b）为水相中距离油 / 水界面 10μm 处，不同层流流速下氯离子浓度随着 $x$ 轴位置的变化曲线。由图中可以看出，氯离子浓度变化趋势与实验结果比较相似，都是开始阶段氯离子浓度呈急速增长趋势，扩散一段时间后趋于平缓，最后达到一个动态平衡。

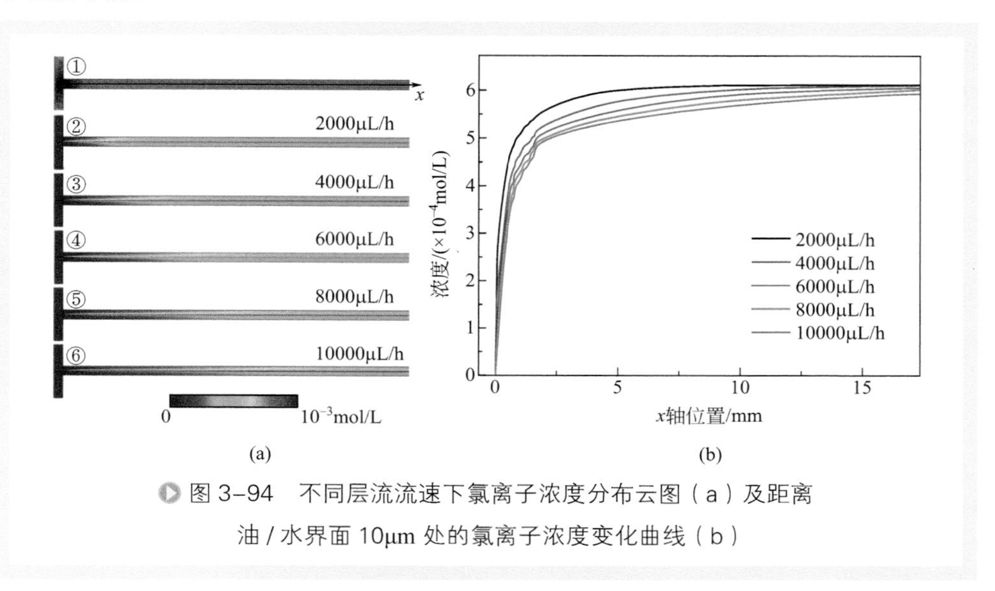


图 3-94　不同层流流速下氯离子浓度分布云图（a）及距离油 / 水界面 10μm 处的氯离子浓度变化曲线（b）

# 第六节 本章小结

液 - 固旋流分离过程的检测及调控相关研究的主要问题在于旋转流场测试研究从二维到三维的升级过程中测试手段的落后和流场的复杂性，旋转流场中颗粒运动与流体湍流流动的关联，以及在线污染物检测手段的开发。本章综合利用了 PDPA、PIV 和 V3V 三种测试方法的优势，解决了流体流动测量方面的相关难题；开发正交双高速相机的同步高速运动分析实验测试系统（S-HSMA），揭示旋转流场中颗粒的自转运动，探索颗粒运动与湍流流动的关联；利用表面增强拉曼光谱（SERS）技术和微流控技术建立污染物迁移快速在线监测的思路和方法。

① 详细介绍了 PDPA、PIV 和 V3V 三种非侵入式流场测试方法的测试原理，并利用其优势探索可以全面测量旋转流场各主要参数的测试方案，解决了流体流动测量方面的相关难题。采用瞬时三相机同步拍摄的方法实现了旋转流场三维三分量（3D3C）的测量，并通过构建 V3V、PIV、PDPA 三大测试平台，完成光路折射率匹配、微流控粒子制备、速度测量方法和新型旋流器测试模型的设计方案，实现了旋转流场从点、到面、再到体的多分量全面测量。

② 综合利用微流控造粒和高速摄像技术，开发适用于三维旋流场中快速迁移微球自转运动检测的正交双高速相机的同步高速运动分析系统实验测试系统（S-HSMA）。利用 S-HSMA 对微旋流器内流体剪切作用下微球自转速度进行检测。基于旋流场 CFD 模拟和剪切流场中颗粒自转模型，拟合得到旋流器三维旋转湍流中微球沿螺旋曲线运动的自转速度。

③ 详细介绍了表面增强拉曼光谱（SERS）技术，并发挥 SERS 技术快速现场检测的优势，利用微流控技术制备具有 SERS 活性的多孔颗粒，建立单颗粒表面污染物的定量检测思路，为工业生产中颗粒表面定性、定量检测提供了一个简单、快速的现场检测方法。基于氯离子对银纳米颗粒的促团聚作用，发挥微流控技术中层流扩散体系对氯离子萃取时间的精确控制及萃取过程的精细剖分定位，在线监测层流扩散系统中不同扩散时间、不同扩散位置的氯离子浓度变化，从而实现氯离子萃取过程的实时监测及氯离子动力学的研究。建立的动态层流萃取在线监测方法同样适用于能够引起金、银纳米颗粒团聚的其他离子，为提高工业生产中油 / 水萃取效率提供有力的理论支持及技术指导。

## 参考文献


[1] 王剑刚，张艳红，白兆圆等 . 进口尺寸对旋转流场分离特征的影响 [J]. 化工学报，2014, 65(1): 205-212.

[2] Hwang K J, Hwang Y W,Yoshida H. Design of novel hydrocyclone for improving fine particle separation using computational fluid dynamics[J]. Chemical Engineering Science, 2013, 85: 62-68.

[3] Siangsanun V, Guigui C, Morchain J, et al. Velocity measurement in the hydrocyclone by oil droplet, Doppler ultrasound velocimetry, and CFD modelling[J]. Canadian Journal of Chemical Engineering, 2011, 89(4): 725-733.

[4] Zhou N Y, Gao Y X, An W, et al. Investigation of velocity field and oil distribution in an oil-water hydrocyclone using a particle dynamics analyzer[J]. Chemical Engineering Journal, 2010, 157(1): 73-79.

[5] He F Q, Zhang Y H, Wang J G, et al. Flow patterns in mini-hydrocyclones with different vortex finder depths[J]. Chemical Engineering & Technology, 2013, 36(11): 1935-1942.

[6] Amatya D, Troolin D R,Longmire E K. 3D3C velocity measurements downstream of artificial heart valves[J]. Methods, 2009, 206: 175-179.

[7] Liu Z L, Zheng Y, Jia L F, et al. Stereoscopic PIV studies on the swirling flow structure in a gas cyclone[J]. Chemical Engineering Science, 2006, 61(13): 4252-4261.

[8] Fan Y, Wang J, Bai Z, et al. Experimental investigation of various inlet section angles in mini-hydrocyclones using particle imaging velocimetry[J]. Separation and Purification Technology, 2015, 149: 156-164.

[9] Chwang A T,Wu T Y-T. Hydromechanics of low-Reynolds-number flow. part 1. Rotation of axisymmetric prolate bodies[J]. Journal of Fluid Mechanics, 1974, 63(3): 607-622.

[10] Saidi M, Maddahian R,Farhanieh B. Numerical investigation of cone angle effect on the flow field and separation efficiency of deoiling hydrocyclones[J]. Heat and Mass Transfer, 2013, 49(2): 247-260.

[11] Fleischmann M, Hendra P J,McQuillan A. Raman spectra of pyridine adsorbed at a silver electrode[J]. Chemical Physics Letters, 1974, 26(2): 163-166.

[12] Lee W, Scholz R, Nielsch K, et al. A template-based electrochemical method for the synthesis of multisegmented metallic nanotubes[J]. Angewandte Chemie, 2005, 117(37): 6204-6208.

[13] Lee P,Meisel D. Adsorption and surface-enhanced Raman of dyes on silver and gold sols[J]. The Journal of Physical Chemistry, 1982, 86(17): 3391-3395.

[14] Jiang X, Lai Y, Yang M, et al. Silver nanoparticle aggregates on copper foil for reliable quantitative SERS analysis of polycyclic aromatic hydrocarbons with a portable Raman spectrometer[J]. Analyst, 2012, 137(17): 3995-4000.

[15] He B, Tait N,Regnier F. Fabrication of nanocolumns for liquid chromatography[J]. Analytical Chemistry, 1998, 70(18): 3790-3797.

[16] Holden M A, Kumar S, Castellana E T, et al. Generating fixed concentration arrays in a microfluidic device[J]. Sensors and ACtuators B: Chemical, 2003, 92(1): 199-207.

# 第四章

# 颗粒排序强化液固旋流分离

## 第一节 排序型旋流器概况

### 一、颗粒排序方法

颗粒排序对材料及工业反应过程来说都有着重要的意义。如在微观方面，颗粒在材料自内到外的排序会影响本身的力学性能；而在宏观方面，颗粒在反应器内大小的排序会影响传质效果。研究者在颗粒排序的影响方面做了较多的研究：如 Jäger 和 Fratzl[1] 研究了胶原纤维与矿物质错列排序对力学模型的影响，Raether 和 Iuga[2] 研究了颗粒形状、排序对多孔陶瓷热弹性性能的影响。W. Han 等 [3] 研究了多个颗粒的三维排布对复合材料（MMCs）力学性能的影响。Chainarong 与 Phadungsak[4] 研究了颗粒粒径及层排列对多孔电动干燥填料床热量和质量传递的影响。

对于颗粒排序，一般依靠颗粒固有的物理和化学属性：粒度、形状、色泽、密度、摩擦系数、磁性、电性、表面润湿性、光化学性、固有频率等。由于颗粒之间这些性质的差异，产生了多种针对颗粒排序或者分选的技术，如：①筛分，将颗粒大小不同的混合物料通过单层和多层筛子而分成若干个不同粒度级别的筛分；②水力分级，根据固体颗粒在运动介质中沉降速度不同将颗粒群分成若干窄粒度级别产物；③重力分选，根据颗粒间密度、粒度的差异，及在运动介质中所受重力、流体动力和其他机械力的不同，从而实现按密度、粒度分选颗粒群的过程；④磁选，基于不同组分之间的磁性差异；⑤电选，基于物料不同的电学性质，当颗粒经过高压电场时，利用作用在这些颗粒上的电力和机械力的差异进行分选的一种选别方法；⑥浮选，一种多相非均匀体系，水为液相，物料为固相，气泡为气相，液相、固相、气相的界面性质、各相的相互作用，以及浮选药剂在这些相界面上所产生的效应，决定了浮选过程进行的方向和速度，对浮选过程影响较大的主要是颗粒表面的润湿性、界面电性以及界面的吸附等。以上都利用了固体颗粒间某种物理或化学属性的差异，相应这些技术可以实现颗粒对应该属性的一种宏观排序。

而在微观层面，相关学者利用了热、光变化下颗粒的迁移性，分子、离子、原子之间的引力，不同物质颗粒的排斥力、引力等做了大量的研究。美国雪城大学的Bowick教授、哈佛大学Nelson教授和艾荷华州立大学的Travesset教授等合作，设计了实验并利用显微镜实地观察到了微小粒子在水滴表面的排序情形[5]。Kang等[6]研究发现铜-铁-镍合金等温退火可使纳米尺度呈立方体形的颗粒形成两个或两个以上沿（1,0,0）方向线性对齐的排布。Watanabe等[7]用蒙特卡洛模拟实验，研究了周期吸附原子在Si(111)1 × 1表面排列固定颗粒的效果；Muto等[8]用各种压缩载荷挤压两个固体棒从而实现了胶体粒子的二维分布。Pefferkorn等[9]研究发现二氧化硅粒子嵌入微结构的聚合物网络（填料脚手架）后会慢慢发展成胶体晶体状排列。Noel[10]研究发现平面和通常的锚定作用对于同质NLC中的铁粒子足够使其自我调整，实现颗粒排序。Fowlkes等[11]讨论了关于利用Ni催化剂膜纳米纤维的择优取向实现了VACNF（垂直排列的碳纳米纤维）成长速度在宏观尺度上均匀排列的精确控制。研究人员使用直径为1μm的聚苯乙烯微粒作为在球面上排序的粒子，将其吸附于不同大小的小水滴上，而小水滴又悬浮在甲苯、氯苯的混合液中，发现当水滴半径$R$除以粒子距离$a$大于5时，会形成缺陷以释放应力，$R/a$愈大，形成的缺陷愈多。另外也发现，这些被称为“疤”（scar）的链状缺陷，“疤”排序方式和微观上粒子彼此的作用力大小没有太大关系，而主要由$R/a$的比值决定[12]。

对于同种物料体系来说，固体颗粒的密度近似相等，该物料体系的固体颗粒分选或者排布基本靠“场力”。颗粒粒径不同，所受场力就不同，导致迁移速度也不同，由此实现颗粒的分级或者排序。目前在流动过程中主要基于电场、磁场和离心力场来实现不同大小颗粒分选或者排序，如Kobayashi等[13]介绍了一种在悬浮液利用静电力实现微米大小颗粒的排布的方法。而对于快速流动的物料体系，采用旋转离心力场实现颗粒的排序是一种较简单而可行的方法，构想采用高分离因数旋转离心力场对亚微米、微米级的细颗粒群按体积尺寸大小进行有序排序，使细颗粒群（particles swarms）沿径向方向从中心到四周由大至小排序或由小到大依次序排列，并对排序后形成的粒度分布曲线进行调控；这样的排序调控可以用于细颗粒群精确分级、强化旋流分离器中的分离过程，对亚微米、微米级尺度的微器件的大规模操作也有一定的参考价值。

## 二、排序强化旋流分离

关于旋流器内颗粒运动轨道的研究很多，但是对进口颗粒调控的研究还比较少。Hsieh 和 Rajamani[14] 采用 CFD 中 Prandtl mixing model 模型模拟得出了 75mm 旋流器的二维流场，用扩展的拉格朗日方法计算颗粒轨道，研究了相同粒径颗粒在不同进口位置和不同颗粒在相同进口位置两种条件下的颗粒运动轨迹，但是研究并不深入，且模拟技术还相对比较落后。Bamrungsri[15] 利用高速摄像技术研究旋流器内部流场，示踪颗粒采用的是染色的油滴，尽管也采用了不同的进口位置，但使用的并不是常用的旋流器，而是从下部进料的仅有柱段或仅有锥段的旋流器。Wang[16] 利用高速运动分析仪仔细研究了旋流器内颗粒进口位置对颗粒运动轨迹的影响，发现旋流器进口颗粒在进口截面上的初始位置对颗粒在旋流器内部的运动轨迹有重大影响，进而影响颗粒的分离效率，并指出具有预沉降作用的进口将有益于颗粒的分离。Liu 等 [17] 通过在进口处引入了蜗壳结构达到了颗粒预沉降的功效，旋流器进口颗粒的初始位置得到了有效调控，沿着直径指向器壁方向颗粒的粒径和浓度从小到大排布，使小颗粒的分离效率得到了有效提升。但该方法只能对颗粒进行粗略的预旋，不能对进口颗粒的排布进行精确调控，使颗粒按照预想的排布方式进入旋流器。

王志斌 [18] 在考虑液相与固体颗粒之间相互作用的条件下，对液相采用雷诺应力模型（RSM），采用随机轨道模型成功地模拟出固体颗粒的运动轨迹。研究表明，一定粒度的颗粒其初始位置对分离性能存在很大的影响，颗粒处于进料管断面的外侧和下侧时易于进入底流而被分离，颗粒处于进料管断面的上侧和内侧时将被带入溢流而不能被分离；不同粒度的颗粒从进料口断面同一位置注入时，粒子的运动轨迹存在很大差别，粒度大的颗粒在柱段就被分离，而粒度小的到达锥段才被分离；并且在底流口附近 1/4 锥段高的区域分离作用降低。

## 三、进口排序型旋流器

Wang[16] 的研究结果表明，颗粒从旋流器进口的轴向下侧和径向外侧进入旋流器有利于颗粒进入底流口从而实现分离，而从旋流器进口的轴向上侧和径向内侧进入旋流器有利于颗粒进入溢流口从而实现逃逸。在旋流分离系统中，需分离的颗粒群往往不具有单一粒径，而是由不同粒径的颗粒组成的颗粒群，而颗粒群中的小颗粒难以实现分离是旋流分离过程效率的制约因素。因此，如果能通过进口排序，使颗粒群中的小颗粒处于有利分离的位置，可提高小颗粒的分离效率，而大颗粒由于本身的离心力足以实现分离，即使处于不利位置也能实现分离。因此，旋流器进口颗粒排序的目的是提高颗粒群中小颗粒的分离效率而不影响大颗粒的分离效率，从而提高旋流器对颗粒群的分离效率，这也是排序型旋流器的设计思路。由于旋流器进口为矩形的切向进口，存在径向和轴向的排序，因此，理论上有如下的五种进口颗粒排序方式：

① 进口颗粒呈无序状态（无排序），这也是常规微旋流器进口的颗粒状态，如图 4-1（a）所示；

② 大颗粒从旋流器进口径向外侧和轴向下侧进入旋流器，小颗粒从旋流器进口径向内侧和轴向上侧进入旋流器，如图 4-1（b）所示；

③ 大颗粒从旋流器进口径向内侧和轴向下侧进入旋流器，小颗粒从旋流器进口径向外侧和轴向上侧进入旋流器，如图 4-1（c）所示；

④ 大颗粒从旋流器进口径向外侧和轴向上侧进入旋流器，小颗粒从旋流器进口径向内侧和轴向下侧进入旋流器，如图 4-1（d）所示；

⑤ 大颗粒从旋流器进口径向内侧和轴向上侧进入旋流器，小颗粒从旋流器进口径向外侧和轴向下侧进入旋流器，如图 4-1（e）所示。

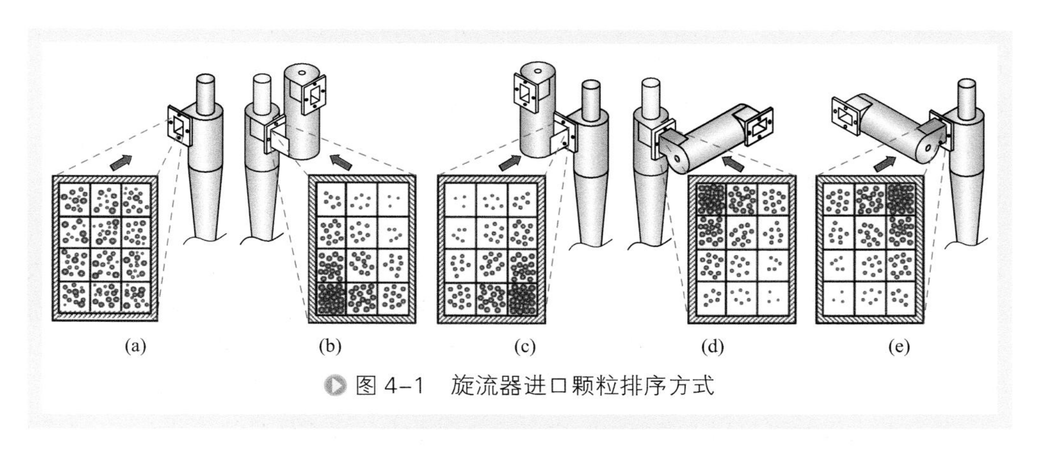


图 4-1 旋流器进口颗粒排序方式

在本章中，仅考虑旋流器进口的径向排序对旋流分离的影响，将重点对比三种旋流器（图 4-2）：（a）常规微旋流器，进口颗粒呈无序状态；（b）逆旋微旋流器，颗粒从旋流器进口径向外侧进入旋流器；（c）正旋微旋流器，颗粒从旋流器进口径

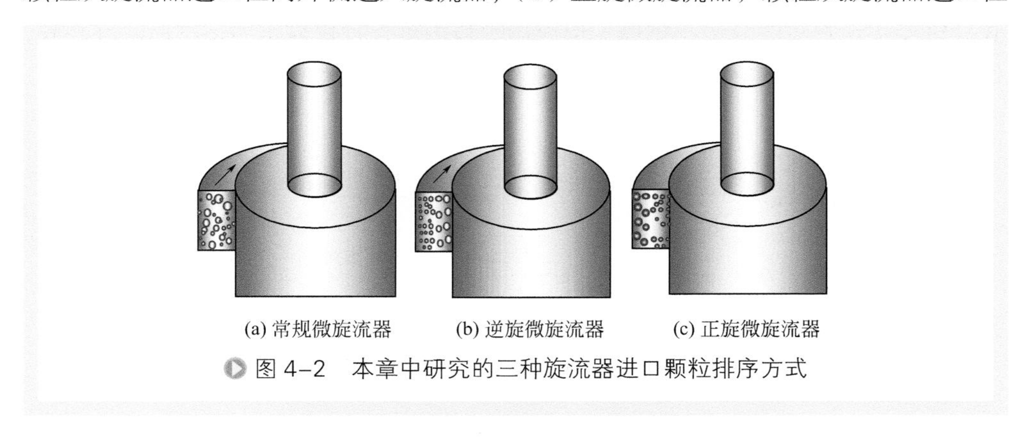


图 4-2 本章中研究的三种旋流器进口颗粒排序方式

向内侧进入旋流器。

# 第二节 颗粒排序与微旋流分离器的设计

## 一、旋转流颗粒排序理论研究

对于同种物料体系来说，固体颗粒的密度近似相等，要实现固体颗粒的大小排序或者分选基本靠“场力”或者筛分。就“场力”而言，如微观尺度的分子、原子间的引力，宏观方面的电场力、磁场力、离心场力、重力或者浮选产生的上升浮力等，颗粒粒径、密度、电性、磁性等不同，所受场力就不同，导致迁移速度也不同，由此实现颗粒的分级或者排序。对于宏观微米及亚微米颗粒的排序，只能通过宏观力来实现，而电选、磁选、浮选除了跟颗粒粒径有关系外，跟粒径以外的多种因素有关，作用机理复杂，不适合应用于旋流器进口颗粒排序过程，而重力场和离心力场适合该过程。

从原理上来说，筛分能实现颗粒的大小排序，但具体的排序方法比较难以实施，摩根逊筛可以作为筛分排序的借鉴方法。其工作原理如图 4-3 所示，按筛孔大小一般为 3 ～ 6 层相叠，自上而下筛板的倾角逐渐增大，筛孔宽度愈来愈小，作为分选设备其优点是无需驱动装置，筛孔不会堵塞，效率高，制造和维护均简单，但摩根逊筛很难与旋流器配合使用，还不能直接作为排序旋流器进口排序结构。

基于重力场的可利用于进口颗粒排序的典型水力分级方法是错流式分级，如图 4-4 所示。介质运动方向与分级物料的给入方向呈夹角 $\alpha$（大多为 90°），黏滞阻力和重力方向相反，此两种力决定颗粒下落的速度和时间，水平方向颗粒的运动速度确定颗粒的水平运动距离，粒径不同，抛物线的轨迹不同。从理论上分析，错流式分级能实现颗粒的分级与排序，但应用比较困难，且仅靠重力，排序时间较长，效率太低，不适合连续运转。

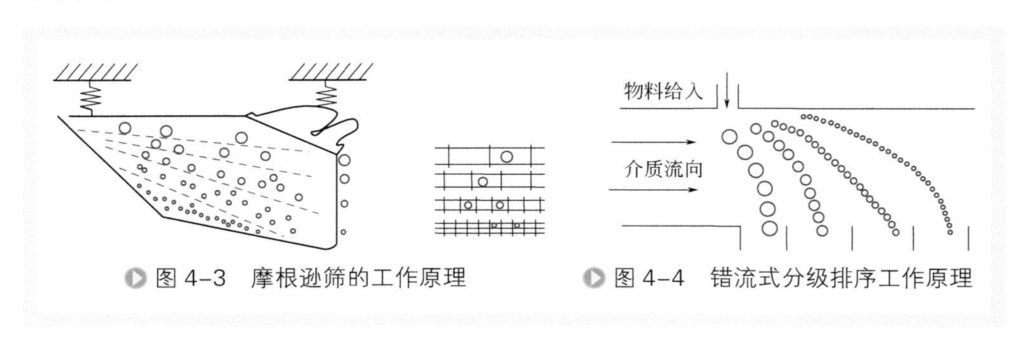


图 4-3 摩根逊筛的工作原理

图 4-4 错流式分级排序工作原理

基于离心力场的水力分级在工业上应用最普遍，尤其是微细颗粒的分级，包括水力旋流器、卧式螺旋离心分级机、叶轮式离心分级机、碟式离心分级机等各种离心机。由于微细颗粒分级需要很高的分离因数（微米级的分级需要的分离因数为 $10^3$），使流体高速旋转形成较强的离心力场，达到较高的分离因数。研究表明旋流器的柱段是一个有利于分离过程的沉降区域，其离心沉降作用能使固相颗粒基本按粒级大小（内小外大）的有序状态进入锥段，从而使锥段内的分级分离过程能更快地进行。由于各种离心机需要增添新的运动部件，增加能耗，相比之下，旋流器的柱段结构是最简单有效的颗粒排序结构，适用于快速流动的物料体系，且和旋流器配合，具有通用性。如图 4-5 所示，在离心力的作用下，大小颗粒受离心力不同而在径向截面内发生迁移，在出口可实现颗粒的大小及浓度的排序。

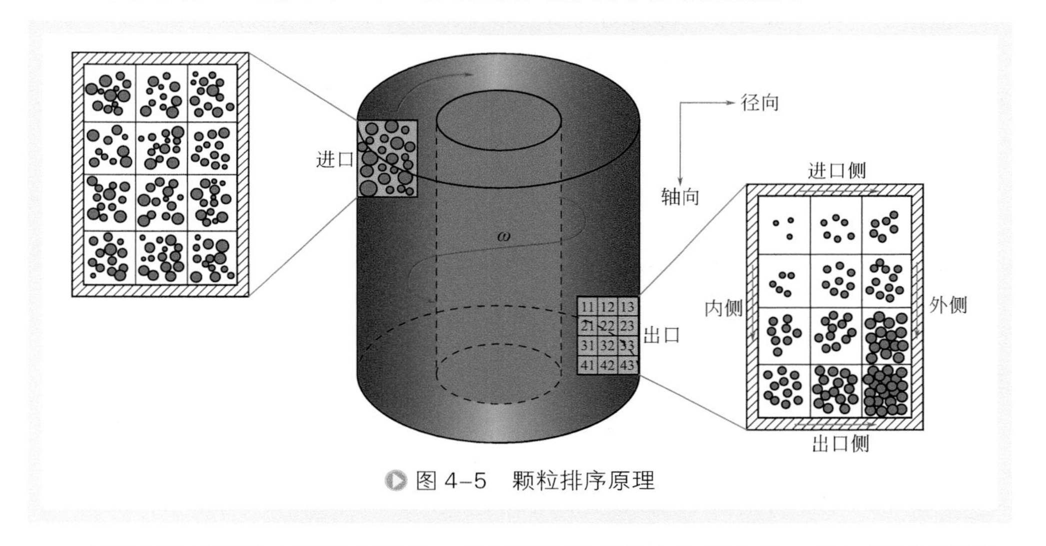


图 4-5　颗粒排序原理

在研究旋转流动中颗粒相运动，并对颗粒进行受力分析之前，首先做以下假设：

① 颗粒呈球形；

② 颗粒粒度很小，从而使其与周围流体的相对运动符合斯托克斯阻力定律；

③ 作用在颗粒上的外力只来源于位势场；

④ 流动是稳态定常的。

（1）离心沉降速度　在普通的重力或离心分离场中，分散相颗粒受到重力、颗粒与颗粒之间的作用及流体对颗粒运动（曳力）的作用；而在剪切流场中，颗粒还受到速度梯度和压力梯度引起的作用力，以及颗粒其他随机力的影响。悬浮液的固相浓度较低时，固相颗粒间的距离较大，相互间的作用及影响极微，尺寸和密度不同的颗粒各自以自己不同的速度沉降，这时的固相颗粒处于自由沉降状态。

离心力场中，固相颗粒沿径向受到惯性离心力的作用：

$$F_{\mathrm{C}}=\frac{\pi d^3}{6}\rho_{\mathrm{s}}\frac{u_{\mathrm{t}}^2}{r} \tag{4-1}$$

式中　$F_C$——颗粒所受惯性离心力；

$d$——（球形）颗粒粒径；

$\rho_s$——固相颗粒密度；

$u_t$——颗粒切向速度；

$r$——颗粒所在处回转半径。

由于惯性离心力沿径向传递的结果，使作回转运动的流体介质内沿径向上有压力梯度存在，此压力梯度由离心加速度决定。

$$\frac{dp}{dr}=\rho\frac{u_t^2}{r} \tag{4-2}$$

式中　$\rho$——流体介质密度。

在同一流体介质中做回转运动的固相颗粒，则会由于此径向压力梯度的存在而受到一向心浮力（因为浮力的实质便是物体两侧表面所受静压强不同所致）。如果颗粒粒度很小，则在该粒度范围内，压力梯度可视为定值，则向心浮力 $F_B$ 的大小可写为：

$$F_B=\frac{\pi d^3}{6}\rho\frac{u_t^2}{r} \tag{4-3}$$

颗粒在离心力场中沿径向运动时还受流体介质阻力的作用，表示为：

$$F_D=\xi\frac{A\rho v^2}{2} \tag{4-4}$$

式中　$F_D$——流体介质阻力；

$A$——颗粒在其径向运动方向上的投影面积，也称为颗粒的帆面面积，对于直径为 $d$ 的球形颗粒，$A=\pi d^2/4$ ；

$v$——颗粒与流体介质间的径向相对速度；

$\xi$——阻力系数，是颗粒在流体介质中的雷诺数（$Re=dv\rho/\mu$，$\mu$ 为介质动力黏度）的函数，若颗粒与介质间的相对运动为层流状态（$Re<1$，近似地 $Re<5.8$) 时，$\xi=24/Re$ ；若为过渡状态（$30<Re<500$，近似地 $5.8<Re<500$）时，$\xi=10/\sqrt{Re}$ ；若 $Re$ 为端流状态（$1000<Re<5000$，近似地 $500<Re<200000$) 时，$\xi=0.44$。

于是，球形颗粒在离心力场中沿径向的沉降运动方程由牛顿第二定律可得：

$$\frac{\pi d^3}{6}(\rho_s-\rho)\frac{u_t^2}{r}-\xi\frac{\pi d^2\rho v^2}{8}=m\frac{dv}{dt} \tag{4-5}$$

式中　$m$——颗粒的质量。

当颗粒沿径向作等速运动，即 $\frac{dv}{dt}=0$ 时，其所受离心力、向心浮力与流体阻力构成平衡，由此可得出离心力场中同相颗粒沿径向的自由沉降末速（或称离心沉降末速）的表达式：

$$v_0 = \left[ \frac{4d(\rho_s - \rho)u_t^2}{3\rho\xi r} \right]^{0.5} \tag{4-6}$$

式中　$v_0$——离心力场中固相颗粒沿径向的自由沉降末速（或称离心沉降末速）。

式（4-6）是在颗粒与介质间无滑动摩擦的条件下导出，从中看出颗粒沿径向运动的速度同其离心加速度的 0.5 次方成正比，同颗粒直径和颗粒的密度与介质的密度差的 0.5 次方成正比，同阻力系数与介质密度的 0.5 次方成反比。同一粒度和同一密度的固体颗粒，在旋流器分离过程中的不同径向位置，则有不同的径向运动（沉降）速度。其他参数一定时，离心沉降末速随着 $u_t$ 的增大而增大。可见，颗粒的离心沉降末速随颗粒所在位置回转半径的不同而不同，并与旋转流的流动物性有关。这是离心沉降与重力沉降的不同之处。

当离心沉降过程中的颗粒粒度很小时，可采用层流状态下的 Stokes 阻力公式。式（4-4）中的 $\xi$ 取为 $\dfrac{24\mu}{dv_0\rho}$，则此时的离心沉降末速为：

$$v_0 = \frac{d^2(\rho_s - \rho)u_t^2}{18\mu r} \tag{4-7}$$

式（4-7）右边分子分母同乘以重力加速度 $g$，可得：

$$v_0 = \frac{d^2(\rho_s - \rho)g}{18\mu} \times \frac{u_t^2}{gr} = v_g Fr \tag{4-8}$$

式中　$v_g$——重力场中颗粒的自由沉降末速，即重力沉降末速；

　　$Fr$——离心力强度（也称离心分离因数），为离心加速度与重力加速度的比值。

由式 (4-8) 看出，颗粒的离心沉降末速等于其重力沉降末速乘以离心力强度。显然，当离心力强度较大时，离心沉降速度比重力沉降速度大得多，因此，离心沉降比重力沉降在处理细粒级物料时要有效得多。用重力沉降法很难分离 5μm 以下的颗粒，而离心沉降法可分离 1μm（甚至小于 1μm）的颗粒。

（2）旋转流离心场内颗粒粒径及浓度分布　水力旋流器内某一粒度的颗粒，当其离心沉降速度与液流径向速度相等时，该颗粒将保持在某一固定半径位置上回转，于是可按下述方法求得在回转半径 $r$ 处的颗粒的直径。

当固相颗粒与液体相对运动为层流状态时，所受的离心力和介质阻力相平衡，球形颗粒以速度 $u_r$ 沿径向向旋流器器壁运动，由式（4-5）得

$$\frac{\pi d^3}{6r}(\rho_s - \rho)u_t^2 = \xi d^2 u_r^2 \rho \tag{4-9}$$

可得到固相颗粒沿径向的粒度分布：

$$d = 1.91\frac{\xi\rho}{(\rho_s - \rho)}\left(\frac{u_r}{u_t}\right)^2 r \tag{4-10}$$

当颗粒与介质的相对运动属层流时，采用斯托克斯（Stokes）阻力系数；

$\xi_s = \dfrac{3\pi}{Re}$，它适用于 $d < 0.10\text{mm}$ 的颗粒；

当颗粒与介质的相对运动属过渡区时，采用艾伦（Allen）阻力系数：$\xi_A = \dfrac{5\pi}{4\sqrt{Re}}$，它适用于 $0.10\text{mm} \leqslant d \leqslant 1.50\text{mm}$ 的颗粒；

当颗粒与介质的相对运动属湍流时，采用牛顿（Newton）阻力系数：$\xi_N = \dfrac{\pi}{16} \sim \dfrac{\pi}{20}$，它适用于 $d > 1.50\text{mm}$ 的颗粒。

由式（4-10）看出，不管采用哪种阻力系数，当分离密度相同而粒度组成不同的固体颗粒群时，在旋流器中呈平衡旋转的颗粒粒度与其旋转半径成正比，半径越大粒度越粗。

当固相颗粒与液相介质相对运动为过渡流状态时，只需改变颗粒离心沉降速度公式，同样也可得出当半径 $r$ 增大时回旋颗粒的粒径增大的结论。

另外，颗粒所受离心力指向器壁，因此颗粒在离心场中运动达到平衡时，自中心到边壁，浓度逐渐增大，与粒径分布规律相似。

以下内容就为采用该方法设计的旋流器进口颗粒排序器，以实现旋流器进口横向截面内固体颗粒的浓度或粒度排布。

## 二、基于离心沉降颗粒排序器设计

（1）颗粒排序实验模型及测试装置　进口颗粒排序器的原理如图 4-5 所示。该模型与旋流器的溢流口插入柱段空间一样，基于离心沉降原理对出口颗粒的浓度、粒度分布进行调控，进而达到旋流器进口颗粒排序的效果，提高旋流器的分离效率及分离精度。对于该模型，在配合旋流器公称直径、进口尺寸一定的情况下，影响出口颗粒排序效果的因素有模型的高度和中心芯棒的直径，因此本模型设计了 3 个高度和 3 个中心芯棒直径，以便实现颗粒排序器的优选。

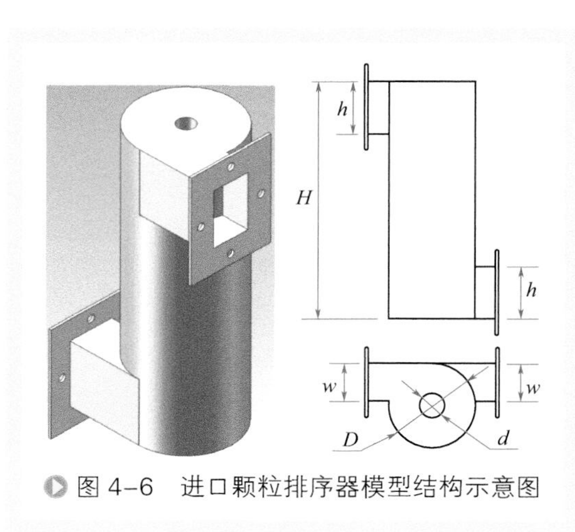

图 4-6　进口颗粒排序器模型结构示意图

进口颗粒排序器模型结构尺寸如图 4-6 及表 4-1 所示。进出口尺寸与微旋流分离器的进口尺寸相同；柱段腔体直径（$D$）与微旋流分离器的公称直径相同；柱段高度（$H$）分别为进口高度 $h$ 的 3、4、5 倍；芯棒直径 $d$ 为柱段腔体直径 $D$ 减去 2、3、4 倍的进口宽度，即 $D-2w$、$D-3w$、$D-4w$。

进口颗粒排序器及采样如图 4-7

所示，采用 5 根内径为 400μm 的毛细管对出口流道横截面的液固混合物进行采样，毛细管自出口内侧（靠芯棒）至外侧编号分别为 1 ～ 5 号。

**表4-1　进口颗粒排序器尺寸**

| $D$ | $w$×$h$ | $H$ | | | $d$ | | |
|---|---|---|---|---|---|---|---|
| 25mm | 4mm×6mm | $3h$ | $4h$ | $5h$ | $D-2w$ | $D-3w$ | $D-4w$ |

由于本实验的目的是研究颗粒排序器出口的颗粒粒度及浓度分布情况，因此采用了 30μm 以下不同直径的玻璃微珠，其中 0 ～ 5μm、5 ～ 10μm、10 ～ 20μm、20 ～ 30μm 颗粒的质量比为 1∶1∶1∶0.5，玻璃微珠的密度约为 1300kg/m$^3$。液相为水，液固混合物的浓度为 500mg/L。

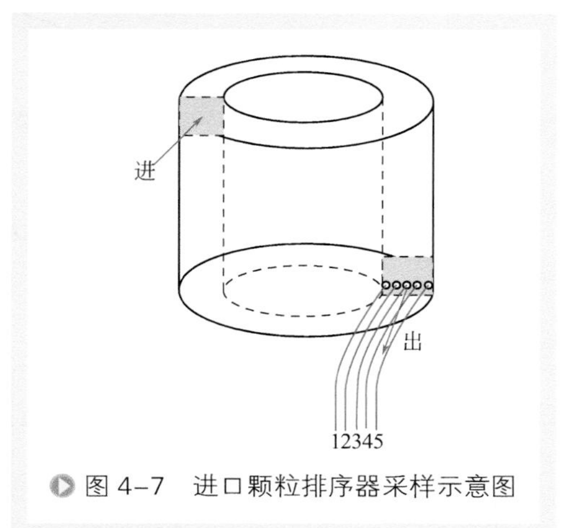


图 4-7　进口颗粒排序器采样示意图

（2）颗粒排序器流量与压降的关系　图 4-8 为颗粒排序器在柱段高度为 $3h$、$4h$、$5h$ 时不同芯棒直径流量 - 压降曲线。由图 4-8 可以看出，随着流量的增大，压降也逐渐增大；就同一高度时，芯棒直径越小压降也越小；另外芯棒直径越小，压降随流量增大的幅度要略小一点。图 4-9 为相同芯棒直径下，不同高度的流量压降曲线，由图 4-9 可以看出，在相同芯棒直径下，在实验范围内高度对压降影响较小。

（3）质量流率与浓度的关系　相同高度、不同芯棒直径的颗粒排序器出口处各点的颗粒浓度 $C$ 与内边壁 1 号取样点颗粒浓度 $C_1$ 比值如图 4-10 所示。由图 4-10 可以看出，在相同高度下，芯棒直径越大，颗粒预排列出口横向截面颗粒浓度排布

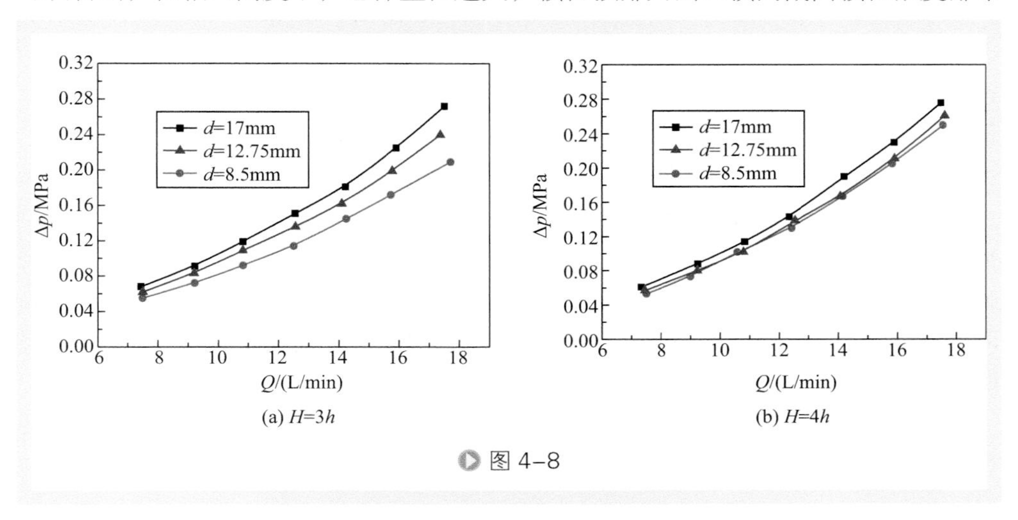


图 4-8

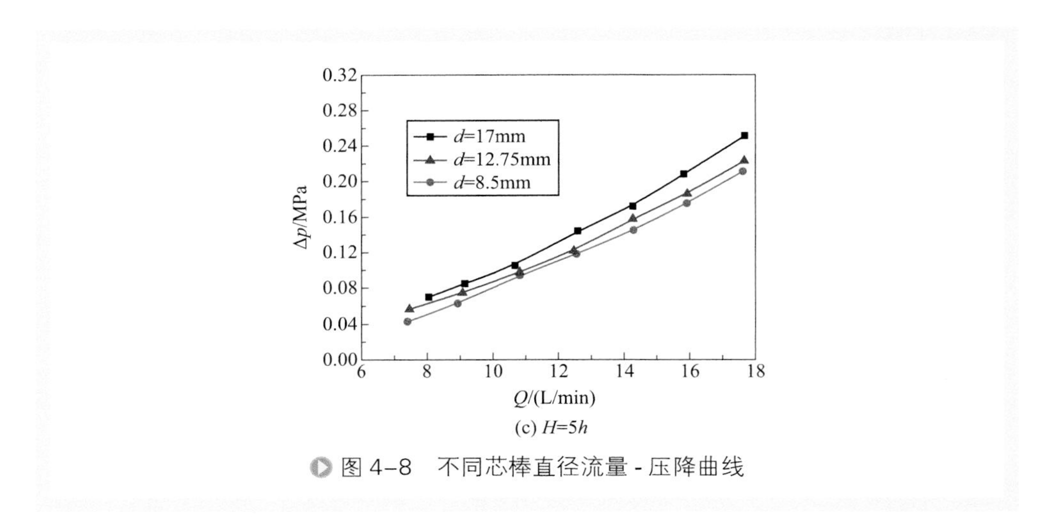


图 4-8　不同芯棒直径流量 - 压降曲线

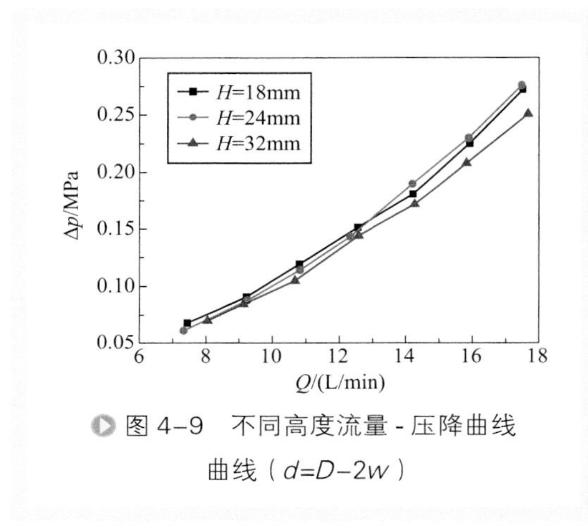


图 4-9　不同高度流量 - 压降曲线曲线（$d=D-2w$）

效果越好，在实验采用的芯棒直径变化范围内，当芯棒直径为 $D-2w$ 时颗粒浓度排布效果最好，在三种流量下均实现了颗粒浓度自内边壁到外边壁从小到大的排布。在颗粒预排列高度 $H$ 为 $3h$，芯棒直径为 $D-2w$ 时，随流量的增加颗粒浓度比值增大，在低流量下，受边壁黏滞阻力的作用，靠近内边壁位置浓度比自内边壁到外边壁先降低，然后逐渐增大，到靠近外边壁位置浓度增大到最大值；随着流量的增大，靠近内边壁处浓度比先降低的趋势逐渐消失，自内边壁到外边壁都呈逐渐增大趋势，这可能是因为随着流量的增大，流体克服边壁黏滞阻力的影响能力逐渐增强，因此靠近内边壁无降低趋势。

高度为 $3h$ 不同芯棒直径各点质量流率 $m$ 与内边壁质量流率 $m_1$ 比如图 4-11 所示。由图 4-11 可以看出，颗粒预排列器出口自内边壁至外边壁，质量流率先增高，到靠近外边壁 2/5 位置点达到最高，在靠近外边壁附近由于边壁黏滞阻力的原因再降低，但外边壁质量流率要大于内边壁质量流率。就实验范围内，芯棒直径为 $D-2w$ 时，质量流率比随出口截面横向位置的排布规律更好些，与浓度比的结果相同。随着流量的增大，出口截面横向位置质量流率的增大幅度也增大。

图 4-12 为颗粒排序器高度为 $4h$ 时，不同直径芯棒的出口处各点的浓度与内边壁 1 号取样点浓度比。由图 4-12 可以看出，在该高度三个不同芯棒直径下，颗粒

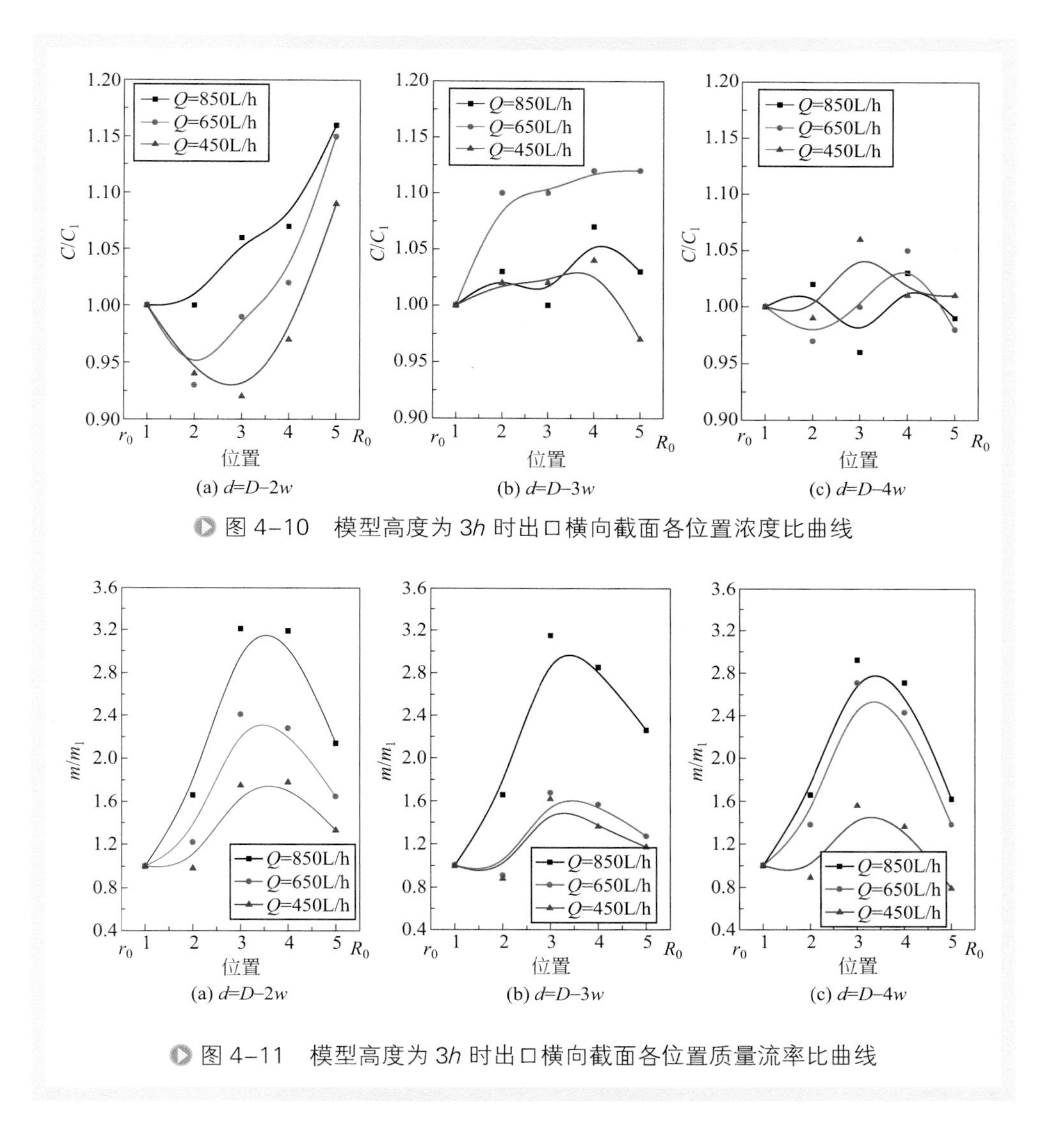


图 4-10 模型高度为 3*h* 时出口横向截面各位置浓度比曲线

图 4-11 模型高度为 3*h* 时出口横向截面各位置质量流率比曲线

预排布出口横向截面内自内边壁到外边壁各点固相浓度与靠近内边壁处浓度相比，都呈现增加趋势。在实验所取的三个芯棒直径下，当芯棒直径为 $D-2w$ 与 $D-3w$ 时，颗粒浓度自内边壁到外边壁增加趋势明显。当流量不小于 650L/h，直径为 $D-2w$ 时，颗粒浓度自内边壁至外边壁增加趋势呈一次曲线分布，浓度逐渐增大到最大；直径为 $D-3w$ 时，颗粒浓度内边壁至外边壁增加趋势呈二次曲线分布，自内边壁到宽度 1/5 位置先迅速增大，后缓慢增大，到靠近边壁 1/5 位置增大到最大，后略微减小。相比较该两个模型，当进口直径为 $D-2w$ 时，颗粒排序效果更有利于满足后续旋流器进口颗粒排序的要求。

图 4-13 为颗粒排序器高度为 4*h* 时，不同芯棒直径各点质量流率与内边壁质量

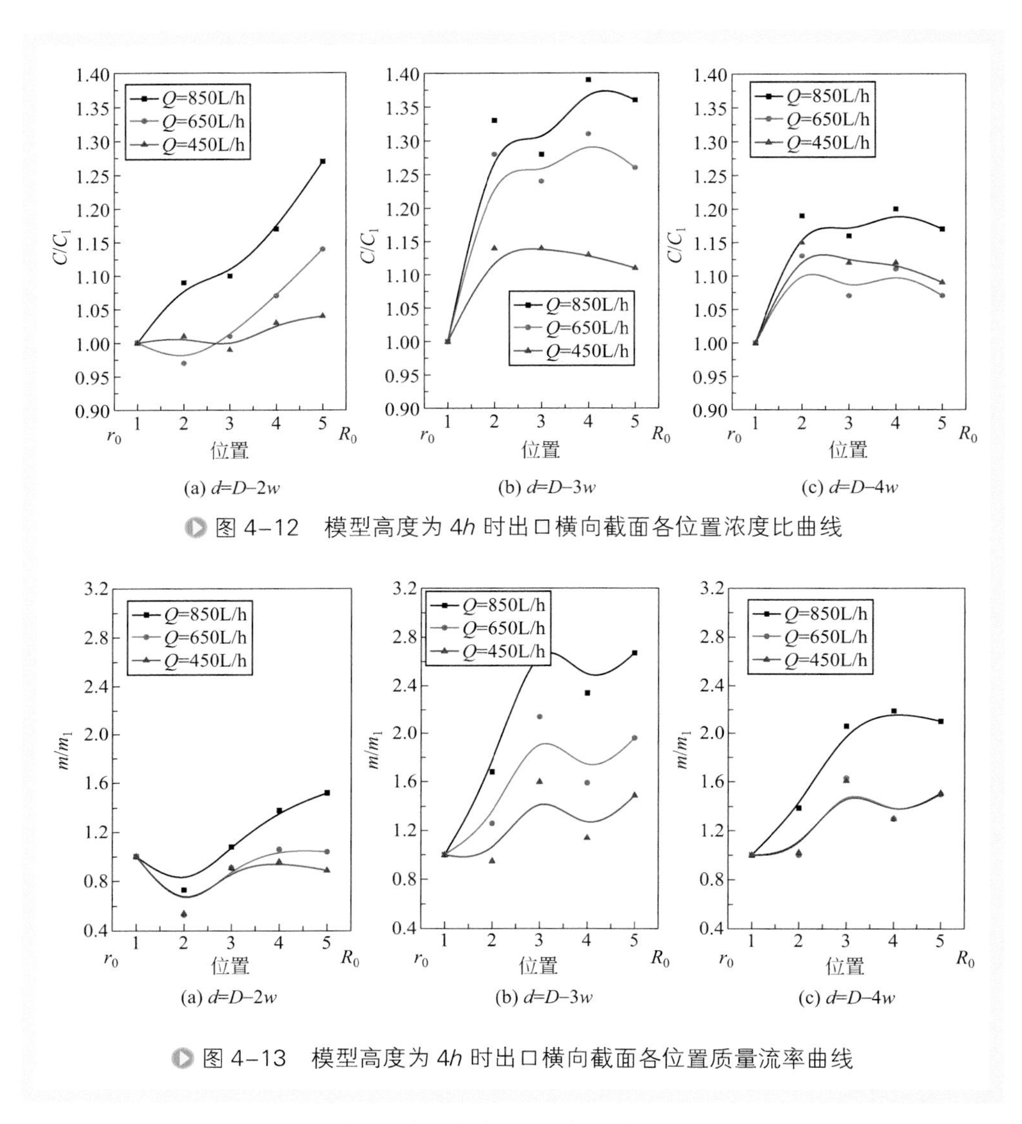


图 4-12 模型高度为 4*h* 时出口横向截面各位置浓度比曲线

图 4-13 模型高度为 4*h* 时出口横向截面各位置质量流率曲线

流率比。由图 4-13 可以看出，质量流率比分布趋势与固相浓度比分布趋势基本相似，在三个不同芯棒直径下都呈现出自内边壁到外边壁增加的趋势，相比较而言，当芯棒直径为 $D-3w$ 时，质量流率增加的趋势更为明显，就该模型下，流量越大质量流率比自内边壁至外边壁增加的幅度也越大。

图 4-14 为颗粒排序器高度为 5*h* 时，不同直径芯棒的出口处各点的浓度与内边壁 1 号取样点浓度比。由图 4-14 可以看出，在该高度，三个芯棒直径下，颗粒预排布出口横向截面内自内边壁到外边壁各点固相浓度与靠近内边壁处浓度相比，也呈现增加趋势。在实验所取的三个芯棒直径下，当芯棒直径为 $D-2w$ 时，颗粒浓度自内边壁到外边壁增加趋势明显，自内边壁至外边壁 1/5 位置内迅速增大，后缓慢

增大，到靠近外边壁 1/5 位置内增大到最大，后又迅速减小，但靠近外边壁浓度值大于靠近内边壁浓度值，呈二次曲线分布形态。

图 4-15 为 $5h$ 高度下不同芯棒直径各点质量流率与边壁质量流率比。由图 4-15 可以看出，质量流率比分布趋势与固相浓度比分布趋势基本相似，在三个芯棒直径下都呈现出自内边壁到外边壁增加的趋势，自内边壁至外边壁先迅速增大，在靠近外边壁附近增大到最大，后又减小。在该高度下，芯棒直径为 $D-2w$ 时，质量流率自内边壁到外边壁增加趋势较明显，在该模型下，流量越大，质量流率比自内边壁至外边壁增加的幅度也越大。

对比不同高度对颗粒预排列器出口颗粒浓度及质量流率可以看出，当高度为

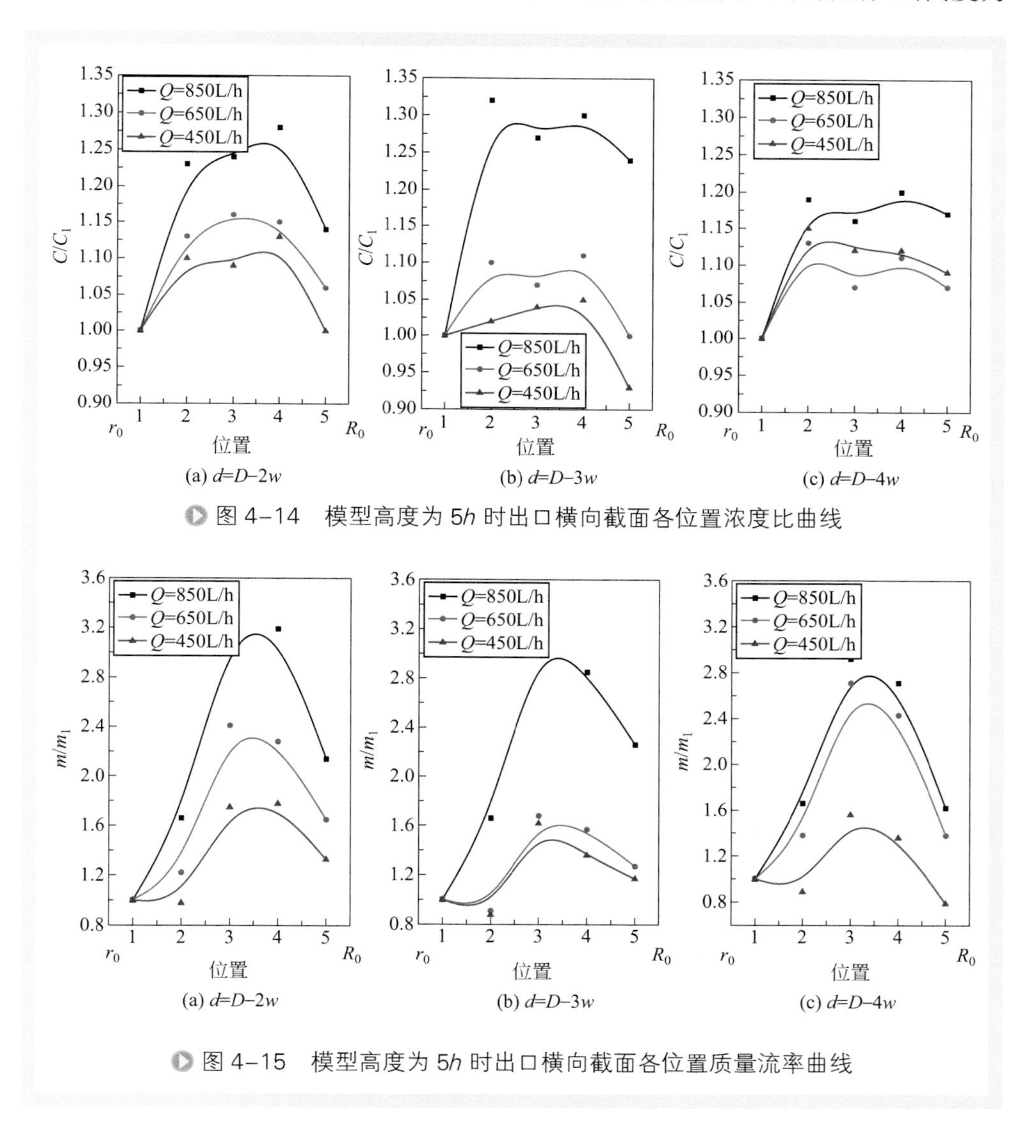


图 4-14 模型高度为 $5h$ 时出口横向截面各位置浓度比曲线

图 4-15 模型高度为 $5h$ 时出口横向截面各位置质量流率曲线

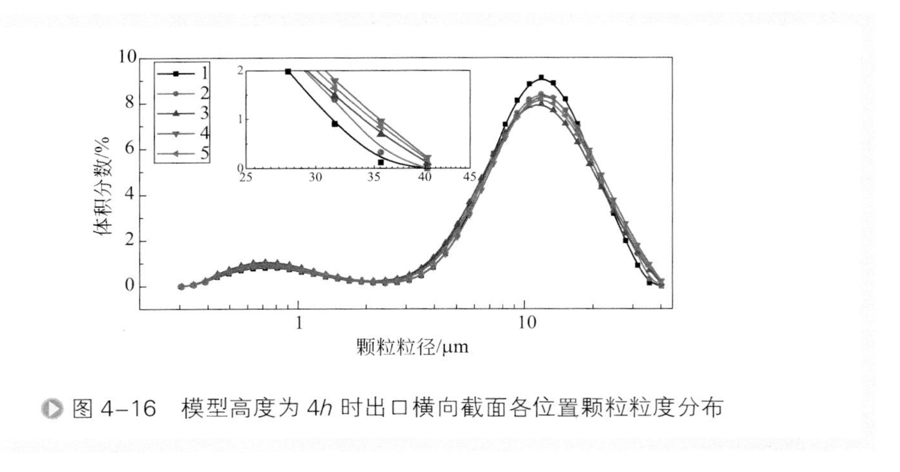


图 4-16　模型高度为 4$h$ 时出口横向截面各位置颗粒粒度分布

4$h$ 自内边壁至外边壁浓度的增长幅度值较大，因此就实验模型范围内，高度 4$h$，芯棒直径为 $D-3w$ 至 $D-2w$ 时，颗粒浓度在出口横向截面内排布效果较好。

（4）排序器出口粒度分布　图 4-16 为高度 4$h$、芯棒直径为 $D-3w$ 时颗粒排序器出口在流量为 750L/h 时横截面内颗粒粒度分布。由图 4-16 可以看出，粒度分布的曲线没有浓度曲线的规律那样明显，根据之前对粒度分布所作的理论分析，从式（4-10）看出，不管采用哪种阻力系数，当分离密度相同而粒度组成不同的固体颗粒群时，在旋流器中呈平衡旋转的颗粒粒度与其旋转半径成正比，半径越大粒度越粗。也就是理论上越靠近器壁、毛细管的编号越大粒径越大。由图 4-16 可以看出，在该模型下颗粒排序与理论分析较为接近，但由于采样及测量的误差，并没有表现出与理论分析完全相同的一致结果，颗粒排序器出口横截面实现了自内到外粒度逐渐增大，但在靠近外边壁的 4 号、5 号颗粒粒径较接近，可能是由于靠近外边壁颗粒受边壁黏滞阻力及颗粒相互碰撞反弹造成的返混。

## 三、颗粒排序方式及排序微旋流器的设计

### 1. 微旋流器的设计过程

影响微旋流器性能的因素主要为结构尺寸和操作条件两方面，其中结构参数为决定旋流器性能的关键因素。表 4-2 为微旋流器分离性能的影响因素及量纲，可供微旋流器设计过程参考。

（1）物料物性参数的确定　对于物性参数来说影响最突出的还是固相与液相的密度差，它是实现旋流器离心分离的根本条件。若两相之间没有密度差，颗粒所受的离心力与浮力相等而处于平衡状态。固液密度差越大，固相就越容易分离，旋流器的分离效率就越高。另外对旋流器分离性能有明显影响的是物料的浓度和固相粒度及分布。并且物料的浓度和温度还直接影响物料的黏度，而由 Stokes 定律，它将

直接影响 Stokes 阻力和颗粒在离心力场中的沉降速度。若考虑两相流湍流特性时，黏度还会影响旋流器的能耗和分离效率。在旋流器的各种理论和经验模型中，虽然大多数温度没有出现，但都间接地反映在黏度和密度的变化上。另外，所分离的物料颗粒形状对旋流器分离也有影响，例如：一些形状不规则的针形、盘形颗粒，在旋流器涡流中的沉降速度较重力作用下的沉降速度慢，其原因就是颗粒的形状不规则的影响。在固相粒度分布方面，由于小粒径固相颗粒的跟随性强，它的增多会显著降低旋流器的分离效率。

**表4-2　微旋流器分离性能的影响因素及量纲**

| 类别 | 名称 | 符号 | 量纲 |
| --- | --- | --- | --- |
| 结构参数 | 公称直径 | $D$ | [L] |
| | 溢流管直径 | $D_o$ | [L] |
| | 底流口直径 | $D_u$ | [L] |
| | 进料口直径 | $D_i$ | [L] |
| | 圆锥段锥角 | $\theta$ | |
| | 柱段长度 | $H$ | [L] |
| | 溢流管插入深度 | $h$ | [L] |
| | 旋流器总长 | $W$ | [L] |
| 操作参数 | 进料体积流量 | $Q$ | $[L^3T^{-1}]$ |
| | 进料压力 | $p$ | $[ML^{-1}T^{-2}]$ |
| | 旋流器安装倾角 | $\beta$ | |
| 物性参数 | 进料浓度 | $c_i$ | |
| | 固、液相密度 | $\rho_s$、$\rho_l$ | $[ML^{-3}]$ |
| | 物料温度 | $t$ | [θ] |
| | 物料黏度 | $\mu$ | $[ML^{-1}T^{-1}]$ |

本章设计的微旋流器主要应用于低浓度微细催化剂的分离过程，在实验过程采用水作为连续相，具体参数为：温度为常温；连续相与分散相密度分别为 998kg/m³ 与 2100kg/m³；分散相为多孔状的催化剂颗粒，浓度为 50 ～ 2000mg/L，粒度为 0 ～ 15μm，其中 90% 颗粒不大于 3μm。

（2）微旋流器的结构选择　本分离过程为了达到液体的澄清的目的，且是对微细固体颗粒的分离。而长锥型微旋流器的分离精度较高，适用于固体颗粒质量回收率要求较高的液体澄清或悬浮液浓缩以及分离精度很高的固体颗粒分级。传统的旋流器一般采用直锥形式，锥段内表面保持光滑，此时可获得较高的分离精度，有利于小颗粒的分离。但为了满足某些特殊要求，提高其分离性能，近年来出现了一些与传统模式相差甚远的结构，提出了一些新的研究方向。

而对于锥段的结构型式，褚良银等[19]在锥段结构的研究中，认为同 20° 直锥段相比，抛物线型锥段使分离修正总效率提高 14%，螺旋型器壁使分离总效率提高 13%，然而双曲线型锥面却使分离总效率降低 11%，内环线型锥段使分离总效率降低 4%。因此为了降低压力损耗和提高分离效率，锥角和锥段结构型式的优化还有待进一步研究。研究发现对于液固分离过程，当第二个锥角不变时，第一个锥角越大，分流比越小，压降也越大些，相对锥段内部离心力也越大些。两个锥的锥度变化越小，能耗越小，分级效率也越高些，反之亦然；第一个锥的锥度越大，到底流的小颗粒也越多。根据实验结论，就对小颗粒的澄清处理而言，采用小锥角的单锥形式更适合一些。

王尊策等[20]在旋流器锥角变化对压力损失的研究中认为降低水力旋流器总能耗，应避免过多增大小锥角，而应通过适当加大大锥角来加以解决。大锥段加长使水力旋流器压力损失加大，小锥段加长对最佳处理量和最佳分离效果基本没有影响，但旋流腔加长使最佳处理量有所下降，同时使分离效率大幅度降低。

水力旋流器的锥角一般为 10° ～ 20° ，且柱段直径越大，通常锥角也越大。直径超过 75mm 的旋流器锥角一般选为 20° ，而对于微旋流器，锥角甚至可取为 1.5° 。张永红[21]通过实验研究表明，随着锥角的增大，旋流器的分级精度有所提高，但分级效率呈下降趋势。

因此本实验旋流分离选用短柱长锥型结构，微旋流器的锥角选择 6° ，以适应对微细颗粒的分离。

（3）微旋流器的尺寸确定　对液固分离旋流器来说基本结构由旋流器主体、入口、溢流管和底流口四部分组成，其结构简图如图 4-17 所示。圆柱段称为旋流腔，

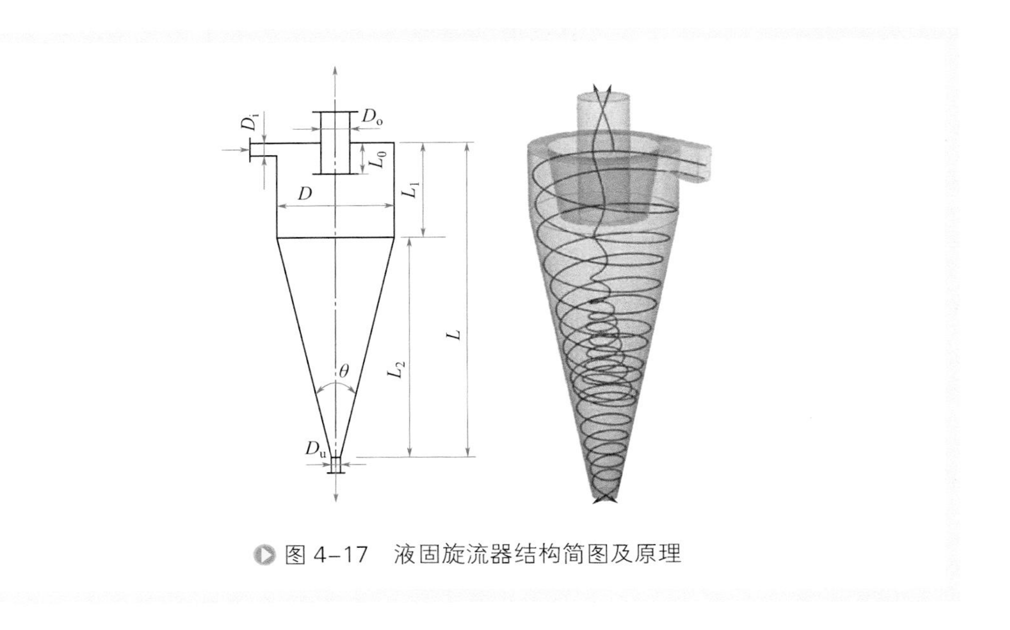


图 4-17　液固旋流器结构简图及原理

旋流腔的直径 $D$ 是旋流器的主直径，直径 $D$ 的大小不但决定了旋流器的处理能力，而且也是确定其他参数的依据，所以通常以旋流腔直径为基准来划分不同的旋流器规格。旋流器的总长度 $L$ 是旋流腔长度 $L_1$ 及圆锥段长度 $L_2$ 之和。其他主要结构参数还有圆锥段的内锥角 $\theta$，入口直径 $D_i$，溢流口直径 $D_o$ 及插入深度 $L_0$，底流口直径 $D_u$。

① 柱段结构尺寸的确定　微旋流器柱段结构参数主要有直径和长度。微旋流器的结构确定后，最重要的就是确定柱段直径，即公称直经，该尺寸的大小决定了旋流分离因数，进而决定着分离精度，另外柱段直径对微旋流器的生产能力也有直接影响。一般说来，生产能力和切割粒径随着水力旋流器直径的增大而增加。

一般认为，旋流器可分离的最小颗粒尺寸约与其直径的平方根成正比，随着旋流器直径的增大，其生产能力和切割粒径都将有所增大，且堵塞的可能性减小，操作使用更为可靠。

本章所要分离的物料粒度为 0 ～ 15μm，其中 90% 颗粒不大于 3μm，需要选用较小尺寸做柱段直径，根据被分离物的粒径，选用 25mm 作为柱段直径。

通常人们认为旋流器内的流动主要发生在锥段部分，因此以往的研究重点都是对锥段结构的研究，有关旋流器柱段长度对其分离性能影响的研究较少，对圆柱段的设计也比较随意。事实上旋流器柱段部分也存在固相颗粒的分离行为，即旋流器的分离行为在整个旋流器内均有发生，并且柱段结构主要影响分离修正总效率、分离效率曲线及分离精度、分流比和溢流浓度等分离性能。

褚良银等[19] 采用正交试验设计的方法系统研究了柱段结构（主要是柱段长度）对分离性能的影响。研究结果表明就分离修正总效率而言，柱段最优长度应为 $2.0D$；对于分离精度的最优长度应为 $1.6D$。

庞学诗[22] 所推荐的一般工业用旋流器柱段长度约为其直径的 0.7 ～ 2.0 倍，微细粒分级、液液分离和其他用途的旋流器的筒体长度将大于 2 倍。

Delgadillo[23] 设计了几种新结构型式的圆柱段结构。数值计算结果表明：喇叭型圆柱段比常规微旋流器压降减少了 36%，对分级性能无改善；短锥型圆柱段整体分离效果得到改善，但能耗增加；圆柱与锥型结合的圆柱段，小颗粒得到更好的分离，分离效率提高，能耗降低。

本章中微旋流器柱段长度选为（1.45 ～ 1.55）$D$。

② 进料口结构尺寸　水力旋流器进料口的主要作用是将做直线运动的流体在柱段进口处转变为圆周运动。进料口的形状和尺寸对其生产能力、分离效率等工艺指标有重要的影响，这主要因为进料口控制着产生离心旋转作用的入口流速，对旋流器流场的作用非常显著。

Kelsall[24] 最早对圆形和矩形这两种具有相同截面面积的进料口进行了比较，发现狭长形的矩形进料口（其长边平行于水力旋流器轴线）能使分离效率得到改善。这主要因为矩形进料口的断面形状能紧贴水力旋流器柱段壁面，这样可以尽量消除引起进料短路的死区。

切线型进料口容易造成进料口处流体的扰动和湍动，而且由于流体的转向损失和涡流损失等而引起较大的局部阻力，因此进料部位的局部能量耗损较大；蒋明虎[25]在研究压力损失时认为加大旋流器入口截面尺寸可有效降低总压力损失，而其分离性能基本不受影响；在渐开线型、弧线型、螺旋线型、同心圆型以及多管对称等进料形式中，螺旋线型进料的效率最高，而弧线型进料的处理能力最大，其能耗损失也最低。

龚伟安[26]用理论计算方法比较了螺旋线型进料口和切线型进料口阻力系数后发现，切线型进料口阻力系数最大，对数螺旋线型次之，阿基米德螺旋线型最小。

李玉星[27]在研究压力特性的数值模拟时认为采用入口向下倾斜和增大入口面积都能降低压降。因此，采用增大入口面积、改善入口截面形式以及采用渐近式的进料口对降低压力降都是有利的，而对其他分离性能影响不大。

Larsson[28]采用三位螺旋型进料结构，结果表明这种进料形式使旋流器进口处流体的扰动和湍流脉动得到有效的控制，降低了进口部位局部能耗，提高了水力旋流器的处理能力。

Tue Nenu 等[29]实验研究了两种进口（单进口和双进口）对分离效率的影响。研究表明两种进口的最佳进口流量相同，在相同进口流量和操作压降的情况下双进口结构的切割粒径小于单进口结构，且分离效率高于单进口结构。

Yoshida 等[30]研究了切线型和螺旋线型进口旋流器的分离性能，并在旋流器进口处设置导流板。结果显示：在相同的操作条件下，螺旋线型进口旋流器的切割粒径小于切线型进口旋流器，分级效率也高于切线型进口旋流器；设置导流板会减小旋流器的切割粒径，温度升高也会使得分离粒度降低。

李建隆[31]开发了一种带有螺旋线型导流板的新型旋流器，由于导流板的存在延长了颗粒的停留时间，有利于细颗粒的分离。

对于低浓度的固体颗粒澄清，参考常用旋流器及以往工程经验，进口当量直径约为（0.13 ～ 0.29）$D$，在此选用的当量直径约为 0.22$D$，采用矩形进口，宽与高分别为 4mm 与 6mm。

③ 溢流管结构尺寸　溢流管结构型式是影响旋流器分离性能的重要结构因素之一。溢流管一般为直圆管，并内插一定深度，而轻质分散相水力旋流器的溢流管一般直接与旋流器的顶盖连接、不向圆柱段内插入，它是防止短路流和压力损失的因素之一。许多学者在研究中发现溢流跑粗、分离产品中粗细混杂以及降低能量损耗等方面都与溢流管的结构存在很大关系。

蔡小华[32]在溢流口的结构研究中认为溢流口直径对分离性能影响较大，一般在许可范围之内减小溢流管内径，将导致分离精度降低，溢流口直径小于最大切向速度所在的半径时，分离精度反而会增大；并提出溢流插入长度有一最佳值。

其他还有虹吸式溢流管、双管式溢流管，外带环流旁路溢流管等型式对旋流器的分离特性都有不同程度的提高。

因此为了最大限度地防止溢流跑粗，提高分离性能、降低能耗，对溢流管的最佳结构型式、最佳插入深度及插入深度对流场的影响都有待进一步研究。

本章选用厚壁圆管作为溢流口结构，溢流口面积根据工程经验约为进口面积的 1.5 倍，因此溢流口直径为 0.27$D$。

④ 溢流管插入深度　安装水力旋流器的溢流管有助于溢流沿着轴线向上移动。一般情况下，固 - 液水力旋流器中的溢流管要向圆柱段内插入一定深度，主要是为了避免短路流中大部分颗粒直接混入溢流，有利于提高分离效率。

Wang[33] 的研究表明：随着溢流管插入深度减小，旋流器的生产能力有所增大，而切割粒径有所减小，增加溢流管的长度，细颗粒的分离效率降低，而粗颗粒分离效率会增加。

但是过度加长溢流管的插入深度，则会因为缩短内旋流的高度而减少颗粒的停留时间，从而使得中等颗粒不易被分离出来，同时也加剧了溢流管外壁对流动结构的影响；如果溢流管过短又无法避免因短路流而造成的溢流跑粗。因此，溢流管的插入深度存在一个最佳长度。

Rietema[34] 认为溢流管最佳插入深度应为 0.4$D$，庞学诗 [22] 推荐的溢流管最适宜插入深度为（0.33 ～ 0.5）$D$。

尽管对于溢流管插入深度的研究不同的研究者有不同的认识，但有一点是可以确定的，即溢流管的下端应高于柱锥界面，否则会加剧流动流场的紊乱；也不得高于进料管下缘水平面，以免失去其应有的作用。本章根据以往工程经验，溢流口插入深度选（0.4 ～ 0.6）$D$。

⑤ 底流管结构尺寸　旋流器底流管一般为直圆管，而且一般均与大气直接相通，底流产品直接从底流口排出。水力旋流器工作时，内部中心空气柱的大小和位置易受进料条件的变化而波动，造成分离过程的不稳定 [35]。为了改善或改进旋流器的性能，近年来出现了一些特殊形状的底流管结构以及特殊的底流管外附加结构 [36]。

为了稳定水力旋流器的底流浓度，有人研制了一种底流管带胶皮活门的水力旋流器和底流管带单向阀的旋流器，利用溢流管的虹吸作用通过压力的平衡自动稳定底流浓度 [37]。

Lin[38] 提出了一种底流外带增稠器的水力旋流器，获得了高浓度的底流，使水力旋流器在细粒物料的脱水和浓缩领域得到更好的利用。

为消除空气柱的不利影响，有人设计出一种将底流管浸入水封箱的水封式旋流器 [39]。研究表明，水封式旋流器内的流动特征及能量分配都比普通水力旋流器内的更合理，能获得更好的分级分离性能。

本章选用底流浸入水封箱结构型式，为了保证底流的增浓效果，底流直径选为

$0.08D$。

### 2. 颗粒排序型微旋流器的结构尺寸

颗粒排序型微旋流器选用优选出的结构尺寸，与微旋流器主体配合使用，分别称为常规微旋流器、正旋微旋流器与逆旋微旋流器，结构尺寸分别如表 4-3 及图 4-18 所示。其中正旋微旋流器的流体在颗粒排序器和微旋流器内的旋转流动方向相同，均为顺时针方向；逆旋微旋流器的流体在颗粒排序器和微旋流器内的旋转流动方向相反，颗粒排序器内为逆时针方向，微旋流器内为顺时针方向。

表4-3 颗粒排序型微旋流器基本尺寸

| $D$/mm | $\theta$/(°) | $w$ | $h$ | $D'_o/D$ | $d_o/D$ | $d_u/D$ | $D_o/D$ | $H'/D$ | $H/D$ |
|---|---|---|---|---|---|---|---|---|---|
| 25 | 6 | 4 | 6 | 0.64 | 0.24 | 0.06 | 0.68 | 0.96 | 1.4 ～ 1.6 |

后续模拟及测试分析过程中微旋流器柱锥段分析截面如图 4-19 所示。

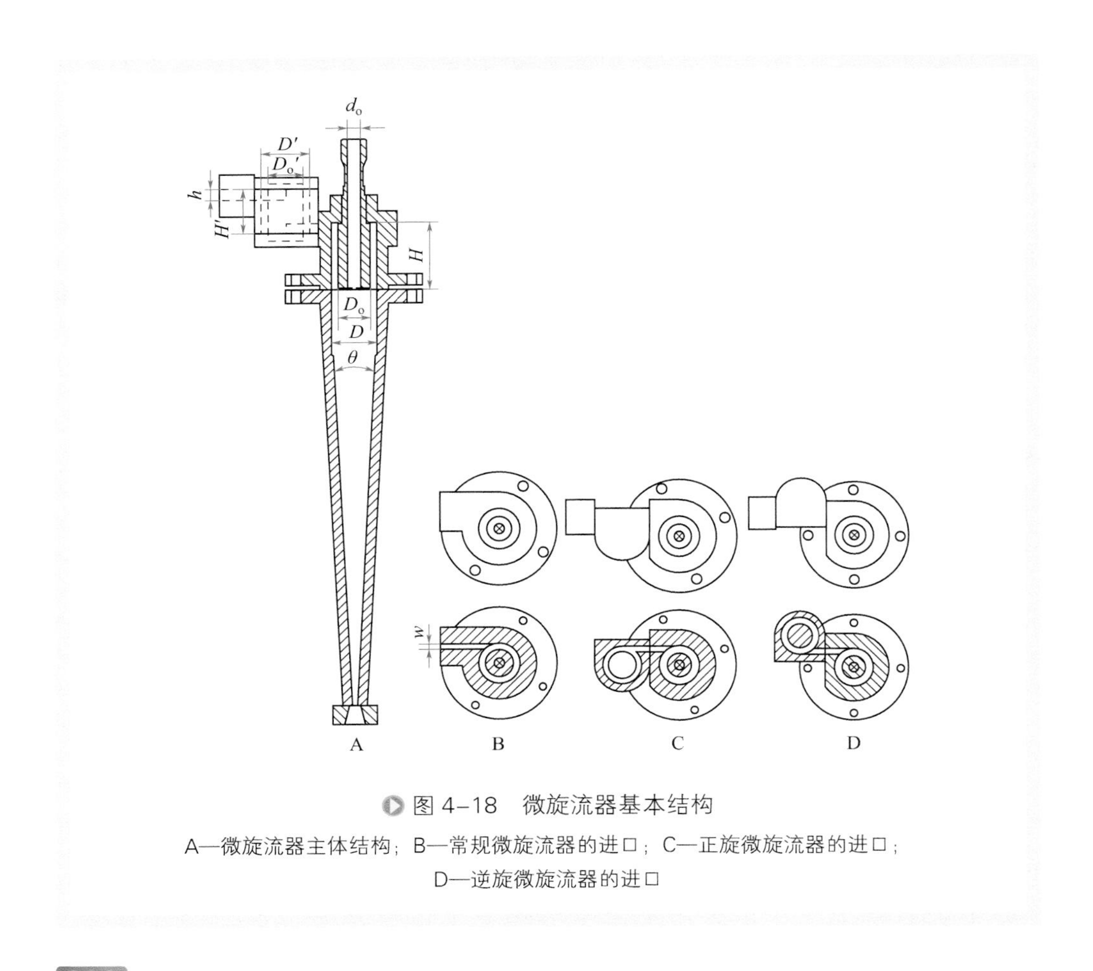


图 4-18 微旋流器基本结构

A—微旋流器主体结构；B—常规微旋流器的进口；C—正旋微旋流器的进口；D—逆旋微旋流器的进口

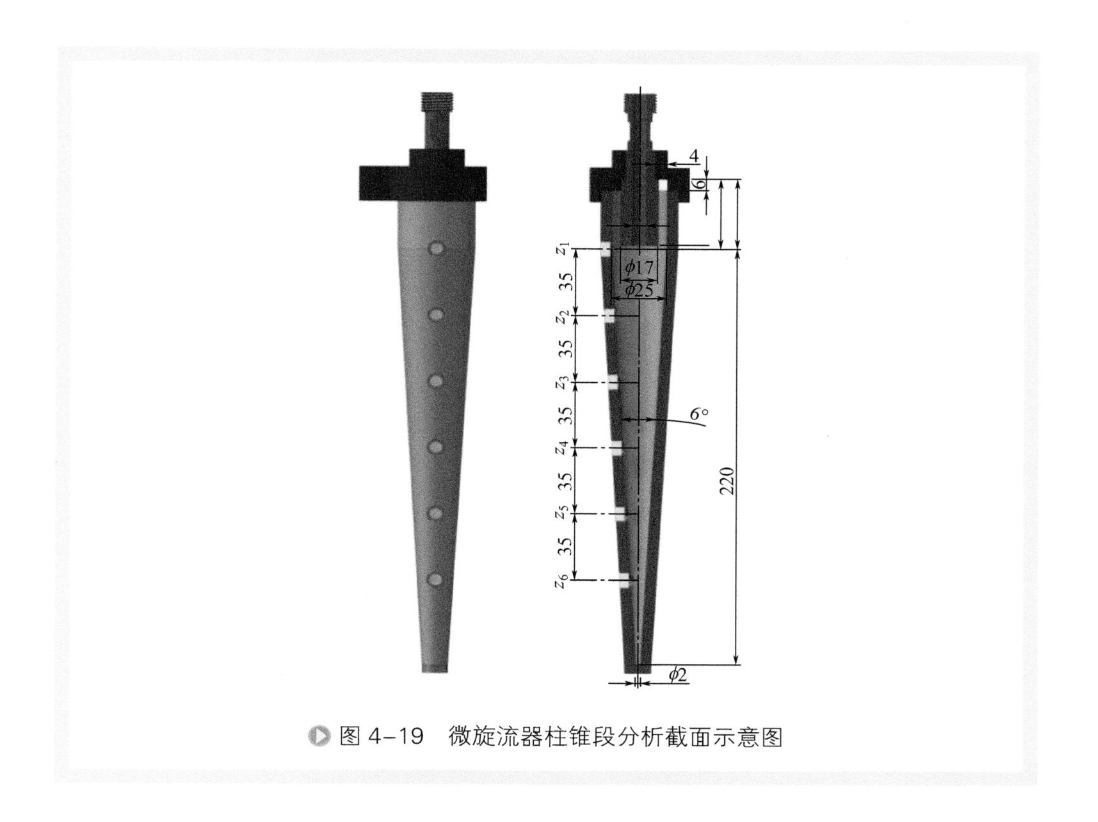

图 4-19　微旋流器柱锥段分析截面示意图

# 第三节　颗粒排序对微旋流器内流体流动的影响

## 一、计算数学模型

液固旋流分离过程属于两相三维强旋流的湍流流动。湍流模式理论中应用最广泛的模型是 $k$-$\varepsilon$ 系列模型。在该系列模型中标准 $k$-$\varepsilon$ 模型最著名，但是因为标准 $k$-$\varepsilon$ 模型采用了湍流各向同性假设，因此在不满足各向同性假设的湍流区，如近壁面区或逆压梯度区将产生较大误差。针对标准 $k$-$\varepsilon$ 模型出现的问题，Orszag[40] 提出 RNG $k$-$\varepsilon$ 模型。与标准 $k$-$\varepsilon$ 模型相比，RNG $k$-$\varepsilon$ 模型中考虑了湍流应变率的影响，因此适用于计算旋转流和近壁面流。RNG $k$-$\varepsilon$ 模型的另一个优点是既可以模拟低雷诺数的流动又可以模拟高雷诺数的流动。但研究表明旋流器内部流场的湍流黏性系数是各向异性的，用诸如标准的 $k$-$\varepsilon$ 等模型无法准确描述旋流器流场，因此必须选用更高级的湍流模型，如雷诺应力模型和代数应力模型。RSM 模型由于放弃等方性边界速度假设，使得雷诺平均 Navier-Stokes（N-S）方程封闭。RSM 模型更加严格地考

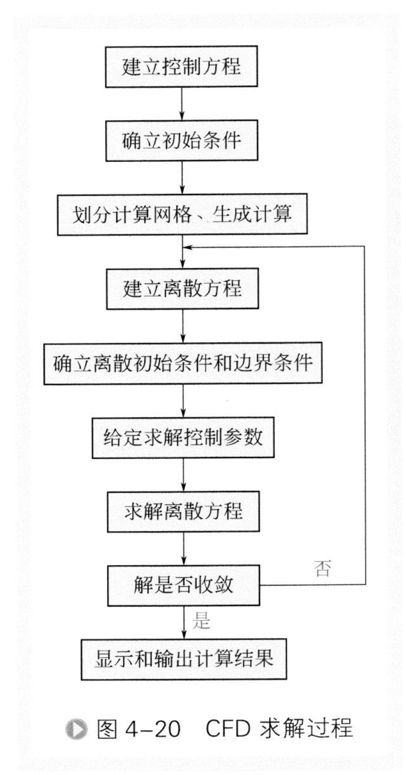

图 4-20 CFD 求解过程

虑了流线弯曲、旋涡、旋转和张力快速变化，对于复杂流动有更高精度的预测潜力，比较适合模拟旋流分离器内部强旋湍流。本节采用具有较高预测精度的 Reynolds 应力模型对旋流器流场进行模拟计算研究，以期探明旋流器内流场特征，为全面理解和深入研究旋流器分离机理提供一些依据。计算流体力学（CFD）求解过程见图 4-20。

水力旋流器的流体介质是水，因此描述其运动的数学基础是连续性方程和 N-S 运动方程。对稳态不可压缩流动，其时均方程的张量形式如下。其中 $x_i$、$x_j$、$x_k$ 分别表示坐标系中 $x$、$y$、$z$ 的分量；$U_i$、$U_j$、$U_k$ 分别表示速度在 $x$、$y$、$z$ 方向的分量；$\rho$ 为液体密度。

连续性方程：

$$\frac{\partial(\rho U_j)}{\partial x_j}=0 \tag{4-11}$$

动量方程：

$$\frac{\partial(\rho U_i U_j)}{\partial x_j}=-\frac{\partial p}{\partial x_i}+\frac{\partial}{\partial x_j}\left[\mu\left(\frac{\partial U_i}{\partial x_j}+\frac{\partial U_j}{\partial x_i}\right)-\rho\overline{u_i'u_j'}\right] \tag{4-12}$$

式中，$u_i'$、$u_j'$ 为脉冲速度。

该模型通过求解下列 Reynolds 应力输运方程来封闭基本方程：

$$\frac{\partial}{\partial t}(\rho\overline{u_i'u_j'})+\frac{\partial}{\partial x_k}(\rho U\overline{u_i'u_j'})=D_{ij}+p_{ij}+\Pi_{ij}+\varepsilon_{ij} \tag{4-13}$$

式中，$D_{ij}$ 为扩散项；$p_{ij}$ 为剪力产生项；$\Pi_{ij}$ 为压力应变项；$\varepsilon_{ij}$ 为黏性耗散项。

上述方程显然不是封闭体系，必须用湍流模拟近似，从而使 Reynolds 应力方程封闭。对该方程进行模拟封闭后，右端各项的具体形式如下：

扩散项
$$D_{ij}=-C_\mu\rho\frac{k}{\varepsilon}u_k'u_l'\frac{\partial}{\partial x_k}(u_i'u_j') \tag{4-14}$$

式中，$\varepsilon$ 为湍流耗散率；$k$ 为湍流动能。

剪力产生项
$$p_{ij}=-\rho\left(\overline{u_i'u_k'}\frac{\partial U_j}{\partial x_k}+\overline{u_j'u_k'}\frac{\partial U_i}{\partial x_k}\right) \tag{4-15}$$

压力应变项
$$\Pi_{ij}=\Pi_{ij1}+\Pi_{ij2} \tag{4-16}$$

式中，$\Pi_{ij1}$ 为慢压力应变项；$\Pi_{ij2}$ 为快压力应变项。

$$\Pi_{ij1}=-C_1\rho\frac{\varepsilon}{k}\left(\overline{u_i'u_k'}-\frac{2}{3}\delta_{ij}k\right) \tag{4-17}$$

$$\Pi_{ij2}=-C_2\left(p_{ij}-\frac{2}{3}\delta_{ij}G_k\right) \tag{4-18}$$

式中，$\delta_{ij}$ 为附面层厚度。

黏性耗散项（湍流耗能）

$$\varepsilon_{ij}=\frac{2}{3}\delta_{ij}\rho\varepsilon \tag{4-19}$$

$G_k=-2\rho\overline{u_i'u_j'}\frac{\partial U_i}{\partial x_k}$，$k=\frac{1}{2}u_i'u_j'$，其值由以下输运方程确定：

$$\frac{\partial(\rho\varepsilon)}{\partial t}+\frac{\partial(\rho U_k\varepsilon)}{\partial x_k}=\frac{\partial}{\partial x_k}\left(C_\varepsilon\rho\frac{\varepsilon}{k}\overline{u_i'u_j'}\frac{\partial\varepsilon}{\partial x_j}\right)+\frac{\varepsilon}{k}\left(C_{\varepsilon1}G_k-C_{\varepsilon2}\rho\varepsilon\right) \tag{4-20}$$

由此构成了 RSM 的封闭方程组，其中模型常数为：

$C_\mu$=0.24，$C_1$=1.8，$C_2$=0.6，$C_{\varepsilon1}$=1.44，$C_{\varepsilon2}$=1.92，$C_\varepsilon$=0.13。

### 1. 网格划分

对常规、正旋、逆旋微旋流器结构模型进行模拟计算，数值计算采用基于进口开始的有限差分方法，网格划分要点是建立混合非结构网格系统，采用 Gambit 生成网格，并进行网格无关性的计算，三个微旋流器网格模型如图 4-21 ～图 4-23 所示。采用 SIMPLE 方法处理压力与速度的耦合求解。图 4-21 ～图 4-23 分别为常规、正旋、逆旋微旋流器的网格模型。

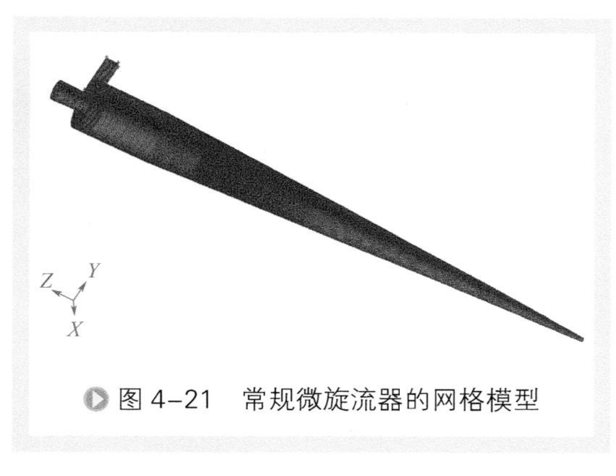


图 4–21　常规微旋流器的网格模型

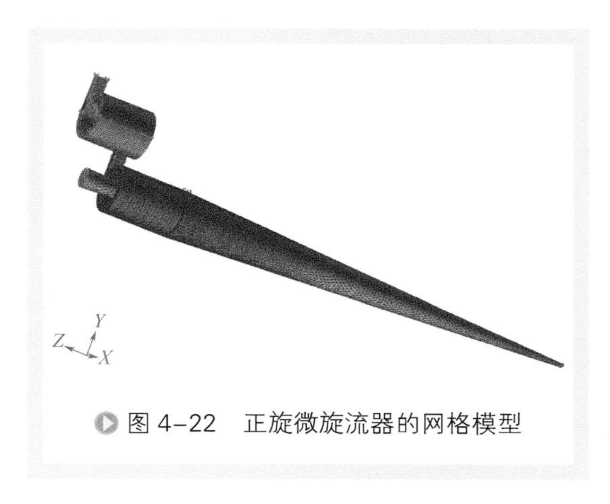


图 4–22　正旋微旋流器的网格模型

### 2. 数值计算方法的选择

在流场的数值模拟中，通常遇到的困难主要是由动量方程中对流项和压力梯度项的离散处理不当而引起的。在各个通用方程的离散中，正确地选择差分格式对计算结果的稳定性和准确性均有很大影响。目前比较常用的差分格式主要有一阶迎风格式、二阶迎风格式、QUICK（quadratic upwind interpolation for

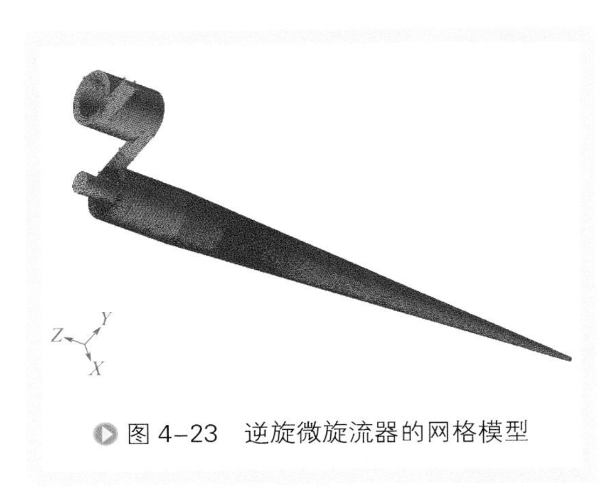

图 4-23　逆旋微旋流器的网格模型

convective kinematics）差分格式和中心差分格式（central differencing scheme）等。在 Fluent 中，默认的差分格式是一阶迎风格式。但理论分析和计算过程中发现，一阶迎风格式只具有一阶精度的截断误差，虽然具有良好的收敛稳定性，但数值耗散过大，尤其对于强旋转流，会使结果产生很大的误差；二阶格式具有较高的数值计算精度，但二阶格式本身具有发散性，结果会产生非物理震荡，不具有守恒性；而 QUICK 差分格式比前两种格式都有所改善，既保留了结果的守恒，又使数值结果具有二阶以上精度的截断误差，但不足之处是它较难达到收敛稳定，需要使用者具有较好的调试能力，这种格式在近年来已经得到较普遍的应用。当流动具有强旋转特性时，推荐使用 QUICK 差分格式，当网格和流动方向一致时，QUICK 差分格式明显具有较高的精度，但对网格质量的要求比较高。在各种差分格式中，QUICK 差分格式最能准确地预测水力旋流器内的流场，二阶迎风格式只能在某些方面给出好的结果，在另一些方面却较远偏离实际情况，而一阶迎风格式由于精度差，根本不能用于水力旋流器复杂流场的模拟。在此将采用 QUICK 差分格式控制方程的离散。

水力旋流器的流场属于椭圆形定常流动，一般采用 SIMPLE、SIMPLEC 和 SIMPLER 等系列压力 - 速度修正算法求解。SIMPLE（semi-implicit method for pressure-linked equations）是解压力耦合方程的半隐式方法。在可压缩流体计算中，连续方程可以作为密度的输运方程，动量方程作为速度的输运方程，能量方程作为温度的输运方程。在将密度、速度和温度求解出来后，再通过状态方程求出压强。在不可压缩流体中，因为压强与密度的关联被解除，所以需要将压强与速度相关联进行求解。求解不可压缩流体控制方程的逻辑为：在压力场已知的情况下，可以通过求解动量方程获得速度场，而速度场应该满足连续方程。

SIMPLE 算法就是这样求解这种压力耦合方程的一种解法。SIMPLE 算法在计算之前首先要定义压强和速度的修正关系式，然后将速度修正关系式代入连续方程得到压力修正方程。在计算开始的时候，先在初始化过程中假设一个速度场和压力场，然后利用这个“已知”的速度场算出各方程对流项的通量，并将“已知”的压力场代入离散后的动量方程和压力修正方程进行求解，并得到压力修正项。用压力修正项可以得到新的压力场，再将新的压力场代入速度修正关系式得到新的速度场。如此循环下去，直到得到收敛的解。

### 3. 求解边界条件

在模拟计算时，液相为水，温度采用常温，进口速度分为 4 种工况进行计算，其进出口边界条件分别为：

进口流量：550L/h，650L/h，750L/h，850L/h。

为了贴近实际应用，考虑旋流器出口物料进一步输送问题，采用压力出口边界条件，其值分别为：溢流出口压力 0.3MPa；底流出口压力 0.27MPa。

## 二、颗粒排序对微旋流器内流体流动的影响

### 1. 颗粒排序对微旋流器内连续相速度随进口流量产生变化的影响

选取不同流量下连续相在常规、正旋、逆旋微旋流器截面 $z_1$、$z_2$ 上的分布进行比较，讨论颗粒排序对微旋流器内连续相速度随进口流量产生的变化的影响。

（1）切向速度分布及其最大值　图 4-24 ～图 4-26 分别为不同流量下连续相在常规、正旋、逆旋微旋流器截面 $z_1$、$z_2$ 上的切向速度分布，可以看出，进口流量对

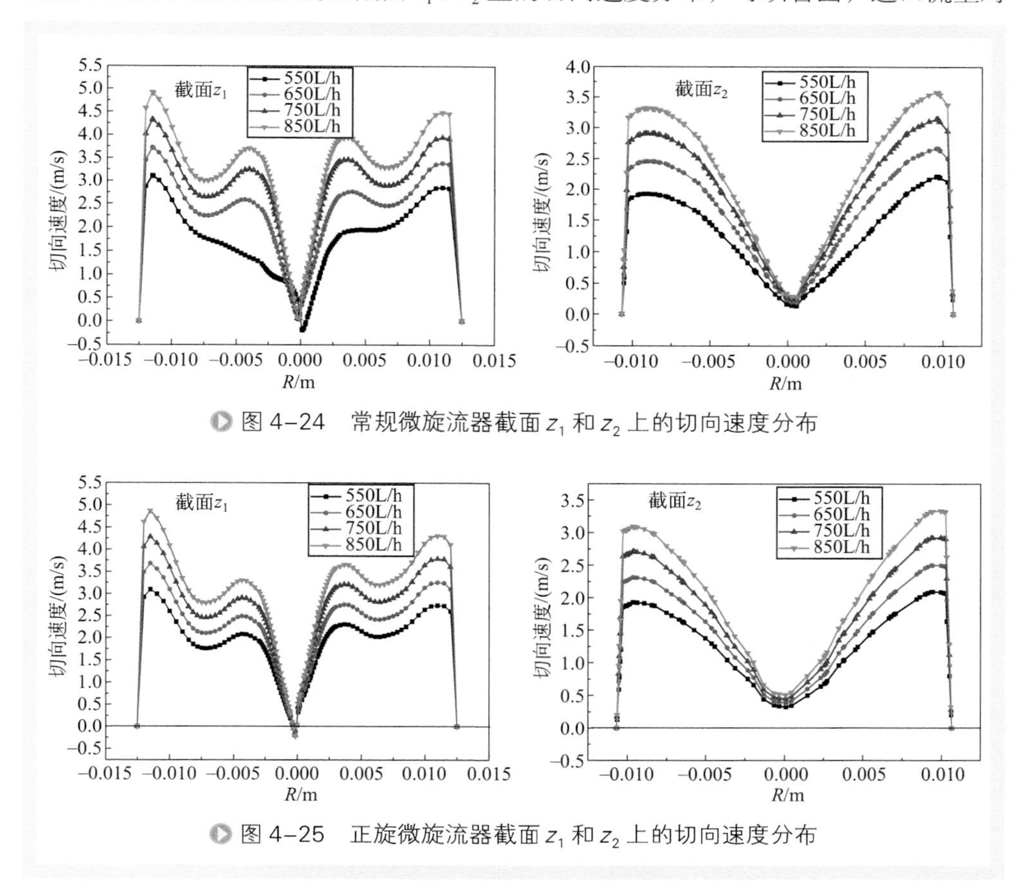


图 4-24　常规微旋流器截面 $z_1$ 和 $z_2$ 上的切向速度分布

图 4-25　正旋微旋流器截面 $z_1$ 和 $z_2$ 上的切向速度分布

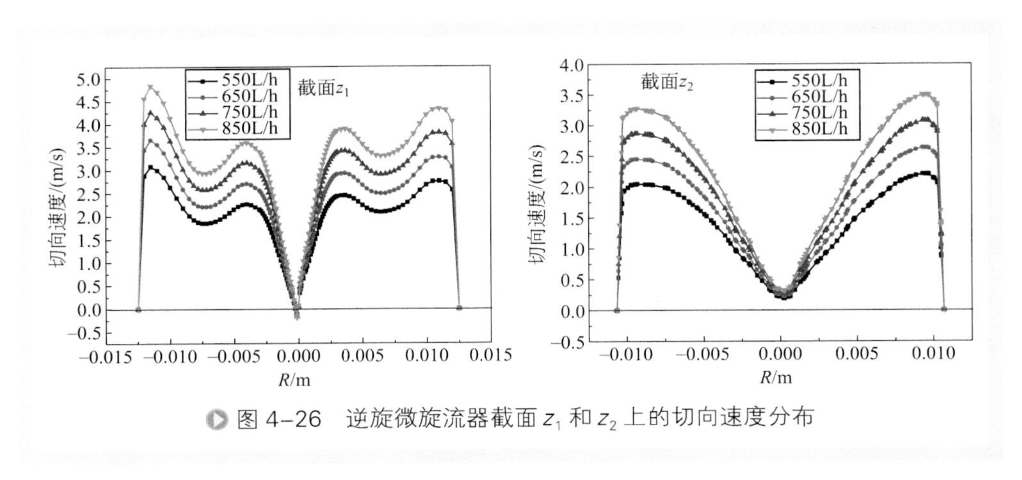


图 4-26 逆旋微旋流器截面 $z_1$ 和 $z_2$ 上的切向速度分布

切向速度分布规律无影响，仅对切向速度值的大小有影响。随着流量的增大，切向速度最大值点在微旋流器内的位置基本不变，由此可见当微旋流器内部结构尺寸确定后在一定流量范围内内部流场的分布也基本确定，进口流量的变化仅是对流场速度分布有影响。

对比不同进口流量下对常规、正旋、逆旋微旋流器的影响可以看出，随着流量的增大常规、正旋、逆旋微旋流器内连续相在截面 $z_1$、$z_2$ 上的切向速度也同比例地增大，且增大幅度基本相同，说明进口颗粒排序对微旋流器内切向速度随进口流量产生的变化无影响。在进口流量为 550L/h 时，常规微旋流器内连续相在 $z_1$ 截面上不如正旋微旋流器、逆旋微旋流器有规律，可以看出在低流量下经进口颗粒排序器后，连续相流场比不经调控更有规律。

（2）径向速度分布及最大径向速度值　微旋流器内径向速度分布对分离过程中的径向阻力和沿径向的压力分布有着重要影响。图 4-27 ～图 4-29 分别为不同流量下连续相在常规、正旋、逆旋微旋流器截面 $z_1$、$z_2$ 上的径向速度分布，由图

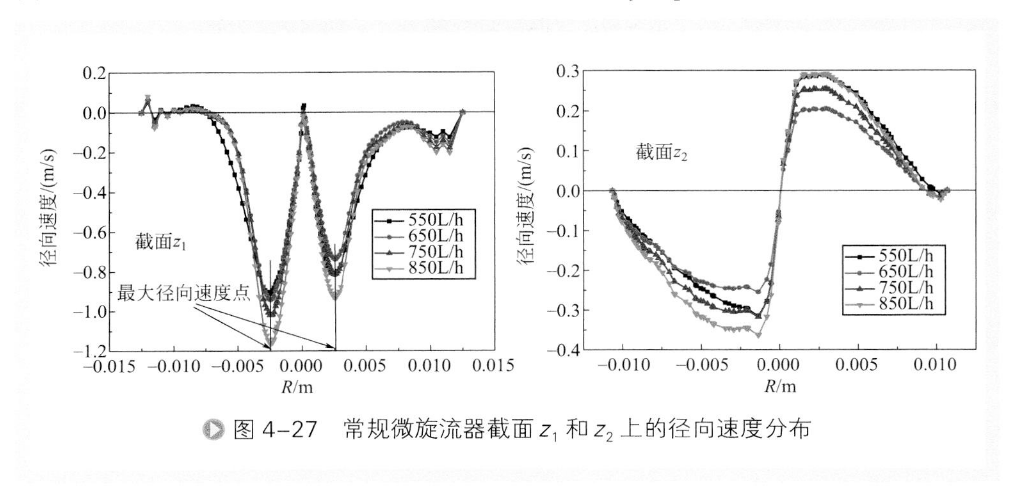


图 4-27 常规微旋流器截面 $z_1$ 和 $z_2$ 上的径向速度分布

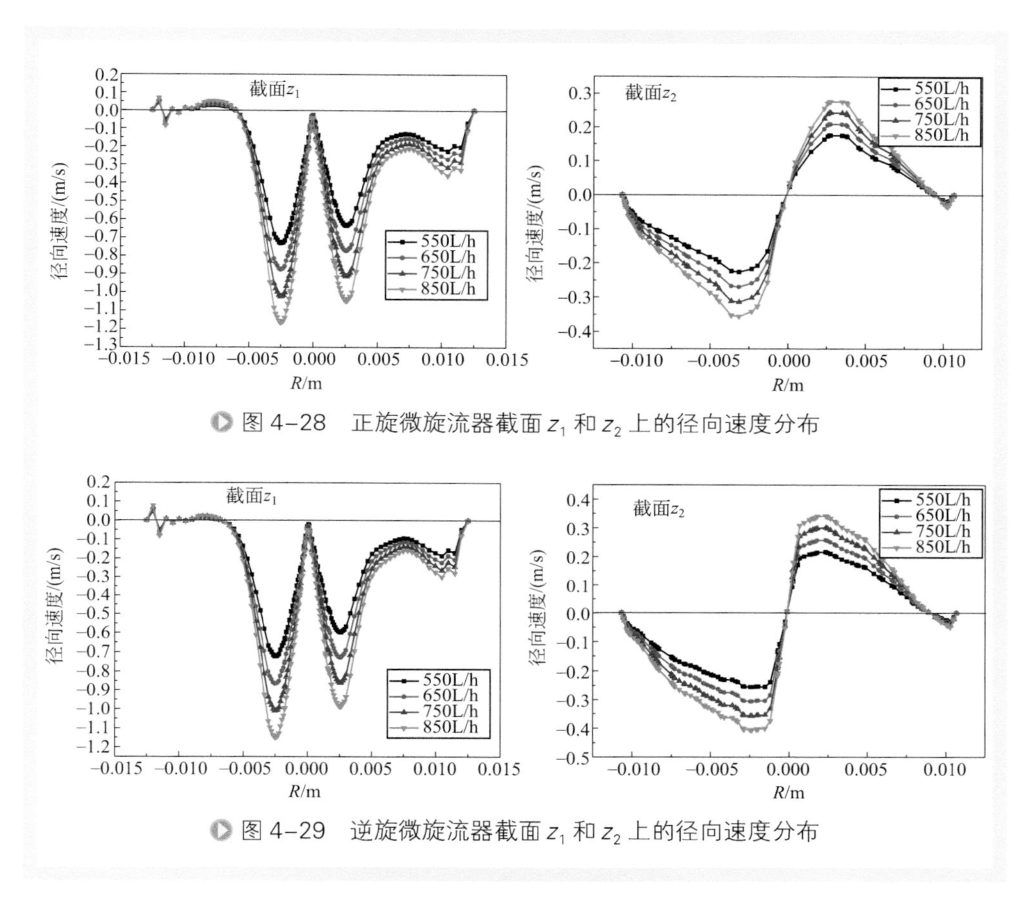


图 4-28　正旋微旋流器截面 $z_1$ 和 $z_2$ 上的径向速度分布

图 4-29　逆旋微旋流器截面 $z_1$ 和 $z_2$ 上的径向速度分布

4-27 ～图 4-29 可以看出，随着流量的增大，径向速度在 $z_1$、$z_2$ 上分布规律相同，流量的变化仅对径向速度值的大小有影响。径向速度最大值点在微旋流器内随流量的变化位置不变。

对比不同进口流量对常规、正旋、逆旋微旋流器的影响可以看出，随着流量的增大常规、正旋、逆旋微旋流器内连续相在截面 $z_1$、$z_2$ 上的径向速度也同比例地增大，且增大幅度基本相同，说明进口颗粒排序对微旋流器内径向速度随进口流量产生的变化无影响，但在 $z_2$ 截面上经颗粒排序器后的径向速度分布变化比常规微旋流器更有规律。

（3）轴向速度及零轴速包络面　轴向速度关系到介质在微旋流器中的停留时间，而且轴向速度在旋流分离中还起到重要的输运作用，即连续不断地将已分离的物料输送到相应的出口，以便维持分离过程的继续进行。图 4-30 ～图 4-32 分别为不同流量下连续相在常规、正旋、逆旋微旋流器截面 $z_1$、$z_2$ 上的轴向速度分布，可以看出，随着流量的增大，轴向速度在 $z_1$、$z_2$ 上分布规律相同，流量的变化仅对轴向速度值的大小有影响。随着流量的变化连续相在微旋流器内 $z_1$、$z_2$ 截面上零轴速

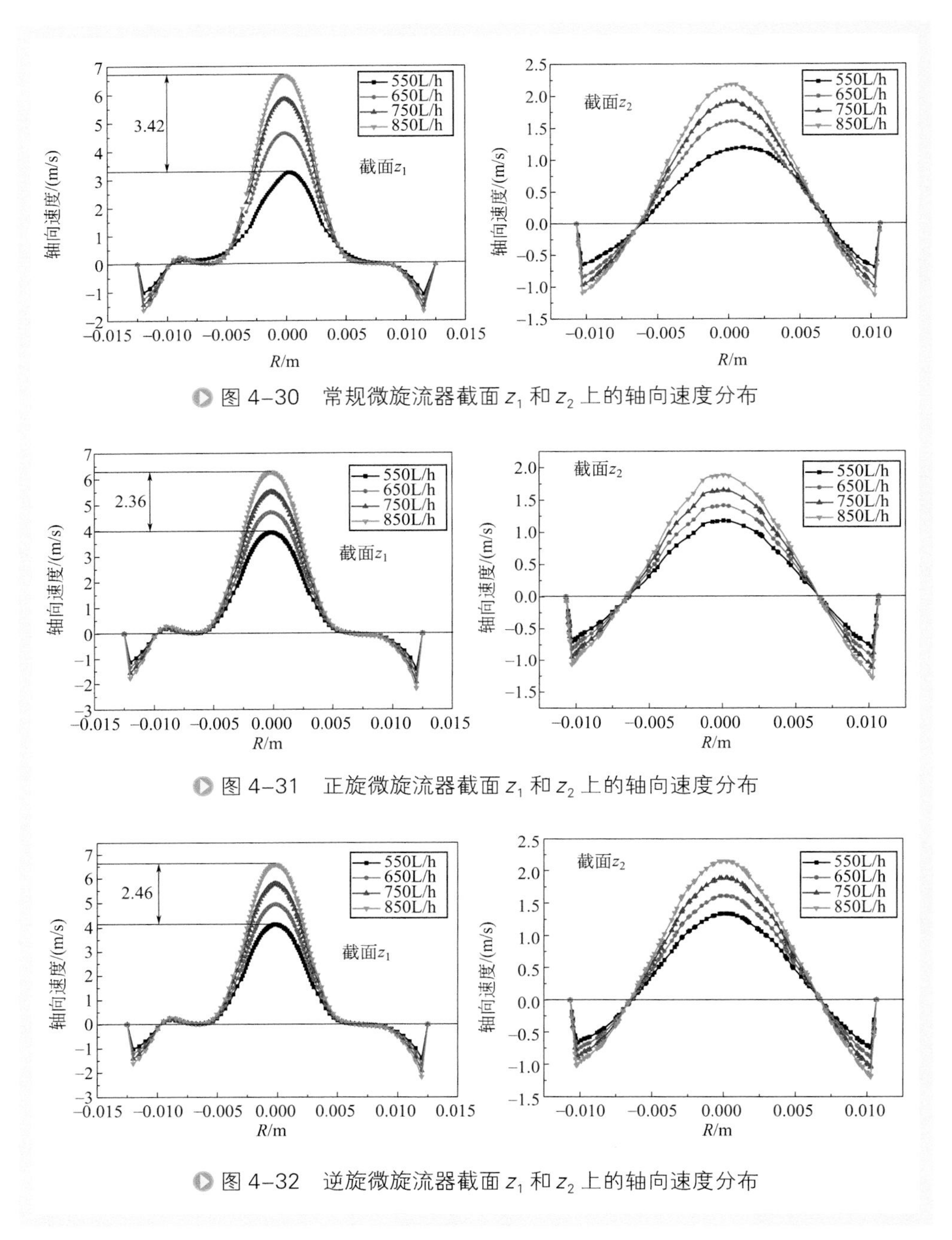


图 4-30 常规微旋流器截面 $z_1$ 和 $z_2$ 上的轴向速度分布



图 4-31 正旋微旋流器截面 $z_1$ 和 $z_2$ 上的轴向速度分布



图 4-32 逆旋微旋流器截面 $z_1$ 和 $z_2$ 上的轴向速度分布

位置点基本固定不动。

对比不同进口流量下对常规、正旋、逆旋微旋流器的影响可以看出，随着流量的增大常规、正旋、逆旋微旋流器内连续相在截面 $z_1$、$z_2$ 上的最大轴向速度也随之增大，但增大幅度不同，常规微旋流器的增大幅度要大于逆旋微旋流器的，逆旋微旋流器的略大于正旋微旋流器的。说明进口颗粒排序对微旋流器内轴向速度随进口流量产生的变化有影响。

### 2. 颗粒排序对同流量下微旋流器内的连续相速度分布的影响

（1）切向速度及最大切向速度值　图 4-33 所示为常规、正旋、逆旋微旋流器在进口流量（$Q_i$）为 650L/h 时的 $x$ 轴向截面上连续相的切向速度分布。可以看出，在微旋流器内沿中心轴纵向截面内，连续相切向速度等值线呈拉长的“W”形分布，切向速度自边壁到中心、自上至下呈逐渐减小分布。进口颗粒排序对微旋流器内切向速度分布无影响。

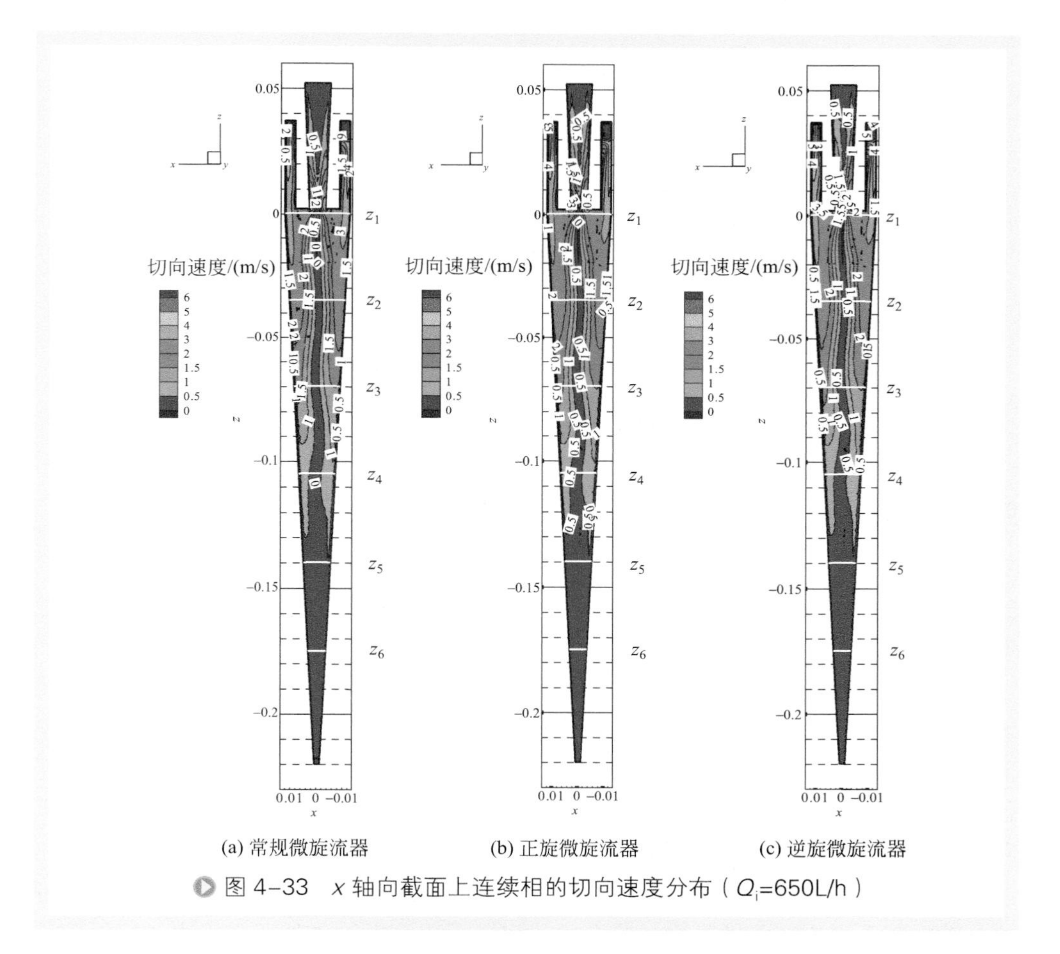


图 4-33　$x$ 轴向截面上连续相的切向速度分布（$Q_i$=650L/h）

图 4-34 为常规、正旋、逆旋微旋流器（旋流器编号分别为 A、B、C，以下同）在进口流量为 650L/h 时连续相在 $z_2$、$z_3$、$z_4$ 截面上的切向速度分布图。由图 4-34 可以看出，连续相在常规、正旋、逆旋微旋流器不同截面上都呈相同的分布形式，在 $z_2$ 截面上，切向速度从器壁沿半径向中心轴方向先急剧增大，而后缓慢减小，以

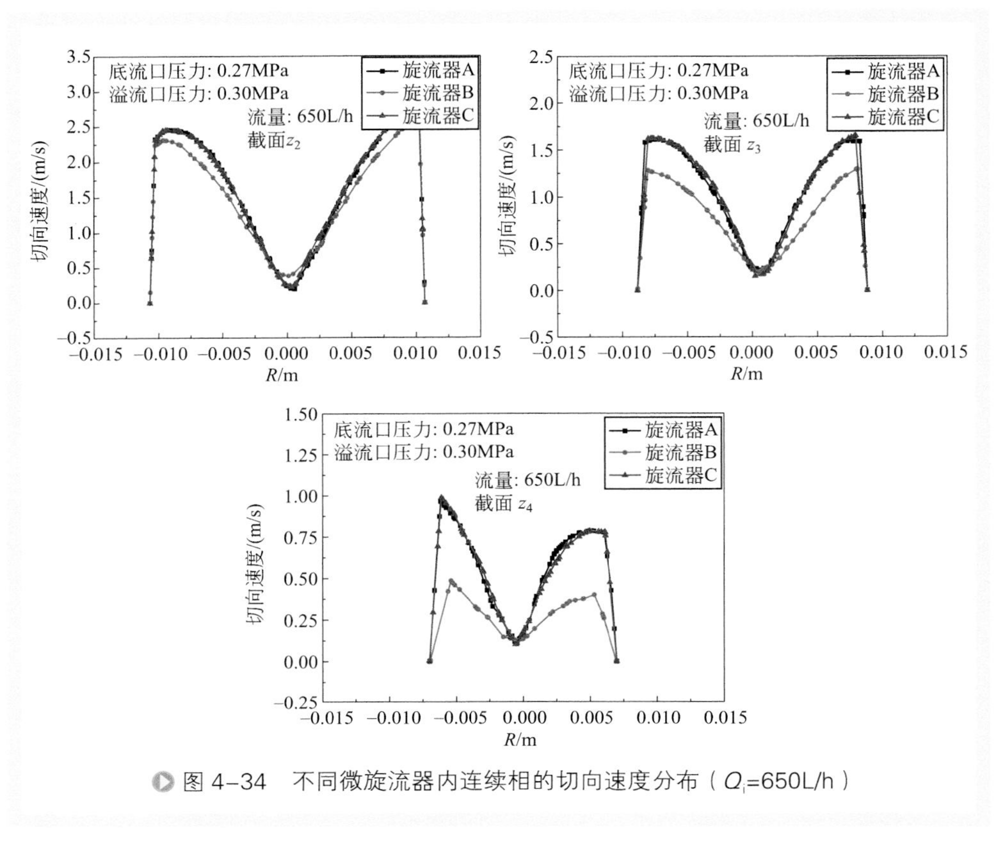


图 4-34　不同微旋流器内连续相的切向速度分布（$Q_i$=650L/h）

半径为中心呈单“M”分布。微旋流器内的切向速度沿径向分布满足下述公式：

$$u_\theta r^n = C \tag{4-21}$$

式中，$u_\theta$ 为切向速度；$r$ 为回转半径；$n$ 和 $C$ 为与微旋流器的工况及内部轴向位置有关的常数。

进口颗粒排序对微旋流器内连续相切向速度分布规律无影响，但对切向速度的大小有影响，正旋微旋流器内切向速度略小于常规微旋流器，常规微旋流器的与逆旋微旋流器的基本相等。进口颗粒排序器对微旋流器内连续相切向速度最大值点无影响，在常规、正旋、逆旋微旋流器内，最大切向速度点在 5/6$R$ 处，与锥体面平行，这与常规学者研究的液固分级旋流器内最大切向速度轨迹面分布规律不同。

（2）径向速度　图 4-35 为常规、正旋、逆旋微旋流器在进口流量为 650L/h 时的 $x$ 轴向截面上连续相的径向速度分布。可以看出，在微旋流器内沿中心轴纵向截面内，连续相径向速度等值线在 $z_1$ 截面以下呈“S”形分布；在 $z_1$ 截面到靠近 $z_2$ 截面的区域里，径向速度无明显对称分布形态，这是由于单进口，流体受到惯性力的影响而在靠近锥段上部表现出了不对称性分布。进口颗粒排序对微旋流器内径向速度分布无影响，但对径向速度值的大小有影响，正旋微旋流器内径向速度略小于常

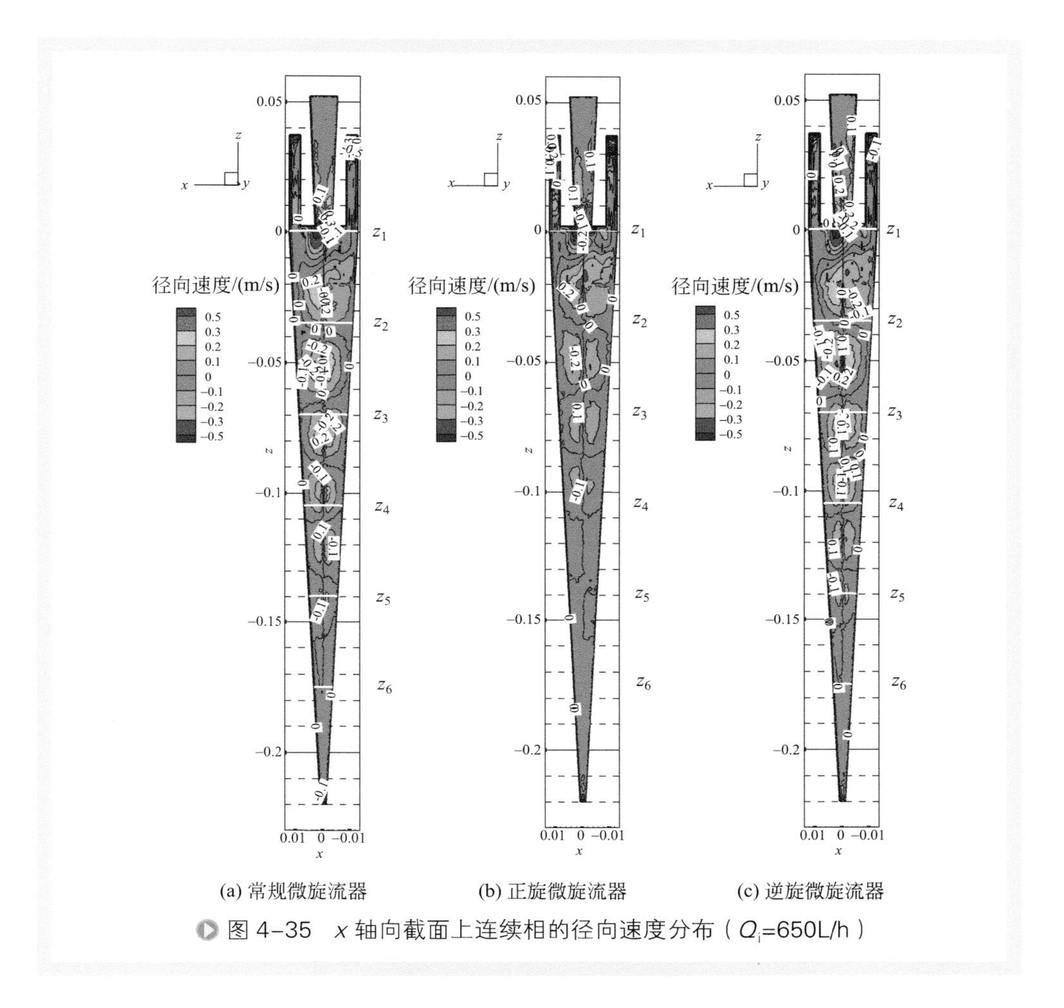


图 4-35　$x$ 轴向截面上连续相的径向速度分布（$Q_i$=650L/h）

规微旋流器，常规微旋流器的与逆旋微旋流器的基本相等。

（3）轴向速度及零轴速包络面　图 4-36 为常规、正旋、逆旋微旋流器在进口流量为 650L/h 时的 $x$ 轴向截面上连续相的轴向速度分布。由图 4-36 可以看出，$x$ 轴向截面流体的轴向速度等值线在溢流口以下呈细长的“V”形分布，在“V”形曲面呈轻微的“S”形摆动，这是由于单进口原因，流体在中心轴对称两边运动速度不一致原因造成。在溢流口以下锥段截面内，流体的轴向速度自边壁到中心逐渐增大，经过速度为零的点后，在中心轴附近变为最大；向上的最大速度在靠近溢流口中心位置，向下最大速度在靠近底流口附近。进口颗粒排序对微旋流器内径向速度分布规律无影响，但对径向速度值的大小有影响。

图 4-37 所示为常规、正旋、逆旋微旋流器在进口流量为 650L/h 时的 $x$ 轴向截面零轴速包络面及零轴速波动区。由图 4-37 可以看出，轴向速度在微旋流器半径的中上部通过零点，通过轴向速度为零的各点，可以描绘出一个圆锥形表面，称

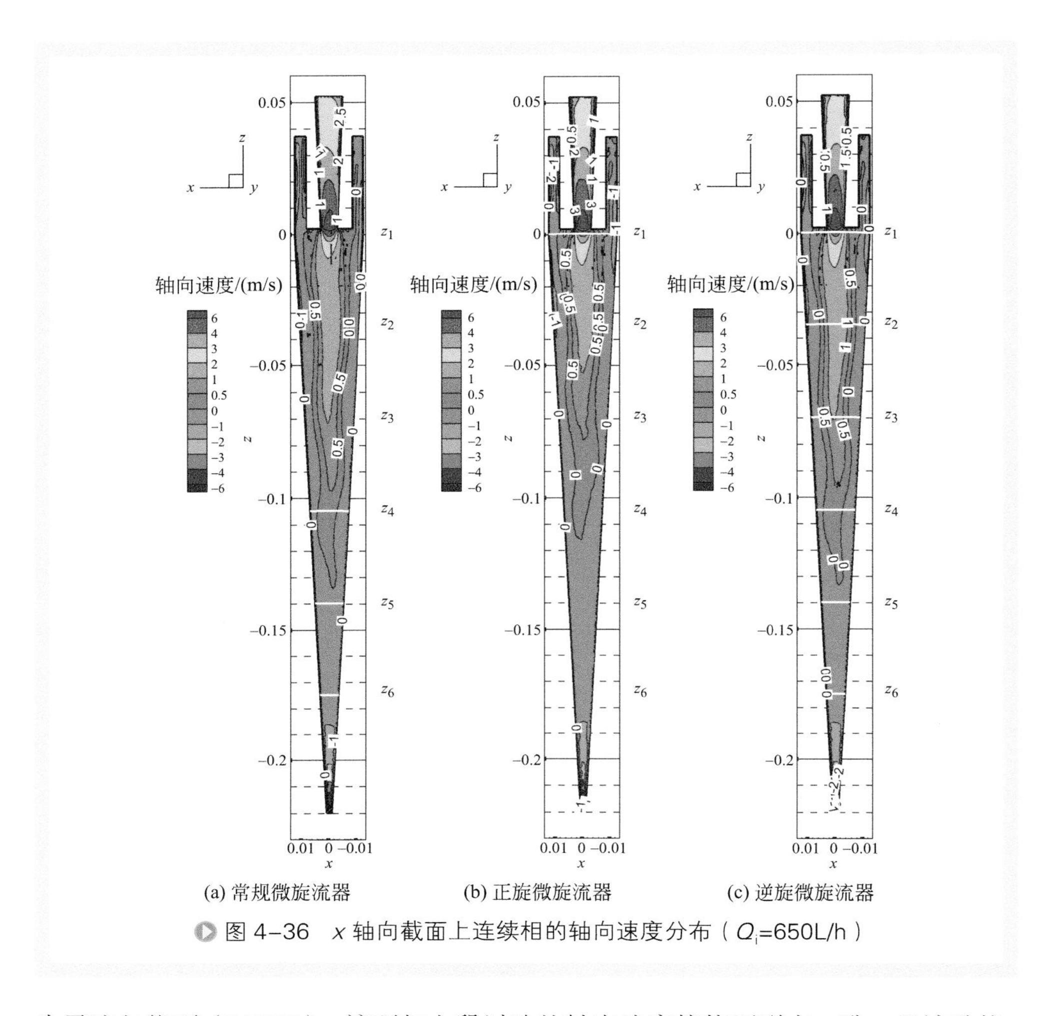

(a) 常规微旋流器　(b) 正旋微旋流器　(c) 逆旋微旋流器

图 4-36　$x$ 轴向截面上连续相的轴向速度分布（$Q_i$=650L/h）

为零速包络面（LZVV），该面与上段讨论的轴向速度等值面形态一致，呈波动状，在靠近锥段中下部波动较大。零轴速包络面内部的液体向上流动，形成内旋流；而在其外部的液体则向下往底流口方向流动，形成外旋流。微旋流器中的轴向速度总体呈近壁下行流和近轴上行流分布，上行流和下行流之间均以零速度为界。此外，随着流动由上游至下游的不断推进以及微旋流器横截面的减小，近壁处的下行流的速度和范围逐渐增大，而近轴上行流逐渐变小直至消失。就轴向速度绝对值而言，内旋流远远大于外旋流。

对比连续相流体在常规、正旋、逆旋微旋流器轴向 $x$ 截面上的零轴速包络面形态及大小可以看出，进口调控对微旋流器内零轴速包络面的形态无影响，对零轴速包络面的大小有影响。常规微旋流器的零轴速包络面大小与逆旋微旋流器的基本相等，大于正旋微旋流器的零轴速包络面。

在靠近零轴速包络面附近存在零轴速波动区，该区域造成经分离出来的分散相

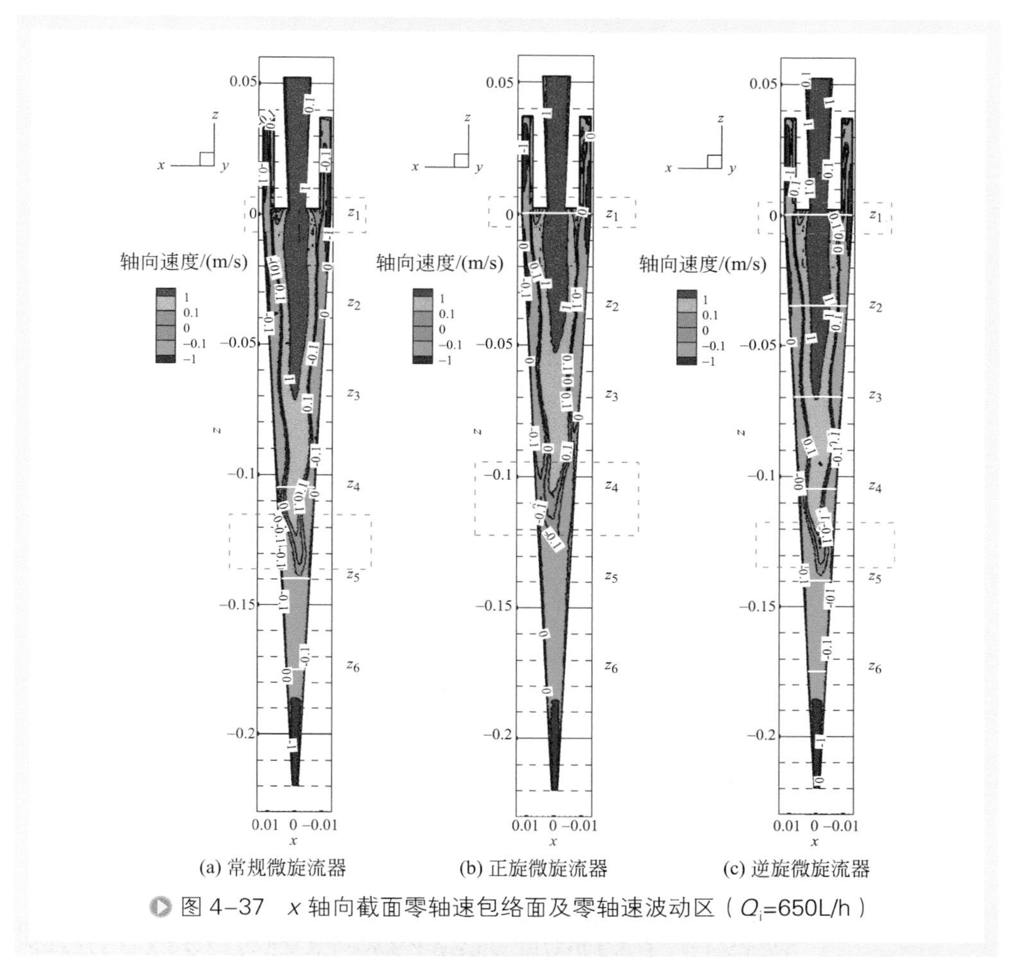


图 4–37　$x$ 轴向截面零轴速包络面及零轴速波动区（$Q_i$=650L/h）

重新混入连续相，不利于分离过程的进行。由图 4-37 可以看出，零轴速波动区主要产生于溢流管底部区域、柱椎体相交的截面附近以及锥体下部零轴速包络面的最低点附近区域，常规微旋流器的零轴速包络面大小与逆旋微旋流器的基本相等，小于正旋微旋流器的零轴速波动区。

## 三、颗粒排序对微旋流器内压力场的影响

图 4-38 为常规、正旋、逆旋微旋流器在进口流量为 650L/h 时的 $x$ 轴向截面压力分布图。从轴向压力分布图可以看出，进口直柱段压力最高，其次为锥段，再为底流锥段。等压线沿壁面向中心下降，等压线分布形态与轴向速度等值线相似，呈“V”形。图中可以看出进口颗粒排序对微旋流器内压力分布无影响，对压力的大小有影响，在进出口压力相等情况下，正旋微旋流器内等压线略小于常规微旋流器，常规微旋流器的与逆旋微旋流器的基本相等。

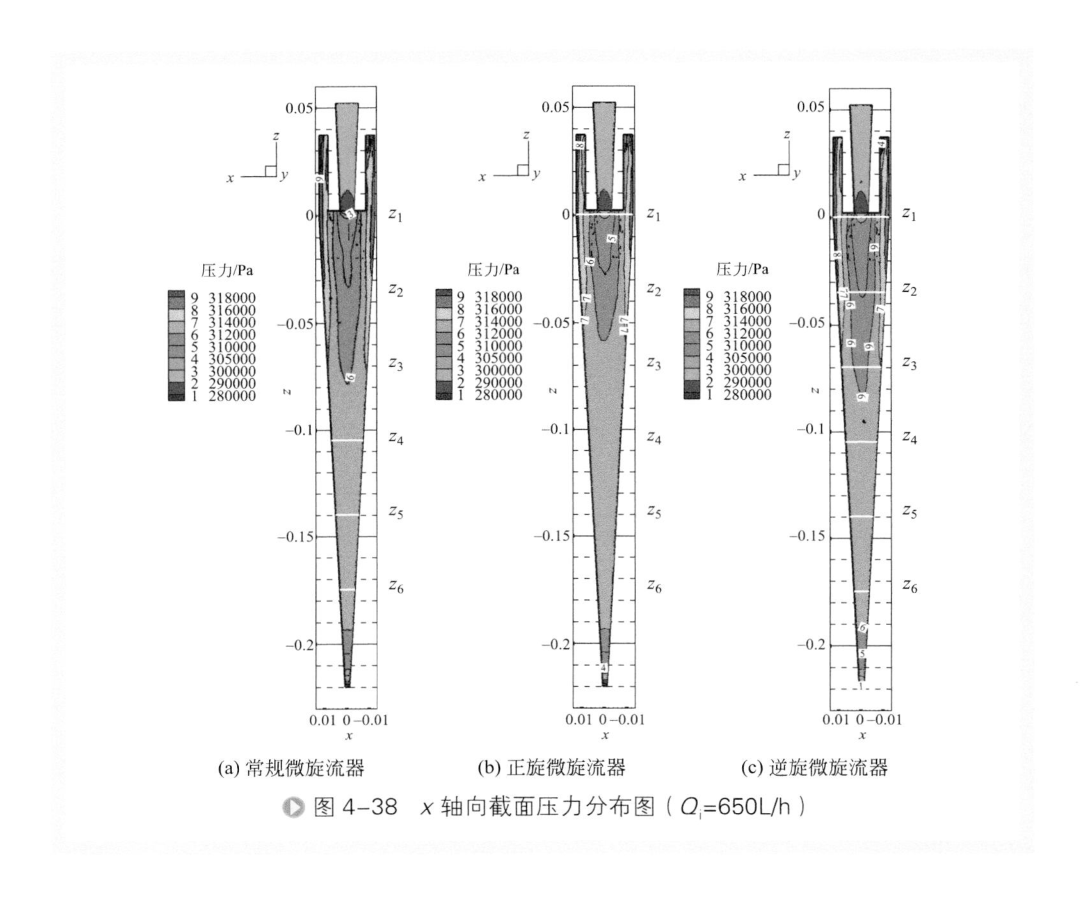


图 4-38　$x$ 轴向截面压力分布图（$Q_i$=650L/h）

# 第四节　颗粒排序对微旋流器内颗粒运动特性的影响

旋流器内液固分离属于两相流动，对此类问题的模拟研究有两类观点：一类是把分散相固相作为拟连续相处理，导出了不同的流动模型；另一类是把固体颗粒作为分散体系，探索颗粒的动力学特性和运动轨迹，该方法与第一种相比模型更简单[41,42]。本章采用粒子跟踪法在连续相收敛或者部分收敛后再引入分散相对常规、正旋、逆旋微旋流器内分散相颗粒运动特性进行研究，探讨进口颗粒排序对微旋流器内部分散相颗粒运动特性的影响。

## 一、控制方程

（1）连续相控制方程　由于旋流器内是复杂的三维强旋湍流流场，其中的流动具有明显的各向异性，因而采用对复杂流场预测精度很高的雷诺应力模型（RSM）

能模拟出与实际情况相符的结果，在此计算中液相采用RSM。

（2）分散相控制方程　研究表明，在低浓度下液固旋流分离采用粒子跟踪法能得到较为准确的粒子运动特性。因此本计算中采用Beshay等[43]提出的颗粒随机轨道模型，即在液相流场收敛或者部分收敛后再引入颗粒，在Lagrangian坐标系中通过对颗粒动量方程的积分，从而对颗粒的运动轨迹和分离过程进行追踪。在较低浓度下忽略粒间的相互作用力，对于Basset力、Magness力和Saffman等附加力暂不考虑。这样水相对固体颗粒的作用仅表现为流体阻力（时均流场阻力和脉动流场阻力）、虚拟质量力和由压力梯度引起的附加力，由此得出固体颗粒相的动量方程为：

$$\frac{\mathrm{d}U_{\mathrm{p}r}}{\mathrm{d}t}=\frac{U_{\mathrm{p}r}}{r_{\mathrm{p}}}-\frac{(U_{\mathrm{p}r}-U_r-u_r')}{F_{\mathrm{D}}} \tag{4-22}$$

$$\frac{\mathrm{d}U_{\mathrm{p}z}}{\mathrm{d}t}=-\frac{(U_{\mathrm{p}z}-U_z-u_z')}{F_{\mathrm{D}}} \tag{4-23}$$

$$\frac{\mathrm{d}U_{\mathrm{p}\theta}}{\mathrm{d}t}=-\frac{U_{\mathrm{p}r}U_{\mathrm{p}\theta}}{r_{\mathrm{p}}}-\frac{(U_{\mathrm{p}\theta}-U_\theta-u_\theta')}{F_{\mathrm{D}}} \tag{4-24}$$

式中，$U_{\mathrm{p}z}$、$U_{\mathrm{p}r}$、$U_{\mathrm{p}\theta}$分别为分散相颗粒的轴向、径向、切向瞬时速度分量；$U_z$、$U_r$、$U_\theta$分别为连续相的轴向、径向、切向瞬时速度分量；$u_z'$、$u_r'$、$u_\theta'$分别为连续相的轴向、径向、切向脉动速度分量。

颗粒弛豫时间为：$F_{\mathrm{D}}=\dfrac{\rho_{\mathrm{p}}D_{\mathrm{p}}^2}{18\mu}\times\dfrac{24}{C_{\mathrm{D}}Re}$

颗粒雷诺数为：$Re=\dfrac{\rho_{\mathrm{p}}D_{\mathrm{p}}\left|U_{\mathrm{p}r}-U_r\right|}{\mu}$

式中，$\mu$为连续相黏度；$D_{\mathrm{p}}$为分散相粒径。

对于分散相阻力系数$C_{\mathrm{D}}$，当$0.1<Re<1.0$时，$C_{\mathrm{D}}=\dfrac{24}{Re}(1+0.15Re^{0.687})$；当$Re<0.1$时，$C_{\mathrm{D}}=0.44$。

为考虑湍流对分散相颗粒运动的影响，应以连续相时均速度$\bar{U}$与脉动速度$u'$之和即$U=\bar{U}+u'$代入颗粒动量方程进行积分，对脉动速度$u_z'$、$u_r'$、$u_\theta'$可通过如下的随机取样法得到，即：

$$u_z'=\xi\sqrt{\overline{u_z'^2}} \tag{4-25}$$

$$u_r'=\xi\sqrt{\overline{u_r'^2}} \tag{4-26}$$

$$u_\theta'=\xi\sqrt{\overline{u_\theta'^2}} \tag{4-27}$$

式中，$\xi$为标准随机数；$\sqrt{\overline{u_z'^2}}$、$\sqrt{\overline{u_r'^2}}$、$\sqrt{\overline{u_\theta'^2}}$是当地脉动速度的均方根，在流场各点的值由对连续相湍流的模拟结果得到。

此外，在积分过程中要用到积分时间参数 $T=\int\frac{U_{\mathrm{p}}(t)U_{\mathrm{p}}(t+s)}{\overline{u_{\mathrm{p}}'}^{2}}\mathrm{d}s$，因笔者认为分散相对连续相的跟随性好，所以，此处的积分时间取连续相的 Lagrangian 积分时间 $T_{\mathrm{L}}$，$T_{\mathrm{L}}=C_{\mathrm{L}}\frac{\kappa}{\varepsilon}$，式中，$\varepsilon$ 为湍流扩散率，$\mathrm{m^2/s^3}$；$\kappa$ 为湍流动能，$\mathrm{m^2/s^2}$；$C_{\mathrm{L}}$ 是一个待定量，本章取 $C_{\mathrm{L}}$=0.3。

在积分运算中要用到的另外一个时间参数即湍流涡团的生存期 $T_{\mathrm{e}}$，其值即可取为常数 $T_{\mathrm{e}}=2T_{\mathrm{L}}$，也可定义为一个关于 $T_{\mathrm{L}}$ 的随机数 $T_{\mathrm{e}}=-T_{\mathrm{L}}\lg(r)$（$r$ 是 0 ～ 1 间平均分配的随机数），大量的计算实践表明，采用随机的 $T_{\mathrm{e}}$ 往往有助于得到更好的模拟结果。由此可见分散相与连续相间的相互作用仅限于湍流涡团生存期内，当湍流涡团生存期结束时，就要通过赋以新的 $\xi$ 从而对积分中的瞬时速度进行更新。最后，可得分散相颗粒的轨道方程为：

$$Z_{\mathrm{p}}=\int_0^{T_{\mathrm{int}}}U_{\mathrm{p}z}\mathrm{d}t \tag{4-28}$$

$$r_{\mathrm{p}}=\int_0^{T_{\mathrm{int}}}U_{\mathrm{p}r}\mathrm{d}t \tag{4-29}$$

$$\theta_{\mathrm{p}}=\int_0^{T_{\mathrm{int}}}U_{\mathrm{p}\theta}\mathrm{d}t \tag{4-30}$$

式中，$Z_{\mathrm{p}}$ 为颗粒的轴向位置；$T_{\mathrm{int}}$ 为分散相与连续相涡团之间的相互作用时间，$T_{\mathrm{int}}=\min[T_{\mathrm{e}},T_{\mathrm{L}}]$；$r_{\mathrm{p}}$ 为颗粒的径向位置；$\theta_{\mathrm{p}}$ 为颗粒的切向位置。

## 二、边界条件

（1）连续相边界条件　连续相的边界条件设置同本章第三节。

（2）分散相边界条件　固体相入口边界条件是将颗粒入口处的射流源设为面源，颗粒均匀地分布在整个入口截面的网格上，颗粒由每一个网格中心射入。设定颗粒的入口速度与水相入口速度相同；颗粒相分别选取密度为 2100kg/m³；质量流率为 0.0001kg/s；入口颗粒粒径分别取 0.1μm、0.5μm、1μm、3μm、5μm、10μm、15μm、20μm、25μm、30μm。

（3）壁面条件　颗粒相的入口和出口边界条件设置为完全逃逸，壁面设置为壁面反射。

## 三、模拟计算及讨论

### 1. 颗粒进口位置及粒径大小对其在微旋流器内运动轨迹的影响

对进口流量为 750L/h 与 850L/h 下常规微旋流器内不同进口位置的不同颗粒的运动轨迹进行数值模拟，图 4-39 所示为颗粒的 9 个注入点。加注颗粒粒径分别选

0.1μm、5μm、30μm。

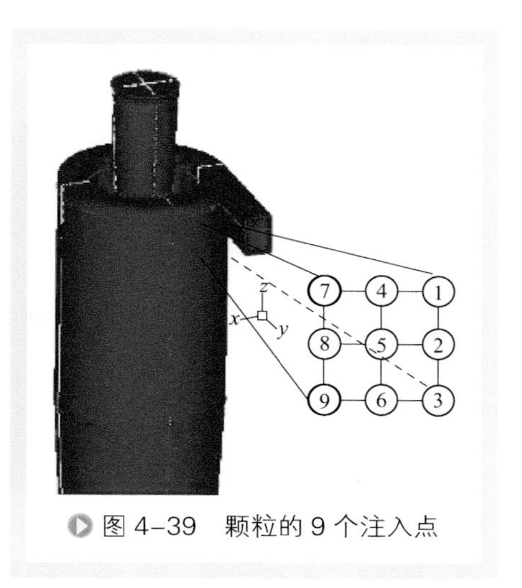

图 4-39 颗粒的 9 个注入点

图 4-40 和图 4-41 所示为常规微旋流器在流量为 750L/h、850L/h 时，0.1μm 粒子从进口不同位置注入的粒子运动轨迹。可以看出，流量为 750L/h、850L/h 在不同位置加注的粒子均表现出了相似的运动规律：自外边壁到内侧，越靠近边壁的粒子越容易从底流口分离；自上至下，越靠近下侧的颗粒越容易从底流口分离。在溢流管插入深度位置处运动到边壁的粒子，进入底流被分离的概率较大；而在溢流管插入深度位置处靠近中心的位置，更容易进入短路流或者上行流到溢流。在靠近上侧的粒子，容易进入"盖下流"的死区，运动路径较长，且容易进入短路流，因此在微旋流器入口设计上应尽量消除该部分盖下流的影响。

对比 750L/h、850L/h 流量下颗粒运动轨迹，可以看出进口颗粒位置对颗粒在微旋流器内运动轨迹的影响基本一致，但流量为 850L/h 时颗粒进入底流的旋转圈数，即运动路径要长一些，如 2 号、3 号、5 号粒子。流量对颗粒运动轨迹的影响将在下节继续讨论。

图 4-42 和图 4-43 所示为常规微旋流器在流量为 750L/h、850L/h 时，5μm 粒子从进口不同位置注入的粒子运动轨迹。可以看出，流量为 750L/h、850L/h 时 5μm 粒子在不同位置加注的粒子的运动规律基本与 0.1μm 的相似。呈现出了靠近进口顶

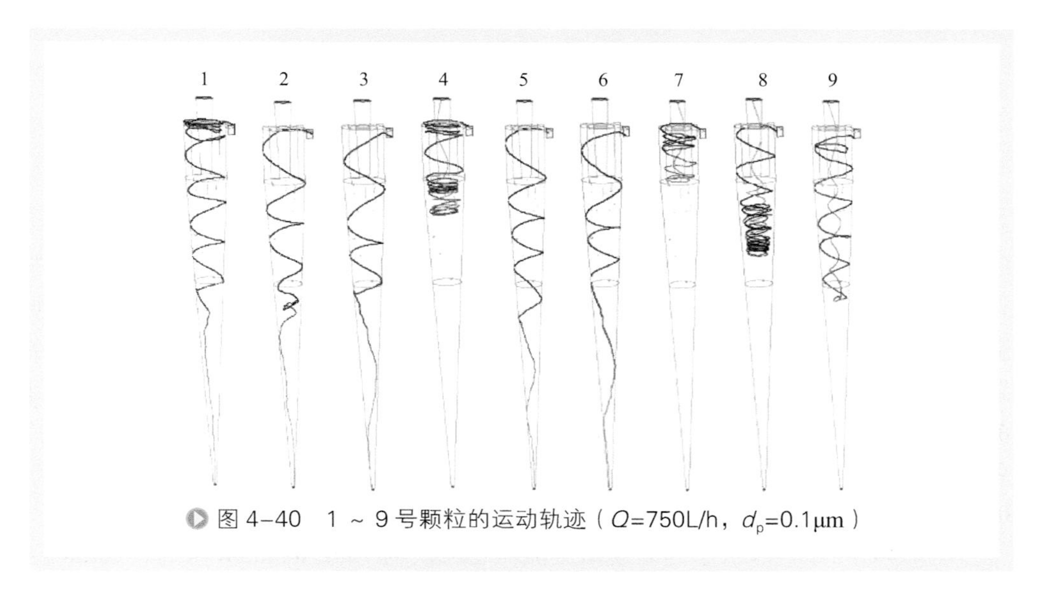

图 4-40 1 ~ 9 号颗粒的运动轨迹（$Q$=750L/h，$d_p$=0.1μm）

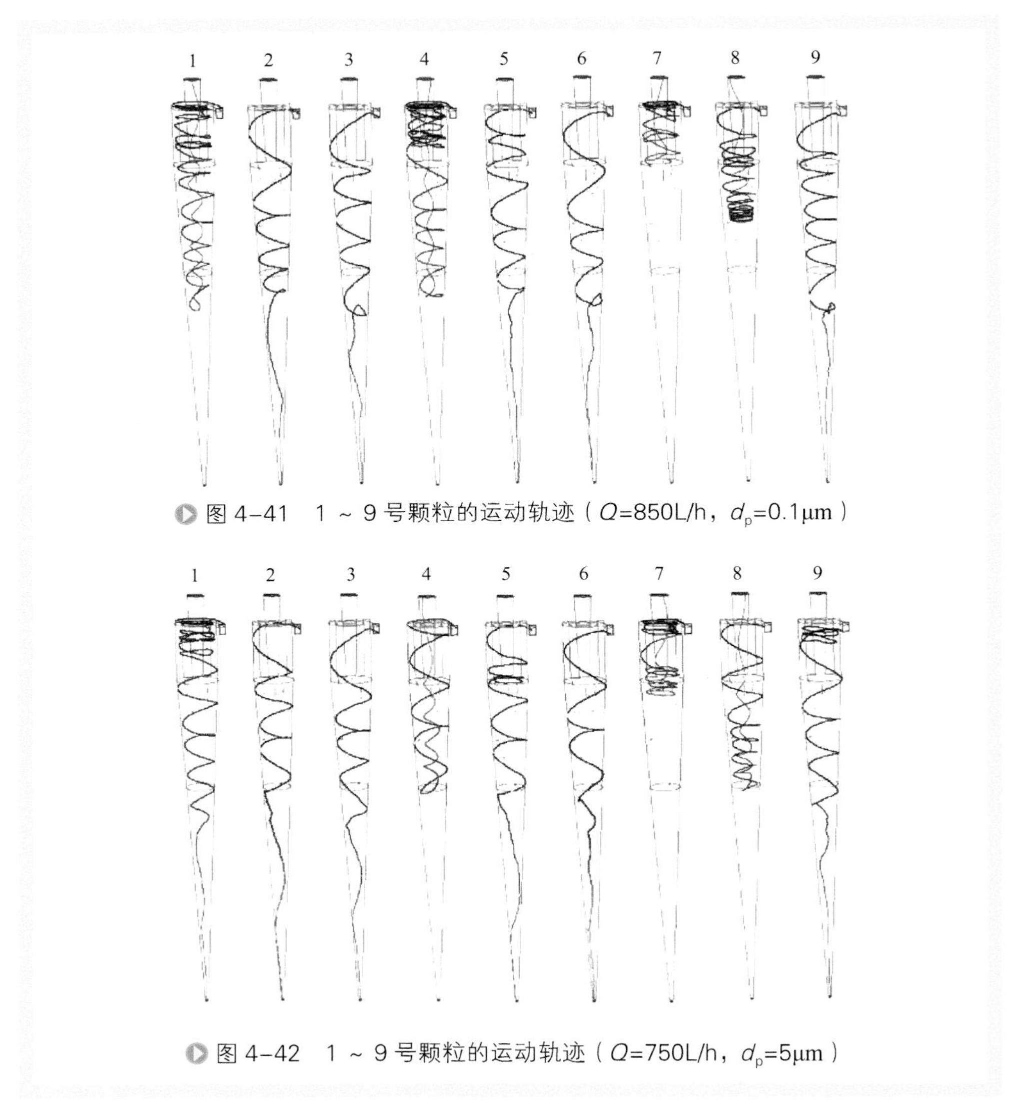


图 4-41 1 ~ 9 号颗粒的运动轨迹（$Q$=850L/h，$d_p$=0.1μm）

图 4-42 1 ~ 9 号颗粒的运动轨迹（$Q$=750L/h，$d_p$=5μm）

部截面的盖下流旋转圈数多，进入溢流的粒子主要在旋流器锥体 1/3 高度附近以上区域，且靠近轴心的径向距离较短。5μm 的粒子受的离心力大于 0.1μm 粒子：自外边壁到内侧，越靠近边壁的粒子越容易从底流口分离；自上至下，越靠近下侧的颗粒越容易从底流口分离。在溢流管插入深度位置截面有较多粒子都运动到了边壁位置，而进入溢流的颗粒主要是在该截面和锥管 1/3 高度附近，如 750L/h 流量下的 4 号、7 号、8 号和 850L/h 流量下 8 号颗粒，由此看出对于较大颗粒的溢流跑损主要是短路流和锥管 1/3 高度附近返混造成。进口颗粒位置对颗粒运动的影响基本与 0.1μm 相同。

图 4-44 和图 4-45 所示为常规微旋流器在流量为 750L/h、850L/h 时，30μm 粒

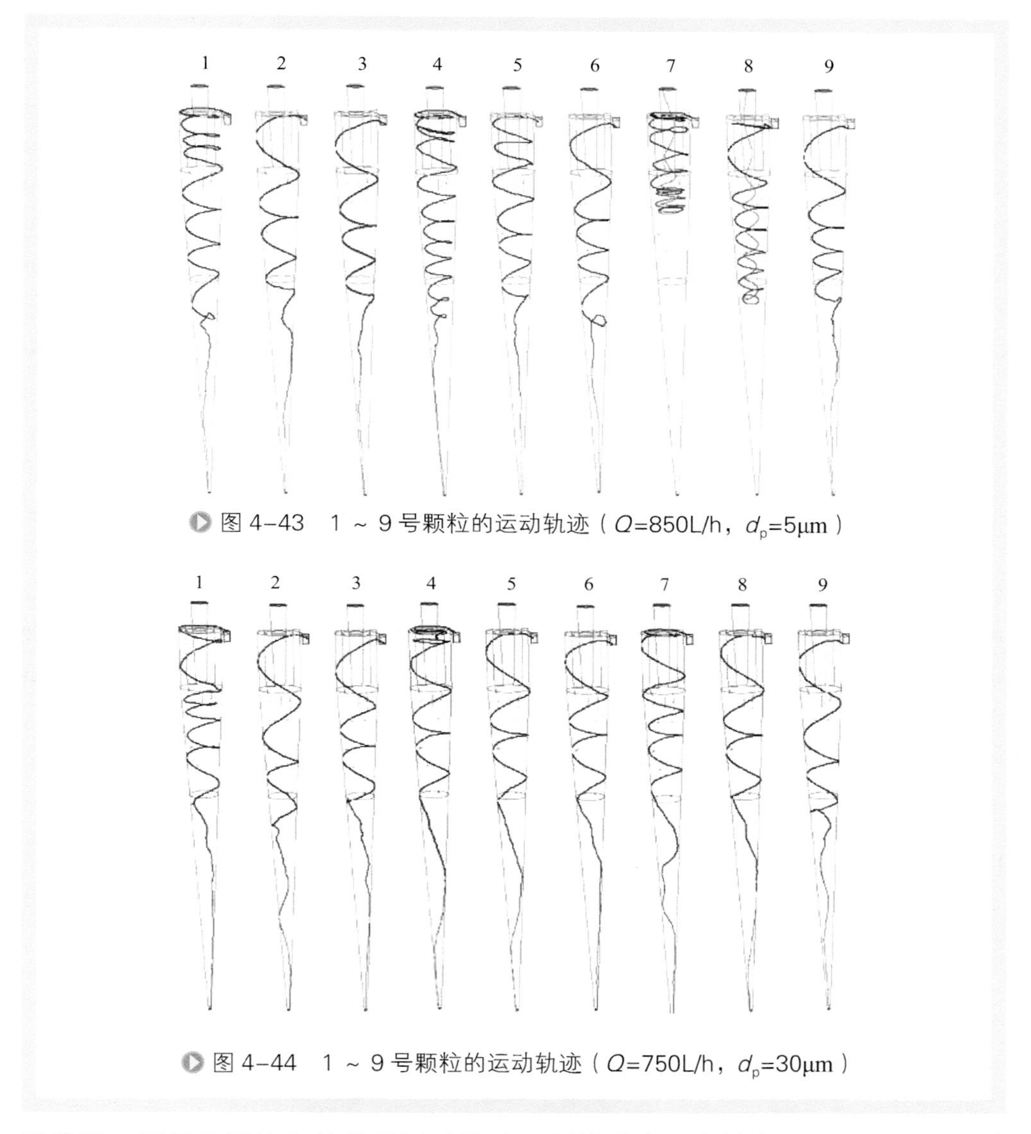


图 4-43　1 ~ 9 号颗粒的运动轨迹（$Q$=850L/h，$d_p$=5μm）

图 4-44　1 ~ 9 号颗粒的运动轨迹（$Q$=750L/h，$d_p$=30μm）

子从进口不同位置注入的粒子运动轨迹。可以看出，流量为 750L/h、850L/h 时 30μm 粒子在不同位置加注的粒子的运动规律基本与 5μm 的相似。靠近进口顶部截面进入的粒子容易进入盖下流，旋转圈数多，且易进入短路流。在溢流管插入深度位置除进入短路流，颗粒基本都能运动到边壁，因此可以看出颗粒越大，受进口颗粒位置的影响越小，靠近微旋流器盖顶的被分离进入底流颗粒的运动圈数也较少，但都比其他位置加注的颗粒运动路径短。

综合比较 0.1μm、5μm 和 30μm 颗粒在流量为 750L/h、850L/h 时不同进口加注的运动轨迹可以发现：①微旋流器入口位置对颗粒运动轨迹有明显作用，越靠近纵

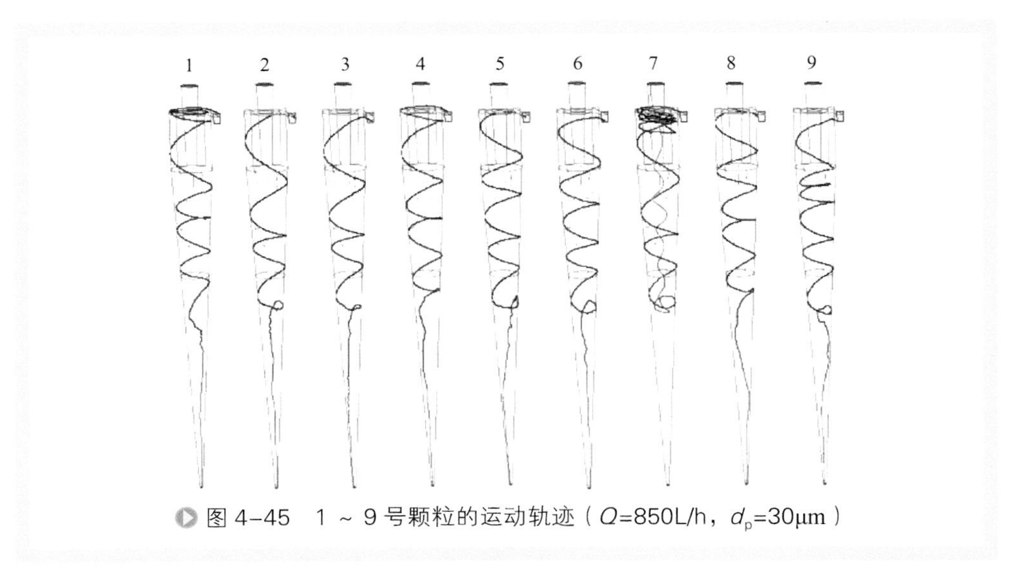


图 4-45 1 ~ 9 号颗粒的运动轨迹（$Q$=850L/h，$d_p$=30μm）

向边壁及横向下部区域加注的粒子越容易被分离进入底流；②在靠近进口截面的上部的颗粒受“盖下流”运动死区的影响较大，在该截面旋转运动圈数较多，且容易进入短路流；③颗粒越大，在微旋流器中受离心力越大，受进口颗粒位置的影响越小，越容易从底流被分离，但在进口截面上部“盖下流”的影响与小颗粒相同。

## 2. 颗粒排序对分散相颗粒在微旋流器内运动轨迹及浓度分布的影响

对于固 - 液旋流器来说，研究者对分散相颗粒的运动规律及运动结果更为关注。图 4-46 为三个微旋流器的空间三维实体图，与本章第二节设计的常规、正旋、逆旋微旋流器的结构尺寸一致，以下章节出现的图如不特殊说明均按常规、正旋、逆旋微旋流器的顺序。以下对进口颗粒排序对微旋流器内部分散相、连续相的运动轨

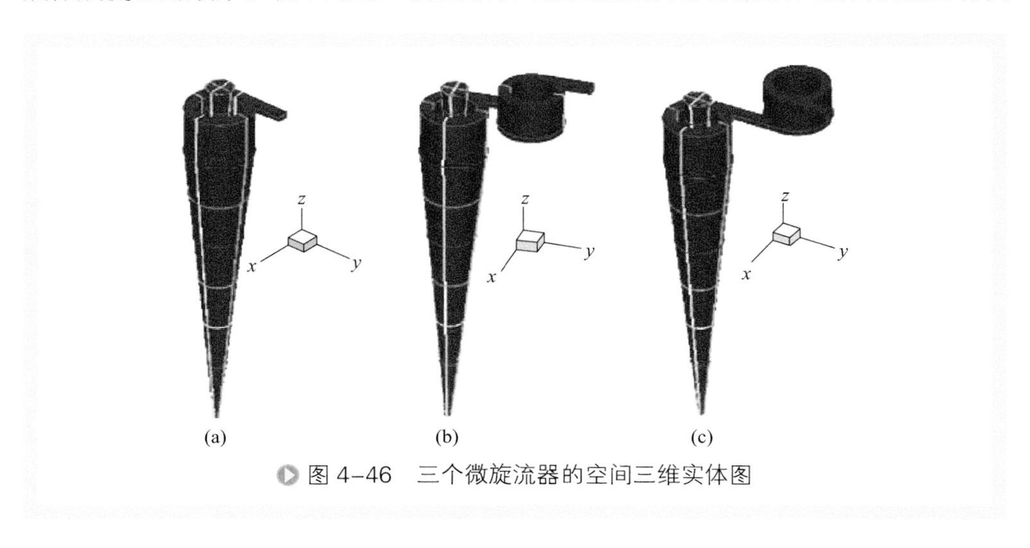


图 4-46 三个微旋流器的空间三维实体图

迹和运动结果，横向截面和纵向截面分散相颗粒浓度分布影响进行讨论。

因进口颗粒排序对小颗粒的可分离性影响较大，所以选取 1μm 颗粒的分离效果进行比较。图 4-47 和图 4-48 所示分别为常规、正旋、逆旋微旋流器在进口流量在 750L/h 时 1μm 分散相颗粒的运动轨迹和连续相流线。由图可以看出，在相同进口粒子加注数量下，逆旋微旋流器进入底流的粒子数目要多于常规和正旋微旋流器；且颗粒在逆旋微旋流器中下部都能保持较好的螺旋运动。因此从粒子运动的结果及运动过程的稳定性来比较，逆旋微旋流器要优于常规微旋流器，常规微旋流器

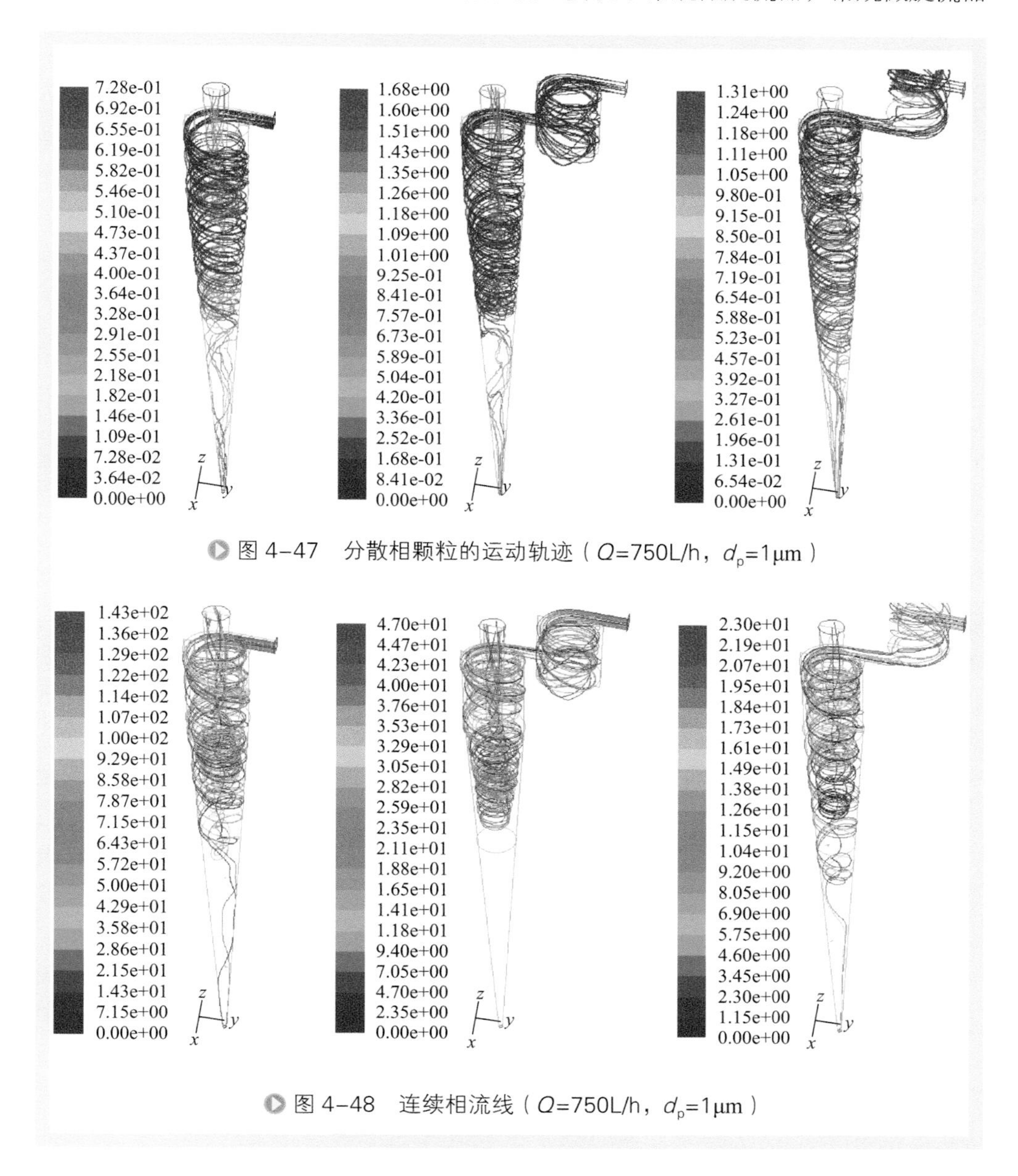


图 4-47　分散相颗粒的运动轨迹（$Q$=750L/h，$d_p$=1μm）

图 4-48　连续相流线（$Q$=750L/h，$d_p$=1μm）

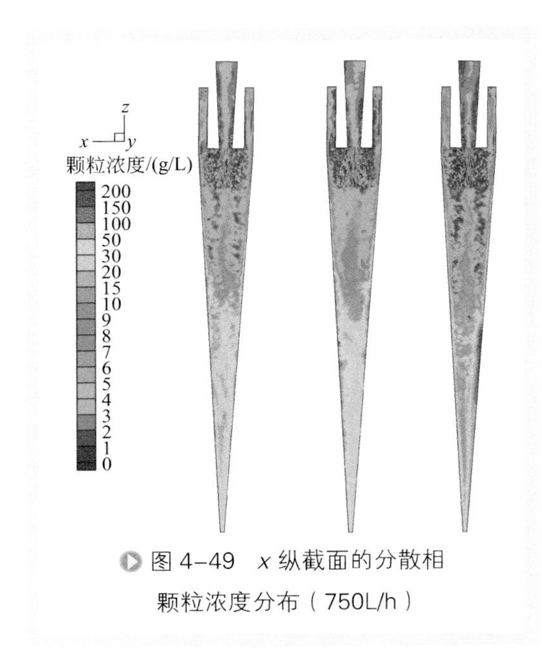

图 4-49　x 纵截面的分散相颗粒浓度分布（750L/h）

优于正旋微旋流器，与连续流场零轴速波动区的大小相一致，逆旋微旋流器实现了进口较小颗粒靠近边壁的排布，对小颗粒的分离效果要好一些。从粒子在三个微旋流器内最大停留时间来看，常规微旋流器的要短于逆旋微旋流器，逆旋微旋流器的短于正旋微旋流器，可见进口增加颗粒调控器后，颗粒在微旋流器内的运动时间增大了。对比常规 / 正旋、逆旋微旋流器的连续相流线可以看出，在微旋流器的中上部，连续相流线都能保持较好的螺旋运动形态，而且仅有少量的连续相流体进入了底流，这与少数分散相粒子进入溢流形成了对比。

图 4-49 和图 4-50 所示分别为常规、正旋、逆旋微旋流器在进口流量为 750L/h 时注入粒径分别为 0.1μm、0.5μm、1μm、2μm、3μm、5μm、10μm、15μm、20μm、25μm、30μm，加注量分别都为 0.0001kg/s 时纵向 $x$ 截面和横向 $z_1 \sim z_6$ 截面分散相浓度分布（$z_1 \sim z_6$ 截面的划分与本章第二节界面划分相同）。由 $x$ 轴截面上浓度分布来看，从溢流管插入深度位置到 $z_2$ 截面区域内，分散相颗粒靠近边壁浓度要远大于靠近中心的浓度，靠近中心轴线的区域浓度要略微大于轴心两侧的浓度，这可能是由于中心轴线位置连续相流体轴向速度大，固相颗粒更容易被携带原因造成。自 $z_2 \sim z_3$ 截面的纵向 $x$ 轴截面区域内分散相浓度沿径向在边壁位置最大，后减小到最小再到轴心处略微增大，沿自上向下的轴向浓度逐渐减小，从浓度低于 3g/L 的蓝色区域来看，逆旋微旋流器的浓度要大于常规微旋流器的，常规微旋流器的浓度大于正旋微旋流器的，因此从纵向截面的浓度来看，逆旋微旋流器的分离效果要好于常规微旋流器，常规微旋流器的好于正旋微旋流器。

由微旋流器径向截面图可以看到，在 $z_1$ 截面，常规、正旋、逆旋微旋流器都表现出了较为明显的分离效果，靠近轴心位置径向区域内的分散相颗粒浓度要小于靠近边壁的分散相浓度，由于单向进口的原因，靠近边壁区域分散相浓度较高分布区域在此截面呈现出不对称分布。在溢流管壁厚投影在 $z_1$ 截面的环形区域内，基本属于较低浓度区，该区域内的分散相颗粒基本随连续相从溢流口出去，但在该区域中也分布了少量较高的浓度分布点，这些点基本是由短路流造成的，而常规微旋流器的高浓度点的面积区域要大于逆旋微旋流器的，正旋微旋流器的最小，因此可以看出，进口颗粒排布对消除短路流的影响也有帮助，进口颗粒自边壁横向截面内由大

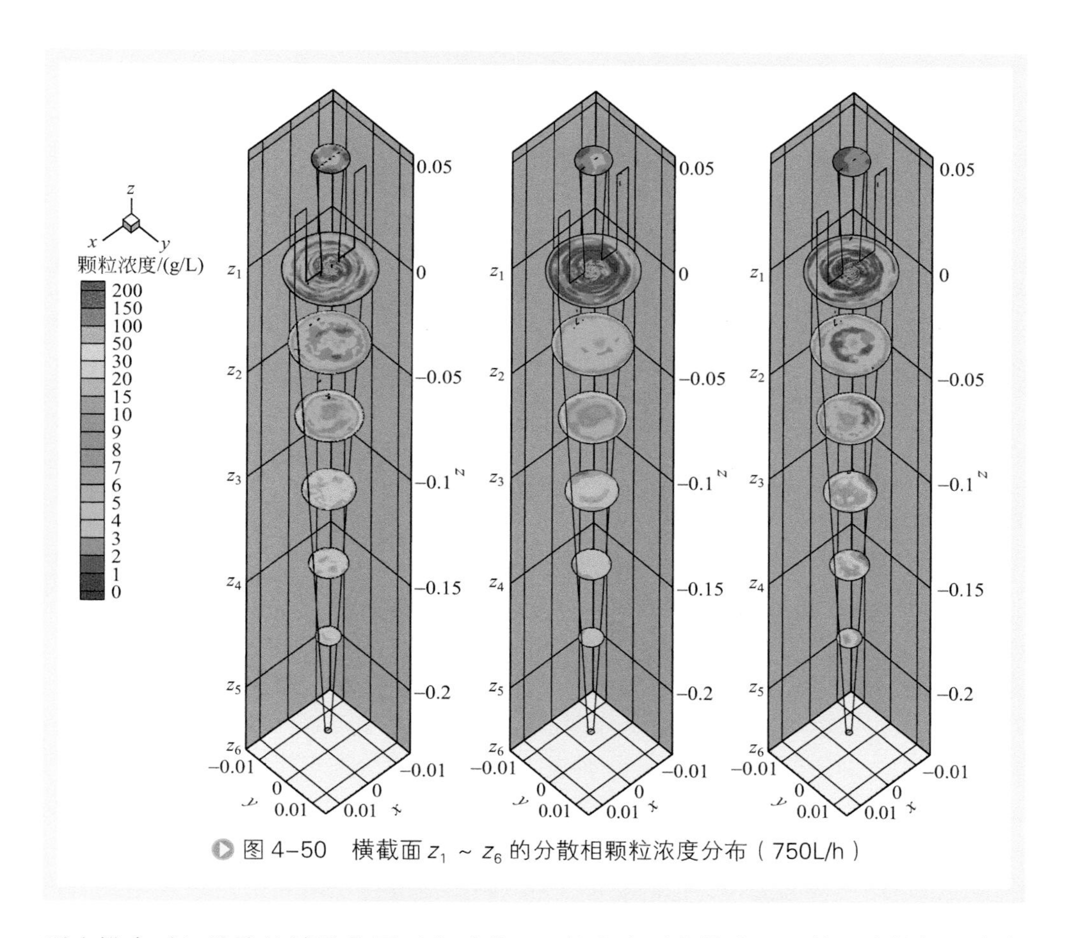


图 4-50　横截面 $z_1$ ～ $z_6$ 的分散相颗粒浓度分布（750L/h）

到小排布对短路流的消除作用要大于进口颗粒自小到大排布。$z_2$ 截面分散相浓度自边壁到中心，浓度在边壁附近最高，然后降低，到轴心处再略微增高，轴心区域与边壁区域之间呈现环状的低浓度分布区。逆旋微旋流器的该分布规律要比常规、正旋微旋流器的明显，且靠近边壁高浓度靠近轴心低浓度的变化更为明显。$z_3$ 截面，逆旋微旋流器内分散相低浓度区域的面积最大，在轴心区域和边壁区域之间呈环状分布，常规微旋流器内也有此现象，但不明显，正旋微旋流器进口仅在环状区域的某一块有较低浓度分布。$z_4$ ～ $z_6$ 截面基本都属分散相颗粒浓缩的过程，基本都属于高浓度区，分散相浓度最高点在 $z_4$ ～ $z_6$ 截面区域之间靠近边壁的位置。

图 4-51 所示为常规、正旋、逆旋微旋流器在进口流量在 850L/h 时 1μm 分散相颗粒运动轨迹。可以看出，分散相 1μm 粒子在流量为 850L/h 运动形式及轨迹与 750L/h 时的基本相同，唯一有区别的是分散相颗粒在锥管中段以下部分区域内还是做有序的螺旋运动，由此可以看出流量增大提高了分散相粒子的初始动能及连续相的携带力，保持旋转螺旋运动的距离增加。

图 4-52 和图 4-53 所示为常规、正旋、逆旋微旋流器在进口流量在 850L/h 时

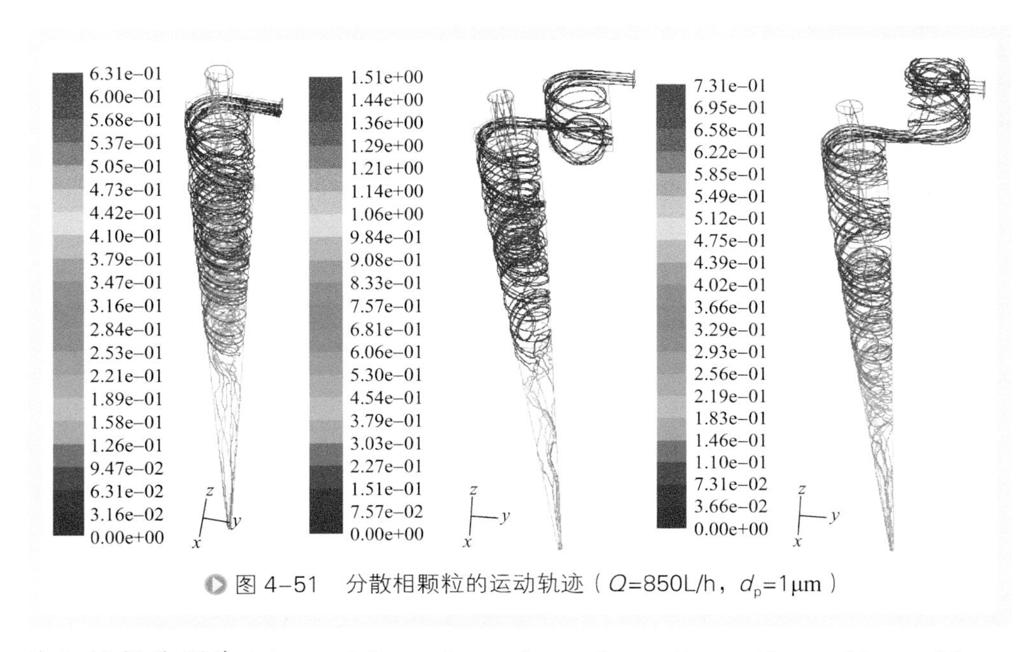


图 4-51　分散相颗粒的运动轨迹（$Q$=850L/h，$d_p$=1μm）

注入粒径分别为 0.1μm、0.5μm、1μm、2μm、3μm、5μm、10μm、15μm、20μm、25μm、30μm 分散相颗粒，加注量分别都为 0.0001kg/s 时纵向 $x$ 截面和横向 $z_1$ ～ $z_6$ 截面分散相浓度分布。可以看出，$x$ 轴纵向截面的浓度分布规律与流量为 750L/h 的基本一致，唯一有变化的是逆旋微旋流器的低浓度分布区增大，在溢流管插入深度截面至锥管中部与零轴速包络面相似，呈“V”形分布，在流量为 750L/h 时靠近轴心附近浓度略微增高的现象也消失了，可以看出流量为 850L/h 时分散相的分离效

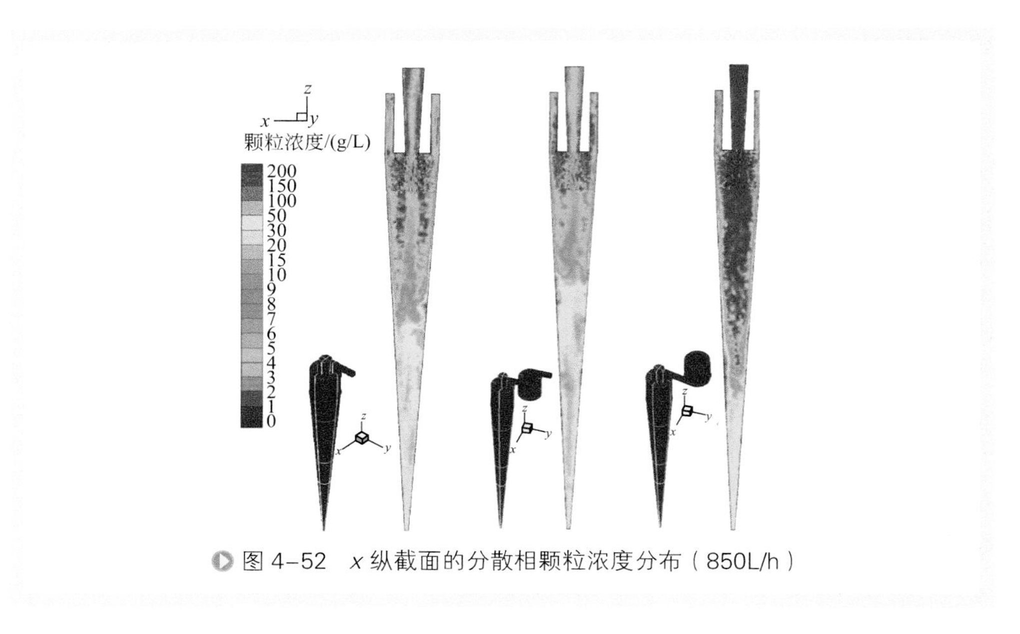


图 4-52　$x$ 纵截面的分散相颗粒浓度分布（850L/h）

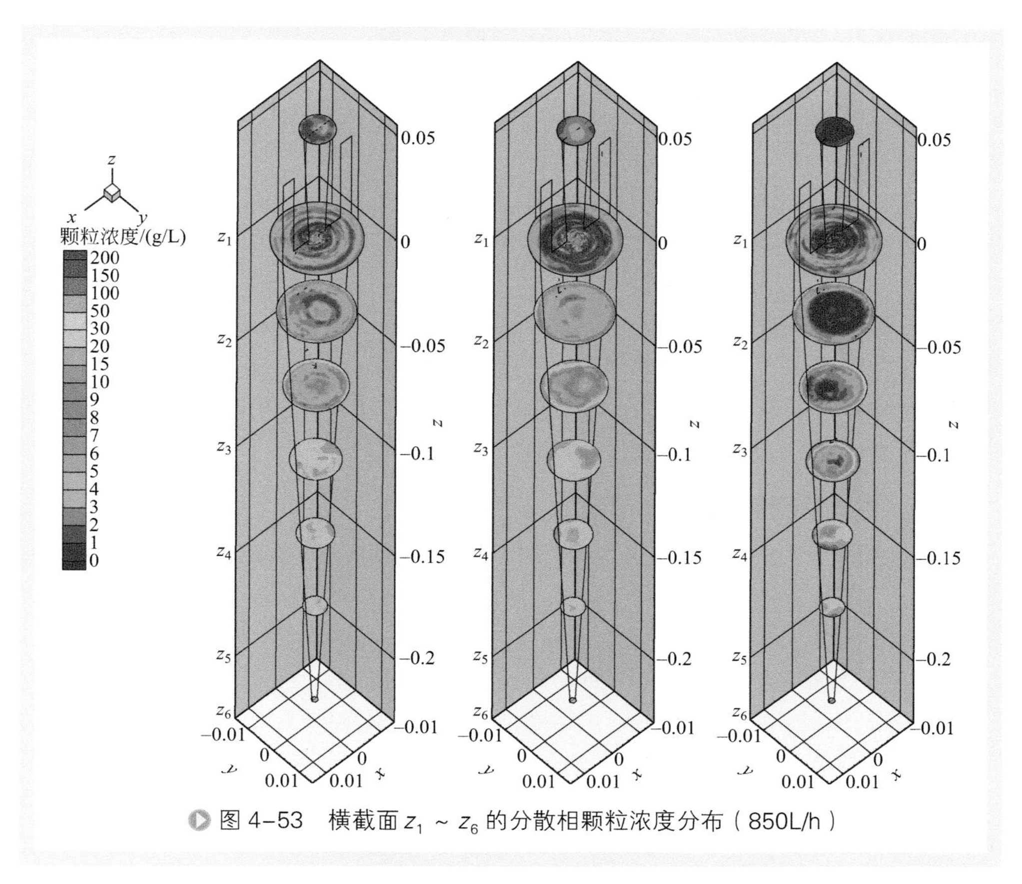


图 4-53　横截面 $z_1$ ~ $z_6$ 的分散相颗粒浓度分布（850L/h）

果要好于流量为 750L/h 的情况。

从径向截面来看，在流量为 850L/h 时，$z_1$ 截面上分布规律与流量为 750L/h 时相似，边壁浓度大，轴心浓度低，但在靠近轴心低浓度区中也有较高浓度点的分布，此截面上的短路流影响较为明显，但正旋微旋流器在 $z_1$ 截面低浓度区域中的较高浓度点比常规和逆旋微旋流器少，因此颗粒自进口外壁到内侧由大到小排布有对短路流消除的作用，该现象与流量为 750L/h 一致。微旋流器在 $z_2$ 截面上靠近轴心的低浓度区更为明显，且比较均一，$z_1$ 截面上低浓度区域中少量高浓度点的现象也消失，可以看出 $z_1$ ～ $z_2$ 截面是微旋流器内主要分离区域，到 $z_2$ 截面分散相得到了近一步的分离，短路流现象也消失了。

综合比较进口颗粒调控对分散相颗粒运动轨迹及浓度分布的影响可以得出：①进口颗粒排序对细小粒子的可分离性有影响，在进口实现较小颗粒靠边壁的微旋流器分离性能更好些，且颗粒在微旋流器锥段中下部都能保持较好的螺旋运动；② 1μm 粒子在三个微旋流器内的最大停留时间，常规微旋流器的要短于逆旋微旋流器，逆旋微旋流器的短于正旋微旋流器，进口增加颗粒调控器后，颗粒在微旋流器内的运动时间增大了；③常规、正旋、逆旋微旋流器的连续相流线在微旋流器的中上部能保持较好的螺旋运动形态，而且仅有少量的连续相流体进入了底流，这与少数分散相粒子进入溢流形成了对比；④随流量的增加，粒子入射初始动能增加且连续相的携带力增加，颗粒保持连续螺旋运动的距离增大；⑤分散相浓度在纵向 $x$ 轴截面内，自上向下，自外到内逐渐减小；⑥从溢流管插入深度位置到锥段 1/4 高度截面区域内，分散相颗粒靠近边壁浓度要远大于靠近中心的浓度，靠近中心轴线的区域浓度要略微大于轴心两侧的浓度，这可能是由于中心轴线位置连续相流体轴向速度大，固相颗粒更容易被携带原因造成的；⑦在微旋流器溢流管插入深度截面附近有较明显的短路流，在此截面到锥段 1/4 高度处是微旋流器主要分离区；⑧颗粒排序对微旋流器分离细小颗粒有较为明显的影响，在不考虑进口浓度分布情况下进口颗粒沿外壁到内自小到大排布的分离效率要高于不排布，不排布的高于自大到小排布微旋流器，但颗粒自大到小排布有对短路流的消除作用。

### 3. 颗粒排序对微细颗粒分离效率的影响

进口颗粒排序主要为了克服常规微旋流器对细小颗粒分离效率不高的问题，因此选取较小颗粒进行分离效率的比较。图 4-54 所示为常规、正旋、逆旋微旋流器在进口等质量加注颗粒粒径分别为 0.1μm、0.5μm 和 1μm，平均颗粒粒径为 0.53μm 与进口等质量加注颗粒粒径分别为 0.1μm、0.5μm、1μm、2μm 和 3μm，平均颗粒粒径为 1.32μm 时不同流量下的分离效率曲线。由图 4-54 可以看出，常规、正旋微旋流器的分离效率随着流量的增大，先增大后略微减小；逆旋微旋流器的分离效率也是随着流量的增大，先增大再减小，后又略微增大；正旋、逆旋微旋流器在进口流量为 650L/h 时分离效率最高，这可能是由于在流量为 650L/h 时进口颗粒排布效

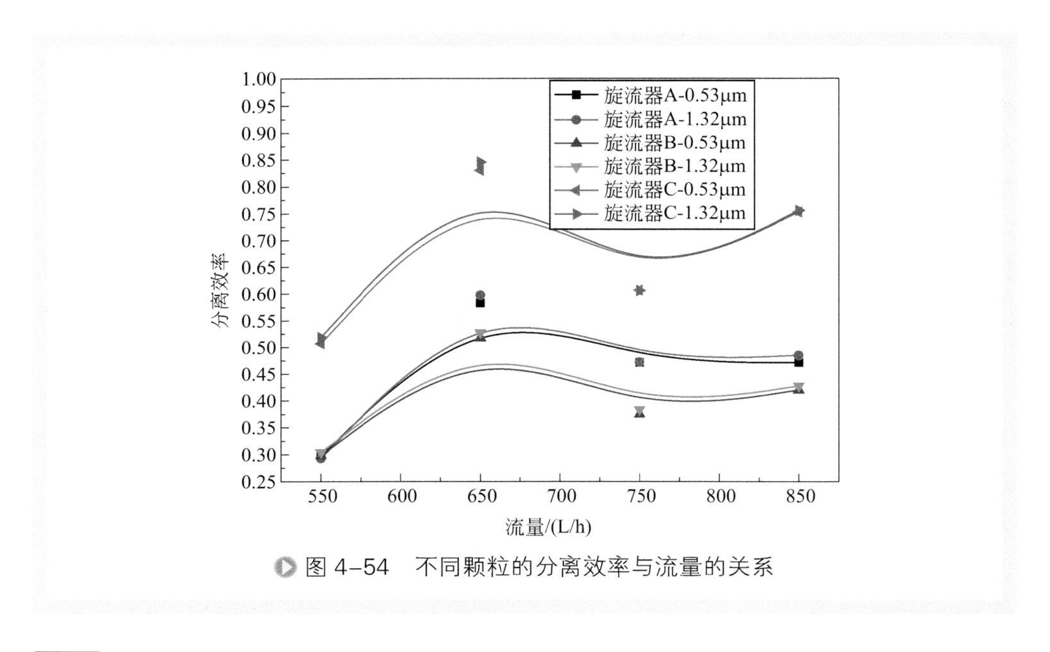


图 4-54　不同颗粒的分离效率与流量的关系

果较好，且微旋流器内部流场在进口流量为 650L/h 比较有利于分散相的迁移分离，因此分离效率也较高。流量较低时离心力不够，颗粒难以在进口排布出有序规律，所以分离效率不高；而流量过大时，流场湍动增强，不能在进口有序排布，在微旋流器内部颗粒停留时间变短，且返混较严重，因此分离效率也会降低。在不考虑进口截面浓度分布影响下逆旋微旋流器的对进口平均颗粒为 0.53μm 和 1.32μm 的颗粒分离效率要明显优于常规微旋流器，常规微旋流器的要略微优于正旋微旋流器，可见逆旋微旋流器自进口边壁到内侧颗粒由小到大排布，小颗粒更容易进入底流被分离，因此分离效率也较高；而正旋微旋流器自进口边壁到内侧颗粒由大到小排布，小颗粒更容易进入溢流，因此造成分离效果不好。对比进口颗粒粒径对分离效率的影响可以看出，颗粒粒径的变化对分离效率的影响较小，随着粒径的增大，分离效率略微有提高，在不同流量下都表现出了该现象。

# 第五节　颗粒排序对微旋流器分离性能的影响

## 一、实验

旋流器综合性能指标主要由以下四个方面构成：①能耗；②处理量；③分离效率；④切割粒径。在实际使用过程中，在一定的处理量下，希望旋流器的能耗低、分离效率高、切割粒径小。

（1）实验流程　分离性能测试实验流程如图 4-55 所示。本流程采用与流场测

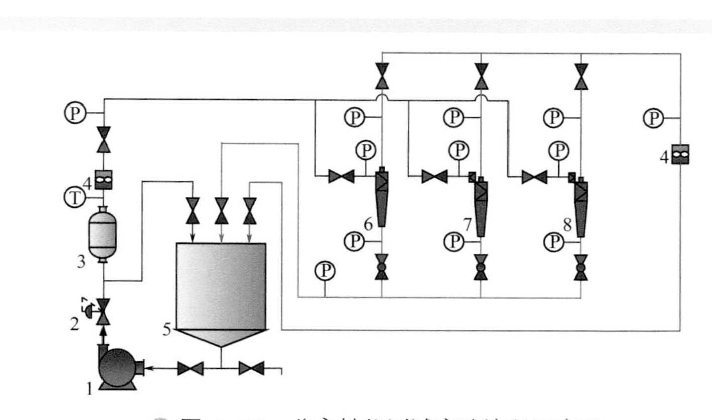


图 4-55　分离性能测试实验流程示意图

1—离心泵；2—自力式稳压阀；3—缓冲罐；4—涡轮流量计；5—物料罐；6—常规微旋流器；7—正旋微旋流器；8—逆旋微旋流器

图 4-56　实验设备实物

试相同的实验流程，不同之处是将测试的三个微旋流器并联操作，以获得相同进口条件下，不同微旋流器的分离性能，方便比较。混合物料由离心泵 1 从物料罐 5 泵出，经由自力式稳压阀 2 稳定压力，并进入缓冲罐 3 停留 20 ～ 90s 进一步稳定压力。根据工况，调节阀门，分别分配物料进入常规微旋流器 6、正旋微旋流器 7、逆旋微旋流器 8。经过微旋流器分离后的溢流和底流分别汇集返回至物料罐 5，循环进行，在微旋流器的进出口设采样接口。其中，流量测量使用涡轮流量计 4，压力测量使用隔膜压力表。设备工况调节，主要通过各阀门调节控制。

实验设备实物如图 4-56 所示。

（2）实验物料　实验物料采用水和空心玻璃微珠的混合物，其中水为连续相、空心玻璃微珠为分散相，具体物理性质见表 4-4。

表4-4　实验物料物理性质

| 物料 | 密度 (20℃ )/(kg/m³) | 黏度 /(mm²/s) | 粒径 /μm |
| --- | --- | --- | --- |
| 水 | 1000 | 1 | — |
| 空心玻璃微珠 | 1200 ～ 1300 | — | 0.01 ～ 5 |

## 二、颗粒排序对微旋流器操作性能的影响

### 1. 颗粒排序对微旋流器压力特性的影响

微旋流器的压力降指进口处压力与两个出口处压力之差，它用来表示流体通过微旋流器的能量损失，液固旋流分离器的能量损失主要由进口和溢流出口压差决定，故本章主要研究实验微旋流器的溢流压降。旋流分离器特征雷诺数 $Re$ 和欧拉数 $Eu$ 是分别对应流量和压力降的无量纲参数，研究它们的关系更具有普遍意义。

雷诺数表征微旋流器进口流体惯性力与黏性摩擦力之比。$Re$ 的定义如下：

$$Re = \frac{\rho D v}{\mu} \tag{4-31}$$

$$v = \frac{4Q_{\mathrm{i}}}{\pi D^2} \tag{4-32}$$

欧拉数表征微旋流器内流体压力与惯性力之比。*Eu* 定义如下：

$$Eu=\frac{\Delta p_{io}}{\frac{1}{2}\rho v^2} \tag{4-33}$$

式中 $\rho$——液体介质的密度，kg/m³；

$D$——旋流器柱段直径，m；

$v$——旋流器的特征速度，m/s；

$Q_i$——入口总流量，m³/s；

$\mu$——液体介质的黏度，Pa·s；

$\Delta p_{io}$——进口与溢流口间压力降，Pa。

图 4-57 是在底流分流比保持为 7% 时测得的常规微旋流器 A、正旋微旋流器 B、逆旋微旋流器 C 流量与压降的关系。由图 4-57 可以看出，常规微旋流器、正旋微旋流器、逆旋微旋流器的压降随进口流量的增大而增大；逆旋微旋流器的压降大于正旋微旋流器，正旋微旋流器的压降大于常规微旋流器的压降，由此可以看出增加进口颗粒排序后增大了微旋流器的能耗，而逆旋微旋流器在增加颗粒排序后还改变了流体流动的方向，因此压降最大。另外由图 4-57 可以看出，随着进口流量增大到一定程度，正旋微旋流器和逆旋微旋流器的压降数值比较接近，说明进口流量增大到一定程度后，微旋流器的压降主要是由本身结构而引起的，流体流动方向改变而引起的压降因素降低。

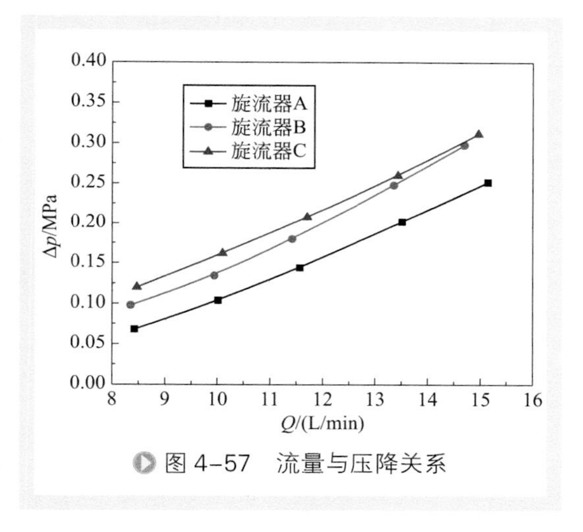


图 4–57　流量与压降关系

实验系统的平衡温度为 40℃，此时液体的密度和黏度为 992.2kg/m³、0.656mPa·s。由此得到三个微旋流器进口雷诺数和欧拉数之间的关系，如图 4-58 所示。可以看出，随着进口雷诺数的增加，常规微旋流器中与进

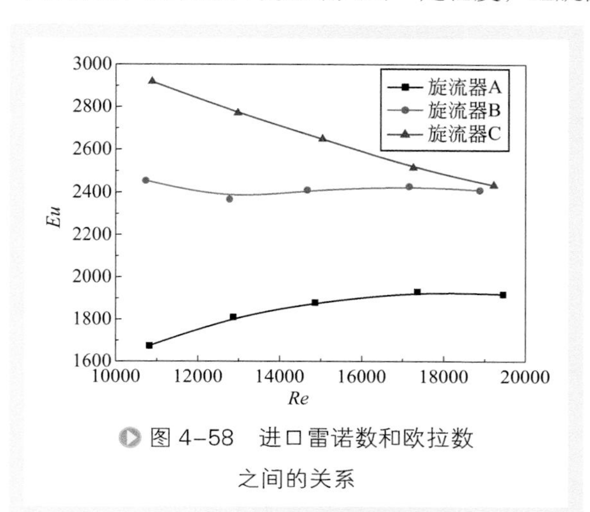


图 4–58　进口雷诺数和欧拉数之间的关系

口和溢流口压力降相关的欧拉数呈增加趋势，当雷诺数增大到 18000 时，欧拉数趋于平缓，说明随着进口流量的提高，溢流压力降的数值逐渐增大，溢流阻力增大，而雷诺数增大到一定数值后，因结构引起的压力降则变化不大；正旋微旋流器随着进口雷诺数的增加欧拉数先略微降低后趋于平稳，因此压力降主要是由进口颗粒排序引起的；逆旋微旋流器随着进口雷诺数的增加欧拉数呈降低趋势，到达 18000 时，降低幅度减小，由此可以看出，逆旋微旋流器的压降主要是由颗粒调控和流体流向的变化而引起的，而随着进口雷诺数的增大，这两部分引起的压降逐渐减小。

### 2. 分流比

旋流器的底流流量 $Q_u$ 和进料流量 $Q_i$ 的比值 $F$ 称为分流比。分流比在旋流分离过程中是一个重要的操作参数，同时是一个重要的性能参数。分流比对旋流器的分离效率有显著的影响，可用式（4-34）计算。

$$F=\frac{Q_u}{Q_i} \tag{4-34}$$

## 三、颗粒排序对微旋流器分离效率的影响

分离效率 $E$ 是旋流分离器分离性能的最主要指标，这种指标主要用来表示一个具体的旋流分离器在具体的操作条件下处理相同物料时所能达到的实际分离效果。

### 1. 相同分流比下进口流量与分离效率的关系

在进口固含量为 500mg/L，分流比为 7%，改变进口的流量，其他操作条件都相同时对常规微旋流器、正旋微旋流器、逆旋微旋流器的分离性能进行了测试。图 4-59 所示为常规微旋流器、正旋微旋流器、逆旋微旋流器的分离效率随进口流量的变化。由图 4-59 可以看出，三个微旋流器的分离效率随进口流量的增加先呈上升趋势，到达最大值后又呈下降趋势。这说明流量较小时，微旋流器产生的离心力小，分散相很难向微旋流器中心迁移，分离效率不高；随着流量的增加，微旋流器产生的离心力也逐渐增大，分离效率上升，当流量达到一定值后分离效率开始下降，这是由于流量过大时，流速过高使得固相颗粒在微旋流器内的停留时间缩短和短路流的增加，同时内部湍流程度增加，破坏了流场内的相

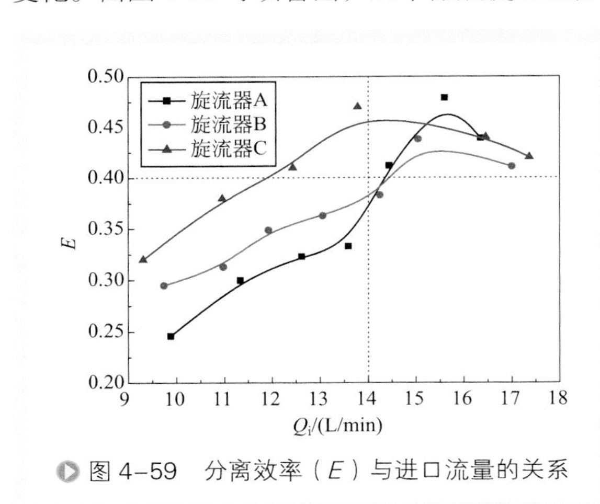


图 4-59　分离效率（$E$）与进口流量的关系

对有序运动，导致分离效率的降低。因此，找到微旋流器的最佳进口流量范围非常重要，在一定流量范围内微旋流器能保持高效的运行。

逆旋微旋流器在小流量下的分离效率要优于正旋微旋流器，正旋微旋流器的优于常规微旋流器，可以得到进口颗粒排序后能提高微旋流器的分离效率，而正旋微旋流器是靠进口外边壁的浓度增加，逆旋微旋流器是靠进口外边壁的粒度减小。由此可以得到在微旋流器分离精度与进口物料一定的情况下，经颗粒排序后，进口颗粒在微旋流器进口横截面内的粒度、浓度对微旋流器的分离效率均有影响，进口颗粒粒度的分布对分离效率的影响要大于进口颗粒浓度的分布的影响。因此对于小颗粒的分离来说，颗粒大小对分离的影响较大，且小颗粒越靠近边壁，分离效率越高。在相同操作条件下，逆旋微旋流器的分离效率比正旋微旋流器效率高5% ～ 8%，正旋微旋流器比常规微旋流器的分离效率高约 3%。逆旋微旋流器的最高分离效率与常规微旋流器的最高分离效率近似，略大于正旋微旋流器的最高分离效率，而最高分离效率点对应的流量逆旋微旋流器最小，其次为正旋微旋流器，再次为常规微旋流器，由此可以看出在微旋流器分离因数相同情况下，经进口颗粒排序后的微旋流器更容易达到高效点；逆旋微旋流器的高效分离区要大于正旋微旋流器，正旋微旋流器的高效区与常规微旋流器的近似，由此可以得到经进口粒径排布后的高效区越大，越有利于提高微旋流器的分离效率。

### 2. 进口固含量与分离效率的关系

在相同操作条件下，进口固含量控制为 50 ～ 2000mg/L 时，研究了逆旋微旋流器固含量对分离性能的影响，结果见图 4-60。

由图 4-60 可以看出，在进口固含量变化时，分离效率曲线形态基本相同，都是随着进口流量（$Q_q$）的增大先增加，增加到最大后再降低。微旋流器进口颗粒固含量对分离效率曲线的分布影响不大，相比较而言，固含量较低时，如固含量为 50mg/L 时分离效率比高浓度时的效率低，分布曲线也有区别，该进口固含量下效率随进口流量的增大而增大，最高效率点的进口流量要大于较高浓度的进口流量。固含量为 2000mg/L 时的最高效率点的进口流量要小于低浓度时的进口流量，可以看出，进口固含量对微旋流器高效区的最大流量有影响，进口固含量较高的高效区对应的进口流量

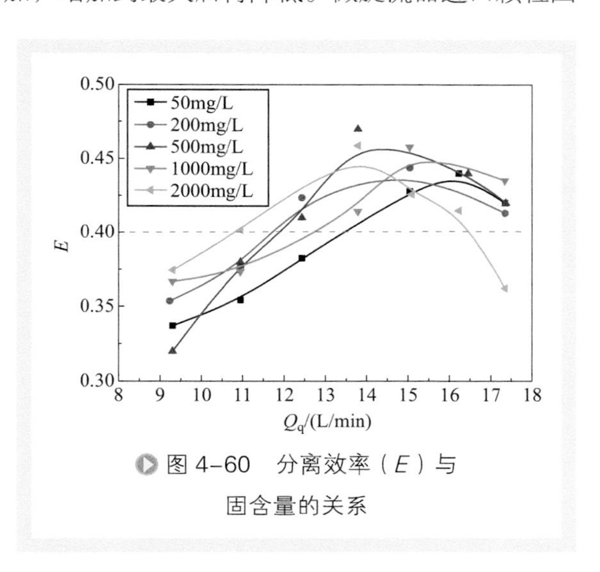

图 4-60　分离效率（$E$）与固含量的关系

要小一些。

### 3. 分级效率

分级效率是指悬浮液多分散性固相颗粒中各级粒度颗粒的分离效率（或各级粒度颗粒的底流回收率）。用 $d_j(j=1, 2, \cdots, n)$ 表示某一级粒度，分级效率可由式（4-35）计算。

$$G(d_j)=\frac{M_u f_u(d_j)}{M_i f_i(d_j)} \tag{4-35}$$

式中　$G(d_j)$——粒径为 $d_j$ 颗粒的分离效率；

$M_u$，$M_i$——旋流器底流口和进口质量流率；

$f_u(d_j)$，$f_i(d_j)$——旋流器底流和进料中含粒度级别颗粒的质量分数，即粒度的质量微分分布。

分离效率描述的是物料经过旋流分离器时总的分离效果，但是一般情况下物料中的分散相颗粒或液滴都不是单一粒度，而是具有一定粒度分布的不同粒度的混合物。一台旋流分离器的分离效率，除与旋流分离器的结构参数、操作条件、物料密度等性能有关外，与被分离的分散相粒度也有很大关系，单纯用分离效率来表示旋流分离器的分离能力，还不能说明旋流分离器对不同粒度分散相物料的分离情况。分级效率是到目前为止所讨论的效率准则中受实验分散相介质粒度分布影响最小的效率，由分级效率曲线可以很好地预测微旋流器的分离性能。

图 4-61 所示为常规微旋流器、正旋微旋流器、逆旋微旋流器的分级效率曲线。由图可以看出，对于小粒径，逆旋微旋流器的分级效率比正旋微旋流器高，正旋微旋流器的又高于常规微旋流器，这与逆旋微旋流器进口横向截面粒度自外边壁到内边壁由小到大分布有关，更多小颗粒进入底流被分离出来，可以看到无论进口颗粒浓度多大，小颗粒靠近外边壁对微旋流器小颗粒分级效率的提高都有帮助；正旋微旋流器的分级效率曲线斜率要大于其余两个微旋流器，因此该微旋流器的分级效果要好一些，这与正旋微旋流器进口截面横向粒度自外边壁到内边壁由大到小分布有关，靠近外边壁的大颗粒更容易进入底流，而靠近内边壁的小颗粒更容易进入溢流。这些都与理论分析的结果一致。

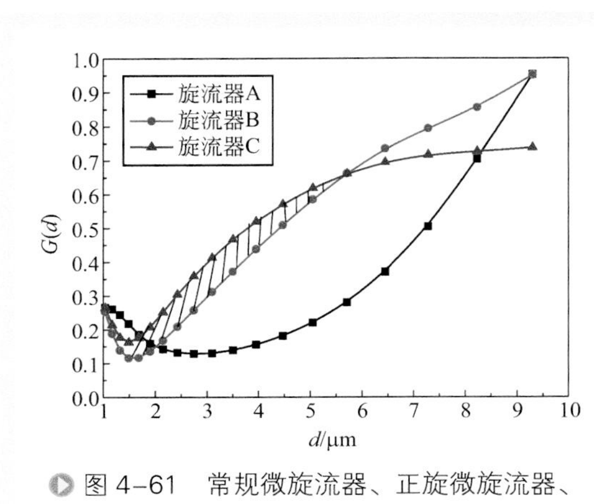

图 4-61　常规微旋流器、正旋微旋流器、逆旋微旋流器的分级效率曲线

### 4. 切割粒径

关于切割粒径 $d_{50}$ 比较成熟的旋流分离理论模型主要有平衡轨道模型和停留时间模型。平衡轨道理论认为：旋流器中固体粒子主要受离心力与流体曳力的作用，当此两力达到平衡时，粒子会到达一个平衡轨道位置。不同粒度的颗粒具有不同的平衡轨道，切割粒径 $d_{50}$ 是其轨道与分离面相合的颗粒粒度。显然，分离面的选择至关重要。我国学者庞学诗认为，旋流器的最大切线速度轨迹面为旋流器分离面，该面是以 $2d_o/3$ 为直径，溢流口入口断面到底流口间的距离 $H_m$ 为高的圆柱面。根据其推导过程，将模型中的压差替换为进口流量的形式，如式（4-36）和式（4-37）所示。

$$d_{50}=20.37D^{0.36}d_o^{0.64}d_i\sqrt{\frac{\mu}{(\rho_s-\rho)H_mQ_i}} \tag{4-36}$$

$$H_m=(H-h_o)+\frac{3D-2d_o}{6\tan\dfrac{\theta}{2}} \tag{4-37}$$

式中，$D$、$d_o$、$d_i$ 分别表示旋流腔、溢流口和进口直径，mm；$H$、$h_o$ 分别表示旋流腔高度和溢流管插入深度，mm；$\theta$ 表示锥角；$\mu$ 表示液相黏度，mPa・s；$\rho_s$、$\rho$ 分别表示固体和液相密度，g/cm³；$Q_i$ 表示进口流量，m³/h。这样得出的 $d_{50}$ 单位为 μm。

而停留时间理论认为，粒子在短时间内获得平衡轨道是不可能的，它主要考虑粒子是否能在有效的停留时间内到达旋流器器壁而被分离。$d_{50}$ 的颗粒可理解为，把这种颗粒准确地从进料口中心注入，则它在有效停留时间内刚好能到达旋流器锥顶器壁，也就是说，颗粒在旋流器内停留的时间内所经过径向距离为进口直径的一半。在低浓度进料的条件下，旋流分离颗粒的相对径向速度即离心沉降末速，可用层流状态下的 Stokes 定律来描述，如式（4-38）所示。

$$v_r=\frac{\mathrm{d}r}{\mathrm{d}t}=\frac{(\rho_s-\rho)d_p^2v_t^2}{18\mu r} \tag{4-38}$$

式中，$r$ 是颗粒所处的半径；$d_p$ 是颗粒直径；$v_t$、$v_r$ 分别表示颗粒切向和径向速度；$t$ 表示颗粒运动的时间。

具有 $d_{50}$ 粒径的粒子在停留时间内所经过的径向距离为进口直径的一半，如式（4-39）所示。

$$\int_0^{\tau}v_r\mathrm{d}t=\frac{d_i}{2} \tag{4-39}$$

式中，$\tau$ 为停留时间。

旋流器内的离心压头 $\Delta p$ 由式（4-40）计算

$$\Delta p=\int_0^{D/2}\rho\frac{v_t^2}{r}\mathrm{d}r \tag{4-40}$$

假设局部向量与旋流器整体尺寸成比例，这时，根据链式法则，分解速度分量为式（4-41）。

$$\frac{\mathrm{d}z}{\mathrm{d}r}=\frac{2L}{D}=\frac{\mathrm{d}z}{\mathrm{d}t}\times\frac{\mathrm{d}t}{\mathrm{d}r}=v_z\frac{\mathrm{d}t}{\mathrm{d}r} \tag{4-41}$$

式中，$L$ 为旋流器总高度；$z$ 为颗粒轴向位置。

$$\mathrm{d}t=\frac{2L}{D}\frac{1}{v_z}\mathrm{d}r \tag{4-42}$$

$$\frac{d_\mathrm{i}}{2}=\int_0^{D/2}\frac{d_{50}^2(\rho_\mathrm{s}-\rho)}{18\rho\mu}\frac{2L}{D}\frac{1}{v_z}\rho\frac{v_\mathrm{t}^2}{r}\mathrm{d}r \tag{4-43}$$

$$\frac{d_\mathrm{i}}{2}=\frac{d_{50}^2(\rho_\mathrm{s}-\rho)}{9\rho\mu}\frac{L}{Dv_z}\Delta p \tag{4-44}$$

$v_z$ 取为旋流器的特征速度，如式（4-45）所示，这里为了计算方便，把进口流量单位划为 $\mathrm{m^3/h}$。

$$v_z=\frac{Q_\mathrm{i}}{9\pi D^2}\times 10^4 \tag{4-45}$$

对于给定尺寸的旋流器，旋流器压降与进口流量的关系满足式（4-46）。

$$\Delta p=kQ_\mathrm{i}^n(n=2.0\sim 2.4) \tag{4-46}$$

式中，$k$、$n$ 为经验常数；$Q_\mathrm{i}$ 单位为 $\mathrm{m^3/h}$；$\Delta p$ 单位为 MPa。

则 $d_{50}$ 的最终表达式如式（4-47）所示。

$$d_{50}=\sqrt{\frac{5000\rho\mu}{k\pi(\rho_\mathrm{s}-\rho)}\frac{d_\mathrm{i}}{DL}Q^{1-n}} \tag{4-47}$$

## 第六节 本章小结

超细颗粒的分级、分离与回收问题涉及的领域很广，分离的优劣不但直接关系到生产的经济效益，而且对环保也会产生深远的影响。目前，微旋流分离技术凭着自身的优势在对微细固体颗粒的去除、回收等方面展示了其诱人的前景，属于该领域的研究热点。但是在理论研究和应用方面均存在着一些明显的不足，如在大公称直径下难以获得令人满意的分离效率和精度，而通过减小公称直径来提高分离精度又带来对大颗粒分离的不适应性及处理量减小的问题等。

本章创造性地提出通过旋流器进口颗粒排序改善旋流器对微细固体颗粒的分离性能的思路，通过计算流体力学及实验研究等手段，对颗粒排序强化微旋流分离机理进行了深入研究，得到了颗粒排序与分离效果的构 - 效关系，提升了对微旋流器内颗粒运动规律的认识水平，并对微旋流分离的工程化进行了应用研究，得出以下结论：

① 采用旋转流离心场实现了颗粒的排序，并通过实验及测量的手段进行了验证；设计了适用于细颗粒污染物分离的微旋流分离器，及相应的进口颗粒排序的正旋、逆旋微旋流器，建立了简单可靠的颗粒排序旋流分离实验测试系统。

② 采用雷诺应力模型（Reynolds stress model，RSM）在不同进口条件下对常规、正旋、逆旋微旋流器内的连续流场进行了模拟计算。计算发现液相最大切向速度点在 5/6$R$ 半径位置处；零轴速波动区主要产生于溢流管底部区域、柱椎体相交的截面附近以及锥体下部零轴速包络面最低点附近的区域，颗粒排序对微旋流器内零轴速波动区的大小有影响。

③ 连续相采用雷诺应力模型、分散相采用粒子跟踪法（Lagrangian）在不同进口条件下对常规、正旋、逆旋微旋流器内的流场进行了数值计算，讨论了颗粒排序对分散相颗粒运动及分布特性的影响。计算发现，颗粒入口位置对颗粒运动轨迹有明显作用，越靠近外边壁及下部区域加注的粒子越容易被分离进入底流；在靠近进口截面上部的颗粒受“盖下流”运动死区的影响较大，且容易进入短路流；颗粒越大，受进口颗粒位置的影响越小；在溢流管插入深度截面附近有较明显的短路流。进口颗粒排序对细小粒子的可分离性有影响，进口颗粒沿外壁到内自小到大排布的分离效率最高，但颗粒自大到小排布有对短路流的消除作用；模拟结果显示在流量为 650L/h 时逆旋微旋流器对平均粒径为 0.53μm 与 1.32μm 颗粒的平均分离效率超过 80%，表现出了对微细颗粒优异的分离性能。

④ 采用玻璃微珠在相同进口条件下对常规、正旋、逆旋微旋流器的分离性能进行了测试，深入研究了进口颗粒排序对分离性能的影响关系。实验研究表明，微旋流器的压降主要由本身结构而引起，随着进口流量增大到一定程度，流体流动方向改变而引起的压降因素降低。无论粒径自进口外边壁到内边壁由小到大排列或者浓度自高到低排列，对分离效率的提高都有帮助，粒度分布对分离效率的影响要大于浓度分布的影响，小颗粒越靠近外边壁，分离效率越高，小颗粒越靠近内边壁，分级效果要好一些，与模拟及实测一致，分散相零轴速包络面的大小是决定微旋流器分离效率的一个指标。在实验物料体系及相同操作条件下，对于粒径小于 5μm 的颗粒，逆旋微旋流器的分离效率比正旋微旋流器的分离效率高 5% ～ 8%，正旋微旋流器比常规微旋流器的分离效率高约 3%。

## 参考文献

[1] Jäger I, Fratzl P. Mineralized collagen fibrils: A mechanical model with a staggered arrangement of mineral particles[J]. Biophysical Journal, 2000, 79(4): 1737-1746.

[2] Raether F, Iuga M. Effect of particle shape and arrangement on thermoelastic properties of

porous ceramics[J]. Journal of the European Ceramic Society, 2006, 26(13): 2653-2667.

[3] Han W, Eckschlager A, Böhm H J. The effects of three-dimensional multi-particle arrangements on the mechanical behavior and damage initiation of particle-reinforced MMCs[J]. Composites Science and Technology, 2001, 61(11): 1581-1590.

[4] Chaktranond C, Rattanadecho P. Analysis of heat and mass transfer enhancement in porous material subjected to electric fields (effects of particle sizes and layered arrangement) [J]. Experimental Thermal and Fluid Science, 2010, 34(8): 1049-1056.

[5] Ling X S. Dislocation dynamics: Scars on a colloidal crystal ball[J]. Nat Mater, 2005, 4(5): 360-361.

[6] Kang S, Takeda M, Takeguchi M, et al. Linear arrangement of nano-scale magnetic particles formed in Cu-Fe-Ni alloys[J]. Journal of Alloys and Compounds, 2010, 496(1-2): 196-201.

[7] Watanabe T, Handa T, Hoshino T, et al. Effect of fixed particles on periodic adatom arrangements on Si(111) unreconstructed surfaces[J]. Applied Surface Science, 1998, 130-132: 6-12.

[8] Muto H, Kimata K, Matsuda A, et al. Experimental study and simulation on the formation of two-dimensional particle arrangements[J]. Materials Science and Engineering: B, 2008, 148(1-3): 199-202.

[9] Pefferkorn A, Pefferkorn E, Haikel Y. Influence of the colloidal crystal-like arrangement of polymethylmethacrylate bonded aerosil particles on the polymerization shrinkage of composite resins[J]. Dental Materials, 2006, 22(7): 661-670.

[10] Noel C M, Giulieri F, Combarieu R, et al. Control of the orientation of nematic liquid crystal on iron surfaces: Application to the self-alignment of iron particles in anisotropic matrices[J]. Colloids and Surfaces A: Physicochemical and Engineering Aspects, 2007, 295(1-3): 246-257.

[11] Fowlkes J D, Melechko A V, Klein K L, et al. Control of catalyst particle crystallographic orientation in vertically aligned carbon nanofiber synthesis[J]. Carbon, 2006, 44(8): 1503-1510.

[12] Bowick M, Shin H, Travesset A. Dynamics and instabilities of defects in two-dimensional crystals on curved backgrounds[J]. Physical Review E, 2007, 75(2): 021404.

[13] Kobayashi M, Fudouzi H, Egashira M, et al. Particle arrangement and its application[J]. Materials & Design, 2000, 21(6): 571-574.

[14] Hsieh K T, Rajamani R K. Mathematical model of the hydrocyclone based on physics of fluid flow[J]. AIChE Journal, 1991, 37(5): 735-746.

[15] Bamrungsri P, Puprasert C, Guigui C, et al. Development of a simple experimental method for the determination of the liquid field velocity in conical and cylindrical hydrocyclones[J]. Chemical Engineering Research and Design, 2008, 86(11): 1263-1270.

[16] Wang Z B, Chu L Y, Chen W M, et al. Experimental investigation of the motion trajectory of solid particles inside the hydrocyclone by a Lagrange method[J]. Chemical Engineering Journal, 2008, 138(1-3): 1-9.

[17] Liu P K, Chu L Y, Wang J, et al. Enhancement of hydrocyclone classification efficiency for fine particles by introducing a volute chamber with a pre-sedimentation function[J]. Chemical Engineering & Technology, 2008, 31(3): 474-478.

[18] 王志斌 . 水力旋流器分离过程非线性随机特性研究 [D]. 成都 : 四川大学 , 2006.

[19] Chu L Y, Chen W M, Lee X Z. Effect of structural modification on hydrocyclone performance[J]. Separation and Purification Technology, 2000, 21(1-2): 71-86.

[20] 王尊策 , 刘书孟 . 液液水力旋流器场特性与分离特性研究（四）——锥角变化对压力损失的影响 [J]. 化工装备技术 , 1999, 20(6): 5-7.

[21] 张永红 . 水力旋流器部分结构参数对其性能影响的研究 [D]. 西安 : 西安建筑科技大学 , 2002.

[22] 庞学诗 . 水力旋流器理论与应用 [M]. 长沙 : 中南大学出版社 , 2005.

[23] Delgadillo J A, Rajamani R K. Exploration of hydrocyclone designs using computational fluid dynamics[J]. International Journal of Mineral Processing, 2007, 84(1-4): 252-261.

[24] Kelsall D F. A further study of the hydraulic cyclone[J]. Chemical Engineering Science, 1953, 2(6): 254-272.

[25] 蒋明虎 . 水力旋流器压力损失的综合试验研究 [J]. 石油机械 , 1999, 27(11): 14-16.

[26] 龚伟安 . 水力旋流器的蜗壳设计理论与计算 [J]. 石油机械 , 1992, 20(12): 1-6.

[27] 李玉星 . 水力旋流器压降及压力分布特性的数值模拟 [J]. 流体机械 , 2002, 30(10): 15-19.

[28] Larsson T. A new type of hydrocyclone[C]. Proceedings of the First International Conference on Hydrocyclones. Cambridge, UK, 1980: 83-97.

[29] Tue Nenu R K, Yoshida H. Comparison of separation performance between single and two inlets hydrocyclones[J]. Advanced Powder Technology, 2009, 20(2): 195-202.

[30] Yoshida H, Takashina T, Fukui K, et al. Effect of inlet shape and slurry temperature on the classification performance of hydro-cyclones[J]. Powder Technology, 2004, 140(1-2): 1-9.

[31] 李建隆 . 新型 α 旋流器流场模拟与实验研究 [J]. 高校化学工程学报 , 2008, 22(3): 371-377.

[32] 蔡小华 . 结构参数对油脱水型旋流器分离性能的影响 [J]. 江南大学学报 ( 自然科学版 ), 2002, 1(4): 391-393.

[33] Wang B, Chu K W, Yu A B. Numerical study of particle-fluid flow in a hydrocyclone[J]. Industrial & Engineering Chemistry Research, 2007, 46(13): 4695-4705.

[34] Rietema K. The mechanism of the separation of finely dispersed solids in cyclones//Rietema K, Verver C G. Cyclones in industry[M]. Amsterdam: Elsevier, 1961: 46-63.

[35] 熊广爱 . 水力旋流器中空气柱的作用 [J]. 有色金属 ( 选矿部分 ), 1982, 4: 26-29.

[36] 程南陔, 万国贤, 梁龙顺. 稳定底流浓度的特殊旋流器[J]. 有色金属(选矿部分), 1982 (6): 18-21.

[37] 刘孟星 , 何娟姿 . 关于云锡公司现用水力旋流器的改进方向 [J]. 有色矿山 , 1987 (6): 29-34.

[38] Lin I J. Hydrocycloning thickening: Dewatering and densification of fine particulates[J]. Separation Science and Technology, 1987, 22(4):1327-1347.

[39] 徐继润 , 罗茜 , 邓常烈 . 水封式旋流器压力分布与能量分配的研究 [J]. 有色金属 ( 选矿部分 ), 1989 (1): 30-35.

[40] Orszag S A, Patterson G S. Numerical simulation of three-dimensional homogeneous isotropic turbulence[J]. Physical Review Letters, 1972, 28(2): 76-79.

[41] 李静海 , 欧阳洁 , 高士秋等 . 颗粒流体复杂系统的多尺度模拟 [M]. 北京 : 科学出版社 , 2005.

[42] 周立行 . 多相湍流反应流体力学 [M]. 北京 : 国防工业出版社 , 2001.

[43] Beshay K R, Gosma A D, Watkins A P. Assessments of multidimensional diesel spray predictions[M]. Warrendale, PA: Society of Auto Engineers, 1986.

# 第五章

# 液固分离双分支流理论并联放大

## 第一节 微旋流器并联形式

众所周知，旋流器的分离精度与处理能力对旋流器结构尺寸的要求是相互矛盾的。旋流器的公称直径越小，它的分离精度越高，而处理量却越小。在不考虑处理能力的前提下可以显著提高分离性能，但这是以牺牲其处理量为代价的。所以，在微旋流器实际应用中，在满足分离精度的同时还要保证其处理能力，就需要采用多个微旋流器进行并联配置。

目前工业生产中微旋流器并联配置的方式，从其结构型式可分为两种：直线型（图 5-1）和放射型（图 5-2）。微旋流器组放射型配置方式是指微旋流器对称性地安装在一个分配器四周，需要分离的物料首先进入分配器，然后由分配器以放射状均衡地进入每根微旋流器，分离后两股流体再汇入各自的总管，并自动流入各自的下一操作单元。微旋流器组直线型配置方式的特点是微旋流器沿水平走向在分配源管的单侧或双侧等距离或对称性安装，需要分离的物料首先进入分配源管并由分配源管流入每根微旋流器，分离后的两相汇入各自的总管，并自动流入各自的下一操作单元。直线型配置方式的管路连接简单、弯道少，从而能量损失低，一般工业应用居多，本章主要介绍直线型并联配置情况。

工业应用中微旋流器的组合化发展是今后的必然趋势。将微旋流器并联起来，弥补微旋流器处理量小的缺陷，从而满足能耗低、分离效率高的双重要求。在理想条件下，微旋流器组的性能是其单根微旋流器性能的线性叠加，即分离精度与单根

图 5-1　直线型并联形式　　图 5-2　放射型并联形式

微旋流器相同，处理能力是所有微旋流器的总和。然而在低压操作条件下这种线性关系就很难得到，其主要原因是微旋流器组内存在一个分布不均匀的流场。其中有一些微旋流器出现流量严重不足，而另一些则流量过剩，这些都将导致微旋流器旋流分离湍能耗散的增加，从而降低微旋流器组的性能。可见，微旋流器组压降和流量的均匀性分布对提高旋流分离效率和微旋流器组性能有着至关重要的作用。因此，微旋流器并联配置的设计方法是微旋流器组商业化的关键。

## 第二节　直线型并联分支流理论

作为经典的并联方式，直线型微旋流器并联所应用到的理论是分支流理论。

### 一、基本分支模型

在诸如化学、生物医学、机械以及土木环境工程等方向的许多工业生产过程中，分支流理论得以广泛采用。分支管系统中流体分配的均匀性通常决定了化学和生物过程设备的效率、耐用性和成本。分支管中的流体分配有两种常见的结构：连续型［图 5-3（a）］和分叉型［图 5-3（b）］。

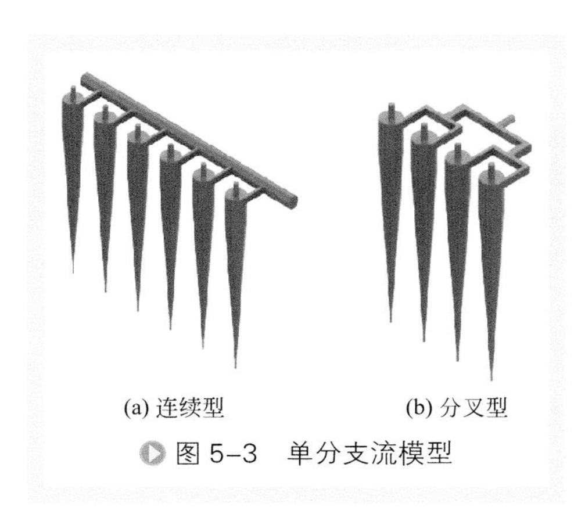


图 5-3　单分支流模型

分叉型分支管假设在最后一层的通道长度和直径最小时，流体表现为树状分配。在分叉结构中，反应通道（最后一级通道）通常是最长的。在没有通道尺寸变化的情况下，分叉型分支管通常是一种良好的结构。它是唯一在高雷诺数情况下，流体分配在不同流量下能保持不变的结构。但是，平均分配很大程度上取决于制造公差和出口堵塞程度。而且，当有大量的出口时，由于流体在转向时的能量损耗，因此预计会存在着较大的压降，而且设计和制造也将更为复杂。因此，对于相当大的额外压力损失，这是不适用的。

如图 5-3（a）所示，连续型分支管由多个具有恒定横截面积的出口 / 孔组成。在连续型分支管中，主流流入分支管并沿着分支管连续分流。由于连续型分支管较分叉型分支管的结构更为简易、压降较小，因此这种类型的分支管是最常用的流体分配器。这意味着能降低开发和制造成本，并能加快设计制造周期。然而，使用连续型分支管，存在着这样一个关键问题，会在设备结构中导致严重的流体分配不均匀。一些出口通过的流体可能较少，而另一些出口通过的流体可能过多，从而降低了系统性能和效率。预估各种分支管结构的性能和效率是一个关键，从而通过最佳的几何结构，能实现高效率和低成本。由于连续型流型的广泛应用，本章将重点介绍它的流动理论。

## 二、常用分支流计算方法

研究压降和流体分布有三种方法：计算流体力学（CFD）、离散模型和解析模型。

计算流体力学（CFD）是一个较为详细的方法，建模求解实际的三维速度场。使用这种方法可以预估压降和流体分布，而不需要知道流体的参数，例如摩擦系数和压力恢复系数。然而，CFD 不适用于优化分支管结构和初步设计，因为生成每个新结构的计算几何和网格需要消耗大量的计算资源。此外，由于涡黏性模型在科里奥利力和离心力的作用下，不能捕捉到雷诺应力和应变的各向异性，所以利用湍流模型和边界模型求解涡流或曲率流仍然存在困难。

离散模型也被称为网格模型。在离散模型中，流型即是一个由流体通过的多节点网格。可以在每个交汇点建立质量和动量守恒方程。使用迭代程序求解一组差分方程。由于这种方法相对简单，因此它已被许多研究人员使用。然而，由于这种方法通常需要计算机程序，设计者不能直接使用它的结果。又由于流动性能和分支管几何结构之间没有明确的关联，所以对分支管几何结构的初步设计和优化仍然是不方便的。

解析模型也被称为连续模型，其中流体被认为是沿分支管连续不断分流的。从直观上以及数学上已经证明，连续模型是离散模型的临界情况。在数学观点上，连续流型中的流体力学原理导致了离散流型中是微分方程而不是差分方程。此外，一个显式的解析解可以直接转化为一个离散系统的解。由于这些原因，连续模型也是各种离散模型的基础。

与 CFD 和离散模型相比，解析模型的一个主要优点是它对于设计师来说更为简单和灵活。这是因为基于微分方程的求解计算，比使用非线性差分方程的求解计算更简单。此外，使用广义的解析模型更可能和性能（诸如流体分配、压降等）与流型结构（诸如直径、形状、节距和管道长度等）关联起来。特别是在初步设计阶段获取的信息较少，如果几何结构是最优化的，那么在这个阶段，在诸如成本、耐用性、维护和性能等方面都应该做出主要设计。这种合理且易于处理的广义模型提供了在各种流型几何形状下求解流动性能的可能性。

由于这些明显的优势，解析解在过去的五十多年中得到了大量的关注。在不同领域的流体分配有不同的模型。传统上，大多数理论模型是基于伯努利定理或对其进行细微修正。然而，McNown[1] 和 Acrivos[2] 等的实验提出了这样一个问题。在流动分支之后有一个压力上升现象，这个现象后来由 Wang 等给出解释 [3-6]：这是由于边界层中较低能量的流体通过通道分流，而具有较高能量的流体保留在管道中。因此，下游横截面的平均比能量将高于上游。由于能量平衡是基于横截面的平均值，所以这些较高的比能量不能被修正并导致出现错误。因此，根据热力学第一定律，当比能量乘以相应的质量流率项时，流体分流后的机械能明显大于其分流前的能量。因此，由实验观察到并可由伯努利定理预测到的压力升高现象并不奇怪。应用动量守恒的优点在于可以不需要知道详细的流型，其流程可以简化。任何由于简化造成的误差都可以通过压力恢复系数、摩擦系数和流量系数进行修正。

既然伯努利方程和动量理论都用来描述流型中的流动，它们应该在所有的领域都是相同的。实际上，不同领域中的模型有很多种。它们之间的区别有很多模棱两可之处。

## 三、Wang模型

本节的主要目标是扩展 Wang[3-6] 的模型，在 Wang[3-6] 以前的工作基础上应用于微旋流器并联。

对于直线型并联配置，根据进出口方向可分为 U-U、Z-Z、U-Z（Z-U）型（Z—进口方向与出口方向一致；U—进口方向与出口方向相反）布置以及双出口形式 UU-UU、ZZ-ZZ 等（图 5-4），随着分配源管入口位置的不同，进入每根微旋流器的流量、压力和流体性质亦会不同，从而使各个微旋流器的分离条件不一致，影响总体的分离效果。为此，针对不同形式微旋流器组并联配置，对其配置结构进行研究、分析并优化，以期获得更好的分离性能。

对于这种流体在直线型并联配置中的流动问题早期的研究者应用总体衡算推导出了以伯努利方程为基础的机械能守恒方程。但是由于伯努利方程是按照流线建立能量守恒的，而对于分支流，有两条或者多条流线意味着建立能量守恒或者评估摩

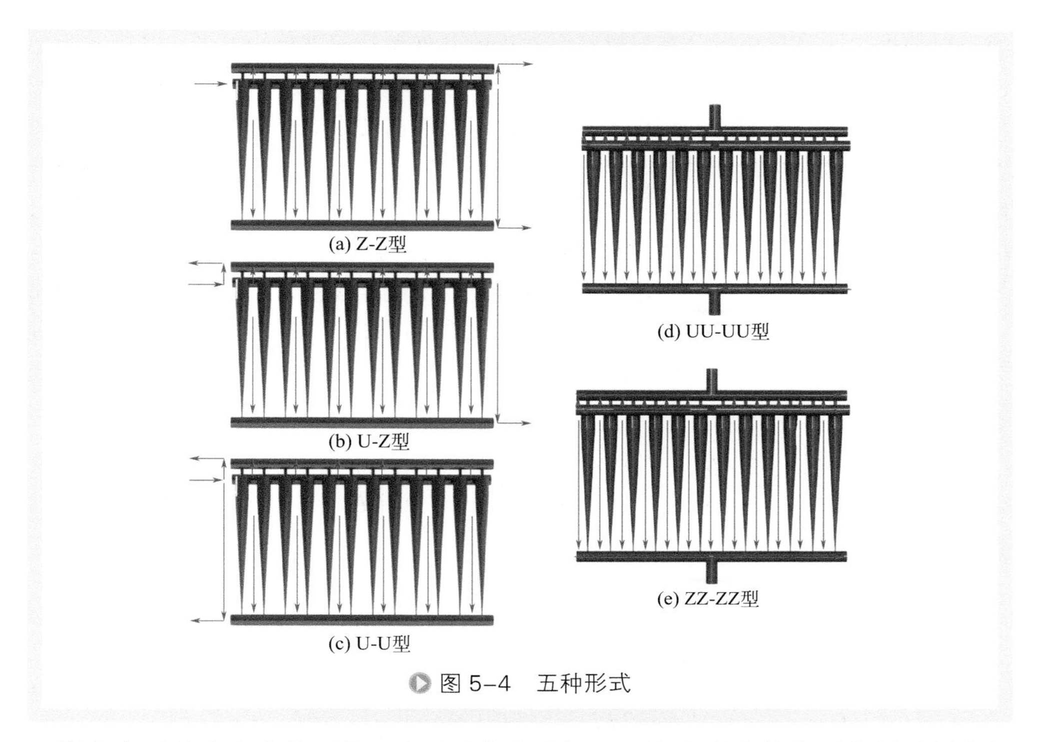

图 5-4　五种形式

阻损失有两种或者多种可能。为了避免此类问题，许多学者偏向于应用动量守恒法，动量方法的另一优点是对于流道结构、开孔形式等影响因素均已包含在动量交换系数中，而不必追究流动的细节，因此在过去的三十多年里动量方法在分流研究中得到了广泛的应用，构成了流体均匀分布理论的基础。

利用传统的设计方法来指导分布器设计产生的偏差较大，尤其对于大直径、大处理量的工业应用，造成偏差的主要原因是变质量动量方程的解是在动量交换系数和摩阻交换系数为常量的情况下获得的，如果按照变量处理，对分流系统这种非线性方程的求解至少面临下列三个方面的困难：①分流系统摩擦系数随雷诺数和系统结构的变化规律及与光滑管摩擦系数间的区别；②动量交换系数随流体动量或速度的变化规律以及分流系统结构对其的影响；③对流体分流这类变质量流动问题的非线性微分方程目前还没有现成的数学方法和力学方法可以套用，如何应用分流问题本身的特点进行分析求解是解决这类问题的关键。国内外学者均认识到了这一问题，希望借助动量方法进行更深入的研究。

为解决上述困难，很多学者通过简化摩擦系数及动量交换系数，从而得到分支流动的理论模型并求解。其中，最为经典的是 Wang[3-6] 在不忽略任何摩擦和惯性影响的前提下，通过建立一个基于质量与动量守恒定律的完整的 U 型分布理论数学模型，获得其通用控制方程，如式（5-1）所示。该理论模型可用于预测 U 型配置燃料电池堆中在不同的流动环境和几何尺寸下的压降与流量分布情况。研究表明，燃料电池堆中压降与流量分布与燃料电池堆的几何参数有直接的关系。摩擦效应与惯性效应的影响作用完全相反，寻找合适的平衡点，可以获得一个最佳的设计方案。该模型可用于探究不同结构，操作条件以及制造要求的影响效果，尽量减小对燃料电池单元堆积可操作性的影响。在此基础之上，Wang[3-6] 建立了 Z 型配置燃料电池堆的理论数学模型，其控制方程是 U 型配置的非齐次方程，如式（5-2）所示，由该式可知显然较 U 型配置的方程复杂。同样可以获得其压降与流量分布，很好地预测了燃料电池堆的性能。这些模型同样适用于其他歧管系统中的流场分布的设计指导，例如板式换热器，流化床的流动分配器和锅炉管头。此外，Wang[3-6] 又综合阐述了歧管单分支流系统中压降和流量分布的理论模型，使现有主要存在模型成为一个统一的理论框架。

$$\frac{\mathrm{d}w_\mathrm{i}}{\mathrm{d}x}\frac{\mathrm{d}^2w_\mathrm{i}}{\mathrm{d}x^2}+\frac{2-\beta_\mathrm{i}}{\xi}\left[1-\frac{2-\beta_\mathrm{e}}{2-\beta_\mathrm{i}}\left(\frac{F_\mathrm{i}}{F_\mathrm{e}}\right)^2\right]\left(\frac{F_\mathrm{c}n}{F_\mathrm{i}}\right)^2 w_\mathrm{i}\frac{\mathrm{d}w_\mathrm{i}}{\mathrm{d}x}+\frac{L}{2\xi}\left[\frac{f_\mathrm{i}}{D_\mathrm{i}}+\frac{f_\mathrm{e}}{D_\mathrm{e}}\left(\frac{F_\mathrm{i}}{F_\mathrm{e}}\right)^2\right]\left(\frac{F_\mathrm{c}n}{F_\mathrm{i}}\right)^2 w_\mathrm{i}{}^2=0 \tag{5-1}$$

$$\begin{aligned}&\frac{\mathrm{d}w_\mathrm{i}}{\mathrm{d}x}\frac{\mathrm{d}^2w_\mathrm{i}}{\mathrm{d}x^2}+\left\{\frac{2-\beta_\mathrm{i}}{\xi}\left(\frac{F_\mathrm{c}n}{F_\mathrm{i}}\right)^2-\left[1-\frac{f_\mathrm{i}D_\mathrm{i}}{\upsilon(Re_\mathrm{i}f_\mathrm{i})}\right]\frac{2-\beta_\mathrm{e}}{\xi}\left(\frac{F_\mathrm{c}n}{F_\mathrm{e}}\right)^2+\right\}w_\mathrm{i}\frac{\mathrm{d}w_\mathrm{i}}{\mathrm{d}x}\\&+\left\{\frac{L}{2\xi}\frac{f_\mathrm{i}}{D_\mathrm{i}}\left(\frac{F_\mathrm{c}n}{F_\mathrm{i}}\right)^2-\left[1-\frac{2f_\mathrm{i}D_\mathrm{i}}{\upsilon(Re_\mathrm{i}f_\mathrm{i})}\right]\frac{f_\mathrm{e}L}{2\xi D_\mathrm{e}}\left(\frac{F_\mathrm{c}n}{F_\mathrm{e}}\right)^2\right\}w_\mathrm{i}^2=\frac{f_\mathrm{e}L}{2\xi D_\mathrm{e}}\left(\frac{F_\mathrm{c}n}{F_\mathrm{e}}\right)^2\end{aligned} \tag{5-2}$$

式中　$w_\mathrm{i}$——进口管无量纲流速；
$F_\mathrm{i}$，$F_\mathrm{e}$，$F_\mathrm{c}$——进口管、出口管、支管通道横截面面积；
$D_\mathrm{i}$，$D_\mathrm{e}$——进口管、出口管直径；
$\beta_\mathrm{i}$，$\beta_\mathrm{e}$——进口管、出口管轴向速度分量的修正系数；
$f_\mathrm{i}$，$f_\mathrm{e}$——进口管、出口管范宁摩擦系数；
$\xi$——通道中的平均总压头损失系数；
$n$——支管通道个数；
$L$——管头长度。

Wang[3-6] 成功求解了不同的流动环境和几何尺寸下燃料电池堆 U 型、Z 型配置中的压降和流量分布，并分析了一些特征参数对燃料电池堆性能影响的敏感性。该方法最大优势在于其在歧管系统初步设计和优化过程中的简便性和灵活性。初步设计中，设计最佳几何尺寸的数据少之又少，但必须在此时考虑其成本、寿命、维修以及性能，因此分析模型必不可少，它能初步考虑影响性能的一系列因素，诸如流量分布、压降分布、堆叠结构、管道直径、通道形状、间距和管道长度。根据这些数据，就可以估算出歧管系统在不同结构尺寸下的性能。

# 第三节　U-U型微旋流器并联理论

图 5-5 所示为一种典型的 U-U 型并联配置微旋流器组。可以看出，这个配置方式包括一个进口分配源管和两个出口汇管：溢流汇管和底流汇管。每根微旋流器均匀地并联在进口分配源管与出口汇管上。进口分配源管中流体的流动方向与溢流汇管、底流汇管中流体的流动方向相反，故称为 U-U 型并联配置。由于微旋流器中存在流体分流现象，所以存在两种工业应用中常见的操作模型：进口 - 溢流模型与进口 - 底流模型。如果连续相从微旋流器溢流口分离流出，则为进口 - 溢流模型，其相应的数学模型由进口分配源管控制体和溢流汇管控制体联立求解，反之亦然。

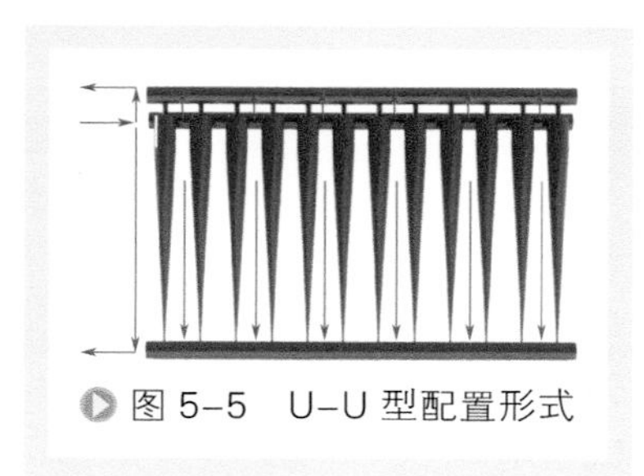

图 5-5　U-U 型配置形式

## 一、模型假设

由于流体分流和摩擦会引起微旋流器组进口分配源管、溢流汇管和底流汇管处动量发生变化，所以在数学模型中必须考虑惯性效应和摩擦效应。介于微旋流器组系统有两个出口汇管并存在一定的分流比，Wang[3-6] 的模型不能直接应用，但是拓展了我们对微旋流器组性能研究的认识。沿用 Wang[3-6] 在燃料电池堆并联配置中的方法，本节建立的数学模型基于以下假设：

① 每一根微旋流器的几何尺寸相同，相邻微旋流器的间距相等，进口分配源管、溢流汇管和底流汇管的横截面积为一个常数；

② 每一根微旋流器与进口分配源管、出口汇管连接管路通道之间的转向损失和阻力损失相同；

③ 流体是单相的，且温度不变。

## 二、进口 - 底流数学模型

微旋流器组中第 $i$ 根微旋流器处进口源管的控制体如图 5-6 所示。

微旋流器组进口分配源管的质量守恒方程可由式（5-3）来描述。

$$\rho F_i W_i = \rho F_i \left( W_i + \frac{\mathrm{d}W_i}{\mathrm{d}X} \Delta X \right) + \rho F_\mathrm{c} U_\mathrm{c} + \rho F_\mathrm{d} U_\mathrm{d} \tag{5-3}$$

式中，$F_i$ 为微旋流器组进口分配源管在第 $i$ 根微旋流器位置处的横截面积；$F_\mathrm{c}$、$F_\mathrm{d}$ 分别为第 $i$ 根微旋流器溢流管、底流管的横截面积；相对应地，$W_i$ 为微旋流器组进口分配源管在第 $i$ 根微旋流器位置处的轴向速度；$U_\mathrm{c}$、$U_\mathrm{d}$ 为第 $i$ 根微旋流器溢流管、

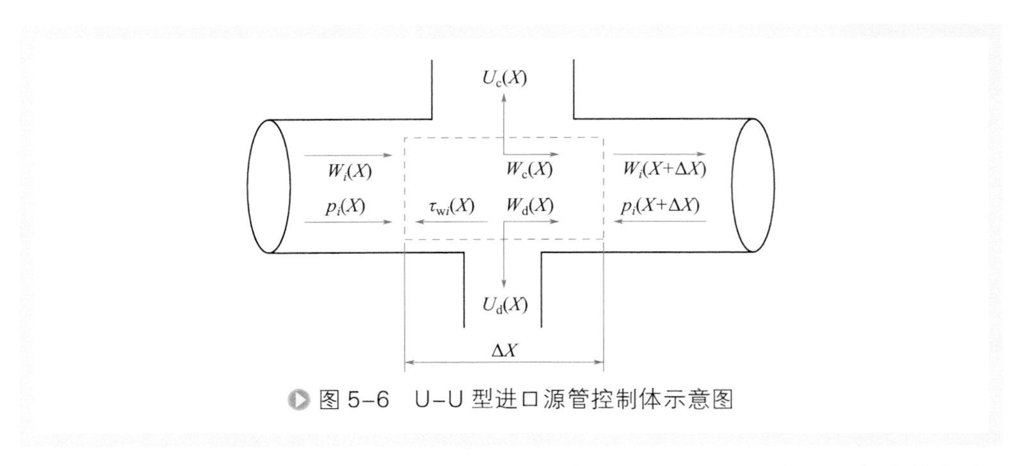

图 5-6　U-U 型进口源管控制体示意图

底流管中的轴向速度；$X$ 为微旋流器组沿进口分配源管的轴向坐标；$\rho$ 为流体密度。定义 $\alpha$ 为微旋流器组总分流比，其值等于底流汇管与溢流汇管体积流量之比，见式（5-4）。

$$\alpha = \frac{F_d U_d}{F_c U_c} \tag{5-4}$$

令 $\Delta X=L/(n-1)$，其中 $n$ 为并联微旋流器的根数；$L$ 为微旋流器组进口分配源管的长度。这样，式（5-3）就可以简化成式（5-5）：

$$F_c U_c + F_d U_d = -\frac{F_i L}{n-1}\frac{dW_i}{dX} \tag{5-5}$$

同理，动量守恒方程可由式（5-6）来描述。

$$P_i F_i - \left(P_i + \frac{dP_i}{dX}\Delta X\right)F_i - \tau_{wi}\pi D_i \Delta X = \rho F_i\left(W_i + \frac{dW_i}{dX}\Delta X\right)^2 - \rho F_i W_i^2 + \rho F_c U_c W_c + \rho F_d U_d W_d \tag{5-6}$$

式中，$P_i$ 为微旋流器组进口分配源管在第 $i$ 根微旋流器位置处的压强；$D_i$ 为微旋流器组进口分配源管在第 $i$ 根微旋流器位置中的直径；$\tau_{wi}$ 由 Darcy-Weisbach 公式给出，$\tau_{wi}=f_i\rho(W_i^2/8)$；$W_c=\beta_c W_i$；$W_d=\beta_d W_i$。式中，$\beta_c$、$\beta_d$ 是轴向速度分量 $W_c$、$W_d$ 的修正系数，这些系数表明在部分流体进入或离开分支管时惯性效应引起的最初动量变化影响；$f_i$ 为进口分配源管的摩擦系数。

把 $\tau_{wi}$、$W_c$ 和 $W_d$ 代入式（5-6）并忽略高阶小量 $\Delta X$ 后，式（5-6）可变形为：

$$\frac{1}{\rho}\frac{dP_i}{dX} + \frac{f_i}{2D_i}W_i^2 + \left(2 - \frac{1}{1+\alpha}\beta_c - \frac{\alpha}{1+\alpha}\beta_d\right)W_i\frac{dW_i}{dX} = 0 \tag{5-7}$$

底流汇管控制体如图 5-7 所示。

微旋流器组底流汇管的质量守恒方程可由式（5-8）来描述。

$$\rho F_u W_u = \rho F_u\left(W_u + \frac{dW_u}{dX}\Delta X\right) + \rho F_d U_d \tag{5-8}$$

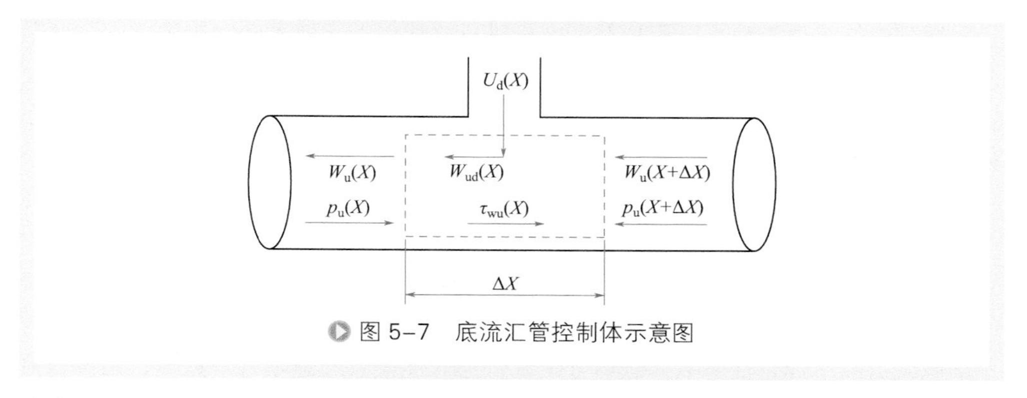

图 5-7　底流汇管控制体示意图

式中，$F_u$ 为微旋流器组底流汇管在第 $i$ 根微旋流器位置处的横截面积；$W_u$ 为微旋流器组底流汇管在第 $i$ 根微旋流器位置处的轴向速度。

由式（5-8）可得底流管中轴向速度 $U_d$：

$$U_d = -\frac{F_u L}{F_d (n-1)} \frac{dW_u}{dX} \tag{5-9}$$

同理，动量守恒方程可由式（5-10）来描述。

$$P_u F_u - \left( P_u + \frac{dP_u}{dX} \Delta X \right) F_u + \tau_{wu} \pi D_u \Delta X = \rho F_u \left( W_u + \frac{dW_u}{dX} \Delta X \right)^2 - \rho F_u W_u{}^2 + \rho F_d U_d W_{ud} \tag{5-10}$$

式中，$P_u$ 为微旋流器组底流汇管在第 $i$ 根微旋流器位置中的压强；$D_u$ 为微旋流器组底流汇管在第 $i$ 根微旋流器位置中的直径；$\tau_{wu}$ 由 Darcy-Weisbach 公式给出，$\tau_{wu}= f_u \rho (W_u^2/8)$ ；$W_{ud}=\beta_u W_u$，其中 $\beta_u$ 是轴向速度分量 $W_{ud}$ 的修正系数；$f_u$ 为底流汇管的摩擦系数。

将 $\tau_{wu}$ 和 $W_{ud}$ 代入式（5-10）并忽略高阶小量 $\Delta X$ ，式（5-10）可变形为：

$$\frac{1}{\rho} \frac{dP_u}{dX} - \frac{f_u}{2D_u} W_u{}^2 + (2-\beta_u) W_u \frac{dW_u}{dX} = 0 \tag{5-11}$$

由式（5-11）、式（5-7）和式（5-5）可得到 U-U 型并联配置微旋流器组底流汇管和进口分配源管轴向速度间的关系：

$$W_u = \frac{\alpha}{1+\alpha} \frac{F_i}{F_u} W_i \tag{5-12}$$

式（5-11）中减去式（5-7），可以得到：

$$\begin{aligned} &\frac{1}{\rho} \frac{d(P_i - P_u)}{dX} + \frac{1}{2} \left[ \frac{f_i}{D_i} + \frac{f_u}{D_u} \left( \frac{\alpha}{1+\alpha} \frac{F_i}{F_u} \right)^2 \right] W_i^2 \\ &- \left[ (2-\beta_u) \left( \frac{\alpha}{1+\alpha} \frac{F_i}{F_u} \right)^2 - \left( 2 - \frac{1}{1+\alpha} \beta_c - \frac{\alpha}{1+\alpha} \beta_d \right) \right] W_i \frac{dW_i}{dX} = 0 \end{aligned} \tag{5-13}$$

通道中的流体流动可以用伯努利方程进行描述。考虑流动转向损失，同时忽略微旋流器进口、溢流口和底流口之间变径连接管的阻力，在第 $i$ 根微旋流器轴心位置处，微旋流器组进口分配源管和底流汇管间压降与底流汇管中轴向速度 $U_{\mathrm{d}}$ 关系如式（5-14）所示：

$$P_i - P_{\mathrm{u}} = \rho\left(1 + C_{\mathrm{f}i} + C_{\mathrm{fu}} + f_{\mathrm{d}}\frac{l}{D}\right)\frac{{U_{\mathrm{d}}}^2}{2} = \rho\xi_{\mathrm{d}}\frac{{U_{\mathrm{d}}}^2}{2} \tag{5-14}$$

式中，$C_{\mathrm{f}i}$ 为流体从进口分配源管进入微旋流器时的转向损失系数；$C_{\mathrm{fu}}$ 为流体从微旋流器进入底流汇管时的转向损失系数；$f_{\mathrm{d}}$ 为微旋流器的平均摩擦损失系数，主要包括微旋流器压降特性参数、进口分配源管与底流汇管通道阻力系数等，由其自身结构参数、操作参数及流体特性所决定；$l$ 为流体流经的等效长度；$D$ 为等效直径；$\xi_{\mathrm{d}}$ 为总阻力系数。

将（5-14）代入到式（5-13）得到：

$$P_i - P_{\mathrm{u}} = \frac{1}{2}\rho\xi_{\mathrm{d}}\left[\frac{\alpha}{1+\alpha}\frac{F_i L}{F_{\mathrm{d}}(n-1)}\right]^2\left(\frac{\mathrm{d}W_i}{\mathrm{d}X}\right)^2 \tag{5-15}$$

用式（5-16）中的无量纲方程组将式（5-13）和式（5-14）进行简化得到式（5-17）和式（5-18）：

$$p_i = \frac{P_i}{\rho W_0^2},\ p_{\mathrm{u}} = \frac{P_{\mathrm{u}}}{\rho W_0^2},\ w_i = \frac{W_i}{W_0},\ u_{\mathrm{d}} = \frac{U_{\mathrm{d}}}{W_0},\ x = \frac{X}{L} \tag{5-16}$$

$$\begin{aligned}&\frac{\mathrm{d}(p_i - p_{\mathrm{u}})}{\mathrm{d}x} + \frac{L}{2}\left[\frac{f_i}{D_i} + \frac{f_{\mathrm{u}}}{D_{\mathrm{u}}}\left(\frac{\alpha}{1+\alpha}\frac{F_i}{F_{\mathrm{u}}}\right)^2\right]w_i^2\\&-\left[(2-\beta_{\mathrm{u}})\left(\frac{\alpha}{1+\alpha}\frac{F_i}{F_{\mathrm{u}}}\right)^2 - \left(2 - \frac{1}{1+\alpha}\beta_{\mathrm{c}} - \frac{\alpha}{1+\alpha}\beta_{\mathrm{d}}\right)\right]w_i\frac{\mathrm{d}w_i}{\mathrm{d}x} = 0\end{aligned} \tag{5-17}$$

$$p_i - p_{\mathrm{u}} = \frac{\xi_{\mathrm{d}}}{2}\left[\frac{\alpha}{1+\alpha}\frac{F_i}{(n-1)F_{\mathrm{d}}}\right]^2\left(\frac{\mathrm{d}w_i}{\mathrm{d}x}\right)^2 \tag{5-18}$$

将式（5-18）代入式（5-17）并简化，可以得到：

$$\begin{aligned}&\frac{\mathrm{d}w_i}{\mathrm{d}x}\frac{\mathrm{d}^2 w_i}{\mathrm{d}x^2} + \frac{2 - \frac{1}{1+\alpha}\beta_{\mathrm{c}} - \frac{\alpha}{1+\alpha}\beta_{\mathrm{d}}}{\xi_{\mathrm{d}}}\left[1 - \frac{2-\beta_{\mathrm{u}}}{2 - \frac{1}{1+\alpha}\beta_{\mathrm{c}} - \frac{\alpha}{1+\alpha}\beta_{\mathrm{d}}}\left(\frac{\alpha}{1+\alpha}\frac{F_i}{F_{\mathrm{u}}}\right)^2\right]\\&\left(\frac{1+\alpha}{\alpha}\right)^2\left[\frac{(n-1)F_{\mathrm{d}}}{F_i}\right]^2 w_i\frac{\mathrm{d}w_i}{\mathrm{d}x} + \frac{L}{2\xi_{\mathrm{d}}}\left[\frac{f_i}{D_i} + \frac{f_{\mathrm{u}}}{D_{\mathrm{u}}}\left(\frac{\alpha}{1+\alpha}\frac{F_i}{F_{\mathrm{u}}}\right)^2\right]\left(\frac{1+\alpha}{\alpha}\right)^2\left[\frac{(n-1)F_{\mathrm{d}}}{F_i}\right]^2 w_i^2 = 0\end{aligned} \tag{5-19}$$

式（5-19）就是 U-U 型并联配置微旋流器组进口 - 底流数学模型的通用控制方程。左边第二项即动量恢复项，代表了惯性效应所带来的影响，而第三项为摩擦力项，代表了摩擦效应所带来的影响。

## 三、模型求解

这里定义两个常量 $Q$ 和 $R$，如式（5-20）所示。其中 $Q$ 是动量项，表示惯性效应的作用；$R$ 是摩擦项，表示摩擦效应的作用。

$$Q=\frac{2-\dfrac{1}{1+\alpha}\beta_{\mathrm{c}}-\dfrac{\alpha}{1+\alpha}\beta_{\mathrm{d}}}{3\xi_{\mathrm{d}}}\left[1-\frac{2-\beta_{\mathrm{u}}}{2-\dfrac{1}{1+\alpha}\beta_{\mathrm{c}}-\dfrac{\alpha}{1+\alpha}\beta_{\mathrm{d}}}\left(\frac{\alpha}{1+\alpha}\frac{F_i}{F_{\mathrm{u}}}\right)^2\right]\left(\frac{1+\alpha}{\alpha}\right)^2\left[\frac{(n-1)F_{\mathrm{d}}}{F_i}\right]^2$$

$$R=-\frac{L}{4\xi_{\mathrm{d}}}\left[\frac{f_i}{D_i}+\frac{f_{\mathrm{u}}}{D_{\mathrm{u}}}\left(\frac{\alpha}{1+\alpha}\frac{F_i}{F_{\mathrm{u}}}\right)^2\right]\left(\frac{1+\alpha}{\alpha}\right)^2\left[\frac{(n-1)F_{\mathrm{d}}}{F_i}\right]^2$$

（5-20）

从而，式（5-19）被进一步简化：

$$\frac{\mathrm{d}w_i}{\mathrm{d}x}\frac{\mathrm{d}^2w_i}{\mathrm{d}x^2}+3Qw_i\frac{\mathrm{d}w_i}{\mathrm{d}x}-2Rw_i^{\ 2}=0 \tag{5-21}$$

不难看出，式（5-21）是一个二阶非线性常微分方程。为解出式（5-21），假定 $w_i=\mathrm{e}^{rx}$ 为式（5-21）的解，将它和它导数的变形形式代入式（5-21），可以得到式（5-22）的特征方程。

$$r^3+3Qr-2R=0 \tag{5-22}$$

为解出三次方程式（5-22），假定任意常数 $A$、$B$。

$$r^3-B^3=(r-B)(r^2+Br+B^2) \tag{5-23}$$

在式（5-23）两边同时加上 $A(r-B)$，使其等于零，有：

$$r^3-B^3+A(r-B)=(r-B)(r^2+Br+B^2+A)=0 \tag{5-24}$$

整理，得：

$$r^3+Ar-(B^3+BA)=(r-B)[r^2+Br+(B^2+A)]=0 \tag{5-25}$$

与式（5-22）比较，可得：

$$A=3Q,\ B^3+BA=2R \tag{5-26}$$

前式代入后式，得：

$$B^2+3QB=2R \tag{5-27}$$

从而得到一个非常对称的表达式。

$$B=\left[R+\sqrt{Q^3+R^2}\right]^{1/3}+\left[R-\sqrt{Q^3+R^2}\right]^{1/3} \tag{5-28}$$

因此，可以找到一个满足式（5-28）的 $B$ 的值，式（5-25）中提取线性项 $r-B$，将其简化为二次方程。现在只需对平方项进行因式分解。将 $A$=3$Q$ 代入式（5-25）的二次项得到：

$$r^2+Br+(B^2+3Q)=0 \tag{5-29}$$

求解可得：

$$\begin{aligned} r &= \frac{1}{2}\left[-B \pm \sqrt{B^2-4(B^2+3Q)}\right] \\ &= \frac{1}{2}\left(-B \pm \sqrt{-3B^2-12Q}\right) \\ &= -\frac{1}{2}B \pm \frac{1}{2}\sqrt{3}\mathrm{i}\sqrt{B^2+4Q} \end{aligned} \tag{5-30}$$

因此，最终可得原始方程的解为：

$$\begin{cases} r=\left[R+\sqrt{Q^3+R^2}\right]^{1/3}+\left[R-\sqrt{Q^3+R^2}\right]^{1/3} \\ r_1=-\frac{1}{2}B+\frac{1}{2}\sqrt{-3\left(B^2+4Q\right)} \\ r_2=-\frac{1}{2}B-\frac{1}{2}\sqrt{-3\left(B^2+4Q\right)} \end{cases} \tag{5-31}$$

定义：

$$J=\left[R+\sqrt{Q^3+R^2}\right]^{1/3}-\left[R-\sqrt{Q^3+R^2}\right]^{1/3} \tag{5-32}$$

则：

$$\begin{aligned} J^2 &= \left[R+\sqrt{Q^3+R^2}\right]^{2/3}-2\left[R^2-\left(Q^3+R^2\right)\right]^{1/3}+\left[R-\sqrt{Q^3+R^2}\right]^{2/3} \\ &= \left[R+\sqrt{Q^3+R^2}\right]^{2/3}+\left[R-\sqrt{Q^3+R^2}\right]^{2/3}+2Q \\ &= B^2+4Q \end{aligned} \tag{5-33}$$

从而：

$$\begin{cases} r=B \\ r_1=-\frac{1}{2}B+\frac{1}{2}\mathrm{i}\sqrt{3}J \\ r_2=-\frac{1}{2}B-\frac{1}{2}\mathrm{i}\sqrt{3}J \end{cases} \tag{5-34}$$

显然，$r$ 的形式很简单，而 $r_1$ 和 $r_2$ 则不然。考虑到 $\sqrt{Q^3+R^2}$ 本身就是一个复数的形式，故可根据多项式 $Q^3+R^2$ 与 0 的大小关系来判别方程根的各种情况。如果 $Q^3+R^2>0$，则具有一个实根、$r_1$ 和 $r_2$ 两个复数共轭根；如果 $Q^3+R^2=0$，则所有根都为实根且至少两根相等；如果 $Q^3+R^2<0$，则所有根都为实根且互不相等。

（1）$Q^3+R^2<0$

定义 $\theta=\cos^{-1}\left(R/\sqrt{-Q^3}\right)$，代入式（5-34），则其可被简化为：

$$
\begin{aligned}
r_1 &= 2\sqrt{-Q}\cos\left(\frac{\theta}{3}\right) \\
r_2 &= 2\sqrt{-Q}\cos\left(\frac{\theta+2\pi}{3}\right)
\end{aligned}
\tag{5-35}
$$

因此，方程式（5-35）的通解和边界条件可以表述如下：

$$
\begin{aligned}
& w_i = C_1 e^{r_1 x} + C_2 e^{r_2 x} \\
& w_i = 0 \quad （当 x = 1） \\
& w_i = 1 \quad （当 x = 0）
\end{aligned}
\tag{5-36}
$$

微旋流器组的进口分配源管中轴向无量纲流速：

$$
w_i = \frac{e^{r_1 + r_2 x} - e^{r_2 + r_1 x}}{e^{r_1} - e^{r_2}} \tag{5-37}
$$

可进一步得底流汇管中的轴向速度：

$$
u_d = -\frac{\alpha}{1+\alpha}\frac{F_i}{(n-1)F_d}\frac{r_2 e^{r_1 + r_2 x} - r_1 e^{r_2 + r_1 x}}{e^{r_1} - e^{r_2}} \tag{5-38}
$$

分支管中通道流速为：

$$
v_c = \frac{F_d U_d}{F_i W_0 / (n-1)} = \frac{(n-1)F_d}{F_i} u_d = -\frac{\alpha}{1+\alpha}\frac{r_2 e^{r_1 + r_2 x} - r_1 e^{r_2 + r_1 x}}{e^{r_1} - e^{r_2}} \tag{5-39}
$$

可进一步得微旋流器组进口分配源管与底流汇管间的压降：

$$
p_i - p_u = \frac{\xi_d}{2}\left[\frac{\alpha}{1+\alpha}\frac{F_i}{(n-1)F_d}\right]^2 \left(\frac{r_2 e^{r_1 + r_2 x} - r_1 e^{r_2 + r_1 x}}{e^{r_1} - e^{r_2}}\right)^2 \tag{5-40}
$$

（2）$Q^3+R^2 = 0$

特征方程的两个共轭解可简化如下：

$$
r_1 = r_2 = r = -\frac{1}{2}R^{1/3} \tag{5-41}
$$

因此，方程式（5-21）的通解和边界条件可以表述如下：

$$
\begin{aligned}
& w_i = (C_1 + C_2 x) e^{rx} \\
& w_i = 0 \quad （当 x = 1） \\
& w_i = 1 \quad （当 x = 0）
\end{aligned}
\tag{5-42}
$$

微旋流器组的进口分配源管中轴向无量纲流速：

$$
w_i = (1-x)e^{rx} \tag{5-43}
$$

可得底流汇管中的轴向速度：

$$
u_d = -\frac{F_i}{(n-1)F_d}\frac{\alpha}{1+\alpha}(r-1-rx)e^{rx} \tag{5-44}
$$

分支管中通道流速分布为：

$$
v_d = \frac{(n-1)F_d}{F_i} u_d = -\frac{\alpha}{1+\alpha}(r-1-rx)e^{rx} \tag{5-45}
$$

可得微旋流器组进口分配源管与底流汇管间的压降：

$$p_i - p_u = \frac{\xi_d}{2}\left[\frac{1}{1+\alpha}\frac{F_i}{(n-1)F_d}\right]^2 (r-1-rx)^2 e^{2rx} \tag{5-46}$$

（3）$Q^3+R^2 > 0$

在此情况下，两个共轭解与式（5-41）中相同，故方程式（5-21）的通解和边界条件可以表述如下：

$$\begin{aligned} &w_i = e^{-Bx/2}\left[C_1 \cos\left(\frac{\sqrt{3}Jx}{2}\right) + C_2 \sin\left(\frac{\sqrt{3}Jx}{2}\right)\right] \\ &w_i = 0 \quad (当x=1) \\ &w_i = 1 \quad (当x=0) \end{aligned} \tag{5-47}$$

微旋流器组的进口分配源管中轴向无量纲流速：

$$w_i = e^{-Bx/2}\left\{\frac{\sin[\sqrt{3}J(1-x)/2]}{\sin(\sqrt{3}J/2)}\right\} \tag{5-48}$$

可得底流汇管中的轴向速度：

$$u_d = \frac{\alpha}{1+\alpha}\frac{F_i}{2(n-1)F_d} e^{-Bx/2} \frac{B\sin\left[\sqrt{3}J(1-x)/2\right] + \sqrt{3}J\cos\left[\sqrt{3}J(1-x)/2\right]}{\sin\left(\sqrt{3}J/2\right)} \tag{5-49}$$

分支管中通道流速分布为：

$$v_d = \frac{(n-1)F_d}{F_i}u_d = \frac{1}{2}\times\frac{\alpha}{1+\alpha} e^{-Bx/2} \frac{B\sin\left[\sqrt{3}J(1-x)/2\right] + \sqrt{3}J\cos\left[\sqrt{3}J(1-x)/2\right]}{\sin\left(\sqrt{3}J/2\right)} \tag{5-50}$$

可得微旋流器组进口分配源管与底流汇管间的压降：

$$p_i - p_u = \frac{\xi_d}{8}\left[\frac{\alpha}{1+\alpha}\frac{F_i}{(n-1)F_d}\right]^2 e^{-Bx}\left\{\frac{B\sin\left[\sqrt{3}J(1-x)/2\right] + \sqrt{3}J\cos\left[\sqrt{3}J(1-x)/2\right]}{\sin\left(\sqrt{3}J/2\right)}\right\}^2 \tag{5-51}$$

## 四、实验与理论对比

### 1. 微旋流器设计

实验所采用的微旋流器是华东理工大学自行设计的，其公称直径为 25mm，该微旋流器是已被广泛应用于石油化工及环保行业中的液固分离设备，具体结构及尺寸详见图 5-8（a）和表 5-1。

表5-1 微旋流器的结构尺寸

| $d$/mm | $\varphi$/(°) | $a/d$ | $s/d$ | $d_o/d$ | $d_u/d$ | $h/d$ |
|---|---|---|---|---|---|---|
| 25 | 6 | 0.16 | 0.24 | 0.24 | 0.08 | 1.48 |

## 2. 实验工艺流程

实验的工艺流程图如图 5-8（b）所示，其具体流程如下：

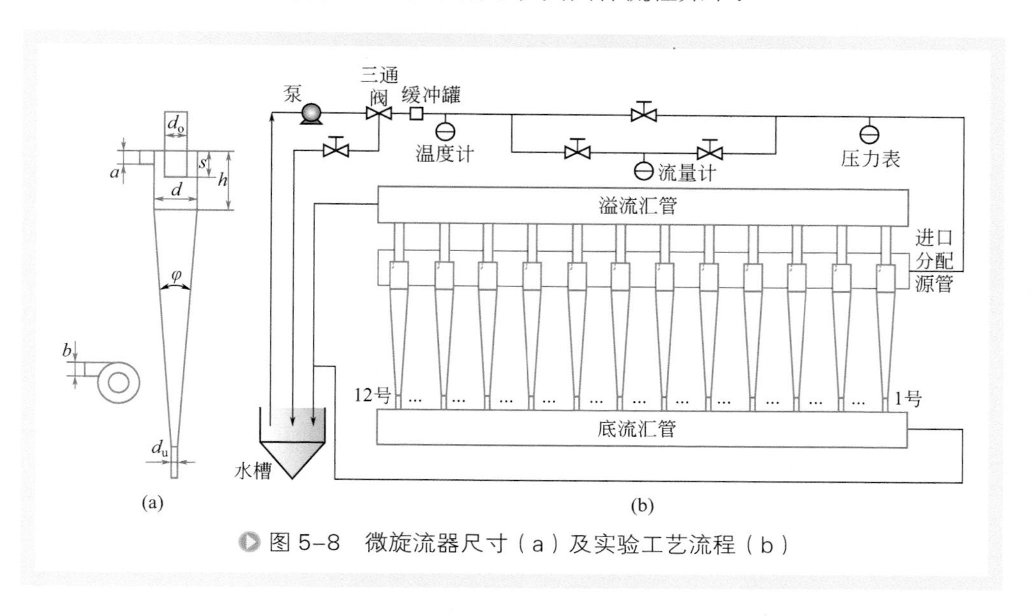

图 5-8 微旋流器尺寸（a）及实验工艺流程（b）

① 水槽中的流体由离心泵增压后进入管线，经稳压阀及调节罐调节稳压后进入进口分配源管。其中，旁路调节阀用于调节主管线中的流量，流量计和压力表分别用来测量进口分配源管中的流体的流量与进口压力。

② 进口分配源管中的流体经各分支管进入并联的微旋流器，各分支管路上都装有流量计和压力表，见图 5-9，用于测量各支路的流量与压力。另外，还可通过分支管路上的截止阀改变并联微旋流器的数量。

③ 进入各分支管的流体经并联微旋流器分流后分别由溢流汇管和底流汇管收集，最后都返回到水槽中进行循环利用。

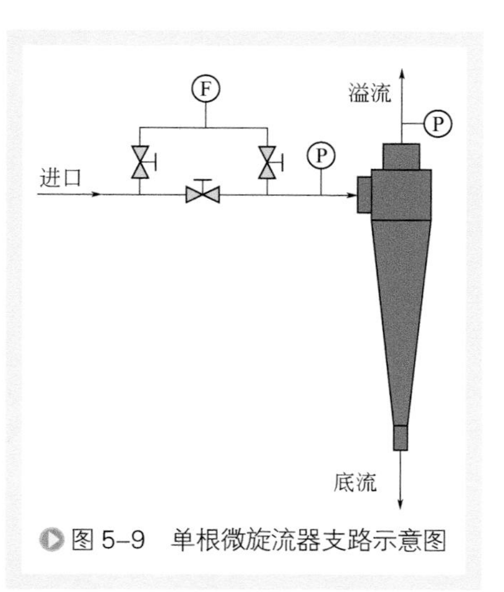

图 5-9 单根微旋流器支路示意图

## 3. 实验设备

本实验装置的实景如图 5-10 所示。

图 5-10　实验装置实景

## 4. 压降分布情况

微旋流器组的压降是指进口分配源管与溢流汇管之间的压力差，其值由单根微旋流器支路中压力表所测值计算得到。图 5-11 所示为 U-U 型并联配置微旋流器组压降分布情况。由图可知，当进口压力 $P$=0.05MPa、0.10MPa 和 0.15MPa 时，压降的最大波动分别为 14.5%、7.2% 和 10.9%。当进口压力较小时，微旋流器还没有完全进入高效工作区，靠近进口端的微旋流器可能充满流体，而远离进口端的微旋流器可能缺少流体，最终使得微旋流器组进口分配源管与溢流汇管之间压降分布波动增大。当进口压力较大时，流体流经各分支管的摩擦力增大，而且高进口压力导致单根微旋流器器内湍流强度增加，这些都可能是导致微旋流器组压降分布波动随进口压力增大而增大的原因。可见，当进口压力 $P$=0.10MPa 时，微旋流器组的压降分布均匀性最好，压降波动不大于 7.2%。

## 5. 流量分布情况

图 5-12 所示为 U-U 型并联配置微旋流器组流量分布的情况。由图可知，当进口压力 $P$=0.05MPa 时，微旋流器组的流量分布不理想，后面部分的微旋流器明显流量不足，流体分布最大波动为 18.9%。其主要原因可能是因为进口压力小，实验系统总的流量就小，使得流体容易进入那些离进口分配源管更近的微旋流器。此外，实验观察所得到进口分配源管处于充满状态的现象也能很好地解释这一问题。随着压力上升，当 $P$=0.10MPa 时，流体逐渐充满整个进口源管，沿着进口源管方向动量减少的速度也变得缓慢，流量分布逐渐趋向于均匀，此时流体分布最大波动仅为 3.6%。而当 $P$=0.15MPa 时，流体分布最大波动为 5.3%。可以预测，当进口压

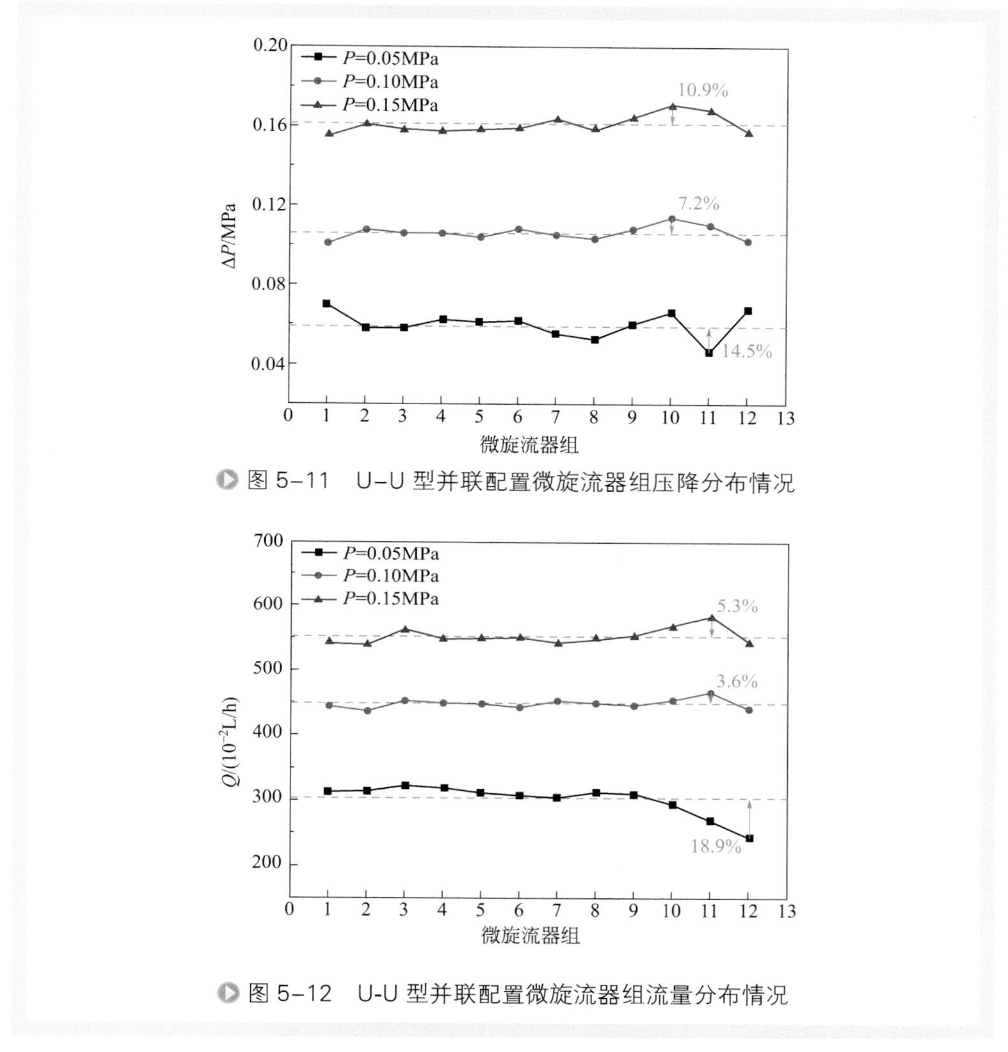


图 5-11　U-U 型并联配置微旋流器组压降分布情况

图 5-12　U-U 型并联配置微旋流器组流量分布情况

力继续增加时，流体分布会趋向于不均匀化，因为有足够的动量使得流速增大，流量变多，故后面部分的微旋流器流量过剩，导致流体分布的波动变大。

### 6. 分布不均匀度

在此中定义 $S$ 为不均匀度，用均方根的形式来描述 U-U 型并联配置微旋流器组并联配置时压降和流量分布的不均匀度。$S$ 的表达式如下所示：

$$S_{\Delta P}=\sqrt{\frac{\sum\left(\Delta P_i-\Delta\bar{P}\right)^2}{n}}$$

$$S_Q=\sqrt{\frac{\sum\left(Q_i-\bar{Q}\right)^2}{n}} \tag{5-52}$$

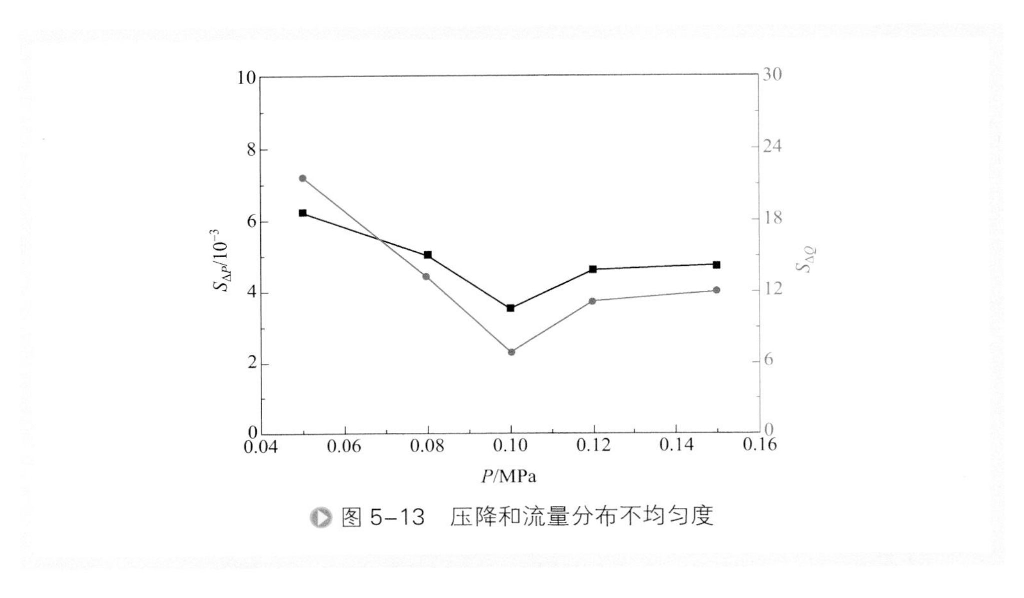

图 5-13 压降和流量分布不均匀度

式中 $\Delta P_i$——第 $i$ 根微旋流器处的压降；

$Q_i$——第 $i$ 根微旋流器处的流量；

$\Delta\bar{P}$——所有微旋流器组压降的平均值；

$\bar{Q}$——所有微旋流器组流量的平均值；

$n$——并联微旋流器的根数。

图 5-13 描述了 U-U 型并联配置微旋流器组压降和流量分布的不均匀度情况。由图 5-13 可知，随着进口压力的增加，U-U 型并联配置微旋流器组压降和流量的分布不均匀度均先减小后增加。并且，压降和流量的分布不均匀度最小的点都出现在进口压力 $P$=0.10MPa，此时分布的波动性最小，与前面所得到的结论一致。

### 7. 实验结果与理论对比

根据前面的结论，可以得知在实验工况进口压力为 0.05 ～ 0.15MPa 之间，进口压力 $P$=0.10MPa 时压降和流量分布最为均匀。图 5-14 描述了该工况下理论计算值与实验测量值的对比情况。由图可知，U-U 型并联配置微旋流器组实验所测的压降和流量分布能够很好地吻合其理论计算值，压降和流量分布最大的相对误差值分别为 8.3% 和 6.9%。考虑到实验工况的一些波动及实验测量操作所带来的误差，可以推断实验测试可以很好地验证理论模型的准确性。

## 五、U-U 型并联设计准则

上一小节主要讲述了两个通用参数 $Q$ 和 $R$ 的变化对压降和流量分布的影响，其中 $Q$ 和 $R$ 分别表征了微旋流器组并联配置的几何结构特性与流体流动特性。可

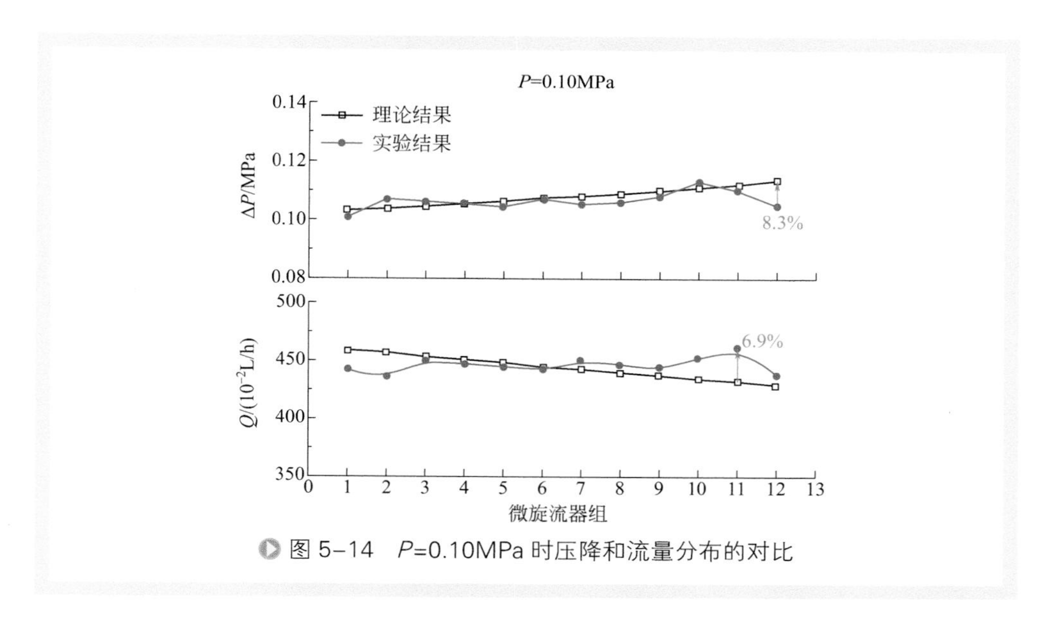


图 5-14 $P$=0.10MPa 时压降和流量分布的对比

以发现两个参数之间达到一定平衡时可以使分布的不均匀性减小，进而得到更加理想的并联配置设计方案。然而，这两个通用参数并非实际特征参数，而是由许多个不同实际特征参数所组成的组合参数。所以，以 U-U 型并联配置微旋流器组进口 - 溢流数学模型为研究对象，选择四个实际特征参数（$D_c/D_i$、$n$、$\Delta X$、$\xi$）来研究其变化对压降及流量分布的影响。

### 1. $D_c/D_i$ 的影响

特征参数 $D_c/D_i$ 是指分支管与分配源管的直径比，也表征了分支管与分配源管的面积比。

图 5-15 所示为参数 $D_c/D_i$ 对进口分配源管中轴向速度分布的影响。从图中可以看出，随着 $D_c/D_i$ 值的增大，分布的不均匀性越来越明显。这是因为流体沿着进口分配源管分流导致流体损失所引起的。当 $D_c/D_i$ 值较小时，侧面小孔射流会产生粗糙峰，从而引起整个摩擦系数的增加。随着 $D_c/D_i$ 值逐渐增大，侧面支流已不能产生粗糙峰，而是造成流道的突然扩大，引起沿着进口分配源管动量的减少。此外，侧面分支本身就增加了流道表面的粗糙度。这些都很好地解释了流体分布不均匀性产生的原因。有趣的是，可以推断出当 $D_c/D_i$ 值调整到一个极限的情况，即 $D_c/D_i$=0，此时可以得到一个均匀的轴向速度分布。图 5-16 所示为参数 $D_c/D_i$ 对压降分布的影响，不难看出其与对轴向速度分布的情况相类似。当 $D_c/D_i$ 较大时，则需要采取一定的改进措施以保证得到均匀的压降分布。

### 2. $n$ 的影响

特征参数 $n$ 表示并联微旋流器的根数，即分支管的数量。

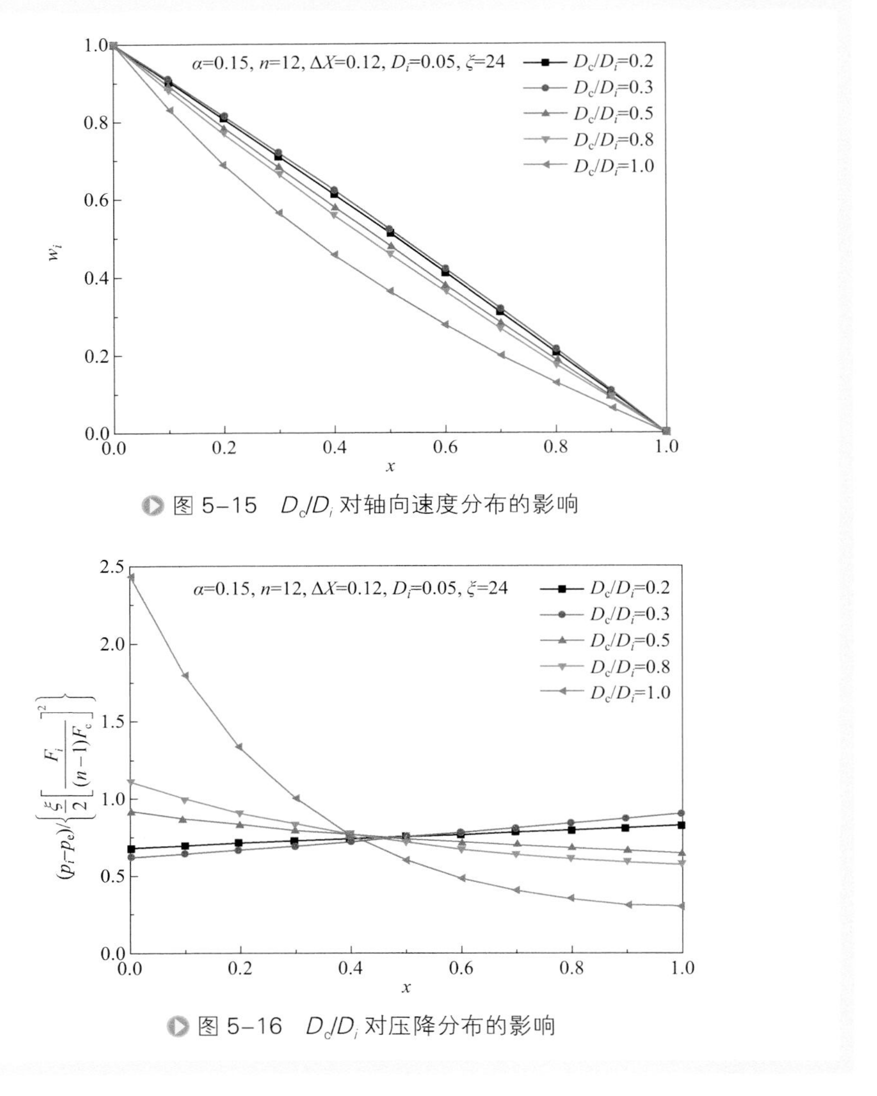


图 5-15 $D_c/D_i$ 对轴向速度分布的影响

图 5-16 $D_c/D_i$ 对压降分布的影响

图 5-17 所示为参数 $n$ 对进口分配源管中轴向速度分布的影响。从图中可以看出，$n$ 值对分布的均匀性有很大的影响作用，轴向速度分布的不均匀性随着 $n$ 值的增大而增大。一方面，$n$ 值增大意味着进口分配源管中流体流动距离的增加，这使得其中的摩擦阻力急剧增大，而没有更多的动量来与之平衡，故产生了分布的不均匀性。另一方面，由于分支流体沿着进口分配源管逐渐减少，其流体能量得到极大的释放。靠近进口端的微旋流器可能流体过剩而远离进口端的微旋流器则缺少流体，这将引起沿进口分配源管中雷诺数的逐渐减少而导致分布不均匀的产生。此外，如果分支管数量达到一定的程度，必须要采用减缩型的或阶梯型的进口分配源管才能得到均匀的轴向速度分布。图 5-18 所示为参数 $n$ 对压降分布的影响，同样

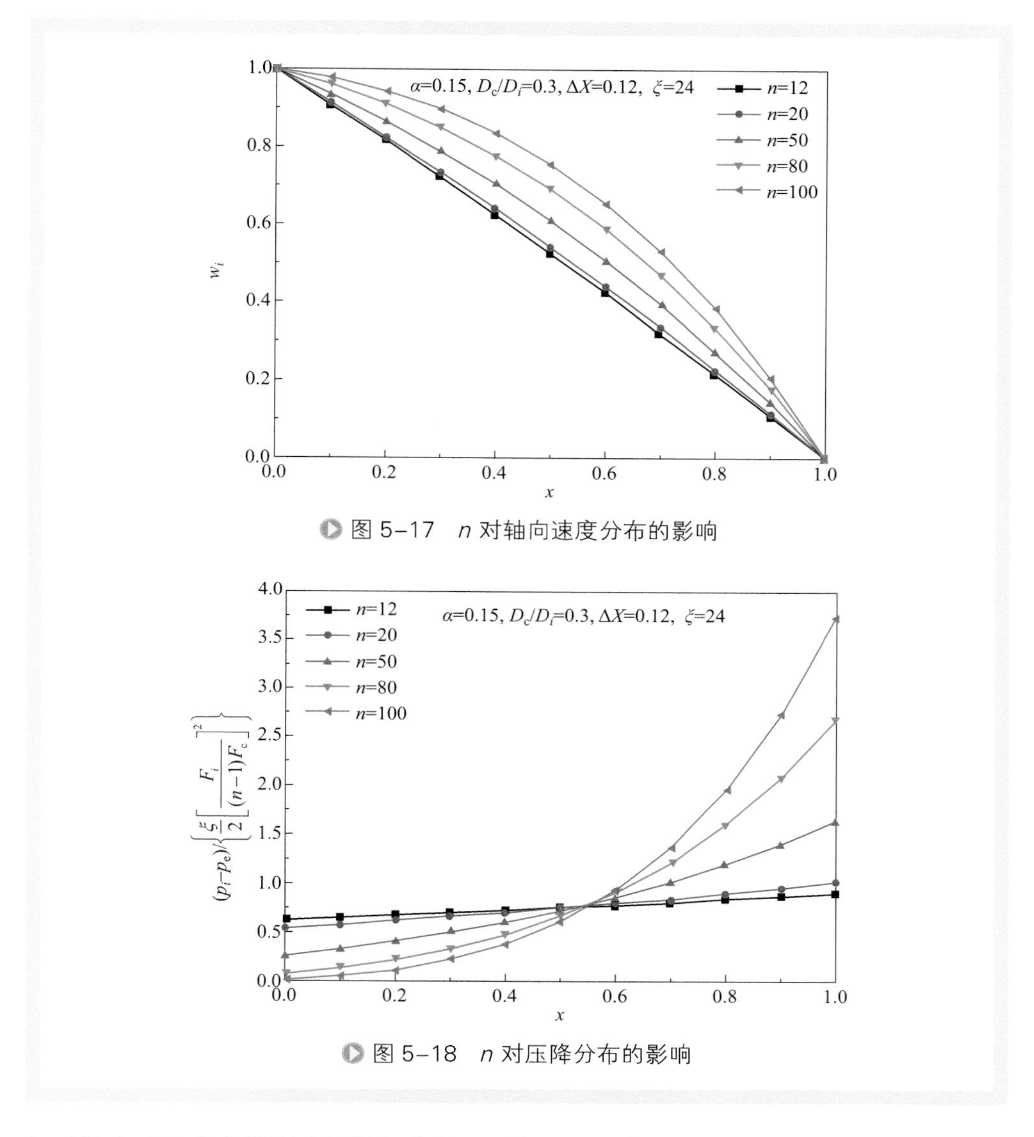


图 5-17　$n$ 对轴向速度分布的影响



图 5-18　$n$ 对压降分布的影响

与对轴向速度分布的影响效果相类似，$n$ 值越大分布越不均匀。

### 3. $\Delta X$的影响

特征参数 $\Delta X$ 是指相邻两分支管的间距。

因为 $\Delta X$ 值的变化对参数 $Q$ 没有影响，表征流动条件的参数 $Q$ 自然成为一个主导因素，这意味着参数 $\Delta X$ 对压降和流量分布的均匀性有最直接的影响。图 5-19 描述了参数 $\Delta X$ 对进口分配源管中轴向速度分布的影响。从图中可以看出，$\Delta X$=0.06（$Q^3+R^2<0$）情况下的分布趋势与 $\Delta X \geqslant 0.12$（$Q^3+R^2>0$）情况下的分布趋势相反。

结合歧管分支流的实际应用情况，$Q$ 是大于或者等于 0 的，故 $Q^3+R^2<0$ 是不可

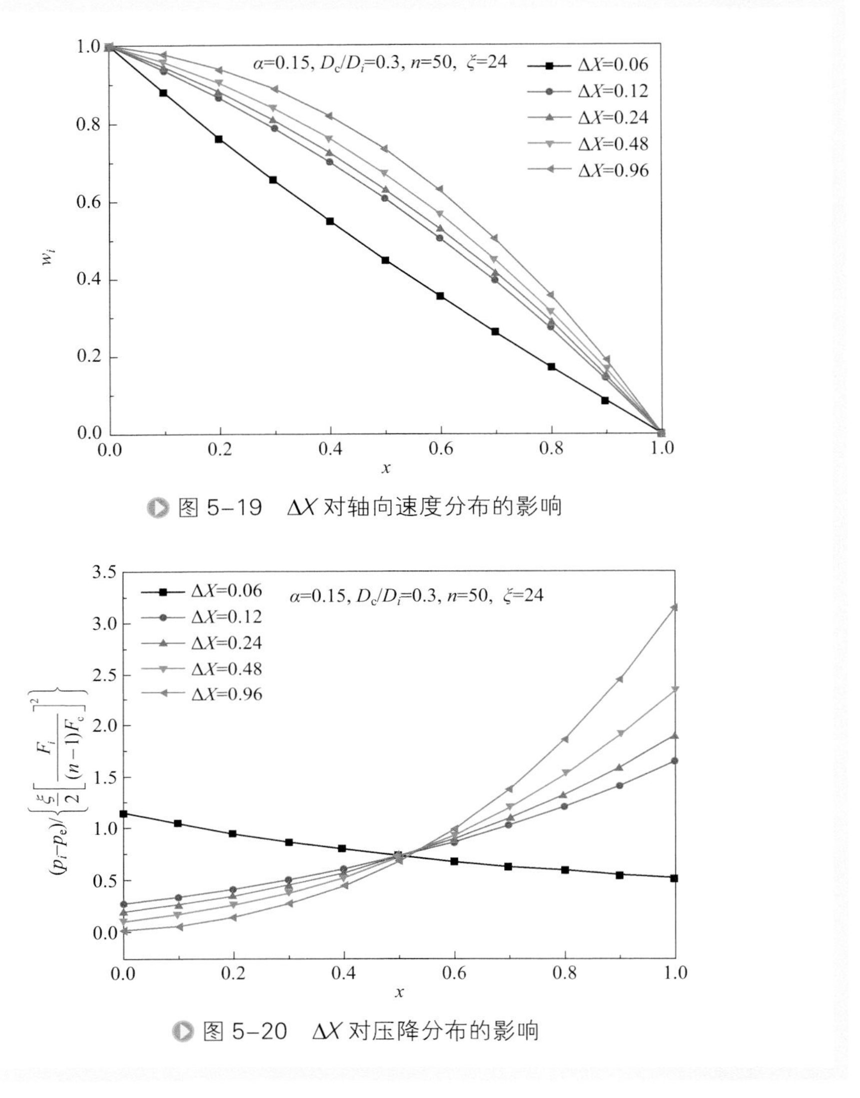


图 5-19　ΔX 对轴向速度分布的影响

图 5-20　ΔX 对压降分布的影响

能的，$Q^3+R^2=0$ 也只有在 $F_i \gg (n-1)F_c$ 或者 $\xi\to\infty$ 时才会发生，因此 $Q^3+R^2>0$ 的情况得到广泛的关注。从图 5-20 中可知，ΔX 值越大则轴向速度的分布越不均匀。摩擦效应与惯性效应的作用效果是相反的，所以当其他变化的参数都确定时选择一个合适的 ΔX 值是可以提高分布均匀性的。图 5-20 描述了参数 ΔX 对压降分布的影响，可以看出参数 ΔX 对分布情况有显著的影响。因此，当参数 ΔX 选择合理时，流体的均匀性分布及优化的初步设计是可行的。

### 4. ξ 的影响

特征参数 ξ 是通道流体流动的总水力损失系数，表征流体流过分支管道时的阻力，是所有局部阻力系数之和。

图 5-21 描述了参数 $\xi$ 对轴向速度分布和压降分布的影响。从图中可以看出，参数 $\xi$ 对轴向速度分布的影响微乎其微，但是一定程度上影响了压降分布。对于轴向速度分布情况，见图 5-21（a），参数 $\xi$ 只影响了进口分配源管的中间部分。由式 $\Delta P=\dfrac{1}{2}\rho\xi U^2$ 可知，参数 $\xi$ 与单根微旋流器的压降有重要联系，故其对压降分布有很大的影响。从图 5-21（b）中可知，$\xi$ 值越大压降分布越均匀。因此，在 $\xi\to\infty$ 的极限情况下，歧管双分支流系统变成一个封闭式的系统，其分布就呈现绝对均匀的情况，这与 Wang 所得到的结论一致。

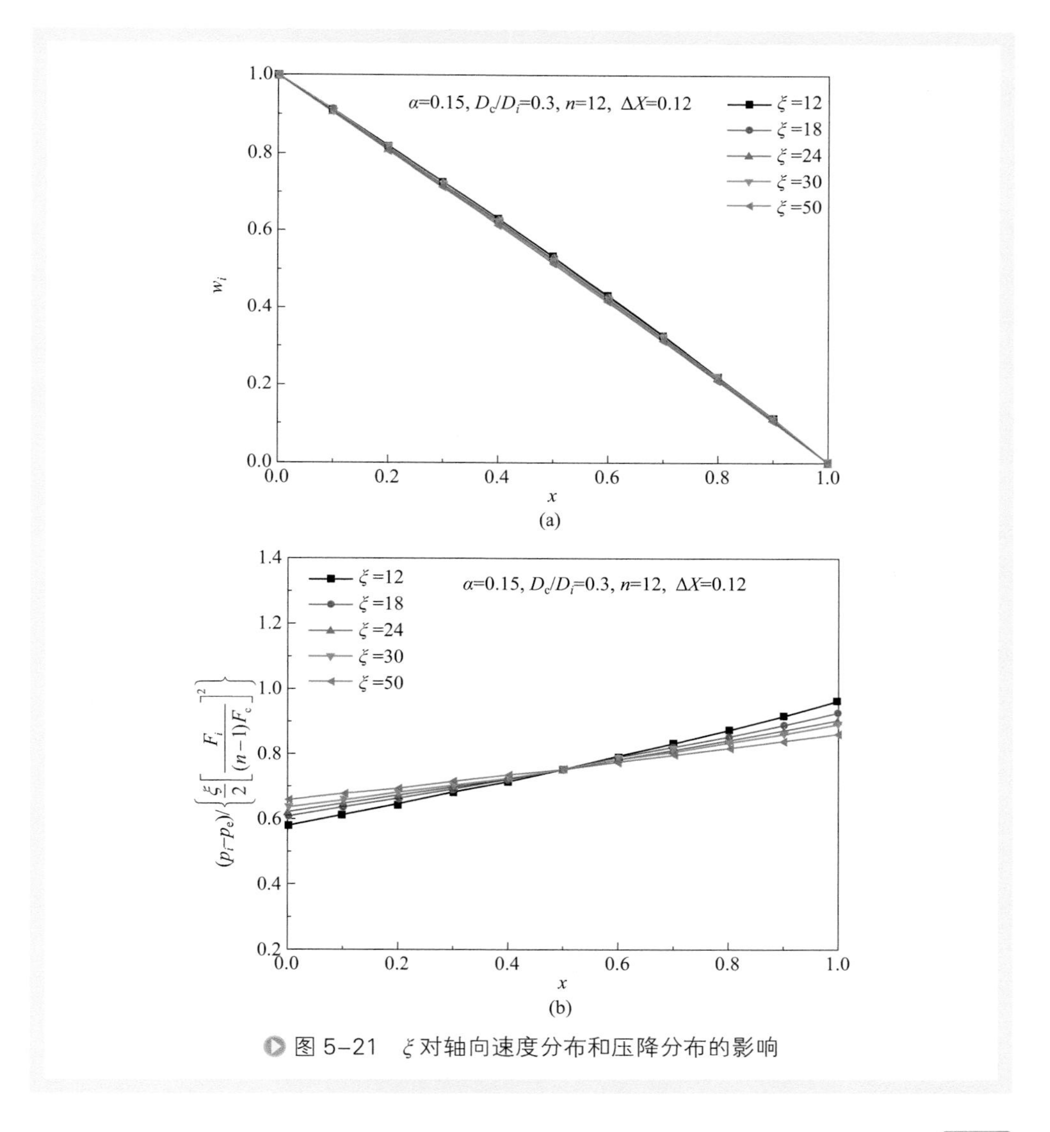


图 5-21 $\xi$ 对轴向速度分布和压降分布的影响

综上所述，U-U 型并联设计准则如下。

① 在三种情况下，讨论了参数 $Q$ 和 $R$ 对 U-U 型并联配置微旋流器组进口 - 底流数学模型中的压降和流量分布特性，发现摩擦效应与惯性效应的影响作用相反，这两者之间达到一定的平衡可以使分布不均匀性减小。

② 发现微旋流器组进口 - 底流数学模型与进口 - 溢流数学模型是内在统一的，但在使用过程中还需要考虑两种数学模型的不同之处，如：轴向速度分量的修正系数、单根微旋流器的压降特性参数和分流比。

③ 分流比是影响微旋流器组分离性能的一个重要参数，研究发现分流比的增大有助于流体分布的均匀性。

④ 选择四个实际特征参数（$D_c/D_i$、$n$、$\Delta X$、$\xi$）来研究其变化对压降及流量分布的影响，探究参数的敏感性。研究发现，随着参数 $D_c/D_i$、$n$ 或 $\Delta X$ 值的增大，分布的不均匀性越来越显著，而参数 $\xi$ 则相反。各参数都对压降及流量的分布产生不同程度的影响，因此合理选择参数可以得到均匀分布的流场。

## 六、U-U型并联300倍放大案例

由华东理工大学开发的微旋流分离器应用在中国神华自主知识产权的甲醇制烯烃工艺（SHMTO）中，实现了反应废水中污染物回收、废水循环利用与废热回收，保障了装置的长周期稳定运行，环境、经济、社会效益显著。

随着旋流分离器并联数量的增加，列管式微旋流器布置不能满足要求，因此采用容器式 U-U 型并联配置方式，进行 300 倍的并联放大，如图 5-22 所示。

并联配置旋流分离器组由进料腔、溢流腔、底流腔三腔体结构组成，旋流分离器倒置倾斜安装于三层腔体之间，溢流口接入设备的溢流腔，底流口接入设备的底流腔。旋流分离器的轴线与水平面之间的锐夹角大于分离颗粒物料的堆积休止角。这种倒置倾斜的安装方式可以有效防止因悬浮物沉积、操作压力波动、特别是装置开停工等极端工况造成的旋流分离器底流口堵塞的问题，从而提高了旋流分离器在实际运行中对物料流量波动超限以及开停车极端工况的适应性，延长了其稳定运行时间。

在周向截面上，旋流分离器对称布置，呈放射型并联配置方式，周向截面上旋流分离器组流量、压降分布理论上相对均匀。在轴向截面上，旋流分离器采用直线型并联配置方式，周线并联旋流分离器数目为 8，呈 U-U 型并联配置方式。由于入口位置不同，进入各旋流分离器的流量、压降分布存在不均匀，这将直接影响旋流分离器组的性能，因此这是我们关注的重点。

### 1. 实验流程

实验流程如图 5-23 所示，其具体流程如下：

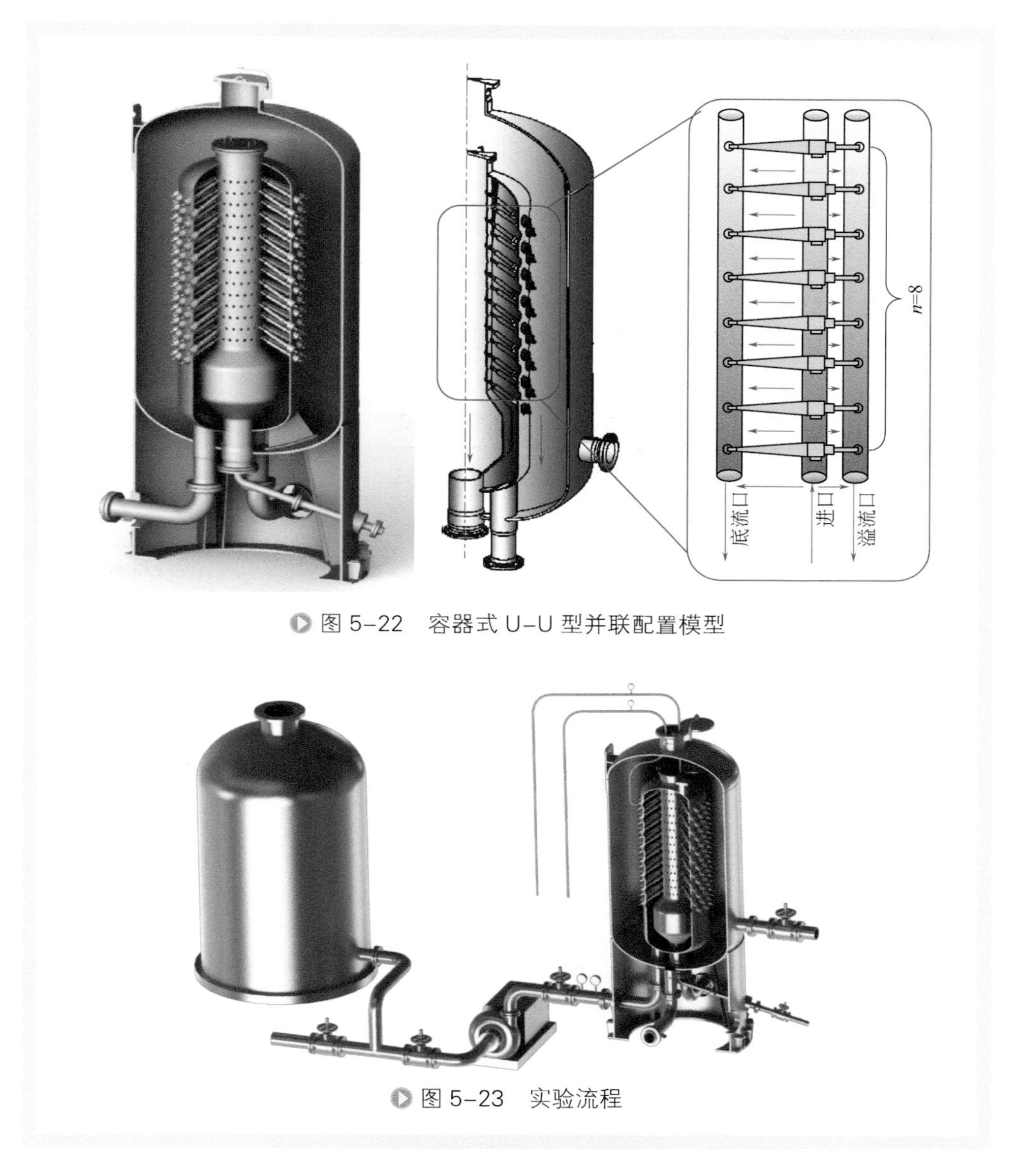


◐ 图 5-22 容器式 U-U 型并联配置模型

◐ 图 5-23 实验流程

① 物料罐中的流体经离心泵增压，沿进料管线进入微旋流器组的进料腔并很快充满。

② 进料腔中流体经入口管进入各个微旋流器进行分离，分离后的流体汇集到溢流腔和底流腔。

③ 将待测微旋流器底流口和溢流口流体收集并进行测定，以此来探讨各个微旋流器的流量分配情况。

## 2. 实验条件

（1）单相实验　在单相实验中，介质为常温清水，以进口压力 $P$ 为工况调节参数，在 0.10 ～ 0.20MPa 之间进行实验，实验目的是获取 U-U 型并联配置微旋流器组压降和流量的分布特性。

（2）液固两相分离实验　实验物料为水和催化剂颗粒，其中水为连续相、催化剂颗粒为分散相，实验过程中，选取的催化剂颗粒浓度为 400mg/L，与工业实际接近。具体物料性质见表 5-2。其中，催化剂颗粒电镜照片和粒径分布如图 5-24 所示。实验操作压力为单相实验中所得到的最优操作压力，实验目的是对微旋流器组的分离性能进行评估。

表5-2　实验物料参数

| 物料 | 密度 /(kg/m³) | 黏度 /($10^{-3}$Pa・s) | 粒径 /μm |
|---|---|---|---|
| 水 | 992.22 | 0.7208 | — |
| 催化剂 | 约 1400 | — | 平均粒径：1.6μm<br>其中 <2.5μm ：80% |

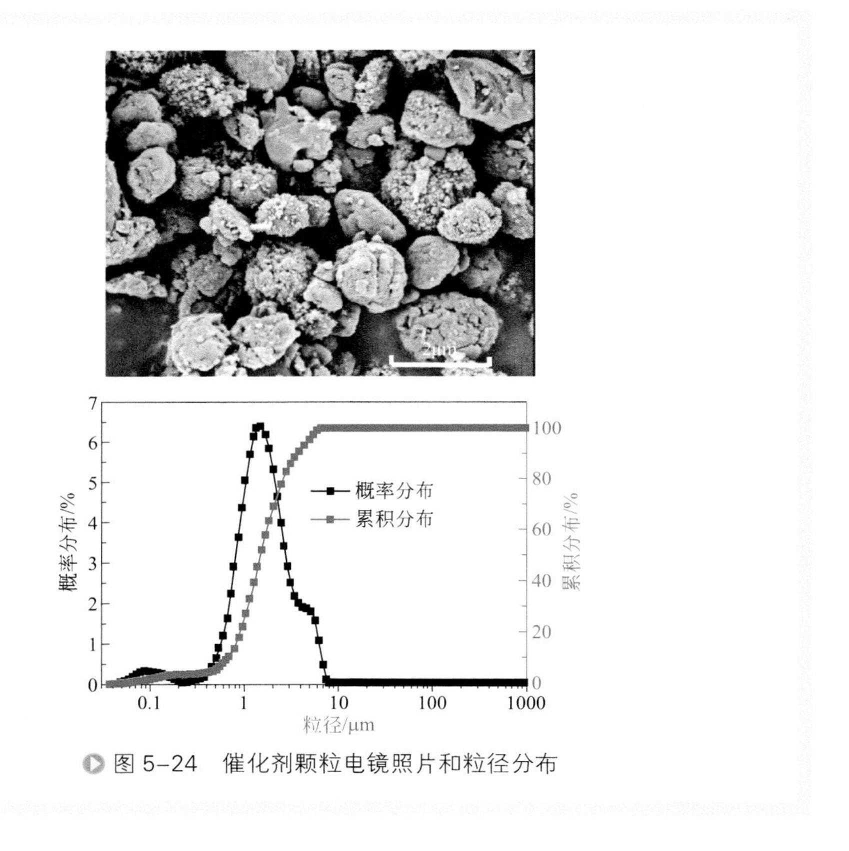


图 5-24　催化剂颗粒电镜照片和粒径分布

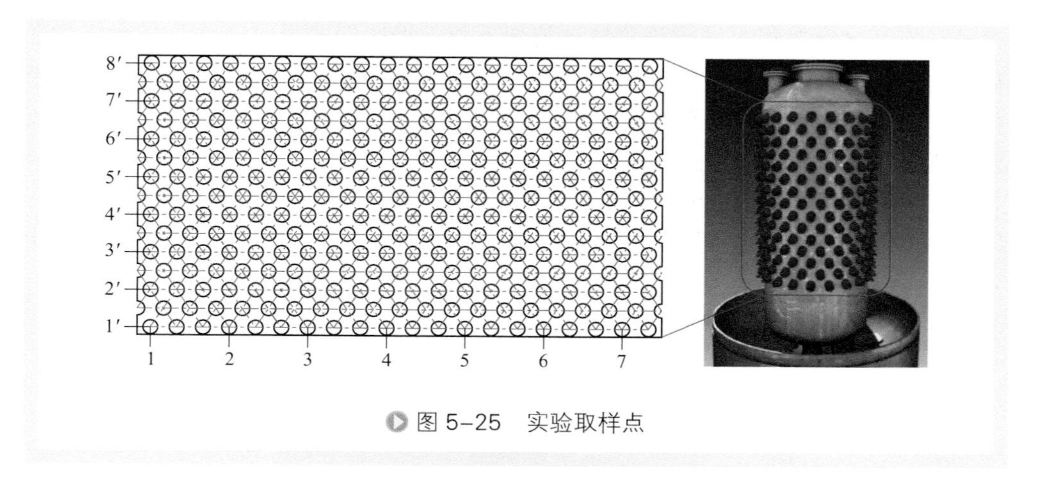

图 5-25　实验取样点

## 3. 参数测量

（1）流量测试　将微旋流器组沿轴线展开，微旋流器呈正三角形排列，如图 5-25 所示。重点考察轴向流量变化情况，从下到上依次记为 1′～8′，周向选取 7 组进行测试，依次记为 1～7。选取周向、轴向 7×8，共计 56 根微旋流器，研究流量分布。

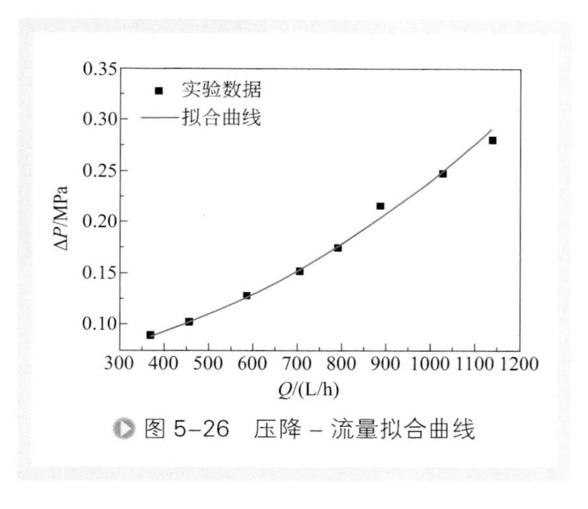

图 5-26　压降 - 流量拟合曲线

（2）压降计算　对于几何结构确定了的微旋流器，在给定的进料条件下，微旋流器的流量和压力降之间有一确定的关系式，实验测得单根微旋流器压降 - 流量拟合曲线如图 5-26 所示。压降随着进口流量的增大而增大，基本呈二次曲线关系，通过拟合，得到拟合方程式如下：

$$\Delta P=0.059+2.085\times10^{-5}Q+1.606\times10^{-7}Q^2$$

（3）流量分布　选取旋流分离器组的周向、轴向 7×8，共计 56 根旋流分离器，研究流量分布情况，由于周向的对称性，基本能够描绘整个旋流分离器组的流体分配情况。图 5-27 为 $P$=0.10MPa 时旋流分离器组流量分布情况。对比可以发现，沿轴向从下至上（从 1′至 8′）旋流分离器流量分配呈递减的趋势，这是因为旋流分离器在轴向方向上存在高度差，即存在压强能，这会对流体的分配产生直接的影响。从图 5-27 还可以发现，沿轴线方向流量分布波动较大，尤其最上端的 2～3 根旋流分离器，流量下降得最为显著。原因可能是入口压力较低，进料腔并未完全充满，旋流分离器组上端旋流分离器流量不足。沿轴向流量分布波动最大值均在10% 左右，最大的为 12.8%。不同于轴向的变化规律，沿周向旋流分离器流量分布相对均匀，除旋流分离器组上端两周外，其余最大波动值均在 3% 以内，这与旋流分离器组周对称的结构直接相关。

图 5-28 所示为 $P$=0.20MPa 时旋流分离器组流量分布情况。可以发现，随着入口压力增大，旋流分离器处理量随之增大。同时沿轴向的流量分布规律与低入口压

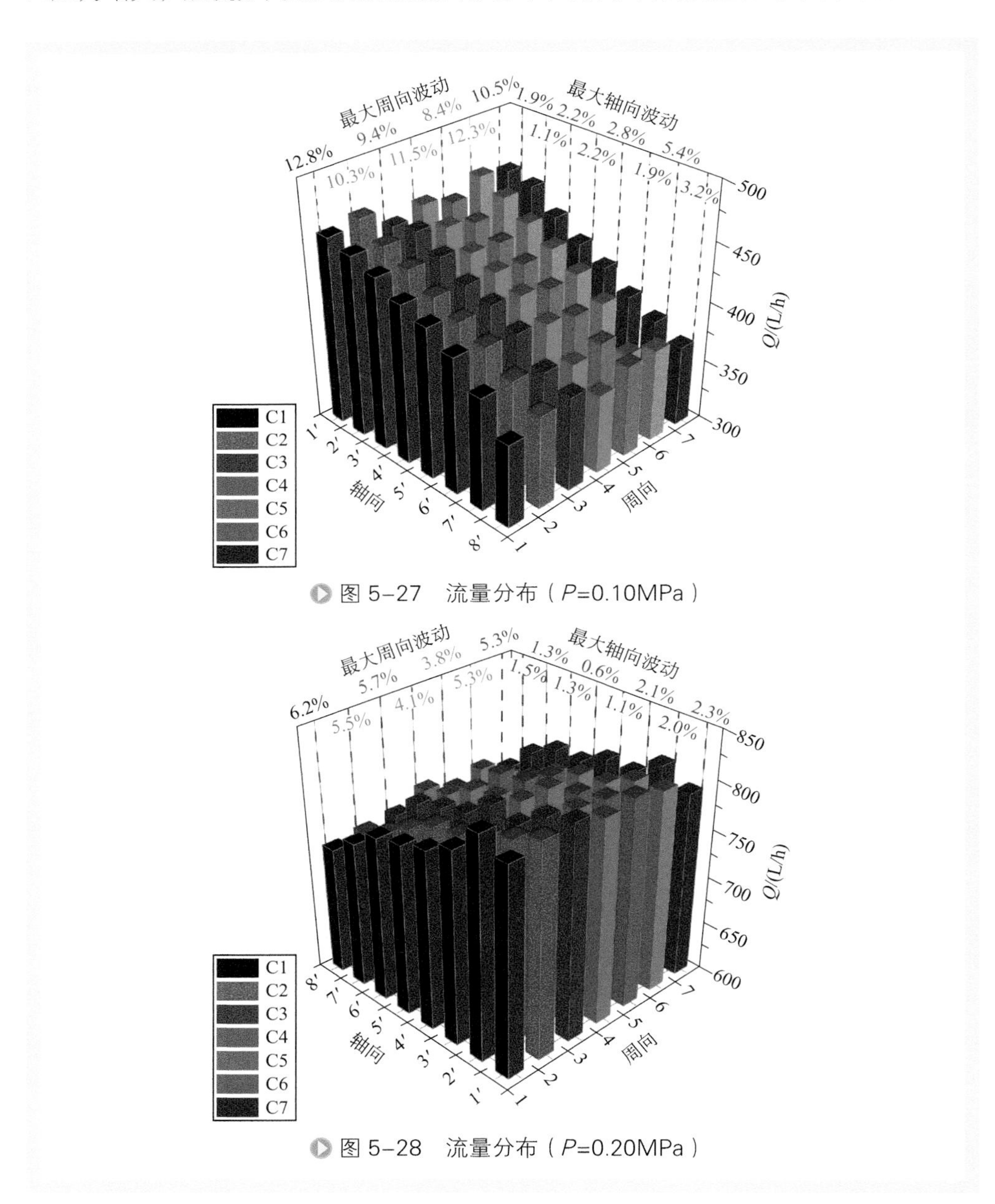


图 5-27 流量分布（$P$=0.10MPa）

图 5-28 流量分布（$P$=0.20MPa）

力时一致，即从下至上流量减少，但是流量分布波动趋于平缓，轴向最大波动值为6.2%。沿周向流量分配更加均匀，最大波动值仅为2.3%。随着进口压力增大，进料腔中完全充满流体，不会因流量不足而波动。同时，因为在300个旋流分离器并联设计过程中，将模型中的进口源管用进料腔取代，能够起到缓冲作用，使得旋流分离器组受进口湍动影响减弱。在流量足够的情况下，流量分配更加稳定、均匀。

（4）压降分布　旋流分离器的压降根据压降-流量拟合曲线求解而来，图5-29、

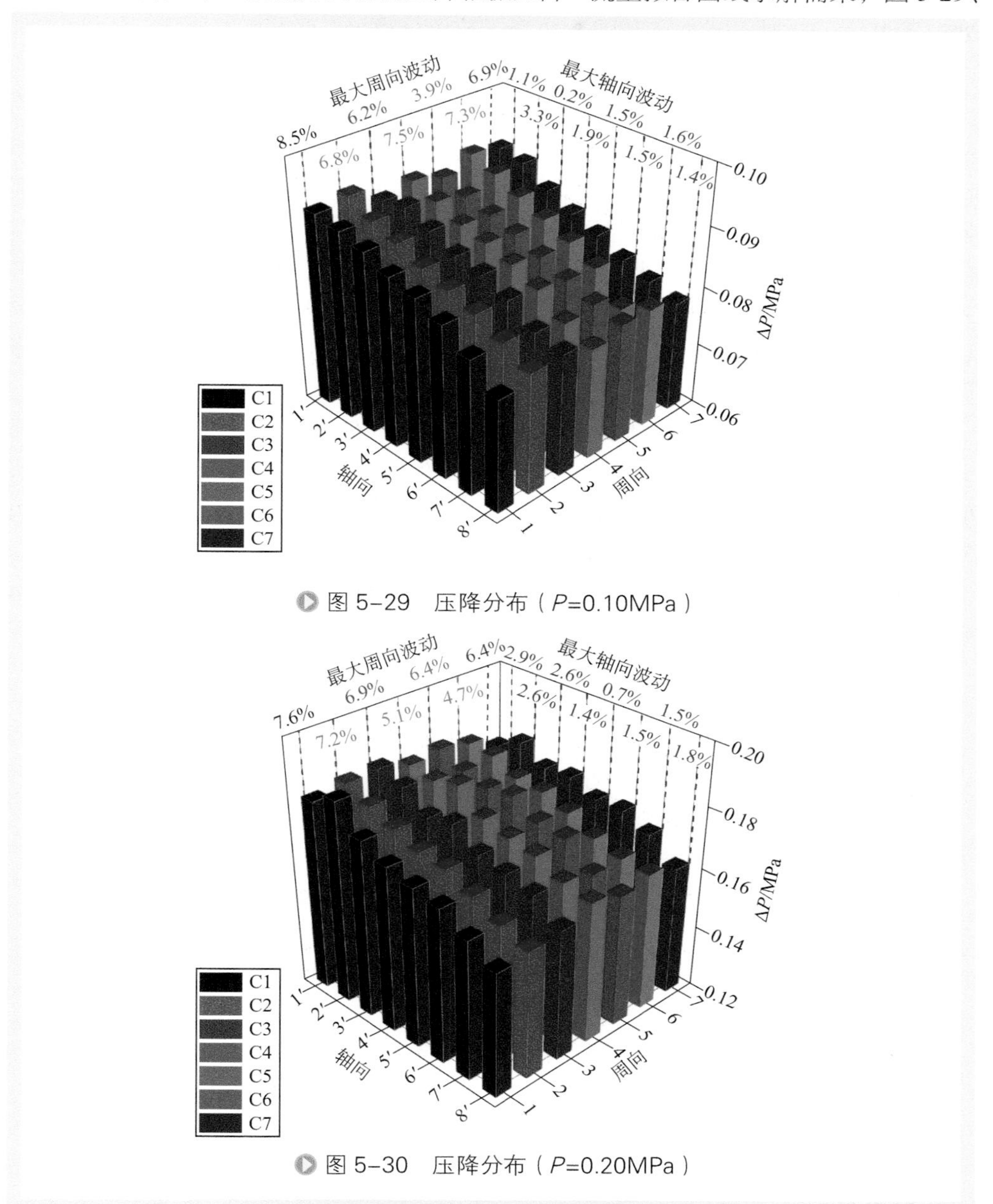


图5-29　压降分布（$P$=0.10MPa）



图5-30　压降分布（$P$=0.20MPa）

图 5-30 分别为 $P$=0.10MPa、$P$=0.20MPa 时旋流分离器压降分布情况。同流量分布一样，沿轴向压降分布波动较大，而沿周向则相对平缓。入口压力 $P$=0.10MPa 时，沿轴向压降波动的最大值为 8.5%，沿周向压降波动的最大值为 3.3%。入口压力 $P$=0.20MPa 时，沿轴向压降波动的最大值为 7.6%，沿周向压降波动的最大值为 2.9%。不同于流量分布波动，压降分布波动受进口压力影响较小，在实验工况范围内，沿轴向压降波动最大值均在 7% ～ 9% 之间，沿周向压降波动最大值在 2% ～ 4% 之间。对比图 5-11 和图 5-12 所示旋流分离器并联配置的压降、流量分布，本节 300 倍并联放大装置的波动情况在可接受范围内。

（5）实验与理论对比　实验过程中，沿周向共选取了 7 组进行测试，取 7 组的平均值与理论计算值进行比较，如图 5-31 所示。在进口压力 $P$=0.10MPa 时流量和压降分布相对误差最大，分别为 11.0% 和 8.5%。主要集中在最上端一周旋流分离器，可能是进口压力偏低，流量不足造成的。随着进口压力增大，流量和压降分布的实验值与理论计算值吻合得较好。$P$=0.15MPa 时，流量和压降分布的最大相对误差值分别为 3.6% 和 3.3%；$P$=0.20MPa 时，最大相对误差值分别为 4.5% 和 4.2%。这甚至优于 12 倍中试装置的相对误差值，表明 300 倍的并联放大装置的流量与压降分布能够达到预期。

将周向 7 组的平均值与理论计算值进行比较，在低进口压力下，流量和压降分布相对误差最大，分别为 11.0% 和 8.5%。随着进口压力增大，流量和压降的实验测量值与理论计算值相差甚微，甚至优于 12 倍中试装置实验装置的结果，表明 300 倍并联放大的工程化装置的流量与压降分布能够达到预期。

（6）分离效率　由流量和压降实验确定的最优操作压力为 0.20MPa，待实验系统稳定后，对微旋流器溢流管和底流管分别进行计量采样以计算分流比，同时对实

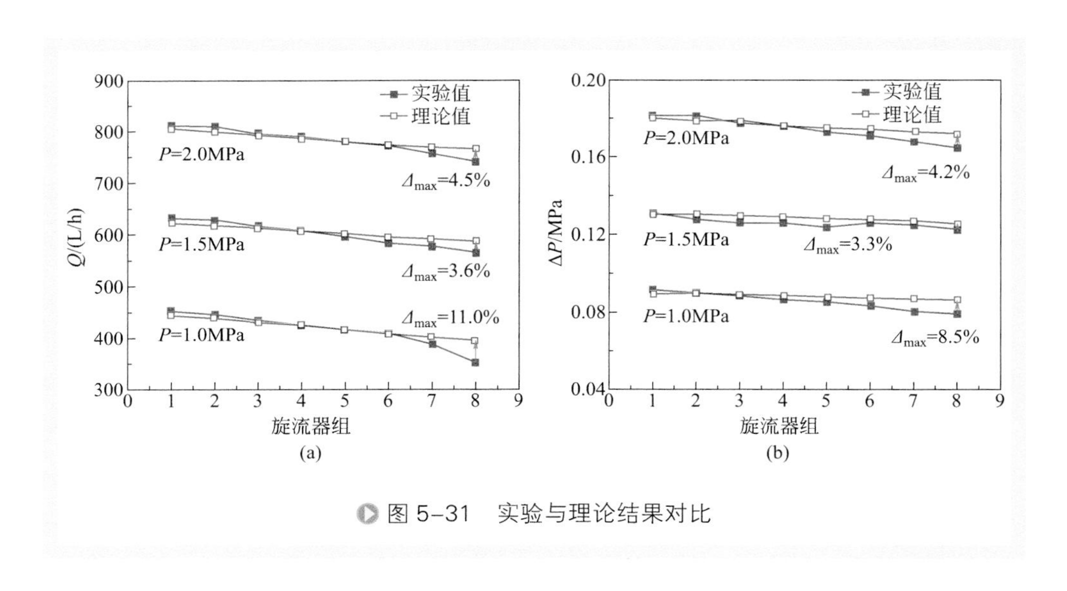


图 5-31　实验与理论结果对比

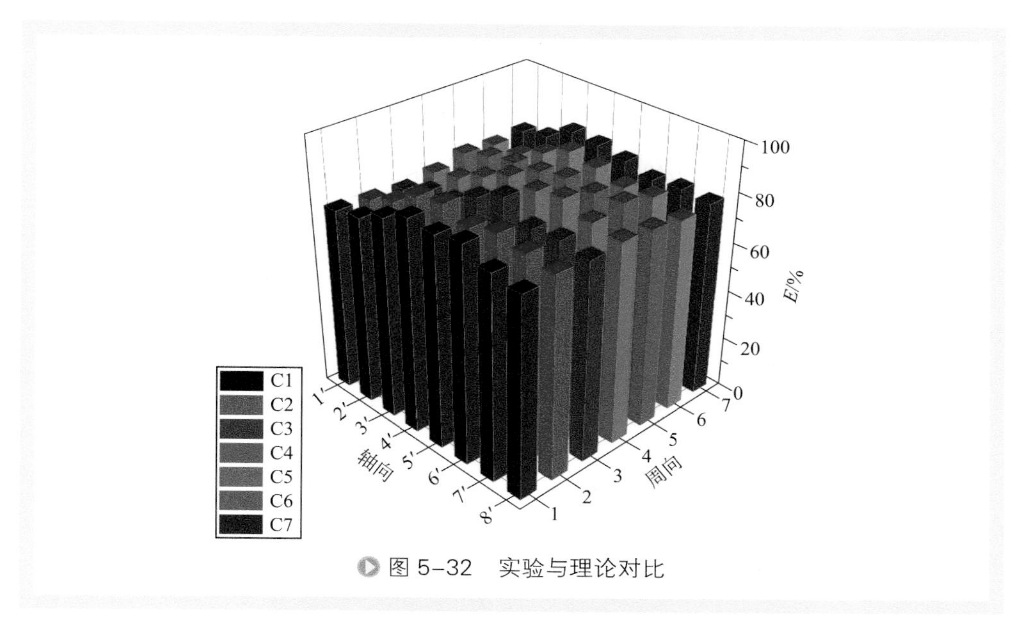


图 5-32　实验与理论对比

验样品采用重量法来分析其固含量值以计算分离效率。图 5-32 描述了微旋流器组中各单根微旋流器的分离效率情况。从图中可以发现，对于平均粒径只有 1.6μm 的催化剂颗粒，微旋流器具有较好的分离效果，且平均分离效率达到 79.4%。沿轴线方向，底部微旋流器分离效率较低，靠近入口，流体扰动会影响微旋流器的分离效率。为保证较高分离性能，微旋流器组流体入口与微旋流器保持足够的缓冲距离。

## 第四节　Z-Z型微旋流器并联理论

图 5-33 所示的微旋流器组是由并联的微旋流器所组成的分离设备。由于微旋流器组的溢流汇管和底流汇管的流动方向相同，且与进口分配源管的流动方向相反，所以将其命名为 Z-Z 分布型的并联结构。理想条件下，微旋流器组的性能是其内部每根微旋流器性能的线性叠加，即分离精度与单根微旋流器相同，处理能力是每根微旋流器的处理能力之和。然而，由于低压力降的存在，如微旋流器的压力降低于 0.1MPa 时，这种线性关系在实际旋流分离工程中难以得到。造成这种情况的主要原因是并联微旋流器组可能存在一个急剧的流场不良分布。一些微旋流器可能流量严重不足，而另一些则可能流量过剩，这将降低旋流分离器组的性能。这是低压力降下预测微旋流器组分离效率的关键。同时，流量和压降分配对提高分离效率以及微旋流器组的可操作性有重要作用。

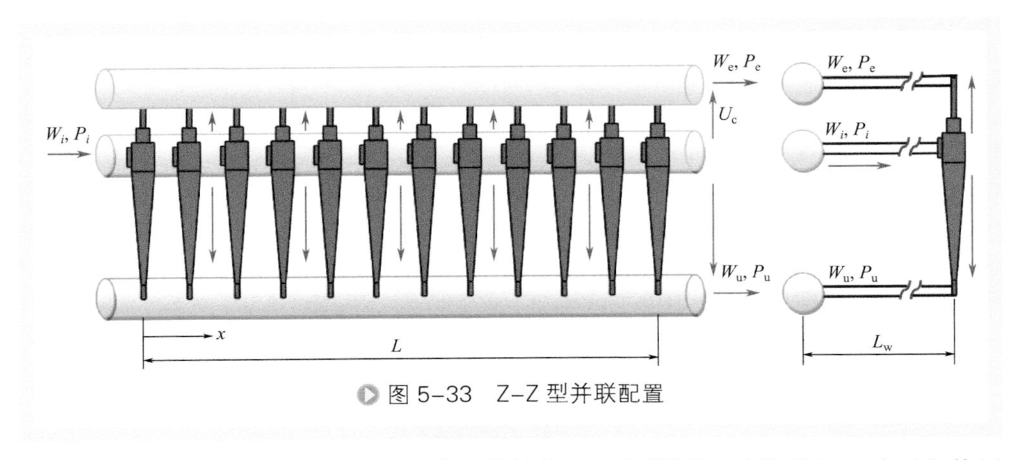


图 5-33　Z-Z 型并联配置

和第三节类似，在考虑摩擦效应、惯性影响的前提下，基于质量、动量和能量守恒定律，建立微旋流器组压降和流量的分析计算模型，获得 Z-Z 分布型微旋流分离器组压力降和流场分布的数学分析解。

## 一、数学模型

由于流体分流和摩擦会引起旋流器组进口分配源管、溢流汇管和底流汇管处动量的变化，所以惯性项和摩擦项都应该考虑，之前的研究忽略了这些因素。本章建立的数学模型基于以下假设：

① 每根旋流器的几何尺寸相同，相邻旋流器的间距相等，进口分配源管、溢流汇管和底流汇管的横截面积为一个常数。

② 忽略流体流动产生的热量对流体密度和流场分布的影响；不计分配源管、汇管与每一根旋流器的连接通道的几何误差。

③ 不计分配源管、汇管与每一根旋流器连接通道的转向损失。

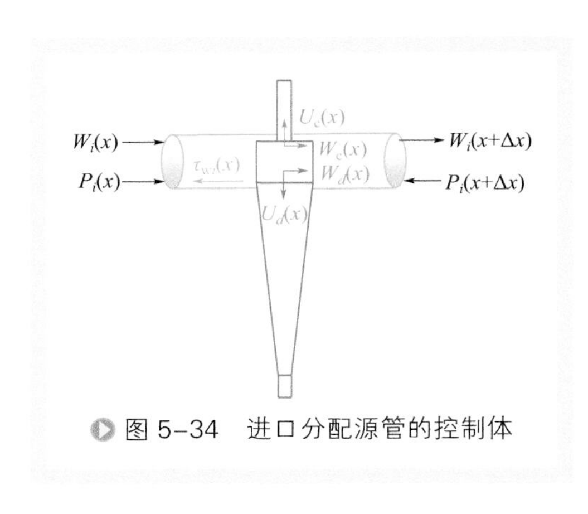


图 5-34　进口分配源管的控制体

### 1. 微旋流器组的进口分配源管

旋流器组中第 $i$ 根旋流器的进口分配源管的控制体如图 5-34 所示。

考虑以上三个假设后，质量、动量守恒方程可用如下方程描述。

（1）质量守恒

$$\rho F_i W_i = \rho F_i \left( W_i + \frac{\mathrm{d}W_i}{\mathrm{d}X} \Delta X \right) + \rho F_c U_c + \rho F_d U_d \qquad (5\text{-}53)$$

式中，$F_i$、$F_c$ 和 $F_d$ 分别为旋流器组的进口分配源管在第 $i$ 根旋流器位置上流体过流通道、第 $i$ 根旋流器的溢流汇管和第 $i$ 根旋流器的底流汇管的横截面积；相对应地，$W_i$ 为旋流器组的进口分配源管在第 $i$ 根旋流器进口处的轴向速度；$U_c$、$U_d$ 分别为第 $i$ 根旋流器的溢流口和底流口的轴向速度；$X$ 为旋流器组进口分配源管的轴向坐标；$\rho$ 为含油污水或流体的密度。令 $\Delta X = L/n$，$n$ 为并联旋流分离器的根数；$L$ 为旋流器组进口分配源管的长度，即第 1 根旋流器与第 $n$ 根旋流器之间中心距离除以 $n-1$。

$$F_c U_c + F_d U_d = -\frac{F_i L}{n}\frac{dW_i}{dX} \tag{5-54}$$

令

$$\frac{F_d U_d}{F_c U_c} = \alpha$$

（2）动量守恒

$$P_i F_i - \left(P_i + \frac{dP_i}{dX}\Delta X\right)F_i - \tau_{wi}\pi D_i \Delta X = \rho F_i\left(W_i + \frac{dW_i}{dX}\Delta X\right)^2 - \rho F_i W_i^2 + \rho F_c U_c W_c + \rho F_d U_d W_d \tag{5-55}$$

式中，$P_i$ 为进气管头中的压强；$D_i$ 为进气管头的直径；$\tau_{wi}$ 由 Darcy–Weisbach 公式给出，$\tau_{wi} = f_i \rho (W_i^2/8)$；$W_c = \beta_c W_i$；$W_d = \beta_d W_i$。直角管或其他形状的 $\pi D_i$ 可用其湿周代替。$\beta_c$、$\beta_d$ 以及后文中的 $\beta_e$、$\beta_u$ 是对孔出流带走的轴向速度分量 $W_c$、$W_d$ 的修正系数。$f$ 为管路的摩擦系数。

把 $\tau_{wi}$、$W_c$ 和 $W_d$ 代入式（5-55）并忽略高阶小量 $\Delta X$ 后，式（5-55）可变形为如下：

$$\frac{1}{\rho}\frac{dP_i}{dX} + \frac{f_i}{2D_i}W_i^2 + 2W_i\frac{dW_i}{dX} + \frac{F_c n}{F_i L}U_c W_c + \frac{\alpha F_c n}{F_i L}U_c W_d = 0 \tag{5-56}$$

$$\frac{1}{\rho}\frac{dP_i}{dX} + \frac{f_i}{2D_i}W_i^2 + \left(2 - \frac{1}{1+\alpha}\beta_c - \frac{\alpha}{1+\alpha}\beta_d\right)W_i\frac{dW_i}{dX} = 0 \tag{5-57}$$

## 2. 微旋流器组的溢流汇管

旋流器组中第 $i$ 根旋流器的溢流汇管的控制体如图 5-35 所示。

（1）质量守恒

$$\rho F_e W_e + \rho F_c U_c = \rho F_e\left(W_e + \frac{dW_e}{dX}\Delta X\right) \tag{5-58}$$

式中，$F_e$ 为旋流器组的溢流汇管在第 $i$ 根旋流器位置的横截面积；$W_e$ 为旋流器组的溢流汇管在第 $i$ 根旋流器位置的轴向速度；$F_c$ 为第 $i$ 根旋流器的溢流汇管

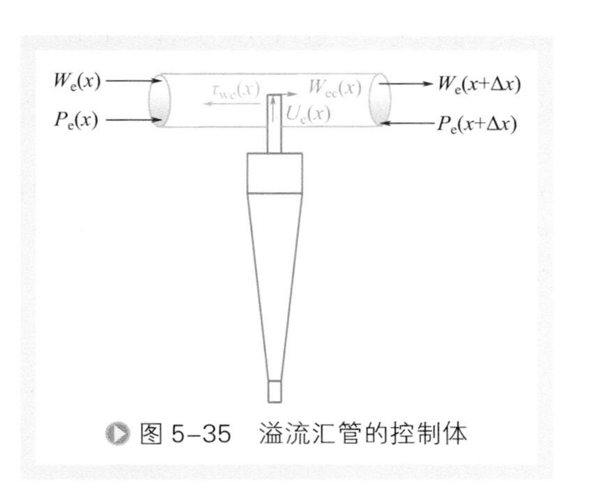

图 5-35　溢流汇管的控制体

的横截面积；$U_{\mathrm{c}}$ 为第 $i$ 根旋流器的溢流口的轴向速度。

$$U_{\mathrm{c}}=\frac{F_{\mathrm{e}}L}{F_{\mathrm{c}}n}\frac{\mathrm{d}W_{\mathrm{e}}}{\mathrm{d}X} \tag{5-59}$$

（2）动量守恒

$$P_{\mathrm{e}}F_{\mathrm{e}}-\left(P_{\mathrm{e}}+\frac{\mathrm{d}P_{\mathrm{e}}}{\mathrm{d}X}\Delta X\right)F_{\mathrm{e}}-\tau_{\mathrm{we}}\pi D_{\mathrm{e}}\Delta X=\rho F_{\mathrm{e}}\left(W_{\mathrm{e}}+\frac{\mathrm{d}W_{\mathrm{e}}}{\mathrm{d}X}\Delta X\right)^{2}-\rho F_{\mathrm{e}}W_{\mathrm{e}}^{2}+\rho F_{\mathrm{c}}U_{\mathrm{c}}W_{\mathrm{ec}} \tag{5-60}$$

式中，$P_{\mathrm{e}}$ 为旋流器组的溢流汇管在第 $i$ 根旋流器位置中的压强；$D_{\mathrm{e}}$ 为旋流器组的溢流汇管在第 $i$ 根旋流器位置中的直径；$\tau_{\mathrm{we}}$ 由 Darcy-Weisbach 公式给出，$\tau_{\mathrm{we}}=f_{e}\rho(W_{\mathrm{e}}^{2}/8)$；$W_{\mathrm{ec}}=\beta_{\mathrm{e}}W_{\mathrm{e}}$。

将 $\tau_{\mathrm{we}}$ 和 $W_{\mathrm{ec}}$ 代入式（5-60）并忽略高阶小量 $\Delta X$，式（5-60）变为如下形式：

$$\frac{1}{\rho}\frac{\mathrm{d}P_{\mathrm{e}}}{\mathrm{d}X}+\frac{f_{\mathrm{e}}}{2D_{\mathrm{e}}}W_{\mathrm{e}}^{2}+(2-\beta_{\mathrm{e}})W_{\mathrm{e}}\frac{\mathrm{d}W_{\mathrm{e}}}{\mathrm{d}X}=0 \tag{5-61}$$

由式（5-54）和式（5-59）可得到 Z-Z 型分布旋流器组的进口分配源管和溢流汇管速度的关系：

$$W_{\mathrm{e}}=\left(W_{0}-W_{i}\right)\frac{1}{1+\alpha}\frac{F_{i}}{F_{\mathrm{e}}} \tag{5-62}$$

### 3. Z-Z型分布控制方程

式（5-61）与式（5-57）相减可得：

$$\frac{1}{\rho}\frac{\mathrm{d}(P_{i}-P_{\mathrm{e}})}{\mathrm{d}X}+\frac{f_{i}}{2D_{i}}W_{i}^{2}-\frac{f_{\mathrm{e}}}{2D_{\mathrm{e}}}W_{\mathrm{e}}^{2}+\left(2-\frac{1}{1+\alpha}\beta_{\mathrm{c}}-\frac{\alpha}{1+\alpha}\beta_{\mathrm{d}}\right)W_{i}\frac{\mathrm{d}W_{i}}{\mathrm{d}X}-(2-\beta_{\mathrm{e}})W_{\mathrm{e}}\frac{\mathrm{d}W_{\mathrm{e}}}{\mathrm{d}X}=0 \tag{5-63}$$

考虑流动转向损失，通道中的流动可以用伯努利方程描述，在忽略旋流器进口、底流口和溢流口变径连接管的阻力时，在第 $i$ 根旋流器轴心位置，溢流口的流速 $U_{\mathrm{c}}$ 与旋流器组进口分配源管和溢流汇管间的压强降相关：

$$P_{i}-P_{\mathrm{e}}=\rho\left(1+C_{\mathrm{fi}}+C_{\mathrm{fe}}+f_{\mathrm{c}}\frac{l_{\mathrm{c}}}{d_{\mathrm{c}}}\right)\frac{U_{\mathrm{c}}^{2}}{2}=\rho\xi_{\mathrm{c}}\frac{U_{\mathrm{c}}^{2}}{2} \tag{5-64}$$

式中，$C_{\mathrm{fi}}$ 为从进气管头进入通道的转向损失系数；$C_{\mathrm{fe}}$ 为从通道进入出口管头的转向损失系数；$f_{\mathrm{c}}$ 为通道的平均摩擦损失系数；$l_{\mathrm{c}}$ 为流体流经的等效长度；$d_{\mathrm{c}}$ 为流体流经的等效直径。

根据旋流器的压降公式：

$$P_{i}-P_{\mathrm{c}}=C_{i\mathrm{c}}U_{i}^{2} \tag{5-65}$$

对于单根旋流器，$\frac{F_d U_d}{F_c U_c}=\alpha$，即 $\frac{d_d^2 U_d}{d_c^2 U_c}=\alpha$，则有 $U_c=\frac{d_i^2}{d_c^2}\frac{1}{1+\alpha}U_i$，由此可得 $f_c\frac{l_c}{d_c}=\frac{2C_{ic}(1+\alpha)^2}{\rho}\left(\frac{d_c}{d_i}\right)^4$，其中 $C_{ic}$ 为旋流分离器的压力降几何尺寸特征参数。值得注意的是，在计算污水旋流除油器时，必须以底流作为模型建立数学模型求解；而对于油旋流脱水的旋流器、LPG 脱胺液旋流器、固 - 液旋流器、气 - 液旋流器、气 - 固旋流器，则以溢流作为模型进行求解。

将式（5-54）代入式（5-64）得到：

$$P_i-P_e=\frac{1}{2}\rho\xi_c\left(\frac{1}{1+\alpha}\frac{F_i L}{F_c n}\right)^2\left(\frac{\mathrm{d}W_i}{\mathrm{d}X}\right)^2 \tag{5-66}$$

式（5-62）、式（5-63）和式（5-66）可被简化为以下无量纲方程组：

$$p_i=\frac{P_i}{\rho W_0^2},\quad w_i=\frac{W_i}{W_0},\quad w_e=\frac{W_e}{W_0},\quad u_c=\frac{U_c}{W_0},\quad x=\frac{X}{L},\quad w_u=\frac{W_u}{W_0},\quad u_d=\frac{U_d}{W_0}$$

$$w_e=(1-w_i)\frac{1}{1+\alpha}\frac{F_i}{F_e},w_u=(1-w_i)\frac{\alpha}{1+\alpha}\frac{F_i}{F_u} \tag{5-67}$$

$$\frac{\mathrm{d}(p_i-p_e)}{\mathrm{d}x}+\frac{f_i L}{2D_i}w_i^2-\frac{f_e L}{2D_e}w_e^2+\left(2-\frac{1}{1+\alpha}\beta_c-\frac{\alpha}{1+\beta}\beta_d\right)w_i\frac{\mathrm{d}w_i}{\mathrm{d}x}-(2-\beta_e)w_e\frac{\mathrm{d}w_e}{\mathrm{d}x}=0 \tag{5-68}$$

$$p_i-p_e=\frac{1}{2}\xi_c\left(\frac{1}{1+\alpha}\frac{F_i}{F_c n}\right)^2\left(\frac{\mathrm{d}w_i}{\mathrm{d}x}\right)^2 \tag{5-69}$$

将式（5-67）和式（5-69）代入式（5-68）可得：

$$\frac{\mathrm{d}(p_i-p_e)}{\mathrm{d}x}+\frac{f_i L}{2D_i}w_i^2-\frac{f_e L}{2D_e}\left(\frac{1}{1+\alpha}\frac{F_i}{F_e}\right)^2(1-w_i)^2+\left(2-\frac{1}{1+\alpha}\beta_c-\frac{\alpha}{1+\alpha}\beta_d\right)w_i\frac{\mathrm{d}w_i}{\mathrm{d}x}$$
$$-(2-\beta_e)\left(\frac{1}{1+\alpha}\frac{F_i}{F_e}\right)^2(1-w_i)\frac{\mathrm{d}(1-w_i)}{\mathrm{d}x}=0 \tag{5-70a}$$

$$\xi_c\left(\frac{1}{1+\alpha}\frac{F_i}{F_c n}\right)^2\frac{\mathrm{d}w_i}{\mathrm{d}x}\frac{\mathrm{d}^2 w_i}{\mathrm{d}x^2}+\frac{f_i L}{2D_i}w_i^2-\frac{f_e L}{2D_e}\left(\frac{1}{1+\alpha}\frac{F_i}{F_e}\right)^2+\frac{f_e L}{2D_e}\left(\frac{1}{1+\alpha}\frac{F_i}{F_e}\right)^2 2w_i-\frac{f_e L}{2D_e}\left(\frac{1}{1+\alpha}\frac{F_i}{F_e}\right)^2 w_i^2$$
$$+\left(2-\frac{1}{1+\alpha}\beta_c-\frac{\alpha}{1+\alpha}\beta_d\right)w_i\frac{\mathrm{d}w_i}{\mathrm{d}x}+(2-\beta_e)\left(\frac{1}{1+\alpha}\frac{F_i}{F_e}\right)^2(1-w_i)\frac{\mathrm{d}w_i}{\mathrm{d}x}=0 \tag{5-70b}$$

式（5-70a）和式（5-70b）为 Z-Z 型分布微旋流器组的通用控制方程。当分流比 $\alpha=0$ 时，式（5-70a）和式（5-70b）就是 Wang[3-6] 的特例。

为求解式（5-70a）和式（5-70b），将式（5-70a）和式（5-70b）变形为如下：

$$\xi_c\left(\frac{1}{1+\alpha}\frac{F_i}{F_c n}\right)^2\frac{dw_i}{dx}\frac{d^2w_i}{dx^2}+\frac{f_iL}{2D_i}w_i^2-\frac{f_eL}{2D_e}\left(\frac{1}{1+\alpha}\frac{F_i}{F_e}\right)^2$$

$$+\frac{f_eLRe_if_i}{2D_eRe_if_i}\left(\frac{1}{1+\alpha}\frac{F_i}{F_e}\right)^2 2w_i-\frac{f_eL}{2D_e}\left(\frac{1}{1+\alpha}\frac{F_i}{F_e}\right)^2 w_i^2+\left(2-\frac{1}{1+\alpha}\beta_c-\frac{\alpha}{1+\alpha}\beta_d\right)w_i\frac{dw_i}{dx}$$

$$-(2-\beta_e)\left(\frac{1}{1+\alpha}\frac{F_i}{F_e}\right)^2 w_i\frac{dw_i}{dx}+(2-\beta_e)\left(\frac{1}{1+\alpha}\frac{F_i}{F_e}\right)^2\frac{Re_if_idw_i}{Re_if_idx}=0$$

令 $\upsilon(Re_if_i)=f_iD_iw_i$

$$\xi_c\left(\frac{1}{1+\alpha}\frac{F_i}{F_c n}\right)^2\frac{dw_i}{dx}\frac{d^2w_i}{dx^2}+\left\{\frac{L}{2}\left[\frac{f_i}{D_i}-\frac{f_e}{D_e}\left(\frac{1}{1+\alpha}\frac{F_i}{F_e}\right)^2\right]+\frac{f_ef_iLD_i}{D_e\upsilon(Re_if_i)}\left(\frac{1}{1+\alpha}\frac{F_i}{F_e}\right)^2\right\}w_i^2$$

$$+\left\{\begin{array}{l}2-\dfrac{1}{1+\alpha}\beta_c-\dfrac{\alpha}{1+\alpha}\beta_d\left[1-\dfrac{2-\beta_e}{2-\dfrac{1}{1+\alpha}\beta_c-\dfrac{\alpha}{1+\alpha}\beta_d}\left(\dfrac{1}{1+\alpha}\dfrac{F_i}{F_e}\right)^2\right]\\ +2-\beta_e\left(\dfrac{1}{1+\alpha}\dfrac{F_i}{F_e}\right)^2\dfrac{f_iD_i}{\upsilon(Re_if_i)}\end{array}\right\}w_i\frac{dw_i}{dx}=\frac{f_eL}{2D_e}\left(\frac{1}{1+\alpha}\frac{F_i}{F_e}\right)^2$$

$$\frac{dw_i}{dx}\frac{d^2w_i}{dx^2}+\left\{\begin{array}{l}\dfrac{2-\dfrac{1}{1+\alpha}\beta_c-\dfrac{\alpha}{1+\alpha}\beta_d}{\xi_c}\left[1-\dfrac{2-\beta_e}{2-\dfrac{1}{1+\alpha}\beta_c-\dfrac{\alpha}{1+\alpha}\beta_d}\left(\dfrac{1}{1+\alpha}\dfrac{F_i}{F_e}\right)^2\right]\left[\dfrac{(1+\alpha)F_cn}{F_i}\right]^2\\ +\dfrac{2-\beta_e}{\xi_c}\left(\dfrac{F_cn}{F_e}\right)^2\dfrac{f_iD_i}{\upsilon(Re_if_i)}\end{array}\right\}w_i\frac{dw_i}{dx}$$

$$+\left\{\frac{L}{2\xi_c}\left[\frac{f_i}{D_e}-\frac{f_e}{D_e}\left(\frac{1}{1+\alpha}\frac{F_i}{F_e}\right)^2\right]\left(\frac{F_cn(1+\alpha)}{F_i}\right)^2+\frac{2f_iD_i}{\upsilon(Re_if_i)}\frac{f_eL}{2D_e\xi_c}\left(\frac{F_cn}{F_e}\right)^2\right\}w_i^2=\frac{f_eL}{2\xi_cD_e}\left(\frac{F_cn}{F_e}\right)^2$$

（5-71a）

$$\frac{dw_i}{dx}\frac{d^2w_i}{dx^2}+\left\{\frac{2-\dfrac{1}{1+\alpha}\beta_c-\dfrac{\alpha}{1+\alpha}\beta_d}{\xi_c}\left[\frac{(1+\alpha)F_cn}{F_i}\right]^2-\left[1-\frac{f_iD_i}{\upsilon(Re_if_i)}\right]\frac{2-\beta_e}{\xi_c}\left(\frac{F_cn}{F_e}\right)^2\right\}w_i\frac{dw_i}{dx}$$

$$+\left\{\frac{L}{2\xi_c}\frac{f_i}{D_i}\left[\frac{F_cn(1+\alpha)}{F_i}\right]^2-\left[1-\frac{2f_iD_i}{\upsilon(Re_if_i)}\right]\frac{f_eL}{2\xi_cD_e}\left(\frac{F_cn}{F_e}\right)^2\right\}w_i^2=\frac{f_eL}{2\xi_cD_e}\left(\frac{F_cn}{F_e}\right)^2 \quad (5\text{-}71b)$$

式（5-71a）和式（5-71b）是新的 Z-Z 型分布微旋流器组通用的控制方程。据笔者所知，式（5-71a）和式（5-71b）没有解析解。

## 二、方程求解

式（5-71a）和式（5-71b）是分析 Z-Z 型分布旋流器组的二阶非齐次非线性常微分方程。这个方程当 $C_{iu}$、$C_{ie}$ 和 $\alpha$ 同时为零时就是 Wang[3-6] 的 Z 型分布数学模型的方程。式（5-71a）和式（5-71b）左侧第二项即动量恢复项，代表了动量分布修正，而第三项为摩擦力项，代表摩擦所带来的影响。然而，其中存在着明显的不同。除了方程是非齐次以外，又多了一个既考虑动量又考虑摩擦的项式。尤其，在动量系数中考虑了摩擦的影响。

定义以下两个常数：

$$Q_{\mathrm{c}}=\frac{2-\dfrac{1}{1+\alpha}\beta_{\mathrm{c}}-\dfrac{\alpha}{1+\alpha}\beta_{\mathrm{d}}}{3\xi_{\mathrm{c}}}\left[\frac{(1+\alpha)F_{\mathrm{c}}n}{F_i}\right]^2-\left[1-\frac{f_iD_i}{\nu(Re_if_i)}\right]\frac{2-\beta_{\mathrm{e}}}{3\xi_{\mathrm{c}}}\left(\frac{F_{\mathrm{c}}n}{F_{\mathrm{e}}}\right)^2 =\frac{A_{1\mathrm{c}}-(1-M)A_{2\mathrm{c}}}{\xi_{\mathrm{c}}} \tag{5-72}$$

$$R_{\mathrm{c}}=-\frac{L}{4\xi_{\mathrm{c}}}\frac{f_i}{D_i}\left[\frac{(1+\alpha)F_{\mathrm{c}}n}{F_i}\right]^2+\left[1-\frac{2f_iD_i}{\nu(Re_if_i)}\right]\frac{f_{\mathrm{e}}L}{4\xi_{\mathrm{c}}D_{\mathrm{e}}}\left(\frac{F_{\mathrm{c}}n}{F_{\mathrm{e}}}\right)^2=\frac{B_{1\mathrm{c}}-(1-2M)\varepsilon_{\mathrm{c}}}{\xi_{\mathrm{c}}} \tag{5-73}$$

式（5-72）和式（5-73）中，$F_{\mathrm{c}}/F_i$ 是单根旋流器溢流口的横截面积与旋流器组进口分配源管的横截面积之比；$F_{\mathrm{c}}/F_{\mathrm{e}}$ 是单根旋流器溢流口的横截面积与旋流器组溢流口汇管的横截面积之比；$n$ 是旋流器根数；$\xi_{\mathrm{c}}$ 基于旋流器的流量 - 压力降曲线根据式（5-66）计算；$\alpha$ 是溢流流量与底流流量之比；$D_i$ 是旋流器组进口分配源管的公称直径；$D_{\mathrm{e}}$ 是旋流器组溢流口汇管的公称直径；$f_i$ 和 $f_{\mathrm{e}}$ 是由 Darcy-Weisbach 方程参考后获取数值；$\beta_{\mathrm{c}}$、$\beta_{\mathrm{d}}$ 和 $\beta_{\mathrm{e}}$ 是速度转换系数。

其中

$$A_{1\mathrm{c}}=\frac{2-\dfrac{1}{1+\alpha}\beta_{\mathrm{c}}-\dfrac{\alpha}{1+\alpha}\beta_{\mathrm{d}}}{3}\left[\frac{(1+\alpha)F_{\mathrm{c}}n}{F_i}\right]^2 \tag{5-74}$$

$$A_{2\mathrm{c}}=\frac{2-\beta_{\mathrm{e}}}{3}\left(\frac{F_{\mathrm{c}}n}{F_{\mathrm{e}}}\right)^2 \tag{5-75}$$

$$B_{1\mathrm{c}}=-\frac{L}{4}\frac{f_i}{D_i}\left[\frac{(1+\alpha)F_{\mathrm{c}}n}{F_i}\right]^2 \tag{5-76}$$

$$\varepsilon_{\mathrm{c}}=-\frac{f_{\mathrm{e}}L}{4D_{\mathrm{e}}}\left(\frac{F_{\mathrm{c}}n}{F_{\mathrm{e}}}\right)^2 \tag{5-77}$$

$$M=\frac{f_iD_i}{\nu(Re_if_i)} \tag{5-78}$$

因此方程式（5-71a）和式（5-71b）简化为：

$$\frac{\mathrm{d}w_i}{\mathrm{d}x}\frac{\mathrm{d}^2w_i}{\mathrm{d}x^2}+3Q_\mathrm{c}w_i\frac{\mathrm{d}w_i}{\mathrm{d}x}-2R_\mathrm{c}w_i^2=-2\frac{\varepsilon_\mathrm{c}}{\xi_\mathrm{c}} \tag{5-79}$$

尽管方程式（5-79）是根据旋流器组中旋流器按照直线并联模式构建的，但其也适合按环状布置和按圆周同心布置等情形，只需代入相应的水力直径和湿周即可。在此需要注意环形和其他形状的参数 $Q$、$R$ 和 $\varepsilon$ 的微小区别。所以只要读者选择合适的参数，方程式（5-79）即可用于直线状、环状等。

方程式（5-79）是非齐次的。非线性、非齐次微分方程的通解为其相关齐次方程的通解再加上特解，所以只需找到式（5-79）的特解。将特征根和式（5-79）的齐次方程通解简化如下：

$$\begin{cases}r_\mathrm{c}=B_\mathrm{c}\\ r_{1\mathrm{c}}=-\frac{1}{2}B_\mathrm{c}+\frac{1}{2}\mathrm{i}\sqrt{3}J_\mathrm{c}\\ r_{2\mathrm{c}}=-\frac{1}{2}B_\mathrm{c}-\frac{1}{2}\mathrm{i}\sqrt{3}J_\mathrm{c}\end{cases} \tag{5-80}$$

其中

$$B_\mathrm{c}=\left(R_\mathrm{c}+\sqrt{Q_\mathrm{c}^3+R_\mathrm{c}^2}\right)^{1/3}+\left(R_\mathrm{c}-\sqrt{Q_\mathrm{c}^3+R_\mathrm{c}^2}\right)^{1/3} \tag{5-81}$$

$$J_\mathrm{c}=\left(R_\mathrm{c}+\sqrt{Q_\mathrm{c}^3+R_\mathrm{c}^2}\right)^{1/3}-\left(R_\mathrm{c}-\sqrt{Q_\mathrm{c}^3+R_\mathrm{c}^2}\right)^{1/3} \tag{5-82}$$

假设式（5-79）有一个解为 $w^*=\sqrt{k_\mathrm{c}}$ 。则它的一阶导数和二阶导数如下

$$w^{*\prime}=0$$

$$w^{*\prime\prime}=0$$

代入式（5-79），可得：

$$-2R_\mathrm{c}k_\mathrm{c}=-2\frac{\varepsilon_\mathrm{c}}{\xi_\mathrm{c}}$$

$$k_\mathrm{c}=\varepsilon_\mathrm{c}/(R_\mathrm{c}\xi_\mathrm{c})$$

$$w^*=\sqrt{\varepsilon_\mathrm{c}/(\xi_\mathrm{c}R_\mathrm{c})} \tag{5-83}$$

如果 $Q_\mathrm{c}^3+R_\mathrm{c}^2>0$ ，则一个根为实根，两个共轭根为虚根；如果 $Q_\mathrm{c}^3+R_\mathrm{c}^2=0$ ，所有根都为实根且至少两根相等；如果 $Q_\mathrm{c}^3+R_\mathrm{c}^2<0$，则所有根为互不相等的实根。

所以方程式（5-79）有两套解。一个解为 $r_\mathrm{c}=B_\mathrm{c}$ ，其余解是共轭解 $r_{1\mathrm{c}}$ 和 $r_{2\mathrm{c}}$ 。对由 $Q_\mathrm{c}^3+R_\mathrm{c}^2$ 符号决定的该共轭解进行如下讨论：

第一种情况：$Q_\mathrm{c}^3+R_\mathrm{c}^2<0$

定义 $\theta_\mathrm{c}=\cos^{-1}\left(\frac{R_\mathrm{c}}{\sqrt{-Q_\mathrm{c}^3}}\right)$，代入方程式（5-80），可得：

$$r_{1c}=2\sqrt{-Q_c}\cos\left(\frac{\theta_c}{3}\right)$$

$$r_{2c}=2\sqrt{-Q_c}\cos\left(\frac{\theta_c+2\pi}{3}\right)$$

因此方程式（5-79）的通解和边界条件如下：

$$w_i=C_{1c}e^{r_{1c}x}+C_{2c}e^{r_{2c}x}+\sqrt{\varepsilon_c/(\xi_c R_c)} \tag{5-84}$$

$$w_i=0 \qquad (当x=1)$$

$$w_i=1 \qquad (当x=0)$$

微旋流器组的分配源管和溢流汇管中的无量纲轴向速度：

$$w_i=\frac{\left(1-\sqrt{\dfrac{\varepsilon_c}{\xi_c R_c}}\right)(e^{r_{1c}+r_{2c}x}-e^{r_{2c}+r_{1c}x})}{e^{r_{1c}}-e^{r_{2c}}}-\frac{\sqrt{\dfrac{\varepsilon_c}{\xi_c R_c}}(e^{r_{1c}x}-e^{r_{2c}x})}{e^{r_{1c}}-e^{r_{2c}}}+\sqrt{\frac{\varepsilon_c}{\xi_c R_c}} \tag{5-85a}$$

$$w_i=\frac{(e^{r_{1c}+r_{2c}x}-e^{r_{2c}+r_{1c}x})}{e^{r_{1c}}-e^{r_{2c}}}+\sqrt{\frac{\varepsilon_c}{\xi_c R_c}}\left(1-\frac{e^{r_{1c}+r_{2c}x}-e^{r_{2c}+r_{1c}x}}{e^{r_{1c}}-e^{r_{2c}}}-\frac{e^{r_{1c}x}-e^{r_{2c}x}}{e^{r_{1c}}-e^{r_{2c}}}\right) \tag{5-85b}$$

$$w_e=\left[1-\frac{\left(1-\sqrt{\dfrac{\varepsilon_c}{\xi_c R_c}}\right)(e^{r_{1c}+r_{2c}x}-e^{r_{2c}+r_{1c}x})}{e^{r_{1c}}-e^{r_{2c}}}-\frac{\sqrt{\dfrac{\varepsilon_c}{\xi_c R_c}}(e^{r_{1c}x}-e^{r_{2c}x})}{e^{r_{1c}}-e^{r_{2c}}}+\sqrt{\frac{\varepsilon_c}{\xi_c R_c}}\right]\frac{F_i}{F_e} \tag{5-86}$$

将方程式（5-85a）代入方程式（5-54）得溢流管轴向速度：

$$u_c=-\frac{1}{1+\alpha}\frac{F_i}{F_c n}\frac{dw_i}{dx}=-\frac{1}{1+\alpha}\frac{F_i}{F_c n}\left[\frac{\left(1-\sqrt{\dfrac{\varepsilon_c}{\xi_c R_c}}\right)(r_{2c}e^{r_{1c}+r_{2c}x}-r_{1c}e^{r_{2c}+r_{1c}x})}{e^{r_{1c}}-e^{r_{2c}}}-\frac{\sqrt{\dfrac{\varepsilon_c}{\xi_c R_c}}(r_{1c}e^{r_{c}x}-r_{2c}e^{r_{2c}x})}{e^{r_{1c}}-e^{r_{2c}}}\right] \tag{5-87}$$

流场分布（单根微旋流器流量/每根微旋流器的平均流量）可通过方程式（5-87）求得

$$v_c=\frac{F_c U_c}{F_i W_0/n}=\frac{nF_c}{F_i}u_c=-\frac{1}{1+\alpha}\left[\frac{\left(1-\sqrt{\dfrac{\varepsilon_c}{\xi_c R_c}}\right)(r_{2c}e^{r_{1c}+r_{2c}x}-r_{1c}e^{r_{2c}+r_{1c}x})}{e^{r_{1c}}-e^{r_{2c}}}+\frac{\sqrt{\dfrac{\varepsilon_c}{\xi_c R_c}}(r_{1c}e^{r_{1c}x}-r_{2c}e^{r_{2c}x})}{e^{r_{1c}}-e^{r_{2c}}}\right] \tag{5-88}$$

将方程式（5-87）代入方程式（5-64）得溢流管中压降：

$$p_i - p_e = \frac{1}{2}\xi_c\left(\frac{1}{1+\alpha}\frac{F_i}{F_c n}\right)^2\left[\frac{\left(1-\sqrt{\frac{\varepsilon_c}{\xi_c R_c}}\right)(r_{2c}e^{r_{1c}+r_{2c}x}-r_{1c}e^{r_{2c}+r_{1c}x})}{e^{r_{1c}}-e^{r_{2c}}}-\frac{\sqrt{\frac{\varepsilon_c}{\xi_c R_c}}(r_{1c}e^{r_{1c}x}-r_{2c}e^{r_{2c}x})}{e^{r_{1c}}-e^{r_{2c}}}\right]^2 \tag{5-89}$$

第二种情况：$Q_c^3 + R_c^2 = 0$

特征方程两根简化如下：

$$r_{1c} = r_{2c} = -\frac{1}{2}R_c^{1/3} = r_c$$

因此，方程式（5-79）的通解和边界条件如下：

$$\begin{aligned} &w_i = (C_{1c} + C_{2c}x)e^{r_c x} + \sqrt{\varepsilon_c / (\xi_c R_c)} \\ &w_i = 0 \quad (当x=1) \\ &w_i = 1 \quad (当x=0) \end{aligned} \tag{5-90}$$

微旋流器组的分配源管、溢流汇管中的无量纲轴向速度：

$$w_i = \left[1-\sqrt{\frac{\varepsilon_c}{\xi_c R_c}}-\left(1-\sqrt{\frac{\varepsilon_c}{\xi_c R_c}}+\sqrt{\frac{\varepsilon_c}{\xi_c R_c}}\frac{1}{e^{r_c}}\right)x\right]e^{r_c x}+\sqrt{\frac{\varepsilon_c}{\xi_c R_c}} \tag{5-91a}$$

$$w_i = (1-x)e^{r_c x}+\sqrt{\frac{\varepsilon_c}{\xi_c R_c}}(1-e^{r_c x}+xe^{r_c x}-xe^{r_c(x-1)}) \tag{5-91b}$$

$$w_e = \left\{1-\left[(1-x)e^{r_c x}+\sqrt{\frac{\varepsilon_c}{2\xi_c R_c}}(1-e^{r_c x}+xe^{r_c x}-xe^{r_c(x-1)})\right]\right\}\frac{F_i}{F_e} \tag{5-92}$$

将方程式（5-91a）代入方程式（5-54）得溢流管轴向速度：

$$u_c = -\frac{1}{1+\alpha}\frac{F_i}{F_c n}\frac{dw_i}{dx} = -\frac{1}{1+\alpha}\frac{F_i}{F_c n}\left[\begin{array}{l}\left(1-\sqrt{\frac{\varepsilon_c}{\xi_c R_c}}\right)r_c e^{r_c x} \\ -(1+r_c x)\left(1-\sqrt{\frac{\varepsilon_c}{\xi_c R_c}}+\sqrt{\frac{\varepsilon_c}{\xi_c R_c}}\frac{1}{e^{r_c}}\right)e^{r_c x}\end{array}\right] \tag{5-93}$$

通过方程式（5-93）得流场分布：

$$\begin{aligned} v_c &= \frac{F_c U_c}{F_i W_0 / n} = \frac{nF_c}{F_i}u_c \\ &= -\frac{1}{1+\alpha}\left[\left(1-\sqrt{\frac{\varepsilon_c}{\xi_c R_c}}\right)r_c e^{r_c x}-(1+r_c x)\left(1-\sqrt{\frac{\varepsilon_c}{\xi_c R_c}}+\sqrt{\frac{\varepsilon_c}{\xi_c R_c}}\frac{1}{e^{r_c}}\right)e^{r_c x}\right] \end{aligned} \tag{5-94}$$

将方程式（5-94）代入方程式（5-69）得溢流管中压降：

$$p_i - p_e = \frac{1}{2}\xi_c\left(\frac{1}{1+\alpha}\frac{F_i}{F_c n}\right)^2\left[\begin{array}{l}\left(1-\sqrt{\dfrac{\varepsilon_c}{2\xi_c R_c}}\right)r_c e^{r_c x} \\ -(1+r_c x)\left(1-\sqrt{\dfrac{\varepsilon_c}{2\xi_c R_c}}+\sqrt{\dfrac{\varepsilon_c}{2\xi_c R_c}}\dfrac{1}{e^{r_c}}\right)e^{r_c x}\end{array}\right]^2 \quad (5\text{-}95)$$

第三种情况：$Q_c^3 + R_c^2 > 0$

两个共轭解和方程式（5-80）保持一致：

$$r_{1c} = -\frac{1}{2}B_c + \frac{1}{2}\mathrm{i}\sqrt{3}J_c$$

$$r_{2c} = -\frac{1}{2}B_c - \frac{1}{2}\mathrm{i}\sqrt{3}J_c$$

因此，方程式（5-79）的通解和边界条件如下：

$$w_i = e^{-B_c x/2}\left[C_{1c}\cos\left(\sqrt{3}J_c x/2\right)+C_{2c}\sin\left(\sqrt{3}J_c x/2\right)\right]+\sqrt{\varepsilon_c/(\xi_c R_c)}$$

$$w_i = 0 \quad (当x=1)$$

$$w_i = 1 \quad (当x=0)$$

微旋流器组的分配源管、溢流汇管中的轴向无量纲流速：

$$w_i = \frac{e^{-B_c x/2}}{\sin\left(\dfrac{\sqrt{3}}{2}J_c\right)}\left\{-\sqrt{\frac{\varepsilon_c}{\xi_c R_c}}e^{B_c/2}\sin\left(\frac{\sqrt{3}}{2}J_c x\right)+\left(1-\sqrt{\frac{\varepsilon_c}{\xi_c R_c}}\right)\sin\left[\frac{\sqrt{3}}{2}J_c(1-x)\right]\right\}+\sqrt{\frac{\varepsilon_c}{\xi_c R_c}} \quad (5\text{-}96\text{a})$$

$$w_i = \frac{\sin\left[\dfrac{\sqrt{3}}{2}J_c(1-x)\right]}{\sin\left(\dfrac{\sqrt{3}}{2}J_c\right)}e^{-B_c x/2}+\sqrt{\frac{\varepsilon_c}{2\xi_c R_c}}\left\{1-\frac{\sin\left(\dfrac{\sqrt{3}}{2}J_c x\right)}{\sin\left(\dfrac{\sqrt{3}}{2}J_c\right)}e^{B_c(1-x)/2}-\frac{\sin\left[\dfrac{\sqrt{3}}{2}J_c(1-x)\right]}{\sin\left(\dfrac{\sqrt{3}}{2}J_c\right)}e^{-B_c x/2}\right\} \quad (5\text{-}96\text{b})$$

$$w_e = \left\{1-\frac{e^{-B_c x/2}}{\sin\left(\dfrac{\sqrt{3}}{2}J_c\right)}\left[-\sqrt{\frac{\varepsilon_c}{\xi_c R_c}}e^{B_c/2}\sin\left(\frac{\sqrt{3}}{2}J_c x\right)+\left(1-\sqrt{\frac{\varepsilon_c}{\xi_c R_c}}\right)\sin\left[\frac{\sqrt{3}}{2}J_c(1-x)\right]\right]-\sqrt{\frac{\varepsilon_c}{\xi_c R_c}}\right\}\frac{F_i}{F_e} \quad (5\text{-}97)$$

将式（5-97）代入式（5-54）得溢流管轴向速度：

$$u_c = -\frac{1}{1+\alpha}\frac{F_i}{F_c n}\frac{\mathrm{d}w_i}{\mathrm{d}x} = -\frac{1}{1+\alpha}\frac{F_i}{F_c n}\frac{e^{-B_c x/2}}{\sin\left(\dfrac{\sqrt{3}}{2}J_c\right)}\cdot$$

$$\begin{Bmatrix} \frac{B_c}{2}\sqrt{\frac{\varepsilon_c}{\xi_c R_c}} e^{B_c/2} \sin\left(\frac{\sqrt{3}}{2}J_c x\right) - \frac{B_c}{2}\left(1-\sqrt{\frac{\varepsilon_c}{\xi_c R_c}}\right)\sin\left[\frac{\sqrt{3}}{2}J_c(1-x)\right] \\ -\sqrt{\frac{\varepsilon_c}{\xi_c R_c}} e^{B_c/2}\frac{\sqrt{3}}{2}J_c\cos\left(\frac{\sqrt{3}}{2}J_c x\right) - \left(1-\sqrt{\frac{\varepsilon_c}{\xi_c R_c}}\right)\frac{\sqrt{3}}{2}J_c\cos\left[\frac{\sqrt{3}}{2}J_c(1-x)\right] \end{Bmatrix} \tag{5-98}$$

通过方程式（5-98）得流场分布：

$$v_c = \frac{F_c n}{F_i}u_c = -\frac{1}{1+\alpha}\frac{e^{-B_c x/2}}{\sin\left(\frac{\sqrt{3}}{2}J_c\right)} \cdot$$

$$\begin{Bmatrix} \frac{B_c}{2}\sqrt{\frac{\varepsilon_c}{\xi_c R_c}} e^{B_c/2} \sin\left(\frac{\sqrt{3}}{2}J_c x\right) - \frac{B_c}{2}\left(1-\sqrt{\frac{\varepsilon_c}{\xi_c R_c}}\right)\sin\left[\frac{\sqrt{3}}{2}J_c(1-x)\right] \\ -\sqrt{\frac{\varepsilon_c}{\xi_c R_c}} e^{B_c/2}\frac{\sqrt{3}}{2}J_c\cos\left(\frac{\sqrt{3}}{2}J_c x\right) - \left(1-\sqrt{\frac{\varepsilon_c}{\xi_c R_c}}\right)\frac{\sqrt{3}}{2}J_c\cos\left[\frac{\sqrt{3}}{2}J_c(1-x)\right] \end{Bmatrix} \tag{5-99}$$

将方程式（5-99）代入方程式（5-69）得溢流管中压降：

$$p_i - p_e = \frac{1}{2}\xi_c\left(\frac{F_i}{F_c n}\right)^2\left(\frac{dw_i}{dx}\right)^2 = \frac{1}{2}\xi_c\left(\frac{1}{1+\alpha}\frac{F_i}{F_c n}\right)^2 \cdot$$

$$\frac{e^{-B_c x}}{\sin^2\left(\frac{\sqrt{3}}{2}J_c\right)}\begin{Bmatrix} \frac{B_c}{2}\sqrt{\frac{\varepsilon_c}{\xi_c R_c}} e^{B_c/2} \sin\left(\frac{\sqrt{3}}{2}J_c x\right) - \frac{B_c}{2}\left(1-\sqrt{\frac{\varepsilon_c}{\xi_c R_c}}\right)\sin\left[\frac{\sqrt{3}}{2}J_c(1-x)\right] \\ -\sqrt{\frac{\varepsilon_c}{\xi_c R_c}} e^{B_c/2}\frac{\sqrt{3}}{2}J_c\cos\left(\frac{\sqrt{3}}{2}J_c x\right) - \left(1-\sqrt{\frac{\varepsilon_c}{\xi_c R_c}}\right)\frac{\sqrt{3}}{2}J_c\cos\left[\frac{\sqrt{3}}{2}J_c(1-x)\right] \end{Bmatrix}^2 \tag{5-100}$$

## 三、实验与理论对比

实验物料为清水。为使整个装置能够持续稳定运转，水槽中需储存足够的清水以供实验循环运转。实验中所用水由泵增压，通过旁路调节或者调节阀来控制旋流器组的流量。压力在 0.1 ～ 0.15MPa 内的水经过稳压罐流入各旋流器中，在旋流器中根据分流比分成两个支流，两个支流分别流入溢流及底流汇管，与其他旋流器排出的支流汇聚，最终流入水槽，以实现水循环利用。

通过调节进口分配源管压力为 0.10MPa 和 0.15MPa，记录相应微旋流器组的压降分布，并与理论计算结果进行分析比较。

根据计算，判别式 $Q^3+R^2$ 在 $10^{-1}$ ～ $10^{-5}$ 之间变化（注意，这里要补充本实验

中 $Q$、$R$ 的计算数据及计算结果，再明确给出 $Q^3+R^2$ 的具体数值）。由于其值大于零并约等于零，采用 $Q^3+R^2$ 等于零和大于零两种情况来分别讨论。参数如表 5-3 所示。

表5-3 理论与实验参数对比

| $P$/MPa | $A_{1c}$ | $A_{2c}$ | $B_{1c}$ | $M$ | $\varepsilon_c$ | $\xi_c$ |
|---|---|---|---|---|---|---|
| 0.10 | 0.419 | 0.807 | −0.013 ～ −0.022 | 1 ～ 13 | −0.016 ～ −0.027 | 21.5 |
| 0.15 | 0.415 | 0.807 | −0.013 ～ −0.021 | 1 ～ 12 | −0.015 ～ −0.026 | 22 |

$Q^3+R^2=0$ 情况下，实验数据与理论计算结果及比较如图 5-36 所示。

从图 5-36 中可以看出，Z-Z 分布型结构的压力分布在末端存在波动，而前面的部分相对比较稳定。这是由于在计算中假设 $x$=1 处进口分配源管 $x$ 方向速度为零，所以当动能减少时压力就上升了。然而，第 12 根旋流器的位置并不是管头的最后，仍然有一个连着阀门的直管段，即 $W_i$ 在 $x$=1 时不等于零。这导致理论计算和实验测量在末端的误差。同样的现象也出现在了 $Q^3+R^2>0$ 的情况，如图 5-37 所示。

与 $Q^3+R^2=0$ 的情况不同，$Q^3+R^2>0$ 的理论计算结果远高于实验结果。这可能是由于将速率变化对流场分布的影响系数设为常数所致。因为速率在末端的变化远大于其在入口时的变化，大大增加了末端的误差值。

图 5-38 表示了这两种情况的误差分析。此处误差 $Er$ 定义为计算值与平均理论计算结果的差值除以平均理论计算结果 $\overline{\delta P}$，$Er=(\delta P-\overline{\delta P})/\overline{\delta P}\times 100\%$。当 $x$<0.8

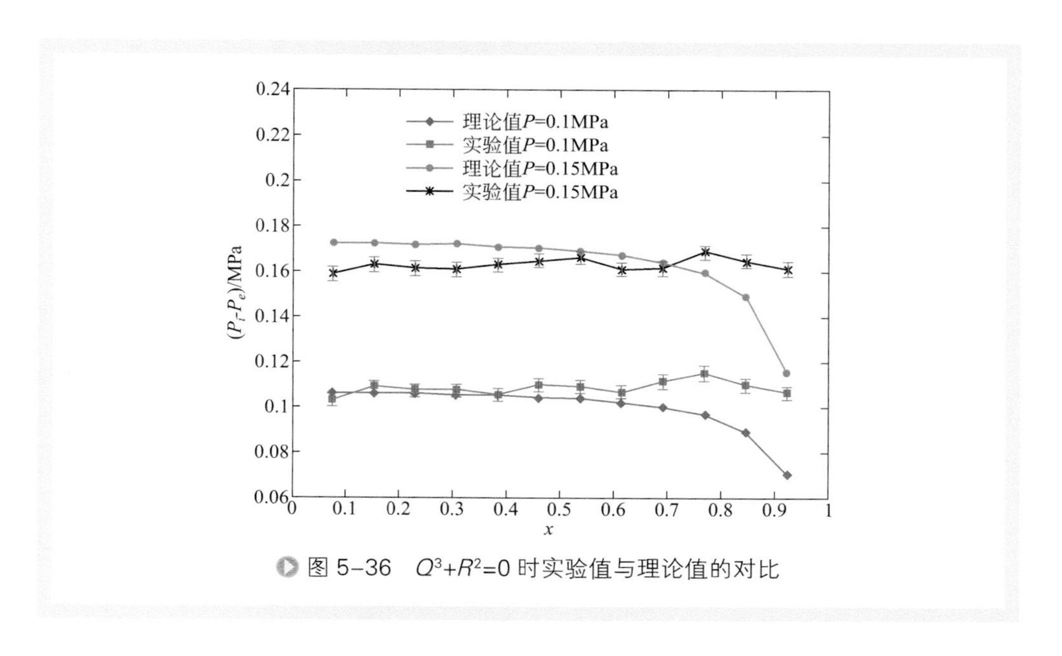


图 5-36 $Q^3+R^2=0$ 时实验值与理论值的对比

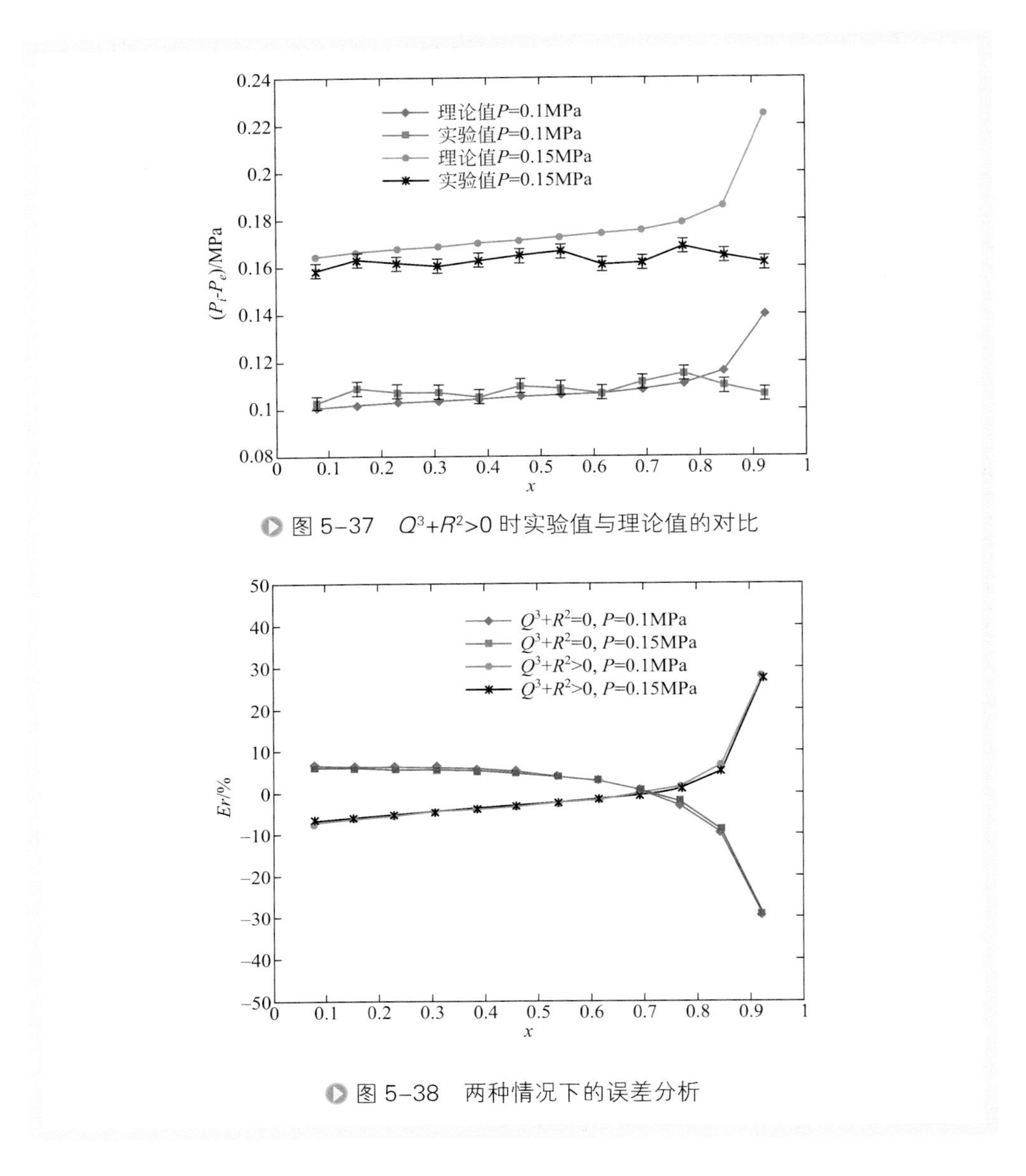


图 5-37 $Q^3+R^2>0$ 时实验值与理论值的对比



图 5-38 两种情况下的误差分析

时，误差在 10% 以内；而当 $x$=0.9 时，误差会迅速升至 40%。

这些误差数据是旋流器组的源管在不同压力下得到的，即在不同的总水头损失下。从图 5-38 可以看出，理论计算与实验结果的误差在 10% ～ 40% 之内，有趣的是，在不同进口压力下每种计算方法具有几乎相同的误差曲线。但是，与理论研究相比仍然有较大的偏差，偏差范围是 10% ～ 40%。除去尾部端口，与理论计算的平均误差百分数一般小于 10%，误差是允许的，实验验证了理论模型的准确性。

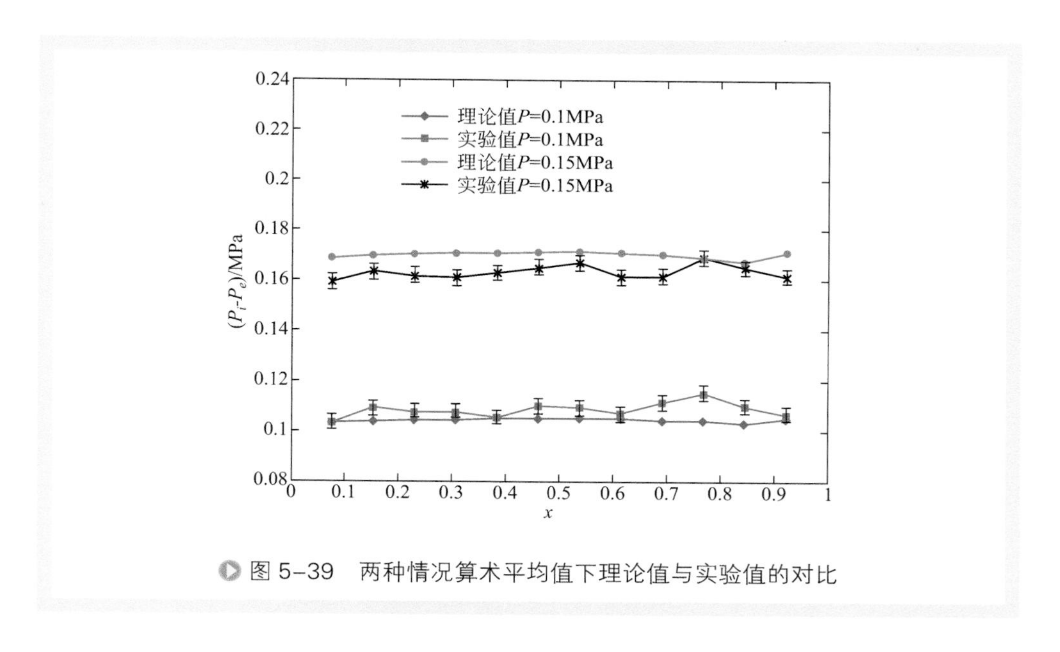


图 5-39　两种情况算术平均值下理论值与实验值的对比

考虑到 $Q^3+R^2$ 的数值很小，大于零并约等于零。因此，将两种情形的理论计算结果取算术平均，压力降的理论计算平均值与实验结果的对比如图 5-39 所示。在工程应用中，如果判别式 $Q^3+R^2$ 的值很小，可以将两种情形结合起来，预测旋流器组的流量及压力降分布。在 0.10MPa 时，误差可控制在 −0.71% ～ 0.78% 以内；在 0.15MPa 时，误差可控制在 −1.79% ～ 0.78% 以内。

## 四、Z-Z 型并联设计准则

### 1. 第一种情况（$Q^3+R^2<0$）

图 5-40 所示的是在 $Q^3+R^2<0$ 的情况下，参数 $M$ 对微旋流器组分配源管中轴向速度的影响。从图 5-40 中可以看出，随着 $M$ 的增加，轴向速度分布变得更加线性。这是由 $R_c$［式（5-73）］中 $\varepsilon_c$ 的部分随着 $M$ 的增加而减小导致的。相似地，$Q_c$［式（5-72）］中含有 $A_{2c}$ 的部分随着 $M$ 的增加也逐渐减少，这意味着旋流器溢流支管结构对旋流器入口支管中的流动影响也会减小。

图 5-41 描述了 $A_{2c}$ 对轴向速度的影响。在 $A_{2c}$ 较小的情况下，$A_{2c}$ 与 $A_{1c}$ 相接近，摩擦效应可以与动量效应相抵消。然而，随着 $A_{2c}$ 的增加，进口源管轴向速度越来越大。这意味着 $F_e$ 变得越来越小。入口支管中的动量效应影响成为主导。值得一提的是，第一种情况仅在某些极限条件下才会出现，例如 $F_i/F_e \gg 1$ 时。

图 5-42 表述了 $Q^3+R^2<0$ 时，结构参数 $\xi_c$ 对旋流器组分配源管中轴向速度的影响。从图 5-42 中可以看出，随着 $\xi_c$ 增大，轴向速度分布趋于线性化。对于公称

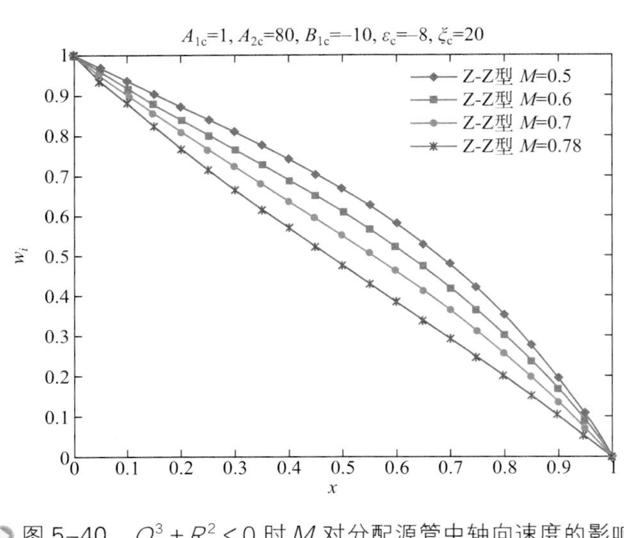


图 5-40　$Q^3+R^2<0$ 时 $M$ 对分配源管中轴向速度的影响

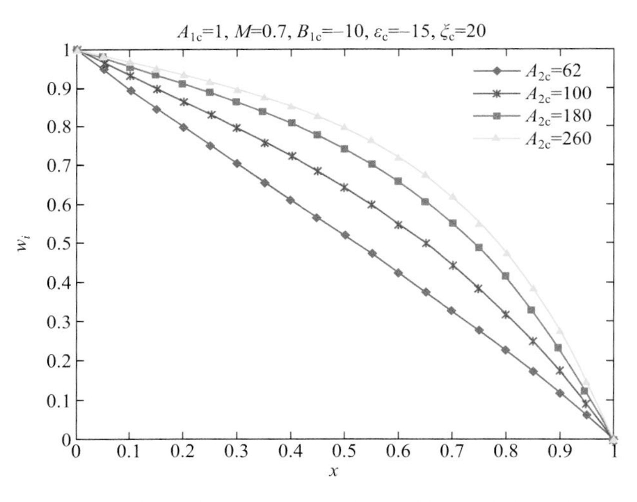


图 5-41　$Q^3+R^2<0$ 时 $A_{2c}$ 对进口源管轴向速度分布的影响

直径为 25 的 MTO 旋流器，$\xi_c$ 约为 4.8，考虑到管路阻力，流量分布曲线与图中 $\xi_c=15$ 的曲线相接近。

图 5-43（a）表述了 $Q^3+R^2<0$ 时，结构参数 $M$ 变化对通道中流场分布的影响。从图中可以看出，$M$ 值越大，流场分布越理想。当 $M$ 取 0.78 时，流场分布可视为均匀，这与图 5-40 中的结果相一致。图 5-43（b）所示为 $\xi_c$ 变化对通道中流场分布的影响。当 $\beta_d$ 和 $\beta_i$ 相同时，可以得出分流比 $\alpha$ 对流场的影响如图 5-43（c）所示。

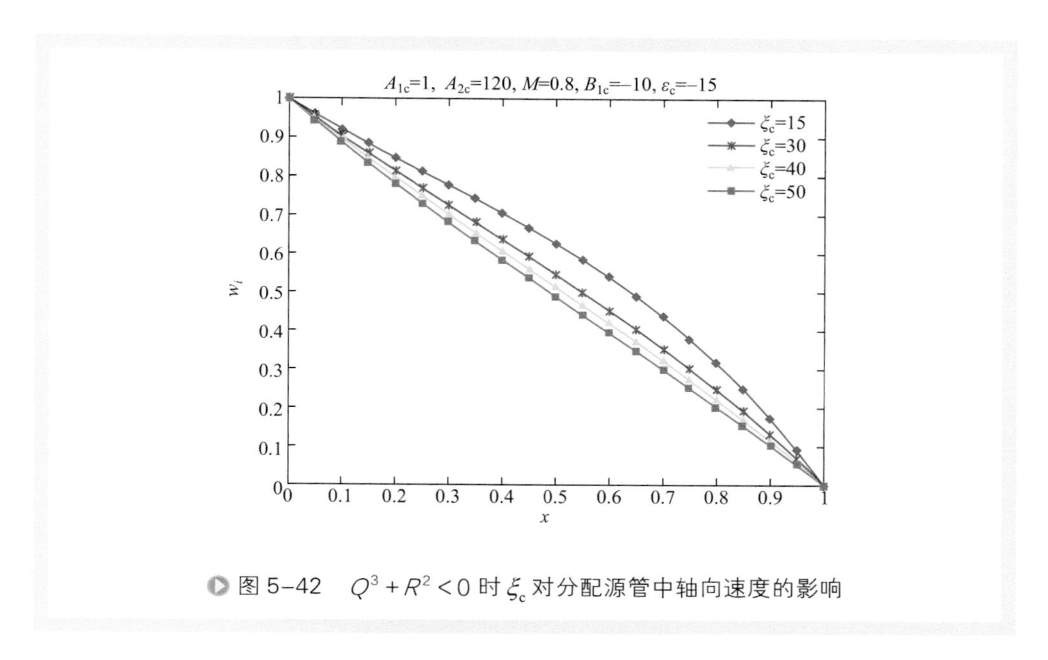


图 5-42　$Q^3+R^2<0$ 时 $\xi_c$ 对分配源管中轴向速度的影响

由于 $A_{1c}$ 和 $B_{1c}$ 中含有 $(1+\alpha)^2$ 项，所以流场的分布随 $\alpha$ 的变化相对复杂，从图 5-43（c）中可以看出，$\alpha$ 值越大，流场分布越理想。

图 5-44 表述了 $Q^3+R^2<0$ 时，结构参数 $M$ 和 $\xi_c$ 对压降的影响。可以看出，当 $A_{1c}$、$A_{2c}$、$B_{1c}$、$\varepsilon_c$ 和 $\alpha$ 不变时，$M$ 值越大，压降分布越均匀，但 $\xi_c$ 对压降的影响并

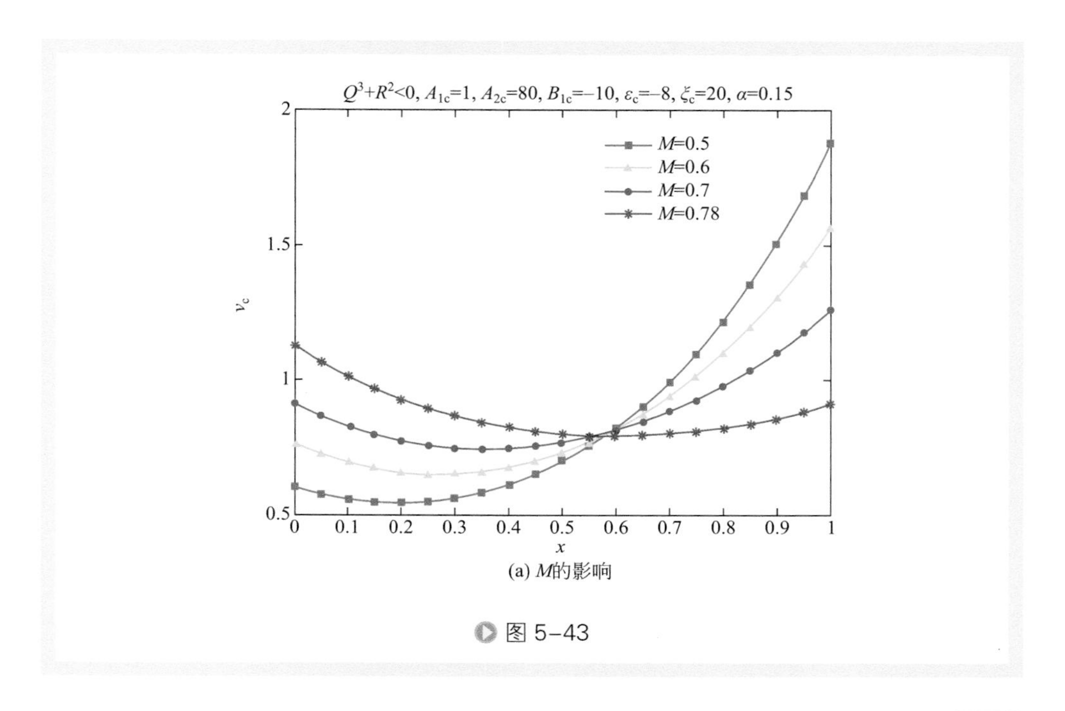


(a) $M$的影响

图 5-43

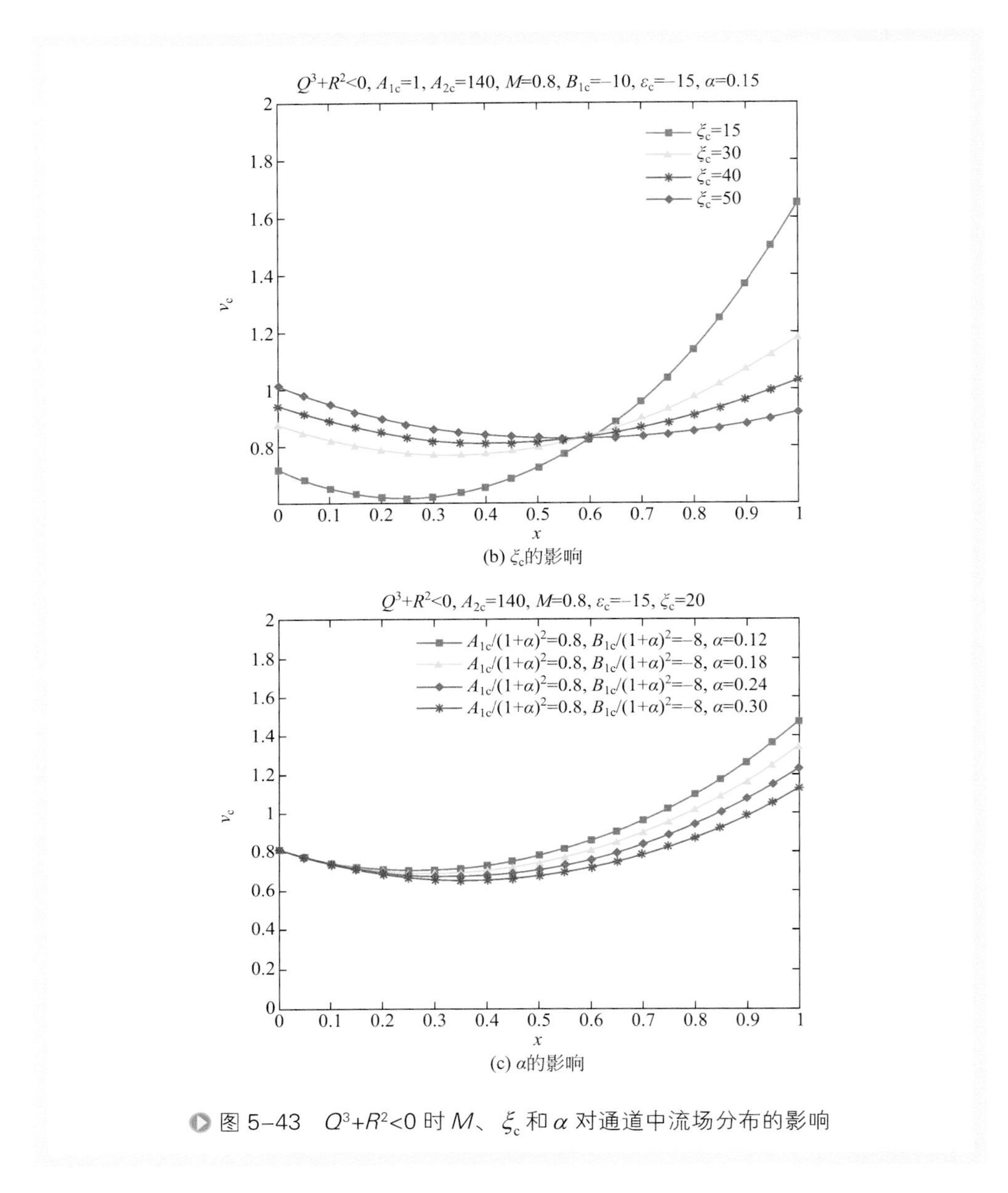

(b) $\xi_c$的影响


(c) $\alpha$的影响

图 5-43 $Q^3+R^2<0$ 时 $M$、$\xi_c$ 和 $\alpha$ 对通道中流场分布的影响

非线性变化，当 $\xi_c$ 取某一中间值时，压降分布最理想。

**2. 第二种情况（$Q^3+R^2=0$）**

图 5-45 描述了 $Q^3+R^2=0$ 时旋流器组流场及压降的分布。在 $\xi_c$ 较大值时，$Q^3+R^2$ 可近似为零。这里只讨论在其他参数不变的情况下，研究 $\xi_c$ 和 $A_{2c}$ 的影响。从图中可以看出，$\xi_c$ 的变化对微旋流器组分配源管轴向速度影响甚微，但对旋流

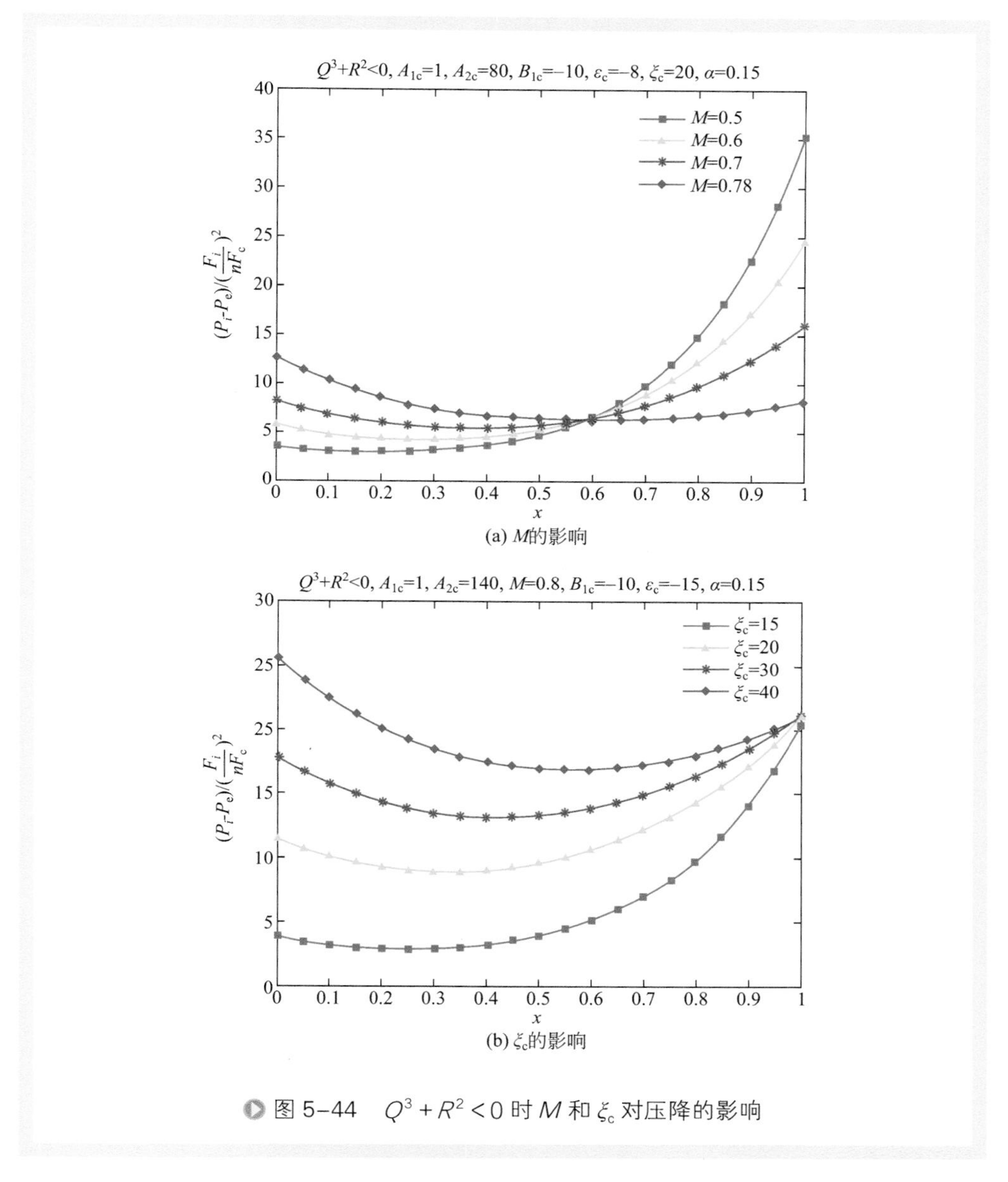


(a) $M$的影响

(b) $\xi_c$的影响

图 5-44　$Q^3+R^2<0$ 时 $M$ 和 $\xi_c$ 对压降的影响

器支管的流程和压降有明显影响，随着 $\xi_c$ 的增大，流场 $\Delta v_c$ 变小，即流场分布更均匀。值得注意的是 $\xi_c$ 的变化并没有对压降分布的均匀性造成破坏，只影响了压降的取值范围。与第一种情况相比，第二种情况下旋流器组源头轴向速度变化更趋于线性变化。

### 3. 第三种情况（$Q^3+R^2>0$）

图 5-46 所示为 $Q^3+R^2>0$ 时 $M$ 对微旋流器分配源管中轴向速度的影响。当 $M$

达到某一特定值时，轴向速度才趋向于线性。但与第一种情况相比，$M$ 的变化对第三种情况中轴向速度的影响相对较小。

图 5-47 描述了 $Q^3+R^2>0$ 时结构参数对通道中流场分布的影响。如图 5-47（a）中所示，$M$ 对流场分布的影响相对复杂，当小于或大于某一临界值时，流场变化激增。当 $M$ 取 1 时，流场分布达到最佳。如图 5-47(b)所示，$\xi_c$ 取值越大时，得到的流场分布越均匀。如图 5-47（c）所示，$\alpha$ 对流场的影响和 $A_{1c}$、$B_{1c}$ 的取值有关，尽管 $\alpha$ 对流场分布只有很小的影响，但仍然可以看出：$\alpha$ 越大，流场分布越均匀。

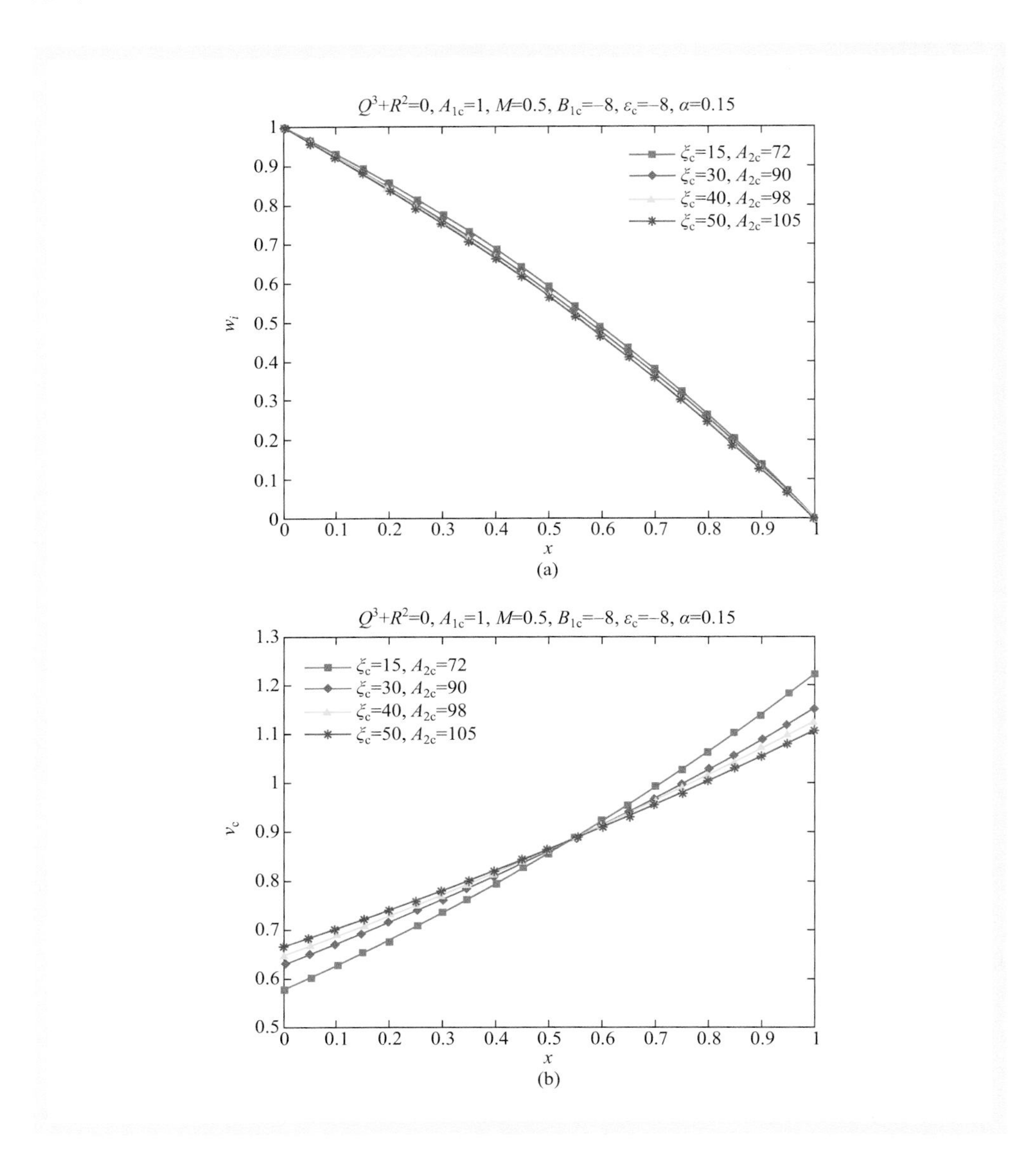

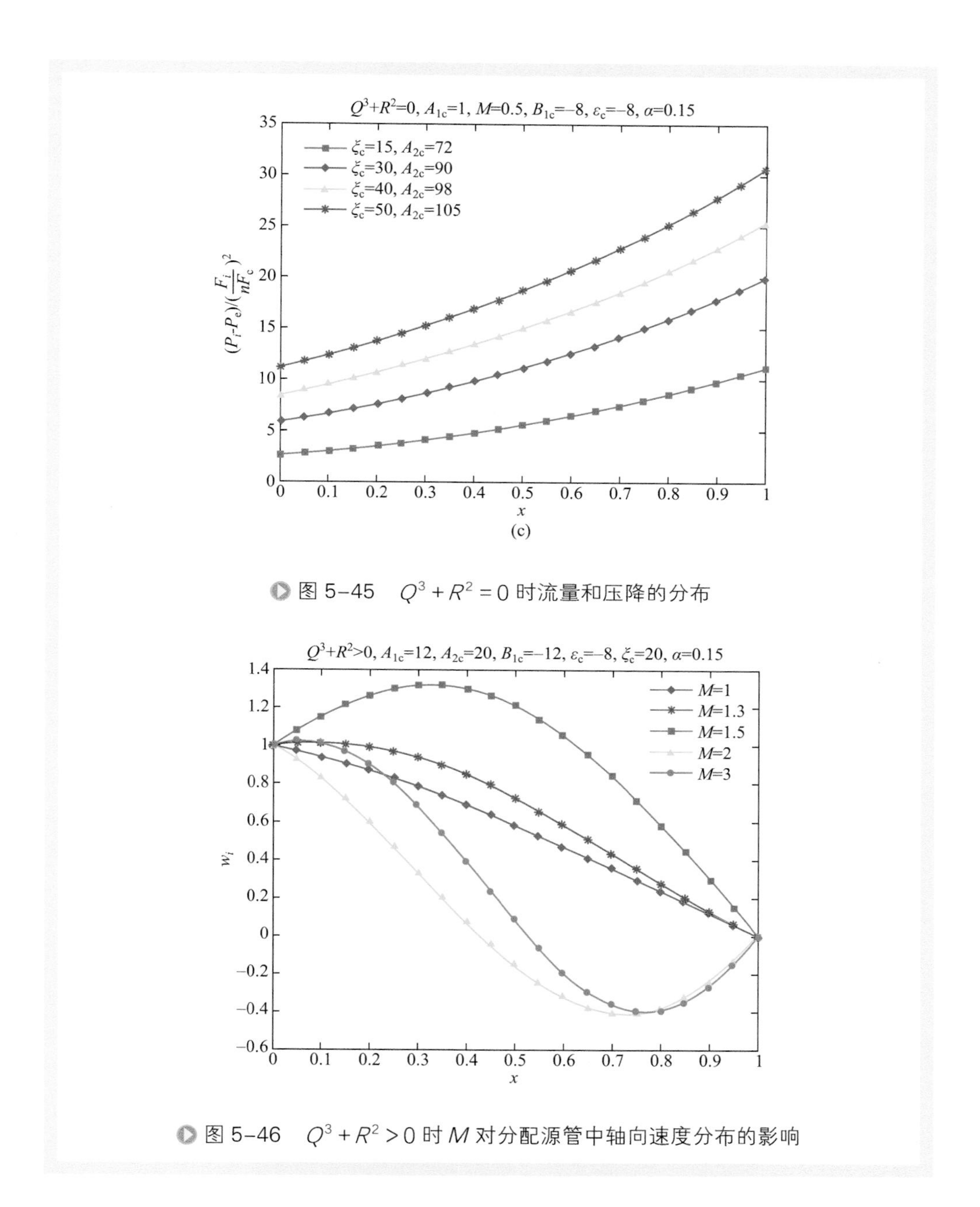


图 5-45　$Q^3+R^2=0$ 时流量和压降的分布

图 5-46　$Q^3+R^2>0$ 时 $M$ 对分配源管中轴向速度分布的影响

图 5-48 描述了 $Q^3+R^2>0$ 时结构参数 $M$、$\xi_c$ 和 $\alpha$ 对旋流器内压降的影响。$M$ 和 $\xi_c$ 取值越小，得到的压降分布越均匀。合理选择 $\alpha$ 也能提升压降的均匀性。

值得一提的是，该模型也完全适用于矩形等其他形状，只需计算出水力直径和湿周，对式（5-55）、式（5-61）和式（5-66）进行相应的改动即可。

上述所有结果表明了该模型研究 Z-Z 型布置轻质分散相微旋流器组的分离能力。和预想的一样，由于该分析模型考虑了惯性和摩擦的影响，相比前人而言拓宽了结构和流动中的一系列影响因素。目前的结果证明了初步设计优化的可能性。因此，本章为 Z-Z 型布置轻质分散相微旋流器组的设计者提供了思路。

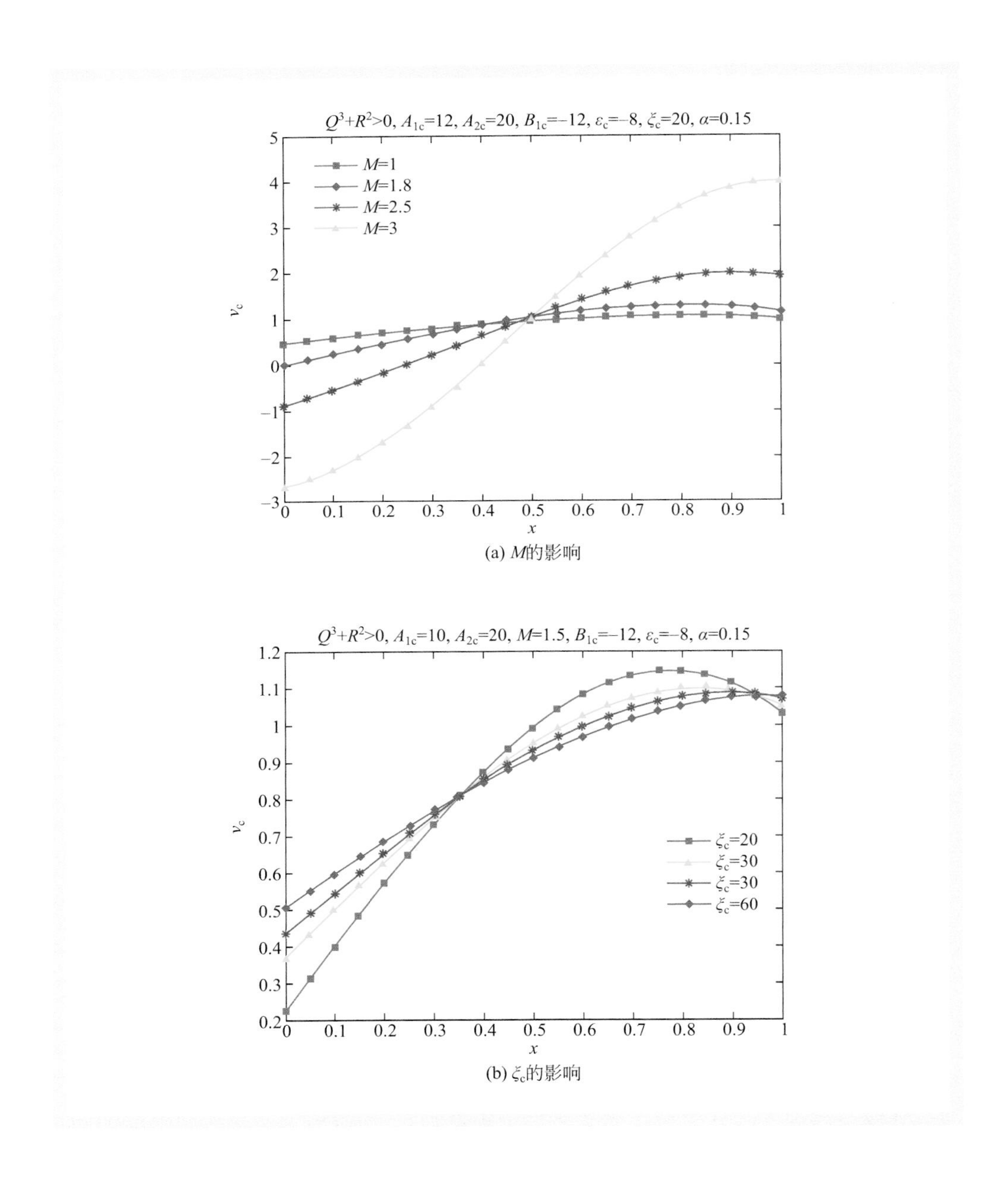


(a) $M$的影响

(b) $\xi_c$的影响

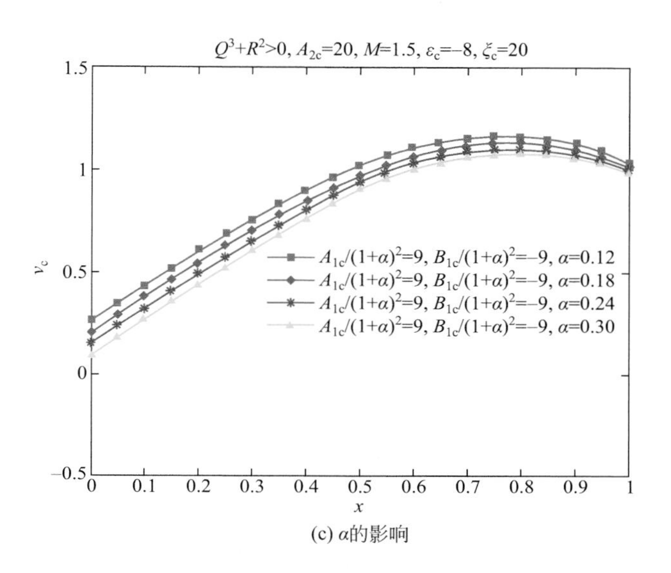


(c) $\alpha$的影响

图 5-47 $Q^3+R^2>0$ 时 $M$、$\xi_c$ 和 $\alpha$ 对通道中流量分布的影响

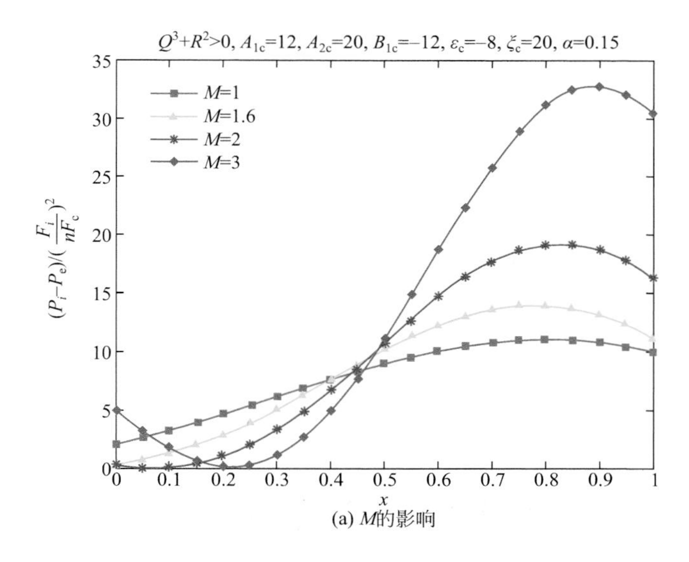


(a) $M$的影响

图 5-48

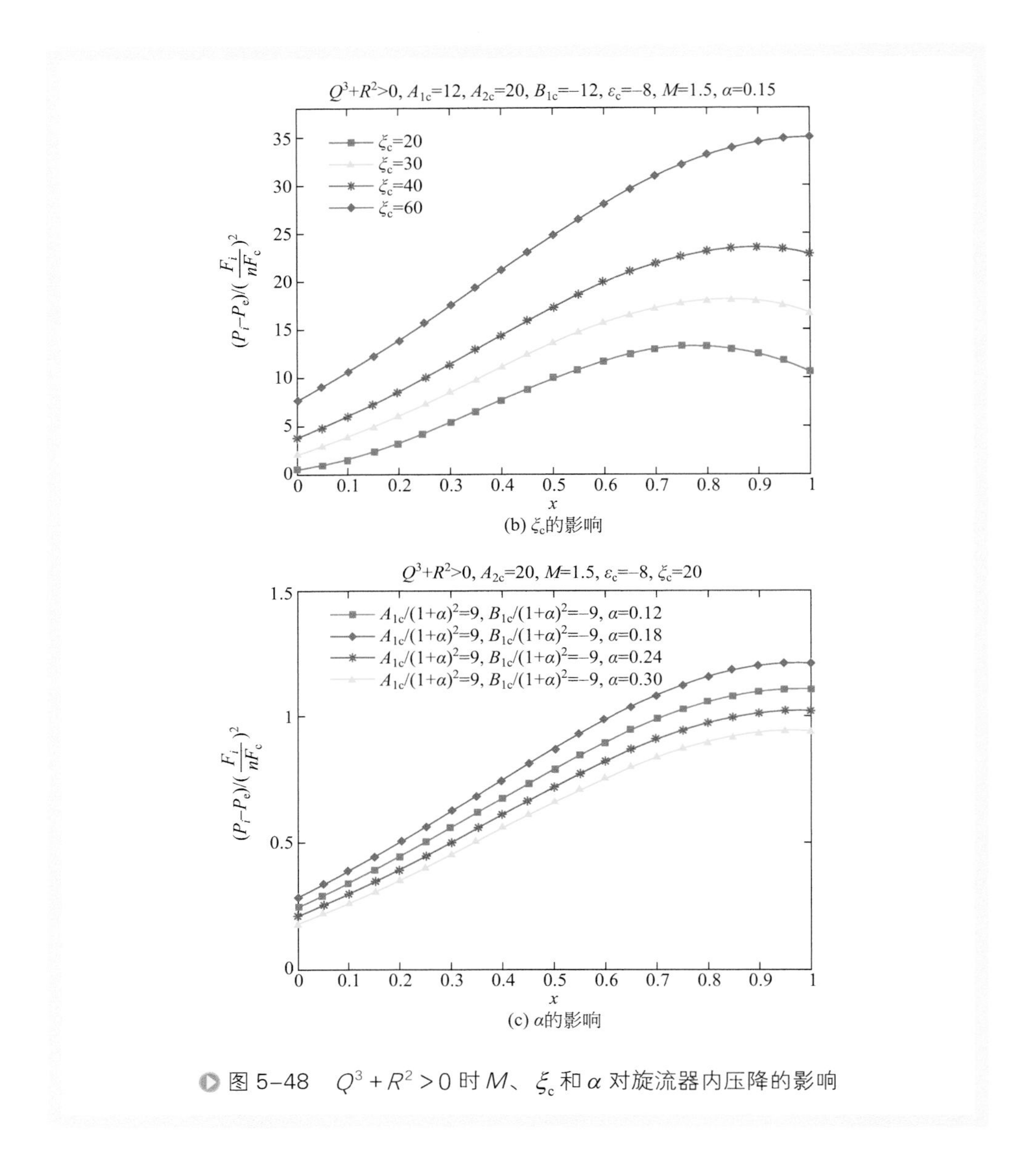

(b) $\xi_c$的影响


(c) $\alpha$的影响

图 5-48　$Q^3+R^2>0$ 时 $M$、$\xi_c$ 和 $\alpha$ 对旋流器内压降的影响

# 第五节　U-Z型微旋流器并联理论

## 一、解析解

求解 U-Z 型、U-U 型和 Z-Z 型类似，这里直接给出结果（见表 5-4）。

## 表5-4 U-Z型解析解

| 模型 | 条件 | 项目 | 解析解 |
| --- | --- | --- | --- |
| 进口-溢流模型 | $Q^3+R^2<0$ | 进口速度 | $u_i=\dfrac{\left(1-\sqrt{\dfrac{\varepsilon}{2R}}\right)\left(e^{r_1+r_2x}-e^{r_2+r_1x}\right)}{e^{r_1}-e^{r_2}}-\dfrac{\sqrt{\dfrac{\varepsilon}{2R}}\left(e^{r_1x}-e^{r_2x}\right)}{e^{r_1}-e^{r_2}}+\sqrt{\dfrac{\varepsilon}{2R}}$ |
| | | 溢流管速 | $u_e=\dfrac{1}{1+\alpha}\left[1-\dfrac{\left(1-\sqrt{\dfrac{\varepsilon}{2R}}\right)\left(e^{r_1+r_2x}-e^{r_2+r_1x}\right)}{e^{r_1}-e^{r_2}}+\dfrac{\sqrt{\dfrac{\varepsilon}{2R}}\left(e^{r_1x}-e^{r_2x}\right)}{e^{r_1}-e^{r_2}}-\sqrt{\dfrac{\varepsilon}{2R}}\right]\dfrac{A_i}{A_e}$ |
| | | 支管速度 | $u_c=-\dfrac{1}{1+\alpha}\dfrac{A_i}{A_cn}\dfrac{du_i}{dx}=-\dfrac{1}{1+\alpha}\dfrac{A_i}{A_cn}\left[\dfrac{\left(1-\sqrt{\dfrac{\varepsilon}{2R}}\right)\left(r_2e^{r_1+r_2x}-r_1e^{r_2+r_1x}\right)}{e^{r_1}-e^{r_2}}-\dfrac{\sqrt{\dfrac{\varepsilon}{2R}}\left(r_1e^{r_1x}-r_2e^{r_2x}\right)}{e^{r_1}-e^{r_2}}\right]$ |
| | | 压降 | $p_i-p_e=\dfrac{1}{2}\xi\left(\dfrac{1}{1+\alpha}\dfrac{A_i}{A_cn}\right)^2\left[\dfrac{\left(1-\sqrt{\dfrac{\varepsilon}{2R}}\right)\left(r_2e^{r_1+r_2x}-r_1e^{r_2+r_1x}\right)}{e^{r_1}-e^{r_2}}-\dfrac{\sqrt{\dfrac{\varepsilon}{2R}}\left(r_1e^{r_1x}-r_2e^{r_2x}\right)}{e^{r_1}-e^{r_2}}\right]^2$ |
| | $Q^3+R^2=0$ | 进口速度 | $u_i=\left[1-\sqrt{\dfrac{\varepsilon}{2R}}-\left(1-\sqrt{\dfrac{\varepsilon}{2R}}+\sqrt{\dfrac{\varepsilon}{2R}}\dfrac{1}{e^r}\right)x\right]e^{rx}+\sqrt{\dfrac{\varepsilon}{2R}}$ |
| | | 溢流管速 | $u_e=\dfrac{1}{1+\alpha}\left\{1-\left[(1-x)e^{rx}+\sqrt{\dfrac{\varepsilon}{2R}}\left(1-e^{rx}+xe^{rx}-xe^{r(x-1)}\right)\right]\right\}\dfrac{A_i}{A_e}$ |
| | | 支管速度 | $u_c=-\dfrac{1}{1+\alpha}\dfrac{A_i}{A_cn}\dfrac{du_i}{dx}=-\dfrac{1}{1+\alpha}\dfrac{A_i}{A_cn}\left[\left(1-\sqrt{\dfrac{\varepsilon}{2R}}\right)re^{rx}-(1+rx)\left(1-\sqrt{\dfrac{\varepsilon}{2R}}+\sqrt{\dfrac{\varepsilon}{2R}}\dfrac{1}{e^r}\right)e^{rx}\right]$ |
| | | 压降 | $p_i-p_e=\dfrac{1}{2}\xi\left(\dfrac{1}{1+\alpha}\dfrac{A_i}{A_cn}\right)^2\left[\left(1-\sqrt{\dfrac{\varepsilon}{2R}}\right)re^{rx}-(1+rx)\left(1-\sqrt{\dfrac{\varepsilon}{2R}}+\sqrt{\dfrac{\varepsilon}{2R}}\dfrac{1}{e^r}\right)e^{rx}\right]^2$ |
| | $Q^3+R^2>0$ | 进口速度 | $u_i=\dfrac{\sin\left(\dfrac{\sqrt{3}}{2}J(1-x)\right)}{\sin\left(\dfrac{\sqrt{3}}{2}J\right)}e^{-\frac{Bx}{2}}+\sqrt{\dfrac{\varepsilon}{2R}}\left[1-\dfrac{\sin\left(\dfrac{\sqrt{3}}{2}Jx\right)}{\sin\left(\dfrac{\sqrt{3}}{2}J\right)}e^{\frac{B(1-x)}{2}}-\dfrac{\sin\left(\dfrac{\sqrt{3}}{2}J(1-x)\right)}{\sin\left(\dfrac{\sqrt{3}}{2}J\right)}e^{-\frac{Bx}{2}}\right]$ |
| | | 溢流管速 | $u_e=\dfrac{1}{1+\alpha}\dfrac{A_i}{A_e}\left\{1-\dfrac{e^{-\frac{Bx}{2}}}{\sin\left(\dfrac{\sqrt{3}}{2}J\right)}\left[-\sqrt{\dfrac{\varepsilon}{2R}}e^{\frac{B}{2}}\sin\left(\dfrac{\sqrt{3}}{2}Jx\right)+\left(1-\sqrt{\dfrac{\varepsilon}{2R}}\right)\sin\left(\dfrac{\sqrt{3}}{2}J(1-x)\right)\right]-\sqrt{\dfrac{\varepsilon}{2R}}\right\}$ |

续表

| | | | |
|---|---|---|---|
| 进口-溢流模型 | $Q^3+R^2>0$ | 支管速度 | $u_c=-\frac{1}{1+\alpha}\frac{A_i}{A_c n}\frac{du_i}{dx}=-\frac{1}{1+\alpha}\frac{A_i}{A_c n}\frac{e^{-\frac{Bx}{2}}}{\sin\left(\frac{\sqrt{3}}{2}J\right)}\cdot\left\{\begin{array}{l}\frac{B}{2}\sqrt{\frac{\varepsilon}{2R}}e^{\frac{B}{2}}\sin\left(\frac{\sqrt{3}}{2}Jx\right)-\frac{B}{2}\left(1-\sqrt{\frac{\varepsilon}{2R}}\right)\sin\left[\frac{\sqrt{3}}{2}J(1-x)\right]\\-\sqrt{\frac{\varepsilon}{2R}}e^{\frac{B}{2}}\frac{\sqrt{3}}{2}J\cos\left(\frac{\sqrt{3}}{2}Jx\right)-\left(1-\sqrt{\frac{\varepsilon}{2R}}\right)\frac{\sqrt{3}}{2}J\cos\left[\frac{\sqrt{3}}{2}J(1-x)\right]\end{array}\right\}$ |
| | | 压降 | $p_i-p_e=\frac{1}{2}\xi\left(\frac{1}{1+\alpha}\frac{A_i}{A_c n}\right)^2\frac{e^{-Bx}}{\sin^2\left(\frac{\sqrt{3}}{2}J\right)}\cdot\left\{\begin{array}{l}\frac{B}{2}\sqrt{\frac{\varepsilon}{2R}}e^{\frac{B}{2}}\sin\left(\frac{\sqrt{3}}{2}Jx\right)-\frac{B}{2}\left(1-\sqrt{\frac{\varepsilon}{2R}}\right)\sin\left[\frac{\sqrt{3}}{2}J(1-x)\right]\\-\sqrt{\frac{\varepsilon}{2R}}e^{\frac{B}{2}}\frac{\sqrt{3}}{2}J\cos\left(\frac{\sqrt{3}}{2}Jx\right)-\left(1-\sqrt{\frac{\varepsilon}{2R}}\right)\frac{\sqrt{3}}{2}J\cos\left[\frac{\sqrt{3}}{2}J(1-x)\right]\end{array}\right\}^2$ |
| 进口-底流模型 | $Q^3+R^2<0$ | 底流管速 | $u_u=\frac{e^{r_1+r_2x}-e^{r_2+r_1x}}{e^{r_1}-e^{r_2}}$ |
| | | 支管速度 | $u_d=-\frac{\alpha}{1+\alpha}\frac{A_i}{A_d n}\frac{r_2e^{r_1+r_2x}-r_1e^{r_2+r_1x}}{e^{r_1}-e^{r_2}}$ |
| | | 压降 | $p_i-p_d=\frac{1}{2}\xi_d\left(\frac{\alpha}{1+\alpha}\frac{A_i}{A_d n}\right)^2\left(\frac{r_2e^{r_1+r_2x}-r_1e^{r_2+r_1x}}{e^{r_1}-e^{r_2}}\right)^2$ |
| | $Q^3+R^2=0$ | 底流管速 | $u_u=(1-x)e^{rx}$ |
| | | 支管速度 | $u_d=-\frac{A_i}{nA_d}\frac{\alpha}{1+\alpha}(r-1-rx)e^{rx}$ |
| | | 压降 | $p_i-p_d=\frac{1}{2}\xi_d\left(\frac{\alpha}{1+\alpha}\frac{A_i}{A_d n}\right)^2(r-1-rx)^2e^{2rx}$ |
| | $Q^3+R^2>0$ | 底流管速 | $u_u=e^{-Bx/2}\frac{\sin\left[\sqrt{3}J(1-x)/2\right]}{\sin\left(\sqrt{3}J/2\right)}$ |
| | | 支管速度 | $u_d=\frac{\alpha}{1+\alpha}\frac{A_i}{A_d n}e^{-Bx/2}\frac{B\sin\left[\sqrt{3}J(1-x)/2\right]+\sqrt{3}J\cos\left[\sqrt{3}J(1-x)/2\right]}{\sin\left(\sqrt{3}J/2\right)}$ |
| | | 压降 | $p_i-p_u=\frac{\xi_d}{8}\left(\frac{\alpha}{1+\alpha}\frac{A_i}{A_d n}\right)^2e^{-Bx}\left\{\frac{B\sin\left[\sqrt{3}J(1-x)/2\right]+\sqrt{3}J\cos\left[\sqrt{3}J(1-x)/2\right]}{\sin\left(\sqrt{3}J/2\right)}\right\}^2$ |

## 二、实验与理论对比

针对相同的试验装置下，做了 $P$=0.06MPa 下实验与理论解的对比实验，结果显示（图 5-49）：理论解与实验结果的相对误差在 3% 以内，说明该理论具有指导价值。

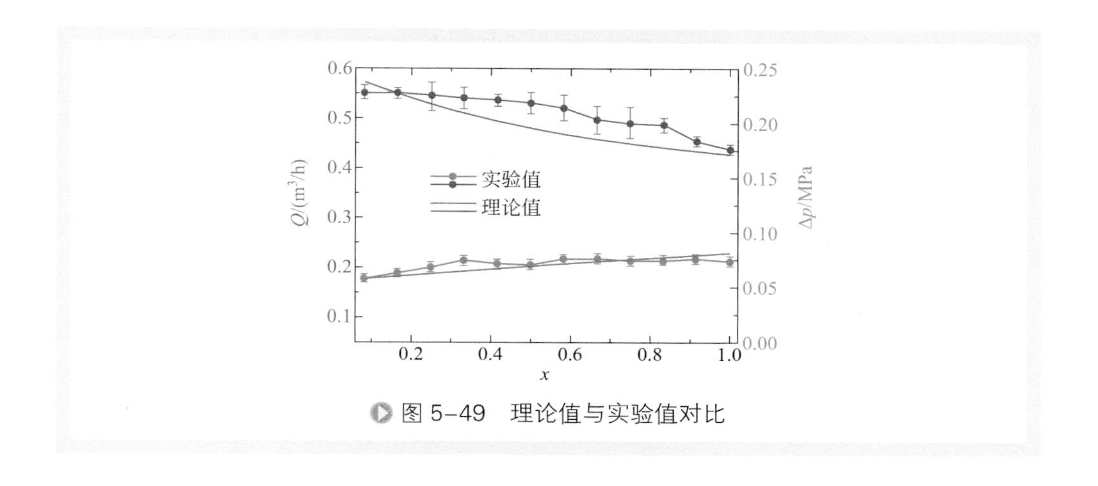


图 5-49 理论值与实验值对比

## 三、U-Z 型并联设计准则

### 1. 流量分配系数

$M$ 的定义如式（5-101）所示，代表分配管流量分配特性，某种意义上可理解为分配管开孔率。

$$M = nA_{\mathrm{c}} / A_i \ (\text{溢流}); M = nA_{\mathrm{d}} / A_i \ (\text{底流}) \tag{5-101}$$

图 5-50 给出了 $M$ 值对于溢流（底流）速度、支管速度和压降的影响，其他参数为：$\alpha$=0.1；$\xi$=50；$L$=1.8；$Q^3+R^2>0$(Z)；$Q^3+R^2>0$(U)。结果显示：随着 $M$ 的增大，流量均匀性显著增大，而压降均匀性降低。随着 $M$ 增大，溢流口出现逆向流，这对底流口流速和压降有积极影响，因此可以通过调节 $M$ 增大流动的均匀性。

### 2. $\alpha$

取中间值 $M$=1.92 来研究分流比对均匀性的影响，图 5-51 表示 $\alpha$ 对溢流（底流）速度、支管速度和压降的影响，其他参数为：$\xi$=50；$L$=1.8；$Q^3+R^2>0$(Z)；$Q^3+R^2<0$(U)。结果显示：随着分流比的降低，流体均匀性和压降均匀性都降低。当分流比较小时，大量流体从底流口流出，流体均匀性主要由 Z 型分布决定；与分流

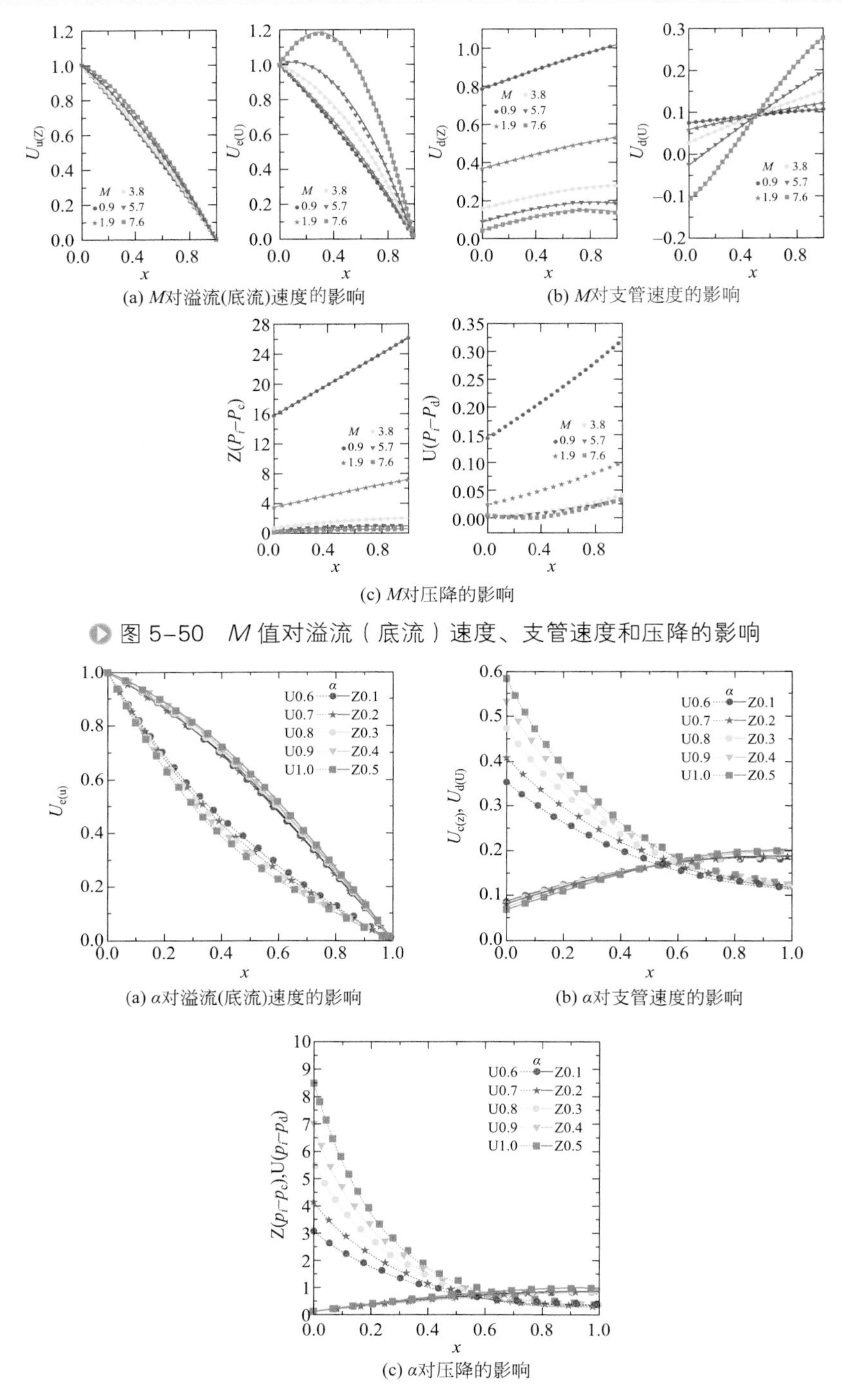


(a) $M$对溢流(底流)速度的影响

(b) $M$对支管速度的影响

(c) $M$对压降的影响

图 5-50　$M$ 值对溢流（底流）速度、支管速度和压降的影响

(a) $\alpha$对溢流(底流)速度的影响

(b) $\alpha$对支管速度的影响

(c) $\alpha$对压降的影响

图 5-51　$\alpha$ 对溢流（底流）速度、支管速度和压降的影响

比较大时正好相反。

3. $L$

选择分流比为 0.1，用来忽略分流比对均匀性的影响。图 5-52 表示 $L$ 值对溢流（底流）速度、支管速度和压降的影响，其他参数为：$\alpha$=0.1；$\xi$=50；$M$=1.92；$Q^3+R^2>0$(Z)；$Q^3+R^2>0$(U)。结果显示，随着 $L$ 的增大，流动不均匀性增大。

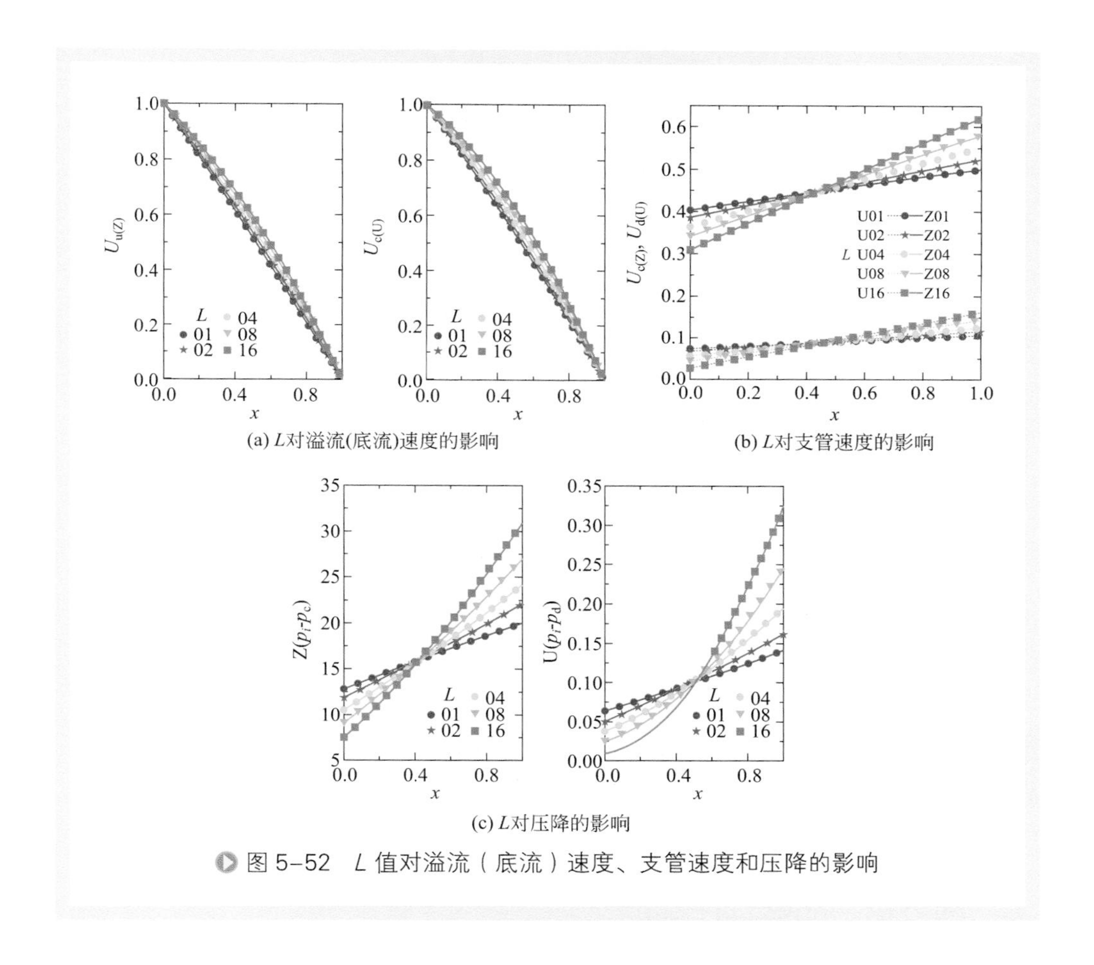

(a) $L$对溢流(底流)速度的影响

(b) $L$对支管速度的影响

(c) $L$对压降的影响

图 5-52 $L$ 值对溢流（底流）速度、支管速度和压降的影响

4. $\xi$

选择 $L$=0.1 来忽略 $L$ 对流体均匀性的影响，其他参数为：$\alpha$=0.1；$M$=1.92；$Q^3+R^2>0$(Z)；$Q^3+R^2>0$(U)。图 5-53 表示 $\xi$ 值对溢流（底流）速度、支管速度和压降的影响。结果显示 $\xi$ 的影响与流量分配系数的影响相同。

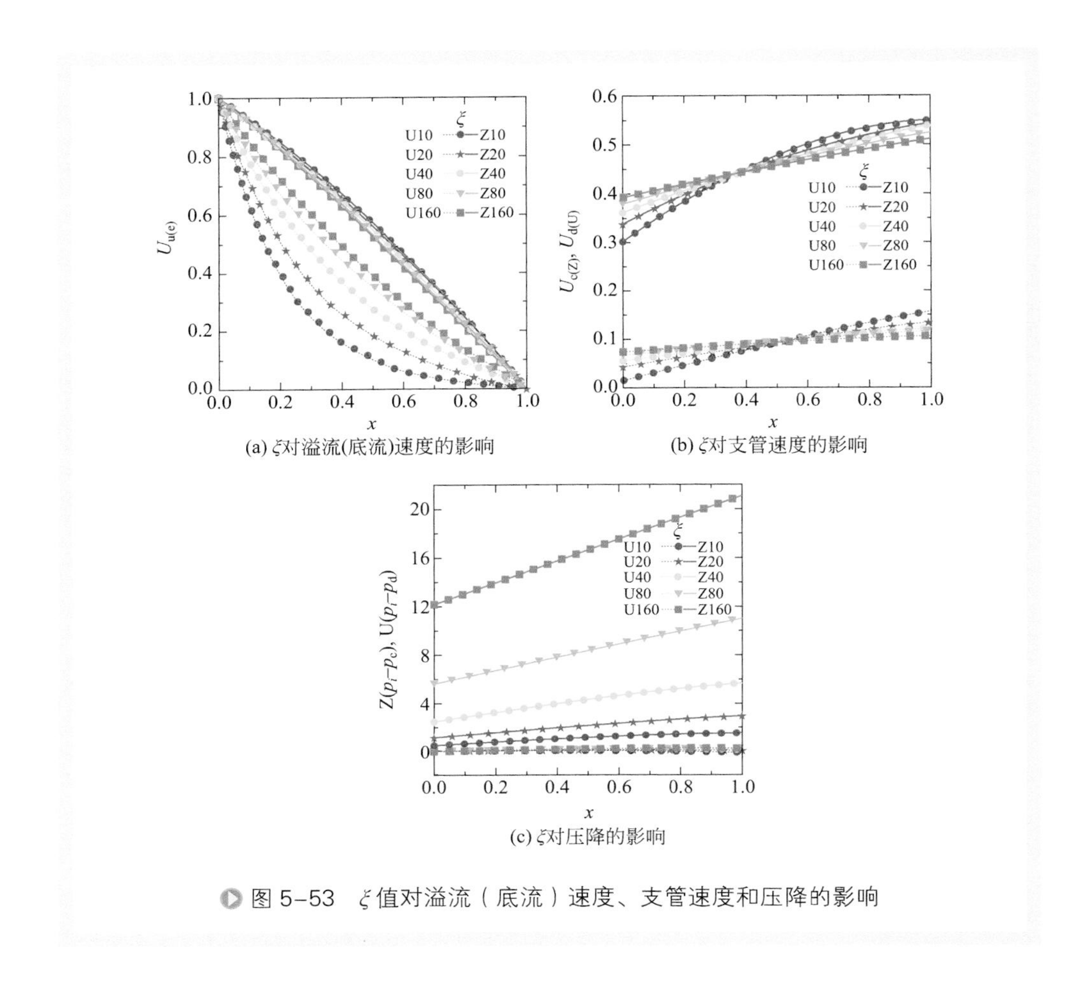

(a) ξ对溢流(底流)速度的影响

(b) ξ对支管速度的影响

(c) ξ对压降的影响

图 5-53　ξ值对溢流（底流）速度、支管速度和压降的影响

# 第六节　U-U、Z-Z、U-Z三种并联方式对比

## 一、理论模型的统一性分析

不难发现，三种类型并联配置微旋流器组进口 - 底流数学模型的通用控制方程式与进口 - 溢流数学模型得到的通用控制方程式结构型式相似，都为二阶齐次非线性常微分方程。微旋流器组并联配置进口 - 底流数学模型与进口 - 溢流数学模型两者简化后的特征方程式是一致的。所以，在求解进口 - 底流数学模型时同样可以沿用 Wang[3-6] 的求解方法。对判别式 $Q^3+R^2$ 展开讨论，可研究常量参数 $Q$ 和 $R$ 对微旋流器组并联配置压降和流量分布的影响效果。这为设计者在微旋流器组初步设计

及优化中提供了简便而有效的指导。

因此，进口 - 底流数学模型与进口 - 溢流数学模型是内在统一的，只是在使用过程中还需要考虑两种数学模型的不同之处。

## 二、轴向速度分量的修正系数

轴向速度分量的修正系数 $\beta$ 是指一些流体在进入或离开分支管时惯性效应引起的最初动量变化影响，由动量变化、侧面流阻及面积比决定，如式（5-102）所示。

$$\beta = A_r\sqrt{\frac{2-\gamma}{H}} \tag{5-102}$$

式中 $A_r$——面积比；

$\gamma$——压力变化系数；

$H$——侧面管头的损失系数。

由定义可知，$\beta$=0 意味着流体垂直进入或离开分支管，即轴向速度分量为零，代表了最大可能的静态压力恢复。$\beta$=1 意味着流体在进入或离开分支管时不丢失任何轴向动量。显然，针对不同的数学模型，选取不同的出口汇管时其轴向速度分量的修正系数 $\beta$ 是不同的。在本书中，基于前人的研究经验，取轴向速度分量 $W_c$ 的修正系数为 $\beta_c$=0.8，轴向速度分量 $W_d$ 的修正系数为 $\beta_d$=0.5，轴向速度分量 $W_{ec}$ 的修正系数为 $\beta_e$=0.5，轴向速度分量 $W_{uc}$ 的修正系数为 $\beta_u$=0.3。

## 三、实验结果

从实验结果来看，在压力等于 0.05MPa 下，U-Z 型较其他两种型式在压降（$\Delta P_a$）和流量（$Q$）上有更好的均匀性（图 5-54）。

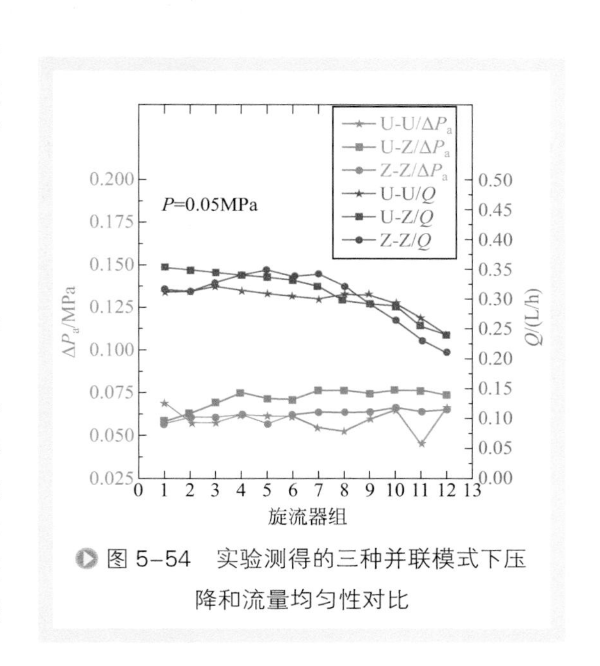


图 5-54　实验测得的三种并联模式下压降和流量均匀性对比

## 四、理论解析解

通过求解不同 $Q$ 和 $R$ 下［参见式（5-20）］流量的不均匀度，可以根据等高线图（图 5-55）得到，在相同的几何结构和操作参数下 $S_q$(Z-Z)<$S_q$(U-Z)<$S_q$(U-U) 和 $S_{\Delta p}$(U-Z)<$S_{\Delta p}$(U-U)< $S_{\Delta p}$(Z-Z)（其中，$S_q$ 为流量不均匀度；$S_{\Delta p}$ 为压降不均匀度）。$Q$ 和 $R$ 分别代表摩

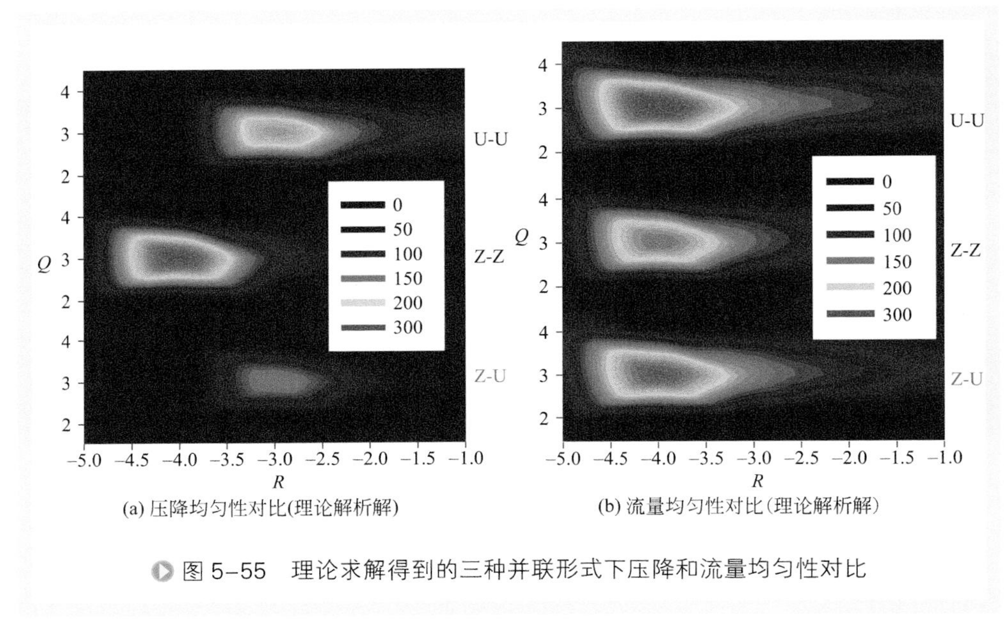

(a) 压降均匀性对比(理论解析解)　(b) 流量均匀性对比(理论解析解)

图 5-55　理论求解得到的三种并联形式下压降和流量均匀性对比

擦作用和惯性作用，这两参数在流体不均匀性上作用相反，因此可通过适当调节结构参数来降低流动不均匀度。

## 第七节　微旋流器并联应用实例

工程实践中，在满足高分离精度的同时还要保证其正常的处理能力，就需要将多个微旋流器并联配置。因此，微旋流器组并联配置是工程大规模分离应用的必要手段，如甲醇制烯烃（MTO）工艺中含微细催化剂颗粒急冷水的处理、沸腾床渣油加氢工艺中外排催化剂的处理、甲苯二胺（TDA）生产流程中催化剂的分离、工业污水中细微颗粒悬浮物的去除、中低分压烟道气二氧化碳捕集过程中液滴（酸性或碱性）和水雾等气溶胶颗粒的去除，以及其他分离应用。

### 一、甲醇制烯烃废水液固分离微旋流器并联设计

#### 1. 工艺流程

化工生产产生大量细颗粒物，如甲醇转化为烯烃，反应产物中水约占 54%，废水中含分子筛颗粒物，芳烃、烯烃、烷烃、酚、醛、酮等有毒有害物质，颗粒物大多数小于 2.5μm（$PM_{2.5}$），反应废水还伴有高温、余压，导致其物理难沉降、生物

不降解、化学难转化。然而，甲醇制烯烃技术是世界化学工业皇冠上的明珠，是以煤代油的核心化工技术之一，针对甲醇制烯烃，开发经济处理方法，对于发展现代能源化工具有重要意义。

在甲醇制烯烃生产过程中，产品气夹带催化剂去急冷、水洗塔洗涤，经洗涤后催化剂微粉进入急冷水。急冷塔底废水通过泵增压去微旋流器组进行两级分离，净化水回用，废催化剂泥浆收集处理。

### 2. 运行情况

图 5-56 是微旋流器组投用 10 个月内的急冷水催化剂颗粒浓度、颗粒平均粒径及分离效率变化情况。从图 5-56 中可以发现，急冷水中催化剂颗粒浓度持续增加，并呈现先大幅增加然后趋于稳定的趋势。而急冷水中颗粒平均粒径持续减小，从初始的 3.2μm 减小为 1.6μm。这是因为小粒径催化剂颗粒分离困难，在系统循环过程中不断累积，导致水中浓度增大，随着运行时间延长，粒径也呈现减小的趋势。

从图 5-56 中还可以发现，微旋流器组分离效率呈现先增大然后缓慢降低、最后趋于稳定的趋势。初始阶段，急冷水中催化剂颗粒浓度较低，影响了微旋流器组的分离效率。随着水中催化剂颗粒浓度增大，分离效率增大，但是由于催化剂颗粒平均粒径的减小，分离效率增加到一定阶段开始缓慢降低，最终趋于稳定。整个运行过程中，微旋流器组平均分离效率达到 77.2%，与实验结果接近，这也表明微旋流器组能够很好地应用于甲醇制烯烃废水的处理。

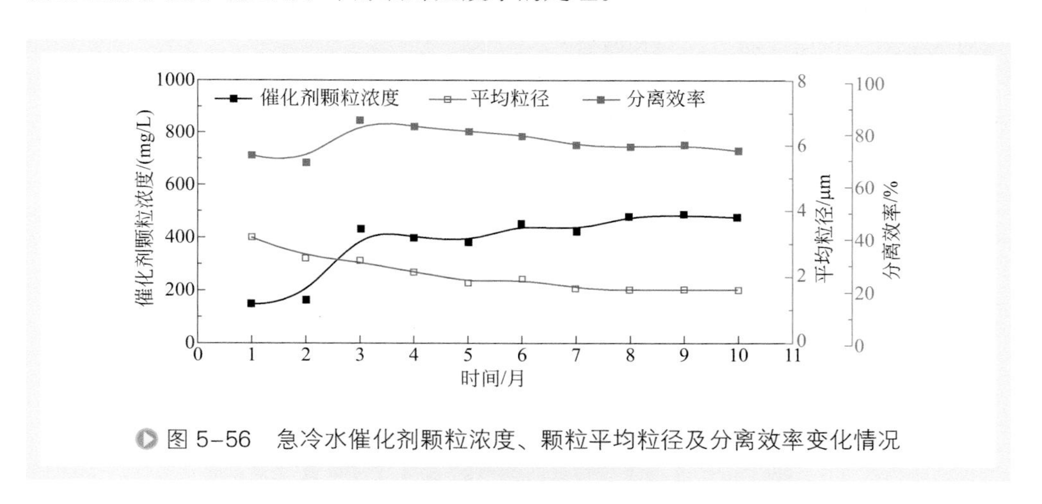


图 5-56 急冷水催化剂颗粒浓度、颗粒平均粒径及分离效率变化情况

## 二、旋流释碳器并联设计

采用旋流器处理缺氧 - 好氧生物降解过程中的混合回流液，利用旋流场颗粒自转特性及剪切特性破散回流液中的活性污泥，脱附污泥絮体菌胶团表面的代谢分泌物，向水体释放 EPS（胞外聚合物），提高 SCOD（溶解性化学需氧量）浓度的同

时，也清理了细菌表面的附着物，提高了细胞壁内外营养物、碳源及DO（溶解氧）的传质效率，改善水体可生化性的同时提高了污泥活性，尤其提高了反硝化菌活性。长周期运行试验表明，旋流破散过程在不影响生物降解过程整体运行效率的情况下，其反硝化效率显著提升，且适当降低了剩余污泥产量。由此，将旋流破散强化A/O生物降解过程深度脱氮-污泥减量技术应用至中国石化镇海炼化分公司炼油污水处理生化单元实施改造，通过实际工况验证技术的成熟度及先进性。

根据并联放大的处理量规模要求和单根处理量，适用于老A/O改造的旋流器需并联$\phi$100mm的微旋流器。为了避免回流泵过高扬程造成的剧烈湍动伤及活性污泥中的微生物，老A/O池配套的内循环回流泵出口压力通常较低；加之管线压降和提升扬程需求，因此要求旋流器需优化其布置设计，尽量提高成套设备的压力分布均匀性，降低微旋流器间的湍能耗散，确保为成套设备提供足够的压降作为污泥破散动力。

针对微旋流器间压力分布均匀性设计要求，基于歧管系统单分支流理论，在考虑惯性效应和摩擦效应的基础之上，根据现场管线要求构建了U-Z型并联配置旋流器，如图5-57所示，并建立其进口-底流数学模型，求得其解析解以预测其在不流动条件和几何结构下的压降分布，指导工程规模装置的布置设计。

考虑到流体分流和摩擦会引起旋流器组进口汇管、溢流汇管和底流汇管处动量发生变化，数学模型中考虑了惯性效应和摩擦效应。由于旋流器组有两个出口汇管并存在一定的分流比，分支流模型沿用Wang[3-6]在燃料电池堆并联配置中的方法，并对建立数学模型作以下说明和假设：

① 单根旋流器的几何尺寸相同，相邻微旋流器的间距相等，进口汇管、溢流汇管和底流汇管的横截面积为常数；

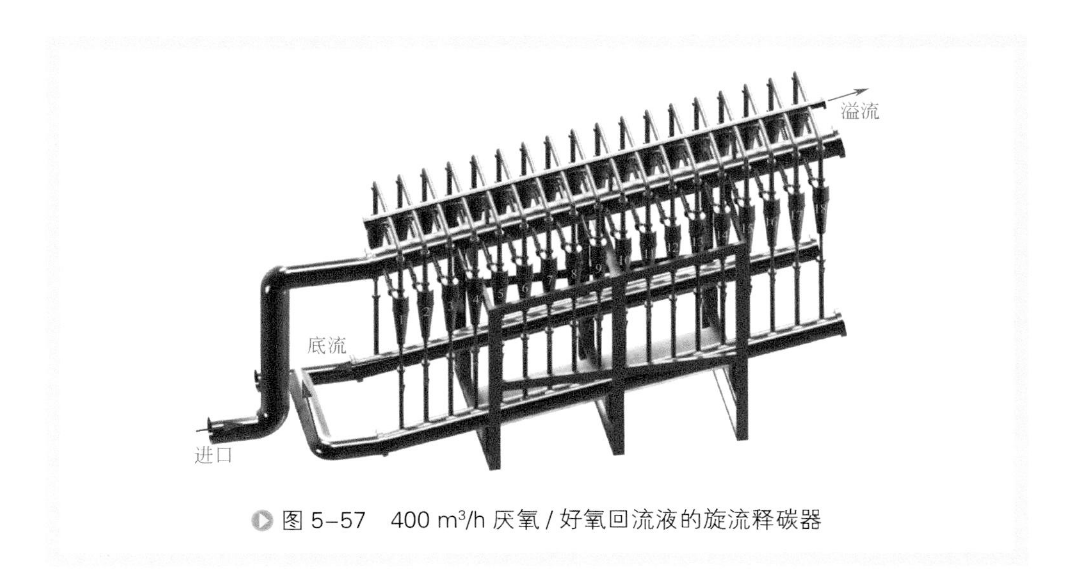


图5-57　400 m$^3$/h 厌氧/好氧回流液的旋流释碳器

② 单根旋流器与进口汇管、出口汇管连接管路通道之间的转向损失和阻力损失相同，进口汇管两侧的微旋流器完全对称；

③ 忽略混合回流液中的污泥，流体按单相考虑，且温度不变；

④ 为避免特定工况下造成污泥堵塞，装置进口汇管、溢流汇管和底流汇管的倾角均设为 10° 。

根据设备 400m³/h 的处理量要求（5% 裕量，设计流量为 420m³/h），成套设备由 36 根 $\phi$100mm 的微旋流器并联组成。根据 U-Z 型并联配置方式为布置设计依据，为了确保成套装置的进出口压降最小，需满足成套装置进口汇管、底流汇管和溢流汇管的公称管径分别为 300mm、200mm 和 100mm，而各根微旋流器间的水平间距为 280mm。处理后的泥水混合液分别从底流口和溢流口排出，其中两侧的旋流器溢流口汇入溢流汇管，底流则分别汇入两侧的底流汇管，再由 2 根底流汇管汇合起来。

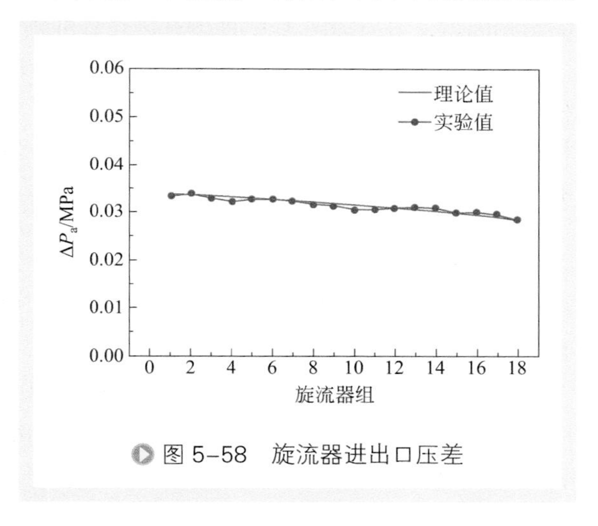


图 5-58　旋流器进出口压差

运行过程中，旋流器进口汇管与各微旋流器底流口的压差实测值与分支流理论计算值如图 5-58 所示。压差分布表明，成套装置中靠近进口汇管起始端的进出口压差最大，进口汇管末端的压差最小，且沿程逐渐减小，从进口汇管起始至末端各微旋流器的压降为 0.021 ～ 0.038MPa，这是因为沿程阻力导致进料压力降低所致；但首尾两端微旋流器的压差差值最大仅为 13.1%，各微旋流器间的压差分布均匀性相对较好。对比分支流理论计算值与实测值发现，两者压差整体趋势基本吻合，分支流理论较好地指导了旋流器的分布设计；在尽量控制降低成套装置的压损的同时，也确保了各微旋流器破散污泥性能的均匀性。受制于内回流泵的扬程和管线压损，工程规模中微旋流器的压降均远低于中试试验优化得到的最佳压降，成套装置的总体压降也仅为 0.043MPa。

## 第八节　本章小节

作为一种非均相分离手段，微旋流技术在不断提高分离精度的基础上，已应用于越来越多的行业。随着微旋流器公称直径的减小，旋流器切割粒径越小，可以显著提高分离精度；但这是基于牺牲处理量为代价的。在实际应用中，微旋流器通过并联安装来提高处理能力，常用的并联方式有放射型和直线型。

分支流理论用于解决流体分配均匀性问题。连续分支流模型可根据并行方式分为分叉型和连续型；根据并行对象可分为单分支流模型和双分支流模型；根据研究方法可分为离散模型、解析模型和 CFD 模拟模型。综述了单分支流模型和双分支流模型发展史，提出了用于微旋流器并联的 U-U、Z-Z、U-Z 以及 U-U-U-U 等对称模型概念。

作为其中一种直线型并联方式，本节基于动量守恒、质量守恒以及能量守恒方程推导了 U-U 型并联双分支流解析解，搭建了相应实验装置，用实验结果验证了解析解的适用性。同时根据解析解，分析了 U-U 型并联配置流量和压降不均匀度的影响因素，最后提出了 U-U 型并联设计准则。

作为其中一种直线型并联方式，本节基于动量守恒、质量守恒以及能量守恒方程推导了 Z-Z 型并联双分支流解析解，搭建了相应实验装置，用实验结果验证了解析解的适用性。同时根据解析解，分析了 Z-Z 型并联配置流量和压降不均匀度的影响因素，最后提出了 Z-Z 型并联设计准则。

作为其中一种直线型并联方式，本节基于动量守恒、质量守恒以及能量守恒方程推导了 U-Z 型并联双分支流解析解，搭建了相应实验装置，用实验结果验证了解析解的适用性。同时根据解析解，分析了 U-Z 型并联配置流量和压降不均匀度的影响因素，最后提出了 U-Z 型并联设计准则。

为了进一步验证分支流理论放大规模适用性，采用集合型并联配置方式，进行 U-U 型 300 倍并联放大实验，并应用于甲醇制烯烃工艺中废水污染物的处理，实验表明，实验结果与理论预测可靠，并联放大并未影响整体分离效率，能够很好地应用于实际生产。

针对 U-U、Z-Z 和 U-Z 型三种双分支流流量和压降均匀性做了对比，在惯性效应和摩擦效应相互影响下，在相同的几何结构和操作参数下存在 $S_q(\text{Z-Z})<S_q(\text{U-Z})<S_q(\text{U-U})$ 和 $S_{\Delta p}(\text{U-Z})<S_{\Delta p}(\text{U-U})<S_{\Delta p}(\text{Z-Z})$。$Q$ 和 $R$ 分别代表摩擦作用和惯性作用，这两个参数在流体不均匀性上作用相反，因此可通过适当调节结构参数来降低流动不均匀度。

微型旋流器并联放大应用于实际工业中，针对甲醇制烯烃反应废水中细微废催化剂分离及旋流释碳器，利用分支流理论进行设计，实验结果与理论值吻合性好，说明提出的双分支流理论具有指导意义。

## 参考文献


[1] J S McNown. Mechanics of manifold flow[J]. Trans ASCE, 1954, 119: 1103-1142.

[2] F Kamisli. Laminar flow of a non-Newtonian fluid in channels with wall suction or

injection[J]. Int J Eng Sci, 2006, 44: 650-661.

[3] J Y Wang, Z L Gao, G H Ga, et al. Analytical solution of flow coefficients for a uniformly distributed porous channel[J]. Chem Eng J, 2001, 84 (1):1-6.

[4] J Y Wang, G H Priestman, J R Tippetts. Modelling of strongly swirling flows in a complex geometry using unstructured meshes[J]. Int J Num Methods Heat Fluid Flow, 2006, 16 (8): 910-926.

[5] J Y Wang. Pressure drop and flow distribution in parallel-channel of configurations of fuel cell stacks: U-type arrangement[J]. Int J Hydrogen Energy, 2008, 33 (21): 6339-6350.

[6] J Y Wang. Pressure drop and flow distribution in parallel-channel of configurations of fuel cell stacks: Z-type arrangement[J]. Int J Hydrogen Energy, 2010, 35: 5498-5550.

# 第六章

# 过滤-旋流分离耦合（沸腾床分离）技术

## 第一节 沸腾床分离概况

### 一、沸腾床分离技术

沸腾床分离是一种结合了传统深层过滤原理和沸腾床颗粒再生原理的新型深层过滤技术，通过利用颗粒在旋流场中自转、公转及自公转耦合振荡作用，强化颗粒床深层过滤床层的反洗再生，从而提高深层过滤装置反洗再生效率及运行周期。该技术利用固定颗粒床深层过滤原理，通过床层介质的碰撞、截留、吸附作用实现对待分离物料中悬浮物的分离，实现液体中悬浮颗粒的去除；当连续运行至床层饱和后，从床层底部单独加入气相、液相、待分离的物料或其混相进行再生操作，使床层完全流化，呈沸腾状；流化后的滤料颗粒在旋流再生器中做自转-公转耦合运动，达到滤料颗粒脱附再生的目的；再生完全后，床层介质颗粒返回至下部床层，根据其粒径梯度或密度梯度自然沉降分层，形成初始的排序形式，便又可以开始实施该分离操作。该技术针对待分离物料，可以选择合适的床层介质，具有分离效率高、分离精度高、再生效果好的优点。

### 二、深层过滤技术概况

深层过滤是一种利用滤料间隙高效去除悬浮物颗粒的方法，是一个包括物理截留、化学吸附和静电作用等多种机制参与的复杂过程。深层过滤是人类技术史上出现较早的一种用来改善水质的方法，该方法早在3000年前的印度和中国就用于水处理。其现代工程始于18世纪，1764年法国巴黎批准了第一个过滤技术专利，1829年英国安装了世界上第一座慢速砂滤池[1]，1895年Gullet成功地研究了絮凝和快滤，并于1909年在美国建造了第一座快滤池[2]。在20世纪50年代，研究人员开发了双层滤料过滤器，在一定程度上提高了滤速和过滤效率，并增加了床层截污容量，延长了过滤周期。随后三层、四层等多层滤料过滤器也相继开发出来[3]。1981年日本尤尼奇卡公司研究人员开发了短纤维深层床过滤器，使用人工合成纤维，如丙纶、涤纶等作为深层过滤的填料，并且由于具有更大的比表面积和更高的床层孔隙率，其效率和截污容量更高。此后，纤维填料也做了不断改进，提高了其分离及反冲洗效果[4]。随着有关深层过滤的实验和理论研究逐渐增多和深入，深层过滤方法得到了更深入的理解和更广泛的应用，目前已广泛应用于饮用水处理、工业水处理及油田回注水处理等领域。

## 三、深层过滤滤料

### 1. 新型滤料及改性滤料研究进展

传统的水处理滤料主要有石英砂、无烟煤、沸石和磁铁矿等天然矿物以及聚苯乙烯颗粒、聚氯乙烯颗粒等人工滤料。石英砂、无烟煤等比表面积小、孔隙率小，故截污能力有限、运行周期短、再生耗水量大；而人工合成纤维球滤料具有成本较高、机械强度较差和操作条件要求较高等弱点。因此开发比表面积大、表面性质良好的人工滤料及其过滤技术已引起国内外的极大关注，其中新型滤料和表面改性滤料成为该领域的研究热点。

Ribeiro[5]用水生植物*Salvinia* sp的干生物质为新型滤料，对水包油(O/W)型乳状液进行了过滤实验，除油率高达90%以上，而相同条件下泥煤的除油率只有62%。Toyoda[6]和Tryba[7]的研究结果表明，新型片状石墨滤料的除油能力约为相同质量泥煤的30倍，主要是由于前者的比表面积高达508m$^2$/g。Cambiella[8]用桉树锯末为滤料，对模拟含油废水进行了深层过滤，获得了99%的除油效率。Farizoglu[9]研究了浮石滤料对含油废水的快滤效果，其除油率和水头损失分别为98%和215mm$H_2O$（1mm$H_2O$=9.80665Pa）；而相同条件下砂滤池的分别为85%和460mm$H_2O$。Huang[10]采用木丝绵纤维滤料分别处理柴油废水和液压油废水，除油率分别为100%和99.4%。

改性滤料是在载体滤料（通常是普通石英砂滤料或陶粒滤料，也可能是一些表面积大的天然材料）的表面通过化学反应涂上一层改性剂，从而改变原滤料颗粒表面物理化学性质，以提高滤料的截污能力，乃至提高滤料对某些特殊物质的吸附能力，改善出水水质。目前研究较多的是在滤料表面覆盖多孔的、等电点高的金属氧化物、金属氢氧化物或阳离子有机基团，可使改性后滤料的表面静电作用和吸附作用大为改善，从而使过滤效果大大提高，出水水质得到较大改善。Chang[11] 用表面覆铁的石英砂和橄榄石去除天然有机物，发现去除效率与改性剂用量有关，并随着溶液 pH 值的降低、溶液中钙离子的增加和空床接触时间的增加而提高，同时测得这种滤料的比表面积是未涂层滤料的 40 ～ 50 倍。Lukasik[12] 用氢氧化铁、氢氧化铝改性砂粒滤料，对废水中病原微生物的去除率都在 99% 以上，且改性滤料还可以去除原水中的肠形细菌和大肠菌噬体，改性时所用的金属离子 $Al^{3+}$、$Fe^{3+}$ 浓度对微生物去除率影响明显。另外，Tanaka[13] 用 S、$CaCO_3$ 和 $Mg(OH)_2$ 熔融物改性的珍珠岩滤料处理了农业 / 工业混合废水，结果显示改性滤料具有较好的脱氮除磷选择性，处理效果较好。

### 2. 滤料表面性质的研究进展

水处理滤料的表面性质包括物理性质、物理化学性质和化学性质等方面，其中物理性质方面有滤料的粒径、形状、粗糙度和比表面积；物理化学性质有电性质、润湿性、自由能等；化学性质包括表面元素组成、化合物种类等。研究水处理滤料的表面性质，尤其是物理化学性质有助于更深入理解其对废水中胶体粒子的捕集机理，已逐渐成为研究者关注的热点。Ayirala[14] 用砂岩填充床进行了模拟采油实验，比较了不同表面活性剂和投加量条件下填充床的采油效率，认为采油效率提高的原因主要是表面活性剂降低了油 / 水之间的表面张力，从而提高了油对砂岩的润湿选择性。Ortiz-Arroyo[15] 和 Ustohal[16] 分别从床层体积因子的变化和流体在床层中的水力特性出发，通过实验数据和数学模型研究了颗粒介质润湿性及其空间分布差异对相际作用、流动状况的影响，发现颗粒介质的润湿性越好，则液体在填充床中的传递过程越理想。Lord[17] 通过原子力显微镜观察了油 / 水体系润湿云母前后颗粒表面形貌的变化，初步判断出颗粒表面形貌与其润湿性之间存在一定的关联。Truesdail[18] 开发了一套实验装置用于几种滤料表面 $\zeta$ 电位的测定，并分析了滤料表面电性质的差异对废水中胶体粒子附着的影响。Stephan[19] 用实验测定了砂岩和黏土滤料的表面 $\zeta$ 电位，并进行了模拟废水深层过滤的对比实验，指出可在一定程度上通过滤料表面 $\zeta$ 电位的变化预测其深层过滤行为。

## 四、过滤 - 旋流分离耦合

将深层过滤与旋流分离技术耦合，开发沸腾床分离技术。处于分离状态时，含颗粒污染物的废水进入沸腾床分离器，自上而下通过滤料床层，废水中的颗粒物被滤料床层碰撞、截留、吸附实现对废水中的颗粒污染物的分离（见图 6-1）；净化后的净水穿过滤料床层后，由沸腾床分离器底部排出。当滤料床层中滞纳的颗粒物达

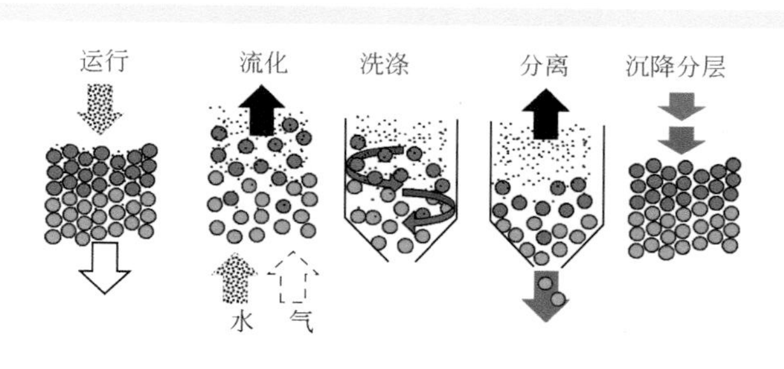


图 6-1　沸腾床分离技术原理示意图

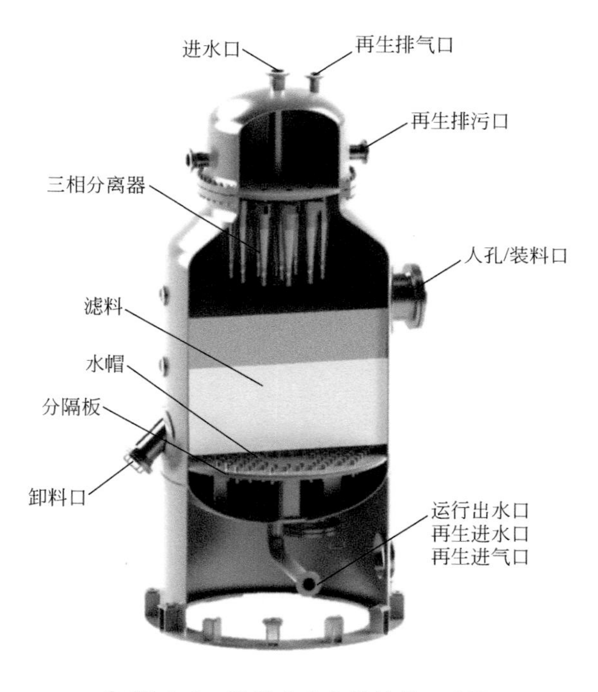


图 6-2　沸腾床分离器结构示意图

到一定量，滤料床层压降上升至设定值，需要对滤料床层实施切换再生操作；再生操作中，停止沸腾床分离器急冷水进料，由沸腾床分离器底部通入气体和液体混合物，使得滤料床层沸腾流化，流化后的滤料颗粒和截留的污染物一同进入沸腾床顶部的三相分离器中，利用旋流场中的颗粒自转、公转及自公转耦合振荡实现滤料颗粒表面及孔隙中黏附的污染物的脱除，以恢复滤料颗粒的性能。旋流再生后的滤料颗粒由旋流再生器底流口排出后返回滤料床层备用，截留的污染物颗粒随着洗涤水由旋流再生器的液相出口排出沸腾床分离器。

沸腾床分离器结构如图 6-2 所示，设备主要分为设备壳体、滤料、分隔板、水帽、三相分离器等几部分。正常运行时，急冷水由顶部入口管进入设备，经进料分配器送至滤料颗粒床层，经颗粒床分离后，清液通过分隔板上的水帽，由底部出口送至后续处理单元。设备切换至反冲洗操作后，废水改由底部进料，同时混入氮气，由下向上穿过颗粒床层，使床层呈沸腾状，释放滤料间的污染物，使滤料再生。含滤料和污染物的反冲洗水进入顶部三相分离器，滤料颗粒在旋流场内利用旋流场内的水力剪切作用和颗粒自转，强化滤料再生，同时回收滤料颗粒，污染物随液相由设备侧面排污口排出，氮气由顶部排气口排出。

# 第二节 深层过滤理论

## 一、分离过程中的相互作用

### 1. 过滤机制概述

床层过滤过程中，颗粒在悬浮液流过颗粒床或纤维过滤介质的过程中被除去，如果粒子随流体流线运动，则通常不会碰到滤料表面。然而，横向运输作用使颗粒垂直流线移动，使其到达滤料颗粒表面附近。随后的运动取决于滤料表面 - 颗粒相互作用的性质，颗粒可能发生附着。上述机制，即运输和附着，构成了床层过滤中的颗粒沉积过程。根据悬浮颗粒之间的相互作用的性质，还可以发生颗粒与先沉积颗粒的附着。

床层过滤中悬浮颗粒的另一重要行为是聚并。聚并形成的团簇（聚集体）中的单个粒子失去了动力学的独立性，较大的颗粒（聚集体）在过滤期间更易沉积。聚并过程是胶体不稳定的结果，取决于介质类型。聚并也涉及两种作用的影响：①悬浮粒子间发生碰撞；②悬浮粒子之间的相互作用能形成永久附着。

沉积和聚并都涉及运输和附着这两种机制，由于颗粒彼此间的相互作用距离短，通常远小于颗粒直径，因此可以单独考虑颗粒的运输和附着作用。因此，颗粒在产生较强的相互作用之前，必须相互接近。颗粒之间相互作用可以是吸引或排斥，取决于颗粒表面性质和溶液化学性质[20, 21]。

### 2. 过滤过程颗粒的运输机制

运输机制一般情况下由多因素同时作用，下面单独考察这些因素。考虑过滤介质为单个球形颗粒，假设它不受其相邻颗粒的影响，并认为其固定在考察空间中。同时假设流动方向与对称轴线重合（图 6-3）。

通常将此类单一的过滤介质颗粒称为收集器。收集效率（$\eta$）定义为沉积过程中每个传输机制的分离效率。单个收集器的收集效率被称为单个收集器效率，表示

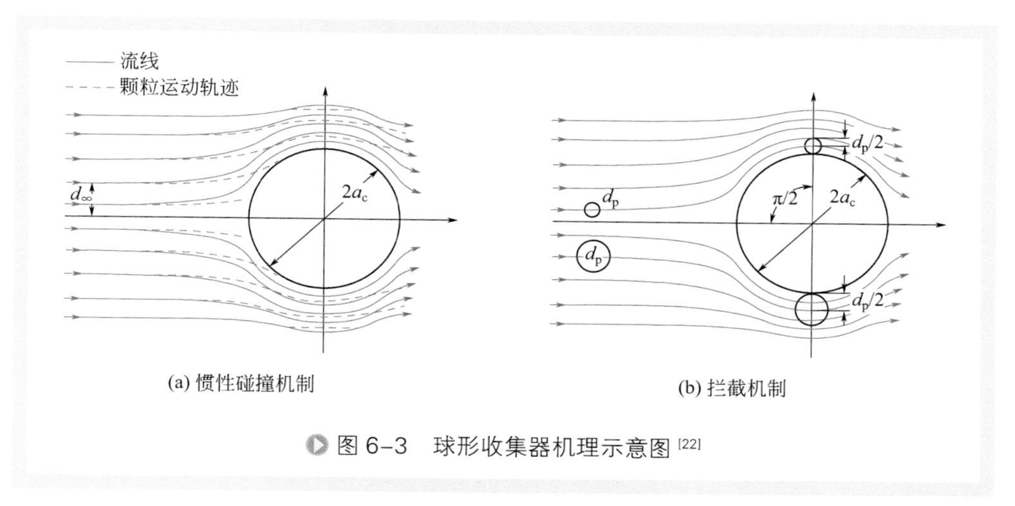


图 6-3　球形收集器机理示意图 [22]

为粒子碰撞收集器的速率与粒子流向收集器速率的比值。粒子流向收集器速率为 $\pi a_c^2 2U_\infty C_\infty$，其中 $a_c$ 是收集器的特征长度（此处为收集器半径）；$U_\infty$ 是到收集器接近速度；$C_\infty$ 是距离收集器远处的颗粒浓度，并认为流动方式不受颗粒的干扰。

（1）惯性运输　悬浮颗粒随着流线接近收集器，它们会随着流体绕过收集器。如果颗粒具有足够的惯性，它们倾向于原本的运动状态，并偏离流体流线［图 6-3（a）］。当它们偏离相应的流线时，一些颗粒轨迹与收集器表面相交，导致颗粒沉积 [23,24]。

如 Tien[22] 和 Ives[23] 所述，惯性效应的特征可用无量纲斯托克斯数 $N_{St}$ 表征，定义为：

$$N_{St} = \frac{2\rho_p \bar{U} a_p^2}{9\mu a_c} \tag{6-1}$$

式中，$a_p$ 是颗粒半径；$\bar{U}$ 是流动的特征速度；$\rho_p$ 和 $\mu$ 分别是颗粒密度和流体黏度。事实上，斯托克斯数是流体中颗粒运动方程中惯性力项的系数。

Tien[22] 指出斯托克斯数在临界值以下，惯性碰撞下的颗粒沉积是可以忽略的。此外，Ives[23] 发现惯性机制对水中悬浮液的过滤并不重要，但对于空气过滤起到重要作用。使用孤立球模型，引入了下面的经验公式——惯性碰撞引起的单收集器效率：

$$(\eta_s)_i = \frac{\beta}{1+\beta} \tag{6-2}$$

式中，$\beta = 0.2453(N_{St} - 1.2130)^{0.955}$。

（2）拦截运输　如果颗粒保持在接近颗粒表面的粒子半径内的流线中，则颗粒会接触表面。图 6-3（b）所示为拦截机制的示意图。

用孤立球模型得到拦截机制的收集效率。沿着收集器表面的可以收集粒子的最远点是 $r = a_c + a_p$，$\theta = \pi/2$。通过点 $r = a_c + a_p$，$\theta = \pi/2$ 的流线所对应的流函数为：

$$\frac{1}{2}U_{\infty}a_{c}^{2}\sin^{2}\theta\left[\frac{a_{c}}{2r}-\frac{3r}{2a_{c}}+\left(\frac{r}{a_{c}}\right)^{2}\right]=\frac{1}{2}U_{\infty}a_{c}^{2}\left[\frac{1}{2(1+N_{R})}-\frac{3}{2}(1+N_{R})+(1+N_{R})^{2}\right] \quad (6\text{-}3)$$

式中，$N_R=d_p/d_g$（$d_g$ 为滤料颗粒直径）。

如果令 $d$ 为流线（经过点 $r=a_c+a_p$，$\theta=\pi/2$）和对称轴之间的距离，$d=r\sin\theta$。特征距离 $d_\infty$ 为 $r\to\infty$ 且 $\theta\to0$ 时的 $d$ 值。可以由等式（6-3）得到：

$$\begin{aligned}(\eta_s)_I&=\frac{d^2}{a_c^2}=\frac{1}{1+N_R}\left[\frac{1}{2}-\frac{3}{2}(1+N_R)^2+(1+N_R)^3\right]\\&=\frac{3}{2}N_R^2\left[1-\frac{N_R}{3}+O(N_R^2)\right]\\&\approx\frac{3}{2}N_R^2=\frac{3}{2}\left(\frac{d_p}{d_g}\right)^2\end{aligned} \quad (6\text{-}4)$$

Rajagopalan[24] 利用 Happel[25] 模型的轨迹分析来表示颗粒介质，引入了 $A_s$ 作为表示流动模型特征的无量纲参数，得到：

$$(\eta_s)_I=\frac{3}{2}A_sN_R^2 \quad (6\text{-}5)$$

此外，Ison[26] 和 Yao[21] 也对拦截作用进行了实验研究。

（3）沉淀运输　如果颗粒的密度明显大于流体的密度，则它们在重力方向上相对于流体有持续的相对速度。因此它也会引起粒子运动轨迹的变化。稀悬浮液中的小颗粒的沉降速度 $v_t$ 可用斯托克斯定律近似计算：

$$v_t=\frac{2}{9}\times\frac{a_p^2g(\rho_p-\rho)}{\mu} \quad (6\text{-}6)$$

对于孤立球模型，由沉降造成的单收集器效率为（Ison 和 Ives[26]，Ives[23]，Yao[21]，Tien[22]）：

$$(\eta_s)_G=\frac{v_t\pi a_c^2C_\infty}{\pi a_c^2U_\infty C_\infty}=\frac{2a_p^2g(\rho_p-\rho)}{9\mu U_\infty}=N_G \quad (6\text{-}7)$$

$(\eta_s)_G$ 由重力参数 $N_G$ 得出，$U_\infty$ 为特征速度，$C_\infty$ 为颗粒特征浓度。$(\eta_s)_G$ 在大多数情况下都相对较小（Ives[23]，Yao[21]，Tien[22]）。

（4）静电力运输　大部分涉及气溶胶的介质，都可能带有影响颗粒沉积的静电荷[27-29]。由于多颗粒相互作用，颗粒和收集体之间的静电力比较复杂，最简单的情况是考虑带电球形收集器与带电粒子之间的相互作用，并分析它们之间的静电力 $F_E$。Kraemer 和 Johnstone[27] 提出了四种类型的静电力，这些静电力作用于一个朝向收集器的粒子系统中，如下所示：

① 当粒子和收集器都带电时，取决于粒子和收集器是否具有相同或不同的电荷，库仑吸引力或排斥力起作用。这个力由 $F_{EC}$ 表示。

② 当只有收集器带电时，它会在粒子的表面诱导相反的电荷，这会对粒子造

成额外的力。这个力由 $F_{EI}$ 表示。

③ 与情况②类似，当只有粒子带电时，它也在收集器上引起相反的电荷。这会对粒子造成额外的力。该作用力表示为 $F_{EM}$。

④ 带电粒子之间产生排斥力。这种效应被称为空间电荷效应，该力表示为 $F_{ES}$。

表 6-1 给出了上述静电力和参数 $K$ 的表达式，定义无量纲力为静电力和斯托克斯阻力与坎宁安校正（$3\pi\mu d_p U_\infty / C_s$）的比值。

表6-1 带电的气溶胶颗粒和球形收集器之间的静电力[30]

| 力 | 径向分量 | 角度分量 | 参数 |
| --- | --- | --- | --- |
| $F_{EC}$ | $\dfrac{Q_c Q_p}{4\pi\varepsilon_f a_c^2 r^{*2}}$ | 0 | $K_{EC}=\dfrac{C_s Q_c Q_p}{24\pi^2\varepsilon_f a_c^2 a_p \mu U_\infty}$ |
| $F_{EI}$ | $-\dfrac{\gamma_p Q_c^2 a_p^3}{2\pi\varepsilon_f a_c^5 r^{*5}}$ | 0 | $K_{EI}=\dfrac{\gamma_p C_s Q_c^2 a_p^2}{12\pi^2\varepsilon_f a_c^5 \mu U_\infty}$ |
| $F_{EM}$ | $-\dfrac{\gamma_c Q_c^2}{2\pi\varepsilon_f a_c^2}\left[\dfrac{1}{r^{*3}}-\dfrac{r^*}{(r^{*2}-1)^2}\right]$ | 0 | $K_{EM}=\dfrac{\gamma_c C_s Q_p^2}{24\pi^2\varepsilon_f a_c^5 \mu U_\infty a_p}$ |
| $F_{ES}$ | $-\dfrac{\gamma_c Q_p^2 a_c C}{3\varepsilon_f r^{*2}}$ | 0 | $K_{ES}=\dfrac{\gamma_c C_s Q_p^2 a_c C}{18\pi\varepsilon_f \mu U_\infty a_p}$ |

注：$Q_c$—收集器电荷；$Q_p$—粒子电荷；$\varepsilon_f$—流体的介电常数；$C_s$—坎宁安修正系数；$C$—颗粒浓度；$r^*=r/a_c$；$\gamma_p=(\varepsilon_p-\varepsilon_f)(\varepsilon_p+2\varepsilon_f)$；$\gamma_c=(\varepsilon_c-\varepsilon_f)(\varepsilon_c+2\varepsilon_f)$；$\varepsilon_p$—粒子的介电常数；$\varepsilon_c$—收集器的介电常数。

另外如有外部电场，静电力还包括：外部电场力 $F_{EX}$、感应电荷力 $F_{ICP}$。组合静电力 $F_E$ 可以由它们存在的基础上的力的任意组合来表示，考虑所有的力表达式如下：

$$F_E = F_{EC} + F_{EI} + F_{EM} + F_{ES} + F_{EX} + F_{ICP}$$

如果作用于通过 $u$ 处的流体流以速度 $V$ 移动的颗粒仅受阻力和静电力作用，则可以通过流函数和轨迹分析获得静电力的单收集器效率 $(\eta_s)_E$（Kraemer 和 Johnstone[27]，Zebel[31]，Nielsen 和 Hill[28, 29]）。

（5）布朗扩散运输　在无静电力时，布朗散射被认为是悬浮在介质中细小的颗粒沉积的主要因素。Ives[23] 发现，布朗运动在亚微米粒子传输到收集器过程中起到非常重要的作用，但对于直径大于 1μm 的粒子，流体的黏滞阻力限制了这种运动，粒子的平均自由程最多是一个或两个粒子直径，此时该机制可忽略。

质量传递的驱动力可以认为是流体体相中的浓度 $C_\infty$ 与流体 - 颗粒界面处的浓度之差。对于颗粒沉积，界面浓度可以忽略不计，因此驱动力 $\Delta C$ 等于 $C_\infty$。因此，布朗运动引起的颗粒沉积的单收集器效率为：

$$(\eta_s)_{BM} = \frac{4I_p}{(\pi d_g^2)U_\infty C_\infty} \tag{6-8}$$

式中，$I_p$ 是滤料颗粒上的颗粒沉积速率。如果将布朗粒子的沉积看做传质过程，那么 $I = I_p$ 和 $D = D_{BM}$（$D_{BM}$ 为布朗的粒子扩散系数）。Peclet 数 $N_{Pe}$ 定义为：

$$N_{Pe} = \frac{d_g U_\infty}{D_{BM}} \tag{6-9}$$

因此单收集器的效率也可以表示为：

$$(\eta_s)_{BM} = 4 A_s^{1/3} N_{Pe}^{-2/3} \tag{6-10}$$

如等式（6-10），该机制用 Peclet 数表示，该数是流体对流运动与布朗运动的比值[21, 23]。Cookson[32] 也使用 Pfeffer 和 Happel 模型来研究床层中亚微米颗粒的过滤。

（6）流体动力运输　多孔介质孔隙中的流体流动为层流，并且流动状态与毛细管中的流动相似。这意味着在每个孔隙中都有一个速度梯度，在粒子表面的边界处速度为零，而在孔隙中心附近有一个最大速度。由于孔隙空间的复杂性，包括流动的扩大和收缩，速度分布不太可能呈现 Poiseuille 流的抛物面形状。

速度梯度在孔隙中引起剪切场，在均匀剪切场中，球形颗粒发生旋转，形成球形流场，这将导致粒子迁移穿过剪切场。在过滤孔中剪切场是不均匀的，因此粒子在此类效应作用下偏转，但运动方式难以预测。此外，如果颗粒不是球形的，它会受到更多的不平衡力，使其穿过流线与收集器表面碰撞。

尽管对流体剪切场中粒子运动的理论已做了很多研究，但是过滤器孔隙几何的复杂性却不利于理论分析。这种现象在深层过滤中的应用只有 Ison[26] 完成，他用简单的雷诺数（$Re = du / \nu$）来表征过滤床的机理。

（7）变形运输　大的悬浮颗粒流向多孔介质会导致介质表面上的颗粒变形。颗粒会形成垫层并迅速堵塞床层表面，如果颗粒浓度太高，也可以形成表面滤饼。在这样的条件下，许多颗粒可能同时到达孔开口并通过桥架作用填塞孔入口。在过滤应用中，由于过滤器的深度不能有效使用，因此不宜采用该形式过滤。

### 3. 过滤过程颗粒的附着机制

被运送到收集器表面的颗粒必须附着在表面上才可以从悬浮液中去除。事实上，系统的化学特性对于确定颗粒的附着十分重要。Adin 等[33] 得出结论，化学作用相比运输作用更重要。

双电层相互作用和范德华力是控制粒子附着和分离的主要力。这些力被称为长程力，它们的影响范围距表面 100nm。它们构成了著名的 DLVO 胶体稳定性理论的基础，由 Derjaguin[34] 以及 Verwey 和 Overbeek[35] 提出。

带电粒子在水溶液中的表面电荷由溶液中存在的反电荷离子平衡。因此，在被称为双电层的粒子周围形成双层电荷。双电层的特征由 $\zeta$ 电位表征，用于近似粒子表面和本体溶液之间的电势差。

当两个带电粒子在电解质溶液中相互靠近时，它们的双电层重叠。颗粒和收集器的双电层的相互作用为排斥还是吸引取决于表面 $\zeta$ 电位符号相同还是不同。根据滤料表面和颗粒的$\zeta$电位以及溶液的离子强度，可以通过使用胶体稳定性理论来计算吸引力或排斥力，Ives[23]、Spielman 和 Cukor[36] 给出了这种测量和计算的例子。

原子与分子之间的范德华引力是相叠加的，并且引起滤料表面与悬浮液中的粒子之间的吸引力。这个力主要是颗粒黏附的原因，没有该力的作用，流体动力迟滞效应会阻止颗粒到达收集器表面。

Born 斥力和结构力或水合力是可能影响附着的第二类力。这些力仅影响离表面 5nm 以内的粒子，被称为短程力。

Born 斥力是原子间由于电子层互相渗透的强短程斥力。Born 排斥或硬核排斥决定了两个原子或分子最终能够彼此接近的程度。这种效应在含水体系中可能并不重要，因为介质中任何水合离子都会阻止接近 0.3nm 的表面分离距离 [37]。

结构力或水合力是当水分子强烈地结合到含有亲水基团的表面时会产生的排斥力。对于二氧化硅、云母、某些黏土和许多亲水性胶体颗粒，水合力被认为是由强氢键表面基团如水合离子或羟基（—OH）基团引起的 [37]。

在大多数研究中，已经考虑了长程力（即双电层和范德华力）的连接作用来评估附着机制。为此定义了碰撞效率因子 $\alpha$，其描述了与过滤器颗粒碰撞导致附着的比例。如果所有的碰撞都引起颗粒附着，$\alpha = 1$。

尽管许多研究致力于对 $\alpha$ 值的理论估算，并得出结论 $\alpha$ 与 $\exp[-\Phi_{max}/(k_B T)]$ 成正比（$k_B$ 为玻耳兹曼常数），其中 $\Phi_{max}$ 是碰撞粒子之间能垒最大的势能值，但结果与实验数据不一致。所以习惯上把 $\alpha$ 作为一个由实验得到的经验参数（Ruckenstein 和 Prieve[38]，Gregory 和 Wishart[39]）。

Rajagopalan 和 Kim[40] 在广泛的 Peclet 数值范围内，在不同的双电层相互作用方式的影响下，对吸附率 $\alpha$ 进行了大量的定量分析。当能量分布具有二次最小值时，他们还提供了舍伍德数和吸附率的相关方程。

Chari 和 Rajagopalan[41] 通过胶体颗粒在平面驻点流动下沉积的理论分析，研究了吸引双层相互作用和界面对流的影响。在另一项研究中，Chari 和 Rajagopalan[42] 研究了扩散层厚度和相互作用力范围对胶体颗粒沉积的影响。

## 二、分离理论模型

滤料和污染物相互作用，解释了颗粒从悬浮液到单个滤料颗粒运输和沉积的性质和机理，可将这些概念用于床层过滤的基础理论模型，从而定量描述多孔介质（颗粒介质）。

Payatakes 等 [43, 44] 以及 Tien 和 Payatakes[45] 首先提出了以下粒状介质的概念表述：均匀随机填充的介质可以被认为是由多个长度为 $l$ 的单位收集器（UBE）串联组成（图 6-4）。

对于由粒径总体一致的颗粒组成的立方体过滤器，侧边长为 $Nl$，$N\to\infty$ 时，立

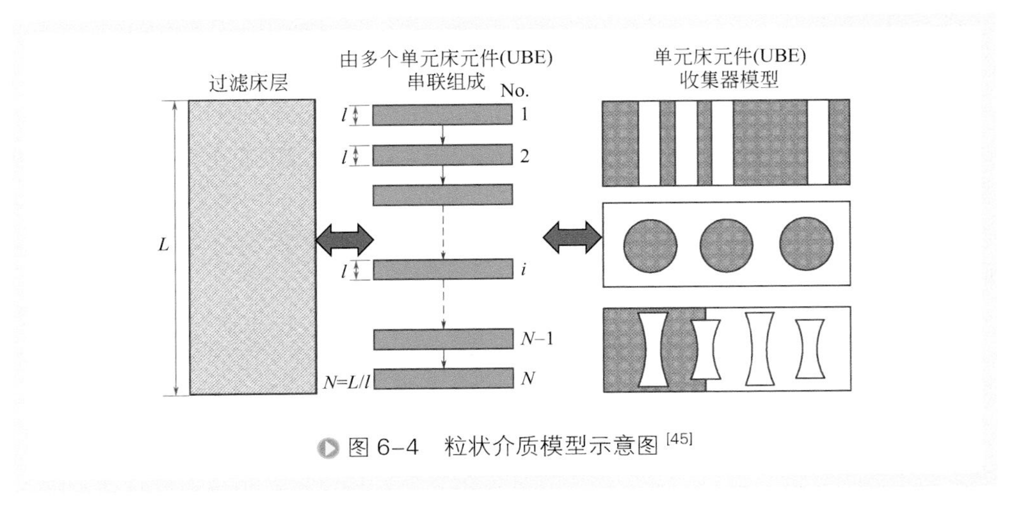


图 6–4　粒状介质模型示意图 [45]

方体内有 $N^3$ 个颗粒。因此，周期的长度 $l$ 为：

$$l=\left[\frac{\pi}{6(1-\phi)}\right]^{1/3}\left\langle d_{\mathrm{g}}\right\rangle \tag{6-11}$$

式中，$<d_g>$ 是平均粒径。

每个 UBE 包含具有特定几何形状和尺寸或尺寸分布的收集器的组合。UBE 的效率 $e$ 由前面讨论的单个收集器的效率决定。

单个收集器效率不仅取决于颗粒从悬浮液传递到收集器表面的性质和机理以及颗粒到收集器表面的黏附性，还取决于单个收集器周围（或穿过收集器）的流场。因此，可以通过使用以下描述收集器周围流场的多孔介质模型，将单个收集器效率 $\eta$ 与单位收集器效率 $e$ 关联。

### 1. 多孔介质模型

（1）毛细管模型　多孔介质被定义为相同尺寸的直线毛细管束。过滤器的每个单位收集器包含 $N_c$ 个半径为 $a_c$，长度为 $l$ 的毛细管。单位收集器效率 $e$ 和单个毛细收集器的效率 $\eta$ 相同，即 $e=\eta$。

（2）球形模型　床层颗粒近似为球体，可将粒状介质作为球形收集器的集合。过滤器的每个 UBE 包含 $N_c$ 个球形收集器，其中收集器的半径 $a_c$ 可以取平均粒径 $<d_g>$ 的一半。加上不可压缩、轴对称和蠕变流动假设（忽略运动方程的惯性项），球形收集器周围的流场可以由流函数 $\psi$ 表示为：

$$E^4\psi=0 \tag{6-12}$$

其中

$$E^2=\partial^2/\partial r^2+(\sin\theta/r^2)\partial/\partial\theta[(1/\sin\theta)\partial/\partial\theta] \tag{6-13}$$

Happel 和 Brenner[46] 提出了 $\psi$ 的一般解：

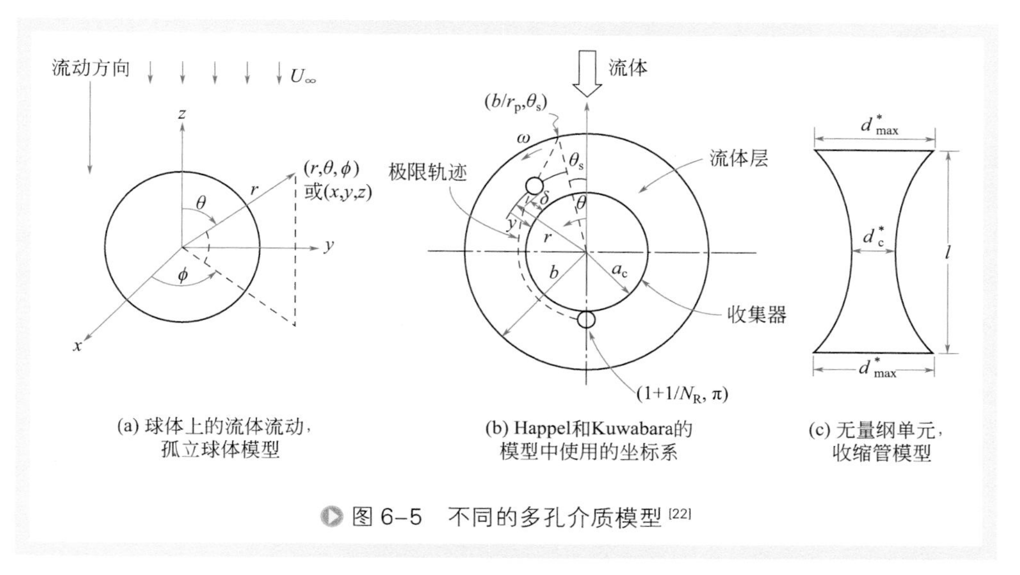


图 6-5　不同的多孔介质模型[22]

$$\psi = A(K_1 / r^* + K_2 r^* + K_3 r^{*2} + K_4 r^{*4})\sin^2\theta \tag{6-14}$$

式中，$r^*=r/a_c$、$A$、$K_1$、$K_2$、$K_3$ 和 $K_4$ 是可以通过边界条件和流动程度获得的任意常数。速度分量可以定义为 $u_r = (1/r^2\sin\theta)\partial\psi/\partial\theta$，$u_\theta = (1/r\sin\theta)\partial\psi/\partial r$。

① 孤立球模型　通过大大简化，可以认为存在于介质中的颗粒彼此完全独立[图 6-5（a）]。在这种情况下，边界条件如下：

(i) $u_r = 0$，$u_\theta = 0$（当 $r = a_c$）

(ii) $u_r \to -U_\infty\cos\theta$，$u_\theta \to U_\infty\sin\theta$（当 $r \to \infty$）

单位收集器效率 $e$ 和单个毛细收集器的效率 $\eta_s$ 相互关联 $e = \dfrac{N_c(\pi/4) < d_g >^2 U_\infty}{u_s}\eta_s$。$U_\infty$ 与表面速度 $u_s$ 之间是无关的。

② Happel 模型[25]是颗粒介质中最常用的引力理论模型之一。在该模型中，多孔介质被表示为半径为 $a_c$ 的固体球体被半径为 $b$ 的流体包围的相同单元集合组成的[见图 6-5（b）]。$a_c$ 和 $b$ 之间的关系符合滤料的宏观特性，如 $a_c / b = (1-\varphi)^{1/3}$。Happel 模型的流函数可以通过增加以下边界条件得到：

(i) $u_r = 0$，$u_\theta = 0$（当 $r = a_c$）

(ii) $u_r = -U\cos\theta$（当 $r = b$）

(iii) $1/r(\partial u_r/\partial\theta) + r\partial/\partial r(u_\theta/r) = 0$（当 $r = b$）

单位收集器效率 $e$ 与 Happel 单元收集效率 $\eta$ 之间的关系为 $e = N_c\pi b^2\eta_s$。

③ Kuwabara 模型[47]与 Happel 模型在概念和公式上相同，但是有一个不同的边界条件，即在 $r = b$ 时，并不是 Happel 的模型中等式（iii）所表示的涡度为零[图 6-5（b）]：

$\omega = \partial u_\theta / \partial r + u_\theta / r - 1/r(\partial u_r / \partial\theta) = 0$（当 $r = b$）

Kuwabara 模型单位收集器效率 $e$ 与单元收集效率 $\eta$ 之间的关系如 Happel 模型：$e=N_c\pi b^2\eta_s$。

④ Brinkman 模型[48]认为半径为 $a_c$ 的过滤颗粒嵌入颗粒物质中。在距离球体较远处，流场可由达西定律描述，而在球体附近的蠕动流通过 Navier-Stokes 方程描述。使用 Brinkman 模型，收集器效率 $e$ 变为：$e = N_c(\pi/4)\langle d_g\rangle^2\eta_s$。

（3）收缩管模型（Petersen[49]、Payatakes 等[44]、Fedkiw 和 Newman[50, 51]，Venkatesan 和 Rajagopalan[52]）将多孔介质的空隙描述为通过收缩管连接的孔隙的集合，使得穿过介质的基本流动通道被假定为由通过收缩连接并与主流动方向一致的两个半孔［图 6-5（c）］。假设在单位收集器中存在 $N_c$ 个有着不同类型的收缩管单元（基本单元）。单位收集器的效率为 $e$，当考虑收缩管类型不同时，可以表示为：

$$e = N_c\sum_{i=1}^{I_c}(n_i q_i \eta_i)/u_s \tag{6-15}$$

并且对于所有单位单元尺寸相同的简单情况，$e$ 与 $\eta$ 相同。

深层过滤中应用多孔介质模型的详细研究，可参考 Payatakes 等的文献[53]。他们使用 Capillaric 和 Brinkman 模型来计算过滤系数和过滤过程中的压降增加。

如果将粒状介质视为收集器的组件，如图 6-4 所示，可以根据每个单位床元件的收集效率来表达过滤器收集颗粒的内在能力。过滤器性能可以通过其整体收集效率 $E$ 来描述，其定义为

$$E = \frac{C_{in} - C_{eff}}{C_{in}} \tag{6-16}$$

式中，$C_{in}$ 和 $C_{eff}$ 分别表示流入物和流出物颗粒浓度。

参考图 6-4，如果将离开第 $i$ 个 UBE 的悬浮颗粒浓度表示为 $C_i$，将第 $i$ 个 UBE 的效率表示为 $e_i$，则可以写出：

$$e_i = \frac{C_{i-1} - C_i}{C_{i-1}} \tag{6-17}$$

因此，可以用单位收集器效率来表达整体收集效率：

$$E = 1 - \prod_{i=1}^{N}(1 - e_i) \tag{6-18}$$

式中，$N$ 是 UBE 的总数。高度 $L$ 的床串联的 UBE 的总数 $N$ 为 $N = L/l$。

Payatakes 等[54]提出了在轨迹计算中选择使用特定多孔介质模型的重要性。他们讨论了 Happel 模型（作为多孔介质模型）与单位收集器和轨迹计算概念之间的不兼容性。他们还提出了一些关于轨迹计算中的某些省略和近似的使用，在一些情况下可能会导致严重的偏差。

Rajagopalan 和 Tien[55, 56]对流过单个球形收集器的单分散颗粒悬浮液进行了颗粒沉积的实验研究。他们将实验结果与理论轨迹计算相结合，并通过表面相互作用引入吸引力或排斥力。

读者可以参考 Rajagopalan 和 Tien[55, 56]、Tien[22] 的文献，对单个球体上的粒子收集进行更详细和完整的轨迹分析。

## 2. 床层过滤的现象学建模

（1）现象学建模　床层过滤的模型可将多孔介质（床层）描述为一个系统对通过其的悬浮液的流动的响应。在床层过滤中，描述过滤性能的重要变量包括：①描述滤液质量的悬浮颗粒的流出物浓度；②悬浮液通过的多孔材料的压力差。介质的压降限制了过滤的持续时间。

颗粒沉积和释放导致孔的结构和条件的变化，并因此导致床层对颗粒过滤的能力变化。因此，流出物浓度不是恒定的，而是会随时间而变化。孔几何形状的变化也导致局部压力梯度的变化。因此，过滤的特性就是非稳态过程。

现象模型通过使用一组包括一些参数的微分方程来描述过滤过程的“整体行为”。参数应通过实验确定，并取决于过滤器（多孔介质）和悬浮液的类型和特性。“宏观模型”一词也用于现象模型，因为该模型不提供关于过滤过程的性质或机制的任何信息。

床层过滤过程的现象建模由质量守恒方程组成。胶体悬浮液中分散颗粒的保留方程考虑了颗粒浓度的变化和孔隙率随时间的变化。简单的一维过滤可以描述为：均匀的非絮凝悬浮液以恒定的表观速度 $u_s$ 通过具有恒定横截面积的介质的各向同性均匀的可渗透床流动，假设最初为清洁床层，不含沉积颗粒。

过滤床是多孔介质，含有孔隙和颗粒。当流体流过过滤器时，一些颗粒从流体流传输到颗粒的表面，并且通过之前描述的不同机理，沉积在表面上。如上所述，不考虑机理的类型，仅将质量平衡应用到如图 6-6 所示的系统中。

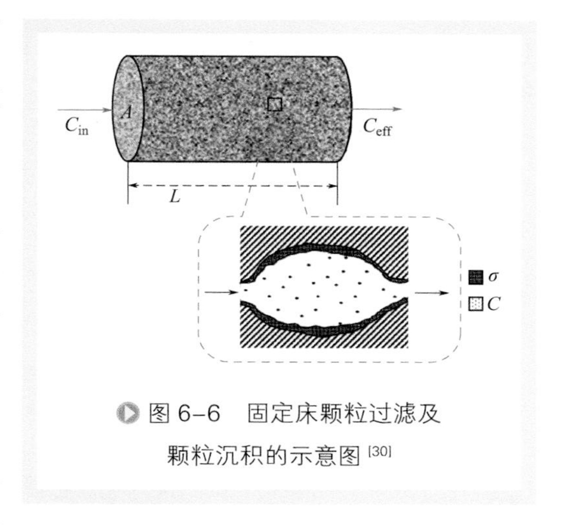


图 6-6　固定床颗粒过滤及颗粒沉积的示意图 [30]

在床直径远大于颗粒直径的系统中，径向流可被忽略，流动可以被认为是一维的。因此，如果通过径向扩散进行的质量传递可以忽略，则可以像图 6-6 那样通过一维守恒方程描述：

$$-u_s\frac{\partial C}{\partial z}+D\frac{\partial^2 C}{\partial z^2}=\frac{\partial}{\partial t}(\varphi C)+\frac{\partial \sigma}{\partial t} \quad (6\text{-}19)$$

式中，$\sigma$ 是每单位床体积保留在多孔介质中的颗粒量（特定沉积物）。如果颗粒浓度 $C$ 以体积分数表示，则 $\sigma$ 为每单位过滤器体积收集的颗粒的体积。

$\partial\sigma/\partial t$ 通常称为过滤速率，表示颗粒沉积或释放速率。过滤速度取决于可用于沉积的颗粒的量，即颗粒浓度（$C$）以及保留颗粒的浓度（$\sigma$）。

沉积特性（$\sigma$）在操作过程中也随空间坐标而变化，因此过滤速率是时间的函数。过滤速率可以写作函数 $N$：

$$N=\frac{\partial\sigma}{\partial t}=N(\boldsymbol{\alpha},C,\sigma) \tag{6-20}$$

式中，$\boldsymbol{\alpha}$ 是向量参数。

在大多数情况下，通过忽略轴向扩散质量传递来简化方程式（6-19）：

$$u_{\mathrm{s}}\frac{\partial C}{\partial z}+\frac{\partial}{\partial t}(\varphi C)+\frac{\partial\sigma}{\partial t}=0 \tag{6-21}$$

如上所述，颗粒沉积可以改变孔形态，从而改变多孔介质的孔隙率和局部压力梯度。孔隙率的变化可以估算为：

$$\varphi=\varphi_0-\frac{\sigma}{1-\varphi_{\mathrm{d}}} \tag{6-22}$$

式中，$\varphi_0$ 是初始孔隙率（洁净床）；$\varphi_{\mathrm{d}}$ 是沉积物孔隙率，这取决于形成的沉积物的形态。当沉积程度很大时，沉积物孔隙率是有意义的。Pendse 等[57] 开发了一种用于确定堵塞过滤床中颗粒沉积物形态的实验方法。他们使用沿着床的示踪剂分散测量和压降数据来发展压降增加与由于假定的沉积形态相对应的堵塞引起的床结构变化之间的关系。采用提出的六种实验方法检验了收缩阻塞和平滑沉积两种极限沉积物形态。

局部压力梯度的变化可以通过当前压力梯度与在 $t=0$ 时清洁过滤器对应的压力梯度的比值来评估。该比率由通用表达式 $G$ 来表示，如下：

$$G(\boldsymbol{\beta},\sigma)=\frac{\left(\dfrac{\partial P}{\partial z}\right)}{\left(\dfrac{\partial P}{\partial z}\right)_0} \tag{6-23}$$

因此，压力梯度的变化是沉积在床层上的颗粒的量的函数。在多孔介质的长度上对方程式（6-23）积分得到总压降：

$$\Delta P=P_{\mathrm{in}}-P_{\mathrm{eff}}=-\int_0^L\frac{\partial P}{\partial z}\mathrm{d}z=-\left(\frac{\partial P}{\partial z}\right)_0\int_0^L G(\boldsymbol{\beta},\sigma)\mathrm{d}z \tag{6-24}$$

通过了解 $N$ 和 $G$ 的方程形式，可以从式（6-20）和式（6-24）的方程式获得床层过滤的动态行为，并施加初始条件和边界条件。通常定义以下时间变量（校正时间）以允许以其原始形式写入质量守恒方程（Tien[22] 等）。

$$\theta=t-\int_0^z\frac{\varphi}{u_{\mathrm{s}}}\mathrm{d}z \tag{6-25}$$

将时间坐标从 $t$ 转换为 $\theta$，得到：

$$C(z,t) = C'(z,\theta)$$

$$\sigma(z,t) = \sigma'(z,\theta) \tag{6-26}$$

$$\varphi(z,t) = \varphi'(z,\theta)$$

然而，在实践中，$\theta$ 和 $t$ 之间的差异非常小，因此颗粒过滤的控制方程通常如下：

$$u_{\mathrm{s}}\frac{\partial C}{\partial z} + \frac{\partial \sigma}{\partial \theta} = 0 \tag{6-27}$$

$$N = \frac{\partial \sigma}{\partial \theta} = N(\boldsymbol{\alpha}, C, \sigma) \tag{6-28}$$

$$\Delta P = P_{\mathrm{in}} - P_{\mathrm{eff}} = -\left(\frac{\partial P}{\partial z}\right)_0 \int_0^L G(\boldsymbol{\beta}, \sigma)\mathrm{d}z \tag{6-29}$$

并且由于过滤从洁净的床层开始，初始条件和边界条件为：

$$C = 0, \sigma = 0（当 z \geqslant 0, \theta \leqslant 0） \tag{6-30}$$

$$C = C_{\mathrm{in}}（当 z = 0, \theta > 0） \tag{6-31}$$

（2）过滤速率的现象表达　Iwasaki[58] 根据实验观察，提出通过缓慢过滤的过滤器粒子浓度分布通常可以用对数律来描述

$$\frac{\partial C}{\partial z} = -\lambda C \tag{6-32}$$

因此，通过组合粒子的对数分布，可以得到线性过滤速率如下：

$$\frac{\partial \sigma}{\partial \theta} = \lambda u_{\mathrm{s}} C \tag{6-33}$$

式中，$\lambda$ 被称为过滤系数，并且具有长度倒数的单位。方程式（6-33）证实了过滤速率受颗粒浓度影响（如前所述），并提出了其相对于 $C$ 为一阶关系。但该规律仅在初始过滤期成立，随着颗粒在多孔介质中的聚集并且改变过滤作用的特性，$\lambda$ 随时间而变化。

$\lambda$ 随时间变化，与过滤开始时的值 $\lambda_0$ 有以下关系（Tien[22]）：

$$\lambda = \lambda_0 F(\boldsymbol{\alpha}, \sigma) \tag{6-34}$$

式中，$F$ 是用于解释与对数浓度分布偏差的校正因子，$F(\boldsymbol{\alpha}, 0)=1$。因此，过滤速率 $N$ 的通用函数可以表示为

$$N = \frac{\partial \sigma}{\partial \theta} = u_{\mathrm{s}}\lambda_0 F(\boldsymbol{\alpha}, \sigma) C \tag{6-35}$$

$\lambda$ 可以被认为是基于统计学的量（Hsiung 和 Cleasby[59]），因为它表示在 $1/u_{\mathrm{s}}$ 的时间间隔内（即通过床的单位距离）过滤器捕获的颗粒的概率。过滤系数不能根据悬浮液和过滤床的物理化学性质确定；相反，必须通过给定的悬浮液和过滤床的实验确定。

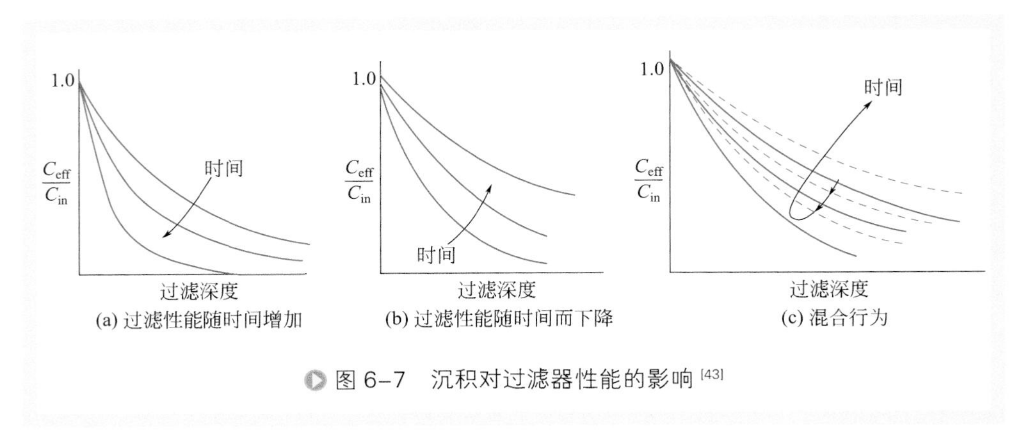


图 6-7 沉积对过滤器性能的影响[43]

Tien[22] 通过引入 $F(\boldsymbol{\alpha},\sigma)$ 以下的状态，提出了过滤系数的三种一般类型：

① $F(\boldsymbol{\alpha},\sigma)$ 是 $\sigma$ 的递增函数。也就是当颗粒沉积增加时，过滤器收集颗粒的能力得到改善。这种类型的表达式的例子包括 $1+b\sigma$ 、$1+b\sigma^2$ 和 $(1+b\sigma)^n$ ，其中 $n>0$、$b>0$。这种情况下，浓度分布相对于时间向下移动［见图 6-7（a）］。

② $F(\boldsymbol{\alpha},\sigma)$ 是 $\sigma$ 的递减函数。如果过滤器的性能随着颗粒沉积增加而恶化，则会出现这种情况。这种类型的表达式的例子包括 $1-b\sigma$ 、$1-b\sigma^2$ 和 $(1+b\sigma)^n$ ，其中 $n<0$、$b>0$。这种情况下，浓度分布相对于时间向上移动，这意味着过滤器性能随时间恶化［参见图 6-7（b）］。

③ $F(\boldsymbol{\alpha},\sigma)$ 是上述两种行为的组合。这意味着过滤系数随着 $\sigma$ 的增加而增加，并且在短时间的增加之后，随着颗粒的附着而降低。可以描述为 $F(\boldsymbol{\alpha},\sigma)=(1-b\sigma)+\frac{a\sigma^2}{\varphi_0-\sigma}$ 或 $F(\boldsymbol{\alpha},\sigma)=(1-b\sigma)^{n_1}(1-a\sigma)^{n_2}$ ，其中 $a$、$b>0$，$n_1$、$n_2$ 符号相同。在这种情况下，初始改善随后恶化的特性如图 6-7（c）所示，分别通过浓度分布向下位移和向上位移表示。

Ives[23] 描述了一个更一般性的过滤系数表达式，并与之前提出的一些其他的表达式进行比较，提出了 $\lambda$ 的以下表达式：

$$\lambda=\lambda_0\left(1+\frac{b\sigma}{\varphi_0}\right)^{n_1}\left(1-\frac{\sigma}{\varphi_0}\right)^{n_2}\left(1-\frac{\sigma}{\sigma_u}\right)^{n_3} \tag{6-36}$$

式中，$b$ 是与过滤颗粒填充有关的几何常数（如在 Tien 表达式中使用的 $b$ 和 $a$），$\sigma_u$ 是特定沉积物的最终或饱和值（$\sigma_u \leqslant \varphi_0$），$n_1$、$n_2$、$n_3$ 是经验指数。

他表示第一项是基于过滤器中比表面积的增加，是由于颗粒在滤料上沉积引起。实际上，该表达表示过滤的初始阶段［图 6-7（c）中的浓度分布的向下位移］导致过滤性能的初始增加。第二项是由于过滤器中的比表面积的减少，这是由于颗粒在滤料孔隙间的积累引起。第三项为由于沉积物孔隙横截面的限制，平均间隙速度增加。假设在最终特定沉积（$\sigma_u$）间隙速度达到极限值（临界速度），超过此限制颗粒的进一步沉积被抑制（Ives[23]; McDowell-Boyer 等[20]）。临界速度的概念由Maroudas 和 Eisenklam[60, 61]提出，并被多个研究者（如 Ives[23] 和 Kreissl 等[62]）使用。

通常过滤器性能的改善［图 6-7（a）］是由于收集器表面沉积颗粒引起。这种现象通常发生在气溶胶过滤中（Jung 和 Tien[63, 64]）以及水过滤的成熟期（Tien[22]）。另一方面，如果污染物颗粒之间的排斥作用相比污染物颗粒和滤料颗粒的排斥作用更大，颗粒沉积可能会随着沉积的增加而导致过滤速率的降低［图 6-7（b）］（Liu 等[65]，Rajagopalan 和 Chu[66]）。这两种效应的组合可能引起第三种表现，即滤液质量先改善（出口浓度降低），后变差（出口浓度增加）［图 6-7（c）］。

目前已有多种过滤系数的表达式，可参考 Ives[23] 和 Herzig 等[67] 文献，其中一些在表 6-2 中列出。

表6-2　$F$的表达式[30]

| 表达式 | 参数 | 文献 |
| --- | --- | --- |
| $F=1+b\sigma;b>0$ | $b$ | Iwasaki (1937); Stein (1940) |
| $F=1-b\sigma;b>0$ | $b$ | Mehter 等 (1970); Ornatski 等 (1955) |
| $F=1-\dfrac{\sigma}{\varphi_0}$ | | Heertjes 和 Lerk (1967); Shekhtman (1961) |
| $F=1-\dfrac{\sigma}{\sigma_u}$ | | Maroudas 和 Eisenklam (1965) |
| $F=\left(\dfrac{1}{1+b\sigma}\right)^n;b>0,n<0$ | $b$，$n$ | Mehter 等 (1970) |
| $F=\left[\dfrac{\varphi(\sigma)/\sigma_0}{\varphi_0-\sigma/(1-\varphi_d)}\right]^n$ | $n$ | Deb (1969) |
| $F=\left(1+\dfrac{b\sigma}{\varphi_0}\right)^{n_1}\left(1-\dfrac{\sigma}{\varphi_0}\right)^{n_2};b>0$ | $b$，$n_1$，$n_2$ | Mackrle 等 (1965) |
| $F=1+b\sigma-\dfrac{a\sigma^2}{\varphi_0-\sigma};b>0,a>0$ | $a$，$b$ | Ives (1960) |
| $F=\left(1+\dfrac{b\sigma}{\varphi_0}\right)^{n_1}\left(1-\dfrac{\sigma}{\varphi_0}\right)^{n_2}\left(1-\dfrac{\sigma}{\sigma_u}\right)^{n_3};b>0$ | $b$，$n_1$，$n_2$，$n_3$ | Ives (1969) |

（3）压力梯度流量关系　如公式（6-29）中，估计压降变化需要有清洁过滤介质的压力梯度 - 流量关系的信息。此外，堵塞床层上的压降增加与沉积 $G(\boldsymbol{\beta},\sigma)$ 之间的关系必须是已知的。通过使用由均匀尺寸（$d_g$，直径）的球体组成的颗粒介质[68]和假定不可压缩流体通过介质流动的颗粒介质之间的渗透率和孔隙率之间的关系，在层流状态维持表面流速为 $u$，在距离表面 $L$ 处所需的压降是

$$\frac{\Delta P}{L}=k_1\frac{(1-\varphi)^2}{\varphi^3}\frac{\mu u_s}{d_g^2} \tag{6-37}$$

公式（6-37）被称为 Carman-Kozeny 方程。基于这样的观点：多孔介质是一束长度和直径相等的毛细管，他发现 $k_1$ 是 64。通过拟合填充床的流动实验数据，$k_1$ 应为 180。

Carman-Kozeny 方程是基于层流和由形状及阻力损失导致的压降，但是由于雷诺数（$N_{Re}=\rho u_s d_g/\mu$）的增加，动能损失变得显著。以下等式可预测与通过填充床的湍流相关的压降。

$$\frac{\Delta P}{L}=k_2\frac{1-\varphi}{\varphi^3}\frac{\rho u_s^2}{d_g} \tag{6-38}$$

式（6-37）预测了由形状阻力引起的压降，式（6-38）给出由动能损失导致的压降，现在可以加入以产生通过颗粒介质的流动的一般关系。这种关系可以写成

$$\frac{\Delta P}{L}\frac{d_g}{\rho u_s^2}\frac{\varphi^3}{1-\varphi}=k_1\frac{1-\varphi}{N_{Re}}+k_2 \tag{6-39}$$

上述表达式被称为 Ergun 方程，$k_1$ = 150 和 $k_2$ = 1.75。方程（6-39）可用于估计流体流量保持在 $u_s$ 时所需的压力梯度，对于干净的过滤器 $(\partial P / \partial z)_0=\Delta P / L$。对于由不是球形的颗粒组成的多孔介质，$d_g$ 可以被取为（Tien[22]，Civan[68]）

$$d_g=\frac{6V_p}{A_p} \tag{6-40}$$

式中，$A_p$ 和 $V_p$ 分别是颗粒的表面积和体积。

如果假设颗粒沉积在滤料上形成相对光滑的表面，则过滤器颗粒的有效直径随着沉积程度的增加而增加。使用式（6-22）对多孔介质的孔隙率变化的关系，有效颗粒直径的变化可以表示为

$$\frac{d_g}{d_{g0}}=\left(\frac{1-\varphi}{1-\varphi_0}\right)^{1/3} \tag{6-41}$$

获得压降 $G(\boldsymbol{\beta},\sigma)$ 增加表达式的一个简单例子是假定 Carmen-Kozeny 方程可以应用于清洁和堵塞的过滤介质，然后

$$G(\boldsymbol{\beta},\sigma)=\frac{\partial P/\partial z}{(\partial P/\partial z)_0}=\left(\frac{d_{g0}}{d_g}\right)^2\frac{\varphi_0^3(1-\varphi)^2}{\varphi^3(1-\varphi_0)^2} \tag{6-42}$$

通过联立式（6-41）、式（6-42）和式（6-22）

$$G(\boldsymbol{\beta},\sigma)=\frac{\partial P/\partial z}{(\partial P/\partial z)_0}=\left[1-\frac{\sigma}{\varphi_0(1-\varphi_d)}\right]^{-3}\left[1+\frac{\sigma}{(1-\varphi_0)(1-\varphi_d)}\right]^{4/3} \tag{6-43}$$

表 6-3 列出了各种研究人员提出的 $G$ 表达式。

表6-3 不同的$G(\boldsymbol{\beta}, \sigma)$表达式[30]

| 表达式 | 参数 | 文献 |
|---|---|---|
| $G=1+d\sigma;d>0$ | $d$ | Mehter 等 (1970) |
| $G=1+d\sigma/\varphi_0;d>0$ | $d$ | Mints (1966) |
| $G=\left(\dfrac{1}{1-d\sigma}\right)^{m_1};d>0,m_1>0$ | $d$，$m_1$ | Mehter 等 (1970) |
| $G=\left(1-\dfrac{2\sigma}{\beta}\right)^{-1/2};\beta>0$ | — | Maroudas 和 Eisenklam (1965) |
| $G=\left\{1+d\left[1-10^{-m_1\sigma/(1-\varphi_d)}\right]\right\}\left[\dfrac{\varphi_0}{\varphi_0-\sigma/(1-\varphi_d)}\right]^3;d>0,m_1>0$ | $d$，$m_1$ | Deb (1969) |
| $G=\left(1+\dfrac{d\sigma}{\varphi_0}\right)^{m_1}\left(1-\dfrac{\sigma}{\varphi_0}\right)^{m_2};d>0,m_1>0,m_2>0$ | $d$，$m_1$，$m_2$ | Ives (1969) |
| $G=1+f\left[(\lambda_0+d\varphi_0)\sigma+\left(\dfrac{e+d}{2}\right)^2+d\varphi_0^2\ln\left(\dfrac{\varphi_0-\sigma}{\varphi_0}\right)\right];f,d,e>0$ | $f$，$d$，$e$ | Ives (1961) |
| $G=\left(\dfrac{\varphi_0}{\varphi_0-\sigma}\right)^3\left(\dfrac{1-\varphi_0+\sigma}{1+\varphi_0}\right)^2\left\{\sqrt{\left[\dfrac{\sigma}{3(1-\varphi_0)}+\dfrac{1}{4}\right]}+\dfrac{\sigma}{3(1-\varphi_0)}+\dfrac{1}{2}\right\}$ | — | Camp (1964) |

注：$m_1$、$m_2$、$e$ 为各模型中的与实际颗粒床相关的系数。

# 第三节 沸腾床动力学及结构设计

## 一、沸腾床流化概述

沸腾床是一种在颗粒存在条件下，液相和气相高效接触、发生化学反应的先进化工单元设备，具有床层压降低、气液传质效率高、内构件少的优点，已广泛用于渣油的加氢裂化和加氢脱硫、碳氢化合物裂解制烯烃等应用，如表 6-4 所列。

表6-4 沸腾床的商业化应用

| 序号 | 应用 |
|---|---|
| 1 | 渣油加氢裂化和加氢脱硫（H-Oil、T-Star 和 LC-Fining） |
| 2 | 烃裂化生产烯烃，部分氧化生产芳烃 |

续表

| 序号 | 应用 |
| --- | --- |
| 3 | 己二酸和氨水生产己二腈 |
| 4 | 煤焦油加氢（催化煤液化） |
| 5 | 不饱和脂肪酸催化加氢 |
| 6 | 一氧化碳转化成甲烷的液相烷基化反应 |
| 7 | 生物氧化废水处理工艺 |
| 8 | 生产用于造纸工业的亚硫酸钙 |
| 9 | F-T 合成 |

沸腾床的概念，最早由美国烃研究公司（Hydrocarbon Research Inc，HRI）的 Edwin S. Johnson 等在 20 世纪 50 年代提出，并申请美国专利 US 2987465，后该专利修订为美国专利 US 25770。

美国专利 US 25770 所涉及的沸腾床，如图 6-8 所示。由沸腾床底部进入反应器内的气液两相混合物的宏观流动近似自下而上的平推流动；在气液两相的动量传递作用下，分布板上堆积的颗粒被流化；从表观现象上观察，被流化后的颗粒床层的孔隙率增加，颗粒床层的高度由其静止高度向上再膨胀至一定的高度，颗粒床层中的颗粒处于无序的自由运动状态。这种颗粒处于自由运动的状态被称为"Ebullated"（沸腾），这也是"沸腾床"名称的来源；沸腾床操作过程中，通过控制气液两相在反应器中的流速，可以实现对颗粒床层的膨胀高度的控制，一般要求颗粒床层膨胀 10% ～ 200%。因此这种控制颗粒床层膨胀高度的沸腾床也被形象地称为"膨胀床反应器"。

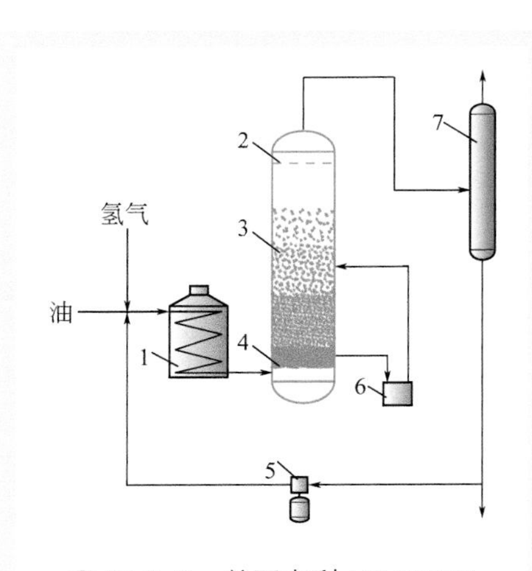

图 6-8　美国专利 US 25770 所公开的沸腾床

1—加热炉；2—过滤网；3—反应器；4—分布板；5—循环泵；6—催化剂再生装置；7—分离器

这种控制颗粒床层膨胀高度的沸腾床内部可以分为 4 个区域：气液分布区域、密相床层区域、自由空间区域和气体空间区域，如图 6-9 所示。在密相床层区域内，颗粒和颗粒之间的孔隙被放大。对于沸腾床分离器而言，在滤料颗粒床层再生过程中，使得滤料颗粒之间的孔隙放大，有助于滤料空隙中滞纳的污染物的释放，达到滤料床层再生的目的。

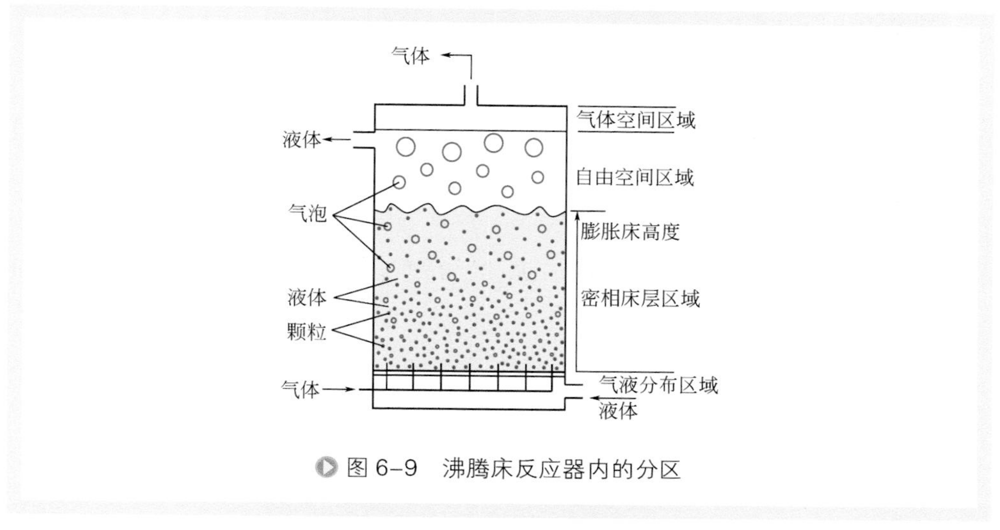


图 6-9 沸腾床反应器内的分区

## 二、沸腾床气-液-固三相流动

### 1. 流型

Zhang 等[69]在研究了三相流化床中，总结随着表观气速和表观液速变化而出现的七个不同流型，如图 6-10 所示。随着表观气速的增加，依次出现离散气泡流、聚并气泡流、柱塞流、搅拌流、架桥流、环状流；而在较低的速度下，出现气泡直径相较于离散气泡流气泡直径更小更为均一的分散气泡流。

图 6-10 为 Zhang[69]以空气 - 水 - 颗粒（$d_p$ 分别为 1.4mm 玻璃微珠、4.5mm 玻璃微珠、1.2mm 铁珠）为体系，采用直径（$D_c$）82.6mm 高度 2000mm 的流化床反应器研究了流型的转变。

分散气泡流出现的气液速关系满足：

$$\frac{U_G}{U_L} = 0.721 Fr_G^{0.339} Ar_L^{0.0746} \left(\frac{\rho_S}{\rho_L}\right)^{-0.667} \tag{6-44}$$

该式对于 44 组实验结果的误差为 8%。

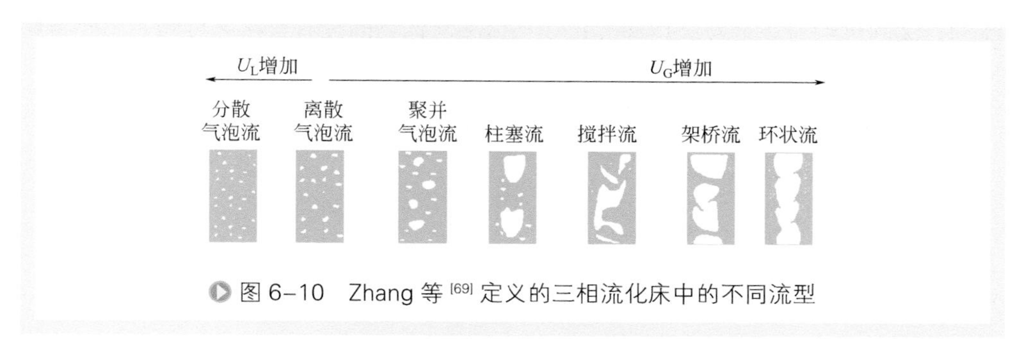


图 6-10 Zhang 等[69]定义的三相流化床中的不同流型

柱塞流出现的条件为：

当条件为：

$$U_L \leqslant 8.82\left(\frac{\rho_L d_p}{\mu_L}\right)^{-0.376}(gD_c)^{0.312}Ar_L^{0.419}\left(\frac{D_c}{d_p}\right)^{0.744} \tag{6-45}$$

气液速关系满足：

$$\frac{U_G}{U_L}=6.97\times10^5 Re_L^{-0.918}Ar_L^{0.805}\left(\frac{D_c}{d_p}\right)^{1.01} \tag{6-46}$$

当条件满足：

$$U_L > 8.82\left(\frac{\rho_L d_p}{\mu_L}\right)^{-0.376}(gD_c)^{0.312}Ar_L^{0.419}\left(\frac{D_c}{d_p}\right)^{0.744} \tag{6-47}$$

气液速关系满足：

$$\frac{U_G}{U_L}=20.3Fr_{GD}^{0.302}Ar_L^{-0.0861}\left(\frac{D_c}{d_p}\right)^{-0.318} \tag{6-48}$$

柱塞流和搅拌流的转变气液速满足：

$$\frac{U_G}{U_L}=53.4Re_L^{-1.30}Ar_L^{0.468}\left(\frac{\rho_S}{\rho_L}\right)^{0.454} \tag{6-49}$$

搅拌流和架桥流的转变气液速满足：

$$\frac{U_G}{U_L}=219Re_L^{-1.24}Ar_L^{0.367}\left(\frac{\rho_S}{\rho_L}\right)^{0.444} \tag{6-50}$$

但是，以上判别公式似乎无法适用于高温高压系统。

### 2. 床层压力降（流化曲线）

流化床中的总压降是静压头和摩擦项之和，可表述为：

$$\Delta P_T=(1-\varepsilon_g)\rho_L gh+\varepsilon_g h+\Delta P_F \tag{6-51}$$

式中，$\Delta P_F$ 为摩擦项，是液速的函数。

Song 等[70] 建立的预测最小流化速度的模型，模型假设：①气液两相都是一维流动；②固体颗粒完全被液体润湿；③气体和液体之间没有直接的接触。由此将反应器的压降表述为：

$$(-\Delta P_T)=[(1-\alpha)\rho_L+\alpha\rho_G]gh+(1-\alpha)(-\Delta P_F) \tag{6-52}$$

Chern[71] 等将 $(-\Delta P_F)$ 摩擦项表述为：

$$f(u)=4f_c\left(\frac{1}{D_e}\right)\left[\frac{1}{2}\rho_L\left(\frac{U_L}{(1-\alpha)\varepsilon}\right)\right] \tag{6-53}$$

式中，$D_e$ 为液体过流的有效通道尺寸：

$$D_e = \frac{2(1-\varepsilon_S)}{3\varepsilon_S}[1-\sqrt{\alpha}]\varphi d_p \quad (6-54)$$

颗粒被液体完全润湿，气相没有和颗粒直接接触，摩擦项仅发生在液相和固相之间。$f_c$ 可以等于液固体系中的摩擦因数，可以由式（6-55）表示。

$$f_c = f_{L+S} = 0.583 + \frac{33.3}{Re_L} \quad (6-55)$$

Song 等 [70] 估算了固定床中的 $\alpha$ ：

$$\alpha = \begin{cases} 0.531U_L^{-0.350}U_G^{0.977}(d_p > 3\text{mm}) \\ 1.69U_L^{-0.0902}U_G^{0.955}(d_p \leqslant 3\text{mm}) \end{cases} \quad (6-56)$$

最小流化状态下的总压降是同床层的总重量平衡的，可以表述为：

$$(-\Delta P_T) = (\varepsilon_L\rho_L + \varepsilon_S\rho_S + \varepsilon_G\rho_G)gh \quad (6-57)$$

通过式（6-52）和式（6-57）关联，也可以获得最小流化速度。

而大多数的研究工作中，常常忽略床层的摩擦项，而将床层压降直接描述成气液固三相混合物静液柱压力，见公式（6-58）。

$$\left(-\frac{dP}{dz}\right)_{稳态} = (\varepsilon_G\rho_G + \varepsilon_L\rho_L + \varepsilon_S\rho_S)g \quad (6-58)$$

### 3. 最小流化速度

表 6-5 为对最小流化速度部分研究所得经验公式的汇总。

表6-5　最小流化速度经验公式

| 研究者 | 最小流化速度经验公式 | 序号 |
|---|---|---|
| Ermakova 等 [72] | $U_{Lmf} = U_{Lmf}^0(1-0.5U_G^{0.075} - \varepsilon_{mf}\beta_{Gmf})$ | （6-59） |
| Bloxom 等 [73] | $U_{Lmf} = 5.359\times10^{-17}U_G^{-0.14}\mu_L^{-0.497}d_e^{-0.423}\rho_S^{3.75}$ | （6-60） |
| Begovich 等 | $Re_{Lmf} = 0.00512Ar_L^{0.662}Fr_G^{-0.118}$ | （6-61） |
| Begovich 等 | $U_{Lmf} = U_{Lmf}^0[1-1.62\times10^3U_G^{0.436}\mu_L^{0.227}d_p^{0.598}(\rho_S-\rho_L)^{-0.305}]$ | （6-62） |
| Costa 等 [74] | $U_{Lmf} = 6.969\times10^{-4}U_G^{-0.328}\mu_L^{-0.355}(\varphi d_p)^{1.086}d_e^{0.042}(\rho_S-\rho_L)^{0.865}$ | （6-63） |
| Song、Fan 等 [70,75] | $U_{Lmf} = U_{Lmf}^0[1-376U_G^{0.327}\mu_L^{0.227}d_p^{0.213}(\rho_S-\rho_L)^{-0.423}]$ | （6-64） |
| Larachi 等 [76] | $U_{Lmf} = f(U_G,\mu_L,\varphi,d_p,\rho_S-\rho_L,\sigma_L,d_p/d_e)$ | （6-65） |
| Larachi 等 [76] | $U_{Lmf} = f(Re_G,Ar_L,\varphi d_p/d_e,Mo_L)$ | （6-66） |

注：$d_e$ 为颗粒等效粒径，$d_e = \left(\frac{6V_p}{\pi}\right)^{1/3} = \left(\frac{3}{2}d_p^2 l\right)^{1/3}$ ；$U_{Lmf}^0$ 为没有气相条件下的最小流化速度。

最小流化速度从表观液体速度 - 床层压降关系中获得，测量过程中保持表观气速恒定，逐步降低表观液速从初始流化状态直至零。确定表观气速下的最小流化速度定义为颗粒从固定床开始转变流化床的点，即随着表观液速 - 压降梯度关系的转变点。以往对于最小流化速度的研究已经表明：随着表观气体速度的增加，实现流化所需的最小表观液速下降。Wen 等[77]指出最小流化速度随着颗粒直径和液固密度差的增加而增加，随着液体黏度的增加而减小。Dominic 等[78]实验研究了 4mm 和 1.5mm 的玻璃球，以及分别与之对应的具有相同等效体积 / 表面积比值的长径比为 7.5mm/3.2mm 和 3.1mm/1.2mm 的圆柱形颗粒体系的最小流化速度，发现圆柱形颗粒的最小流化速度大于球形颗粒。而床层质量对于最小流化速度没有影响，最小流化速度在恒定的气速条件下随着颗粒尺寸的增加而增加，但是随着气速的增加而降低；床层膨胀率随着气速和液速的增加而增加，随着颗粒尺寸和静止床层的增加而减小。

#### 4．床层膨胀率

Soung[79]发现直径 0.635mm、长度 4.763mm 的圆柱颗粒的三相流化床 $U_L/U_G$ 达到 0.8 时，床层开始逐渐膨胀；当 $U_L/U_G$ 低于 0.25 时，系统的搅拌特性显著增加，固体颗粒具有从顶部到底部的运动，这种运动促使反应器温度梯度趋于平衡。并给出了零气速和有气速条件下的床层膨胀经验公式，见公式（6-67）；同时定义了膨胀率 $F$，见公式（6-68）。

$$\left(\frac{H_0}{H}\right)_{U_G=0}=\begin{cases}1.0-1.22\left(U_L/U_t\right)^{1.20}, U_L/U_t \geqslant 0.25\\ 1.0-4.50\left(U_L/U_t\right)^{2.15}, U_L/U_t < 0.25\end{cases} \tag{6-67}$$

式中，$U_t$ 为颗粒自由沉降终端速度。

$$F=\frac{\left(\frac{H_0}{H}\right)_{U_G\neq 0}}{\left(\frac{H_0}{H}\right)_{U_G=0}} \tag{6-68}$$

即 $$F=\begin{cases}1.50+0.16\ln\left(U_L/U_G\right)-0.065\ln\left(\phi Re_p\right), 0.06\leqslant U_L/U_G<0.6\\ 2.09-0.17\ln\left(\phi Re_p\right), 0.6\leqslant U_L/U_G<5\end{cases}$$

其中，对于条形颗粒，$d_p$ 和 $\phi$ 为折算的颗粒粒径和球形系数（形状系数）。

$$d_p=(3D_p^2L_p/2)^{1/3} \tag{6-69}$$

$$\phi=d_p^2/(D_p^2/2+D_pL_p) \tag{6-70}$$

床层坍塌是三相流化床独有的现象。当足够多的液体被吸入气泡的尾迹使得液固两相中的液相速度显著降低时，床层坍塌现象便发生了。对于中等黏度的液相和尺寸小于 2.5mm 的颗粒，存在促进气泡聚并的倾向，床层坍塌可能发生；对于大于 2.5mm 的颗粒，倾向于促使气泡破碎，床层随着气速的增加而膨胀；对于高黏度的液相，床层的坍塌和气泡的聚并同颗粒的尺寸无关；设计较差的分布器对于大尺寸的颗粒体系，可能也会导致气泡的聚并。

## 5. 固含率

正常运行中的沸腾床床层中的气体、液体、固体的体积分数合计为 1，如公式（6-71）表述；而其中的总体固含率可以表述为 1– 床层的孔隙率，如公式（6-72）表述。

$$\varepsilon_G+\varepsilon_L+\varepsilon_S=1 \tag{6-71}$$

$$\varepsilon_S=1-\varepsilon=\frac{W_S}{\rho_S A_{cs} H_S} \tag{6-72}$$

式中，$A_{cs}$ 为设备横截面积，$A_{cs}=0.25\pi D_c^2$。

Song 等 [70] 发现具有表面活性剂的系统中床层孔隙率始终要高于以空气 - 水为物料的系统，并给出了具有表面活性剂的系统中的总体固体颗粒体积分数经验公式，如公式（6-73）表述；同时发现，在具有表面活性剂的系统中，气相速度对于总体床层孔隙率的影响比起在空气 - 水系统中更为显著，这是因为在具有表面活性剂的系统中的非聚并小气泡比起在空气 - 水系统中对床层膨胀施以更大的影响。

$$\varepsilon_S=7.62U_L^{0.204}U_G^{0.130}(\rho_S-\rho_L)^{-0.250}(d_e\phi_S)^{-0.175}\mu_L^{0.0600} \tag{6-73}$$

Begovich 等给出了圆柱形固体颗粒的三相流化床中的总体固体体积分数经验公式如公式（6-74）表述。对于其他形状的固体颗粒，Song 等 [70] 可以采用颗粒球形系数修正如公式（6-75）表述。

$$\begin{aligned}\varepsilon_S=&(0.371\pm0.017)U_L^{0.271\pm0.011}U_G^{0.041\pm0.005}(\rho_S-\rho_L)^{-0.316\pm0.011}\\&d_p^{-0.268\pm0.010}\mu_L^{0.055\pm0.008}D_c^{-0.033\pm0.013}\end{aligned} \tag{6-74}$$

式中，$U_L$ 为液相表观速度，cm/s；$U_G$ 为气相表观速度，cm/s；$\mu_L$ 为液相黏度，g/(cm • s)；$\rho_L$ 为液相密度，g/cm³；$\rho_S$ 为固相密度，g/cm³；$D_c$ 为反应器直径，cm；$d_p$ 为圆柱固体颗粒直径，cm。

$$\varepsilon_S=\varepsilon_{S,\ B\text{-}W}\phi_S^{-0.424} \tag{6-75}$$

式中，$\phi_S$ 为颗粒球形系数，$\phi_S=\dfrac{d_e^2}{d_p\left(\dfrac{d_p}{2}+l\right)}$；$l$ 为颗粒长度；$d_e$ 为颗粒等效直径，$d_e=\left(\dfrac{6V_p}{\pi}\right)^{1/3}=\left(\dfrac{3}{2}d_p^2 l\right)^{1/3}$

空气 - 水系统中气含率决定于反应器中的流型。Song 等 [70] 给出了圆柱形颗粒的三相流化床中的气含率经验公式，聚并气泡流型中气含率公式如公式（6-76）、分散气泡流型的气含率公式如公式（6-77）。

$$\varepsilon_G=0.342Fr_G^{0.0373}Re_L^{-0.192} \tag{6-76}$$

$$\varepsilon_G=0.280Fr_G^{0.126}Re_L^{-0.0873} \tag{6-77}$$

Fan 等[75]总结了具有表面活性剂的系统中的气含率公式，分散大气泡流型的气含率公式、转变流型区域的气含率公式分别为式（6-78）～式（6-80）。

$$\varepsilon_G = 1.81 Fr_G^{0.222} Re_L^{-0.432} M^{0.0200} \quad (6\text{-}78)$$

$$\varepsilon_G = 0.654 Fr_G^{0.385} Re_L^{-0.0510} M^{0.0200} \quad (6\text{-}79)$$

$$\varepsilon_G = 2.61 Fr_G^{0.210} Re_L^{-0.372} M^{0.0200} \quad (6\text{-}80)$$

Jena 等[80]给出的气含率经验公式，如公式（6-81）所示。

$$\varepsilon_G = 5.53 Fr_G^{0.4135} Re_L^{-0.1808} H_r^{0.0597} d_r^{0.0873} \quad (6\text{-}81)$$

式中，$H_r$ 为静止床层高度 $H_s$/ 设备直径 $D_c$；$d_r$ 为颗粒直径 $d_p$/ 设备直径 $D_c$。

氮气 - 水、氮气 - 丙酮、氮气 - 异丙基苯体系的气液两相鼓泡床的实验中，氮气 - 丙酮、氮气 - 异丙基苯体系中的气含率增量显著高于氮气 - 水体系。其原因是丙酮和异丙基苯较小的液体密度和黏度，以及相当于水 1/3 的表面张力；较小的液体密度，由于减小了气液的密度差异，从而减小了作用在气泡上的浮力；这和更小直径的气泡尺寸共同减小了气泡上升的速度，反过来增加了气含率。

气液两相鼓泡床气含率随着反应器直径和反应器的高径比的增加而减小；低的表观液速不会影响到气含率，然而，气体密度的增加会大幅增加气含率；反应器底部的分布器处的气含率是最低的，而后经历一段沿轴向的气含率的小幅上升的过程；之后是气含率的突然降低，其原因为反应器顶部压力的降低导致气相的聚并；最后在反应器顶部出现气含率的显著增加，其原因为气泡脱出和泡沫层的出现。

Begovich 等研究了三相流化床中的固含率的轴向变化。在反应器底部固含率均匀；在床层上部存在固体浓度逐渐下降的转变区域，转变区域连接了床层顶部的气液两相区域。表观液速增加导致床层膨胀高度增加，床层底部固含率降低，但是转变区域的高度不变。表观气速增加，增加了转变区域的高度。

Smith 等[81]研究了淤浆鼓泡床中固体的分布，发现：淤浆鼓泡床中颗粒的行为受到颗粒和液相之间滑移速度以及颗粒混合的影响，同时也决定于：①固体和液体相的性质——密度、颗粒尺寸、颗粒尺寸分布、黏度、界面张力和润湿性；②固体和液体相的相对浓度；③气体和液体的相对速度。

Cova[82]研究了气体搅拌管式反应器在逆流操作和并流操作中的固体轴向分布情况。在逆流操作（含油颗粒的液相进料由反应器顶部进入反应器，而气体由反应器底部进入反应器）的气体搅拌管式反应器（gas-agitated tubular reactor）中，由于颗粒具有向下的速度，颗粒比液相更快地穿过反应器，因此管中的颗粒浓度通常低于进料口的颗粒浓度；逆流操作下的轴向固体浓度分布规律，如式（6-82）所示；当反应器处于完全混合状态，$\varepsilon_e \to \infty$，式（6-82）中任意 $x$ 高度上，$C = C_F$；当反应器为柱塞流时，$\varepsilon_e \to 0$，式（6-82）中任意 $x$ 高度上，$C = C_F \times |V_L| / (V_L| + |V_F|)$；当反应器处

于部分混合状态，即 $0<\varepsilon_e<\infty$，固体浓度处于 $C_F$ 和 $C_F \times |V_L|/(|V_L|+|V_F|)$ 之间；并流操作下的轴向固体浓度分布，如公式（6-83）所示。

$$C = C_F \left\{ \frac{|V_L|}{|V_L|+|V_F|} + \left(1-\frac{|V_L|}{|V_L|+|V_F|}\right) \exp\left[-(|V_L|+|V_F|)\frac{x}{\varepsilon_e}\right] \right\} \tag{6-82}$$

$$C = C_F \left\{ \frac{|V_L|}{|V_L|-|V_F|} + \left(1-\frac{|V_L|}{|V_L|-|V_F|}\right) \exp\left[-(|V_L|-|V_F|)\left(\frac{L-x}{\varepsilon_e}\right)\right] \right\} \tag{6-83}$$

式中，$C$ 为固体浓度，kg 颗粒 /m³ 浆料；$C_F$ 为反应器处于完全混合状态时的固体浓度，kg/m³；$V_L$ 为液体速度，$V_L=\dfrac{V_{Ls}}{1-\varphi}$，m/s；$V_F$ 为颗粒在纯液相中的沉降速度，m/s；$L$ 为反应器高度，m；$x$ 为从反应器底部开始到 $x$ 位置的反应器高度，m；$\varepsilon_e$ 为体涡流扩散率，$\varepsilon_e=\dfrac{\varepsilon_{es}}{1-\varphi}$，m²/s；$\varphi$ 为气体分数（气体占据的反应器体积部分）；$\varepsilon_{es}$ 为表观涡流扩散率，m²/s；$V_{Ls}$ 为表观液体速度，m/s。

Paul Murray 研究了浆态鼓泡床（slurry bubble column）中颗粒轴向浓度分布，发现随着气体速度、浆料速度的增加或者是颗粒尺寸的减小，固体浓度分布得更加均匀；并给出了轴向固体颗粒浓度分布的数学模型：

$$\varepsilon_{sf} = \frac{\varepsilon_{es}}{x\varepsilon_w + \varepsilon_f} = \frac{\varepsilon_{es}}{xk\varepsilon_g + (1-\varepsilon_g - k\varepsilon_g)} \tag{6-84}$$

$$k = \frac{\varepsilon_w}{\varepsilon_g} \tag{6-85}$$

$$\varepsilon_{es} = \frac{C_s}{\rho_s}(1-\varepsilon_g) \tag{6-86}$$

式中，$C_s$ 为固体浓度；$\varepsilon_{sf}$ 为进料中的固体浓度；$\varepsilon_f$ 为部分流化相的体积分数；$\varepsilon_w$ 为气泡混合相的体积分数；$\varepsilon_g$ 为气相体积分数（气含率）。

### 6．气泡特性

Soung[79] 实验研究观测到低气速下，气泡尺寸小，呈球形。因为聚并，气泡从小球形变为大球冠形，当气速再增加，气泡变为气体柱塞。当气体速度增加，气泡带动颗粒混合从局部尺度成为全尺寸的由上至下的混合运动。

Kenny 等 [83] 采用基于床层固相浓度的有效黏度方法预测气泡的上升速度，提出了经验式（6-87），其中对于自来水的体系，$S_1$=232s⁻¹，$S_2$=294s⁻¹，表面张力修正系数 $c$=0.757；对于蒸馏水体系，$S_1$=247s⁻¹，$S_2$=287s⁻¹，$c$=0.841。

$$U_{bub} = R_{eq}(S_1 - S_2\varepsilon_s) \tag{6-87}$$

式中，$U_{bub}$ 为测试气泡速度，cm/s；$R_{eq}$ 为气泡等效球形半径，cm；$S_1$、$S_2$ 为相关常数，s⁻¹；$\varepsilon_s$ 为床层孔隙率。

Yong Kang 等[84]研究直径 0.102m、高度 3.5m 的三相循环流化床（该流化床包括上升管、气液固分离器和固体循环设备三个部分）中的气泡分布情况，发现气泡的尺寸随着表观气速的增加而增加，但是在所有的径向位置上，随着表观液速或者固体颗粒循环量的增加而减小；并给出了气泡上升速度的经验公式如公式（6-88）所示。

$$U_B = 3.421 U_G^{0.204} U_L^{0.753} G_S^{-0.050} \left(\frac{r}{R}\right)^{-0.160} \tag{6-88}$$

式中，$U_B$ 为气泡上升速度，m/s；$U_G$ 为表观气体速度，m/s；$U_L$ 为表观液体速度，m/s；$G_S$ 为气体循环速率，kg/(m² • s)。

Rajeev L. Gorowara 等[85]研究了表面活性剂对三相流化床中的流体力学特性的影响，发现当忽略黏度的差异性，表面活性剂会阻碍气泡的上升。

## 7. 沸腾床流体力学放大研究

沸腾床的可靠设计要求对于：①沸腾床中的气含率；②气泡和浆料的相际传质；③液相（浆料）的轴向分布情况；④气相的轴向分布情况；⑤冷却管的传热系数，上述 5 点有准确的信息掌握。对沸腾床的设计放大一般采用几何相似、动力学相似或者采用 CFD 模拟方法。

Mike Safoniuk 等[86]采用 Buckingham 定理（Pi 定理）定义 5 组无量纲数如表 6-6 所列，实现几何和动力学相似，并采用通过 0.91mm 大型冷模反应器和 0.0826m UBC 装置进行了验证；其中 UBC 中使用硫酸镁（20%，质量分数）调控水的密度，气相采用空气，要求两个系统都处于离散气泡流的流型中，同时避免边壁效应。

表6-6　设计放大的无量纲数

| 项目 | 公式 | 编号 |
|---|---|---|
| $M$ 组数 | $M组数 = \frac{g\Delta\rho\mu_L^4}{\rho_L^2\sigma^3}$ | （6-89） |
| 奥托斯数 | $Eo = \frac{g\Delta\rho d_p^2}{\sigma^2}$ | （6-90） |
| 液相颗粒雷诺数 | $Re_L = \frac{\rho_L d_p U_L}{\mu_L}$ | （6-91） |
| 固液密度比 | $\beta_d = \frac{\rho_S}{\rho_L}$ | （6-92） |
| 气液速度比 | $\beta_U = \frac{U_G}{U_L}$ | （6-93） |

注：$\Delta\rho$ 为气液密度差，即 $\Delta\rho = \rho_L - \rho_G$。

仅仅采用表 6-6 中的五个无量纲数设计放大，发现在不同压力下进行操作，高压系统和模型系统的流体力学参数不同，说明这五个无量纲数不足以完全描述全反应器床层的流体力学行为，虽然再增加气液密度比的匹配可以延伸模型系统中分散气泡流型的描述，但是仍然缺少液相聚并的行为的描述。

采用一系列广泛的从输运方程的量纲分析获得无量纲数，可以将实验小规模的冷模反应器模拟和放大至工业三相流化床。如果无量纲数可以完美地匹配，则放大是合适的。几何和动力学的相似性都需要考虑，以明确和发展对于每一个工业装置都不同的预测公式。为了完成这一步，首先要定义对于气含率动力学具有显著影响的因素。然后通过 Buckingham 定理的应用，获得一系列合适的无量纲数。

情况 1： $Re_L = \dfrac{\rho_L D_c U_L}{\mu_L}$， $Fr_G = \dfrac{U_G^2}{gD_c}$， $We = \dfrac{\rho_L D_c U_L^2}{\sigma_L}$， $\Delta\beta_d = \dfrac{\rho_L - \rho_S}{\rho_L}$， $\beta_d = \dfrac{\rho_S}{\rho_L}$， $d_r = \dfrac{d_p}{D_c}$， $h_r = \dfrac{h_S}{D_c}$

式中，$Re_L$ 为液体雷诺数；$Fr_G$ 为气相弗劳德数；$We$ 为韦伯数；$\Delta\beta_d$ 为浮力和液体密度比；$\beta_d$ 为液固密度比（$\rho_S/\rho_L$）；$d_r$ 为颗粒直径 / 反应器直径；$h_r$ 为床层高径比；$h_S$ 为静止床层高度。

情况 2: $Mo = \dfrac{g\mu_L^4}{\rho_L \sigma_L^3}$， $Eo = \dfrac{\Delta\rho g D_c^2}{\sigma_L}$， $Fr_L = \dfrac{U_L^2}{gD_c}$， $Fr_G = \dfrac{U_G^2}{gD_c}$， $\beta_d = \dfrac{\rho_p}{\rho_L}$， $d_r = \dfrac{d_p}{D_c}$， $h_r = \dfrac{h_S}{D_c}$

式中，$Mo$ 为莫顿数；$Eo$ 为奥托斯数；$Fr_L$ 为液相弗劳德数。

Jena 等[80] 在对直径 0.1m、高度 1.88m 的冷模反应器的研究过程中，发现情况 2 对于气含率动力学的匹配性更好，同时给出气含率公式如式（6-94）所示；并给出了最佳气含率下的无量纲数为 $[Mo, Eo, Fr_L, Fr_G, \beta_d, d_r, h_r, \varepsilon_g] = [3.21\times10^{-10}, 1487.57, 1.10\times10^{-3}, 1.55\times10^{-2}, 2.2797, 0.0588, 2.747, 0.282]$。

$$\varepsilon_g = Mo^{0.05} Eo^{0.157} Fr_L^{-0.093} Fr_G^{0.401} \beta_d^{-0.096} d_r^{0.081} h_r^{0.026} \tag{6-94}$$

## 8. 流体动力学研究手段

多相流非侵入式测量方法大量发展，有助于沸腾床的速度场测量技术的发展。这些技术包括粒子图像测速（PIV）、激光多普勒测速（LDA）、放射性粒子跟踪（RPT）、计算机自动放射性粒子跟踪（CARPT）。PIV、LDA、热线测速（HWA）对于稀释分散流动系统是精密的测试手段，但是对于搅拌湍流鼓泡床而言，只能依靠 CARPT、伽马射线、断层摄影（Gamma-ray CT）、X 射线成像和未来可能的阻抗成像技术。

侵入式测量方法包括压力脉动方法和探针法。压力脉动方法可用来确定在给定表观气速条件下，随着液速减小，从分散气泡流型向聚并气泡流型转变的临界点；

采用电导探针可根据气泡的运动描述局部流动结构。光学探针可以开展对气泡的观测。

密度检测方法或断层摄影法、放射线照相法摆脱了反应器中高浓度的固体颗粒对于传统非侵入式光学测试技术的影响，包括X射线断层摄影（X ray CT）、X射线照相、伽马射线密度检测、伽马射线断层摄影、电子阻抗断层扫描（electronic impedance tomography）。

## 三、沸腾床结构设计

沸腾床冷模实验平台流程如图6-11所示。

对反应器分布板以上空间高度进行了无量纲化标识，如图6-12所示。

冷模实验中气液固三相物流采用压缩空气、生活自来水、球形氧化铝颗粒（表6-7）进行模拟。

### 1. 最小流化速度

根据实验中在同一气速下改变液速得到的床层压降值可以绘制床层压降同表观液速的关系，如图6-13所示。在床层压降-表观液速曲线上，拐点即为当前表观气速下的最小流化速度。床层压降-表观液速曲线变化随着表观液速的增加出现三个阶段：①固定床+气含率增加——床层小气泡随着 $U_L$ 的增加而增多，使得床

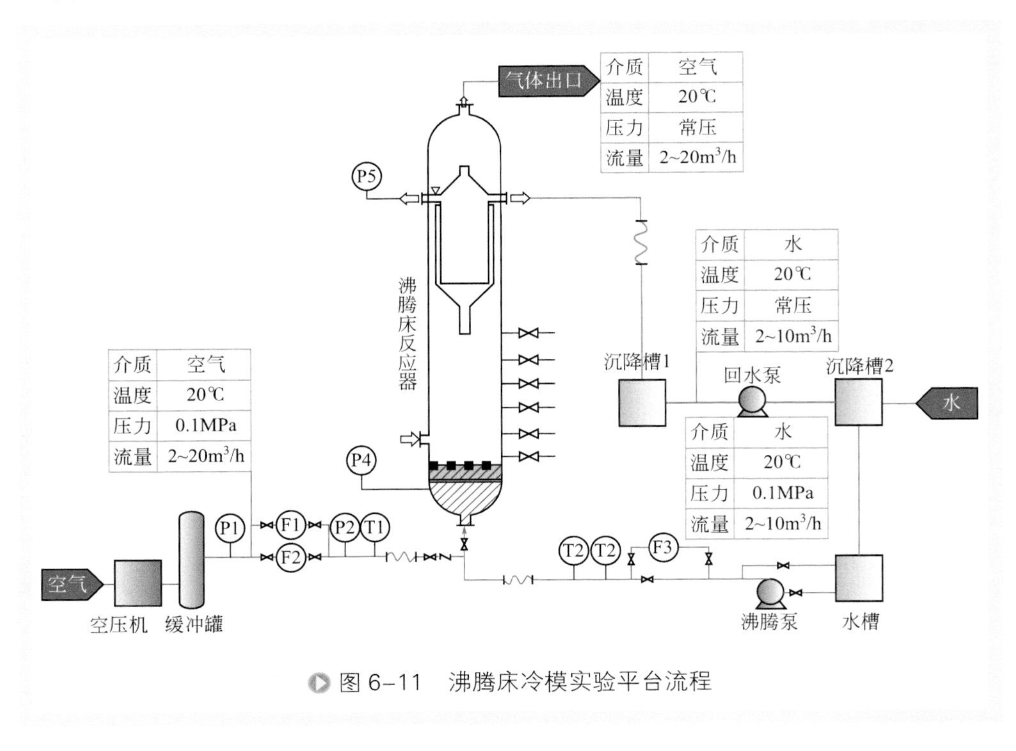


图6-11　沸腾床冷模实验平台流程

层总气含率增加，导致床层压降出现小幅度减小；②活动床——随着 $U_L$ 的增加，床层压降呈现线性增加，表现为反应器分布板上的颗粒由反应器边壁向反应器中心运动，同时，反应器中心区域的部分颗粒被流化向上并从反应器边壁下降；③沸腾床——反应器压降和反应器截面的乘积恰好等于反应器中气液固三相的总重量，床层颗粒达到沸腾状态。

表6-7　固体颗粒性质

| 项目 | 规格 |
| --- | --- |
| 名称 | 氧化铝小球 |
| 来源 | 抚顺 |
| 化学组成 | $\gamma$-$Al_2O_3$ |
| 形状 | 球形 |
| 粒度 /mm | 0.3 ～ 0.4 |
| 骨架密度 /(g/mL) | 约 3.0 |
| 堆积密度 /(g/mL) | 740 |
| 孔体积 /(mL/g) | 0.74 |
| 比表面积 /(m²/g) | 305.95 |

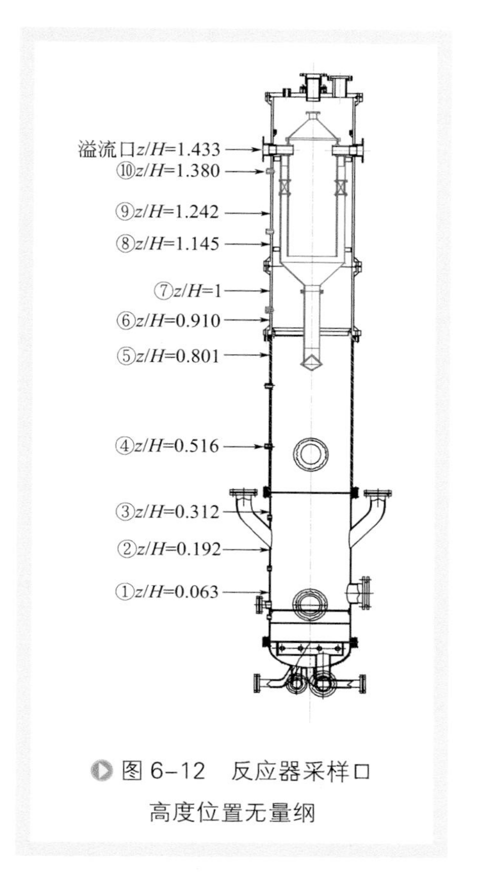

图 6-12　反应器采样口高度位置无量纲

实验测得的不同表观气速条件下的最小流化速度，如图 6-14 所示。实验测得

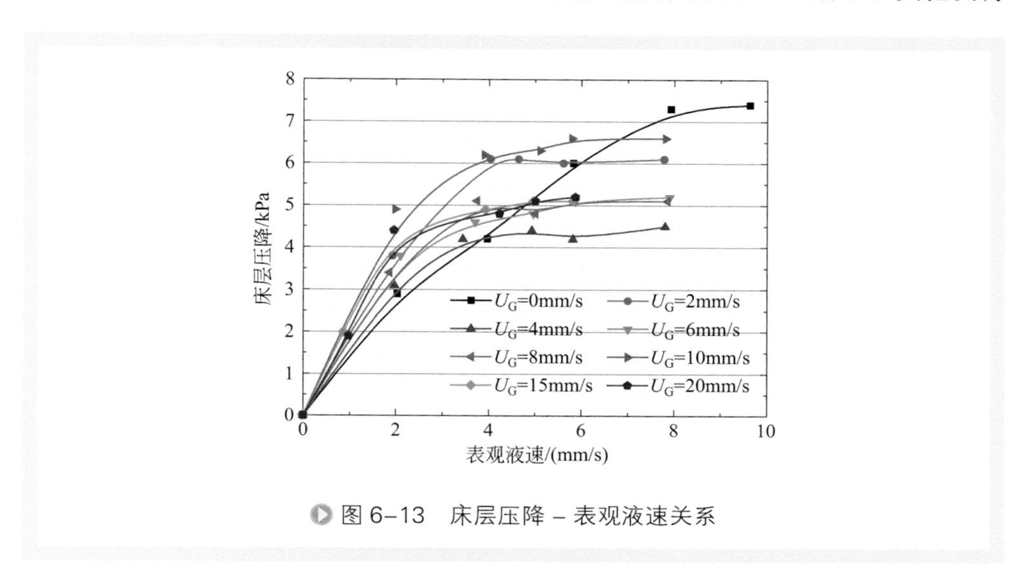

图 6-13　床层压降 - 表观液速关系

的最小流化速度同已有的最小流化速度进行比较，可知，在表观气速大于 6mm/s 时，Costa 经验公式的计算值同实验值可以较好地吻合；而当表观气速小于 6mm/s 时，实验值都偏离 Costa［式（6-63）］或者 Begovich［式（6-61）］的经验公式。

## 2. 固体分布规律

通过图 6-15 可以看到固体分布规律：①固体浓度沿轴向高度呈梯度分布；

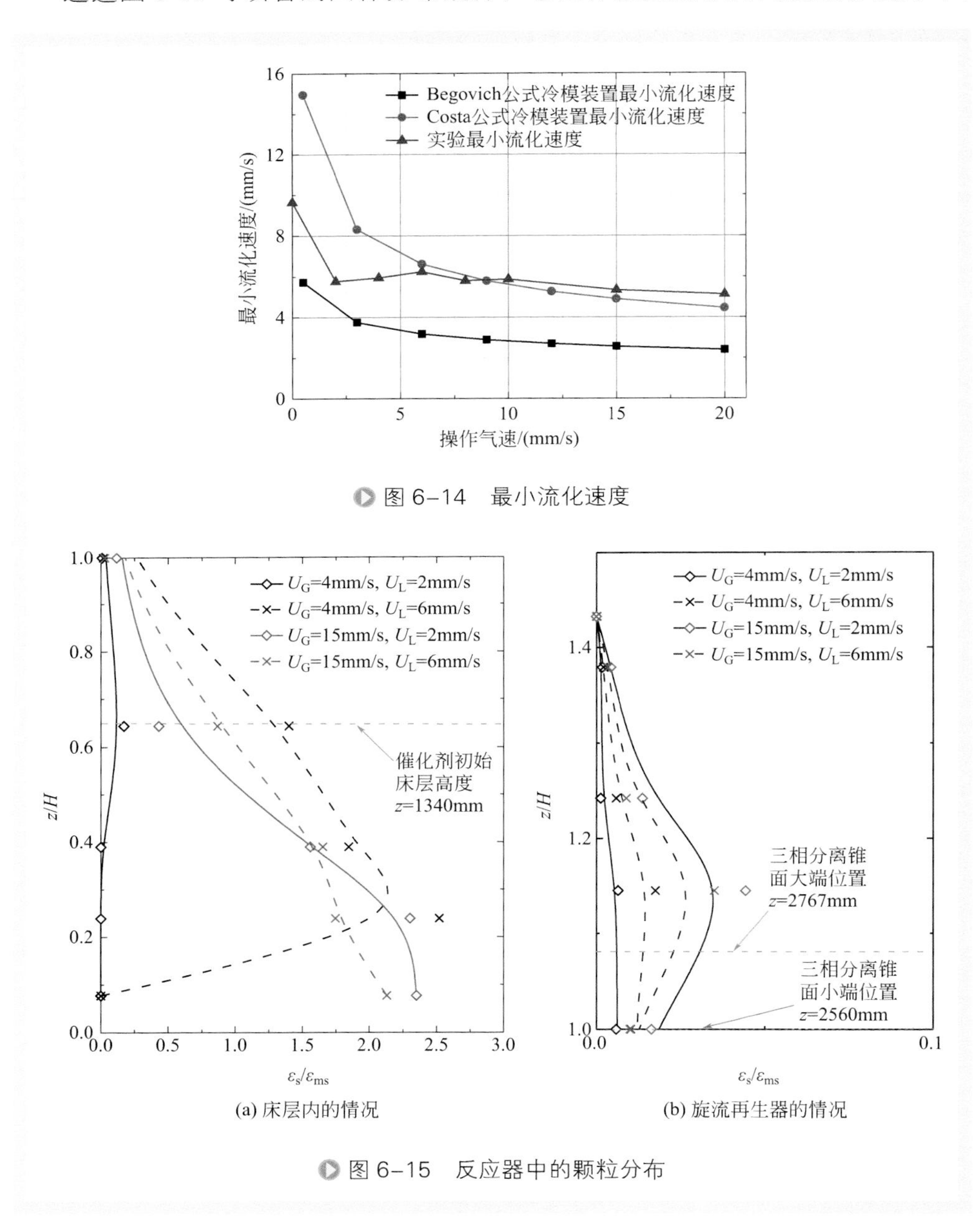


图 6-14　最小流化速度

图 6-15　反应器中的颗粒分布

②随气速 $U_G$ 增加，固体颗粒浓度分布更均匀；③ 随液速 $U_L$ 增加，固体颗粒浓度分布更均匀；④同时在低气液速条件下，颗粒床层出现部分流化的现象，即靠近分布板底部的颗粒未达到流化的状态，因为无法通过采样口进行固体的采样分析而为零。

# 第四节 旋流再生器再生原理及结构设计

## 一、气－液－固分离发展概况

沸腾床顶部气 - 液 - 固分离结构用于将沸腾床中的催化剂或滤料等颗粒限制于容器内。沸腾床的气 - 液 - 固分离结构的高效与否和空间尺寸决定了容器的空间利用率、颗粒藏量以及装置可否长周期运行，可以说气 - 液 - 固分离结构的液固分离水平决定了该种沸腾床的先进水平。

20 世纪 50 年代晚期，美国 Hydrocarbon Research Inc. (HRI) 公司和城市服务公司首先开发了商业化的“H-Oil”沸腾床技术，并申请了美国专利 US 25770。在美国专利 US 25770 的基础上，围绕沸腾床的气 - 液 - 固分离问题，大致出现了 5 种结构型式的分离结构，分别是：①空塔沉降结构；②分腔沉降结构；③循环杯结构；④旋流分离器结构；⑤惯性分离结构。

### 1. 空塔沉降结构

反应器顶部的三相分离通过气 - 液 - 固三相混合物在空塔结构中发生重力沉降实现（图 6-16）；气相产品从反应器顶部的气相出口排出，液相产品从反应器中的自由空间区域上层的澄清液体中水平引出或在水平引出过程中通过溢流堰板以避免液相直接水平抽出时发生气相同时从液相出口排出的问题。

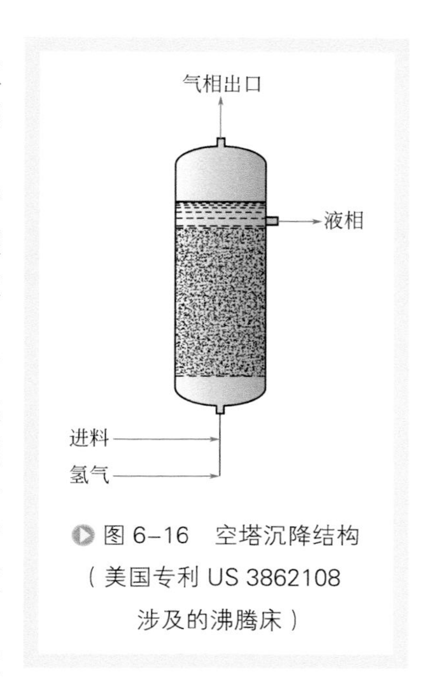

图 6-16　空塔沉降结构（美国专利 US 3862108 涉及的沸腾床）

在空塔沉降结构中，明显劣势在于：①为了保证颗粒沉降效果，自由空间区域的高度设置往往较为富余，造成反应器颗粒藏量低、空间利用率低。当固体颗粒和流体的均相混合物被放置于一个容器中，颗粒将在重力作用下发生沉降，而沉降的速度决定于固体颗粒的尺寸、形状、密度和浓度。②自由空间区域内，由于气泡的扰动，降低了颗粒的重力沉降效率。因此，降低自由空间区域的体积和减小气泡对沉降过程的影响成为三相分离器的设计要求。

### 2. 分腔沉降结构

在反应器中优先对气液固三相混合物进行脱气，而后将脱除气相的液固两相混合物送入一定体积的沉降区域内再进行沉降，即在反应器内分出一定的腔室仅供液体过流，创造出较小的向上液相速度的环境，为颗粒沉降提供了很好的条件。

分腔沉降结构主要有两种设计思路：①通过设置具有很大横截面积的缓冲挡板和柱锥形（或者柱形）沉降腔的分腔沉降结构实现反应器顶部气 - 液 - 固分离，如图 6-17 所示；②设置两个同心的外筒和内筒，利用反应器器壁、外筒和内筒形成的环隙空间，隔离气泡扰动对于沉降过程的影响，如图 6-18 所示。

当然分腔沉降结构的劣势也是显而易见的，沉降腔内的分离有赖于重力沉降，必须控制沉降腔内的液体线速度小于颗粒的自由（或者干涉）沉降末速，使得反应器的操作弹性有限，工业放大设备制造条件苛刻。

### 3. 循环杯结构

在空塔沉降结构的沸腾床中的气液分离依靠气体自然脱出气液界面实现。实际上，气液分离主体区域仅在气液界面以下较薄的一层液体中实现，使得气液相停留分离时间有限，分离得到的液体产品中气含率较高，如果液相产品直接去往高温高压的循环泵，易造成循环泵的汽蚀腐蚀损坏。因此，工程师开始考虑在反应器中设置漏斗形空间，专门用于气液两相停留分离，以获得气含率较低或者不含气体的液相产品去往循环泵，如图 6-19 所示。由于这一设置的空间类似于杯子的形状，因

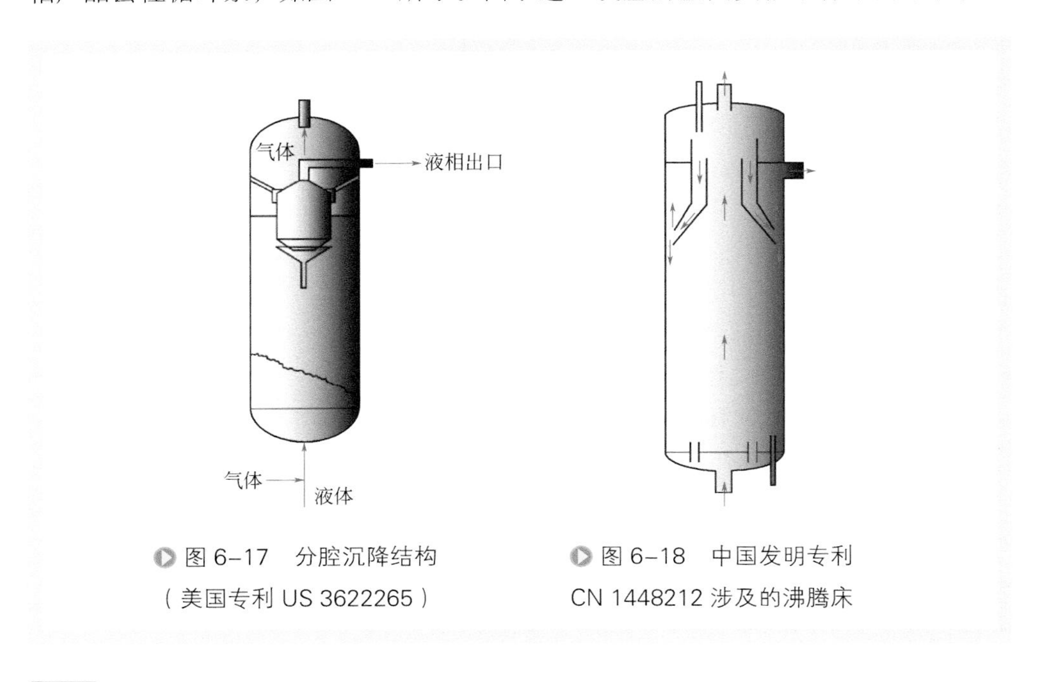


图 6-17　分腔沉降结构（美国专利 US 3622265）

图 6-18　中国发明专利 CN 1448212 涉及的沸腾床

此命名为“循环杯”。

为了强化气液分离的效果，在循环杯的结构上还设置有脱气结构，如设置丝网分离结构（图 6-20）、具有螺旋导流叶片的轴向旋流分离管（图 6-21）、升气管（图 6-22）等，尤其是通过引入离心分离结构，大大提高了气液分离的效率。

### 4. 旋流分离器结构

相较于空塔沉降结构，纵然采用漏斗形的循环杯结构可以增加澄清气液在去往

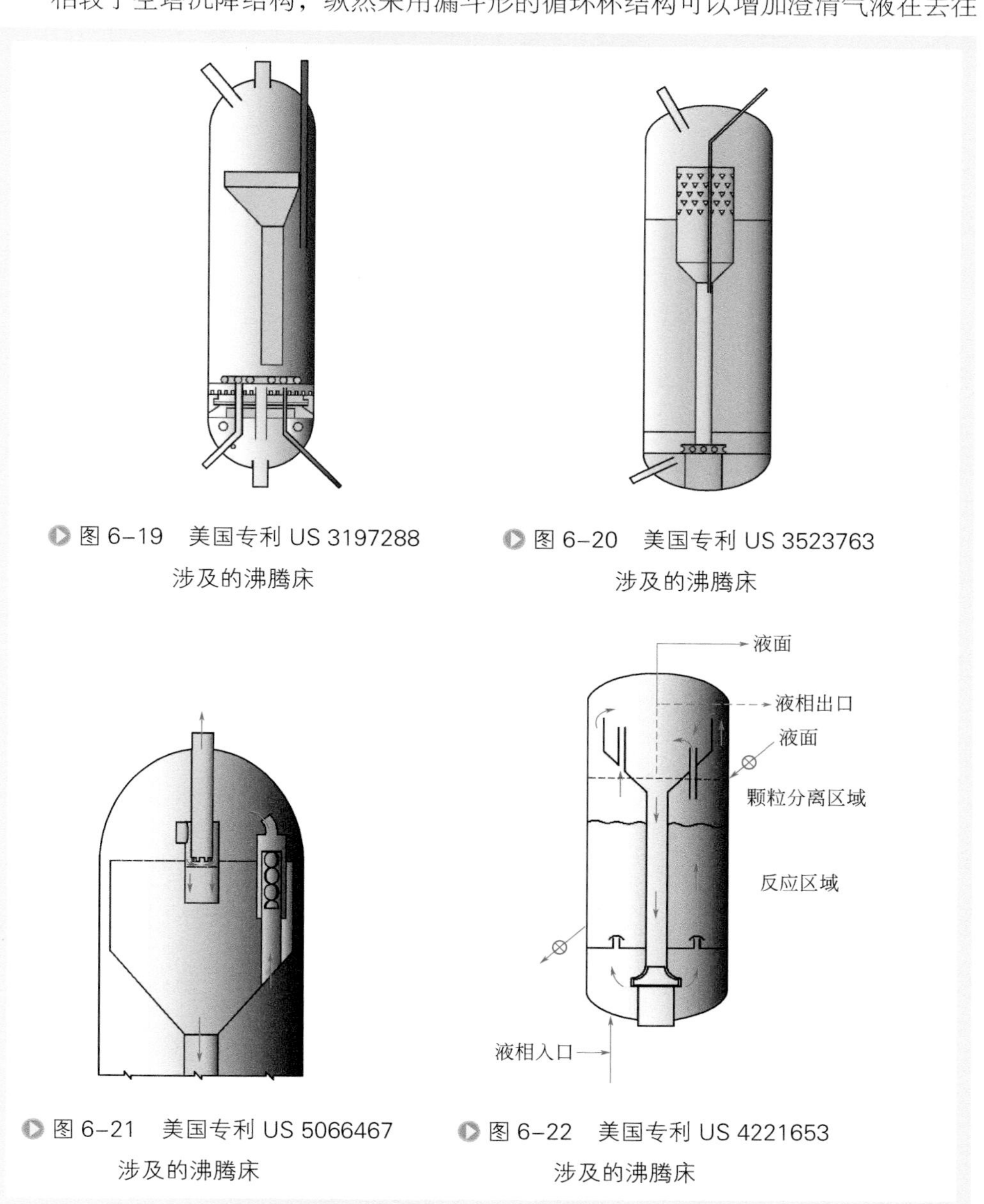


图 6-19　美国专利 US 3197288 涉及的沸腾床

图 6-20　美国专利 US 3523763 涉及的沸腾床

图 6-21　美国专利 US 5066467 涉及的沸腾床

图 6-22　美国专利 US 4221653 涉及的沸腾床

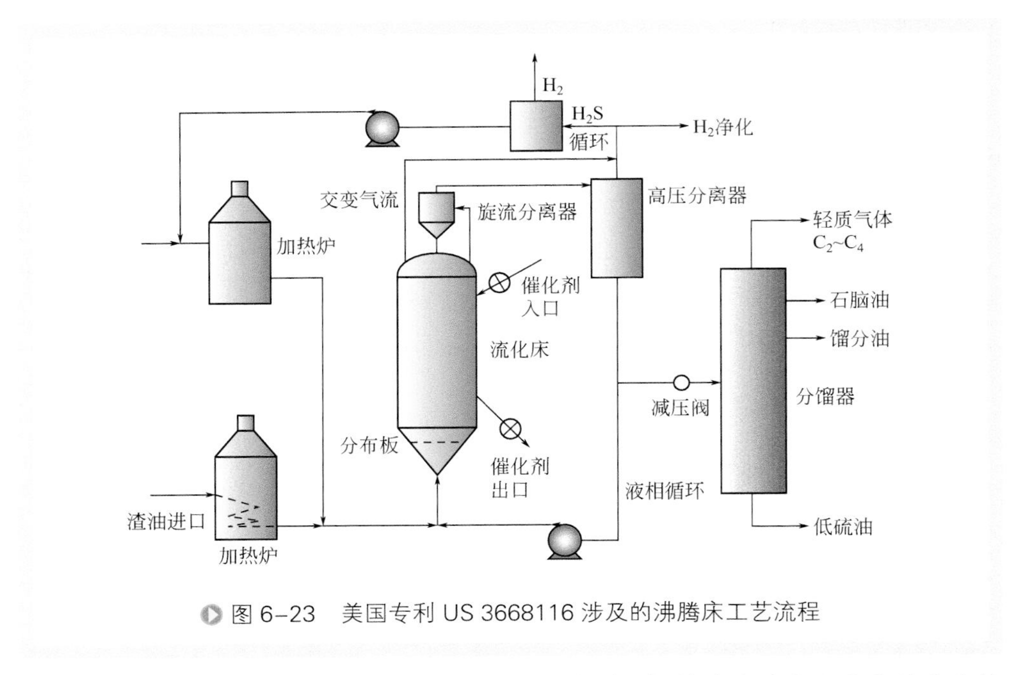

图 6-23　美国专利 US 3668116 涉及的沸腾床工艺流程

循环泵前的停留时间，甚至在循环杯结构上设施采用惯性分离或离心分离的分离管进一步强化气液分离，但是带来的是设备结构的复杂和分离效率的有限提高。因此，工程人员尝试采用单个旋流分离器取代循环杯结构，如图 6-23 和图 6-24 所示。

## 5. 惯性分离结构

在反应器顶部设置缓冲挡板改变流体和颗粒的运动方向，限制颗粒继续向上膨

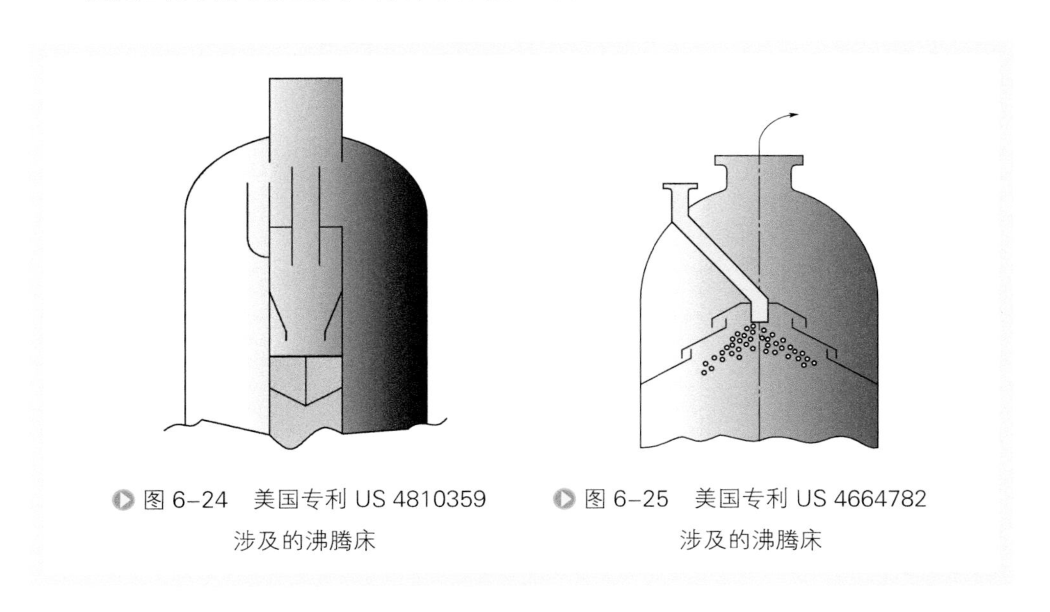
图 6-24　美国专利 US 4810359 涉及的沸腾床

图 6-25　美国专利 US 4664782 涉及的沸腾床

胀、引导颗粒向下沉降，实现颗粒从流体中的分离，获得的不含固体的气液两相产品经反应器顶部排出，如图 6-25 所示。

### 6. 分离器小结

沸腾床的气 - 液 - 固分离器设计涉及沸腾床技术的商业化应用，因此，沸腾床的分离器研究很少见于期刊发表，多作为商业技术秘密进行保密或以专利的形式进行公开。在公开的专利中以 HRI、Texaco、Amoco、Shell、Sinopec、Lummus、IFP 公司的申请为主。分离器的结构型式主要有 5 种，见表 6-8。

表6-8　分离器结构型式对比

| 序号 | 结构 | 代表公司 | 商业化 | 颗粒粒径 | 操作难度 | 颗粒藏量 |
|---|---|---|---|---|---|---|
| 1 | 空塔沉降 | HRI | — | $\phi$0.8 ～ 6.4mm<br>圆柱形 | 料面控制 | 35% |
| 2 | 分腔沉降 | HRI、Sinopec | STRONG | $\phi$0.2mm<br>微球形 | 低 | 50% ～ 70% |
| 3 | 循环杯 | HRI、Texaco、<br>Amoco、Lummus | H-Oil<br>T-Star<br>LC-fining | $\phi$0.8 ～ 6.4mm<br>圆柱形 | 料面控制 | ＜ 50% |
| 4 | 旋流分离器 | HRI、Texaco | — | $\phi$0.8 ～ 6.4mm<br>圆柱形 | 料面控制 | ＜ 50% |
| 5 | 惯性分离 | Shell | — | $\phi$0.8 ～ 6.4mm<br>圆柱形 | 料面控制 | ＜ 50% |

## 二、旋流再生器分离过程分析

旋流分离技术是利用离心力场分离多相流体的高效分离技术，它是在离心力的作用下根据两相或多相之间的密度差来实现两相或多相分离。人们对水力旋流器及旋风分离器的研究由来以久，自从 1886 年 Marse 的第一台圆锥形旋风分离器问世以来，1891 年 Brentney 在美国申请了第一个水力旋流器专利，旋流分离技术已广泛应用于石油、化工、食品、造纸等行业气 - 固分离、液 - 液或液 - 固分离方面。2013 年李剑平等申请了第一个利用旋流器进行多孔介质脱油处理的专利，利用颗粒在旋流器中的自转行为脱除颗粒上附着的油相。本书作者基于旋流分离技术开发了沸腾床分离器适用的旋流再生器。旋流再生器首先利用锥体结构的外壁面实现气泡聚结长大和部分固体惯性分离，然后利用旋流导叶结构引流液固两相流实现固体颗粒离心分离，最终由溢流管中引出澄清液相。简而言之，三相分离器的分离过程实际上是由三个过程组成，即：①惯性分离，实现气泡聚结长大和固体颗粒的粗分离；②旋流分离，实现固体颗粒的精分离；③重力分离，避免固体颗粒二次夹带带出。以下针对三相分离器的上述三个分离过程进行理论分析。

三相分离器结构及尺寸标注注释如图6-26和表6-9所示。

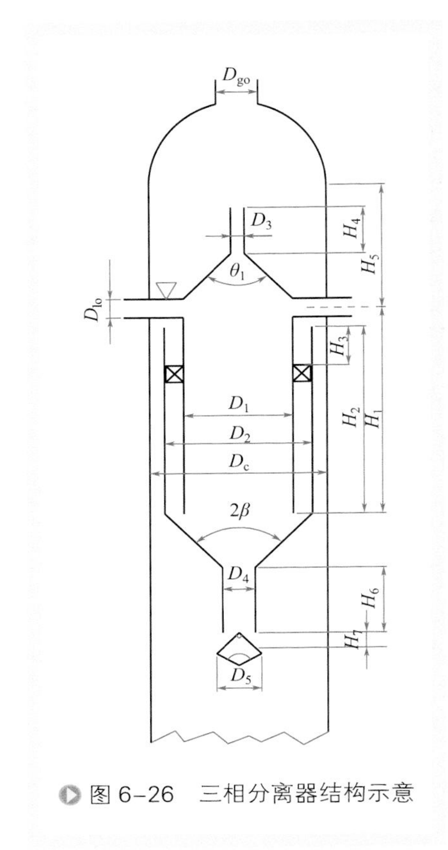


图6-26 三相分离器结构示意

表6-9 三相分离器尺寸标注注释

| 符号 | 物理意义 | 单位 | 备注 |
|---|---|---|---|
| $D_c$ | 沸腾床直径 | m | 内径 |
| $D_{go}$ | 沸腾床气相出口直径 | m | 内径 |
| $D_{lo}$ | 沸腾床液相出口直径 | m | 内径 |
| $D_1$ | 旋流器溢流管直径 | m | 外径 |
| $D_2$ | 旋流器直径 | m | 外径 |
| $D_3$ | 旋流器升气管直径 | m | 外径 |
| $D_4$ | 旋流器降液管直径 | m | 外径 |
| $D_5$ | 旋流器防返锥直径 | m | 外径 |
| $H_1$ | 旋流器溢流管高度 | m | |
| $H_2$ | 旋流器柱段高度 | m | |
| $H_3$ | 旋流器整流高度 | m | |
| $H_4$ | 旋流器升气管高度 | m | |
| $H_5$ | 气相空间高度 | m | |
| $H_6$ | 旋流器降液管高度 | m | |
| $H_7$ | 旋流器降液管狭缝高度 | m | |
| $\theta_1$ | 集气角 | (°) | |
| $\beta$ | 锥角 | (°) | |

## 1. 惯性分离

惯性分离是利用分散于液固两相混合物中的固体颗粒的惯性实现分离。在液相流动的路径上设置有挡板，当流体绕过挡板时，液相流动方向发生急速改变，固体颗粒在惯性的作用下不能跟随液相运动而撞击在挡板上被分离下来。

三相分离器中，液相和气相的密度小于固相，可以将均匀分散有小气泡的液相作为拟均相流体。当这一拟均相流体撞击到三相分离器的锥段的外壁面上时，气-液拟均相流体的流动方向发生急速改变，固体颗粒在惯性的作用下不能跟随气-液拟均相流体的运动而被分离下来。

（1）颗粒受力分析

① 流体曳力　将进入三相分离器入口的三相混合物视为是有固体颗粒和气-液拟均相流体的两相混合物，可以认为颗粒均匀分布于气-液拟均相流体中。并且颗粒同气-液拟均相流体具有相同的流速，由于两者的密度差异，气-液拟均相流体流动过程中，颗粒和气-液拟均相流体之间存在速度滑移，发生动量传递，而气-

液拟均相流体则对颗粒产生曳力 $F_{\mathrm{d}}$：

$$F_{\mathrm{d}}=C_{\mathrm{D}}\times\frac{1}{4}\pi d_{\mathrm{p}}^{2}\frac{\rho_{\mathrm{L\&G}}}{2}U_{\mathrm{r,L\&G\text{-}S}}^{2} \tag{6-95}$$

式中，$C_{\mathrm{D}}$ 为曳力系数；$d_{\mathrm{p}}$ 为固体颗粒的直径，m；$\rho_{\mathrm{L\&G}}$ 为气液拟均相流体的密度，kg/m³；$U_{\mathrm{r,L\&G\text{-}S}}$ 为固体颗粒同气 - 液拟均相流体之间的相对速度，m/s。

流体曳力是液相黏性造成的，包括压差阻力和摩擦阻力，阻力的大小与固体颗粒的粒度、形状、表面积、表面上液体速度的分布（即液体在物面附近的流动状态）有关。对于曳力系数可以总结为：

$$C_{\mathrm{D}}=\begin{cases}24/Re_{\mathrm{p}}, Re_{\mathrm{p}}<2 & \text{斯托克斯区}\\ 18.5/Re_{\mathrm{p}}^{0.6}, 2\leqslant Re_{\mathrm{p}}\leqslant 500 & \text{艾伦区}\\ 0.44, 500<Re_{\mathrm{p}}<1.5\times10^{5} & \text{牛顿区}\end{cases} \tag{6-96}$$

式中，颗粒雷诺数为 $Re_{\mathrm{p}}$：

$$Re_{\mathrm{p}}=\frac{\rho_{\mathrm{L\&G}}d_{\mathrm{p}}U_{\mathrm{r,L\&G\text{-}S}}}{\mu_{\mathrm{L\&G}}} \tag{6-97}$$

式中，$\mu_{\mathrm{L\&G}}$ 为气液拟均相流体的动力黏度，Pa • s。

② 附加质量力　固体颗粒和气 - 液拟均相流体的两相混合物由三相分离器的三相混合物入口进入由沸腾床壁面同三相分离器的锥段外壁面形成的环形空间，由于流通面积变小，固体颗粒做加速运动，相应地引起周围的气 - 液拟均相流体也产生加速度，在惯性作用下，表现为对固体颗粒的反作用力，即附加质量力。

$$F_{\mathrm{m}}=\frac{1}{2}\frac{\rho_{\mathrm{L\&G}}}{\rho_{\mathrm{S}}}\frac{\mathrm{d}(U_{\mathrm{r,L\&G\text{-}S}})}{\mathrm{d}t} \tag{6-98}$$

③ Basset 加速度力　固体颗粒在气 - 液拟均相流体中加速运动时，由于颗粒表面的边界层不稳定使得固体颗粒受到一个非稳态的流体作用力，即 Basset 加速度力。Basset 加速度力延迟了固体颗粒的速度变化，并且同固体颗粒的加速度有关：

$$F_{\mathrm{B}}=\frac{3}{2}d_{\mathrm{p}}^{2}(\pi\rho_{\mathrm{L\&G}}\mu_{\mathrm{L\&G}})^{1/2}\int_{0}^{t}(t-\tau)^{1/2}\frac{\mathrm{d}(U_{\mathrm{r,L\&G\text{-}S}})}{\mathrm{d}\tau}\mathrm{d}\tau \tag{6-99}$$

式中，$\tau$ 为当前时刻，s；$t$ 为力的作用时间，s。

④ 压力梯度力　沸腾床壁面同三相分离器的锥段外壁面形成的环形空间中，气 - 液拟均相流体沿沸腾床轴向流动的方向发生改变，产生的离心力使得流场内的压力场发生变化，气 - 液拟均相流体处于逆压力梯度流动，固体颗粒在流场中受到的压力梯度引起的力 $F_{\mathrm{p}}$ 为：

$$F_{\mathrm{p}}=-\frac{1}{6}\pi d_{\mathrm{p}}^{3}\frac{\mathrm{d}p}{\mathrm{d}x} \tag{6-100}$$

式中，$\frac{\mathrm{d}p}{\mathrm{d}x}$ 为压力梯度。

⑤ Magnus 力　流场中的压力梯度引起固体颗粒在运动过程中发生旋转。低颗

粒雷诺数条件下，固体颗粒的旋转运动将带动周围气 - 液拟均相流体运动。结合伯努利方程，可以发现这将导致固体颗粒一侧的气 - 液拟均相流体的动压增大、静压减小，同时另一侧的气 - 液拟均相流体的动压减小、静压增大，从而使得固体颗粒趋向于静压减小的一侧，这种现场称为 Magnus 效应。促使固体颗粒趋向静压减小一侧运动的力被称为 Magnus 力。

$$F_{\mathrm{M}} = \frac{\pi}{8} d_{\mathrm{p}}^3 \rho_{\mathrm{L\&G}} \omega_{\mathrm{p}} U_{\mathrm{r,L\&G\text{-}S}} [1 + Y(R)] \tag{6-101}$$

式中，$\omega_{\mathrm{p}}$ 为固体颗粒的旋转角速度；$Y(R)$ 表示高阶余项。

除以上作用力之外，可能作用于固体颗粒上的力还包括剪切流中垂直于流体流动方向的 Staffman 升力、温度梯度引起的热泳力、湍流扩散的布朗力等。

（2）颗粒运动分析　对惯性分离过程中的颗粒的运动分析，做如下基本假设：

① 固体颗粒同气 - 液拟均相流体之间存在速度滑移；

② 固体颗粒作为分散相，在分离器入口处均匀分布；

③ 不考虑颗粒之间的碰撞。

在沸腾床壁面同三相分离器的锥段外壁面形成的环形空间内，由于气 - 液拟均相流体急速转向，固体颗粒由于惯性作用，其运动轨迹与气 - 液拟均相流体的主流方向不一致而偏向壁面，从而被分离下来。

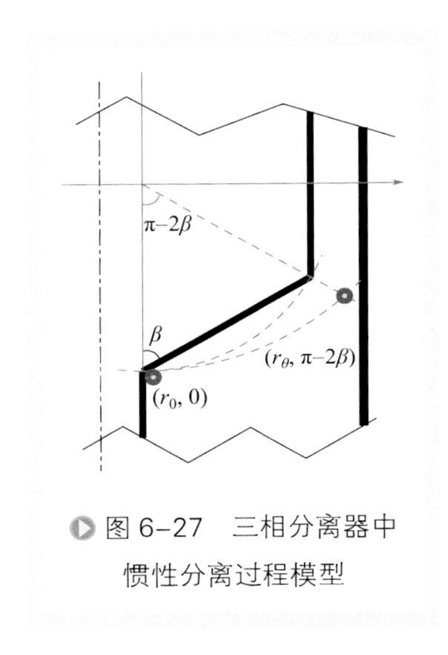


图 6-27　三相分离器中惯性分离过程模型

当沸腾床壁面同三相分离器的锥段外壁面形成的环形空间内的流动近似于层流，且忽略气 - 液拟均相流体流经转角时的压力损失时，简化三相分离器的惯性分离过程的分离模型如图 6-27 所示，进口截面为环形，并向上逐渐缩小。设含有固体颗粒的气 - 液拟均相流体在入口的流速为 $U_{\mathrm{L\&G}}$，由于惯性作用，固体颗粒进入这一环形空间后开始向沸腾床壁面浓集。

在环形空间内的任意处 $(r,\theta)$ 的固体颗粒的两个速度分量分别为切向速度 $U_{\mathrm{t,S}}$ 和径向速度 $U_{\mathrm{r,S}}$。当携带固体颗粒的气 - 液拟均相流体在环形空间中转向时，可以建立微分方程：

$$\frac{\mathrm{d}r}{\mathrm{d}t} = U_{\mathrm{r,S}} \tag{6-102}$$

$$r\frac{\mathrm{d}r}{\mathrm{d}t} = U_{\mathrm{t,S}} \tag{6-103}$$

将式（6-102）和式（6-103）合并

$$\frac{\mathrm{d}r}{\mathrm{d}\theta} = r\frac{U_{\mathrm{r,S}}}{U_{\mathrm{t,S}}} \tag{6-104}$$

对固体颗粒通过惯性分离器区域的

$$m_{\mathrm{p}}\frac{U_{\mathrm{t,S}}^{2}}{r}=F_{\mathrm{D}}=\frac{1}{8}C_{\mathrm{D}}\pi d_{\mathrm{p}}^{2}\rho_{\mathrm{L\&G}}U_{\mathrm{r,S}}^{2} \tag{6-105}$$

假设为层流状态，式中曳力系数可取：

$$C_{\mathrm{D}}=\frac{24}{Re_{\mathrm{p}}}=\frac{24\mu_{\mathrm{L\&G}}}{d_{\mathrm{p}}\rho_{\mathrm{L\&G}}U_{\mathrm{r,S}}} \tag{6-106}$$

由式（6-105）可获得：

$$\frac{U_{\mathrm{r,S}}}{U_{\mathrm{t,S}}}=\frac{\rho_{\mathrm{S}}d_{\mathrm{p}}^{2}}{18\mu_{\mathrm{L\&G}}r}U_{\mathrm{t,S}} \tag{6-107}$$

将式（6-107）代入式（6-104），则有：

$$\frac{\mathrm{d}r}{\mathrm{d}\theta}=\frac{\rho_{\mathrm{S}}d_{\mathrm{p}}^{2}}{18\mu_{\mathrm{L\&G}}}U_{\mathrm{t,S}} \tag{6-108}$$

（3）分离效率理论推导　如图 6-27 所示，对式（6-107）积分得到极坐标系 $(r_0, 0)$ 进入到三相分离器的锥段外壁和沸腾床器壁组成的环形空间的固体颗粒经过转动 $\pi-\beta$ 角度后的 $r_\theta$：

$$r_{\theta}=\frac{\rho_{\mathrm{S}}d_{\mathrm{p}}^{2}}{18\mu_{\mathrm{L\&G}}}U_{\mathrm{L\&G}}(\pi-2\beta)+r_{0} \tag{6-109}$$

式（6-109）的函数为一阿基米德曲线，该曲线即为分离后固体颗粒和气 - 液拟均相流体的分界线，于是对于 $d_{\mathrm{p}}$ 粒径的固体颗粒的分离效率可以表达为：

$$\eta_{\mathrm{p}}=\frac{2\rho_{\mathrm{S}}d_{\mathrm{p}}^{2}U_{\mathrm{L\&G}}}{18\mu_{\mathrm{L\&G}}(D_{\mathrm{c}}-D_{2})}(\pi-2\beta)\cos(\pi-2\beta) \tag{6-110}$$

式中，$D_{\mathrm{c}}$ 为反应器直径；$D_2$ 为三相分离器直径。

从式（6-110）中可以明显看出，当 $\beta\in(0,\pi)$，随着 $\beta$ 的增大，$\eta_{\mathrm{p}}$ 呈现先增加后减小的趋势。$D_{\mathrm{c}}-D_2$ 的间距也将影响到分离效率。

## 2. 旋流分离

液固两相混合物在旋流导叶的引流作用下在三相分离器的柱锥结构和溢流管结构之间形成的环形流动空间做三维螺旋旋转流动，流动状态极为复杂，固体颗粒的受力情况也极为复杂。

固体颗粒的离心分离过程中，作用于固体颗粒上的径向力起关键作用。固体颗粒在三相分离器旋流分离过程中受到的径向力主要为惯性离心力、向心浮力和流体曳力，此外还受到一些附加力的作用，比如 Magnus 力和 Staffman 力，这些力都会影响液滴在旋流场中的运动。

（1）颗粒受力分析

① 惯性离心力　颗粒受到的惯性离心力 $F_{\mathrm{L}}$：

$$F_L = \rho_S \frac{\pi d_p^3}{6} \frac{U_{t,S}^2}{r} \tag{6-111}$$

式中，$\rho_S$ 为固体颗粒充水密度，kg/m³；$d_p$ 为固体颗粒直径，m；$U_{t,S}$ 为固体颗粒切向速度，m/s；$r$ 为固体颗粒的径向位置半径，m。

② 向心浮力　颗粒受到的向心浮力 $F_F$：

$$F_F = \rho_L \frac{\pi d_p^3}{6} \frac{v_\theta^2}{r} \tag{6-112}$$

式中，$\rho_L$ 为液相密度，kg/m³；$v_\theta$ 为固体颗粒切向速度，m/s。

由式（6-112）可以看出，向心浮力的大小同三相分离器入口速度、三相分离器的直径、固体颗粒直径及液相的密度有关。

③ 流体曳力　颗粒受到的流体曳力 $F_d$：

$$F_d = C_D \times \frac{1}{4} \pi d_p^2 \frac{\rho_L}{2} U_{r,L\text{-}S}^2 \tag{6-113}$$

式中，$C_D$ 为曳力系数，参考式（6-96）；$U_{r,L\text{-}S}$ 为固体颗粒同液相之间的径向相对速度，m/s。

（2）颗粒运动分析　将牛顿第二定律应用于三相分离器离心分离过程中的固体颗粒运动，即作用于固体颗粒上的合力等于固体颗粒质量同加速度的乘积。因此对于固体颗粒运动的通用方程：

（质量×加速度）=（体积力）+（流体阻力）+（非稳定力）

其中，体积力为穿越空间作用在对象上的非接触力，例如重力、惯性力、电磁力等；流体阻力为颗粒相对流体运动时，流体作用于颗粒上的阻力。非稳定力为考虑颗粒相对于流体具有加速度时的影响，如 Magnus 力、Basset 力等。

因为三相分离器离心分离过程极短，由于惯性的作用，流体的流态没有及时调整，可以忽略非稳定力，这一点可以参考 Clift[87] 研究。因此可以简化只考虑固体颗粒在旋流分离过程中受到的惯性离心力、向心浮力和流体曳力：

$$\rho_S \frac{\pi d_p^3}{6} \frac{d^2 r}{dt^2} = \rho_S \frac{\pi d_p^3}{6} \frac{U_{t,S}^2}{r} - \rho_L \frac{\pi d_p^3}{6} \frac{U_{t,L}^2}{r} - C_D \times \frac{1}{4} \pi d_p^2 \frac{\rho_L}{2} U_{t,L\text{-}S}^2 \tag{6-114}$$

（3）液相停留时间　液相在三相分离器中的停留时间 $T$ 为：

$$T = t_1 + t_2 \tag{6-115}$$

其中

$$t_1 = V_{c1}/Q_L \tag{6-116}$$

$$t_2 = V_{c2}/Q_L \tag{6-117}$$

式中，$t_1$ 为旋流导叶出口至溢流管末端这一环形空间内液相停留的时间，s；$t_2$ 为液相可能到达自然旋流长后返回所需时间，s；$V_{c1}$ 为旋流导叶出口至溢流管末端的环形区域的体积，m³；$V_{c2}$ 为溢流管末端以下区域的体积，m³；$Q_L$ 为液相体积流量，m³/s。

（4）分离效率理论推导　根据边界层分离理论，在三相分离器内壁面附近存在一个薄层，该薄层内为层流状态。当固体颗粒运动到这一层流薄层内即被分离。基于这一理论，推导三相分离器的理论分离效率，需作如下假设：

① 在层流薄层外，颗粒为均匀分布；

② 忽略液相径向速度 $U_{r,L}$；

③ 颗粒和液相之间无切向相对滑移，即 $U_{t,L}=U_{t,S}$（固体颗粒切向速度同液相切向速度一致）；

④ 固体颗粒在液固两相中的浓度不足以影响到三维螺旋旋流场的流动结构；

⑤ 三相分离器内的切向速度符合组合涡运动，即：

$$U_{t,L}r^n=U_{t,L,i}\left(\frac{D_2}{2}\right)^n \tag{6-118}$$

式中，$U_{t,L,i}$ 为入口液相切向速度，m/s；$D_2$ 为三相分离器直径，m。

由此，由式（6-114）可得壁面处理的固体颗粒的趋近速度 $U_{r,L\text{-}S,f}$：

$$U_{r,L\text{-}S,f}=\left[\frac{8(\rho_S-\rho_L)d_pU_i^2}{3C_DD_2\rho_L}\right]^{1/2} \tag{6-119}$$

假设每单位体积内颗粒数为 $C_S$，则每单位时间内碰撞三相分离器内单位面积的颗粒数为 $C_SU_{r,L\text{-}S,f}$。在轴向长度 d$z$ 内，被分离的颗粒数为 $\pi D_2C_SU_{r,L\text{-}S,f}\mathrm{d}z$，这些颗粒是从体积为 $\frac{1}{4}\pi D_2^2\mathrm{d}z$ 的液相体积内被分离的，所以有：

$$\frac{\mathrm{d}}{\mathrm{d}t}\left(\frac{1}{4}\pi D_2^2C_S\mathrm{d}z\right)=-\pi D_2C_SU_{r,L\text{-}S,f}\mathrm{d}z \tag{6-120}$$

$$\frac{1}{C_S}\mathrm{d}C_S=-4\frac{U_{r,L\text{-}S,f}}{D_2}\mathrm{d}t \tag{6-121}$$

假设液固两相混合物的初始有颗粒数浓度为 $C_{S0}$，经过在三相分离器中的分离停留 $T$ 时间后，三相分离器溢流管入口的颗粒数浓度为 $C_{S1}$，因此可以对式（6-121）积分有：

$$\int_{C_{S0}}^{C_{S1}}\frac{1}{C_S}\mathrm{d}C_S=\int_0^T-4\frac{U_{r,L\text{-}S,f}}{D_2}\mathrm{d}t \tag{6-122}$$

即：

$$\frac{C_{S1}}{C_{S0}}=\exp\left(-4\frac{U_{r,L\text{-}S,f}}{D_2}T\right) \tag{6-123}$$

对于颗粒粒径为 $d_p$ 的颗粒分离效率 $\eta_{d_p}$ 可以表述为：

$$\eta_{d_p}=\frac{C_{S0}-C_{S1}}{C_{S0}}=\left[1-\exp\left(-4\frac{U_{r,L-S,f}}{D_2}T\right)\right]\times 100\% \tag{6-124}$$

将式（6-119）代入式（6-124），即可获得颗粒粒径为 $d_p$ 的颗粒分离效率 $\eta_{d_p}$：

$$\eta_{d_p}=\frac{C_{S0}-C_{S1}}{C_{S0}}=\left\{1-\exp\left(-4\frac{\left[\dfrac{8(\rho_S-\rho_L)d_pU_i^2}{3C_DD_2\rho_L}\right]^{1/2}}{D_2}T\right)\right\}\times 100\% \tag{6-125}$$

## 3. 重力分离

三相分离器中离心分离过程的澄清液相通过溢流管溢出三相分离器，当澄清液相通过溢流管的过程中液速过高，会导致三相分离器的降液管中的部分颗粒被向上夹带出。为了避免这一返混夹带现象的出现，需要对溢流管结构进行重力分离设计。

（1）颗粒的自由沉降　固体颗粒在流体中仅受自身重力、浮力和二者相对运动时产生的流体曳力作用，而不受其他机械力干扰的沉降过程称为自由沉降。

固体颗粒在静止流体中所受重力 $F_g$ 为：

$$F_g=\frac{1}{6}\pi d_p^3\rho_S g \tag{6-126}$$

颗粒在静止流体中所受浮力 $F_b$ 为：

$$F_b=\frac{1}{6}\pi d_p^3\rho_L g \tag{6-127}$$

颗粒在静止流体中所受曳力 $F_d$ 为：

$$F_d=C_D\frac{1}{4}\pi d_p^2\frac{\rho_L}{2}U_r^2 \tag{6-128}$$

颗粒在液相中的终端末速时，颗粒受力平衡

$$F_g-F_b-F_d=m_pa=0 \tag{6-129}$$

可知，颗粒在静止流体中的沉降终端末速 $U_r$ 为

$$U_r^2=\frac{4(\rho_S-\rho_L)d_pg}{3\rho_LC_D} \tag{6-130}$$

其中，$C_D=\begin{cases}24/Re, Re<2 & \text{斯托克斯区}\\ 18.5/Re^{0.6}, 2\leqslant Re\leqslant 500 & \text{艾伦区}\\ 0.44, 500<Re<1.5\times 10^5 & \text{牛顿区}\end{cases}$

可以推出：

① 斯托克斯区（ $Re<2$ ）

$$U_{\mathrm{r}}=\frac{(\rho_{\mathrm{S}}-\rho_{\mathrm{L}})gd_{\mathrm{p}}^{2}}{18\mu_{\mathrm{L}}} \tag{6-131}$$

② 艾伦区（ $2\leqslant Re\leqslant 500$ ）

$$U_{\mathrm{r}}=\left[\frac{4(\rho_{\mathrm{S}}-\rho_{\mathrm{L}})d_{\mathrm{p}}^{1.6}g}{3\rho_{\mathrm{L}}^{0.4}\times 18.5\mu_{\mathrm{L}}^{0.6}}\right]^{1/1.4} \tag{6-132}$$

（2）颗粒的干涉沉降　当液固两相混合物中的颗粒浓度增大后，颗粒间的干扰、器壁对颗粒运动的影响都会显著增加，进而影响到颗粒沉降的过程。而且单个颗粒沉降形成的尾涡也将影响后续颗粒的沉降运动。这种情况下颗粒的沉降称为干涉沉降。

① 低浓度的颗粒干涉沉降　Batchelor[88] 得出受浓度影响的沉降理论公式为：

$$U_{\mathrm{tS}}=U_{\mathrm{t}}(1-6.55C_{\mathrm{S}}) \tag{6-133}$$

式中， $U_{\mathrm{t}}$ 为颗粒沉降末速，m/s； $U_{\mathrm{tS}}$ 为浓度 $C_{\mathrm{S}}$ 流体中颗粒的沉降末速，m/s；$C_{\mathrm{S}}$ 为固体体积浓度，$m^3/m^3$。

该公式在 $C_{\mathrm{S}}<0.05\mathrm{m}^3/\mathrm{m}^3$ 条件下，较为准确。

② 高浓度的颗粒干涉沉降　Hawksley[89] 基于沉降过程中颗粒受力平衡的假设，得到高浓度下的沉降公式：

$$\frac{U_{\mathrm{t}}}{U_{\mathrm{tS}}}=\xi(1-C_{\mathrm{S}})^{2}\exp\left(\frac{-k_{1}C_{\mathrm{S}}}{1-k_{2}C_{\mathrm{S}}}\right) \tag{6-134}$$

式中， $k_1$ 为形状系数（对于球体 $k_1=2.5$ ，对于非球体 $k_1=2.5\times$ 颗粒的球形系数）； $k_2$ 为固体颗粒之间的相互影响系数，对于球体来说， $k_2=39/64$ ，无量纲； $\xi=1$（泥沙不发生絮凝现象）， $\xi\approx\frac{2}{3}$（泥沙形状近似球体，存在絮凝现象），无量纲。

Richardson[90] 实验得到高浓度颗粒干涉沉降的公式：

$$U_{\mathrm{tS}}=U_{\mathrm{t}}\varepsilon^{4.65} \tag{6-135}$$

式中， $\varepsilon$ 为孔隙率。

（3）溢流管结构设计　对于溢流管的设计原则为：旋流器溢流管内上升液速取安全系数 1.0，即旋流器溢流管最大上升液速≤颗粒干涉沉降终端末速，满足：

$$U_{\mathrm{Lo\,max}}A_{1}=U_{\mathrm{L\,max}}A_{\mathrm{c}} \tag{6-136}$$

式中，$U_{\mathrm{Lo\,max}}$ 为旋流器溢流管内最大上升液体速度；$U_{\mathrm{L\,max}}$ 为最大表观液速； $A_1$ 为旋流器溢流管截面积，$m^2$， $A_1=0.25\pi D_1^2$ ； $A_{\mathrm{c}}$ 为沸腾床横截面积，$m^2$， $A_{\mathrm{c}}=0.25\pi D_{\mathrm{c}}^2$ 。

## 三、旋流过程中颗粒自转和公转

利用本章节对 $DN$450 三相分离器在处理量为 7000L/h、10000L/h、15000L/h 条件下，旋流场中切向速度、轴向速度、颗粒公转和自转速度的理论解析解公式，分析三相分离器中的情况。

三相分离器中的旋转流场呈现出组合涡的运动。在准自由涡中，沿径向至分离器边壁，切向速度逐渐减小，如图 6-28 所示。轴向速度在三相分离器的柱锥交接面上沿径向分布情况如图 6-29 所示，零轴速度点于 $r/R$=0.4 的位置处，在 $r/R < 0.4$ 的范围内，流体轴向速度向上；在 $r/R > 0.4$ 的范围内，流体的轴向速度向下。

三相分离器中 225mm、145mm 和 98mm 高度上颗粒公转和自转速度沿径向分

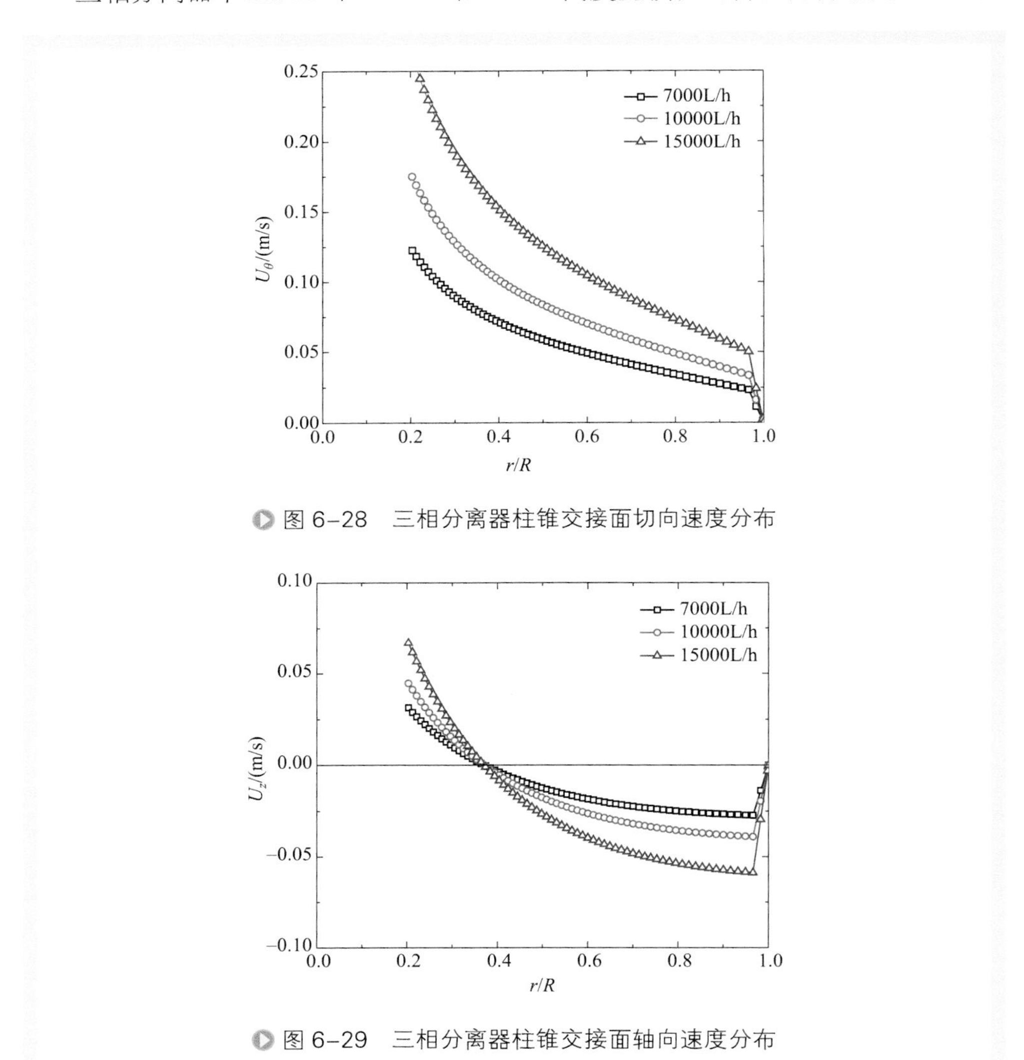


图 6-28 三相分离器柱锥交接面切向速度分布



图 6-29 三相分离器柱锥交接面轴向速度分布

布的情况如图 6-30 和图 6-31 所示。越靠近底流出口，颗粒的自转和公转速度越大。同时在各高度平面上，随着半径的增大，自转和公转的速度逐渐减小。但在靠近分

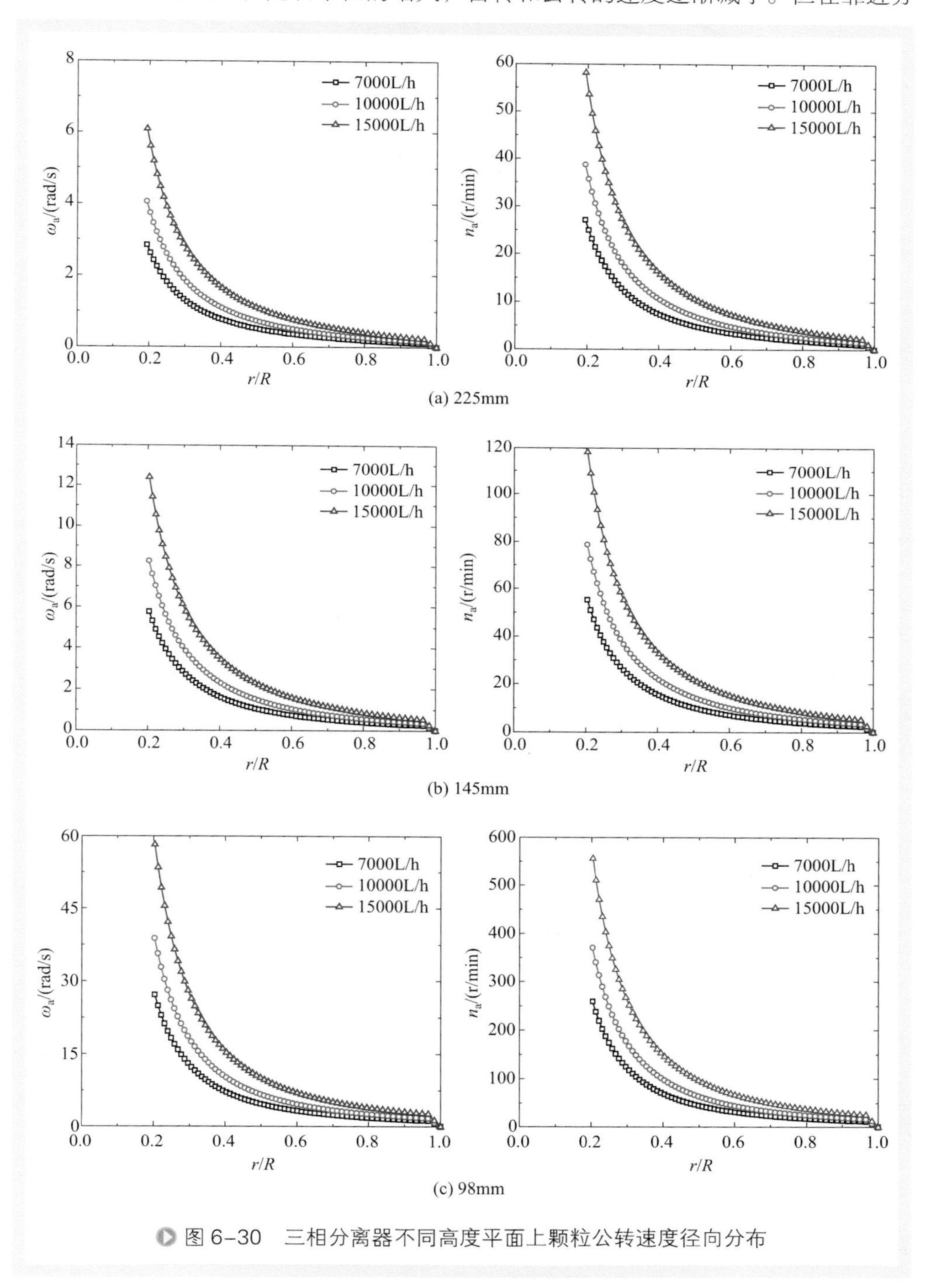


图 6-30　三相分离器不同高度平面上颗粒公转速度径向分布

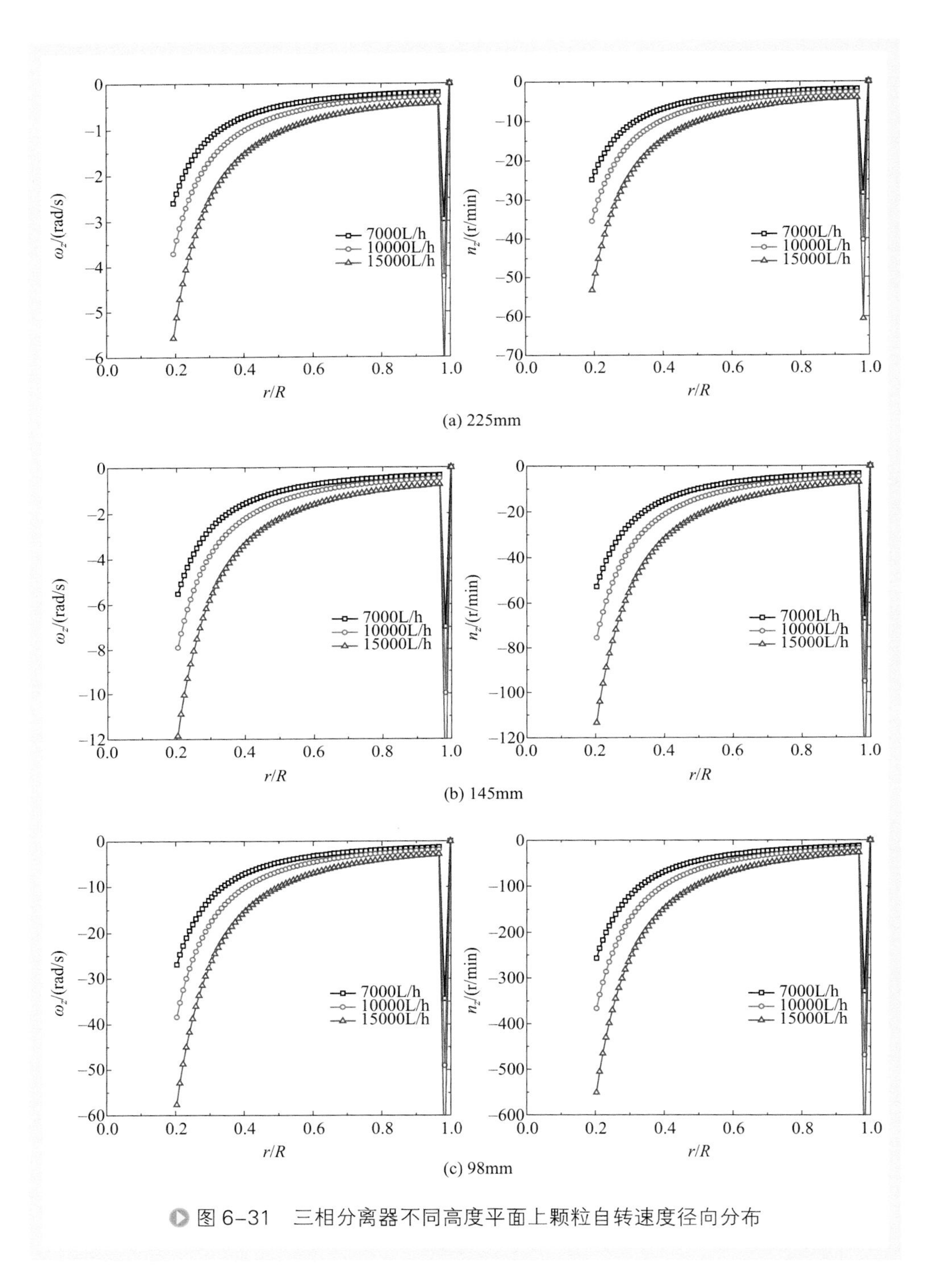

图 6-31　三相分离器不同高度平面上颗粒自转速度径向分布

离器边壁处，由于边界层中的速度的梯度陡增，表现出较大的颗粒自转速度。

## 四、旋流再生器结构设计与验证

### 1. 沸腾床气 – 液 – 固三相分离结构设计

图 6-32 所示为沸腾床结构，反应器主体为空筒结构，反应器底部为流体分布结构，反应器上部为三相分离器结构。反应器主要分为 5 个功能区域：

① 分配空间 $V_d$：将由反应器底部进入的混合进料（循环油 + 氢气）在反应器横截面上均布。

② 流化床层空间 $V_f$：气液固三相反应发生的主体区域，气液固三相呈现拟流体状态，固体运动近似布朗运动。并在该空间顶部同旋流器锥段外壁面接触过程中，发生惯性分离，实现对固体颗粒的初步分离。

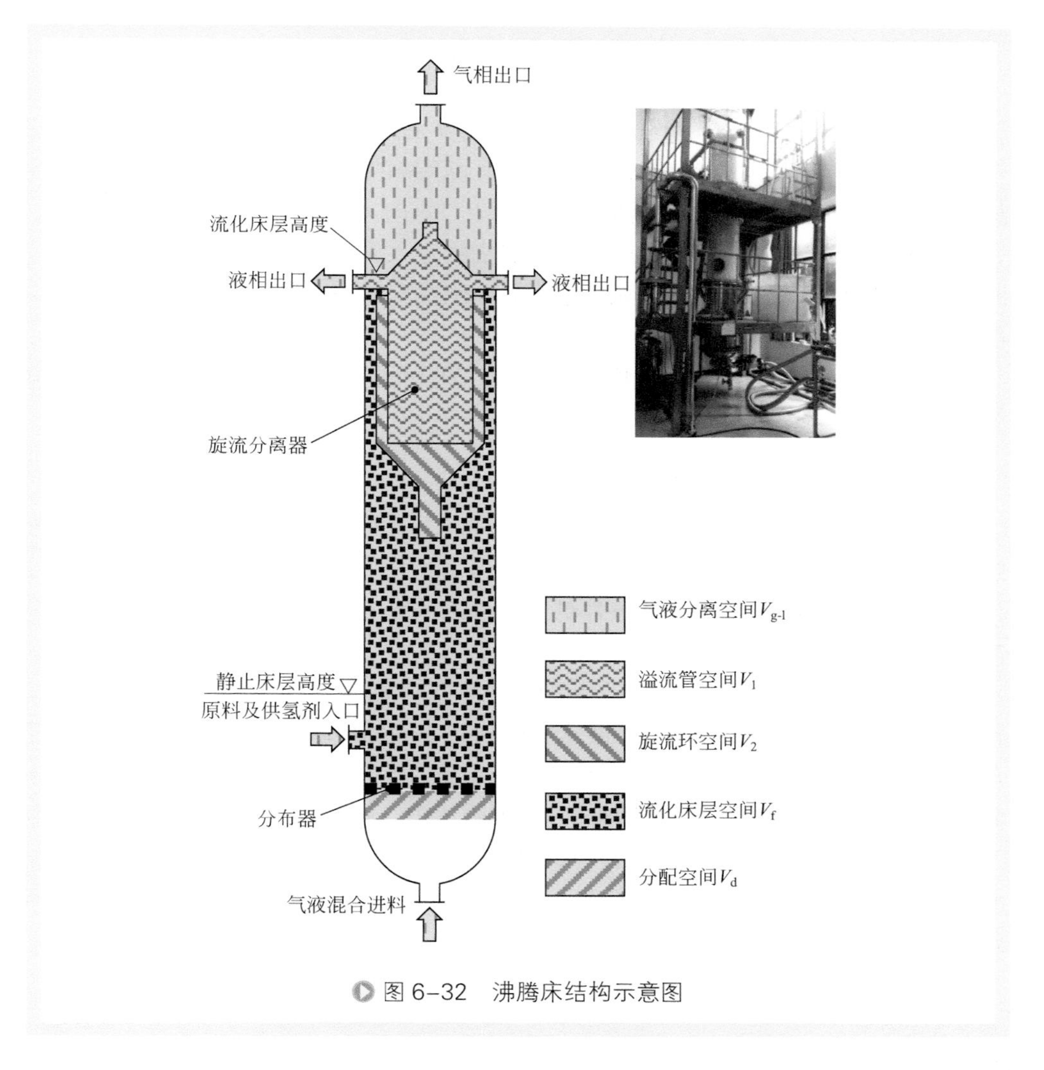


图 6–32 沸腾床结构示意图

③ 旋流环空间 $V_2$：对液固两相混合物实施离心分离及颗粒在线活化，实现颗粒循环。

④ 溢流管空间 $V_1$：对离心分离后的液相上升速度严格控制，避免液流对固体颗粒的二次携带，获得液体产品。

⑤ 气液分离空间 $V_{g-l}$：对气液两相混合物实施重力分离，获得气体产品。

三相分离空间 $V_{g-l-s}$ 为旋流环空间 $V_2$、溢流管空间 $V_1$ 和气液分离空间 $V_{g-l}$ 的和，即

$$V_{g-l-s}=V_2+V_1+V_{g-l} \tag{6-137}$$

对于该型沸腾床的正常运行操作方法，如下：

① 气液混合进料（循环油＋氢气）由反应器底部进入反应器，经由分布器均布后，实现颗粒床层的流化。

② 原料和供氢剂由反应器侧壁进入反应器内。

③ 被气液流化的颗粒占据流化床层空间 $V_f$，并在 $V_f$ 内做近似布朗运动。

④ 反应器液相出口高度处形成气液界面，气体脱出气液界面后在反应器顶部形成气相分离空间 $V_{g-l}$，气体在 $V_{g-l}$ 内经由重力沉降的作用，脱出气体的雾沫夹带，最终气体作为气相产品由反应器顶部的气相出口排出。

⑤ 在气液界面，气泡脱除后的液固混合物进入旋流环空间 $V_2$ 进行离心分离，固相由 $V_2$ 的外边壁进入锥形区域口浓集后返回反应器内部循环，而液相向中心运动并进入溢流管空间 $V_1$。

⑥ 液相在溢流管空间 $V_1$ 内做重力分离，最终分离净化的液相作为液相产品由反应器液相出口排出。

## 2. 气液固三相分离能力

图 6-33 所示为实验过程中对于惯性分离入口（即旋流分离器锥段和反应器器壁形成的内凹圆锥面）、旋流分离器入口和溢流口的固含量（$\varepsilon$）情况。实验发现，在气速条件低于 15mm/s、液速条件低于 8mm/s，旋流分离器的溢流口都达到不夹带固体颗粒的要求。

三相分离器的分离过程实际是由惯性分离 - 旋流分离 - 重力分离梯级串联实现。针对一定粒度的固体颗粒，利用锥体结构的外壁面实现固体惯性分离，锥体的锥角、三相分离器和反应器内壁面间距都将影响到惯性分离效率；而后利用旋流导叶导流经过惯性分离得到的液固两相流，实现固体颗粒离心分离。在离心分离过程中三相分离器结构参数——外径将直接影响离心分离的效率；最终通过控制溢流管中液流最大上升液速≤颗粒干涉沉降终端末速，避免固体颗粒的二次夹带，实现三相分离的最终目的——获得澄清的液相。

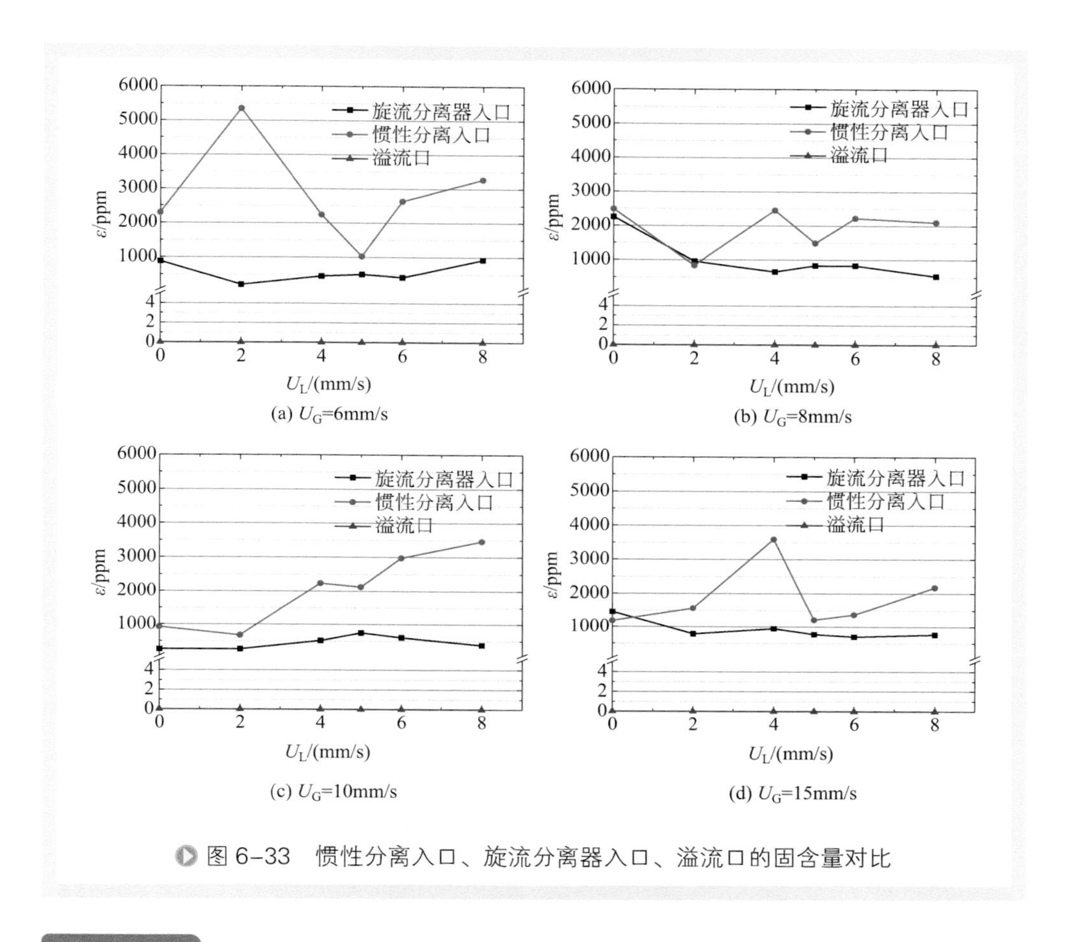

图 6-33　惯性分离入口、旋流分离器入口、溢流口的固含量对比

# 第五节　过滤-旋流分离技术实验研究

## 一、小试实验

### 1. 引言

笔者团队在浙江兴兴新能源科技有限公司 60 万吨 / 年甲醇制烯烃装置现场搭建了细颗粒污染物分离的小试侧线实验装置，用于脱除甲醇制烯烃急冷水中微米及亚微米级颗粒物。小试装置由一级旋液分离器溢流出口取水，出水外排，具体见图 6-34。

### 2. 实验物料

实验物料为浙江兴兴新能源科技有限公司 60 万吨 / 年甲醇制烯烃装置急冷水，

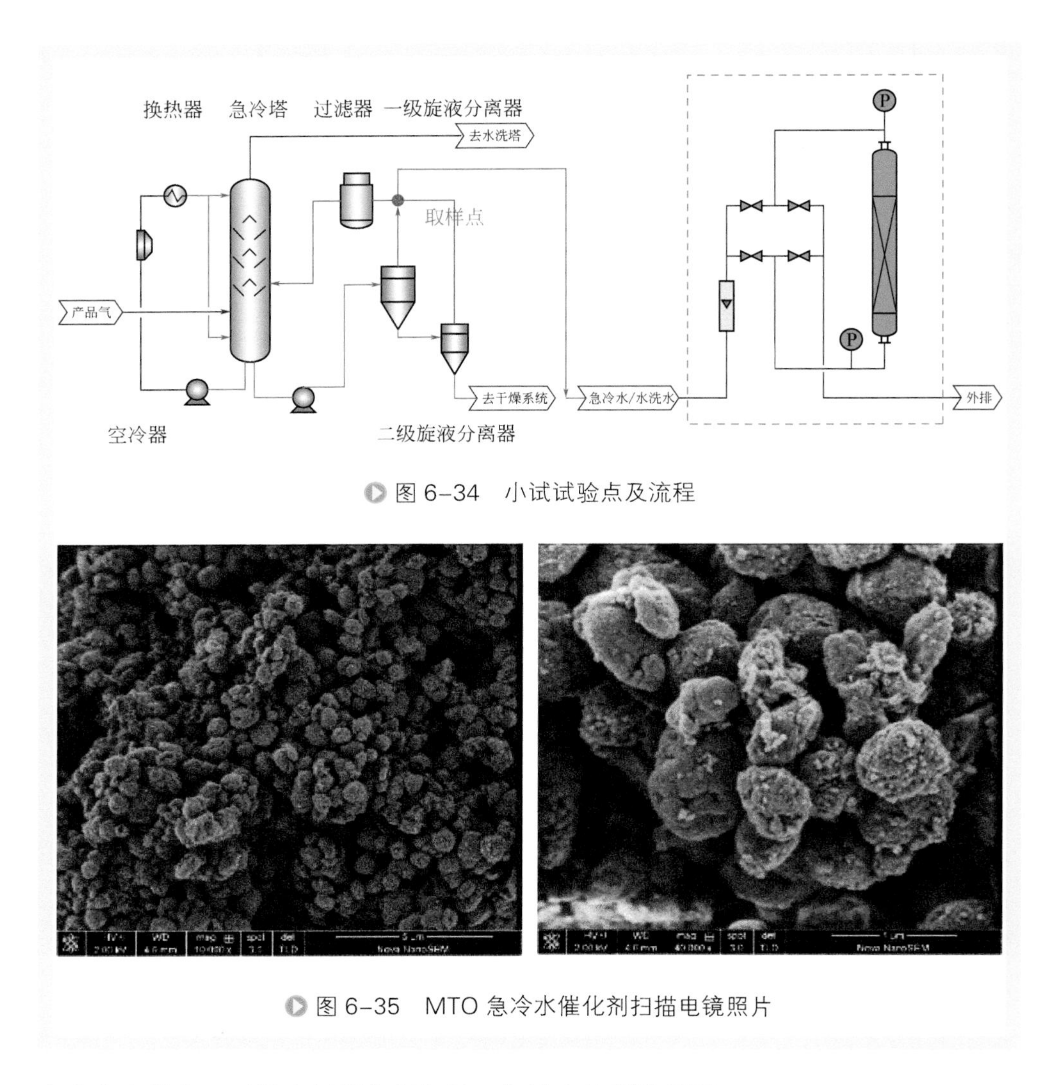


图 6-34　小试试验点及流程

图 6-35　MTO 急冷水催化剂扫描电镜照片

水中含有微米、亚微米级催化剂细粉，扫描电镜照片见图 6-35。

### 3. 实验流程

（1）实验装置流程　如图 6-34 所示，小试对 8 种滤料的分离效果分别进行了测试，并进行了初步的经济性核算，小试结果表明该沸腾床分离方法，能有效地将急冷水中的固体进行分离，得到固含量≤ 50ppm 的清洁急冷水，且运行费用相比膜分离等其他方法经济性显著。装置技术参数见表 6-10。

（2）运行操作流程

① 开机准备　检查分离器本体及附属的各种阀门、管路、仪表和各种设备附件是否完好；确认阀门切换至再生状态。

表6-10 沸腾床分离器小试实验装置技术参数

| 序号 | 技术指标 | 设计参数 |
|---|---|---|
| 1 | 操作介质 | 急冷水、水洗水 |
| 2 | 进水固含量 | 100 ～ 1000mg/L |
| 3 | 进水油含量 | 10 ～ 400mg/L |
| 4 | 工作压力 | 0.2MPa |
| 5 | 设计压力 | 0.5MPa |
| 6 | 工作温度 | 109 ℃ |
| 7 | 处理量 | 30 ～ 80 L/h |
| 8 | 运行流速 | 8 ～ 20 m/h |
| 9 | 填料高度 | 800 mm |
| 10 | 进出口管径 | 入口 *DN*15，出口 *DN*15 |
| 11 | 控制方式 | 手动控制 |

② 开机运行　运行工作流程：

排气 → 再生 → 正洗 → 分离（分离 → 再生 循环）

长时间停运后开车，从再生工序开始。

a. 排气　初次调试时由于设备内部存有空气，故设排气步序。打开沸腾床分离器再生阀、再生排放阀，关闭进水阀、出水阀，排出设备内空气。

b. 分离　打开过滤器进水阀、出水阀，调节流量至 30 ～ 80L/h（流速 8 ～ 20m/h）。当运行至进出口压差≥ 0.30MPa 或运行时间达到 50h 时，运行周期结束。

c. 再生　再生的目的在于使滤层松动，并将滤层所截截留物冲走，从而起到清洁过滤层的作用。反冲时间长短和滤层的截污量及反冲流速有关。再生排水中不应含有正常颗粒过滤介质。再生时关闭进水阀、出水阀，打开再生排放阀、再生进水阀，急冷水流量 50 ～ 80L/h（流速 10 ～ 20m/h）再生，时间应以再生排水浊度而定，一般再生至排水固含量＜ 500mg/L。

d. 正洗　打开过滤器进水阀、正洗排放阀，正洗至排水固含量≤ 150mg/L。

沸腾床分离器小试实验装置阀门状态见表 6-11。

表6-11 沸腾床分离器小试实验装置阀门状态

| 序号 | 操作状态 | 进水阀 | 再生阀 | 再生排放阀 | 出水阀 | 备注 |
|---|---|---|---|---|---|---|
| 1 | 排气 |  | ○ | ○ |  |  |
| 2 | 冲洗 | ○ |  |  | ○ |  |
| 3 | 再生 |  | ○ | ○ |  | 2min |

续表

| 序号 | 操作状态 | 进水阀 | 再生阀 | 再生排放阀 | 出水阀 | 备注 |
|---|---|---|---|---|---|---|
| 4 | 正洗 | ○ | | | ○ | 2 min |
| 5 | 分离 | ○ | | | ○ | 运行 10 h 或压差大于 0.3MPa 后结束 |

注：○ 表示阀门调节开启；空格表示阀门关闭。

### 4. 结果与讨论

（1）滤料分离效果对比　测试不同滤料对水中悬浮物及油蜡的分离效果，测试了 S-10、S-05、A-10、A-05、AO-10、AO-05、WS-10、WS-05 一共 8 种滤料的分离效果（图 6-36）。

实验结果表明，颗粒滤料对急冷水中催化剂均有一定的分离效果。对于同等粒径的颗粒，S-10 及 S-05 滤料分离效果最佳，且运行最稳定，基本能保证在一个运行周期内，分离效率随运行时间增加或维持在较高值。对于 400 ～ 600mg/L 的入口固含量，S-10 分离效率基本维持在 80% ～ 85%，连续运行约 10h 压差达到 0.15MPa；S-05 分离效率在 90% ～ 95%，连续运行 2h 压差上升至 0.15MPa（图 6-37）。A-10、A-05、WS-10、WS-05 滤料由于其表面对催化剂颗粒的吸引力较弱，会出现随运行时间增加分离效率降低的现象；AO-10 滤料由于其对催化剂颗粒吸引力弱，同时由于其球形度高，形成的孔隙比表面积小，故分离效果不佳。因此，对于 MTO 急冷水，采用 S-10 及 S-05 作为滤料最为合适。

（2）长期运行效果测试　测定 S-10、S-05 滤料长期运行分离效果，验证 S-10、S-05 作为滤料长期运行的可行性。图 6-38 所示为 S-10 滤料 200h 连续运行效果，图中可以看出，采用 0.8m 滤层可达到 80% 以上的平均分离效率，出口平均固含量

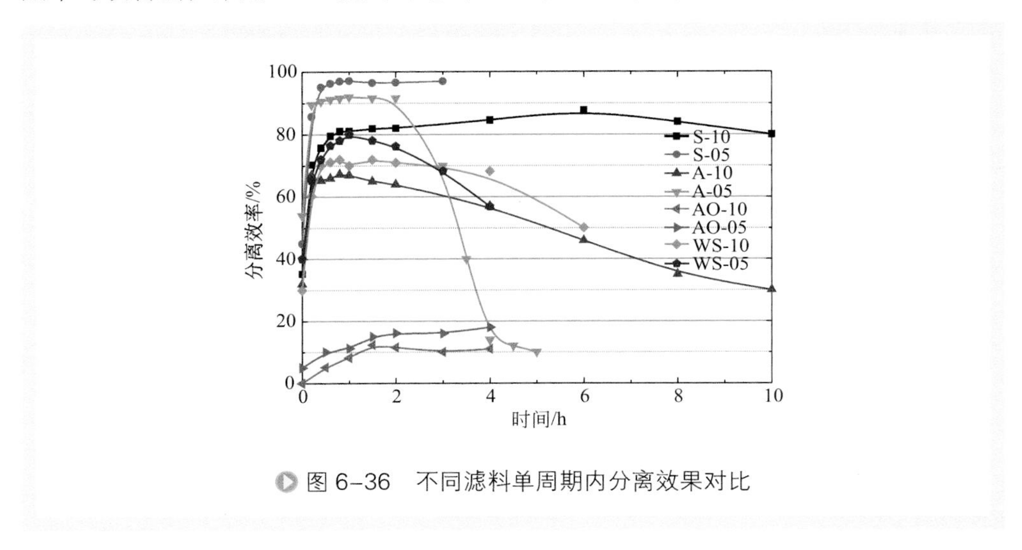


图 6-36　不同滤料单周期内分离效果对比

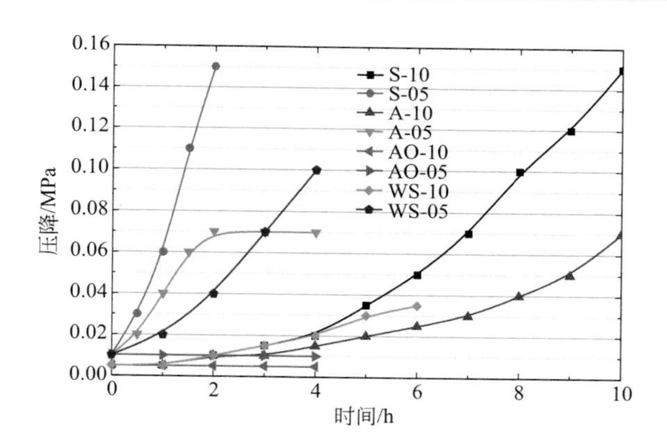


图 6-37　不同滤料单周期内运行压差对比

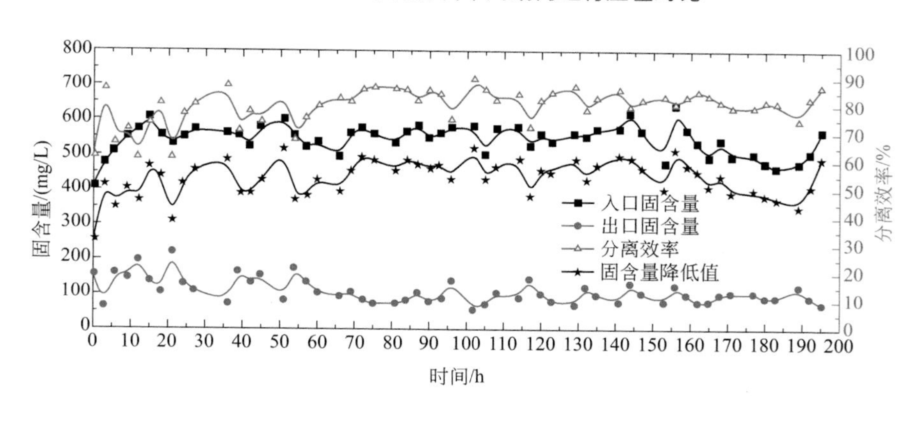


图 6-38　S-10 长期运行分离效果

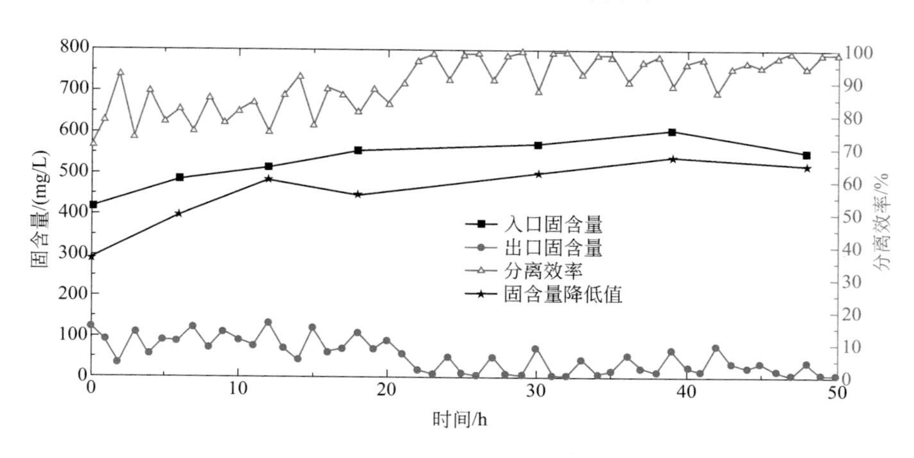


图 6-39　S-05 长期运行分离效果

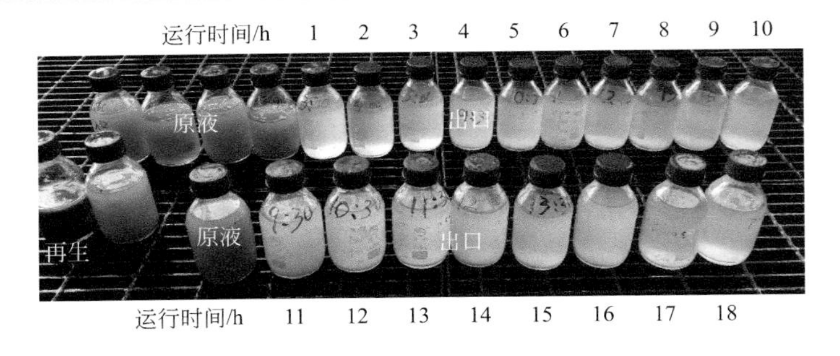


图 6-40 S-10 运行效果照片

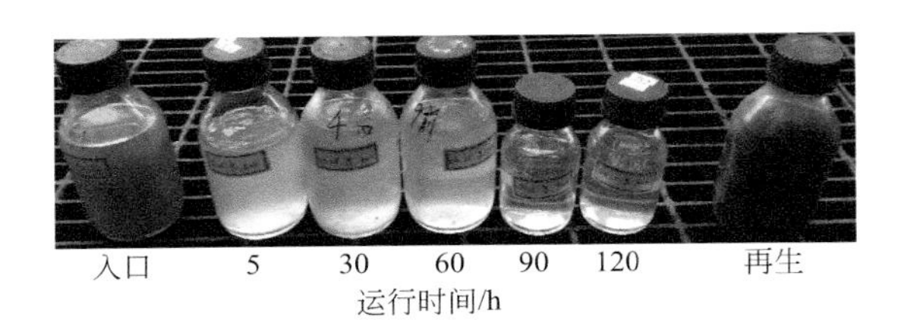


图 6-41 S-05 运行效果照片

在 200mg/L 以内。图 6-39 为 S-05 滤料 50min 运行效果，同样采用 0.8m 滤层可达到 90% 以上的平均分离效率，出口平均固含量在 100mg/L 以内。采用 S-10 滤料，压差达到 0.1MPa 再生，再生周期约为 12h；采用 S-05 滤料，同样压差再生周期约为 3h。考虑到设备再生周期，可选用 S-10 滤料，增加床层厚度至 1.5m，再生压差设置为 0.2MPa，可保证再生周期达到 24h 以上，同时提高整体分离效率。

实验结果表明，分别经 200h 及 50h 长时间运行，S-10 及 S-05 滤料能持续有效再生（图 6-40、图 6-41），并保持初期分离效果，在分离效果及效果的持续性方面，该方法具有一定的工业化应用的条件，可开发中试装置对其长期运行效果进行验证。

图 6-42 所示为进出口急冷水中不同粒径颗粒浓度的对比，从图中可知同一运行周期内不同时间点颗粒的粒径分布，出口相比入口粒径更小，小于 1μm 颗粒比例超过 50%，同时随运行时间的增加，分离效率提高，进出口粒径差别更加明显。

对比图 6-42 可以发现，在进口粒径的 0.3 ～ 10μm 范围，出口相比入口浓度均有所降低，尤其对 0.5μm 以上颗粒，浓度降低尤为明显，对于 2μm 以上颗粒，大部分都被去除。

图 6-43 所示为根据进出口急冷水粒径分布及浓度得到的设备分级效率曲线，0.5μm 颗粒分级效率 30% ～ 60%，1.0μm 颗粒分级效率 60% ～ 85%。

（3）再生效果测试及操作参数优化　测定再生液悬浮物固含量随时间的变化（图 6-44），及再生后填料中催化剂残留率随再生次数的变化，测试再生效果（图

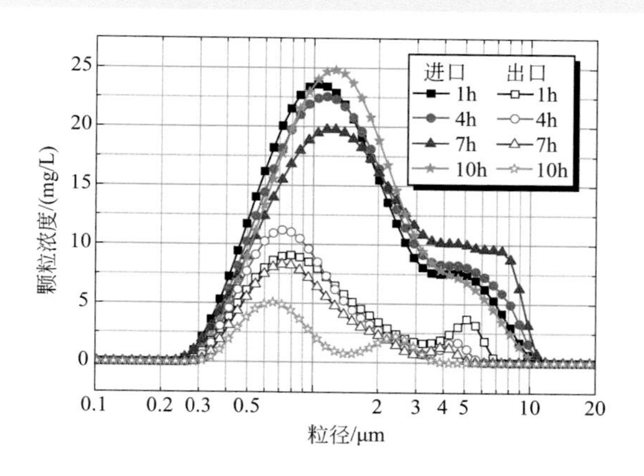


图 6-42　进出口浓度对比

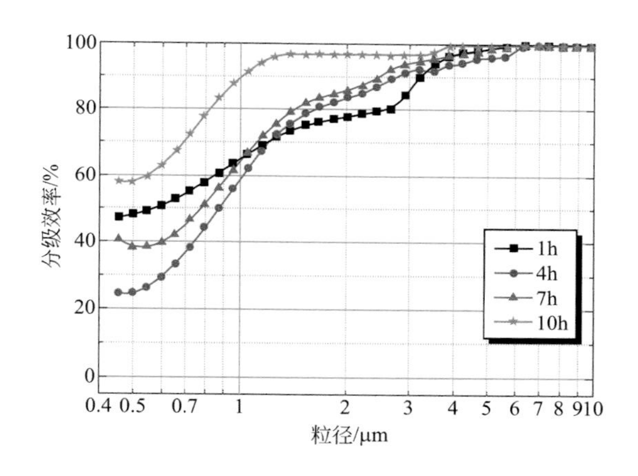


图 6-43　S-10 滤料分级效率变化

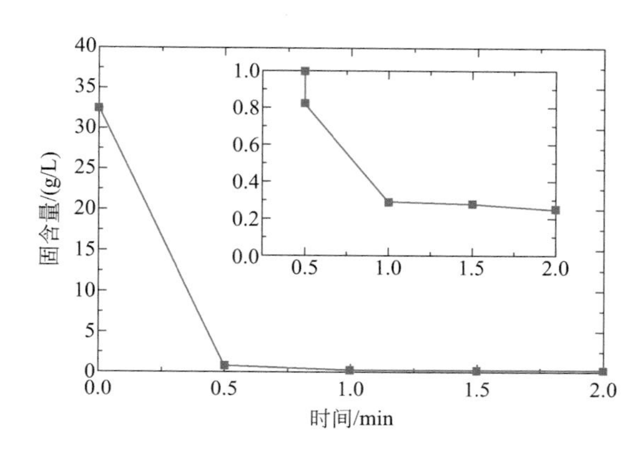


图 6-44　再生排污浓度随再生时间变化

6-45）。

经过反洗再生后填料中催化剂含量基本小于4%（图6-46），填料能有效再生。同时从长期运行效果中可以看出，再生后的填料可继续保持良好的分离效果。

（4）小试实验总结　通过实验发现，使用沸腾床分离器通过深层过滤方法去除MTO急冷水中微细颗粒物具有很强的可行性，其效果优良，使用的填料能有效再生并重复使用，长时间运行其效果能持续保持，并且该设备运行能耗低，平均压

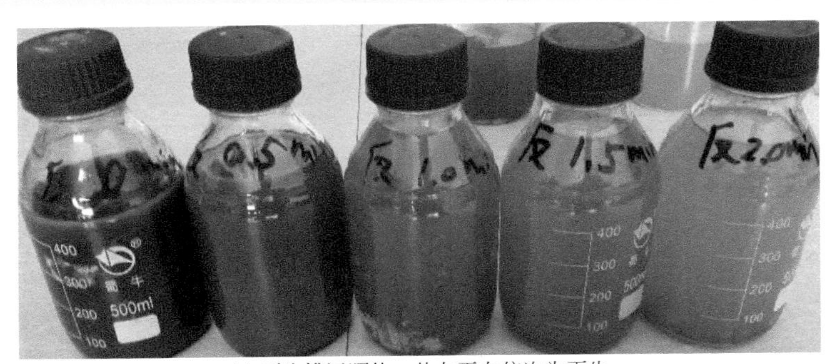

(a) 再生排污照片；从左至右依次为再生0min、0.5min、1.0min、1.5min、2.0min时间的排污液

(b) 再生前填料照片

(c) 再生后填料照片

图6-45　再生效果照片

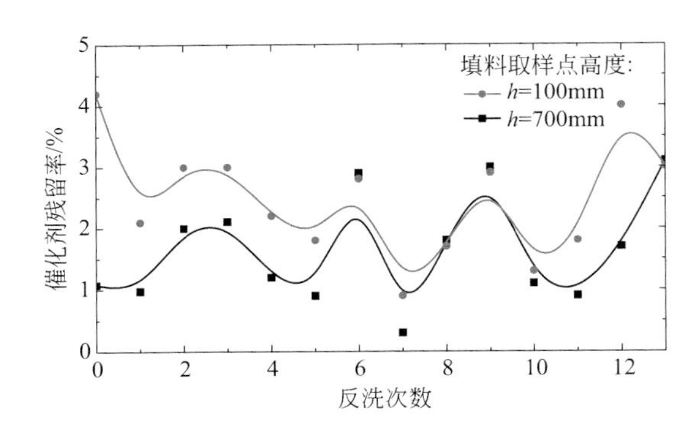



图6-46　反冲后填料中催化剂残留率

差小于 0.1MPa，可直接使用急冷水再生，无需外加新鲜水。同时该设备结构简单，成本低，运行操作简便，易于维护。

综上，沸腾床分离器适合用于净化甲醇制烯烃装置急冷水，具备工业应用的前提，可进一步开展中试实验，验证该装置能否适用于工业化生产。

## 二、侧线中试实验

在小试及冷模实验基础上，在浙江兴兴 MTO 装置上开展了 $20m^3/h$ 中试实验，实验流程如图 6-47 所示。沸腾床分离器入口接一级旋液分离器溢流，出水直接返急冷塔。通过急冷水原水和氮气进行再生，再生气体现场放空，再生废水排地漏。

图 6-48 为实验采样照片，最右侧为入口原液；中间为出口样品，从右至左每隔 1h 采样一次；左侧为反洗再生液，每隔 10min 采样一次。照片中可以看出，出口水样澄清，基本无悬浮物，分离效果优良。再生液浓度较高，再生初期再生液静置 20min 后底部约有 1/5 高度为沉淀物。

中试装置运行超过 6 个月，运行状况稳定。图 6-49 所示为沸腾床分离器标定

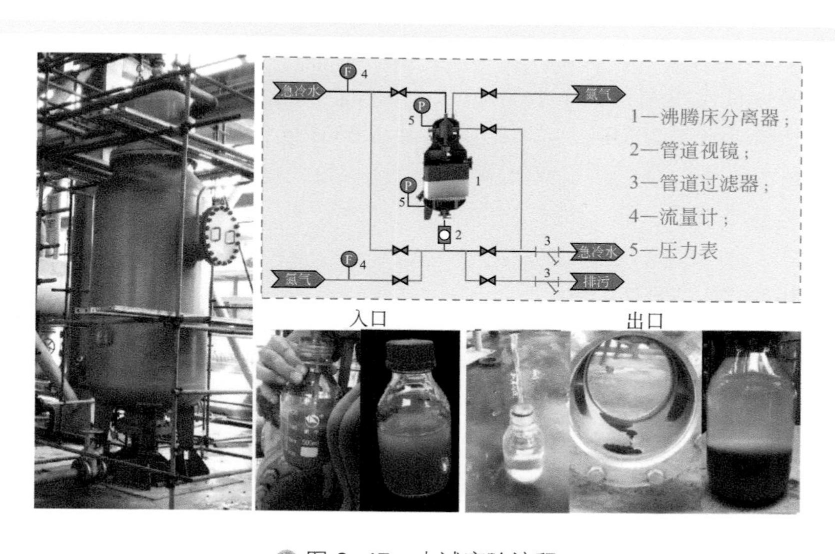


图 6-47 中试实验流程

图 6-48 中试实验水样

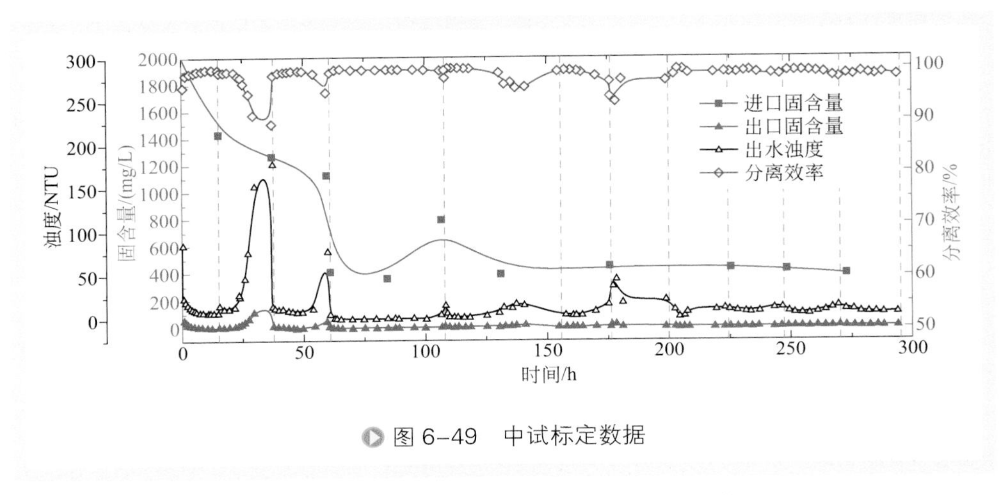


图 6-49　中试标定数据

期间连续 300h 的运行效果，图中记录了分离器的进出口固含量、浊度以及分离效率，绿色虚线标注的为反洗再生的时间点。从图 6-49 中可以看出，测试期间设备分离效率基本可保持 98% 以上，出水浊度基本维持在 15NTU 以内，设备运行平稳，分离效果优良。

经过小试、冷模实验和中试实验的研究，沸腾床分离器在急冷水水质波动的情况下，能够保证出水固含量小于 30mg/L，急冷水的总体分离效率大于 95%；连续运行 24h 压降小于 0.20MPa，再生压降小于 0.05MPa；24h 再生一次，再生时间不超过 30min，急冷水净化回用率大于 98%。运行效果理想，达到了预期，能够满足甲醇制烯烃急冷水及其他含固废水的经济、高效处理。

## 三、工业装置应用研究

为解决甲醇制烯烃装置急冷水中微细颗粒物难以去除的问题，开发了甲醇制烯烃装置急冷水沸腾床分离系统，经中试侧线实验，装置长期运行高效可靠，可适用于 MTO 急冷水催化剂脱除，预计使用后可有效减少换热器清洗频次，对实现甲醇制烯烃装置长周期稳定运行，有重要意义。

图 6-50 所示为陕西延长石油延安能源化工有限公司 400m³/h 处理规模的工业化装置流程，工业化装置采用 8 台沸腾床分离器并联方式，总处理量 400m³/h，操作弹性 0 ～ 140%。分离及再生过程，进入沸腾床分离系统流量稳定在 400m³/h，保持系统稳定。整个过程实现自动化控制。

如图 6-50 所示，沸腾床分离器再生用水正常由过滤系统入口引入，再生液送至后续浓缩系统；再生后的混合废气进入旋流脱液罐（旋液分离器）进行脱液处理，气体脱液后并入火炬气总管去火炬，焚烧废气中的挥发性有机物；脱液罐内液体随再生液一同送至后续浓缩系统。

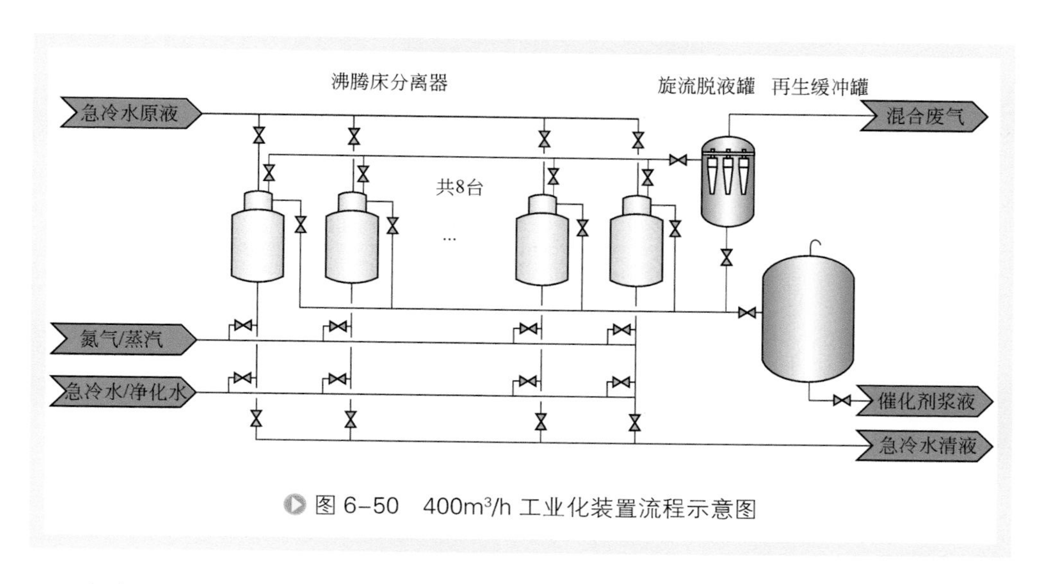


图 6-50　400m³/h 工业化装置流程示意图

每台工业化沸腾床分离器额定处理量为 50m³/h，设备技术参数见表 6-12。

表6-12　设备技术参数

| 技术指标 | 设计参数 | 备注 |
| --- | --- | --- |
| 进水固含量 | < 1000mg/L | |
| 出水固含量 | < 30mg/L | |
| 清液量：反洗再生水量 | ≥ 15：1 | |
| 工作压力 | 正常：1.0MPa<br>最大：1.5MPa | |
| 设计压力 | 2.0MPa | |
| 工作温度 | 109℃ | |
| 设计温度 | 150℃ | |
| 单台处理量 | 正常：50m³/h<br>最大：70m³/h | |
| 运行流速 | 11 ～ 18m/h | |
| 再生强度 | 水速 10 ～ 20m/s；气速 30 ～ 60m/s | |
| 再生用量 | 水量：60m³/h<br>氮气量（标准状态）：360m³/h | |
| 控制方式 | 自动 / 手动控制 | |
| 滤料回收 | 滤料回收效率 >99.9% | 设备顶部三相分离器回收 |

该方案沸腾床分离装置消耗指标如下：

① 急冷水消耗量：运行初期 240m³/d，运行稳定后 120m³/d，瞬时用量 60m³/h。

② 氮气消耗量（标准状态）：运行初期 720m³/d，运行稳定后 360m³/d，瞬时用量 360m³/h。

③ 耗电量：本装置无大型动力设备，系统电耗≤ 10kW・h/h。

沸腾床分离系统工艺参数见表 6-13。

表6-13　沸腾床分离系统工艺参数

| 序号 | 指标名称 | 单位 | 数值 | 备注 |
| --- | --- | --- | --- | --- |
| 一 | 生产规模 | m³/h | 400 | 进水量 |
| 二 | 产品方案 | | | |
| 1 | 产品 | | | |
| （1） | 清液 | m³/h | 400 | |
| （2） | 悬浮物分离效率 | % | ≥ 90 | |
| 2 | 副产品 | | | |
| | 再生液（瞬时用量 / 平均用量） | m³/h | 60/5.0 | 送至界区外处理 |
| 三 | 年操作时间 | h | 8000 | |
| 四 | 主要原辅材料、燃料用量 | | | |
| 1 | 原材料 | | | |
| | 急冷水 | m³/h | 200 | |
| 2 | 辅助材料 | | | |
| （1） | 急冷水（瞬时用量 / 平均用量） | m³/h | 60/5.0 | 间歇使用 |
| （2） | 氮气（瞬时用量 / 平均用量）（标准状态） | m³/h | 360/30 | 间歇使用 |
| （3） | 汽提塔净化水（瞬时用量 / 平均用量） | m³/h | 60/5.0 | 备用 |
| （4） | 蒸汽（瞬时用量 / 平均用量） | kg/h | 660/55 | 备用 |
| 五 | 公用动力消耗量 | | | |
| 1 | 电 | kW・h/h | 10 | |
| 2 | 仪表空气（0.6MPa，标准状态） | m³/h | 100 | |
| 六 | 三废排放量 | | | |
| 1 | 废水 | | | |
| | 再生液（瞬时用量 / 平均用量） | m³/h | 60/5.0 | 经后续换热处理后进污水处理场 |
| 2 | 废气 | | | |

续表

| 序号 | 指标名称 | 单位 | 数值 | 备注 |
| --- | --- | --- | --- | --- |
| 3 | 废气（瞬时用量 / 平均用量）<br>噪声 | $m^3/h$ | 360/30<br>约 85dB | |
| 七 | 定员 | 人 | 0 | 不新增操作人员 |
| 八 | 总占地面积 | $m^2$ | 70 | |
| 九 | 建（构）筑物占地面积 | $m^2$ | 70 | |

## 1. 运行操作流程

（1）开机准备

① 检查过滤器本体及附属的各种阀门、管路、仪表和各种设备附件是否完好；

② 检查原水泵、电气设备、各种现场仪表及各种附属设施是否完好；

③ 确认各种阀门状态正确；

④ 过滤器排气阀门见水后关闭。

（2）开机运行　运行工作流程：

① 排气：初次调试时由于设备内部存有空气，故设排气步序。打开沸腾床分离器进水阀、排气阀，至排气阀出水后，关闭排气阀。该步骤在今后的运行中将不再进行。

② 分离：打开过滤器进水阀、出水阀，急冷水由设备上部进水口进入沸腾床分离器，清液由底部出水口送出，调节流量至 $50m^3/h$。当运行至进出口压差≥ 0.20MPa 或运行时间达到 50h 时，运行周期结束。

③ 再生：再生的目的在于使滤料流化松动，释放滤料所吸附的污染物，清洁滤料，使滤料可以重复使用。再生时间长短和滤层的截污量及反冲流速有关。再生排水中不应含有正常颗粒过滤介质。再生时关闭进水阀、出水阀，打开再生排放阀、进气阀、再生进水阀，急冷水和氮气由底部出水口进入，分别由设备上部再生液出口和排气口排出。急冷水流量 $60m^3/h$，氮气 $360m^3/h$（标准状态）（或蒸汽流量 550kg/h，同时净化水流量 $60m^3/h$）进行再生，再生时间 30min。

沸腾床分离器阀门状态见表 6-14。

**表6-14　沸腾床分离器阀门状态**

| 序号 | 操作状态 | 进水阀 | 再生阀 | 进气阀 | 排气阀 | 再生排放阀 | 出水阀 | 备注 |
| --- | --- | --- | --- | --- | --- | --- | --- | --- |
| 1 | 排气 | ○ | | | ○ | | | 手动操作 |
| 2 | 再生 | | ○ | ○ | ○ | ○ | | 30min，自动切换 |
| 3 | 分离 | ○ | | | | | ○ | 运行 50h 或压差大于 0.2MPa 后结束，自动切换 |

注：○ 表示阀门调节开启；空格表示阀门关闭。

### 2. 技术指标

急冷水沸腾床分离系统要求达到的技术指标如下：

① 8 台沸腾床分离器的总额定流量为 400m³/h，操作范围 0 ～ 140%；沸腾床分离器床层压力降小于 0.20MPa；运行期间需保证系统流量可达到并稳定在 400m³/h；系统运行及再生时保证流量瞬时波动在 60 m³/h 以内。

② 沸腾床分离器在额定工作状态下，脱固指标：当沸腾床分离器进口水浆的固含量不大于 1000mg/L 时（正常工况），沸腾床分离器清液出口固含量不大于 30mg/L，规定频次的分析值（不大于 30mg/L）合格率 >90%，或者分离效率不低于 90%，采用重量法分析（可以参考 GB 11901—1989《水质　悬浮物的测定　重量法》)；当沸腾床分离器进口固含量大于 1000mg/L 时，沸腾床分离器清液出口水浆的固含量不大于 50mg/L，规定频次的分析值（不大于 50mg/L）合格率 >90%，或者分离效率不低于 90%。

③ 沸腾床分离器设备壳体的材质为 Q345R，三相分离器、分布器等内件材质为 304 不锈钢。

④ 沸腾床分离器整体设备连续运行不低于 1 年，设备壳体的使用寿命 20 年；三相分离器及分布器内件使用寿命不低于 3 年。

⑤ 沸腾床分离器设备须具有自动再生功能，单台设备再生周期大于 24h/ 次，再生耗水量小于处理量 3%。

⑥ 若入口固含量小于 500mg/L 时，单台设备再生周期小于 10h，或流量无法达到 50m³/h，则需判断是否需要更换滤料；滤料使用寿命不低于 1 年，若使用寿命内达到更换条件，卖方负责免费更换。

### 3. 公用工程消耗及三废排放

（1）公用工程消耗　沸腾床分离系统公用工程消耗见表 6-15。

表6-15　沸腾床分离系统公用工程消耗

| 序号 | 名称 | 温度 /℃ | 压力 /MPa | 流量（标准状态）/(m³/h) | 状态 | 备注 |
|---|---|---|---|---|---|---|
| 1 | 氮气 | 环境温度 | 0.80 | 360（180m³/d） | 气态 | 间歇 |
| 2 | 净化风 | 环境温度 | 0.80 | <100 | 气态 | 间歇 |

（2）三废排放

① 废水：主要为含固废水，再生时排放量为 60m³/h，正常运行时 24h 再生一次，再生时间 30min，即 24h 排放 30m³，去沉降池。

② 废气：主要为氮气、水蒸气、挥发性有机物的混合废气，再生时排放量为 360m³/h（标准状态），正常运行时 24h 再生一次，再生时间 30min，即 24h 排放 180m³，送至烟气除尘单元。

③ 固废：正常运行无固废排放。

# 第六节 本章小结

基于渗流流动和颗粒运动学，发明了沸腾床分离器技术。通过多孔介质中的渗流流动实现细微颗粒物的高效分离，同时通过颗粒流化、自转、公转的调控实现多孔介质的媒介再生。将分离和再生集成在一台设备中，可以实现对细微颗粒物的高精度分离和长周期运动，在甲醇制烯烃工艺急冷水的净化处理的工业示范显示能够保证出水固含量小于 30mg/L，急冷水的总体分离效率大于 95%；连续运行 24h 压降小于 0.20MPa，再生压降小于 0.05MPa；24h 再生一次，再生时间不超过 30min，急冷水净化回用率大于 98%。运行效果理想，达到了预期，能够满足甲醇制烯烃急冷水及其他含固废水的经济、高效处理。

## 参考文献


[1] Montgomery J M,Engineers C. Water treatment principles and design[M]. New York: John Wiley and Sons, 1985.

[2] 周北海，王占生．砂滤床直接过滤机理的研究 [J]. 中国给水排水，1994, 2: 15-17.

[3] Mohanka S S. Multilayer filtration[J]. Journal (American Water Works Association), 1969, 61(10): 504-511.

[4] 李振瑜，王夏．彗星式纤维过滤材料 [J]. 给水排水，2002 (06):71-74.

[5] Ribeiro T H, Rubio J,Smith R W. A dried hydrophobic aquaphyte as an oil filter for oil/water emulsions[J]. Spill Science & Technology Bulletin, 2003, 8(5): 483-489.

[6] Toyoda, Inagaki. Heavy oil sorption using exfoliated graphite. New application of exfoliated graphite to protect heavy oil pollution[J]. Carbon, 2000, 38(2): 199-210.

[7] Tryba B, Morawski A W, Kaleńczuk R J, et al. Exfoliated graphite as a new sorbent for removal of engine oils from wastewater[J]. Spill Science & Technology Bulletin, 2003, 8(5): 569-571.

[8] Cambiella Á, Ortea E, Ríos G, et al. Treatment of oil-in-water emulsions: Performance of a sawdust bed filter[J]. Journal of Hazardous Materials, 2006, 131(1): 195-199.

[9] Farizoglu B, Nuhoglu A, Yildiz E, et al. The performance of pumice as a filter bed material under rapid filtration conditions[J]. Filtration & Separation, 2003, 40(3): 41-47.

[10] Huang X,Lim T-T. Performance and mechanism of a hydrophobic–oleophilic kapok filter for oil/water separation[J]. Desalination, 2006, 190(1-3): 295-307.

[11] Chang Y, Li C W,Benjamin M M. Iron oxide–coated media for NOM sorption and particulate filtration[J]. Journal-American Water Works Association, 1997, 89(5): 100-113.

[12] Lukasik J, Cheng Y F, Lu F, et al. Removal of microorganisms from water by columns

containing sand coated with ferric and aluminum hydroxides[J]. Water Research, 1999, 33(3): 769-777.

[13] Tanaka Y, Yatagai A, Masujima H, et al. Autotrophic denitrification and chemical phosphate removal of agro-industrial wastewater by filtration with granular medium[J]. Bioresource Technology, 2007, 98(4): 787-791.

[14] Ayirala S C,Rao D N. Multiphase flow and wettability effects of surfactants in porous media[J]. Colloids & Surfaces A Physicochemical & Engineering Aspects, 2004, 241(1): 313-322.

[15] Ortiz-Arroyo A, Larachi F Ç, Iliuta I. Method for inferring contact angle and for correlating static liquid hold-up in packed beds[J]. Chemical Engineering Science, 2003, 58(13): 2835-2855.

[16] Ustohal P, Stauffer F, Dracos T. Measurement and modeling of hydraulic characteristics of unsaturated porous media with mixed wettability[J]. Journal of Contaminant Hydrology, 1998, 33(98): 5–37.

[17] Lord D L,Buckley J S. An AFM study of the morphological features that affect wetting at crude oil–water–mica interfaces[J]. Colloids & Surfaces A Physicochemical & Engineering Aspects, 2002, 206(1): 531-546.

[18] Truesdail S, Westermann-Clark G,Shah D. Apparatus for streaming potential measurements on granular filter media[J]. Journal of Environmental Engineering, 1998, 124 (12): 1228-1232.

[19] Stephan E A, Chase G G. A preliminary examination of zeta potential and deep bed filtration activity[J]. Separation & Purification Technology, 2001, 21(3): 219-226.

[20] McDowell-Boyer L M, Hunt J R,Sitar N. Particle transport through porous media[J]. Water Resources Research, 1986, 22(13): 1901-1921.

[21] Yao K-M, Habibian M T,O'Melia C R. Water and waste water filtration: Concepts and applications[J]. Environmental Science & Technology, 1971, 5(11): 258-298.

[22] Tien C. Granular filtration of aerosols and hydrosols: Butterworths series in chemical engineering[M]. Oxford: Butterworth-Heinemann, 2013.

[23] Ives K. Rapid filtration[J]. Water Research, 1970, 4(3): 201-223.

[24] Rajagopalan R,Tien C. Trajectory analysis of deep - bed filtration with the sphere - in - cell porous media model[J]. AIChE Journal, 1976, 22(3): 523-533.

[25] Happel J. Viscous flow in multiparticle systems: slow motion of fluids relative to beds of spherical particles[J]. AIChE Journal, 1958, 4(2): 197-201.

[26] Ison C,Ives K. Removal mechanisms in deep bed filtration[J]. Chemical Engineering Science, 1969, 24(4): 717-729.

[27] Kraemer H F,Johnstone H. Collection of aerosol particles in presence of electrostatic fields[J]. Industrial & Engineering Chemistry, 1955, 47(12): 2426-2434.

[28] Nielsen K A,Hill J C. Collection of inertialess particles on spheres with electrical forces[J]. Industrial & Engineering Chemistry Fundamentals, 1976, 15(3): 149-157.

[29] Nielsen K A,Hill J C. Capture of particles on spheres by inertial and electrical forces[J]. Industrial & Engineering Chemistry Fundamentals, 1976, 15(3): 157-163.

[30] Zamani A,Maini B. Flow of dispersed particles through porous media—deep bed filtration[J]. Journal of Petroleum Science and Engineering, 2009, 69(1-2): 71-88.

[31] Zebel G. Capture of small particles by drops falling in electric fields[J]. Journal of Colloid and Interface Science, 1968, 27(2): 294-304.

[32] Cookson Jr J T. Removal of submicron particles in packed beds[J]. Environmental Science & Technology, 1970, 4(2): 128-134.

[33] Adin A,Rebhun M. A model to predict concentration and head-loss profiles in filtration[J]. Journal-American Water Works Association, 1977, 69(8): 444-453.

[34] Derjaguin B,Landau L. Theory of the stability of strongly charged lyophobic sols and of the adhesion of strongly charged particles in solution of electrolytes[J]. Acta Physicochim: USSR, 1941, 14: 633-662.

[35] Verwey E J W, Overbeek J T G,Overbeek J T G. Theory of the stability of lyophobic colloids[M]. Amsterdam: Elsevier, 1948.

[36] Spielman L A,Cukor P M. Deposition of non-Brownian particles under colloidal forces[J]. Journal of Colloid and Interface Science, 1973, 43(1): 51-65.

[37] Raveendran P. Mechanisms of particle detachment during filter backwashing[D]. Atlanta: Georgia Institute of Technology, 1993.

[38] Ruckenstein E,Prieve D C. Rate of deposition of Brownian particles under the action of London and double-layer forces[J]. Journal of the Chemical Society, Faraday Transactions 2: Molecular and Chemical Physics, 1973, 69: 1522-1536.

[39] Gregory J,Wishart A J. Deposition of latex particles on alumina fibers[J]. Colloids and Surfaces, 1980, 1(3-4): 313-334.

[40] Rajagopalan R,Kim J S. Adsorption of Brownian particles in the presence of potential barriers: effect of different modes of double-layer interaction[J]. Journal of Colloid and Interface Science, 1981, 83(2): 428-448.

[41] Chari K,Rajagopalan R. Transport of colloidal particles over energy barriers[J]. Journal of colloid and interface science, 1985, 107(1): 278-282.

[42] Chari K,Rajagopalan R. Deposition of colloidal particles in stagnation-point flow[J]. Journal of the Chemical Society, Faraday Transactions 2: Molecular and Chemical Physics, 1985, 81(9): 1345-1366.

[43] Payatakes A C, Tien C,Turian R M. A new model for granular porous media: Part Ⅰ. Model formulation[J]. AIChE Journal, 1973, 19(1): 58-67.

[44] Payatakes A C, Tien C,Turian R M. A new model for granular porous media: Part Ⅱ.

Numerical solution of steady state incompressible Newtonian flow through periodically constricted tubes[J]. AIChE Journal, 1973, 19(1): 67-76.

[45] Tien C,Payatakes A C. Advances in deep bed filtration[J]. AIChE Journal, 1979, 25(5): 737-759.

[46] Happel J,Brenner H. Low Reynolds number hydrodynamics: with special applications to particulate media[M]. Springer Science & Business Media, 2012.

[47] Kuwabara S. The forces experienced by randomly distributed parallel circular cylinders or spheres in a viscous flow at small Reynolds numbers[J]. Journal of the Physical Society of Japan, 1959, 14(4): 527-532.

[48] Brinkman H. A calculation of the viscous force exerted by a flowing fluid on a dense swarm of particles[J]. Flow, Turbulence and Combustion, 1949, 1(1): 27.

[49] Petersen E. Diffusion in a pore of varying cross section[J]. AIChE Journal, 1958, 4(3): 343-345.

[50] Fedkiw P,Newman J. Mass transfer at high Péclet numbers for creeping flow in a packed - bed reactor[J]. AIChE Journal, 1977, 23(3): 255-263.

[51] Fedkiw P,Newman J. Entrance region (Lévêquelike) mass transfer coefficients in packed bed reactors[J]. AIChE Journal, 1979, 25(6): 1077-1080.

[52] Venkatesan M,Rajagopalan R. A hyperboloidal constricted tube model of porous media[J]. AIChE Journal, 1980, 26(4): 694-698.

[53] Payatakes A C, Rajagopalan R,Tien C. Application of porous media models to the study of deep bed filtration[J].The Canadian Journal of Chemical Engineering, 1974, 52(6): 722-731.

[54] Payatakes A, Rajagopalan R,Tien C. On the use of Happel's model for filtration studies[J]. Journal of Colloid and Interface Science, 1974, 49(2): 321-325.

[55] Rajagopalan R,Tien C. Single collector analysis of collection mechanisms in water filtration[J]. The Canadian Journal of Chemical Engineering, 1977, 55(3): 246-255.

[56] Rajagopalan R,Tien C. Experimental analysis of particle deposition on single collectors[J]. The Canadian Journal of Chemical Engineering, 1977, 55(3): 256-264.

[57] Pendse H, Tien C, Rajagopalan R, et al. Dispersion measurement in clogged filter beds: a diagnostic study on the morphology of particle deposits[J]. AIChE Journal, 1978, 24(3): 473-485.

[58] Iwasaki T, Slade J, Stanley W E. Some notes on sand filtration [with discussion][J]. Journal (American Water Works Association), 1937, 29(10): 1591-1602.

[59] Hsiung K-Y, Cleasby J L. Prediction of filter performance[J]. Journal of the Sanitary Engineering Division, 1968, 94(6): 1043-1070.

[60] Maroudas A, Eisenklam P. Clarification of suspensions: a study of particle deposition in granular media: Part Ⅰ—Some observations on particle deposition[J]. Chemical Engineering Science, 1965, 20(10): 867-873.

[61] Maroudas A, Eisenklam P. Clarification of suspensions: a study of particle deposition in granular media: Part Ⅱ—A theory of clarification[J]. Chemical Engineering Science, 1965, 20(10): 875-888.

[62] Kreissl J, Robeck G,Sommerville G. Use of pilot filters to predict optimum chemical feeds[J]. Journal-American Water Works Association, 1968, 60(3): 299-314.

[63] Jung Y, Tien C. New correlations for predicting the effect of deposition on collection efficiency and pressure drop in granular filtration[J]. Journal of Aerosol Science, 1991, 22(2): 187-200.

[64] Jung Y,Tien C. Increase in collector efficiency due to deposition in polydispersed granular filtration—An experimental study[J]. Journal of Aerosol Science, 1992, 23(5): 525-537.

[65] Liu D, Johnson P R, Elimelech M. Colloid deposition dynamics in flow-through porous media: Role of electrolyte concentration[J]. Environmental Science & Technology, 1995, 29(12): 2963-2973.

[66] Rajagopalan R, Chu R Q. Dynamics of adsorption of colloidal particles in packed beds[J]. Journal of Colloid and Interface Science, 1982, 86(2): 299-317.

[67] Herzig J, Leclerc D, Goff P L. Flow of suspensions through porous media—application to deep filtration[J]. Industrial & Engineering Chemistry, 1970, 62(5): 8-35.

[68] Civan F. Reservoir formation damage[M]. Gulf Professional Publishing, 2015.

[69] Zhang J P, Grace J R, Epstein N, et al. Flow regime identification in gas-liquid flow and three-phase fluidized beds[J]. Chemical Engineering Science, 1997, 52(21-22): 3979-3992.

[70] Song G-H, Bavarian F, Fan H-S, et al. Hydrodynamics of three-phase fluidized bed containing cylindrical hydrotreating catalysts[J]. The Canadian Journal of Chemical Engineering, 1989, 67(2): 265-275.

[71] Chern S-H, Muroyama K,Fan L-S. Hydrodynamics of constrained inverse fludization and semifluidization in a gas-liquid-solid system[J]. Chemical Engineering Science, 1983, 38(8): 1167-1174.

[72] Ermakova A, Ziganshin G K, Slin'ko M G. Hydrodynamics of a gas-liquid reactor with a fluidized bed of solid matter[J]. Theor Found Chem Eng, 1970, (4): 84-89.

[73] Bloxom S R, Costa J M, Herranz J, et al. Determination and correlation of hydrodynamic variables in a three-phase fluidized bed[J]. Chem Eng Sci, 1985, 46:219.

[74] Costa E, De Lucas A,Garcia P. Fluid dynamics of gas-liquid-solid fluidized beds[J]. Industrial & Engineering Chemistry Process Design and Development, 1986, 25(4): 849-854.

[75] Fan L-S, Jean R-H,Kitano K. On the operating regimes of cocurrent upward gas-liquid-solid systems with liquid as the continuous phase[J]. Chemical Engineering Science, 1987, 42(7): 1853-1855.

[76] Larachi F, Iliuta I, Rival O, et al. Prediction of Minimum Fluidization Velocity in Three-

Phase Fluidized-Bed Reactors[J]. Industrial & Engineering Chemistry Research, 2000, 39(2): 563-572.

[77] Wen C Y,Yu Y H. A generalized method for predicting the minimum fluidization velocity[J]. AIChE Journal, 1966, 12(3): 610-612.

[78] Pjontek D,Macchi A. Hydrodynamic comparison of spherical and cylindrical particles in a gas-liquid-solid fluidized bed at elevated pressure and high gas holdup conditions[J]. Powder Technology, 2014, 253: 657-676.

[79] Soung W Y. Bed Expansion in three-phase fluidization[J]. Industrial & Engineering Chemistry Process Design and Development, 1978, 17(1): 33-36.

[80] Jena H M, Roy G K,Meikap B C. Prediction of gas holdup in a three-phase fluidized bed from bed pressure drop measurement[J]. Chemical Engineering Research and Design, 2008, 86(11): 1301-1308.

[81] Smith D N, Ruether J A, Shah Y T, et al. Modified sedimentation-dispersion model for solids in a three-phase slurry column[J]. AIChE Journal, 1986, 32(3): 426-436.

[82] Cova D R. Catalyst suspension in gas-agitated tubular reactors[J]. Industrial & Engineering Chemistry Process Design and Development, 1966, 5(1): 20-25.

[83] Kenny T A,McLaughlin J B. Bubble motion in a three-phase liquid fluidized bed[J]. Chemical Engineering Communications, 1999, 172(1): 171-188.

[84] Kang Y, Cho Y J, Lee C G, et al. Radial liquid dispersion and bubble distribution in three-phase circulating fluidized beds[J]. The Canadian Journal of Chemical Engineering, 2003, 81(6): 1130-1138.

[85] Gorowara R L,Fan L S. Effect of surfactants on three-phase fluidized bed hydrodynamics[J]. Industrial & Engineering Chemistry Research, 1990, 29(5): 882-891.

[86] Safoniuk M, Grace J R, Hackman L, et al. Use of dimensional similitude for scale-up of hydrodynamics in three-phase fluidized beds[J]. Chemical Engineering Science, 1999, 54(21): 4961-4966.

[87] Clift R, Grace J R,Weber M E. Bubbles, drops, and particles[M]. Academic Press, 1978.

[88] Batchelor. Sedimentation in a dilute dispersion of spheres[J]. Journal of Fluid Mechanics, 1972, 52(2): 245-268.

[89] Hawksley P G. The effect of concentration on the settling of suspensions and flow through porous media[J]. Some Aspects of Fluid Flow. 1951, 4: 114-135.

[90] Richardson J F,Zaki W N. Sedimentation and fluidisation: Part Ⅰ [J].Chemical Engineering Research and Design, 1997, 75 (Supplement): 82-100.

# 液固分离成套技术应用

## 第一节　甲醇制烯烃反应废水处理技术

### 一、概述

#### 1. 甲醇制烯烃概述

甲醇制烯烃（MTO）工艺是一种以煤基或天然气基合成的甲醇为原料生产低碳烯烃的化工技术，改变了以往低碳烯烃来源依靠石油裂解的格局，开辟了一条制取低碳烯烃的新途径。MTO 技术被誉为化工技术皇冠上的“明珠”，是煤化工通往石油化工的桥梁，其工艺技术的完善对保障低碳烯烃稳定供给具有重要意义。

甲醇制烯烃工艺流程如图 7-1 所示，其前半部分主要包括反应再生、急冷分离、再生烟气能量利用和回收、反应取热、再生取热等部分，主要由 MTO 反应器、再生器、甲醇进料系统、主风系统、再生烟气热量利用系统、催化剂储存系统、原料预热系统、反应产物急冷塔、水洗塔、汽提塔等组成。由于反应产物离开反应器的温度最高可达 500℃左右，且反应产物中含有大量的水蒸气和催化剂，因此开发了两段水洗流程：出反应器的物料经过第一个换热器与反应器进料热交换降温后先进入急冷塔，利用来自第二个塔（水洗塔）底部的水接触降温，一些杂质、夹带的催化剂和水在此分离，分离后再进入水洗塔。

流化床反应器多采用小颗粒或粉末状催化剂，这种催化剂具有更大的比表面

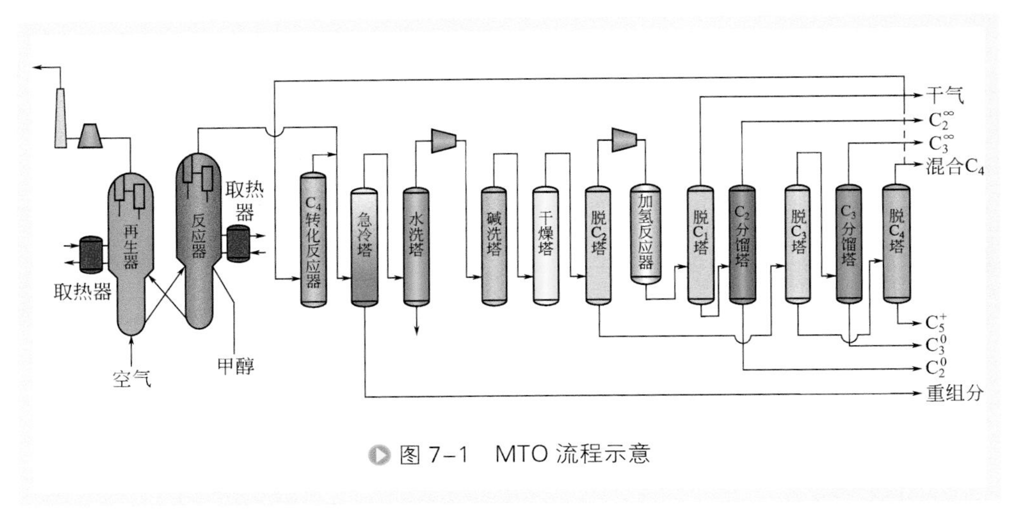


图 7-1　MTO 流程示意

积，能够充分地与反应原料蒸气接触，从而提高反应速率和反应深度。但对于粒径较小的催化剂颗粒，也存在磨损后小粒径粉末难以回收的问题。流化床反应器中，通常使用多级旋风分离器回收催化剂颗粒，该方法已十分成熟，能有效实现催化剂颗粒的回收。但受旋风分离器分离精度的限制，其对于磨损的微米、亚微米级微细颗粒分离困难，最终导致微细颗粒进入后续水系统中。

## 2. 甲醇制烯烃水系统

水是 MTO 反应产物中质量分数最大的物质，水系统是除反应 - 再生系统外，MTO 工业装置重要的组成部分，MTO 水系统集热量回收利用、反应时凝结、脱除催化剂细粉及反应副产物于一体，主要包括急冷水循环系统、水洗水循环系统、汽提系统，MTO 水系统流程如图 7-2 所示。

（1）急冷水循环系统　急冷水循环系统由急冷塔、急冷塔水泵、急冷水空冷器和急冷水换热器组成。

如前所述，在反应气进入急冷塔之前，采用三级旋风分离器对夹带的催化剂进行回收，由于 MTO 催化剂粒度小、密度低，加上三级旋风分离器的分离局限性，部分催化剂细粉会随着反应气进入急冷塔。经急冷塔降温、洗涤后，反应气携带的约 10% 的废水和 90% 的催化剂进入急冷水中，同时微量的有机污染物冷凝后也进入急冷水中。产品气从急冷塔顶去水洗塔进一步降温、洗涤；急冷水则通过急冷水泵加压后去空冷、换热，然后返回急冷塔循环利用。

急冷水中的催化剂细粉会在急冷水空冷器、急冷水换热器等处沉积，导致换热效率下降。随着急冷水的循环，催化剂细粉不断累积，会造成急冷水循环系统内各个设备及管道的堵塞，影响装置的稳定运行。

（2）水洗水循环系统　水洗水循环系统由水洗塔、水洗塔水泵、水洗水空冷器和水洗水换热器组成。

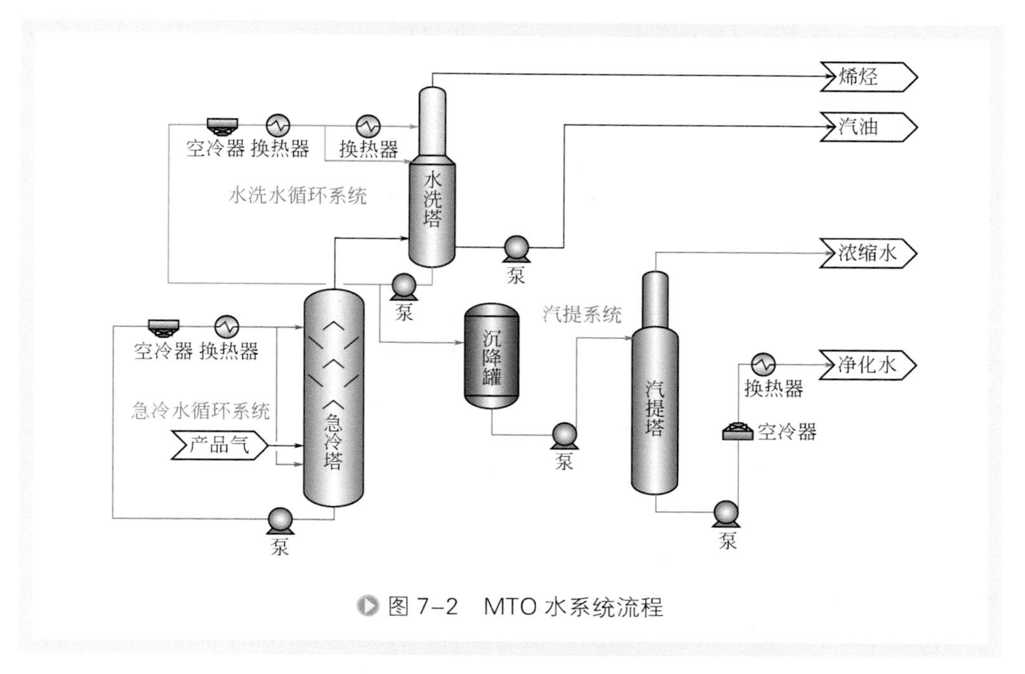


图 7-2 MTO 水系统流程

经水洗塔降温、洗涤后，反应气携带的约 90% 的废水和 10% 的催化剂进入水洗水中。洗涤净化后的烯烃送入下游装置进行分离精制。反应气在急冷塔内温度从 140℃左右降至 109℃，在水洗塔内进一步降至 85℃。随着温度的进一步降低，反应气夹带的大部分醇、酮、重烃等有机污染物进入水洗水中。经分析，水洗水中的有机污染物主要为长链烷烃和芳烃，其中芳烃含量在 95% 左右，并以多甲基苯为主。

有机污染物在水洗水循环系统的低温区凝固，导致水洗塔塔盘、水洗水空冷器、水洗水换热器堵塞，水洗水循环系统换热效率下降，换热器清洗频繁。MTO 装置水洗水换热器、空冷器等设备堵塞速度很快，已经成为影响 MTO 装置满负荷长周期运行的主要因素。

（3）汽提系统　汽提系统主要由汽提塔进料沉降罐、汽提塔进料泵和汽提塔组成。

MTO 反应副产约 54% 的水，在急冷水和水洗水不断洗涤、循环的过程中，系统水量会逐渐增加，因此将部分水送去汽提塔，回收少量甲醇、二甲醚等含氧有机物后外排，回收的甲醇、二甲醚随进料进入汽提塔顶回流罐，然后送至装置外或作为 MTO 装置的原料。汽提净化水经空冷、换热后去污水处理厂。

汽提塔的设计是为提取水中未反应的少量甲醇和二甲醚，汽提塔进料中除了上述含氧有机物外，还存在一定数量的烃类物质。乙烯和丙烯为主的低碳烃类会随着含氧有机物进入塔顶回流罐。若作为 MTO 装置的原料返回 MTO 装置反应部分，则乙烯和丙烯等主要烯烃在 MTO 装置反应器中，因聚合和缩合反应变成焦炭前体等其他物质，造成不必要的损失，并且会加快MTO装置反应器中催化剂的结焦速率，危害不轻。又因以乙烯和丙烯为主的低碳烃类本身就是MTO装置的重要产品成分，为避免宝贵资源浪费，需要把它回收。另外鉴于汽提塔负荷问题，进料中的长链烷烃和芳烃等有机污染物无法完全脱除，同时进料中夹带部分催化剂细粉，共同导致外排的净化水COD超标，无法满足污水处理厂的要求。

### 3. 废水水质特点

（1）无机有机污染物共存　MTO反应废水成分复杂，按照污染物的性质，废水中的污染物可以分为两大类，一类是SAPO-34无机催化剂，另一类是反应副产的有机物。按照原有系统设计，SAPO-34无机催化剂经过三级旋风回收后，部分细粉进入急冷塔洗涤，将催化剂全部洗涤到急冷水中，有机物则进入水洗塔冷凝，最终进入水洗水中。但在装置实际运行过程中，大部分催化剂细粉进入急冷水中，还有一小部分细粉会跟随产品气进入水洗水中；大部分有机物冷凝在水洗水中，但也会有一小部分提前冷凝进入急冷水中。由于分子筛催化剂具有丰富的微孔结构，因此具有良好的吸附性能。在反应废水中，有机污染物和催化剂并非独立存在，有机污染物会聚集、吸附在催化剂周围。重组分有机污染物凝固点较高，吸附在催化剂孔道及周围，在水系统温度较低处凝固，形成黏度很大的油泥状物质，增加了处理难度。

① 无机催化剂　MTO反应采用SAPO-34分子筛作为催化剂，催化剂在使用过程中会因种种原因破碎，从而产生细粉。造成催化剂破碎的原因包括冷态新鲜催化剂加入到温度较高的再生器中发生热崩、催化剂在流化状态时颗粒之间互相磨损、流化床中气泡破裂使催化剂产生高速运动而磨损、催化剂运动过程与反应器和再生器内件碰撞产生破碎等。由于旋风分离器的效率受到制约，部分催化剂细粉会随着反应产物离开反应器进入急冷塔，大部分会进入急冷水中。随着急冷水中催化剂含量的不断增加，一方面急冷水换热系统的换热效率会因为催化剂沉积而逐渐降低；另一方面催化剂也会造成急冷水系统管道及设备的堵塞，严重时须停工清洗，进而会影响整个装置的连续运转周期。因此需采用高效、经济、安全、便捷、可以长周期运行的分离手段将其分离。而含催化剂微粉的急冷水、水洗水具有以下特点：①粒径小，分布比较均匀，颗粒粒径在3μm以下的占98%；②密度小，该催化剂为多孔状，湿水密度约为1200～1400kg/m$^3$；③流量大，而分离困难。图7-3为废水中催化剂扫描电子显微镜照片及粒径分布。

② 有机污染物　如前所述，甲醇转化的产物乙烯、丙烯、丁烯等均是非常活泼的。在分子筛的酸催化作用下，可以进一步经环化、脱氢、氢转移、缩合、烷基化等反应生成分子量不同的饱和烃、$C_6^+$烯烃及焦炭。图7-4为MTO反应废水中典型有机污染物GC-MS（气相色谱-质谱）谱图。从图7-4可知，反应废水中有机物有醇、酮、醛、烷烃、烯烃以及芳烃，主要为芳烃和长链烷烃，芳烃又以多甲基苯

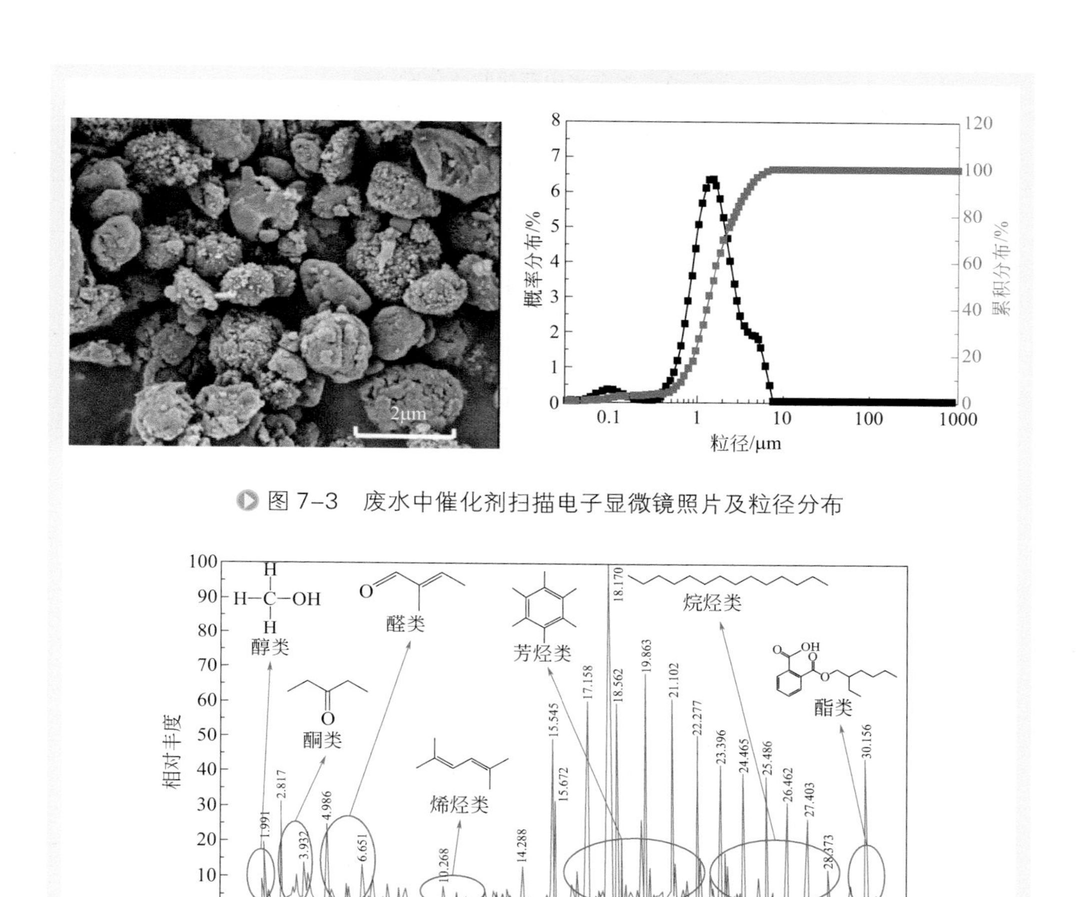


图 7-3　废水中催化剂扫描电子显微镜照片及粒径分布

图 7-4　甲醇制烯烃反应废水中典型有机污染物 GC-MS 谱图

为主。如不采取处理措施，有机污染物会不断累积。

以全球首套甲醇制烯烃装置为例，该装置投产超过七年，在运行过程中发现，反应产物水洗塔的压降会随着装置运行周期的延长而逐渐增加，用作烯烃分离单元精馏塔热源的水洗水流量也逐渐降低，经分析是反应产物中的微量物质在水洗塔的操作温度下（约 70℃）冷凝成固体，并附着在水洗塔的塔盘上和水洗水换热器管程上造成的，其化学组成如表 7-1 所示。由表 7-1 可知，在水洗塔冷凝下来的物质中芳烃含量高达 94.92%，且以三甲基苯、四甲基苯和五甲基苯含量最高。

同时，甲醇转化反应为强放热反应，反应会产生大量热量。通过反应器、再生器内的取热器取走大部分反应产生的热量。部分热量随着反应气进入急冷塔和水洗塔，经洗涤后进入急冷水和水洗水中。废热的存在增加了废水的危害性，使某些有机污染物的毒性增强，造成大气、水体污染加剧，不能直接外排或者去污水处理厂。

表7-1　水洗水中有机物质化学组成

| 分类 | 化合物 | 含量（质量分数）/% | 分类 | 化合物 | 含量（质量分数）/% |
|---|---|---|---|---|---|
| 烷烃 | 壬烷、正十四烷 | 2.84 | 芳烃 | 2-乙基对二甲苯 | 2.39 |
| 烯烃 | 3-甲基-3-己烯 | 0.04 | | 1,3-二甲基-4-乙基苯 | 1.99 |
| 醇 | 甲醇 | 0.52 | | 1-乙基-3,5-二甲基苯 | 4.98 |
| 酮 | 丙酮、丁酮、戊酮 | 1.68 | | 3-乙基邻二甲苯 | 1.02 |
| 芳烃 | 总计 | 94.92 | | 1,2,4,5-四甲基苯 | 7.79 |
| | 甲苯 | 0.08 | | 1,2,3,5-四甲基苯 | 16.06 |
| | 乙苯 | 0.24 | | 叔戊基苯 | 0.83 |
| | 1,3-二甲苯 | 1.89 | | 2,4-二乙基甲苯 | 1.05 |
| | 1,2-二甲苯 | 1.15 | | 1-甲基-4-（1-甲基丙基）苯 | 1.10 |
| | 丙苯 | 0.18 | | 1-乙基-2,4,5-三甲基苯 | 0.44 |
| | 1-乙基-3-甲基苯 | 3.69 | | 1,2,3,4,5-五甲基苯 | 12.25 |
| | 1-乙基-2-甲基苯 | 0.90 | | 1,3-二甲基异丙烯苯 | 6.45 |
| | 1,2,3-三甲基苯 | 5.73 | | 1-乙基异丙烯苯 | 1.78 |
| | 1,3,5-三甲基苯 | 13.61 | | 1,2-二乙基-3,4-二甲基苯 | 0.43 |
| | 1-丙烯基-2-甲基苯 | 1.16 | | 六甲基苯 | 2.13 |
| | 1-丙基-3-甲基苯 | 1.26 | | 2,3-二氢茚 | 0.16 |
| | 4-丙基甲苯 | 0.63 | | 2,3-二甲基-4,7-二氢茚 | 0.34 |
| | 1-乙基-3,5-二甲基苯 | 2.72 | | 二甲基-1,2,3,4-四氢化萘 | 0.16 |
| | 1-丙基-2-甲基苯 | 0.33 | | | |

（2）水质波动不可控　目前已经工业化的MTO工艺有中科院大连化学物理研究所的DMTO、中国石化的SMTO、UOP公司的MTO及神华的SHMTO工艺。对国内不同工艺MTO装置进行了百余次的检测分析，不同工艺的MTO装置水质差别很大，即使是相同工艺的不同装置，水质也存在较大差异。

① 相同工艺　图7-5是采用相同MTO工艺（DMTO工艺）、不同MTO装置废水中催化剂浓度及粒度的对比情况，从图7-5可以看出，不同装置废水中催化剂的平均浓度、平均粒度相差较大，这和每个装置采用的催化剂有很大关系，同时，不同的操作水平也导致了水质的千差万别。这种差别也体现在废水中的有机物质上，图7-6是不同MTO装置废水中有机物质种类及浓度的对比情况。

图 7-7 是国内某 MTO 装置从投产运行开始，连续 12 个月的废水中催化剂浓度

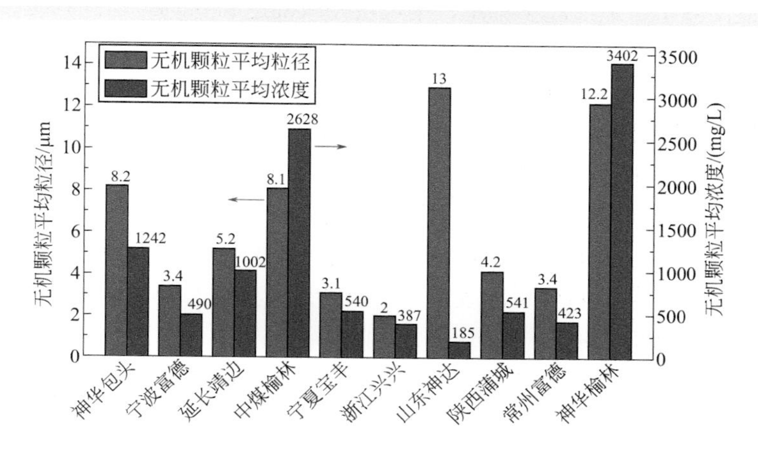


图 7-5 不同 MTO 装置废水中催化剂浓度及粒度对比

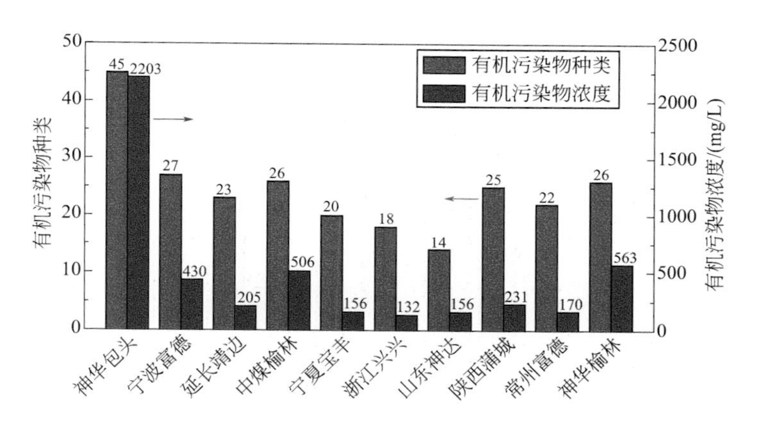


图 7-6 不同 MTO 装置废水中有机物质种类及浓度对比

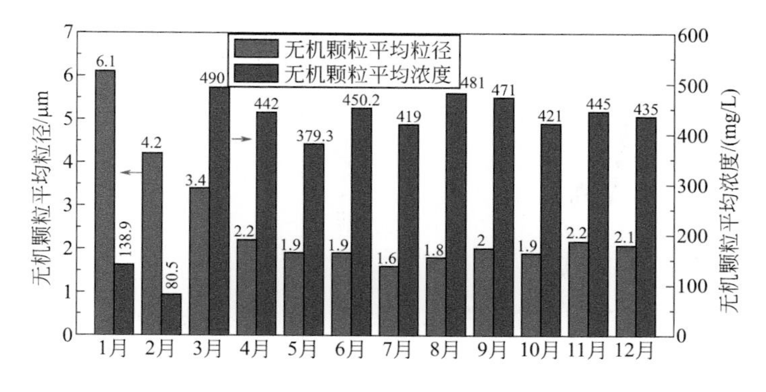


图 7-7 同一 MTO 装置不同时期废水中催化剂浓度及粒度对比

及粒度的对比情况，从图 7-7 可以看出，随着装置运行周期的延长，废水中催化剂平均粒径逐渐减小、最后趋于稳定，平均粒径减幅达到 65%。与此同时，废水中催化剂平均浓度逐渐升高，最后趋于稳定。图 7-8 是同一装置不同时期废水中有机物质种类及浓度对比情况，有机物质种类及浓度波动较大。

② 不同工艺　以上分析了相同工艺不同装置，或者同一装置不同时期废水水质情况，接下来分析不同工艺的水质情况。图 7-9 所示为 SMTO 反应废水中悬浮物颗粒粒径分布及有机物组分分析，从分析结果可以看出，SMTO 反应废水中催化剂颗粒粒径更小，平均粒径仅 1μm 左右，而有机物组分相对比较单一，全部为芳烃类物质。表 7-2 为 SMTO 反应废水中有机物质组成。悬浮物浓度 500mg/L 左右，有机物浓度 500mg/L 左右。

图 7-10 所示为 SHMTO 反应废水中悬浮物颗粒粒径分布及有机物组分分析，从分析结果可以看出，SHMTO 反应废水中催化剂颗粒粒径偏大一些，平均粒径 5μm 左右，有机物组分以醇、酮、烷烃和芳烃为主，表 7-3 为 SHMTO 反应废水中有机物质组成。悬浮物浓度高达 5000mg/L，有机物浓度 200mg/L 左右。

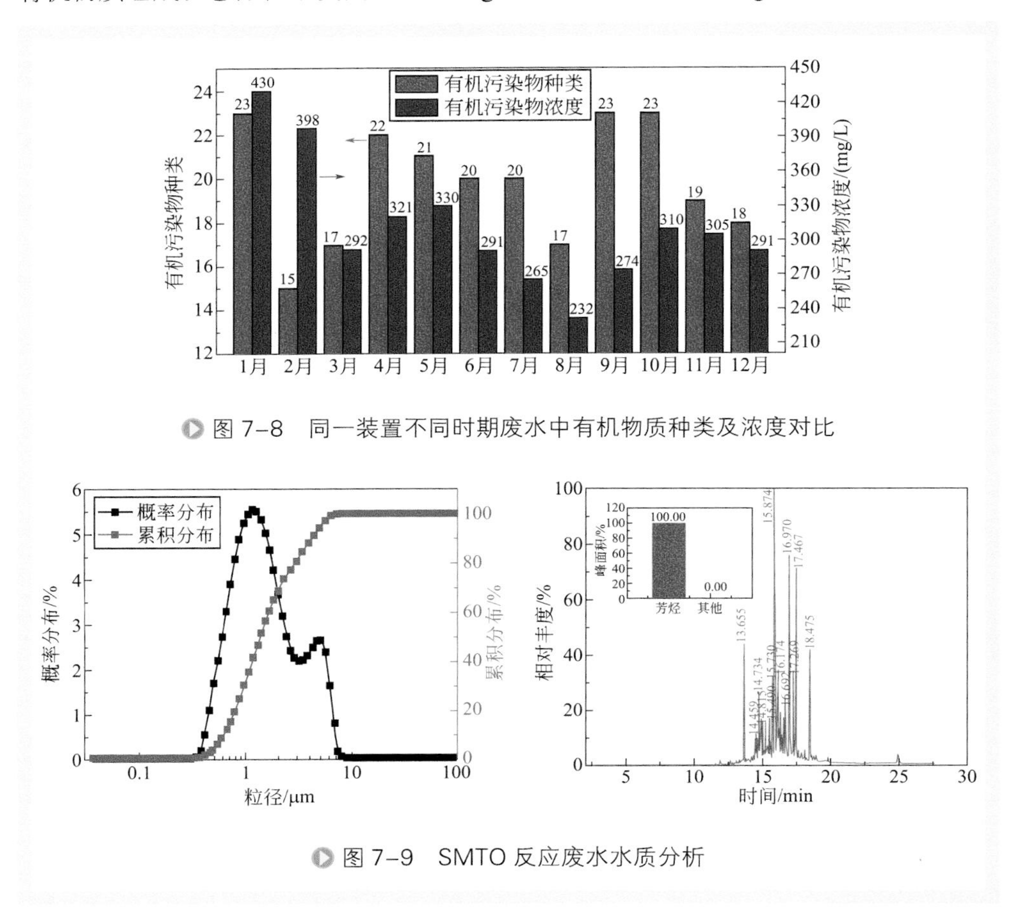


图 7-8　同一装置不同时期废水中有机物质种类及浓度对比



图 7-9　SMTO 反应废水水质分析

表7-2　SMTO反应废水中有机物质组成

| 分类 | 化合物 | 含量（质量分数）/% | 分类 | 化合物 | 含量（质量分数）/% |
|---|---|---|---|---|---|
| 芳烃 | 六甲基苯 | 4.74 | 芳烃 | 1,2,3,4- 四甲基萘 | 26.33 |
| | 2,3,6- 三甲基萘 | 3.81 | | 4- 异丙基 -1,6- 二甲基萘 | 1.24 |
| | 2,3- 二氢 -1,1,5,6- 四甲基 -1*H*- 茚 | 3.26 | | 7- 异丙基 -1,4- 二甲基薁 | 27 |
| | 1,2,3,4- 四氢 -5,6,7,8- 四甲基萘 | 1.77 | | 1,2,3,5- 四甲基苯 | 16.06 |
| | 1,4,6- 三甲基萘 | 3.56 | | 1,3- 二异丙基萘 | 6.27 |
| | 7- 乙基 -1,4- 二甲基薁 | 5.96 | | | |

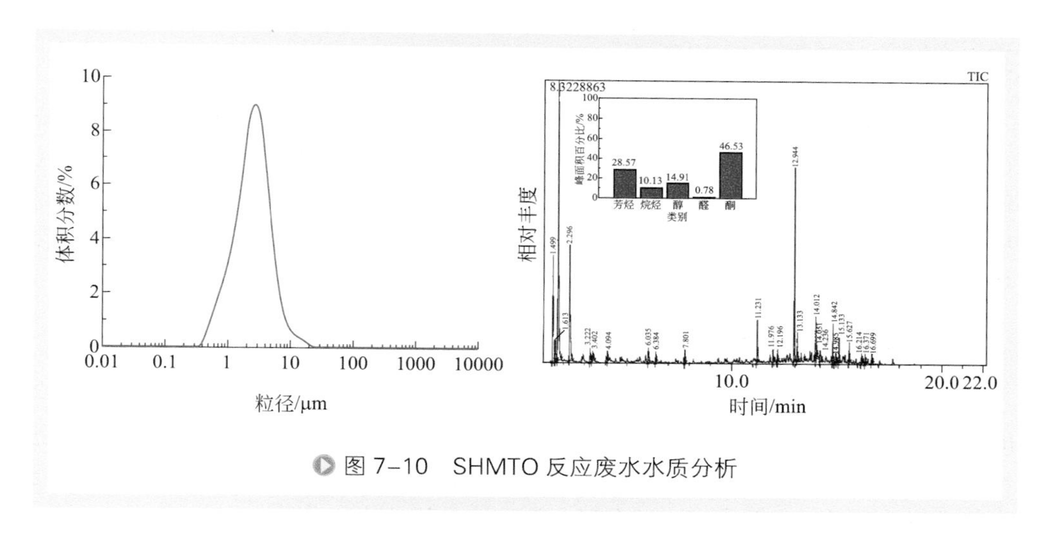


图 7-10　SHMTO 反应废水水质分析

表7-3　SHMTO反应废水中有机物质组成

| 分类 | 化合物 | 含量（质量分数）/% | 分类 | 化合物 | 含量（质量分数）/% |
|---|---|---|---|---|---|
| 醇 | 甲醇 | 12.94 | 烷烃 | 正十八烷 | 1.24 |
| | 乙醇 | 1.97 | | 正十九烷 | 0.61 |
| 酮 | 丙酮 | 31.66 | 芳烃 | 1,3- 二甲基苯 | 2.32 |
| | 丁酮 | 12.54 | | 1,2,4- 三甲基苯 | 0.93 |
| | 甲基丙基酮 | 1.33 | | 五甲基苯 | 3.06 |
| | 1,3- 二甲基丙酮 | 1.00 | | 六甲基苯 | 14.88 |
| 醛 | 反式 -2- 甲基 -2- 丁烯醛 | 0.78 | | 1,2,3,4- 四甲基萘 | 2.04 |
| 烷烃 | 正十三烷 | 0.69 | | 1,6,8- 三甲基 -1,2,3,4- 四氢萘 | 0.63 |
| | 正十五烷 | 1.87 | | 5,6,7,8- 四甲基 -1,2,3,4- 四氢萘 | 1.28 |
| | 正十六烷 | 2.92 | | 1,4- 二甲基 -7- 乙基薁 | 0.82 |
| | 正十七烷 | 2.80 | | 7- 异丙基 -1,4- 二甲基薁 | 1.69 |

从上述分析可以看出，不同工艺、相同工艺的不同装置、同一装置不同时间，水质均存在差异，MTO 装置水质不可控。而 MTO 废水中微细颗粒物及有机物的低耗高效去除成为影响装置长周期运转的关键因素。目前，国内外对含微细固体颗粒废水的分离方法主要有静电分离、磁分离、膜分离和精密过滤等方法，以上各种方法在 MTO 工艺废水处理中均存在能耗高、投资高等问题，静电分离、磁分离需要根据催化剂的性质进行选择设计，需外加电场，大流量时能耗太大；膜分离要求介质相对干净，含醇、酮、芳烃等有机物会带来膜的腐蚀、污染等问题，而且操作条件波动也会导致膜的损坏；精密过滤则造价太高、维护成本也较高，而且易发生堵塞，连续运转周期无法保证。因此，MTO 工艺废水的高效、经济处理成为一个难题。

## 二、液固微旋流器开发

针对 MTO 装置反应废水流量大、催化剂含量低、催化剂粒径小、密度低等特点，开发适合微细固体颗粒分离的微旋流器，其直径比普通旋流分离器的直径小几倍甚至几十倍，离心力则相应地成倍增加，将旋流分离器的分离精度延伸到 1μm。构建 MTO 装置含催化剂微粉急冷废水微旋流分离一级澄清、二级浓缩的处理工艺，从实验室单管试验，到并联放大的冷模试验。

### 1. 微旋流器设计

根据具体的分离要求设计出合适的微旋流分离器是旋流器研究工作者的最主要的任务，也是旋流器设计与应用首先需要解决的问题。遗憾的是截至目前为止，还没有一套成熟的、严密的、系统的设计方法。赵庆国等[1-3]总结了旋流器分离系统设计时应该遵循的主要准则，结合经典旋流器几何结构和参数，本节设计了 25mm 的微旋流器，设备结构如图 7-11 所示，尺寸见表 7-4。由于篇幅有限，设计过程不再赘述。

### 2. 微旋流分离系统

（1）分离系统　分离系统采用之前设计的微旋流器，分离系统流程如图 7-12 所示，混合罐将催化剂微粉和水混合，使颗粒分布均匀，制成一定浓度的悬浮液。悬浮液由泵增压后，经流量控制阀进入微旋流分离器，经旋流分离后，催化剂微粉浓缩液从微旋流分离器的底流口排出，进入混合罐中；净化后的澄清液由微旋流器溢流口返回混合罐，如此循环。

（2）分离物料及操作条件　验证工作需要尽量与操作工况近似才能反映实际情况下的分离效果。采用某石化经催化三旋后烟气脱硫装置回收的 FCC 催化剂微粉模拟 MTO 催化剂。该催化剂为多孔细粉，比表面积约为 $1.17m^2/g$，骨架密度为 $2.23g/cm^3$，饱和密度约为 $1.40g/cm^3$。该物料粒径分布如图 7-13 所示，平均粒径约

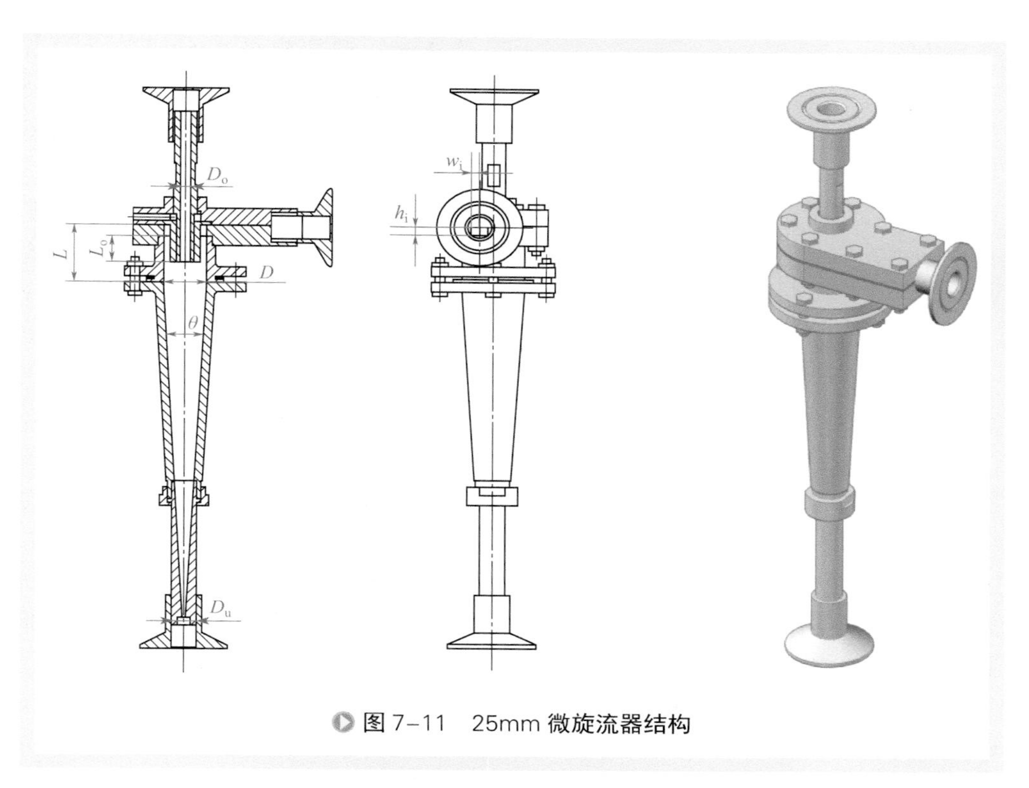


图 7-11　25mm 微旋流器结构

表7-4　旋流器尺寸

| $D$/mm | $\theta$/(°) | $w_i \times h_i$ | $D_o/D$ | $D_u/D$ | $L/D$ | $L_o/D$ |
|---|---|---|---|---|---|---|
| 25 | 6 | 4×6 | 0.24 | 0.08 | 1.48 | 0.57 |

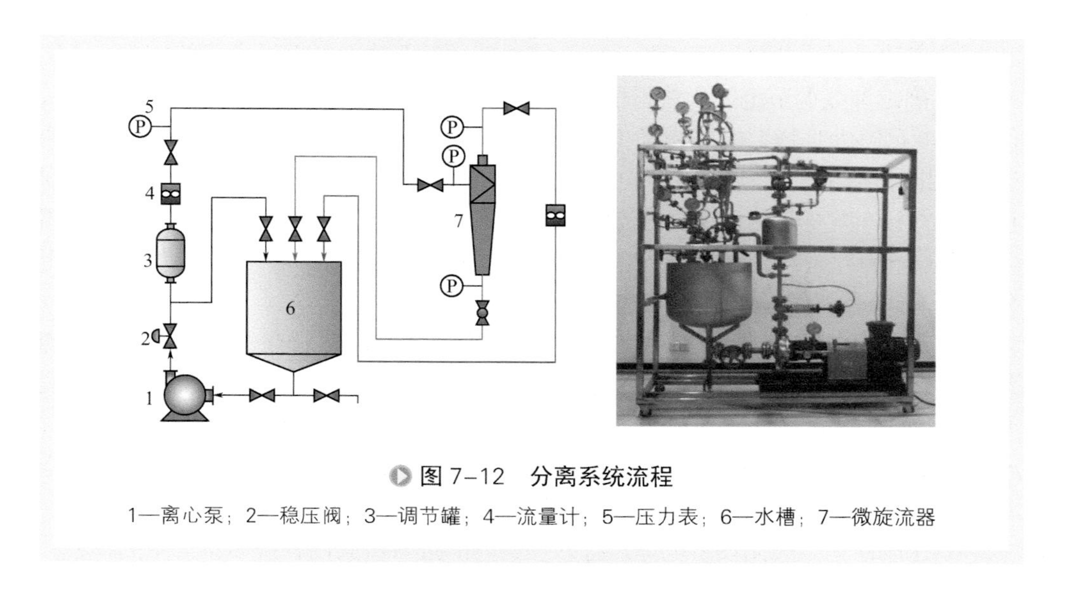


图 7-12　分离系统流程

1—离心泵；2—稳压阀；3—调节罐；4—流量计；5—压力表；6—水槽；7—微旋流器

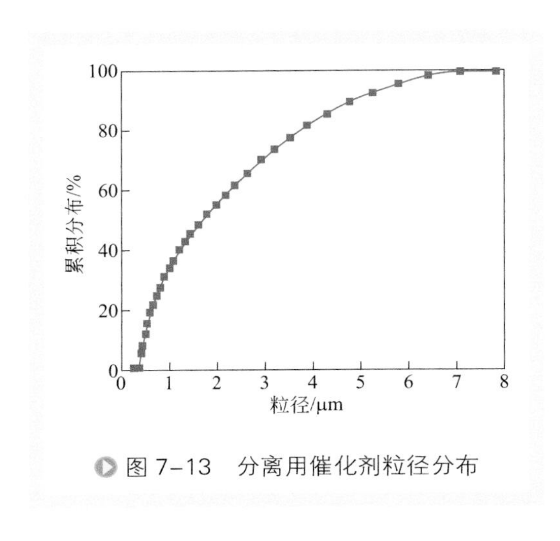


图 7-13 分离用催化剂粒径分布

为 3μm，颗粒粒径在 5μm 以下的占 95%。该物料除了粒径略大于 MTO 装置进入急冷废水的催化剂外，其余形态、密度都与 MTO 催化剂类似。

操作条件主要影响连续相的黏度和密度，从而影响旋流器的分离效率。黏度越小，两相密度差越大，分离效果越好[4]。MTO 急冷水的工作压力为 1.1MPa，工作温度为 109℃，该条件下急冷水的黏度为 0.25mPa • s，密度为 945kg/m³；分离采用常温自来水模拟 MTO 急冷水，进口压力约为 0.4MPa，实验条件（25℃，0.4MPa）下，水的密度为 997kg/m³，黏度为 0.89mPa • s，均与操作条件下近似。因此，分离采用物料及操作条件可较好地模拟实际工业条件下 MTO 急冷水及其中所含微细催化剂颗粒的物性，能够定性地描述该旋流器对 MTO 催化剂的分离性能。

（3）验证内容　主要验证内容包括：以水作为连续相，进料浓度保持 200mg/L，确定旋流器合理的流量和分流比调节范围（保证底流不堵塞和流量足够大）；以水作为连续相，进料浓度保持 200mg/L，测定不同直径旋流器在不同分流比下压降和流量的关系曲线：以水作为连续相，进料浓度保持 200mg/L，测定旋流器在不同分流比和不同进口流量下的分离效率和分级效率，优化分流比。主要步骤包括如下：

① 准备工作。确认实验装置已清洗、排净，以自来水为连续相，并用已准备好的催化剂粉在物料罐中配制 200mg/L 的悬浮液 0.1m³ 备用。

② 启动运行。开泵运行实验系统，待系统预热至物料温度恒定开始实验。

③ 确定参数调节范围。流量范围：底流全开，通过进口与溢流的压力降调节，保证强度足够大且稳定的旋流场（压力稳定，有一定分离效果），同时流量也不要过大（此时增加压降，流量变化不大）。分流比范围：为了保证底流分离出来的固相顺畅流出，需要保证足够的分流比，但过大的分流比又会使进口流量受限，分离效果变差，因此可在最大流量下尝试取得最大分流比，在最小流量下调节取得最小分流比。

④ 取样分析。在上述取得的分流比范围内取三组，然后在保持分流比不变的条件下，在上述流量范围内取 5 组流量。调节阀门至所需工况，待系统在该工况下稳定运行 15min，记录进口、溢流口和底流口的流量（$Q$，$Q_o$，$Q_u$）和压力（$p_i$，$p_o$，$p_u$），然后分别由各旋流器的进口、溢流口、底流口取样口取样，分别分析样本的固含量、固体颗粒粒径分布。每个取样口取样三次，再进行平均。

⑤ 完成停车。关闭设备电源，打开物料罐的排料口阀门，排净系统中的物料。

⑥ 异常情况。突发异常情况，应迅速切断离心泵电源，并打开物料罐的排料口阀门，排净系统中的物料。

### 3. 微旋流分离性能验证

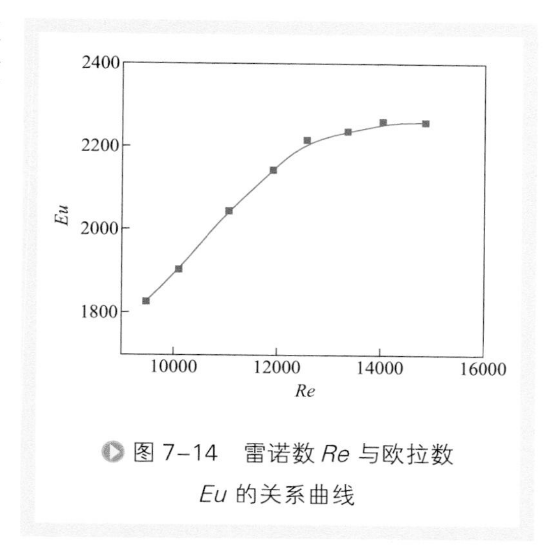

图 7-14　雷诺数 $Re$ 与欧拉数 $Eu$ 的关系曲线

（1）旋流分离器评价指标　正因为旋流分离机理的复杂性，在旋流器的工业应用中，通常将旋流器当作一个黑箱，关注的重点在旋流器的外特性。所谓外特性通常是指旋流器的分离特性、阻力特性、结构特性、使用寿命、安装维护等方面的特性，其中因分离特性标志着设备分离能力的大小，而阻力特性又决定着设备的运行经济性，所以也就成为最为关心的两项技术特性。相应的评价旋流器的性能指标主要有分离性能指标和操作性能指标。分离性能指标包括分离效率（如总效率 $E_t$），分级效率。操作性能包括压力降与流量（处理量）的关系及分流比。分流比也可以看作是分离性能，因其反映了产品的产量。

（2）压力特性　图 7-14 所示为微旋流分离器在分流比 $R_f$=7% 的条件下雷诺数 $Re$ 与欧拉数 $Eu$ 的关系曲线，可以看出 $Eu$ 随着总体雷诺数 $Re$（即入口总流量）的增加而增加，当 $Re$ 增加到 13000 后，$Eu$ 的增加趋势逐渐趋于平缓，即在一定范围内压降越大，旋流器的处理量就越大。经拟合得：

$$Eu = 21.9Re^{0.486} \tag{7-1}$$

（3）分离特性　分离效率 $E$ 是旋流分离器分离性能的最主要指标，这种指标主要用来表示一个具体的旋流分离器在具体的操作条件下处理相同物料时所能达到的实际分离效果。在此特定条件下，雷诺数和分流比这两个无量纲量是影响旋流器分离效率最主要的操作参数，本节研究了这两个量对分离效率的影响规律。

① 雷诺数　为了研究分离效率随雷诺数的变化规律，根据经验选定一个分离效果比较好的分流比并保持不变，从而使分离效率在进料相同的情况下紧随进口流量而改变。本实验选定 $R_f$=7%，图 7-15 所示为所得到的分离效率随旋流器总雷诺数 $Re$（即入口总流量）的变化曲线。

从图 7-15 可以看出，流量较小时，分离效率较小；随着流量增大，分离效率不断增大；当流量增大到一定程度，分离效率随流量增大反而减小。因此，存在一个最佳雷诺数范围使旋流器的分离性能最好。对于本次实验所用的旋流器，当 $Re$ 约为 $1.2\times10^4$ ～ $1.4\times10^4$（即进口流量约为 0.79 ～ 0.89$m^3/h$），分离效率 $E$ 达到 88% 以上，分离效果最好。

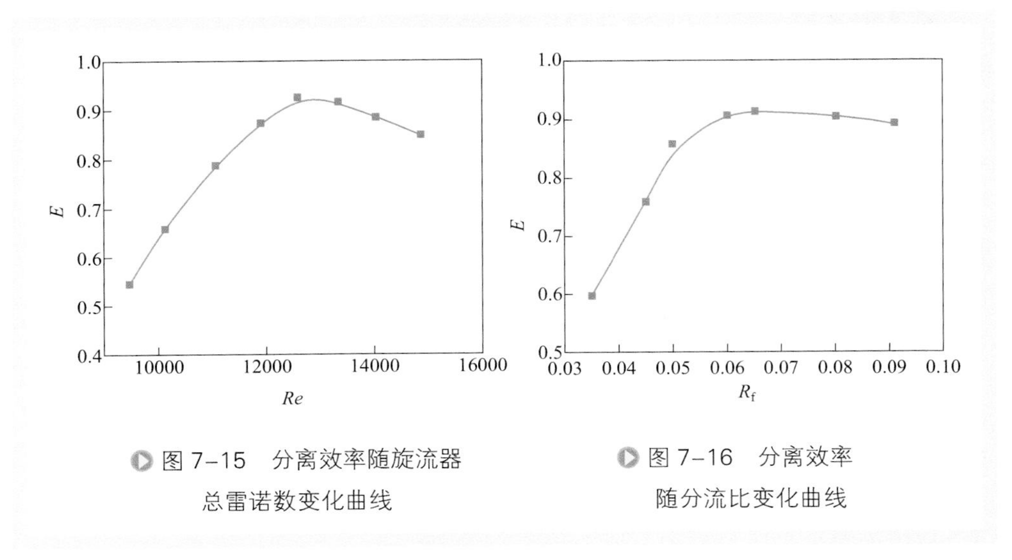


图 7-15　分离效率随旋流器总雷诺数变化曲线

图 7-16　分离效率随分流比变化曲线

② 分流比　分流比也是影响分离效率的重要操作参数。为了研究分离效率随分流比的变化规律，将进口流量固定在上面实验得出的使旋流器分离效率最高的条件下，约为 0.8m³/h，得到的分离效率随分流比的变化曲线如图 7-16 所示。

（4）高效分离区　旋流器的分离效率、进出口压力降（能耗）是与旋流器处理能力相关的量，图 7-17 所示为雷诺数、分离效率与欧拉数关系曲线，可以看出当 $Re$ 约为 $1.2\times10^4$ ～ $1.4\times10^4$，欧拉数为 2220 ～ 2300（即进口流量约为 0.79 ～ 0.89m³/h），在进出口压差为 0.2 ～ 0.23MPa 时，分离效率都在 88% 以上，为实验用旋流器的高效分离区。

（5）分级效率　分级效率是到目前为止所讨论的效率准则中受实验分散相介质粒度分布影响最小的效率，由分级效率曲线可以很好地预测该旋流器对 MTO 催化剂的分离性能。图 7-18 所示为旋流器在高效区（进口流量约为 0.8m³/h，分流比约为 7.5%）工作下得到的分级效率曲线。从图中可以看出，切割粒径 $d_{50}$=1.7μm，3μm 以上颗粒去除率达到 85% 以上，2μm 以上颗粒去除率达 65% 以上；同时分级精度 $H_{25/75}$=45.8%。可见，该微旋流器达到了 MTO 急冷水净化处理所要求的分离精度。

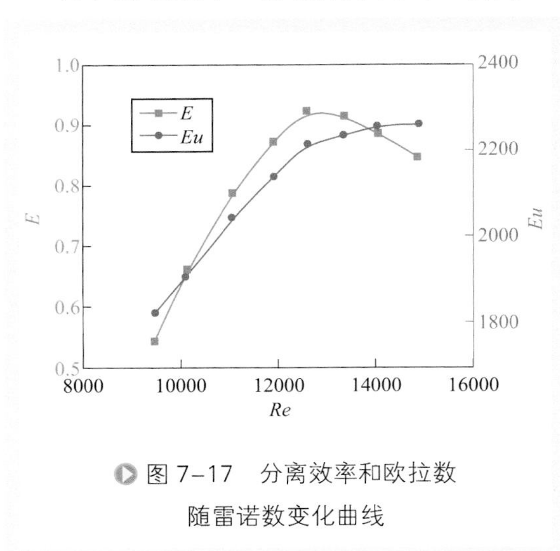


图 7-17　分离效率和欧拉数随雷诺数变化曲线

### 4. 并联微旋流器组分离性能验证

在小直径旋流器解决了分离精度的基础上，可以通过该旋流器的串并联工艺来解决处理量大和浓度低的问题。为了满足工程实际的处理要求，达到系统能量、流量、浓度的平衡和取得这几项的运行参数，设计了一级澄清、二级浓缩的工艺流程和微旋流器组并联装置。调节系统，可使系统工作在以上研究得出的高效分离区：由于一级主要起澄清作用，可以适当增加流量和分流比，尽量提高处理量和分离精度；二级主要是浓缩作用，应适当减小分流比以减少废液排出量。

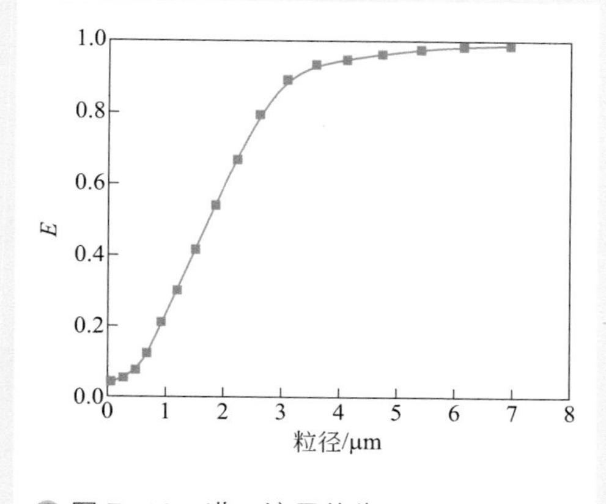


图 7–18　进口流量约为 $0.8m^3/h$、分流比约为 7.5% 时的分级效率曲线

（1）微旋流器组建立　微旋流器组分离实验流程如图 7-19 所示，其中一级旋流澄清分离设备由 12 根微旋流器并联组成，二级旋流浓缩设备为一根微旋流器。微旋流器组设备如图 7-20 所示，分离采用的物料及分析方法与单管研究相同。

（2）分离效果　实验在一级进口 12 根微旋流器总流量为 $11m^3/h$，一级分流比

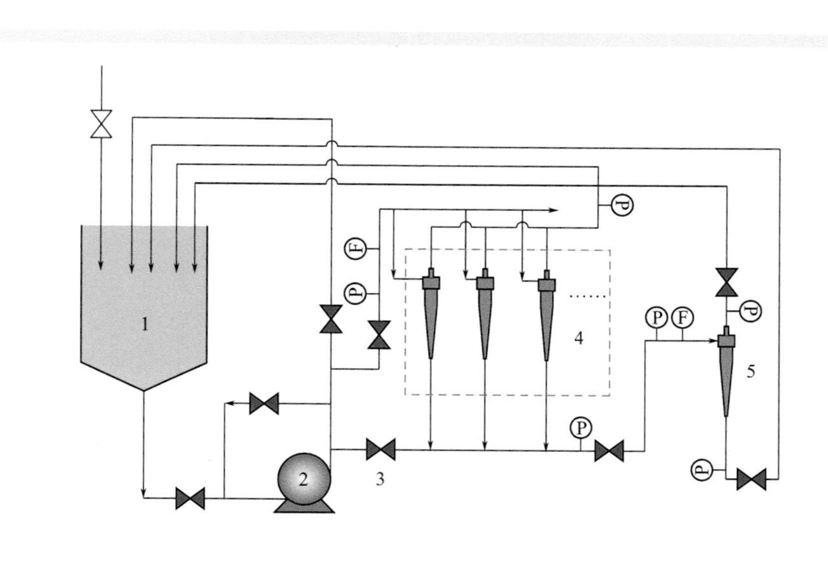


图 7–19　微旋流器组分离实验流程示意图

1—进料罐；2—离心泵；3—调节阀；4—净化微旋流器；5—浓缩微旋流器；P—压力表；F—流量计

图 7-20 微旋流器组设备

为 8.0%，二级分流比为 7% 的情况下得到了最好的分离效果，与前面实验得出的高效分离区基本一致。此时，一级进口浓度为 282mg/L，溢流口浓度为 59.4mg/L，进口与溢流口间的压降为 0.27MPa；二级底流口浓度为 31420mg/L，进口与溢流口压降为 0.22MPa。由此可以算出，一级与二级的分离效率分别为 82.1%，76.0%。

从压降上看：二级旋流与前面实验一致；一级压降稍有增加，可能是因为一级进料流场的波动。

从分离效率上看：二级旋流由于底流分流比的限制分离效率偏低；一级效率与前面相比也有所降低，这可能也是因为并联旋流器组进料波动的原因，但 80% 以上的效率已能满足工程需要。工程实际中可并联更多的一级旋流器来满足处理量的要求，同时合理设计管路减小进料波动进一步提高分离效率，从而解决了大流量下高精度分离的难题。

从出口固相浓度上看，在一级进料浓度约为 250 ～ 300mg/L 情况下经过一级澄清、二级浓缩得到的一级澄清溢流浓度达到 40 ～ 70mg/L 左右，二级浓缩底流浓度达到 30000mg/L 以上，取得了很好的分离效果。对于 MTO 实际工艺，一级溢流可直接进入工艺的下一环节，二级底流可用于回收催化剂，从而解决了浓度低的问题。

## 三、工业应用

### 1. 系统描述及处理要求

在 MTO 装置生产中，产品气从反应床层产生后，经三级旋风分离器对产品气夹带的催化剂进行回收，由于旋风分离器的分离局限性，部分微细催化剂（≤ 3μm）颗粒会随产品气进入急冷塔、水洗塔，经急冷塔、水洗塔洗涤后催化剂微粉进入急冷水与水洗水中。在反应系统三级旋风分离器正常工作状态下，急冷水循环量为 713m³/h 时，进入急冷水的催化剂含量约 50mg/L。当催化剂微粉在循环急冷水中不断累积，易使急冷水换热器结垢堵塞，影响换热效果，也存在使后续水净化系统堵塞的问题；严重时须停工清洗，进而会影响整个装置的连续运转周期，因此需采用高效、经济、安全、便捷、可以长周期运行的分离手段将其分离。

设计参数：急冷水循环量 713m³/h；工作压力为 1.1MPa；工作温度 109℃；催化剂增加量 50mg/(L・h)。

处理要求：循环含固急冷水浓度≤ 250mg/L；系统压力降 0.5MPa；含固浓缩急冷水外排量≤ 4m³/h；系统连续运转周期≥ 3 年。

## 2. 工业方案设计

针对 MTO 装置含催化剂微粉急冷水物性条件及操作条件，提出采用以微旋流分离、喷浆造粒干燥为核心的含催化剂微粉急冷水一级澄清、二级浓缩与三级回收的工艺思路，具体处理流程如图 7-21 所示。

该流程是对全部或部分的洗涤液进行处理。MTO 含催化剂微粉产品气由急冷塔底部进入，从急冷塔顶自上而下多层喷淋雾滴与自下而上的反应气逆向接触，在该段完成对反应气降温和洗涤去除反应气中催化剂颗粒的过程，接着再通过塔顶安装的旋流气 - 液（固）分离器对产品气出急冷塔前夹带的雾沫及未洗涤下的催化剂微粉进行分离回收，以上两过程完成了对反应气净化，使催化剂微粉进入急冷水中。全部或部分的循环急冷水由循环泵打入微旋流分离器进行微旋流分离，经净化分离后的急冷水去后续换热、汽提装置处理后再返回急冷塔循环使用；微旋流净化分离过程分离出的含催化剂浓缩液进入微旋流浓缩器、沉降浓缩罐进行进一步的浓

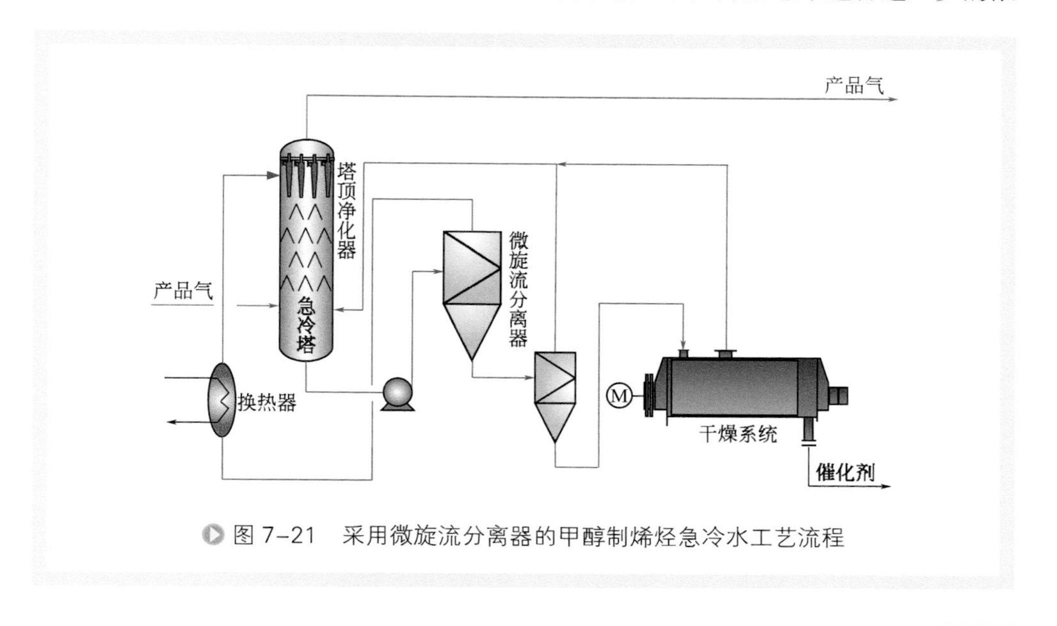


图 7-21　采用微旋流分离器的甲醇制烯烃急冷水工艺流程

缩，该过程产生的澄清液返回急冷塔回用。进一步浓缩后的催化剂浆液送往喷浆造粒干燥机干燥，经干燥处理后的催化剂微粉回收，干燥过程产生的废气送往冷凝器冷凝后返回急冷塔回用或者将该废气直接送往火炬燃烧处理。如此循环处理。

采用全部循环急冷水处理工艺的特点是：急冷水中催化剂浓度最低，携带到换热、汽提系统的催化剂微粉量小，换热、汽提效果好且连续运转周期长。采用部分急冷水进行处理的特点是急冷水中催化剂微粉始终保持一个较低的平衡浓度，保障后续设备的连续运转周期，循环洗涤液（急冷水 / 水洗水）处理量小，起到节能降耗的作用。因此在工业实施中采用处理 1/3 水量的实施方案。

### 3. 工业实施方案

本方案采用对急冷水循环量的 1/3 水量进行处理，使系统保持较低的平衡浓度，在保障连续运转周期的前提下达到系统节能的目的。

设计参数：急冷水循环量为 713m³/h；急冷水处理量为 240m³/h；工作压力为 1.1MPa；工作温度为 109℃；催化剂增加量为 50mg/(L·h)。

（1）旋流分离系统平衡测算　对于一个液固分离系统，连续相液体、分散相固体物料守恒是设计的一个重要内容，对于该系统，一级澄清（SR-1）、二级浓缩（SR-2）旋流分离系统流量、浓度测算平衡见图 7-22。

（2）工业装置实施工艺流程

① 急冷水处理总流程　在 MTO 工艺流程中，产品气从再生烟气出来后，经三级串联旋风分离器组分离后去急冷塔洗涤，部分微细 MTO 催化剂会随反应气进入

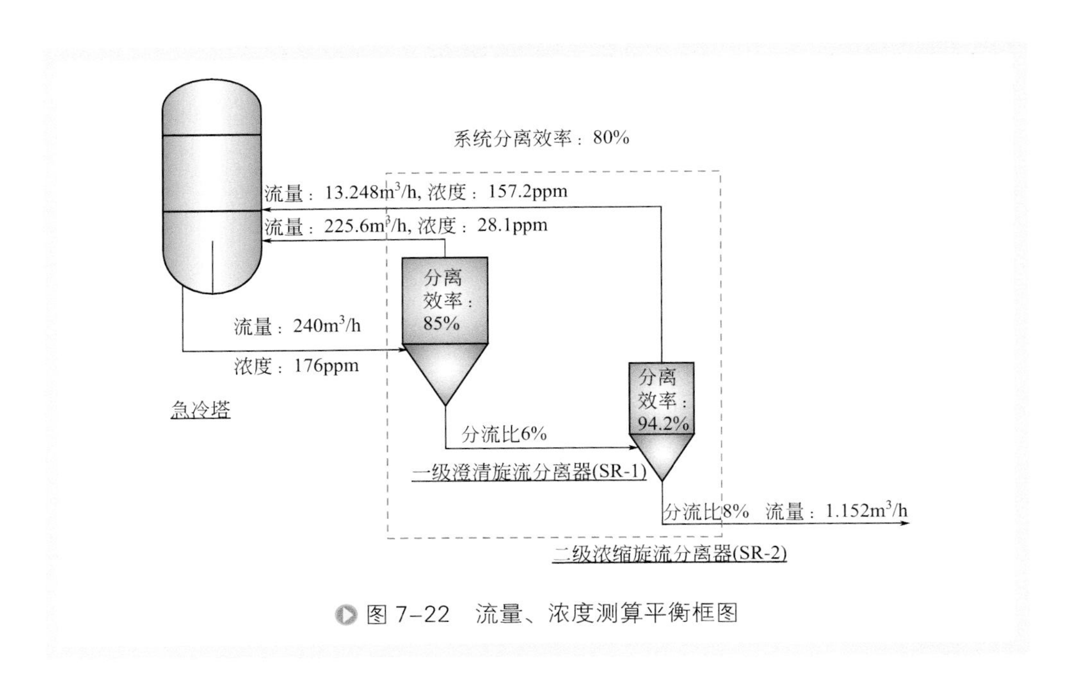


图 7-22　流量、浓度测算平衡框图

急冷塔，经急冷塔洗涤后催化剂微粉进入急冷水。急冷塔底出来的1/3循环急冷水进入一级微旋流器进行分离澄清，约1/8的溢流净化水去汽提，其余返回急冷塔，与急冷塔底重力沉降的急冷水混合后去换热器换热，经空冷器冷却后返回急冷塔，工艺流程见图7-23。

② 微旋流分离系统流程及描述　对总体急冷水量的1/3使用微旋流分离，使整体急冷水中催化剂浓度保持满足实际运行的一个平衡状态。采用一级澄清二级浓缩的微旋流分离工艺，该系统设置两级微旋流分离器，系统流程见图7-24。急冷塔底水由微旋流进料泵P-1抽出，经调节阀FIC-1进入一级微旋流分离器，一级微旋流分离器清流经FIC-2返回急冷水塔，一级微旋流分离器底流进入二级微旋流

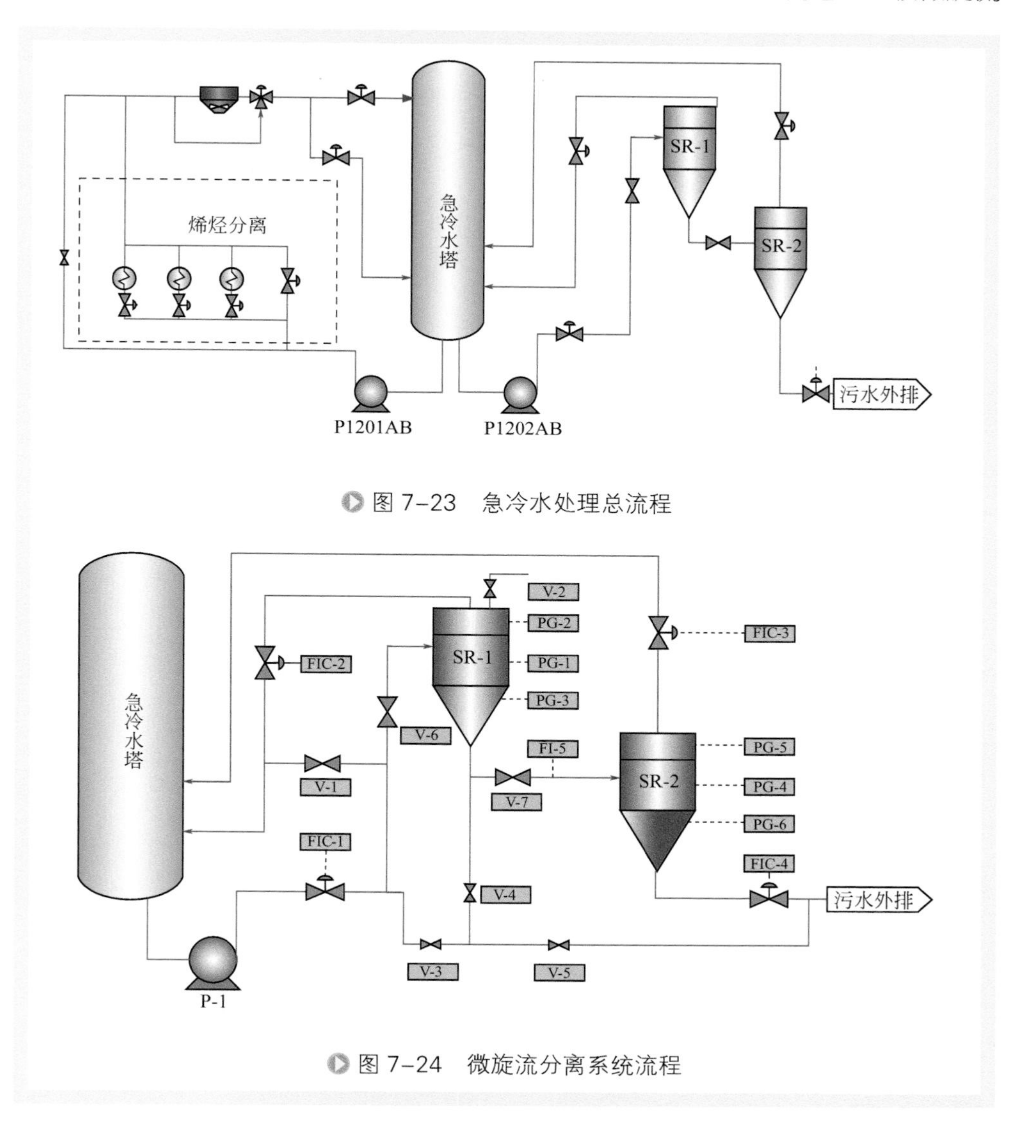


图7-23　急冷水处理总流程

图7-24　微旋流分离系统流程

分离器，二级微旋流分离器清流经 FIC-3 返回急冷水塔，二级微旋流分离器底流经 FIC-4 控制外排至污水系统。

③ 微旋流分离系统操作流程

a. 打开阀门 V-1，启动微旋流泵 P-1，控制急冷水经微旋流分离器旁路直接返塔；

b. 打开阀门 V-2、V-3、V-5 和 V-7，逆流程给两级微旋流分离器灌水，当阀门 V-2 处见水后，冲洗约 10min，关闭阀门 V-2、V-3 和 V-5，灌水结束；

c. 逐渐全开一级微旋流分离器入口阀 V-6，同步关闭一级微旋流分离器返塔跨线 V-1；

d. 调节阀门 FIC-1、FIC-2、FIC-3、FIC-4 使之达到正常状。

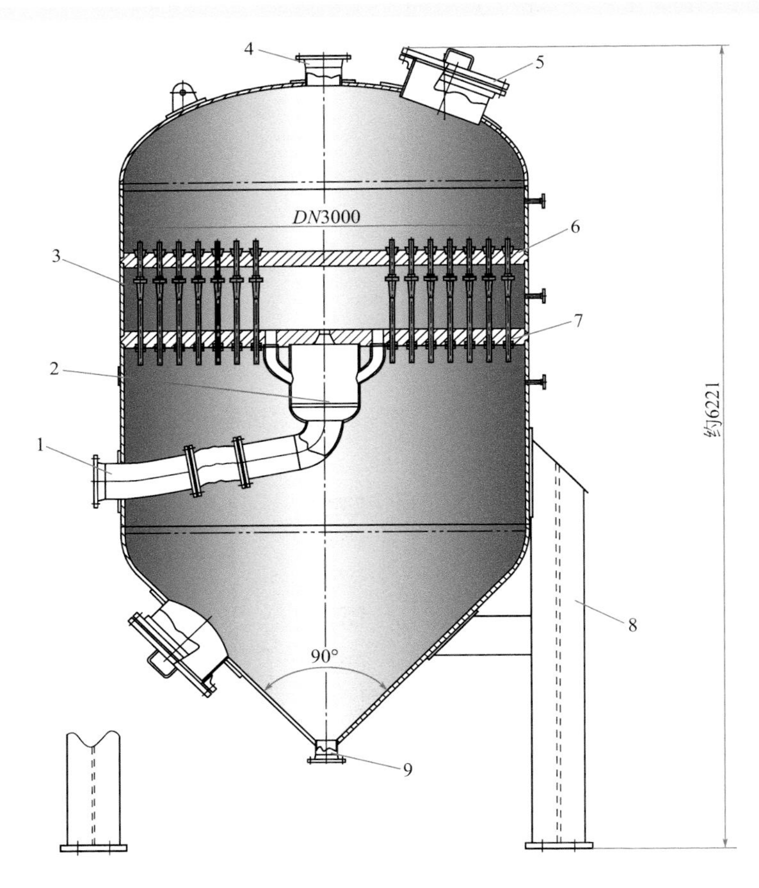


图 7-25　催化剂微旋流分离器设备简图

1—进料口；2—分配腔；3—微旋流分离器；4—溢流口；5—人孔；6—上管板；7—下管板；8—支腿；9—底流口

根据微旋流分离器内部单根旋流器上粗下细的特点，在设备投用过程中，采用了逆流灌水并冲洗的方法，这样可以有效地减少开工初期系统内杂物堵塞单根旋流器的可能，有利于设备达到设计运行条件并长周期运行。

（3）微旋流分离设备简介　图 7-25 为微旋流器设备简图，一级旋流器和二级旋流器的设备结构相似，两块管板将旋流器分为进口腔、溢流腔（净化水腔）和底流腔（浓缩催化剂废液）三部分。多根微旋流器垂直并联安装于进口腔内，以满足设备对处理量的要求。按系统平衡测算与实验小试、中试的高效分离区运行参数，一级正常处理量为 240m³/h，安装旋流澄清微旋流器 300 支，二级正常处理量 14.4m³/h，安装旋流浓缩微旋流器 20 支。

### 4. 工业运行数据及讨论

（1）微旋流分离系统正常状态操作参数　在实际运行中，主要控制两台微旋流分离器的进出口流量及压降值，微旋流分离系统进出口各项操作参数与设计值对比见表 7-5。从实际值和设计值的对比分析：

① 由于实际工况下，水中的固体颗粒浓度约为 1200 ～ 1500mg/L，大于设计条件 200 ～ 300mg/L，为了增加微旋流分离系统的处理量，实际入口流量超出设计值略高于设计值正常值，但仍在设备设计负荷范围内；

② 二级底流排放流量增加 150%，主要是为了增大固体排放量，减少水系统固体浓度；

③ 两级微旋流分离器入口和清流压差均大于设计值，可能是处理量提高所致，也有可能是因为部分分离单管存在堵塞或挂壁现象；

④ 微旋流分离器操作能力满足了实际运行的要求。

**表7-5　微旋流分离器正常状态各项操作参数与设计值对比**

| 参数名称 | 表号位号 | 实际值 | 设计值 |
| --- | --- | --- | --- |
| 一级入口流量 /(t/h) | FIC-1 | 240 | 220 |
| 一级底流流量 /(t/h) | FIC-2 | 218 | 193 |
| 二级清流流量 /(t/h) | FIC-3 | 18 | 12 |
| 二级底流流量 /(t/h) | FIC-4 | 2.5 | 1.1 |
| 一级入口和清流压差 /MPa | （PG-1）～（PG-2） | 0.25 | 0.2 |
| 二级入口和清流压差 /MPa | （PG-4）～（PG-5） | 0.3 | 0.25 |

（2）微旋流分离器运行效果分析　对一级、二级微旋流分离系统进出口水中的催化剂含量进行采样分析，得到结果如下。表 7-6 与图 7-26 为一级微旋流分离器进口最初设计的模拟计算值、2010 年 8 月及 2011 年 1 月采样测试固含量及粒径分布。由图 7-26 可以看出，一级微旋流分离器进口颗粒实际粒度分布小于前期模拟设计值，而且随着运行时间的增长，小颗粒总体累积所占百分比也在增高，且实际

运行固含量远大于初期模拟设计值。另外说明采用总水量 1/3 时的分离，总体对细小颗粒的去除率较低，造成小颗粒的累积及浓度的增大及开工初期操作波动造成的催化剂跑损累积在急冷水中，也是浓度大于实际设计值的一个原因。

表7-6　一级微旋流分离器进口固含量

| 项目 | 1 | 2 | 3 | 4 | 5 | 平均 |
|---|---|---|---|---|---|---|
| 2010 年 8 月固含量 /(mg/L) | 874 | 710 | 1610 | 824 | 678 | 939.2 |
| 2011 年 1 月固含量 /(mg/L) | 1183 | 1301 | | | | 1242.5 |

注：洛阳石油化工工程公司（LPEC）模拟数据。

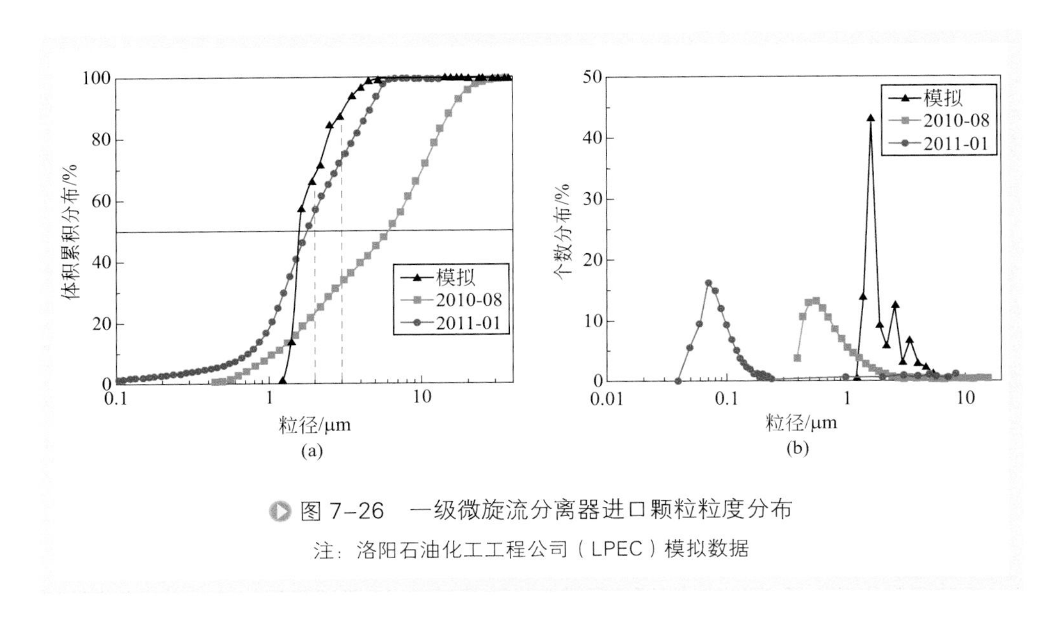


图 7-26　一级微旋流分离器进口颗粒粒度分布

注：洛阳石油化工工程公司（LPEC）模拟数据

① 一级微旋流分离器分离效率　表 7-7 为一级微旋流分离器在分流比约为 10% 时，选取其中两组数据的进口、净化出口固含量数据做分离效率计算。由一级进出口浓度可以看出，旋流器平均分离效率大于 60%，对一级净化出口起到了较好的净化澄清作用；2011 年 1 月的效率要略低于 2010 年 8 月的分离效率，是由于进口微细催化剂颗粒累积增加的原因，与进口颗粒粒径分布一致。

表7-7　一级微旋流分离器进口、净化出口固含量及效率

| 项目 | 2010 年 8 月 | | 平均 | 2011 年 1 月 | | 平均 |
|---|---|---|---|---|---|---|
| 进口浓度 | 1610 | 824 | 1217 | 1183 | 1301 | 1242 |
| 净化出口浓度 | 601 | 465 | 533 | 567 | 609 | 588 |
| 分离效率 | 66.40% | 49.21% | 61.68% | 56.86% | 57.87 | 57.39% |

注：按分流比为 10% 计算。

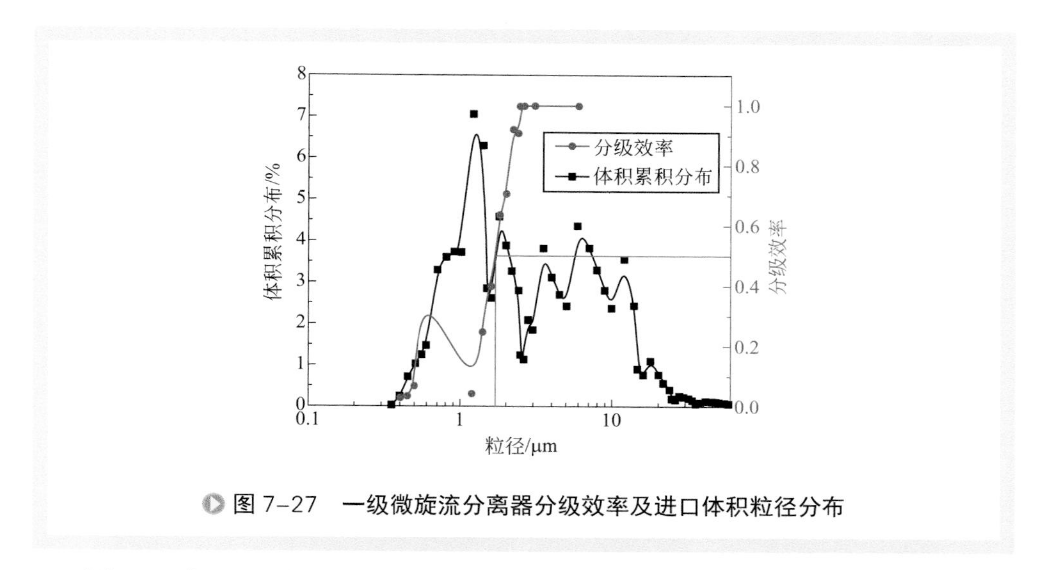


图 7-27 一级微旋流分离器分级效率及进口体积粒径分布

图 7-27 为一级微旋流分离器按进出口体积累积分布计算分级效率，进而推算分离效率，按分级效率及进口颗粒概率密度计算，分离效率约为 72%，要高于取样分析数据，可能是因为取样设置点颗粒沉积造成取样效率低的原因。由图 7-27 可以看出，一级微旋流分离器的分级效率 $d_{50}$=1.686μm，在进口微细颗粒多于模拟设计值的运行条件下达到了分级效率 1 ～ 2μm 的设计值，表现出了优异的性能。

② 二级微旋流分离器进出口粒径分布 因二级取样点设置问题，仅对二级微旋流分离器进出口颗粒粒径分布进行分析。图 7-28 所示为二级微旋流分离器进出口颗粒粒径分布。由图可以看出二级出口颗粒明显增大，相对一级出现了较多 5μm 以上颗粒，并占了比较大的比例，最大颗粒接近 100μm，说明二级微旋流分离器对颗粒起到了较好的浓缩作用；另外颗粒长大的原因可能是由于急冷水中带液烃组

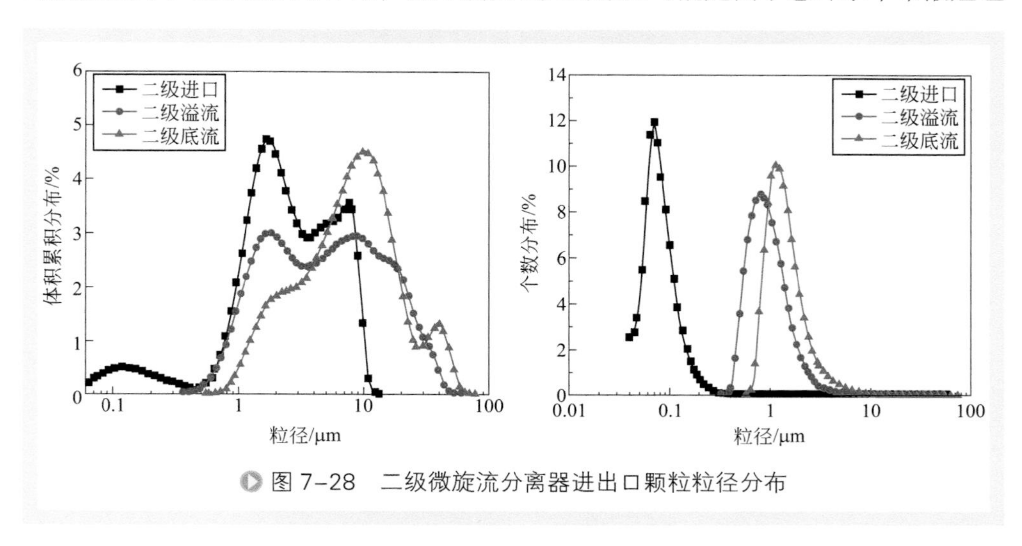


图 7-28 二级微旋流分离器进出口颗粒粒径分布

分，颗粒因浓度的增大，微细颗粒吸油团聚现象明显，所以造成了二级出口颗粒的增大。

③ 旋流器进出口颗粒形态　图 7-29 为 2010 年 8 月采样分析的旋流器一级进口、一级溢流及一级底流催化剂颗粒电镜照片。从进出口显微照片来看，该旋流器的底流出口大小颗粒均存在，且大颗粒都被分离，溢流口颗粒整体较小，说明了对该体系分离的适应性。

（3）实验室级研究与工业放大应用的比较　旋流分离器在实际应用中主要考虑三个方面的因素：分离压降、分离效率及分级效率。因实验室原料与工业应用的处

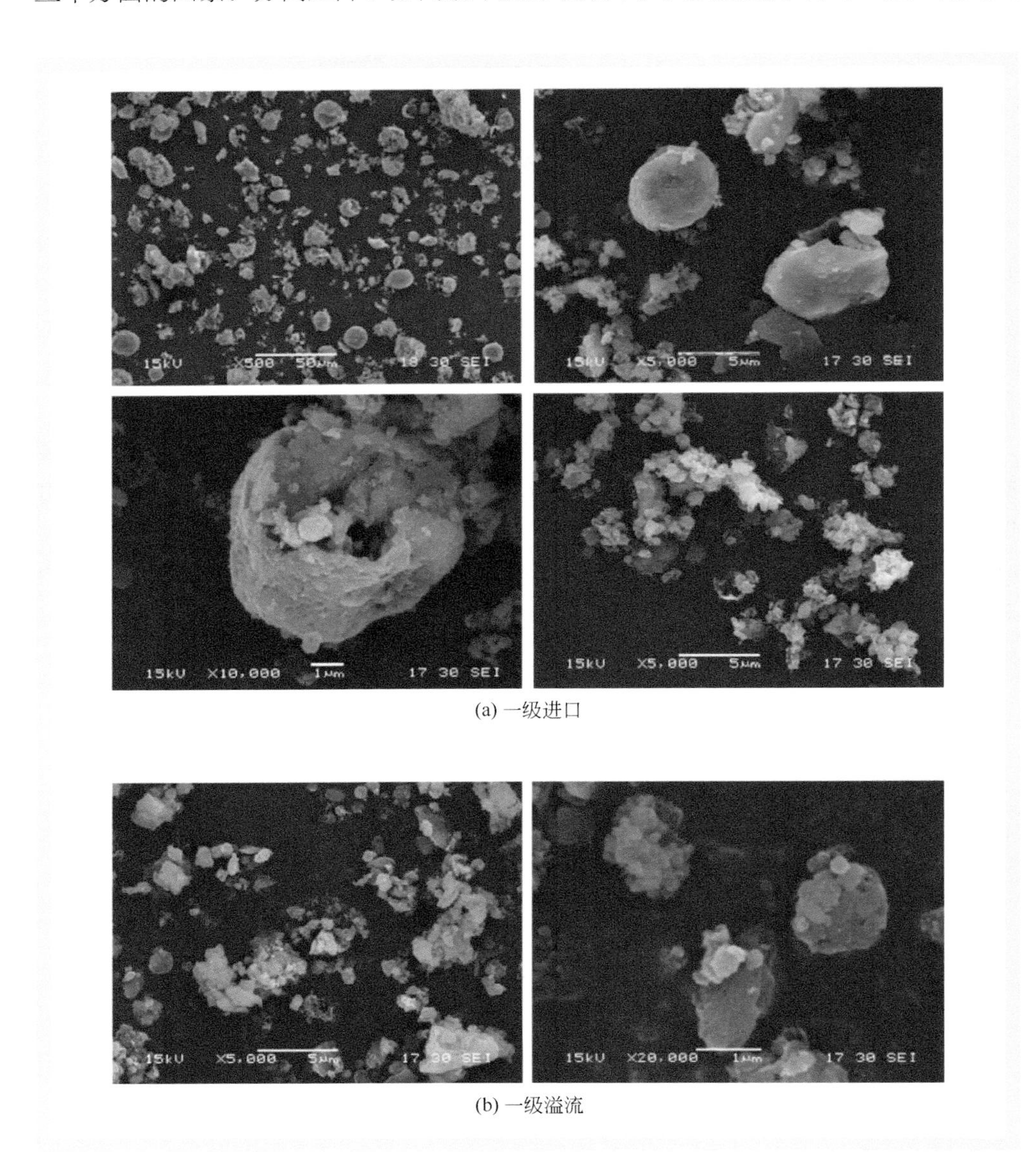


(a) 一级进口

(b) 一级溢流

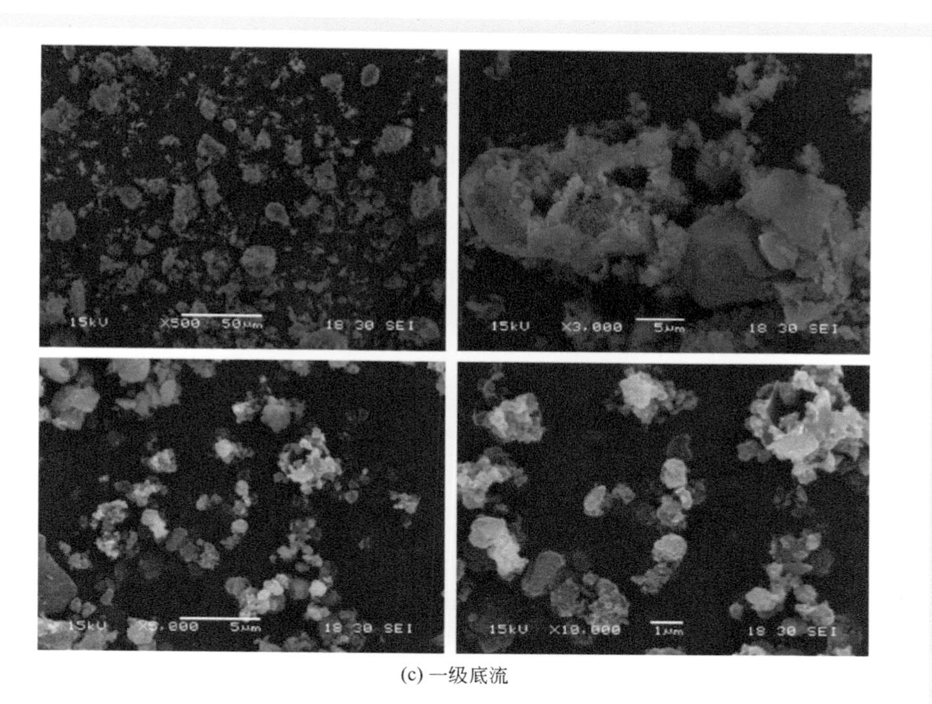

(c) 一级底流

图 7-29 催化剂颗粒电镜照片

理物料性质有差别，因此对于以上三个因素中，分离压降受物料变化影响较小，其次为分级效率，最后为分离效率。

① 分离压降：实验室小试中分离压降为 0.20 ～ 0.23MPa，实验室中试压降为 0.23 ～ 0.27MPa，工业应用压降为 0.25MPa，由此可以看出，工业应用过程中分离压降基本与实验室小试、中试相近，满足了设计要求。

② 分级效率：旋流器的分级效率是效率准则中受实验分散相介质粒度分布影响最小的效率，能很好地预测该旋流器对工业应用过程中的颗粒分离效率。图 7-30 所示为实验研究与工业应用的分级效率曲线。由图可以看出，受进口颗粒粒度分布的影响，旋流器分级效

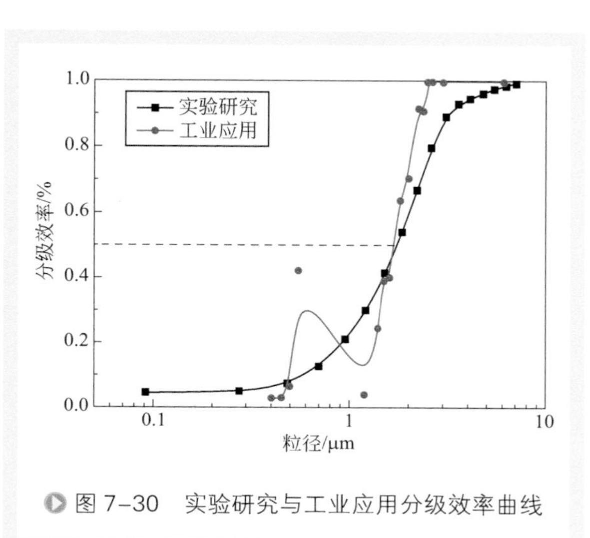

图 7-30 实验研究与工业应用分级效率曲线

率曲线有所变化，但切割粒径 $d_{50}$ 表现出较好的一致性，实验室小试为 1.7μm，工业应用为 1.686μm，就分级效率而言，工业放大对分级效率影响较小。

③ 分离效率：分离效率是受进口物料变化影响较大的一个参数，在工业应用过程中的分离效率约为 72%，而在相同压降下实验室小试、中试分离效率约为 85% 与 82%，造成分离效率降低的因素主要是实验室小试、中试的固体颗粒粒径分布要略大于工业应用过程中进料的固体颗粒粒径，还有一个导致工业应用分离效率降低的原因是工业处理物料中含微量的油，多孔催化剂颗粒吸油后导致密度降低、黏度增加也是一个因素。但实验室实验效率还是较好地反映了工业应用过程的分离效率。

通过讨论上述三个分离性能指标，实验室实验的分离压降与分级效率两个指标都与工业应用表现出了较好的一致性，而分离效率则由于进口物料的变化而产生了变动，但也能较好地体现出工业应用的性能。因此，说明在该放大过程中，实验室实验结果与工业应用结果较为贴近，取得了放大成功。

神华包头 MTO 装置自 2010 年开工以来，两级微旋流分离器正常投用，在其设计能力范围内，在进口 98% 颗粒小于 3μm 的条件下，分级效率 $d_{50}$=1.686μm，计算分离效率为 72%，有效地脱除了急冷水中的催化剂；各项运行指标基本满足设计要求，保证了装置的长周期运行；根据该化工装置应用工况与设计条件之间的差别，通过优化，应用微旋流为核心的分离设施完全能够满足该化工装置工业化要求。

## 四、问题及优化

### 1. 工业应用存在的问题

（1）微旋流分离器堵塞　神华包头 MTO 装置自 2010 年开工以来，两级微旋流分离器正常投用，在其设计能力范围内，在进口 98% 颗粒小于 3μm 的条件下，分级效率 $d_{50}$=1.686μm，计算分离效率为 72%，有效地脱除了急冷水中的催化剂，各项运行指标基本满足设计要求。尽管微旋流分离器自身虽然能够满足甚至超过设计分离要求，但总体处理水量仅占总水量的 1/3，使系统中催化剂浓度仍处在较高水平，同时工业装置运行过程中急冷水中催化剂浓度波动较大，随着运行周期延长，微旋流分离器进料腔催化剂堆积，造成进料腔堵塞，进而影响微旋流分离器的使用，由于结构原因，清洗比较困难。同时研究发现，在壳体内采用水平两层管板竖直安装的液固微旋流器，正常工况下物料均匀且连续，所以不易发生底流堵塞问题。但当出现较大工况波动，特别是在开停车极端工况时，由于旋流分离作用，微旋流器底流出口附近的颗粒浓度是进口浓度的 10 倍以上，再加上微旋流器底流出口直径普遍在 3mm 以下，因此底流出口很容易因颗粒的滞留、沉积而堵塞。图

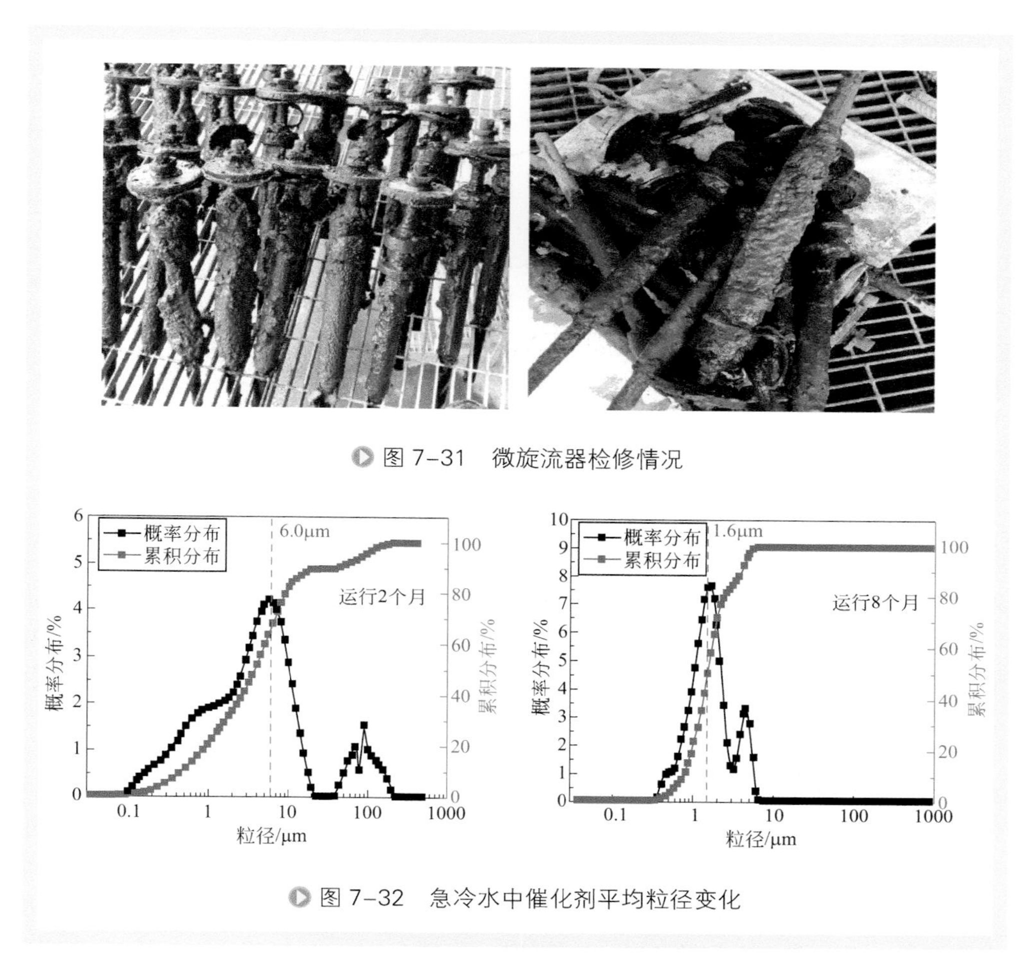


图 7-31 微旋流器检修情况

图 7-32 急冷水中催化剂平均粒径变化

7-31 为微旋流器检修情况。

（2）分离效率下降 微旋流分离器运行初期，分离效率良好，随着运行周期的延长，分离效率呈下降趋势，这主要是因为微旋流分离器对急冷水中较大颗粒进行了分离，细颗粒尤其是小于 1μm 的颗粒在系统循环，导致系统中催化剂粒径减小，从而降低了分离效率。图 7-32 所示为某 MTO 装置不同时期急冷水中催化剂平均粒径变化情况，从图 7-32 中可以看出，随着运行时间延长，急冷水中催化剂平均粒径显著减小，平均粒径 1.6μm，1μm 以下颗粒占比较大，导致微旋流分离器分离效率下降。图 7-33 所示为不同时期急冷水中催化剂平均粒径与悬浮物浓度的变化情况，粒径减小最终导致系统悬浮物浓度升高。

（3）水系统运行负荷高 如前所述，MTO 水系统包括急冷水系统、水洗水系统和汽提系统，急冷水中催化剂浓度过高，导致催化剂细粉会在急冷水空冷器、急冷水换热器等处沉积，导致换热效率下降，严重时会造成急冷水循环系统内各个设备及管道的堵塞。由于急冷塔不能将催化剂细粉完全洗涤在急冷水中，导致部分催

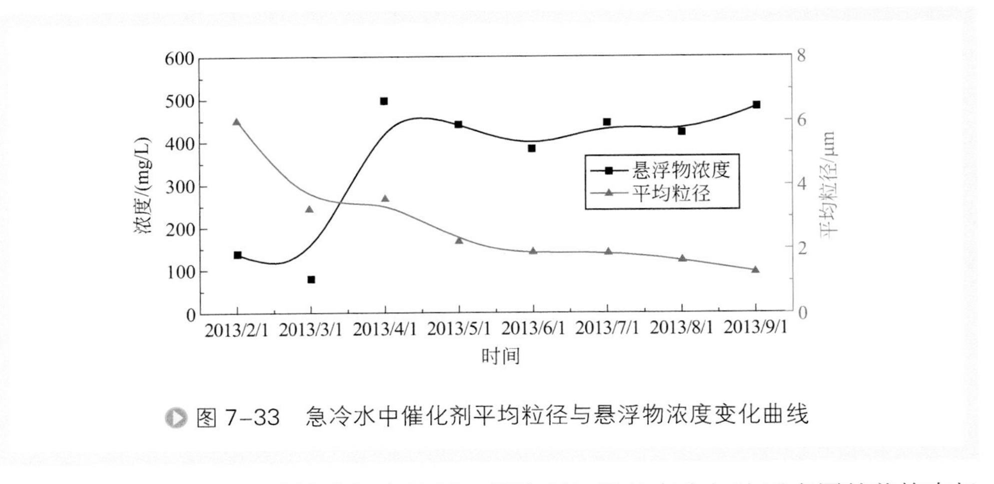


图 7-33　急冷水中催化剂平均粒径与悬浮物浓度变化曲线

化剂吸附进入水洗水，水洗水温度较低，催化剂细粉的存在加速了多甲基苯等有机物的凝固，水洗塔塔盘、水洗水空冷器、水洗水换热器堵塞，水洗水循环系统换热效率下降，换热器清洗频繁。汽提塔系统汽提塔的设计是为提取水中未反应的少量甲醇和二甲醚，汽提塔进料中除了上述含氧有机物外，还存在一定数量的烃类物质和催化剂细粉，汽提塔无法脱除，导致外排净化水不达标，而且导致汽提塔运行负荷很高。

## 2. 优化改进措施

微旋流器竖直安装时，底流出口附近的颗粒浓度是进口浓度的 10 倍以上，再加上微旋流器底流出口直径普遍偏小，因此底流出口很容易因颗粒的滞留、沉积而堵塞。研究发现，微旋流器倾斜安装时，能够大大减少微旋流器底流出口被颗粒堵塞的概率，提高微旋流器对悬浮物浓度的操作弹性，延长连续稳定运行周期，降低装置的维修成本。

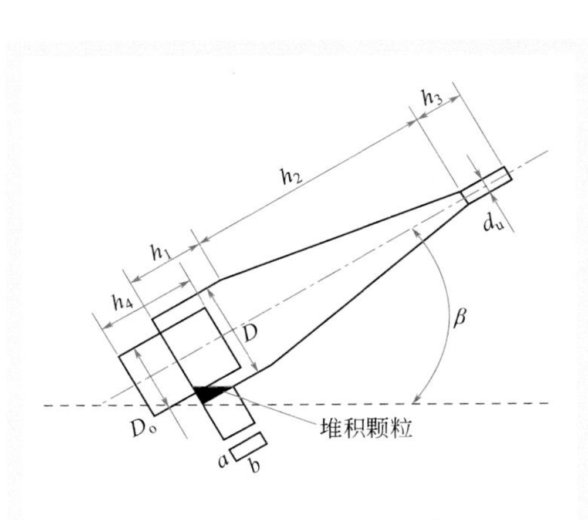


图 7-34　微旋流器倾斜安装示意图

图 7-34 为微旋流器倾斜安装示意图，微旋流器轴线与水平面之间的锐夹角（定义为微旋流器的安装角 $\beta$）必须大于处理物料颗粒（堆积颗粒）的堆积休止角；当微旋流器溢流口标高高于底流口标高时，微旋流器为正安装，$0°<\beta<90°$ 为倾斜正安装，$\beta=0°$ 为水平安装，$\beta=90°$ 为竖直安装。当微旋流器底流口标高高于溢流口标高时，微旋流器为倒置安装，$0°<\beta<90°$ 为倒置倾斜正安装，$\beta=90°$ 为竖直倒置安

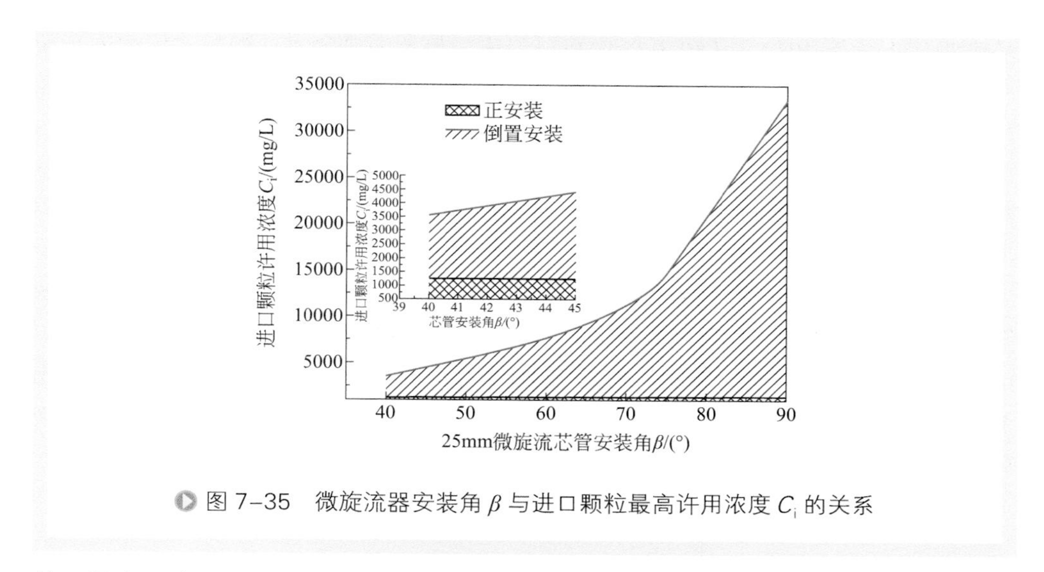


图 7-35　微旋流器安装角 $\beta$ 与进口颗粒最高许用浓度 $C_i$ 的关系

装。其中 $a$ 为进口宽度，$b$ 为进口高度，$D$ 为微旋流器柱段内径，$D_o$ 为微旋流器溢流管外径，$d_u$ 为底流出口直径，$h_1$ 为微旋流器柱段高度，$h_2$ 为微旋流器锥段高度，$h_3$ 为底流出口长度，$h_4$ 为溢流管长度。

图 7-35 所示为微旋流器安装角 $\beta$ 与进口颗粒最高许用浓度 $C_i$ 的关系，描述了微旋流器正安装和倒置安装的情况。其中，进口颗粒许用浓度 $C_i$ 是指倒置倾斜安装的微旋流器内的颗粒完全沉积于进口，正好覆盖进口使其堵塞时的进口浓度；颗

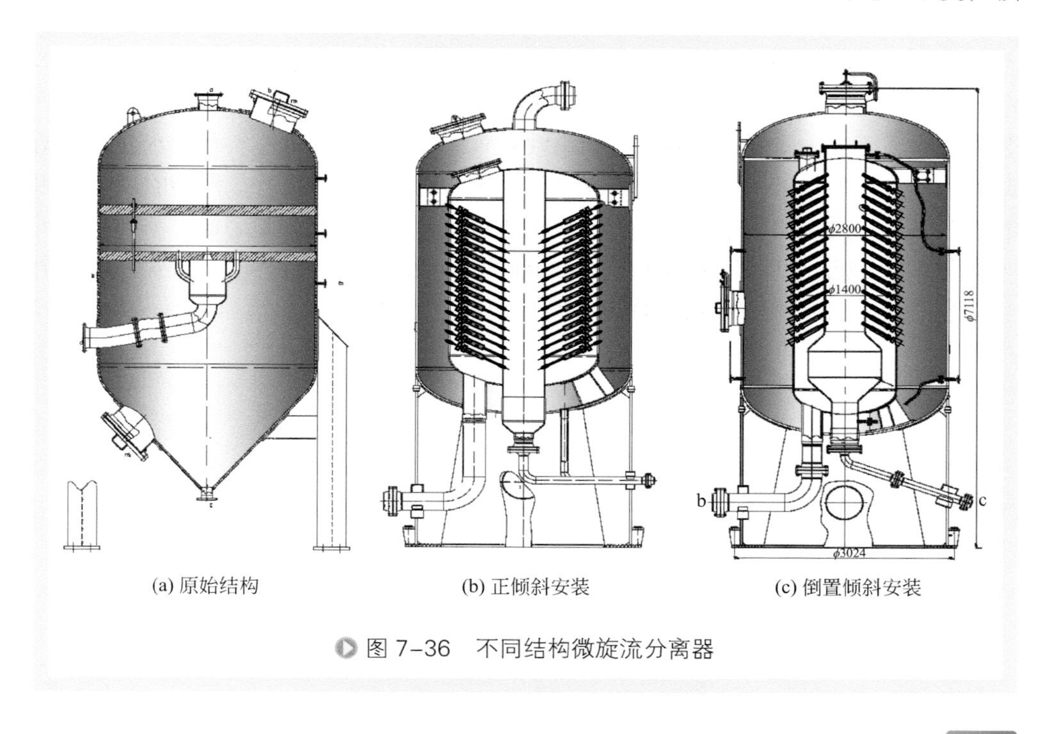


(a) 原始结构　(b) 正倾斜安装　(c) 倒置倾斜安装

图 7-36　不同结构微旋流分离器

粒堆积休止角为 40° 。从图 7-35 中可以看出，倒置安装的进口颗粒许用浓度远大于正安装的，随着安装角的增大，倒置安装的进口颗粒许用浓度也会有显著增高的趋势。

相比竖直正安装微旋流器，采用倒置倾斜安装的 25mm 微旋流器对 MTO 的急冷水循环系统中催化剂浓度的操作弹性提高至 3.5 ～ 27.5 倍，延长连续稳定运行周期 22.2 倍。

同时考虑微旋流分离器进料腔沉积问题，对微旋流分离器结构进行优化，图 7-36 为不同结构的微旋流分离器示意图。图 7-36（a）所示为原始结构，堵塞问题比较突出，抗冲击性能比较差；图 7-36（b）所示为正倾斜安装，进料腔堵塞问题有效缓解，微旋流器抗冲击性能一般；图 7-36（c）所示为倒置倾斜安装，为最优结构，并将最优结构应用于 MTO 装置急冷水处理中，效果改善明显。

# 第二节 缺氧/好氧过程旋流强化技术

## 一、概述

自 Clark 和 Gage 发明活性污泥法 [5]，并于 1914 年在英国曼彻斯特建成第一座活性污泥法污水处理厂以来，历经一百年的发展，活性污泥法已成为绝大多数污水处理厂的核心单元。Wuhrmann 随后于 1932 年提出了以内源代谢物质为碳源的活性污泥脱氮工艺，即通过在好氧池后串联缺氧池，再通过沉淀池实现泥水分离并循环回用活性污泥；但由于 Wuhrmann 工艺的缺氧池反硝化需以好氧池中的内源代谢物质为碳源，反硝化效率极低，而且缺氧池利用内源呼吸碳源脱硝氮时势必将有机氮和氨氮释放至水体排除，因此 Ludzack 和 Ettinger 于 1962 年提出了前置反硝化调整思路，并经过改良后形成了如今广泛应用的 A/O 工艺 [6]，其流程如图 7-37 所示。

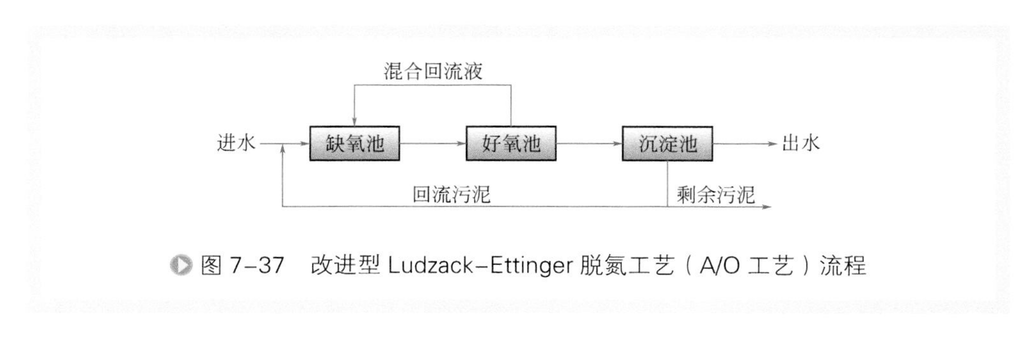


图 7-37　改进型 Ludzack-Ettinger 脱氮工艺（A/O 工艺）流程

采用活性污泥法去除有机污染物被视为最经济的污水处理方法，但只有同时去除无机营养物并尽量降低剩余污泥产量，才能体现其综合优势，而被视作解决水体富营养化和污泥污染的有效途径。整个生物降解过程涉及细菌、原生动物、后生动物、病毒、寄生虫和蠕虫，以实现硝化、反硝化脱氮和除磷等目的；而实现有机质和营养物去除的关键在于微生物的高效增殖，通过充分曝气实现硝化，随后在适量碳源和抑制溶解氧（DO）的条件下实现反硝化。总之，生化过程的关键就在于污水中各类物质通过氧化和还原，最终转化为 $CO_2$、$H_2O$、$N_2$、微生物，以及其他因转化不充分而形成的中间产物，其总体表达式为：

$$n_1(\text{有机物})+n_2O_2+n_3NH_3+n_4PO_4^{3-}\xrightarrow{\text{微生物}} n_5(\text{新细胞})+n_6CO_2+n_7H_2O \tag{7-2}$$

式中，$n_i$ 为各组分的化学当量系数。

具体到生物降解过程中的碳化合物氧化、硝化和反硝化，以城市生活污水为例，Rittmann[7] 和 Metcalf[8] 归纳总结形成了污水生物降解过程中的氧化、硝化和反硝化单元的普适性反应方程式。尽管工业废水相对生活污水存在污染物浓度及可生化性差别，但其主要特征污染物同为有机污染物、N 和 P，因此可沿用下述方程式。

（1）碳化合物氧化

$$\frac{1}{50}C_{10}H_{19}O_3N+\frac{1-f_{sa}}{4}O_2\longrightarrow\frac{1}{25}(9-5f_{sa})CO_2+\left(1-\frac{9}{25}-\frac{1-f_{sa}}{2}\right)H_2O+\left(1-\frac{f_{sa}}{20}\right)NH_4^+ +\left(\frac{1}{50}-\frac{f_{sa}}{20}\right)HCO_3^- +\frac{f_{sa}}{20}C_5H_7O_2N \tag{7-3}$$

式中，$f_{sa}$ 为碳化合物氧化过程中的供给电子净含量。

（2）硝化

$$\left(\frac{1}{8}+\frac{f_{sn}}{20}\right)NH_4^+ +\frac{1-f_{sn}}{4}O_2+\frac{f_{sn}}{20}HCO_3^- +\frac{f_{sn}}{25}CO_2\longrightarrow \frac{1}{8}NO_3^- +\left(\frac{1-f_{sn}}{2}+\frac{9}{20}-\frac{3}{8}\right)H_2O+\frac{1}{4}H^+ +\frac{f_{sn}}{20}C_5H_7O_2N \tag{7-4}$$

式中，$f_{sn}$ 为硝化过程中的供给电子净含量。

（3）反硝化

$$\frac{1}{50}C_{10}H_{19}O_3N+\frac{1-f_{sd}}{5}NO_3^- +(1-f_{sd})H^+\longrightarrow\frac{1}{25}(9-5f_{sd})CO_2 +\left[1+\frac{3(1-f_{sd})}{5}-\frac{9}{25}\right]H_2O+\left[1-\frac{1-f_{sd}}{10}\right]N_2+\left(\frac{1}{50}-\frac{f_{sd}}{20}\right)HCO_3^- +\frac{f_{sd}}{20}C_5H_7O_2N+\left(\frac{1}{50}-\frac{f_{sd}}{20}\right)NH_4^+ \tag{7-5}$$

式中，$f_{sd}$ 为反硝化过程中的供给电子净含量。

由此，废水C和N实现了有机循环，确保利用活性污泥中的微生物代谢过程去除其中的有机物和营养物，避免废水造成环境的富营养化。与此同时，活性污泥中自养生物和异养生物的代谢过程也将造成微生物的增殖，在细胞维持、衰变及内源呼吸的共同作用下，总体上造成活性污泥的增加，废水中的P及其他难降解有机物和重金属等可能附在污泥中，对环境造成了新的影响。

综述表明，活性污泥法的研究热点主要聚焦在菌群驯化、工艺结构改进和运行优化等方面。其中，通过增加强化或调整工艺单元改进生化过程提高生物降解效率尤其引起了广泛关注。污水处理厂采用逆向缺氧-缺氧-好氧过程对化学需氧量（COD）和N降解过程中，Mowla等[9]采用声呐光解单元强化活性污泥好氧降解，改造生化过程对合成制药废水试验中总有机碳（TOC）和COD的去除率最高达到98%和99%。Abu-Alhail等[10]首次实验研究了五节池体结构的缺氧-缺氧-好氧过程的生物降解效率，在节省能耗和运行成本、无需内外循环且占地更省的优势条件下，改进生化池的COD、氨氮、总氮（TN）和总磷（TP）的去除率达到（89.1±1.37）%、（87.78±1.15）%、（73.62±2.13）%和（83.78±0.92）%。Zhang等[11]通过利用内源碳源并在生化池投加聚丙烯填料，以改进$A^2O$过程并用于我国东北地区，考察了其营养物去除效率和微生物群落结构变化；实验表明，其出水指标COD、氨氮、TN和TP分别平均达到26.7mg/L、3.7mg/L、13.9mg/L和0.28mg/L。

## 二、旋流强化缺氧/好氧过程原理

### 1. 旋流释碳过程

生化过程中，活性污泥呈多孔疏松絮团结构，支撑在微生物细胞外层；同时，絮体内层微生物也可能因为DO及营养物传质不良而导致损伤，从而形成絮体孔洞。在生化池降解代谢过程中，微生物分泌大量代谢物，并因为代谢物黏性而覆盖在微生物表面及絮体孔道结构中。鉴于测试到的微球自转速度分布，污泥自转过程中，絮体孔道中的胞外聚合物（EPS）、以及通过絮体孔道渗透至絮体表面的代谢物，可能因为自转惯性克服黏性作用力而从絮体中分离出来，如图7-38所示；溶入水相的EPS成为可溶性有机物，从而提高上清液中的溶解性化学需氧量（SCOD）。活性污泥絮体表面上及孔道中EPS的分离，将有效提高水体中有机质、营养物和DO的传质效率，改善微生物与之接触的概率，从而提高微生物细胞的降解代谢速率。同理，污泥絮体中EPS的分离，也将提高污泥的释碳效率。

### 2. 污泥旋流处理强化传质

旋流处理对回流混合液中活性污泥粒径分布影响显著，如图7-39所示，原始污泥絮体的中值粒径为78.8μm，经过不同压降条件的旋流处理后，污泥中值粒径减小至15.8～23.3μm；旋流压降越大，活性污泥中值粒径越小。相对原始污

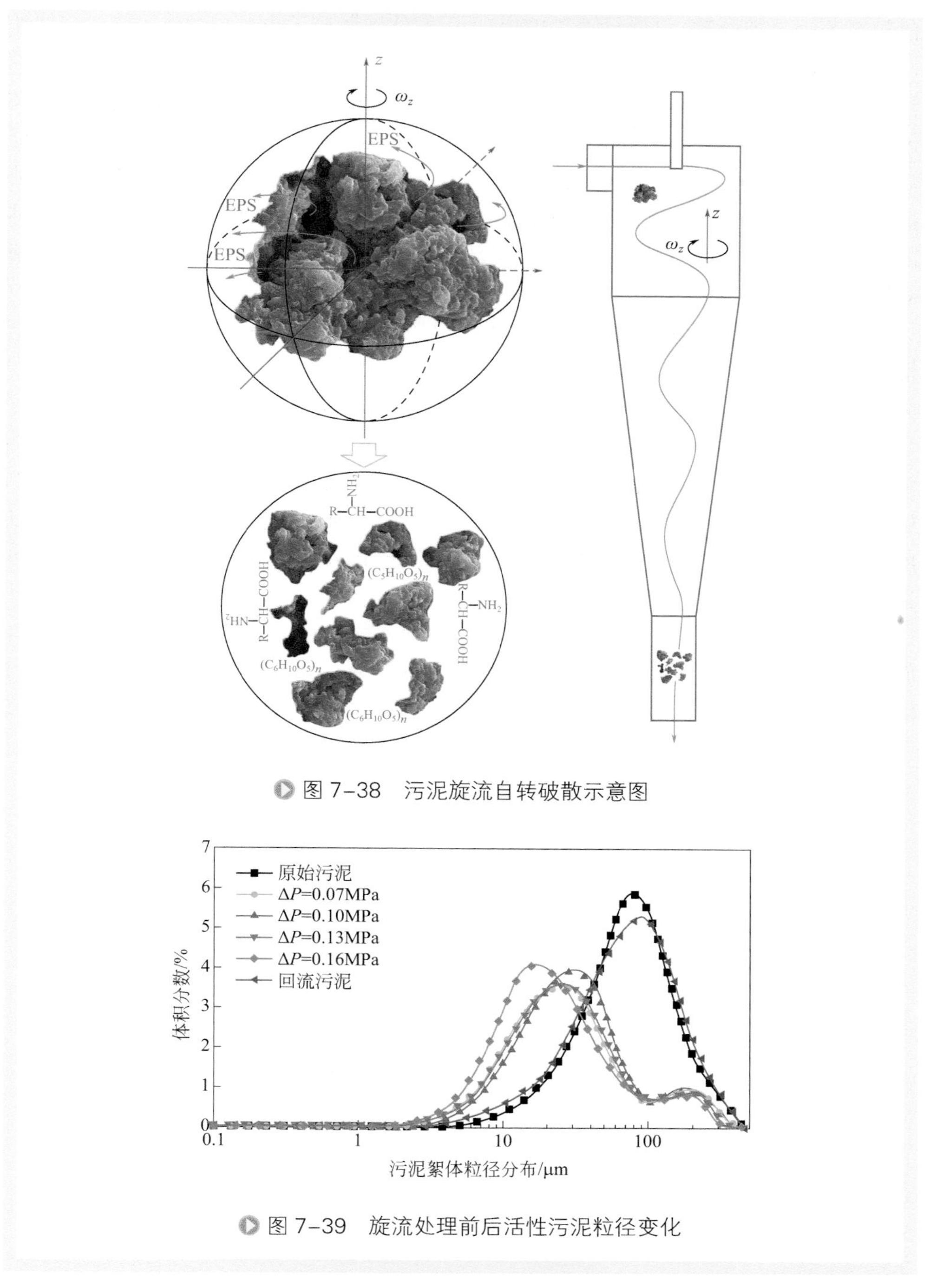


图 7-38　污泥旋流自转破散示意图

图 7-39　旋流处理前后活性污泥粒径变化

泥，处理后的污泥粒径分布中的中值粒径对应的絮体所占体积比例由 5.9% 降至 3.6% ～ 4.1%，表明原污泥中粒径分布区间相对聚集的趋势降低，旋流处理后污泥的粒径范围更加分散，原始污泥中的大污泥絮体破散成了小污泥絮体；同时，原始污泥中 5μm 以下的污泥絮体体积总量占比为 1.1%，而经过旋流处理后 5μm 以下的污泥絮体体积总量占比仅小幅增加至 2.7% ～ 4.2%，而破散前后 1μm 以下的絮体所占比例差距更小；由此表明，破散处理后的极小尺寸絮体增幅极小，旋流处理前后的污泥絮体碎散化程度变化甚微，而旋流破散过程主要是大絮体经过 1 ～ 3 次的撕裂后形成了小絮体，而并未造成污泥絮体的碎散化。此外，旋流处理后污泥絮体的粒径分布表明，破散污泥中还保留了部分原始粒径的大絮体，这主要是因为旋流处理过程中部分絮体破散不充分所致。

实验同时测试了连续运行过程中 A/O 反应器好氧池末端的活性污泥粒径分布，测试结果表明，内回流液中经旋流器处理后的活性污泥经历从缺氧池首端到缺氧池末端的缓慢流动后，破散污泥中值粒径恢复到 80.6μm，相对原始污泥，流回至好氧池末端的污泥粒径分布基本没有变化（$P$=17.44%），且各个粒径区间范围内的污泥个数基本相同。由此表明，在单个生物降解周期内，旋流过程对污泥絮体粒径的破散效应是可恢复的，如图 7-40 所示，这是因为旋流处理过程所释放的有机质以胞外多聚物为主、其中包含的羟基和羰基等官能团促进了破散污泥絮体颗粒的再絮凝。

实验进一步从活性污泥 EPS 层组分的角度考察了旋流处理对泥相性状的影响，旋流处理前后污泥中聚合物组分变化如图 7-41 所示。活性污泥 EPS 组成通常分为溶解性 EPS、松散结合胞外聚合物（LB-EPS）、紧密结合胞外聚合物（TB-EPS）

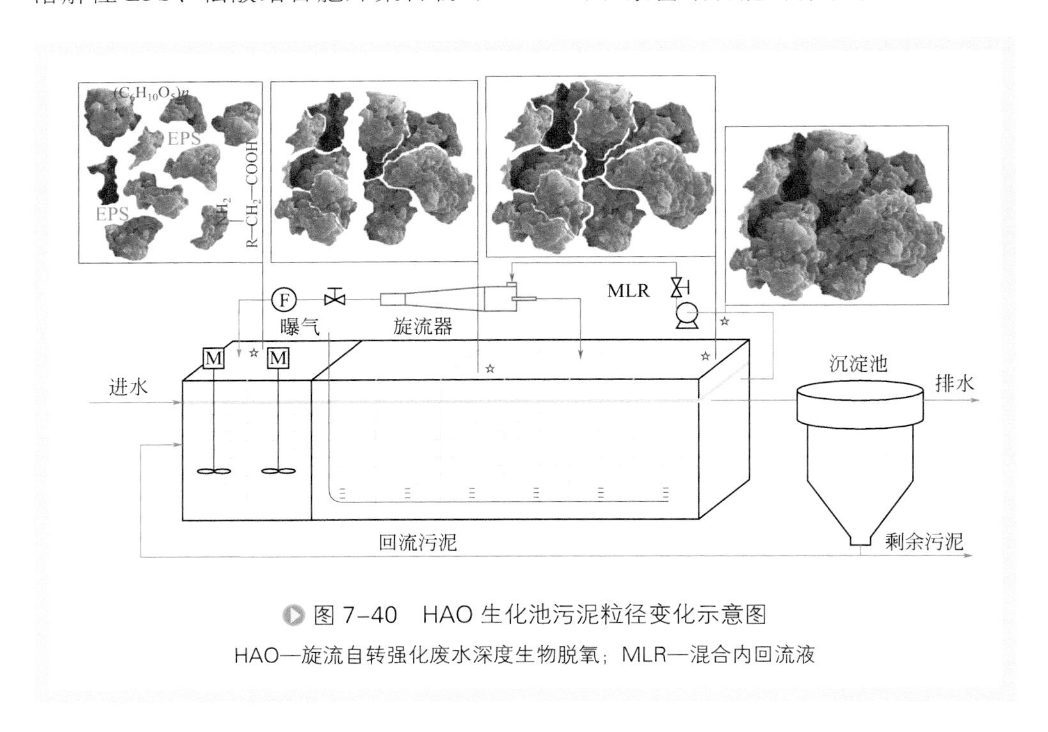


图 7-40　HAO 生化池污泥粒径变化示意图

HAO—旋流自转强化废水深度生物脱氧；MLR—混合内回流液

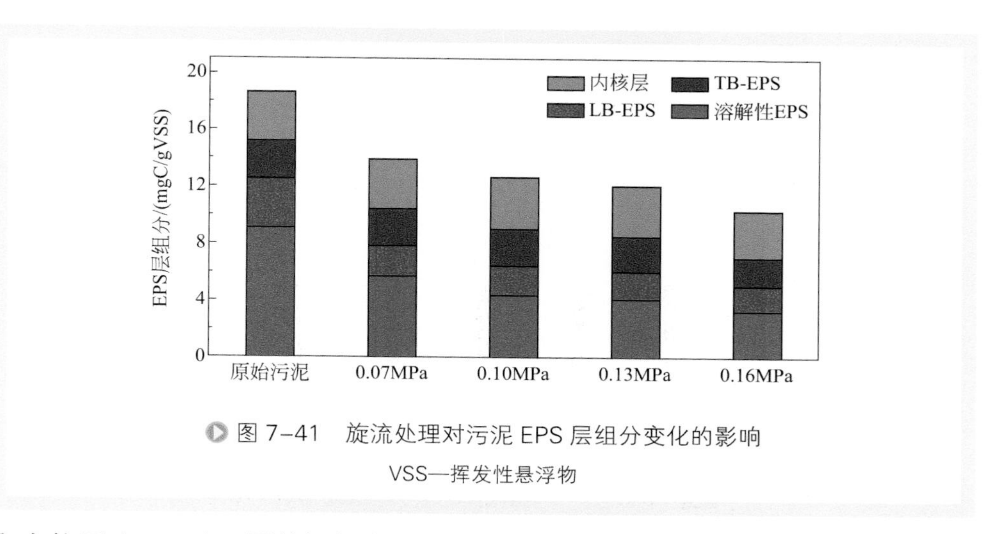


图 7-41 旋流处理对污泥 EPS 层组分变化的影响

VSS—挥发性悬浮物

和内核层（Pellet），原始污泥中各组分分别占 48.9%、18.0%、14.4% 和 18.7%。经过旋流处理后，EPS 中的溶解性 EPS 明显减少，且随着旋流强度的增加、降幅增大；旋流处理后 LB-EPS 也略有减少，但在 $\Delta P \leqslant 0.13$MPa 时基本不受旋流压降的影响，而在 $\Delta P$=0.16MPa 时有明显减少；相对而言，旋流处理过程并未引起 TB-EPS 的显著波动，而仅在 $\Delta P$=0.16MPa 时略有降低；所有条件下，旋流处理则并未导致 Pellet 浓度的变化。活性污泥 EPS 中溶解性 EPS、LB-EPS、TB-EPS 和 Pellet 由外向内分布，外部机械处理导致其溶入上清液由外向内越来越难，因此大多数条件下仅有溶解性 EPS 脱附；依次向内越靠近细胞的层组分，越难实现脱附。根据文献报道[12]，溶解性 EPS 的分离要求离心强度达到 2000$g$；通过模拟[13]和粒子动态分析仪（PDA）[14]测试得出的 $\phi$35mm 旋流器内的最大离心强度仅约 1800$g$，不足以完全脱除溶解性 EPS，对内层的 EPS 组分脱附有限。这也证明了旋流处理不足以伤及污泥中的微生物细胞，活性污泥旋流处理对 A/O 过程造成了可逆溶解性 EPS 脱附。

### 3. 污泥旋流处理释碳

旋流处理过程不仅对内回流液中污泥形状造成了显著影响，随着泥相的变化，上清液水相中的有机物和营养物浓度也变化显著。旋流破散过程中，污泥絮体中的溶解性 EPS 随之脱落并释放至水体；多糖和蛋白质作为代谢物的主要组分，其浓度随之变化；分别选取 A/O 运行过程和 HAO 运行过程中的第 0 ～ 20 天样本进行对照，不同压降条件下循环回流液上清液中多糖和蛋白质浓度如图 7-42 所示；生化池中的自然脱落等原因导致原始污泥中的残留蛋白质和多糖平均浓度分别为 17.1mg/L 和 6.6mg/L，经过旋流处理后，回流液上清液中蛋白质和多糖浓度均有小幅增加。最低压降条件下，蛋白质浓度平均达到 33.5mg/L；随着压降的逐步增加，回流液中的释放量也略微增加，并于 0.10MPa、0.13MPa 和 0.16MPa 压降条件下分别达

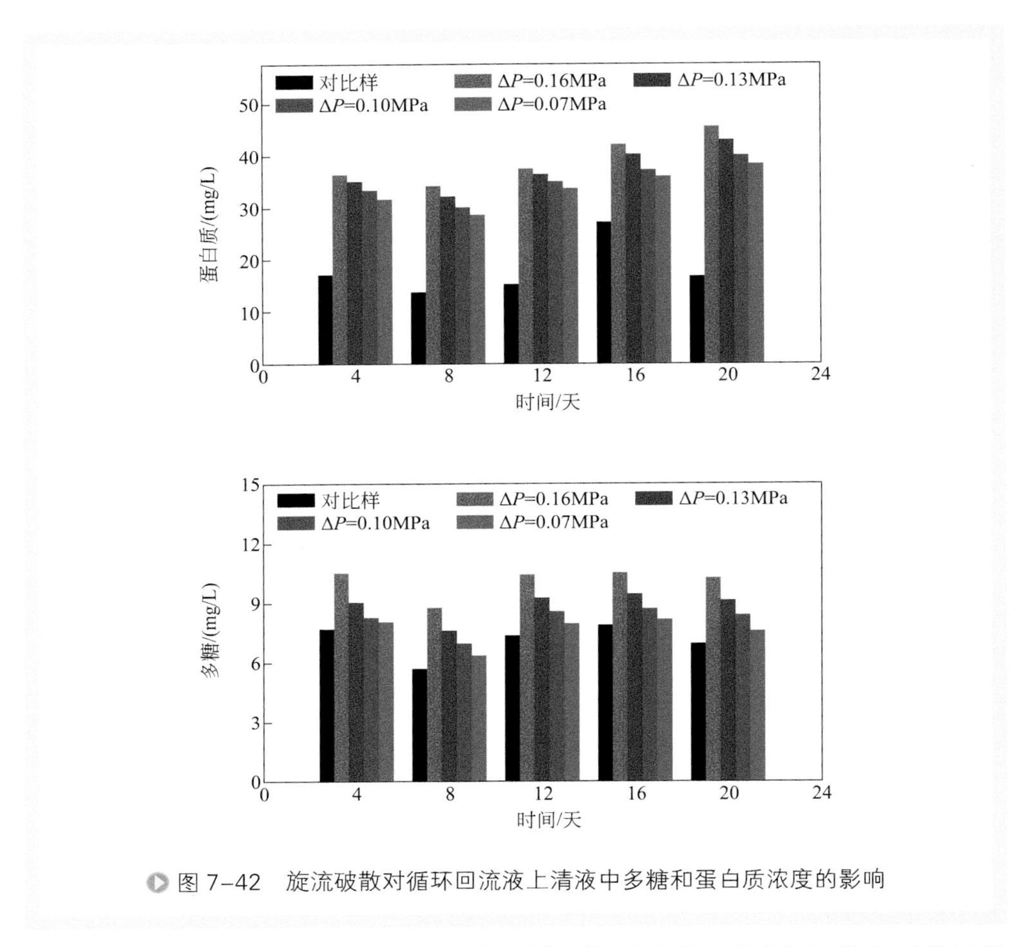


图 7-42　旋流破散对循环回流液上清液中多糖和蛋白质浓度的影响

到 36.1mg/L、37.8mg/L 和 40.3mg/L。与蛋白质浓度变化趋势相同，旋流破散过程也导致了小幅的多糖溶解，并在 0.07 ～ 0.16MPa 压降条件下增加了 0.7 ～ 4.0mg/L 至 7.3 ～ 10.6mg/L，同样也随压降的增加而增幅更大。此外，旋流处理过程释放的 EPS 正是破散污泥粒径经过一个生物降解周期的循环后得以恢复的原因。

旋流破散过程除了导致多糖和蛋白质浓度增加以外，也势必脱附活性污泥中的其他物质，并由此导致了循环回流液中有机物和营养物浓度变化显著。如图 7-43 所示，基于旋流处理过程脱附 EPS 引起的 EPS 溶解，不同旋流强度条件下泥水混合物上清液中 SCOD 浓度从 46.2mg/L 增加到 127.7 ～ 204.6mg/L ；与多糖和蛋白质释放趋势一致，旋流强度越大，SCOD 浓度增幅越大。旋流破散过程不仅使污泥中吸附的有机物得以释放，旋流处理后的泥水混合液上清液中营养物浓度也随之提高；随着旋流强度的增加，水相中 $NH_4$-N 浓度略有增加，$NO_3$-N 浓度也从 17.7mg/L 小幅增加至 18.9 ～ 21.7mg/L，导致 TN 浓度从 23.3mg/L 增加到 27.1 ～ 32.9mg/L ；增加的 $NH_4$-N 主要是 EPS 中蛋白质等释放所致，而 $NO_3$-N 浓度的细微变化则可能

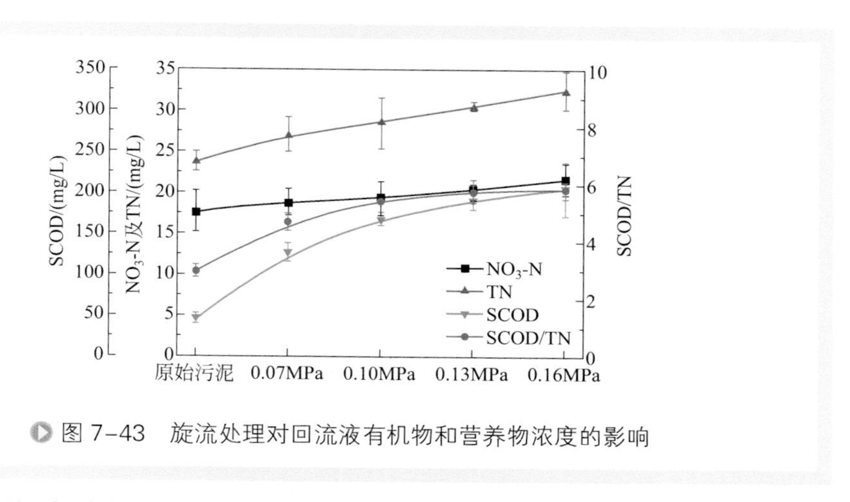


图 7-43 旋流处理对回流液有机物和营养物浓度的影响

主要是因为污泥中吸附的 $NO_3$-N 被释放所致、或者微生物细胞周边的 $NO_3$-N 浓度梯度经破散过程向周边扩散所致。整体而言，上清液中总氮浓度虽然略有增加，但并未随有机物浓度等比例增加；本实验中，随着进水混入，缺氧池上清液中 SCOD/TN 值从 3.0 提高到 4.7 ～ 5.8，表明内回流液旋流处理过程为缺氧池补充了碳源。

### 4. 污泥旋流处理改善污泥活性

活性污泥旋流处理过程通过破散污泥絮体提高水相中营养物和有机物的传质效率，必将提高活性污泥中微生物的代谢活性和降解效率。如图 7-44 所示，不同的旋流强度条件下，处理后的活性污泥的比耗氧速率（SOUR）迅速提高，并在约 $t$=45min 达到极值，然后缓慢减小；经过一个缺氧周期、即 3h 的持续消耗，$\Delta P \leqslant 0.13$MPa 时 SOUR 最后维持至恒定值，且最终的恒定值仍大于初始值；而当旋流压降达到 0.16MPa 时，污泥的 SOUR 尽管初期也维持了迅速提升，但之后持续减小，直至 $t$=125min 时小于初始值，之后仍进一步降低。实验中的最佳旋流强度优选为 $\Delta P$ =0.13MPa，最佳旋流强度条件下，以缺氧池停留时间为准，$t$=180min 时的污泥 SOUR 增幅达到 10.45%。

为了进一步验证破散污泥 SOUR 变化的稳定性，实验采用旋流器破散 HAO 过程连续运行过程中的循环回流液，持续监测并与 A/O 过程进行对比。如图 7-45 所示，旋流处理破散初期，循环回流液中活性污泥的 SOUR 在逐步适应的过程中持续稳定提高，并在第 25 天达到最大 SOUR 增幅，后续持续维持稳定。在 A/O 过程混合回流液中污泥 SOUR 始终维持稳定的条件下，HAO 过程在回流液中污泥 SOUR 达到稳定后、相较 A/O 过程平均提高了 7.2%。由此表明，旋流破散过程引起的 A/O 过程混合回流液中活性污泥 SOUR 提高持续稳定，且在连续运行过程中持续存在；这主要是因为旋流释碳过程引起的污泥絮体破散，提高了生化池中环境氧监测参数（DO）、碳源和营养物的传质效率，由此导致污泥耗氧速率提高。

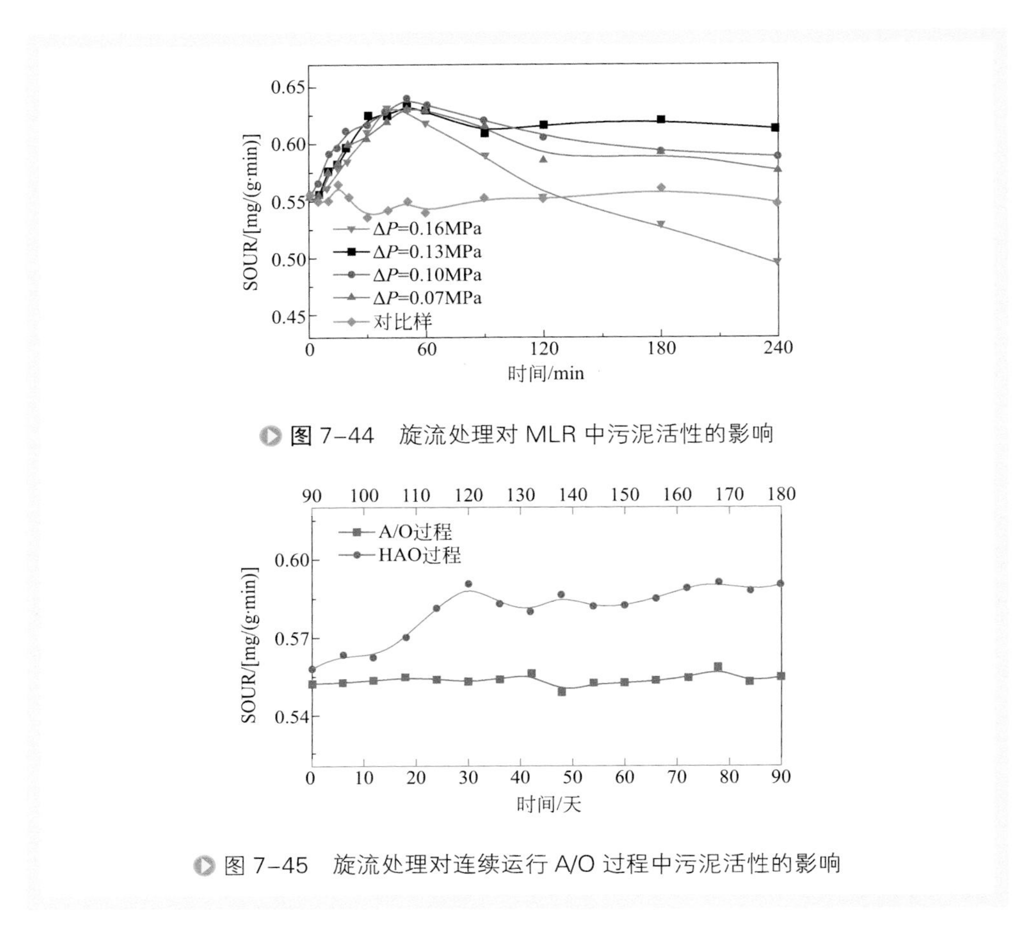


图 7-44 旋流处理对 MLR 中污泥活性的影响

图 7-45 旋流处理对连续运行 A/O 过程中污泥活性的影响

旋流破散过程除了影响污泥耗氧速率外，也可能对关键微生物活性产生影响。据 Zubrowska-Sudol 等 [15] 所述，相对氨氧化菌、硝化菌和聚磷菌，反硝化菌更能抵抗破散处理的冲击，其活性受影响程度最低。反硝化过程中，反硝化菌细胞内的电子被依次传递到反硝化酶，催生反硝化反应的进行。硝酸盐还原酶（NAR）、亚硝酸盐还原酶（NIR）、一氧化氮还原酶（NOR）以及一氧化二氮还原酶（$N_2OR$）作为四种主要的反硝化还原酶，依次将硝酸盐催化还原到氮气。实验进一步考察了旋流压降为 0.13MPa 时的 HAO 过程中四种反硝化酶的活性波动以及相对 A/O 过程的变化，如图 7-46 所示，相对 A/O 过程中的常规空白污泥样品，旋流破散污泥中的 NAR 和 NIR 活性平均分别提高了 15.1% 和 17.6%，而 NOR 和 $N_2OR$ 活性波动细微，表明旋流破散过程对污泥中的部分关键反硝化酶活性产生了影响，且影响的主要对象为作用于 $NO_3$-N 还原初期的反硝化酶。旋流破散过程对关键反硝化酶活性的影响，可能是因为旋流破散释碳过程以及旋流破散脱附 EPS 过程改善营养物和有机物传质效率共同作用所致。

## 5. 污泥旋流处理脱除回流液中残留DO

旋流处理过程除了影响A/O过程循环回流液中的水相和泥相以外，还影响了循环回流液中残留的DO浓度。A/O运行过程中，好氧池曝气量再被微生物充分消耗后，残留的DO还可能随硝化污水通过内回流方式返回到缺氧池，可能影响缺氧池中的反硝化。旋流器流场压力分布模拟结果表明，旋流器内轴截面上的压力渐减式梯度分布对轴截面上的微量溶解气体构成解析作用。DO在污水中是一个动态平衡的过程，稳定状态下，融入污水的水分子数量与逸出的水分子数量相等；在旋流器的轴截面上，从管壁到管芯压力减小，DO分子间的相互斥力减小，分子间将逐渐靠近；分子间减小的相互斥力将抑制DO向污水中溶解，从而导致DO去除率提高，污水中氧的浓度平衡也将被打破，DO随之将克服污水表面张力而向空气柱中迁移。污水中的DO浓度也将逐渐降低，直到达到新的浓度平衡。

实验系统研究了内回流液旋流处理过程对其中残留DO的去除效率，并首先设计正交试验优化了旋流操作参数对DO分离效率的影响，如图7-47所示；鉴于压

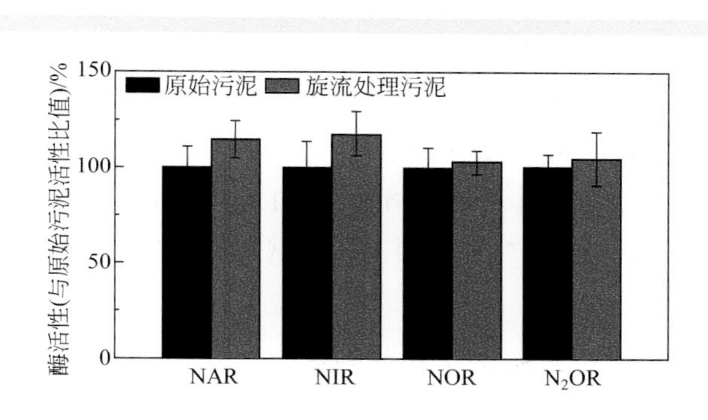

图7-46 旋流处理对污泥中关键反硝化酶活性的影响

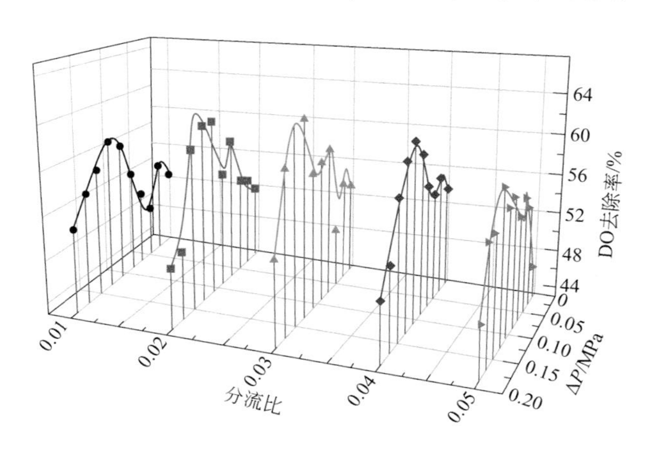

图7-47 旋流操作参数对DO分离效率的影响

降是提供分离动力的关键，而旋流分流比不仅关系到流场的稳定程度、还将影响内回流液的回流流量，因此优化实验以旋流器压降和分流比作为调节参数进行优化。不同的分流比条件下，DO分离效率随压降的变化曲线可以分为两个阶段：首先，随着压降的增加，旋流分离效率不断提高；继续增加旋流压降，旋流分离效率逐渐放缓、直至开始降低。分流比为1%时，DO分离效率为（52.6±2.7）%；逐渐增加分流比，DO分离效率不断增加，直至分流比超过3%。最佳分流比3%时，DO的分离效率达到（57.2±3.6）%。之后继续增加分流比，DO分离效率逐渐减小。最佳分流比条件下，旋流压降处于0.01～0.13MPa区间时，DO分离效率随压降的增加而提高；而当压降超过0.13MPa时，DO分离效率随压降的增加而降低。DO旋流分离的最佳操作参数为：分流比=3%，而压降=0.13MPa，此时的最大DO分离效率达到61.8%。

然后通过连续运行实验测试了最佳操作条件下的DO分离效率，如图7-48所示。A/O反应器O池末端出水DO浓度为（2.62±0.10）mg/L，内回流液不经过旋流处理的条件下，回到A池的回流液DO浓度降至（1.99±0.08）mg/L，这主要是因为回流管线中微生物的持续消耗和管线中的流体湍动所致；而经过旋流处理以后，回到A池的回流液DO浓度降至（1.03±0.07）mg/L，应用旋流器的回流管线对DO的分离效率达到（60.7±4.8）%。实际运行中，A池的污水混合了进水和内回流液，即A池中的实际DO浓度还将低于（1.03±0.07）mg/L，更加接近缺氧环境。尽管旋流器对DO的分离效率相对其他分离过程的效率偏低，但对改善A池缺氧环境具有极为重要的意义。

## 6. 污泥旋流处理对反硝化过程的影响

实验进一步研究了旋流处理污泥在反硝化过程中硝酸盐及氮氧化物浓度的变

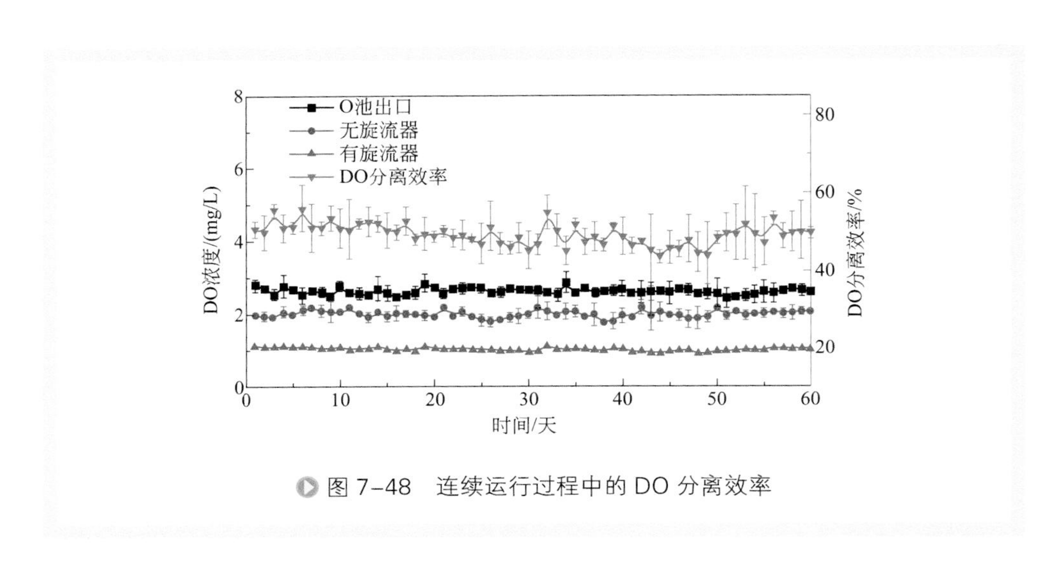


图7-48　连续运行过程中的DO分离效率

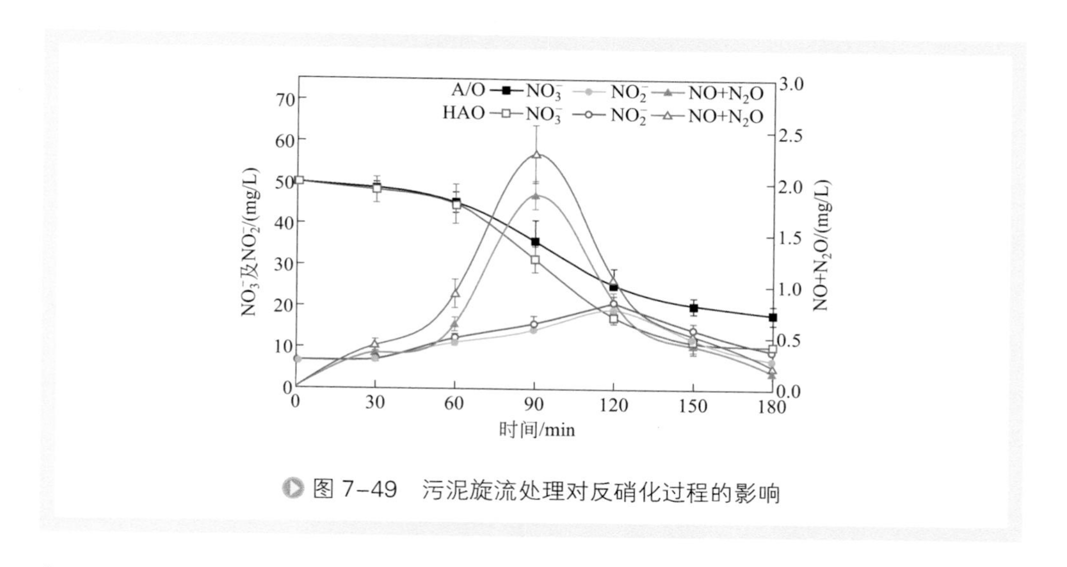


图 7-49　污泥旋流处理对反硝化过程的影响

化，如图 7-49 所示。空白污泥经过 3h 的反硝化，上清液中的 $NO_3$-N 浓度从 50mg/L 降至 18.1mg/L，而旋流处理污泥上清液中 $NO_3$-N 浓度降至 11.3mg/L；反硝化处理初期 30min 以内，空白污泥和旋流处理污泥的 $NO_3$-N 去除速率基本一致，随着反硝化深入，旋流处理污泥的 $NO_3$-N 去除率优势逐渐明显，导致最终常规 A/O 过程的反硝化池出水 $NO_3$-N 残留明显高于旋流强化 A/O 反应器，旋流处理引起的 NAR 活性提高了 $NO_3$-N 的还原效率。与 $NO_3$-N 不同，缺氧池首端残留 $NO_2$-N 浓度极低，随着反硝化的深入，$NO_2$-N 逐渐积累，$t$=120min 时，不同模式下的 A/O 池内最高浓度达到 19.1mg/L 和 20.9mg/L；随后 $NO_2$-N 浓度逐渐降低，并在反硝化末期分别降至 7.1mg/L 和 9.2mg/L。反硝化初期，$NO_3$-N 还原造成大量 $NO_2$-N 积累；随着 $NO_2$-N 还原反应的深入，$NO_2$-N 浓度逐渐开始降低，直至后续还原速率超过 $NO_3$-N 累积速率，并最终消耗殆尽；相对而言，A/O 反应器内的 $NO_2$-N 积累略微低于 HAO 过程，旋流处理污泥总体体现了深度去 $NO_2$-N 性能；但 A/O 反应器和 HAO 反应器最终的 $NO_2$-N 残留略高于初始 $NO_2$-N 浓度。氮氧化物气体（$NO+N_2O$）的还原趋势与 $NO_2$-N 浓度变化趋势基本一致，反硝化初期，氮氧化物气体也因为 $NO_3$-N 和 $NO_2$-N 还原所致的积累导致浓度上升，后续随着反硝化效率的逐渐介入而明显下降，直至最终几乎消耗殆尽。

旋流处理强化 A/O 过程混合回流液，通过可逆破散活性污泥提高营养物和有机物的传质效率；同时，旋流处理过程也改善了回流混合液的生化性，为反硝化过程适量补充了碳源，有效改善了反硝化菌群的代谢活性，从而使 $NO_3$-N、$NO_2$-N 和氮氧化物的去除效率得以改善。总体而言，旋流处理强化过程提高了 A/O 反应器的反硝化效率。

## 三、工业应用

### 1. 应用背景

中国石化镇海炼化分公司（简称“镇海炼化”）是我国目前最大的炼化一体化企业，拥有2280万吨/年原油加工及100万吨/年乙烯生产能力，当前厂区炼油污水处理工艺流程如图7-50所示。镇海炼化炼制原油来源复杂、油品劣质化严重，在石化行业具有广泛代表性；加之该企业装置种类、工艺链完善，导致其污水浓度高、组分复杂且较难降解，时常会对现有的污水处理工艺造成冲击。同时，国家于2015年4月颁布了新的行业排放标准《石油炼制工业污染物排放标准》（GB 31570—2015），要求进一步降低排水中的COD、BOD、氨氮、SS（悬浮固体）、TP等指标。

生化单元是炼油污水处理厂的核心工艺单元，改善生化单元降解效率是实现污水处理厂升级提标的关键。镇海炼化污水厂现有两套生化单元，其中老A/O主要处理炼油区域的汽提净化水以及二辛酯（DOP）和化肥来水等含油废水，其成套工艺流程如图7-51所示。2016年，老A/O进水COD为（1010.01±363.09）mg/L、氨氮为（27.29±12.05）mg/L、TN为（33.41±12.65）mg/L，而出水COD降至（65.58±16.12）mg/L、氨氮为（1.31±4.20）mg/L、TN为（29.16±3.31）mg/L。

老A/O整体运行平稳，但出水TN存在超标风险，且成套炼油污水工艺中仅老A/O具备反硝化功能，因此将影响整条流程的排水指标控制。此外，炼油厂还会产生脱硫脱硝废水等高含氮废水，现有配套的脱氮工艺通常无法确保其脱TN达标。为了确保全厂出水达标排放，通常采取尽量提高老A/O的脱TN效率，以便稀释混合后整体达标排放；此外，尽管老A/O的COD去除率已经较高，但考虑到后续可能的回用需求，也仍存在提升COD去除率的空间和必要性。因此，业主计划对老A/O实施提标改造，进一步挖掘其降解潜力。鉴于老A/O的运行现状，现场亟待探索改造施工量小、不大幅增加设施占地且收效稳定的改造方案，以满足老A/O提标要求。

基于研究旋流破散强化生化单元降解效率的实验验证及运行强化结论，开发了工程规模的旋流自转强化废水深度生物脱氮（HAO）工艺，确保其适用于所有存在循环泥水混合液回流过程的A/O生化池的强化改造。HAO工艺的核心在于，通过采用旋流单元处理A/O过程中经内回流泵提升后的泥水混合液，利用旋流场自转特性将混合回流液夹带的活性污泥絮体表面及其孔道中覆盖和积累的EPS脱附至水体，一方面碳源释放至水体将提高硝化污水中的有机物浓度，为反硝化过程补充碳源；另一方面旋流场脱附污泥絮体表面及孔道中黏附的胞外多聚物将疏通有机质、营养物和DO与微生物细胞的传质效率，从而改善污泥活性；此外，旋流场中的压降分布特性还将加剧混合回流液中残留DO的解析，从而改善缺氧池中

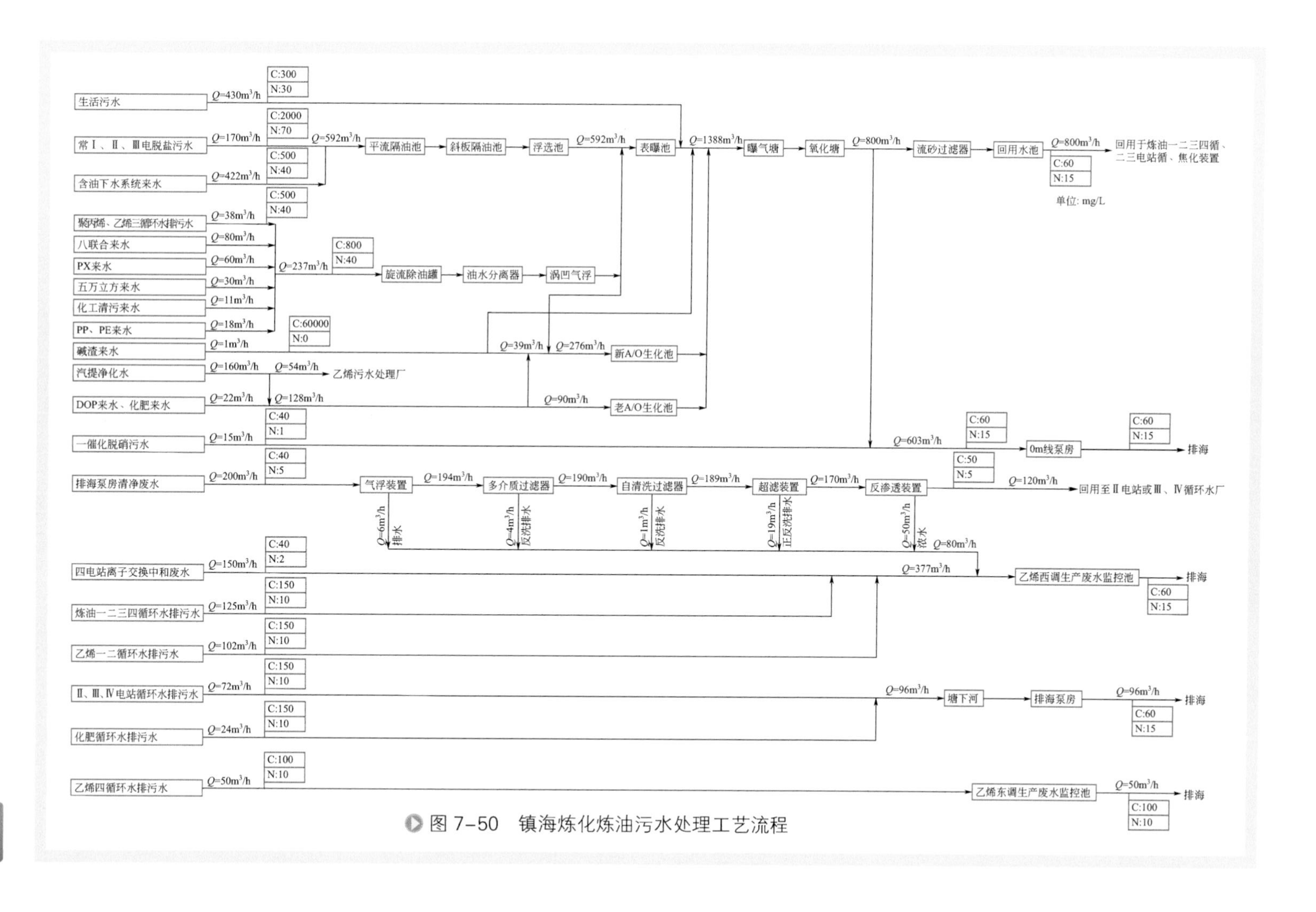


图 7-50 镇海炼化炼油污水处理工艺流程

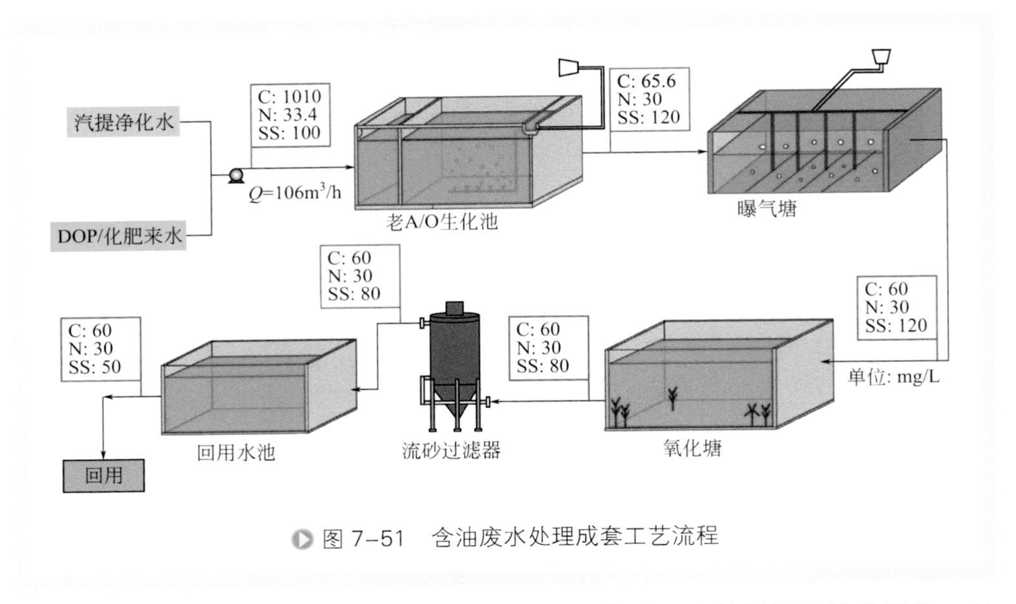


图 7-51　含油废水处理成套工艺流程

的缺氧环境。由此，基于泥水混合液旋流处理的释碳、改善污泥活性及降低 A 池 DO 浓度等贡献，HAO 工艺技术将改善生化过程的脱氮效率。经旋流处理后的泥水混合液绝大多数（95% ～ 98%）通过旋流器底流口回流至 A 池首端，少量混合液（2% ～ 5%）通过旋流器溢流口排至 O 池中间区域。旋流处理溢流的设置，主要是为了稳定旋流器流场。

HAO 工艺技术适用于任何工况下的回流泥水混合液，对泥水混合液的回流比无具体要求。旋流器的动力需求通常利用现有的回流泵，现有回流泵无法满足压降需求的情况下，则需更换泵以满足流动和旋流动力需求。HAO 工艺流程设置中，需在旋流器进口、底流口和溢流口分别设置截止阀，进口截止阀用以满足特定工况下调整旋流器的投用与否，底流口和溢流口截止阀门则用于分流比调节。

## 2. 旋流器并联放大

验证性实验表明，$\phi$35mm 旋流器的处理量仅为 0.1 ～ 1.2m³/h；以 100m³/h 的镇海炼化老 A/O 池按 400% 比例回流时，处理循环内回流的旋流器额定流量要求达到 400m³/h。常规设计通常采取并联集成的方式以扩大设备处理量，但过多的旋流器并联不仅将产生较高的管线能耗损失，还可能导致管线中的污泥堵塞等风险，因此需放大单根旋流器的处理量，以满足工程需求。

参考常规旋流器的放大设计准则，以 $\phi$35mm 旋流器基准、遵循等比例放大和适当圆整的原则设计了 $\phi$100mm 旋流器，其结构参数如表 7-8 所示。结合镇海实际运行条件，依托某生活污水处理厂搭建了中试侧线试验，考察了 $\phi$100mm 旋流器的运行效率，并优选了其最佳处理量，中试规模旋流器及实验架台如图 7-52 所示。中试装置通过离线实验考察了 $\phi$100mm 旋流器破散循环回流液的实验效果和对其中残留 DO 的去除效率；压降在 0.06 ～ 0.12MPa 范围内优化，$\phi$100mm 旋流器的最佳压降为 0.10MPa；最佳压降条件下，回流液中 SCOD 浓度从 66.3mg/L 增加至 137.4mg/L，污泥 SOUR 增加（9.32±2.66）%，并将内回流段中的残留 DO 浓度从由（4.41±0.93）mg/L 降至（2.47±0.35）mg/L，对应的最佳处理量为 11.7m³/h。

表7-8　$\phi$35mm和$\phi$100mm旋流器结构参数

| 规格 | $\theta$ | $D$/mm | $W$/mm | $H$/mm | $D_o$/mm | $D_d$/mm | $L$/mm | $L_1$/mm | $L_2$/mm | $l$/mm |
|---|---|---|---|---|---|---|---|---|---|---|
| $\phi$35mm | 8° | 35 | 4 | 10 | 3.5 | 8 | 268 | 35 | 193 | 5 |
| $\phi$100mm | 8° | 100 | 12 | 30 | 10 | 32 | 986 | 100 | 486 | 15 |

注：$l$—溢流管插入深度。

图 7-52　中试实验旋流器及实验架台

根据并联放大的处理量规模要求和单根处理量，适用于老 A/O 改造的旋流器需并联 $\phi$100mm 的旋流器。为了避免回流泵扬程过高造成的剧烈湍动伤及活性污泥中的微生物，老 A/O 池配套的内循环回流泵出口压力通常较低；加之管线压降和提升扬程需求，因此要求旋流器需优化其布置设计，尽量提高成套设备的压力分布均匀性，降低旋流器间的湍能耗散，确保为成套设备提供足够的压降作为污泥破散动力。

针对旋流器间压力分布均匀性设计要求，基于歧管系统单分支流理论，在考虑惯性效应和摩擦效应的基础之上，根据现场管线要求构建了 U-Z 型并联配置旋流器，并建立其进口 - 底流数学模型，求得其解析解以预测其在不同流动条件和几何结构下的压降分布，指导工程规模装置的布置设计。

考虑到流体分流和摩擦会引起旋流器组进口汇管、溢流汇管和底流汇管处动量发生变化，数学模型中考虑了惯性效应和摩擦效应。由于旋流器组有两个出口汇管并存在一定的分流比，分支流模型沿用 Wang[16] 在燃料电池堆并联配置中的方法，并对建立数学模型作以下说明和假设：

① 单根旋流器的几何尺寸相同，相邻微旋流器的间距相等，进口汇管、溢流汇管和底流汇管的横截面积为常数；

② 单根旋流器与进口汇管、出口汇管连接管路通道之间的转向损失和阻力损失相同，进口汇管两侧的旋流器完全对称；

③ 忽略混合回流液中的污泥，流体按单相考虑，且温度不变；

④ 为避免特定工况下造成污泥堵塞，装置进口汇管、溢流汇管和底流汇管均设置 10° 倾角。

根据设备 400m³/h 的处理量要求（5% 裕量，设计流量为 420m³/h），成套设备由 36 根 $\phi$100mm 的旋流器并联组成。根据 U-Z 型并联配置方式为布置设计依据，为了确保成套装置的进出口压降最小，需满足成套装置进口汇管、底流汇管和溢流汇管的公称管径分别为 300mm、200mm 和 100mm，而各根旋流器间的水平间隔为

图 7-53　改造现场及设备实物图

（a）旋流器；（b）改造现场实物图

280mm。处理后的泥水混合液分别从底流口和溢流口排出，其中两侧的旋流器溢流口汇入溢流汇管，底流则分别汇入两侧的底流汇管，再由 2 根底流汇管汇合起来，改造现场及设备实物图如图 7-53 所示。

### 3. 改造实施方案

镇海炼化 100m³/h 的老 A/O 生化池 HAO 技术改造方案流程如图 7-54 所示。炼油污水从 A 池首端进入生化池，经过 A 池和 O 池的生物降解后，少量 O 池末端的出水流向下游排出，大量的出水通过内回流泵提升后回到 A 池首端，持续循环。老 A/O 生化池目前采用 3 台流量分别为 460m³/h、280m³/h 和 280m³/h 的离心泵（相互备用）实现循环回流液提升；实际运行时投用 460m³/h 的离心泵，运行条件下的处理量为 400m³/h，对应提供的扬程为 12m。根据现场布置，泵出口至 A 池首端有约 30m 的管线、若干弯头，且泵距离池内的液面高度为 4.5m，因此回流泵能提供给旋流器的压降约为 5m。根据中试侧线试验要求，需为 $\phi$100mm 的旋流器提供 6 ～ 12m 的压降；但现场为满足生化池连续运行，不具备更换回流泵的条件，旋流器压降不足可能会影响成套装置的强化效果。

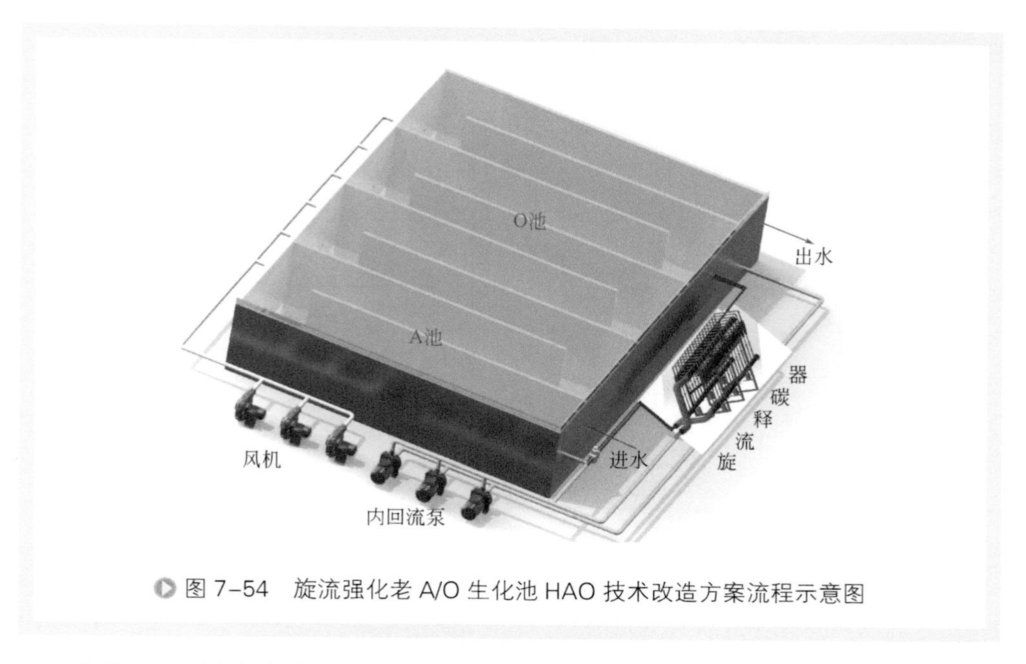


图 7-54　旋流强化老 A/O 生化池 HAO 技术改造方案流程示意图

实施 HAO 技术改造后，通过在回流提升泵和生化池首端之间增设旋流器，利用回流泵的扬程裕量为旋流器提供压降实现活性污泥旋流破散，处理后的硝化回流液绝大部分回至生化池首端，3% 的旋流器溢流液为稳定旋流器流场排至第四间好氧池廊道。生化池原有的回流泵至生化池的回流管道保留并加设截止阀，便于在特定工况下实现常规运行与旋流强化运行之间的切换。

### 4. 改造运行效率

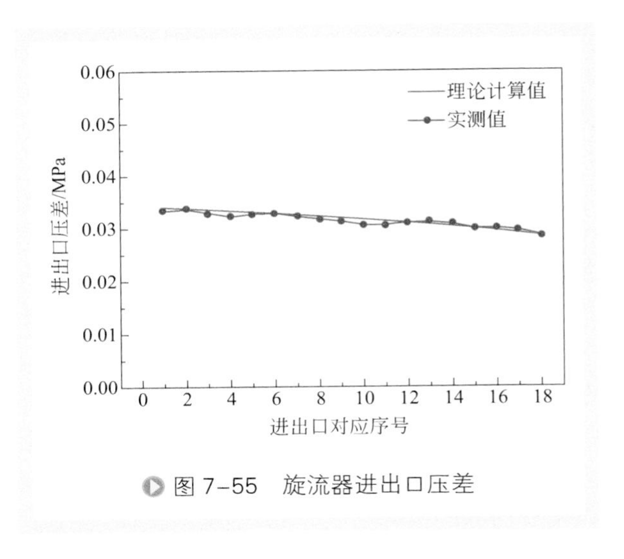


图 7-55　旋流器进出口压差

运行过程中，旋流器进口汇管与各旋流器底流口的压差实测值与分支流理论计算值如图 7-55 所示。压差分布表明，成套装置中靠近进口汇管起始端的进出口压差最大，进口汇管末端的压差最小，且沿程逐渐减小，从进口汇管起始至末端各旋流器的压降为 0.029 ～ 0.034MPa，这是因为沿程阻力导致进料压力降低所致；但首尾两端旋流器的压差差值最大仅为 13.1%，各旋流器间的压差分布均匀性相对较好。对比分支流理论计算值与实测值表明，两者压差整体趋势基本吻合，分支流理论较好地指导了旋流器的分布设计；在尽量降低成套装置压损的同时，也确保了各旋流器破散污泥性能的均匀性。

受制于内回流泵的扬程和管线压损，工程装置中旋流器的压降均远低于中试试验优化得到的最佳压降，成套装置的总体压降也仅为 0.043MPa；在此条件下，工程装置破散污泥后的 SCOD 浓度增幅为 36.13%，SOUR 浓度增幅为 4.31%，DO 分离效率仅为 31.53%，各项指标均低于最佳工况下的效率，如表 7-9 所示。

表7-9　旋流器放大效率对比

| 指标 | $\phi$35mm | $\phi$100mm | 36×$\phi$100mm |
|---|---|---|---|
| 压降范围 | 0.07 ～ 0.16MPa | 0.06 ～ 0.12MPa | 0.021 ～ 0.038MPa |
| 最佳压降 | 0.13MPa | 0.10MPa | 0.043MPa |
| SCOD 浓度增幅 | 274.45% | 107.24% | 36.13% |
| SOUR 浓度增幅 | 7.17% | 9.32% | 4.31% |
| DO 分离效率 | 60.66% | 43.98% | 31.53% |

改造装置连续运行过程中，由于老 A/O 处理的汽提净化水来自于装置，且经过罐区储存，因此来水水温相对较高且持续稳定，老 A/O 进水温度常年维持在 30 ～ 35℃，因此对比改造前后的 A/O 出水时可忽略季节因素对 A/O 效率的影响。实际对照中，节选旋流器投用前一年（2016 年 5 月 22 日至 2017 年 5 月 21 日；出水 TN 数据因 2017 年 1 月 20 日之前无实际反硝化运行，因此仅包含 2017 年 1 月 22 日～ 2017 年 5 月 22 日的数据）的数据与旋流器投用后的 A/O 出水水质进行对比，从数值变化趋势上体现 HAO 技术改造的效果。

投用旋流器后的调试期间，老 A/O 生化池出水整体呈现先显著波动、后逐渐稳定的趋势；这是因为一方面旋流破散过程释放的 EPS 大分子有机物，需要一定时间的降解才能用作碳源补充反硝化过程的需求；另一方面旋流破散过程影响泥相之后，微生物需要一定的稳定和适应时间。经过两周的调试稳定之后，如图 7-56 所示，改造老 A/O 生化池的进水 COD 为（726.34 ± 89.91）mg/L 时，出水 COD 降至（46.12 ± 7.50）mg/L，COD 去除率达到（93.65 ± 5.13）%；进水 $NH_4$-N 为（11.25 ± 2.48）mg/L 时平均出水 $NH_4$-N 降至 0.88mg/L，$NH_4$-N 去除率达到（92.18 ± 6.69）%；进水 TN 为（36.91 ± 5.32）mg/L 时，出水 TN 降至（16.56 ± 3.12）mg/L，TN 去除率达到（55.13 ± 7.85）%。

相对 A/O 模式，在进水主要水质基本稳定的条件下，改造老 A/O 的出水 COD 由投用前的 65.83 ± 15.71mg/L 显著降至 46.12 ± 7.50mg/L，绝对值降低了 19.71mg/L；老 A/O 出水 TN 由改造前的 19.71 ± 3.71mg/L 降至 16.56 ± 3.12mg/L，TN 去除率提高了 11.35 个百分点；而改造前后的 $NH_4$-N 去除率变化极微，可视为旋流强化过程基本不影响老 A/O 的 $NH_4$-N 去除率。同时，HAO 运行模式对含油废水中的主要有机物组分及含量影响显著，炼油废水中主要有机物包括 $C_9$、$C_{10}$、胺、苯系物及酚

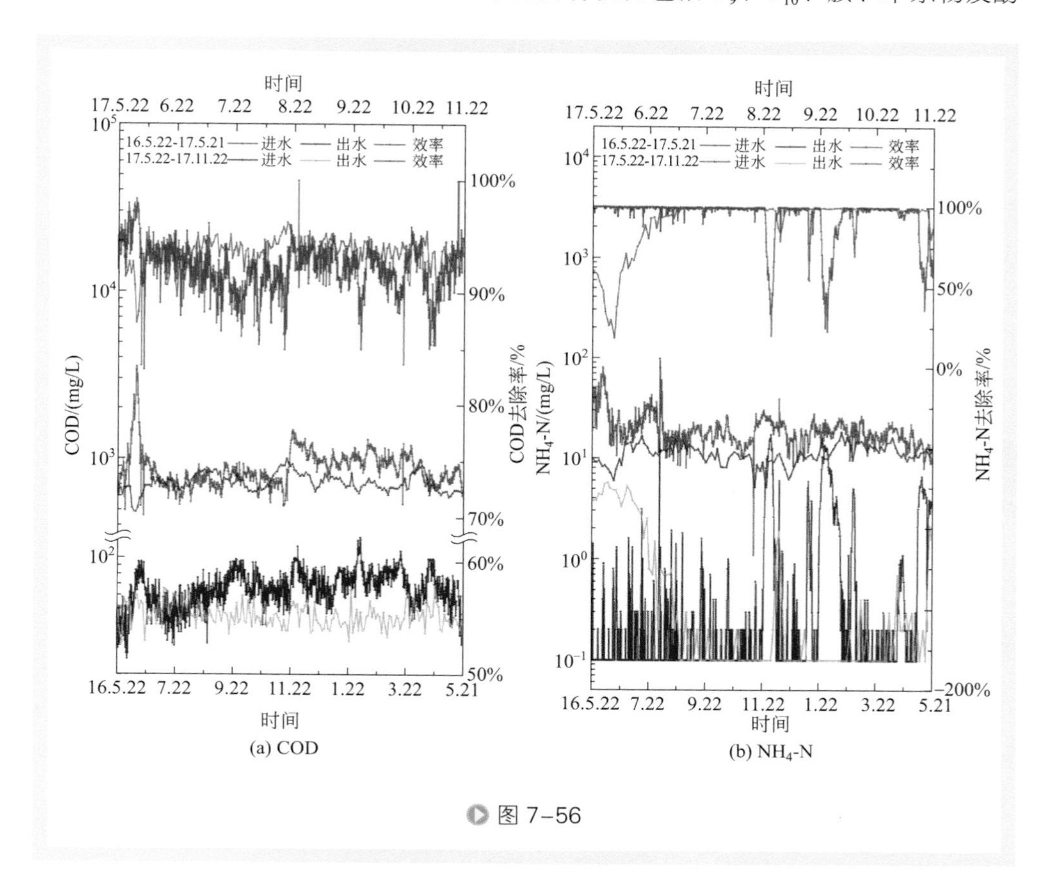


图 7-56

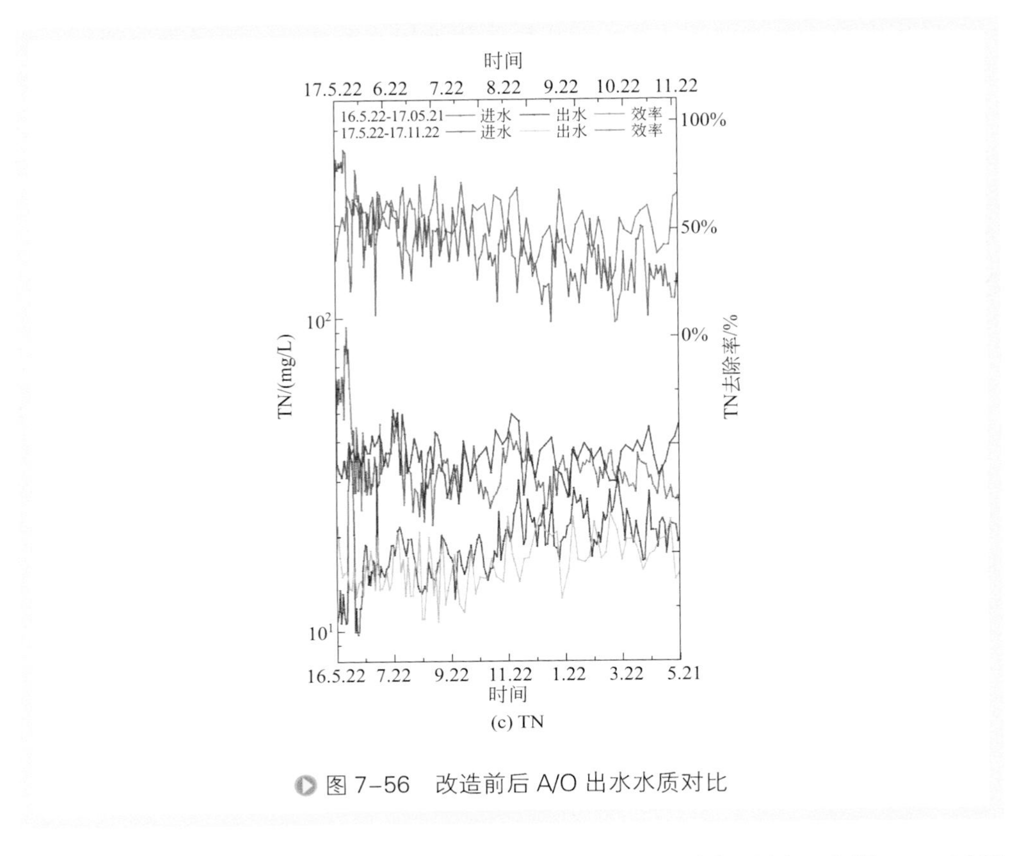


图 7-56 改造前后 A/O 出水水质对比

类等，经过 HAO 过程降解后，进水中的苯酚和 $\alpha$- 甲酚降解殆尽，表明 HAO 过程酚类降解效率突出。此外，改造运行期间，生化池污泥沉降性持续维持稳定。HAO 技术的应用，显著改善了镇海炼化老 A/O 生化池的综合效能。

# 第三节 沸腾床含高浓度无机颗粒物的有机废液处理技术

## 一、概述

目前已开发的渣油加工过程主要有加氢和脱碳两种技术路线。脱碳工艺主要包括焦化和溶剂脱沥青工艺；加氢工艺主要分固定床、移动床、沸腾床和悬浮床 4 种类型。其中焦化和加氢是应用最广的重油加工技术。

焦化属于比较传统的炼油工艺，因为具有技术成熟、流程简单、投资和操作费用相对低、原料适应性强等优点，在处理高硫、高金属含量的劣质渣油方面具有一定优势，因此仍是当今大多数炼油厂处理渣油特别是劣质渣油的主要手段之一。尽管延迟焦化优点突出，但存在产品液体收率低、高硫石油焦处理困难等问题，因此从资源的合理利用和环境保护方面来看，延迟焦化并不是最理想的渣油加工技术。

炼油技术发展的总趋势是：随着对轻质清洁燃料需求的增加，渣油深度转化将成为炼油业长期追求的目标，采用的深度加工技术路线将呈现多样化的发展趋势。但是，从未来生态环境保护和原油价格不断走高的总体趋势看，加氢技术路线因为其具有优质液体产品收率高、投资回报率高等优势而将得到越来越广泛的应用。

目前广泛采用的加氢工艺路线，催化剂采用 $SiO_2$-$Al_2O_3$ 混合氧化物载体负载 Ni、Mo 等金属。固定床、沸腾床、悬浮床和移动床加氢四种工艺过程，适应不同原料和实现不同目的产品要求。然而，在传统的固定床加氢反应器中，随着运行时间增长，这种负载型催化剂的 20% ～ 30% 初始比表面积和孔体积由于结焦而失去，金属也将在催化剂上大量沉积。催化剂因为结焦和金属中毒而逐步失活，最终导致装置停工。而诸如 H-Oil、LC-Fining、STRONG 等商业沸腾床加氢反应器技术，可以通过催化剂的在线加排补偿催化剂活性的逐步降低，从而可以延长运转周期，因此在工业应用中得到了越来越多的关注。截至 2002 年，世界渣油加氢加工能力约为 13535 万吨／年，已经投产的各种渣油加氢工业装置共 69 套。其中固定床加氢装置（含移动床／固定床）共 55 套，沸腾床加氢装置共 14 套。

但是催化剂的在线加排也带来沸腾床反应器间歇外排大量含高浓度多孔无机颗粒的有机废液，其包含＞ 20%（质量分数）的吸附携带大量烃类污染物和重金属的镍基氧化铝载体催化剂颗粒以及未转化的沥青质和胶质而成为危险废弃物，无法直接作为油品利用或进行催化剂再生处理，亟待一种有效的分离处理手段。此外，以烃类污染物为代表的有机废液进入环境可对人体、动植物、大气水体环境造成极大危害。美国环境保护署（EPA）将废催化剂（包括加氢处理、加氢精制、加氢裂化的外排的废催化剂）列为危险废弃物。中国环境保护部 2008 年将废催化剂列入国家危险废物名录，并将其危险特性列为 T 级（有毒）。此外，催化剂废液的含油率往往高达 20% ～ 60%，对其不合理的处理，也是对石油资源的一种极大浪费。非可再生的废催化剂处理一般是进行金属回收或作为固废送至商业垃圾填埋场。而在金属回收处理或填埋之前，往往采用机械分离、溶剂萃取、加热蒸发将废催化剂中的烃类污染物进行脱除或者回收。但是这些方法均因为分离效率低、能耗高、物耗高等原因，不适应节能减排的要求。不通过加热实现混合物的分离纯化可以大幅降低全球的能源消耗、排放和污染，对于催化剂废液，亟待一种低能耗、高效率的处理手段。

## 二、旋流自转分离方法

传统水热脱附法是通过降低界面张力、乳化作用及流动、润湿性改变和刚性界面膜等机理，实现含油多孔介质中的石油烃污染物脱除的方法，已被美国环保局推荐为处理石油污泥优先方法，并拓展应用到土壤洗涤、钻屑除油、油砂除油等应用中。Li 等[17]报道了一种利用旋流场中的颗粒自转实现催化剂废液水热脱附除油的旋流自转分离方法，脱油率为 70.3%，该方法被 Edward Furimsky 收录于第二版《废加氢处理催化剂手册》( second edition "Handbook of Spent Hydroprocessing Catalysts" ) 中。随后，Xu 等[18]采用 CFD 的手段研究了公称直径为 35mm 的旋流分离器中剪切速率分布及其对废催化剂脱油的强化。Huang 等[19]采用高速摄像手段实验测定了公称直径为 25mm 的旋流分离器，颗粒的最大自转速度发生于旋流分离器的壁面附近，可大于 1000rad/s，并且旋流分离器的锥段有利于保持颗粒的高速自转；通过旋流器入口流量的控制可实现对旋流器中颗粒自转转速的调控。

### 1. 旋流自转分离机理

这种利用旋流场中的颗粒自转实现催化剂废液水热脱附除油的方法，首先采用连续相介质对催化剂颗粒进行分散，而后分散相颗粒在旋流器设备中的旋流场中发生自转和公转的行为［图 7-57（a）］，颗粒自转速度和公转速度分别可达到 20000r/min 和 4000r/min。由于催化剂颗粒高速自转，催化剂孔道［图 7-57（b）］中的烃类污染物将受到一个方向向着孔口外的离心力；当该离心力大于烃类污染物从孔道中流出的阻力时，烃类污染物便由催化剂孔道向外迁移进入连续相中；同时，由于催化剂的颗粒公转而产生的作用于颗粒整体的离心力，促使烃类污染物脱除后的颗粒同连续相介质分离；最终实现烃类污染物从催化剂颗粒脱除进入连续相介质，脱油后的催化剂颗粒得到快速分离回收的过程。

如图 7-57( c )所示，建立催化剂圆锥孔道模型，孔道孔口半径为 $r_{k1}$，锥角为 $\alpha$。

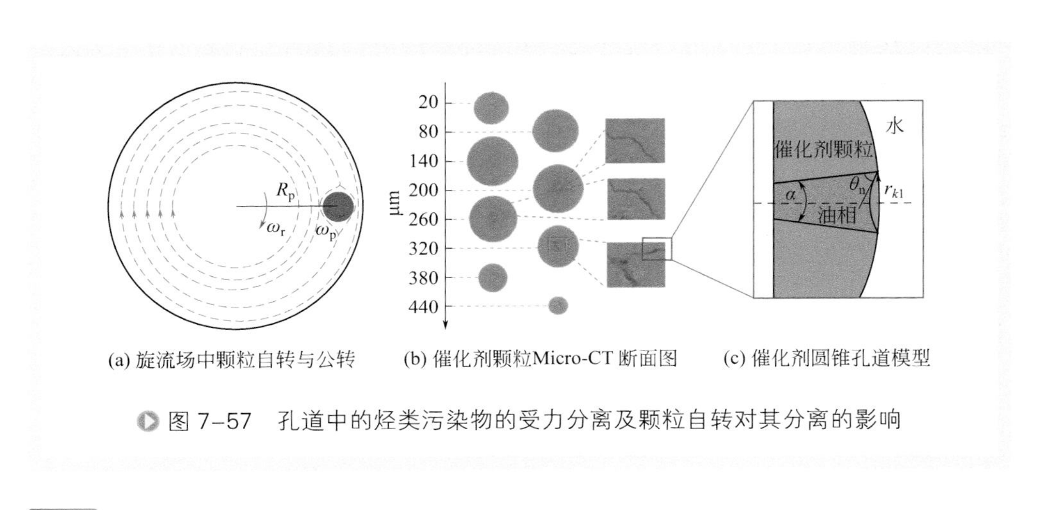

(a) 旋流场中颗粒自转与公转　(b) 催化剂颗粒Micro-CT 断面图　(c) 催化剂圆锥孔道模型

图 7–57　孔道中的烃类污染物的受力分离及颗粒自转对其分离的影响

当颗粒在旋流场中发生高速自转，便可以由颗粒自转对催化剂孔道中的烃类污染物产生离心力，当该离心力大于烃类污染物受到的毛细阻力，烃类污染物开始向孔道外迁移、脱除。即颗粒自转的角速度必须达到：

$$\omega_p > \left[\frac{9\gamma}{r_{k1}\rho_o R_p^2}\cos\left(\theta_n + \frac{\alpha}{2}\right)\right]^{1/2} \tag{7-6}$$

式中 $r_{k1}$——孔道孔口半径；

$\alpha$——孔道的锥角；

$\theta_n$——烃类污染物在孔道壁面上的接触角；

$\gamma$——烃类污染物的表面张力；

$\rho_o$——孔道中烃类污染物的密度；

$R_p$——烃类污染物颗粒半径。

由公式（7-6）可知，当烃类污染物的表面张力越大、密度越小，颗粒直径越小，孔道孔口尺寸越小，所需要的颗粒自转速度越大，即脱除的难度越大。旋流场中颗粒自转速度大小与流场剪切作用强度和壁面碰撞有关。适当增大进口流量不仅可提高颗粒公转速度，促进分散相颗粒与连续相液体的分离，而且颗粒自转速度也将受旋流场切向速度梯度增大而相应增大。由于旋流器的锥形结构具有减小公转速度衰减的特性，因此在不影响液固分离性能的情况下，可以适当增大锥角来提高颗粒与壁面的作用，以使颗粒获得更大的自转速度。

## 2. 实验对象

采用由中国石化抚顺石油化工研究院（FRIPP）提供沸腾床渣油加氢热模反应器外排含高浓度无机颗粒物的有机废液。沸腾床渣油加氢热模反应器结束反应后，采用柴油对热模反应器进行冲洗，将催化剂颗粒带出反应器，获得含高浓度无机颗粒物的有机废液，如图 7-58（a）所示。使用石油醚萃取 - 重量法测定该有机废液的含油率为 29.89%，萃取获得油相如图 7-58(b)所示。水热脱附后催化剂如图 7-58（c）所示。采用德国 NETZSCH STA 409 PC/PG 综合热重分析仪对该有机废液在氮气气氛中进行总有机碳含量测定，测试过程中控制载气流速 20mL/min、温升速率 10℃/min 进行加热，初始温度为室温、终温为 600℃，所得热重曲线如图 7-58（d）所示。由图 7-58（d）可知：597℃下，有机废液中的可挥发分已经挥发殆尽，残留质量比例为 70.94%，即可挥发分比例占热模催化剂废液的 29.06%，残留物主要为催化剂载体、活性成分以及积碳。这同石油醚萃取 - 重量法测定的该有机废液的含油率 29.89% 基本吻合，误差为 2.75%。这也表明该有机废液的绝大多数的可挥发的石油烃污染物可以被石油醚萃取，因此在下文中的对该有机废液的含油率分析，采用该石油醚萃取 - 重量法进行测定。对石油醚萃取出的油相采用上海瑞枫 0.22μm 孔径尼龙（Nylon）圆片过滤膜进行过滤后，采用美国 Agilent 7809A GC/5975C MSD 气 - 质联用系统在汽化温度（$T_V$）350℃下进行分析。使用氦气作为载气，载

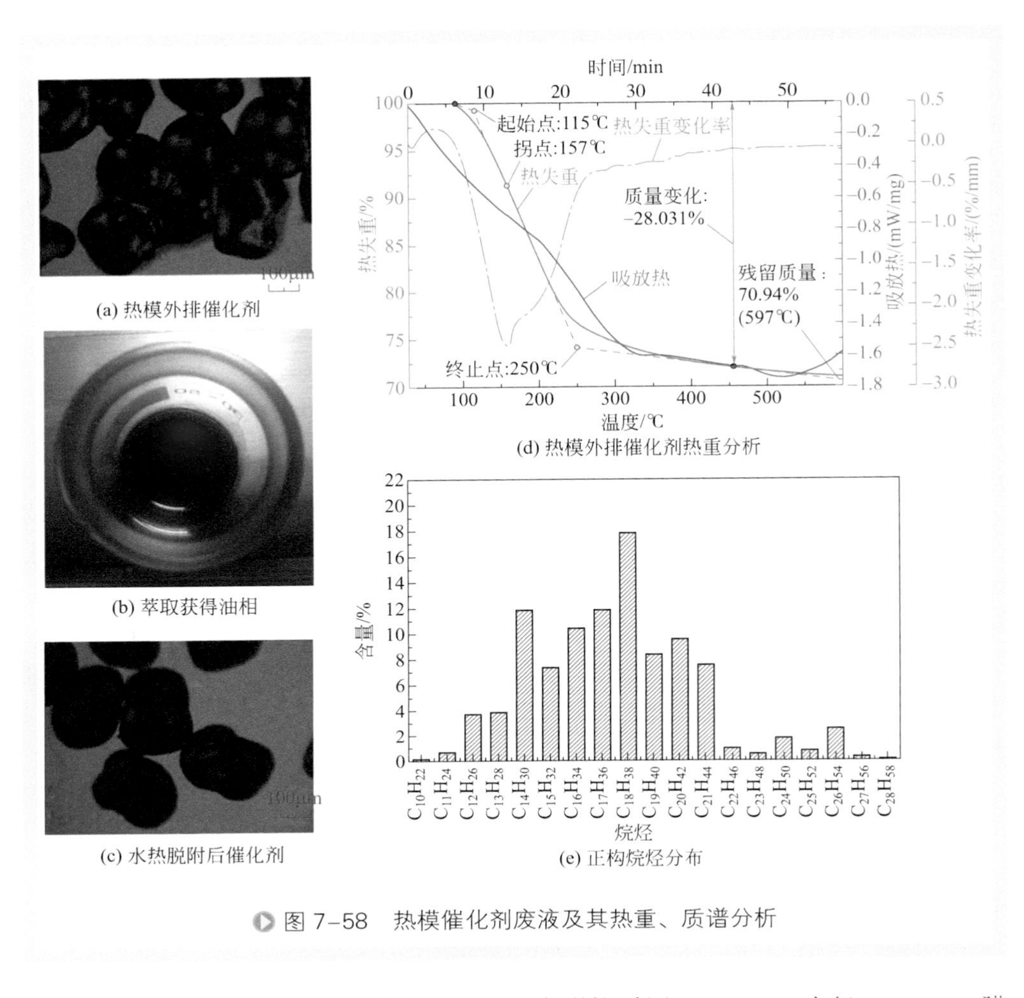


图 7-58　热模催化剂废液及其热重、质谱分析

气流速为 0.80 mL/min，分流比为 100：1。色谱柱采用 TG-5MS，内径 0.25mm、膜厚 0.25μm、长度 30m。色谱温升条件为 10℃ /min，于 80℃停留 1min、于 310℃停留 11min。质谱条件为：离子化方式（EI），电离电压 70eV，离子源 230℃，四极杆 150℃，质荷比（*m/z*）29 ～ 550。获得特征图谱后对于图谱的特征峰于 NIST08 数据库中，进行比对识别，对油相中的正构烷烃进行定性、定量分析，如图 7-58（e）所示。由图 7-58（e）可知，该有机废液中的正构烷烃中以 $C_{12}$ ～ $C_{21}$ 为主，占全部正构烷烃的 92.46%；而 $C_{10}$、$C_{11}$ 以及 $C_{21}$ 以上的正构烷烃的总量只占到全部正构烷烃的 7.54%。这表明，该有机废液的石油烃污染物以柴油馏程为主。

对热模催化剂废液使用石油醚进行洗涤，以脱除催化剂废液中吸附的石油烃污染物。而后采用纯水对催化剂颗粒进行分散，使用英国马尔文公司 MasterSize 2000 型激光粒度仪对热模催化剂废液的颗粒粒度进行测试，测试结果如图 7-59 所示。

对于图 7-59 中的粒径 - 体积分布的概率密度函数进行正态分布概率密度函数的

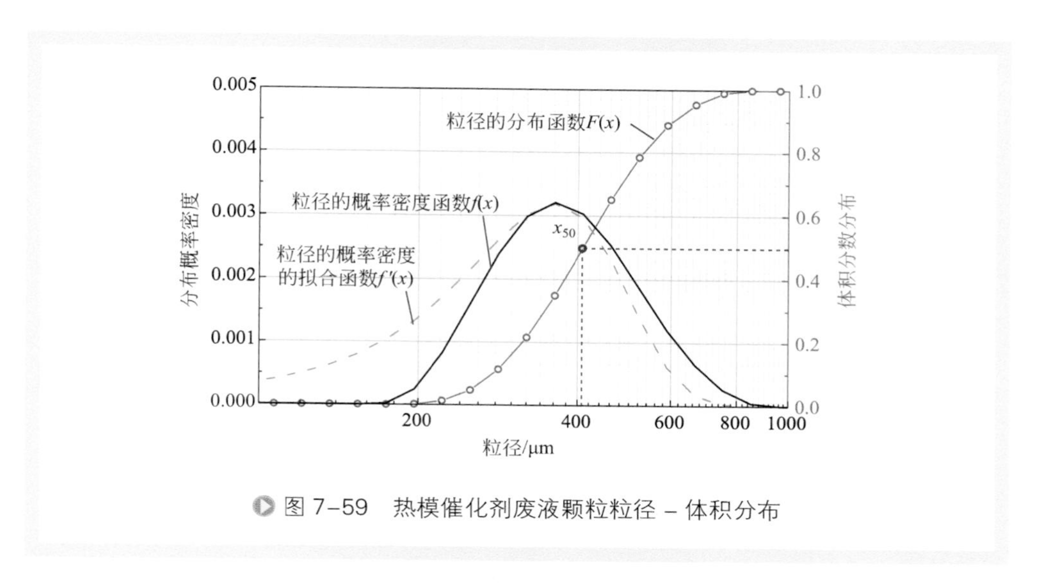


图 7-59　热模催化剂废液颗粒粒径 - 体积分布

拟合，得：

$$f'(x)=\frac{1}{\sqrt{2\pi}\times 125.234}\exp\left[\frac{-(x-362.148)^2}{2\times 125.234^2}\right] \quad (7\text{-}7)$$

由式（7-7）可知，热模催化剂废液的粒径 - 体积分布近似于 $x \sim N$（362.148，$125.234^2$）的正态分布，平均粒径为 362.148μm，方差为 125.234μm。比较热模催化剂废液和新鲜催化剂的粒度，热模催化剂废液的中位粒径比新鲜催化剂载体颗粒的中位粒径减小 45.560μm。而从热模催化剂废液和新鲜催化剂载体颗粒的正态部分拟合结果看（即新鲜催化剂的平均粒径为 462.281μm，方差为 111.570μm），加氢反应后催化剂的平均粒径较之新鲜状态减小 100.133μm，方差增加 13.664μm。这也说明催化剂经过反应之后，虽然平均粒径减小了 21.7%，但是颗粒仍然是粒径分布较为集中的大颗粒。

对热模催化剂废液颗粒采用石油醚多次洗涤，以去除催化剂颗粒表面和内部孔道中的石油烃污染物。而后，使用美国麦克公司 ASAP2010 型物理吸附仪对洗涤后的热模催化剂废液颗粒的孔体积和比表面积进行了测定，结果如图 7-60 和图 7-61 所示。由图 7-60 可知，热模催化剂废液的 BJH（Barret，Joyner 和 Halenda 方法）脱附孔体积为 $0.22cm^3/g$，以骨架密度 $\rho_{骨}=3.9\times 10^3kg/m^3$ 计，其孔隙率为 46.22%。对比热模催化剂废液同新鲜催化剂载体的 BJH 孔体积分布和 BJH 孔比表面积分布，可知，经过渣油加氢反应之后的催化剂的 BJH 孔体积由 $0.71cm^3/g$ 下降至 $0.22cm^3/g$，BJH 孔比表面积由 $416.31m^2/g$ 下降至 $95.83m^2/g$。以骨架密度 $\rho_{骨}=3.9\times 10^3kg/m^3$ 计，其孔隙率由 73.5% 下降至 46.2%。使得反应后的催化剂废液的孔隙率大幅减小的原因为：催化剂在渣油加氢反应的过程中，催化剂颗粒的表面和孔洞都是结焦的主要场所，尤其是油相在催化剂的孔洞中的结焦行为，使得催化剂废液中的 10nm 以下

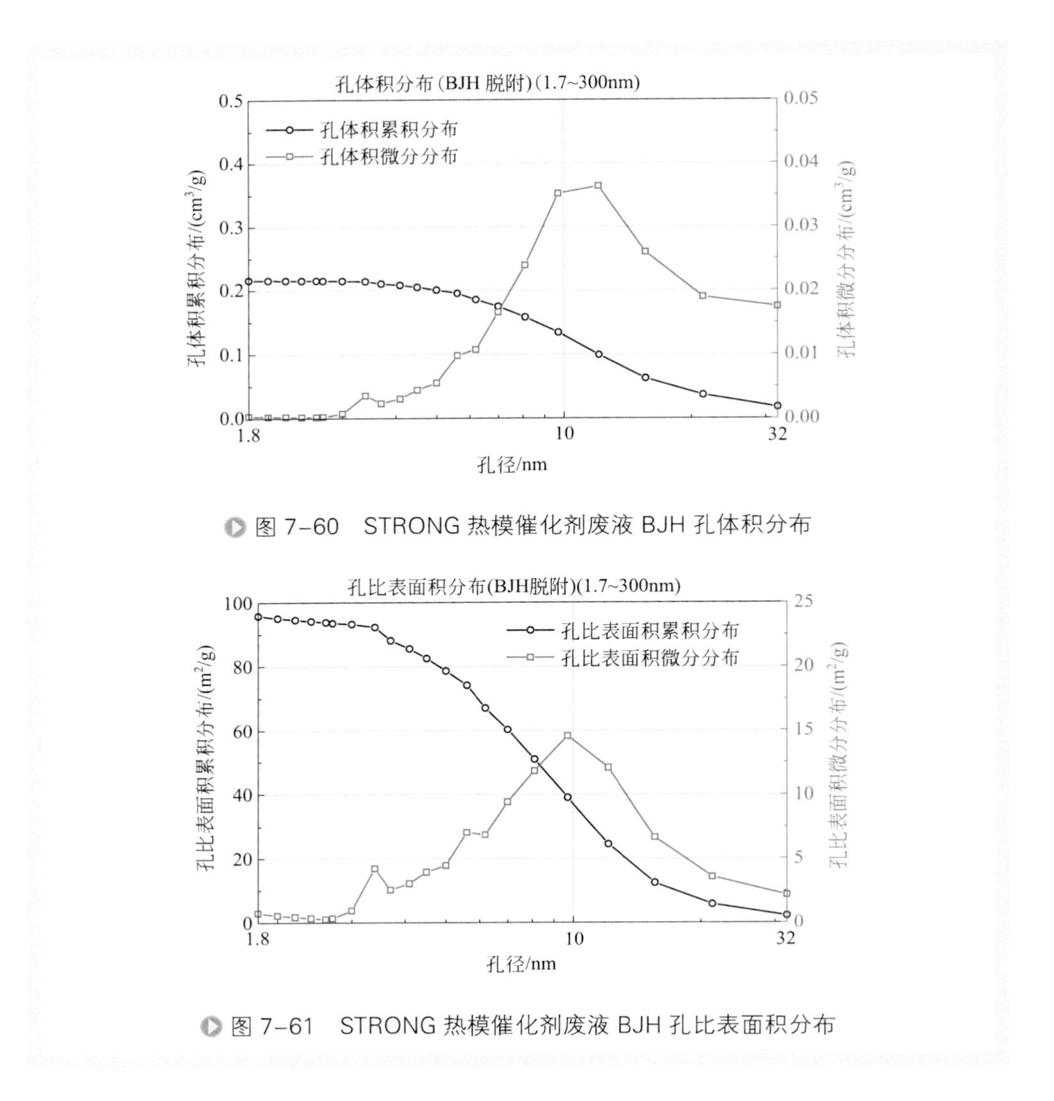


图 7-60 STRONG 热模催化剂废液 BJH 孔体积分布



图 7-61 STRONG 热模催化剂废液 BJH 孔比表面积分布

的孔洞大幅减少。

在新鲜催化剂载体颗粒中，10nm 以下的孔洞的孔体积为 0.535cm³/g，占总孔体积的 75.4%；而反应后，由于积碳的原因，催化剂废液中 10nm 以下的孔洞较之新鲜催化剂减少 83.0%，仅为 0.091cm³/g，只占总孔体积的 41.4%。由图 7-61 可知，热模催化剂废液的 BJH 脱附比表面积为 95.83m²/g；STRONG 热模催化剂废液同新鲜催化剂的比表面积的变换规律同孔体积的变化表现一致，主要的变化也发生在 10nm 以下的孔洞。由于积碳将 10nm 以下孔洞堵塞，使得 STRONG 热模催化剂废液中的 10nm 以下的孔洞的比表面积较之新鲜催化剂减少 84.0%。在以上孔体积和比表面积的在反应前后的巨大差距中，可以看出：10nm 以下的孔洞是反应过程中油相结焦积碳的主要环境，在渣油加氢反应过程中提供了一个很好的结焦场所，可以有效地避免渣油在反应器器壁上结焦的发生。而通过进行反应器催化剂的在线外排，就可以定时地将沸腾床反应器中的积碳排出反应器，从而保证沸腾床反应器内部的工况良好。

对热模催化剂废液喷金处理后，采用 SEM 对颗粒表面形貌进行观测。图 7-62（a）为随机对 STRONG 热模催化剂废液单颗颗粒于 200× 放大倍数下进行观测，发现：颗粒表面粗糙不平、在催化剂废液颗粒的表面发现存在裂口。图 7-62（b）为在 10000× 放大倍数下，对图 7-62（a）中的催化剂颗粒的裂口两侧进行观测，颗粒表面的粗糙来源于颗粒表面具有 0.5μm 左右的颗粒状突起。这些颗粒状的突起使得颗粒具有较大的比表面积。图 7-63 为对图 7-62（c）中的催化剂颗粒的表面采用 EDS 进行元素的分析，发现颗粒表面附着的微球形粒子主要成分是碳、氧、铝、硫、金。其中碳元素占到 50.33%，金元素占到 37.41%，而金元素是在样品喷金处理的过程中被附着到催化剂废液颗粒之上的。将金元素所占比例进行扣除，那么，碳元素在催化剂废液颗粒表面所占的比例将达到 76.73%，这表明 STRONG 热模催化剂废液的颗粒表面附着了大量的积碳。

但是，没有发现催化剂的活性组分元素——镍、钼，也没有发现残留油相中的氢元素。其原因为：①氢元素较轻，较难被激发，本实验中使用能谱仪亦无法探测

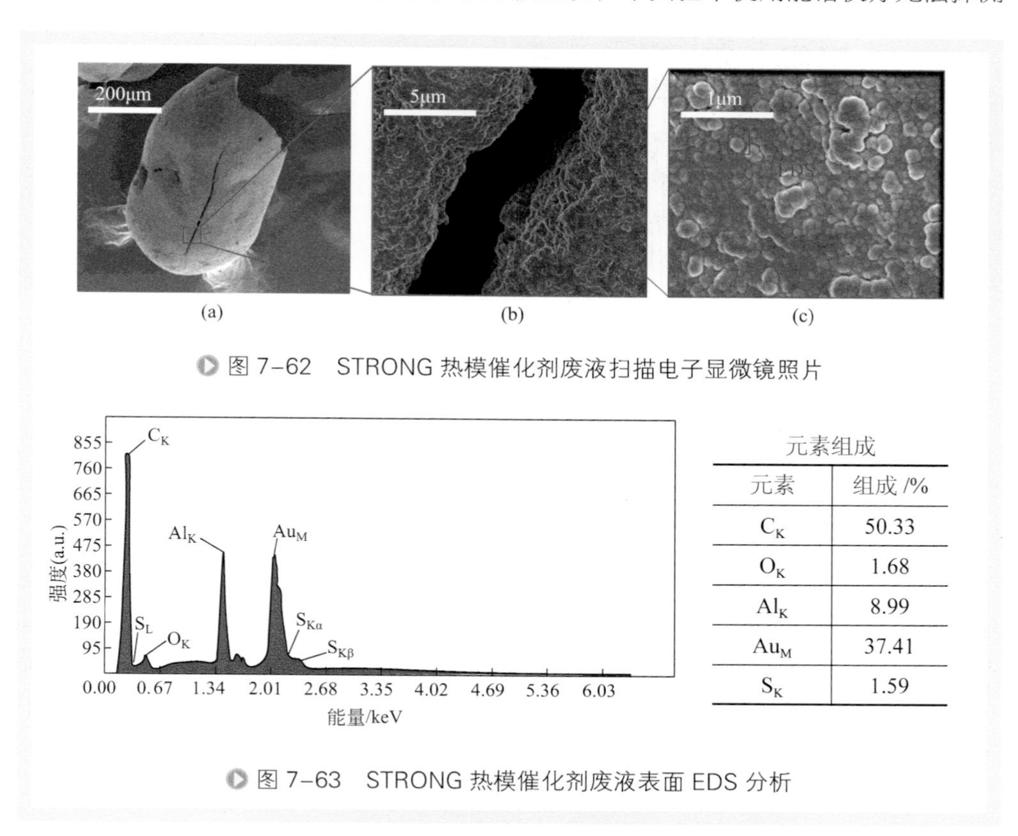


图 7-62　STRONG 热模催化剂废液扫描电子显微镜照片

元素组成

| 元素 | 组成 /% |
|---|---|
| $C_K$ | 50.33 |
| $O_K$ | 1.68 |
| $Al_K$ | 8.99 |
| $Au_M$ | 37.41 |
| $S_K$ | 1.59 |

图 7-63　STRONG 热模催化剂废液表面 EDS 分析

比 Be 轻的元素；② SEM 是一种表面形貌观测的手段，催化剂积碳层较厚，掩盖了催化剂颗粒表面的活性组分元素。

### 3. 实验平台

旋流分离实验平台如图 7-64（a）所示，待处理催化剂和水在物料罐中混合，随后由增压泵从物料罐泵出，经由稳压阀稳定压力，并进入缓冲罐停留 20 ~ 90s，以进一步稳定压力。根据工况，调节阀门，分配物料进入旋流器。经过旋流器处理后，油 / 水相由溢流返回至物料罐，于底流收集处理后的催化剂颗粒。其中，流量测量使用涡轮流量计、压力测量使用隔膜压力表。对设备工况进行调节，主要通过各阀门调节控制。图 7-64（b）所示为水热旋流脱附平台所采用的 25mm 旋流器结构。

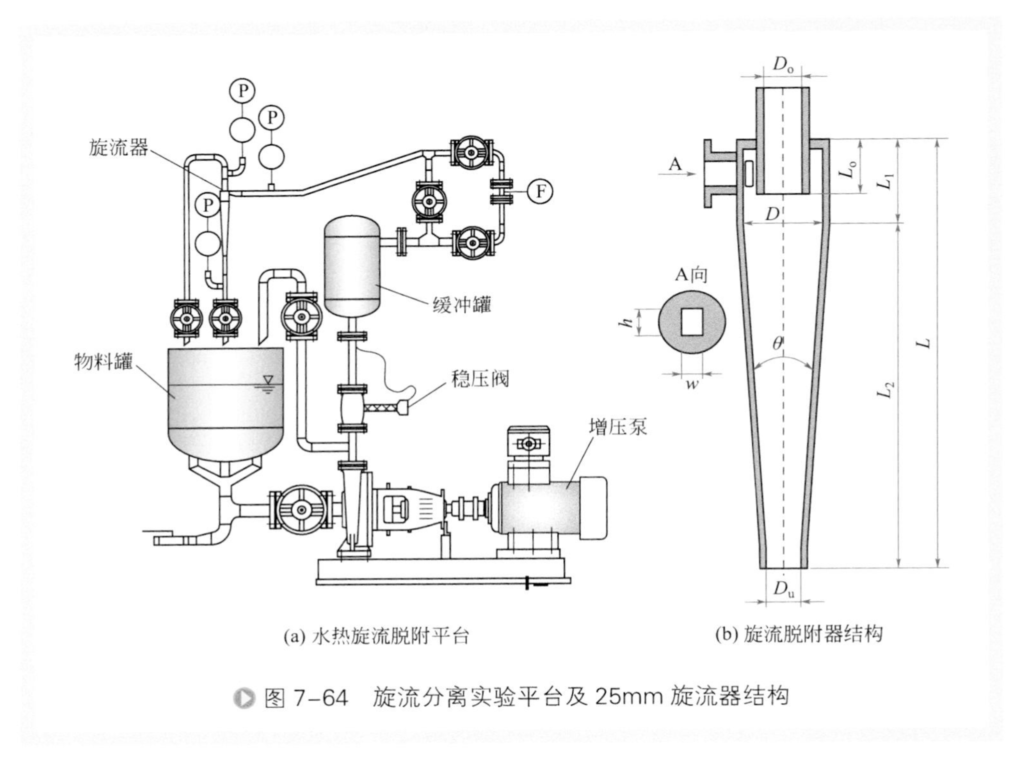


(a) 水热旋流脱附平台　　(b) 旋流脱附器结构

图 7-64　旋流分离实验平台及 25mm 旋流器结构

### 4. 实验结果

外排有机废液同热水混合后进入旋流器中，分散相颗粒在旋流器中的旋流场中发生自转和公转的行为，颗粒自转速度和公转速度分别可达到 20000 r/min 和 4000r/min[20]。由于催化剂颗粒高速自转，有机废液中的催化剂颗粒孔道中的烃类污染物将受到一个方向向着孔口外的离心力；当该离心力大于烃类污染物从孔道中流出的阻力时，烃类污染物便由催化剂孔道向外迁移进入连续相中；同时，由于催化剂的颗粒公转而产生的作用于颗粒整体的离心力，促使烃类污染物脱除后的颗粒同有机废液快速分离；最终实现脱油后的催化剂颗粒从有机废液中被分离出来。

控制温度95℃，经过旋流分离得到的催化剂颗粒的油含率为11.263%［图7-58（c）］；相同温度下，采用搅拌水热脱附方法处理后的催化剂颗粒油含率仅为17.025%。图7-65（a）所示为经过搅拌水热脱附后的催化剂废液颗粒进行脱水烘干后的状态，图7-65(b)所示为经过水热旋流分离后的催化剂废液颗粒。由图7-65（b）以看出，经过水热旋流分离后的催化剂颗粒表面较之仅搅拌水热脱附后的催化剂颗粒更加粗糙，颗粒表面所吸附的表面油也就更少。

为了进一步比较水热旋流分离及搅拌水热脱附后对颗粒所吸附的石油烃污染物中不同正构烷烃的脱附效果，实验过程中采用石油醚对水热旋流分离后的热模催化剂废液颗粒中的石油烃污染物进行了萃取，并采用GC-MS手段对其组分进行分析，并同STRONG热模外排有机废液、搅拌水热脱附后的催化剂废液颗粒中残留的石油烃污染物进行比较，如图7-66所示。分析中，以100*m*催化剂颗粒骨架质量为基准，折算经过不同水热脱附时间的外排催化剂颗粒中的石油烃污染物的相对质量。

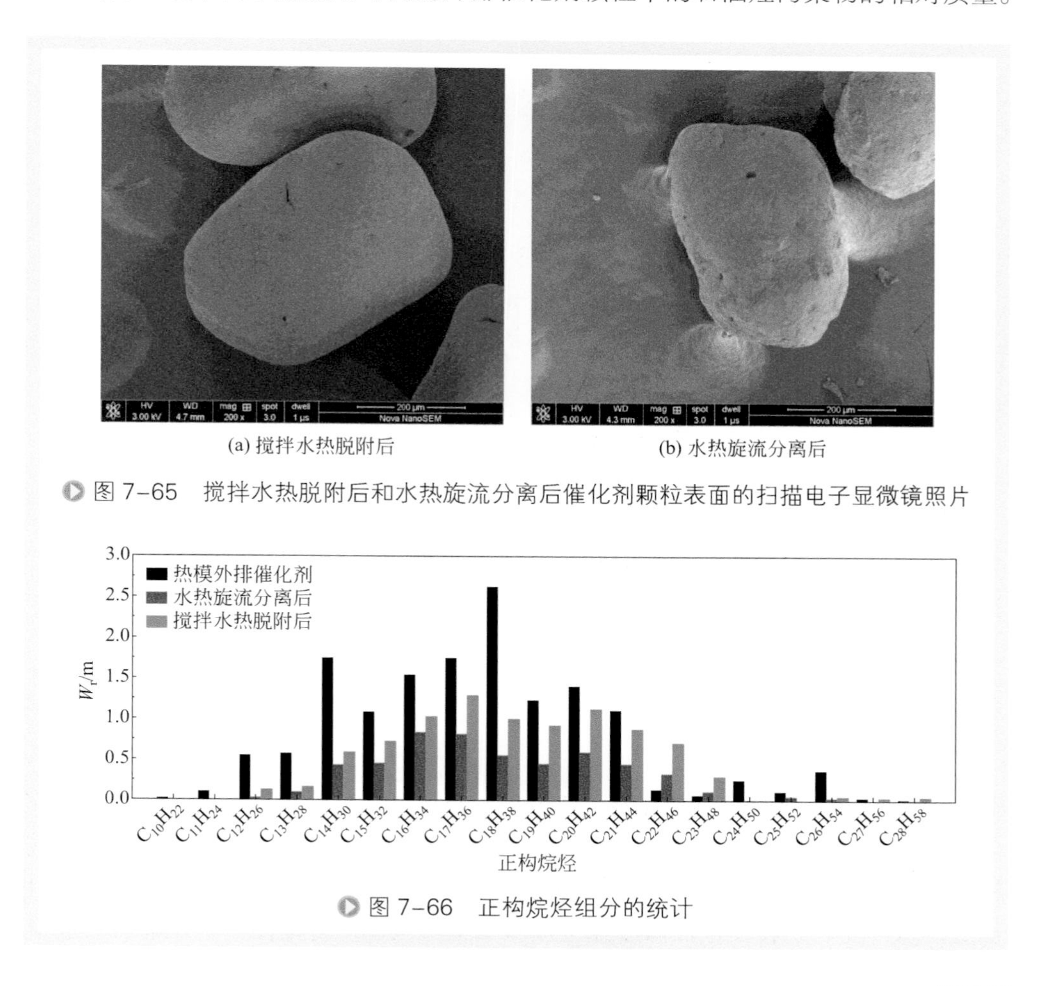


(a) 搅拌水热脱附后　　(b) 水热旋流分离后

图7-65　搅拌水热脱附后和水热旋流分离后催化剂颗粒表面的扫描电子显微镜照片

图7-66　正构烷烃组分的统计

图 7-66 中显示，水热旋流分离后的催化剂颗粒中残留的正构烷烃组分的相对质量都要低于仅经过搅拌水热脱附后。

邹立壮等[21]研究了正构烷烃的表面张力与碳原子数之间的定量关系，给出了不同温度下，正构烷烃的表面张力 $\sigma_T$ 同碳原子数 $n$ 和温度 $T$ 的关系式：

$$\sigma_T=\frac{36.6461n-47.2734}{2.4524+n}-\frac{0.0763n+0.0565}{-1.0107+n}T \tag{7-8}$$

由上式可知，正构烷烃的表面张力随着碳原子数的增加而增加，这也就意味着分子量更大的正构烷烃更难以脱附。而在水热脱附 - 旋流分离耦合处理过程中，对于 $C_{12}$ ～ $C_{21}$ 的正构烷烃的脱附率相较于仅水热脱附处理有着 13% ～ 190% 的不同程度的增加，如图 7-67 所示。水热脱附 - 旋流分离耦合处理对于热模催化剂废液水热脱附效率的提高随着正构烷烃的分子量的增加而变得更为显著，即对于大分子量的正构烷烃，采用水热脱附 - 旋流分离耦合的处理方法，会取得更加好的脱附效果，并且分子量越大，脱附效率的提高也会更加显著。

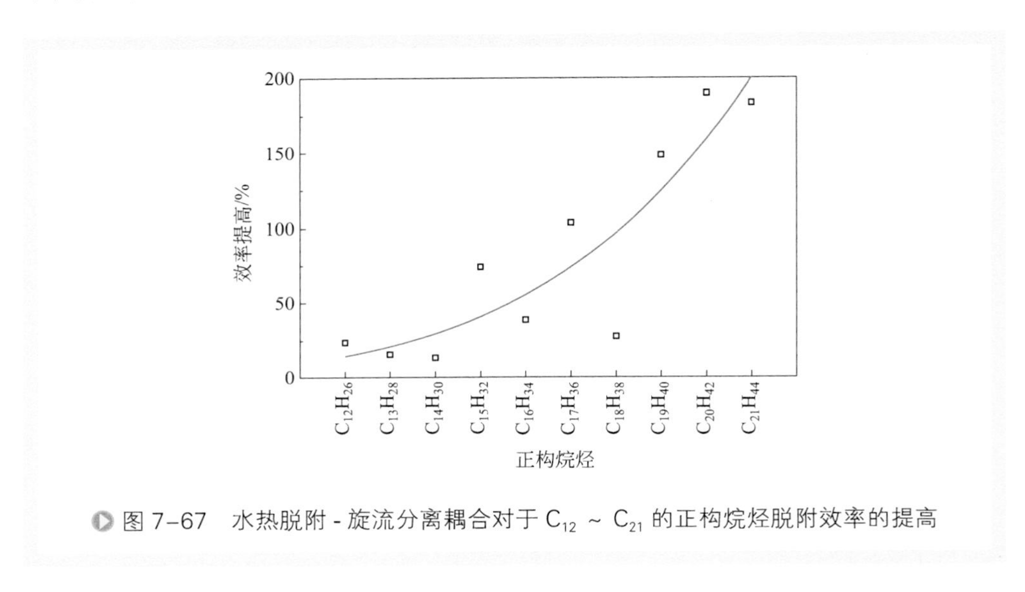


图 7-67 水热脱附 - 旋流分离耦合对于 $C_{12}$ ～ $C_{21}$ 的正构烷烃脱附效率的提高

## 三、工业示范试验

### 1. 项目来源

中国石化 5 万吨 / 年 STRONG 沸腾床渣油加氢工业示范装置，其研发纳入了中国石化“十条龙”科技攻关计划，即为中国石化关键核心技术联合攻关项目，总投资近 7 亿元人民币，形成了具有中国石化自主知识产权的 STRONG 沸腾床渣油加氢技术，提高了我国重油深度加工技术水平。但是，装置存在年外排 200t 含高浓度无机颗粒物的有机废液难以处理。华东理工大学同中国石油化工股份有限公司联合攻关，基于旋流脱附方法研发了公称直径为 50mm 的旋流器，依托中国石化金陵分公司 5 万吨 / 年 STRONG 沸腾床渣油加氢装置，开发了 24kg/h 催化剂废液处理成套系统，并完成工业试验，验证了系统的处理能力、旋流器性能以及系统循环热水水质变化情况。

## 2. 处理对象

5 万吨 / 年 STRONG 沸腾床渣油加氢装置催化剂废液颗粒为 0.4 ～ 0.5mm 球形氧化铝负载型催化剂颗粒，外排温度 170℃。工业示范装置的 24kg/h 催化剂废液处理成套系统中的调节缓冲罐（D401）接收催化剂废液罐（D302）催化剂浆料 $3.2m^3$，同时接收冲洗油 $1.224m^3$。接收的催化剂浆料的颗粒，如图 7-68 所示。接收完毕后，催化剂废液浆料在 D401 中调节缓冲，保持温度 170℃，催化剂废液浆料油含率 83.2%（干基催化剂油含量：4.963kg/kg 干基催化剂）。

图 7-68 工业示范试验装置接收催化剂浆料颗粒

对催化剂废液浆料中的油相的馏程进行分析，如图 7-69 所示。由图 7-69 可知，工业示范装置接收催化剂浆料中的油相以柴油（170 ～ 350℃）和蜡油（350 ～ 500℃）馏分为主，占 97%；带有少量渣油（> 500℃），占 3%。馏程较工艺包设计处理物料高约 40℃，工业示范试验装置试验条件满足工业实际需要，

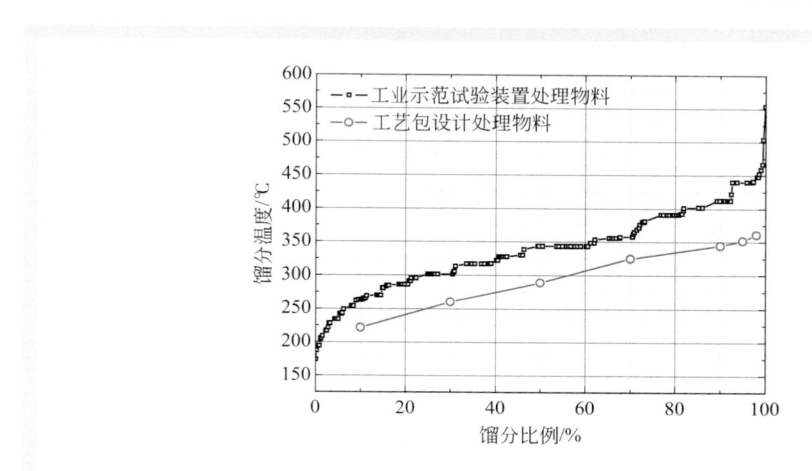


图 7-69 工业示范试验装置处理物料和工艺包设计处理物料馏程对比

在此条件下的实验结果对于指导百万吨级工业装置的放大具有重大意义。

为了进一步明确工业示范试验装置催化剂废液中的石油烃污染物的组成，对其中携带的石油烃污染物进行 GC-MS 组分分析，获得携带烃类污染物的组分分布，如图 7-70 所示。可以看出催化剂废液携带烃类污染物中以柴油和蜡油馏分为主，其中 $C_7 \sim C_{22}$ 占 73.61%，$C_{23} \sim C_{30}$ 占 25.67%。

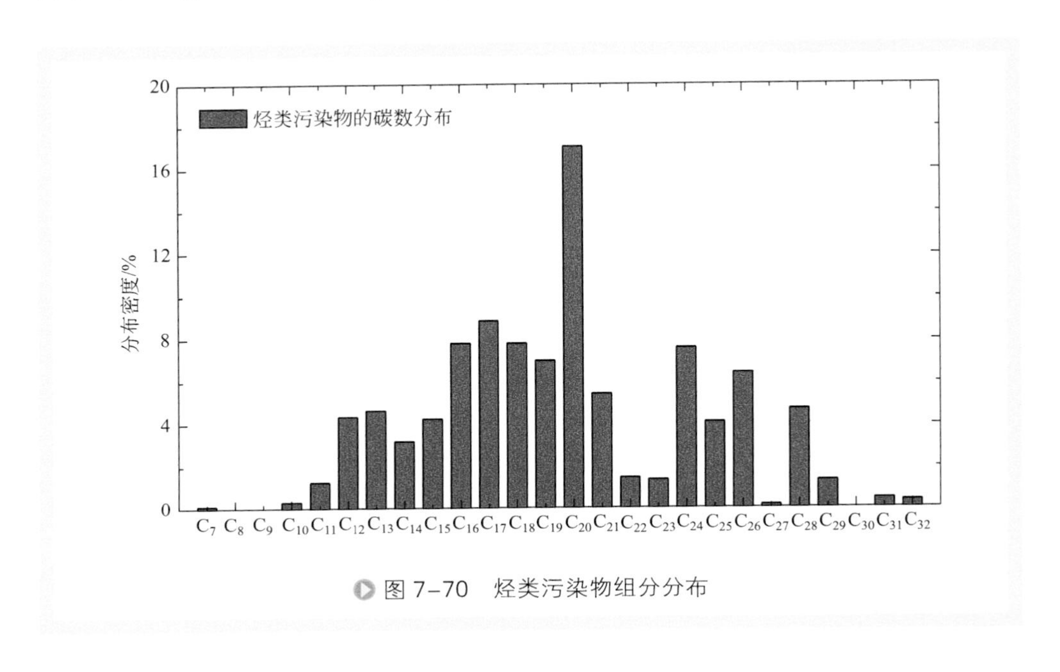


图 7-70　烃类污染物组分分布

### 3. 工艺流程

工业试验流程如图 7-71 所示。沸腾床一反、二反每 2 日交替外排的催化剂经过调节缓冲罐（D401）的缓冲调节作用后，连续进入水热分散罐（AG401A/B），流量控制 24kg/h，实现催化剂废液的间歇外排转为连续处理的过程；循环热水（压力 0.65MPa）作为连续相介质由循环热水泵（P401）泵入 AG401A/B。催化剂废液和热水在 AG401A/B 中进行分散。分散后的混合物进入 *DN*50 旋流脱附器（S401）中进行水热旋流脱附处理，被脱附的烃类污染物直接由 S401 顶部排入循环热水储罐（D402）；完成脱附的催化剂颗粒经 *DN*25 旋流浓缩器（S402）提浓进入自返料干燥机（DE401）进行脱水干燥获得催化剂粉体颗粒排入废催化剂罐（D403）后定期外排；D402 完成油 / 水分离，实现循环热水的循环使用和烃类污染物的资源回收。

如图 7-72 所示 5 万吨 / 年 STRONG 沸腾床渣油加氢装置，现场如图 7-72（c）所示，*DN*50 旋流器和 *DN*25 旋流器［图 7-72（a）］位于 24kg/h 催化剂废液处理系统［图 7-72（b）］顶部。

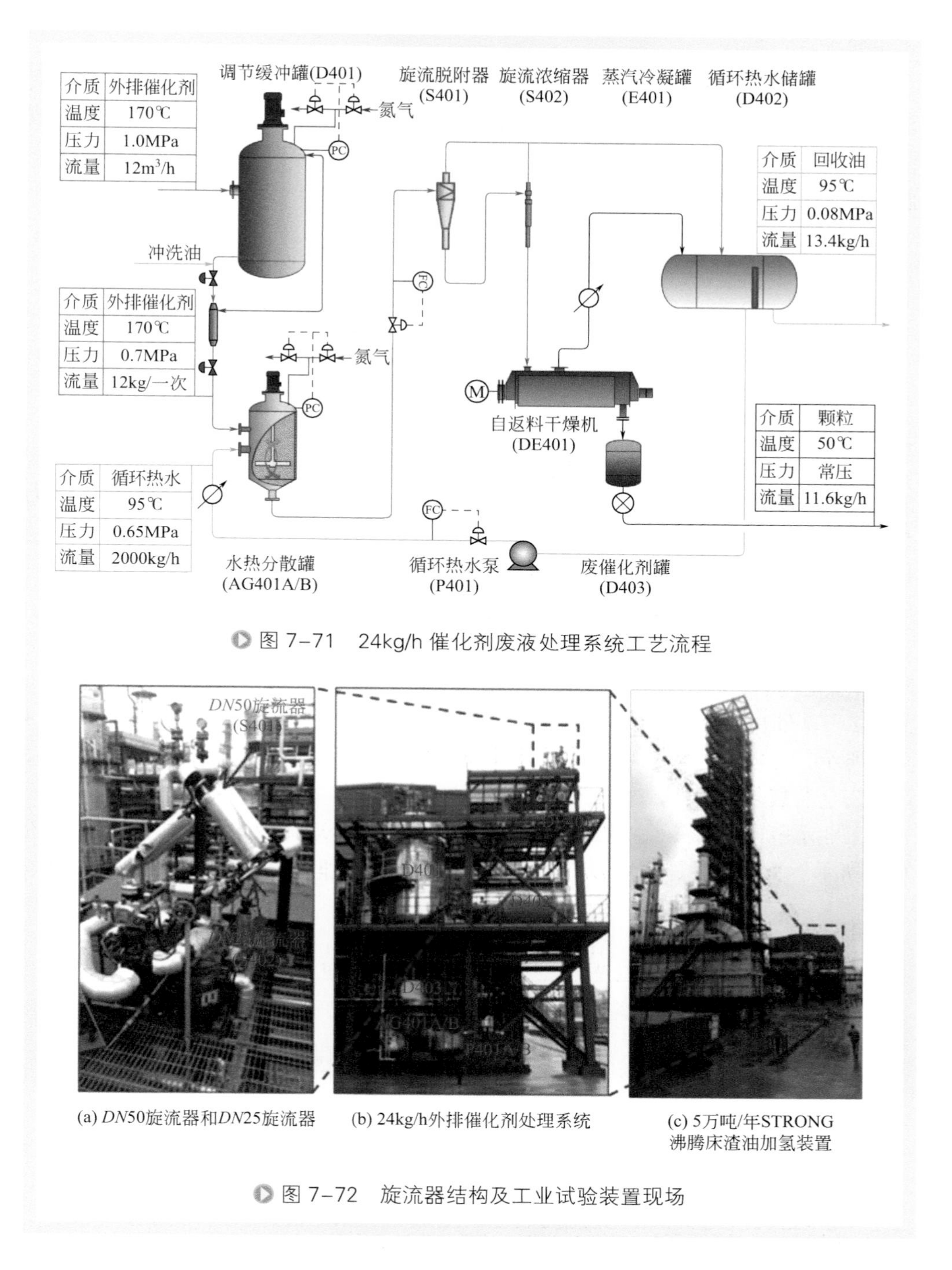


图 7-71 24kg/h 催化剂废液处理系统工艺流程

(a) *DN*50旋流器和*DN*25旋流器 (b) 24kg/h外排催化剂处理系统 (c) 5万吨/年STRONG沸腾床渣油加氢装置

图 7-72 旋流器结构及工业试验装置现场

## 4. 分析方法

采用美国瓦里安公司 Vanan 710 等离子体发射光谱仪对试验期间的循环水中的

重金属进行监测。

采用分析纯的石油醚对旋流脱附处理前后的催化剂进行萃取 - 重量法测定其油含量。具体方法为：取 10 g 左右催化剂样品，用石油醚进行完全萃取，对萃取液进行 90℃恒温蒸发。在室温条件下，准确测量溶剂样品蒸发后，称量残留重量。脱油率由公式（7-9）计算：

$$E=\left(1-\frac{W_{\mathrm{o,treated}}}{W_{\mathrm{o,untreated}}}\right)\times 100\% \tag{7-9}$$

式中 $W_{\mathrm{o,treated}}$——处理后单位质量干基催化剂油含量，g；

$W_{\mathrm{o,untreated}}$——处理前单位质量干基催化剂油含量，g。

### 5. 工业运行

自 2015 年 10 月 23 日 14:30 开始，试验运行时间为 600h。随着系统催化剂废液的处理，D401 液位逐步下降，如图 7-73 所示。D401 液位下降曲线的斜率即为系统处理能力。试验过程中，系统处理能力达到 24kg/h 的设计负荷，并进行了设计负荷 50%、130% 以及最大冲击负荷 200L/h 的试验，当系统温度高于 95℃时候，处理后的单位质量催化剂油含量均控制在 0.2kg 油以下，达到系统设计要求。

系统设计额定操作条件（温度 95.6℃，S401 压降 0.10MPa）下，经过旋流脱附后，单位质量干基催化剂油含量由 4.963kg 油 /kg 干基催化剂颗粒降至 0.134kg 油 /kg 干基催化剂颗粒，旋流脱油率达到 97.3%。旋流脱附前催化剂废液如图 7-74（a）所示，处理后催化剂颗粒如图 7-74（b）所示，颗粒呈分散状体，表观不带油，达到安全装袋外运条件。

工业示范试验考察了 *DN*50 和 *DN*25 旋流脱附的处理能力曲线，如图 7-75 和图 7-76 所示。工艺包设计要求 *DN*50 旋流脱附器额定处理能力为 2m³/h 时，对应操作

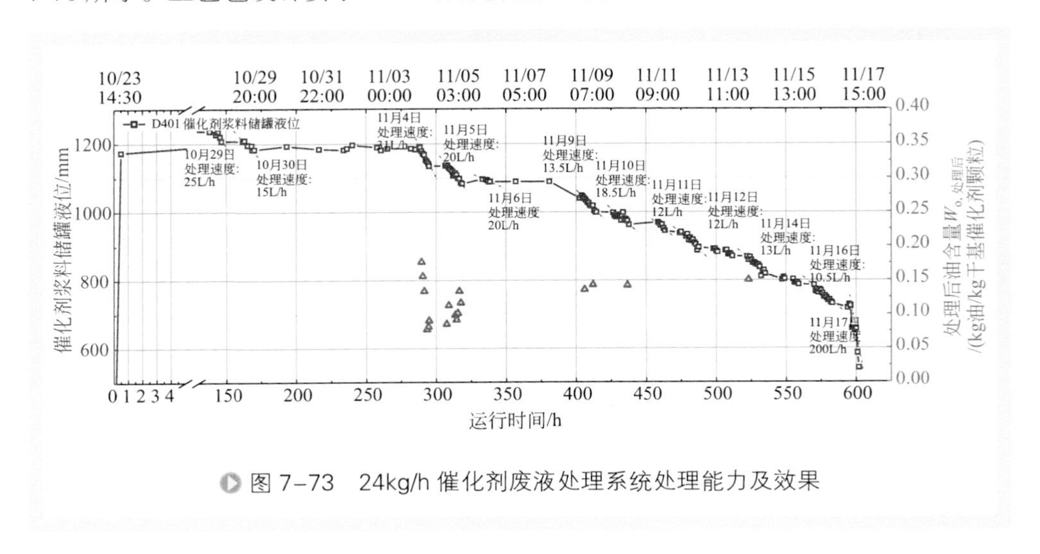


图 7–73　24kg/h 催化剂废液处理系统处理能力及效果

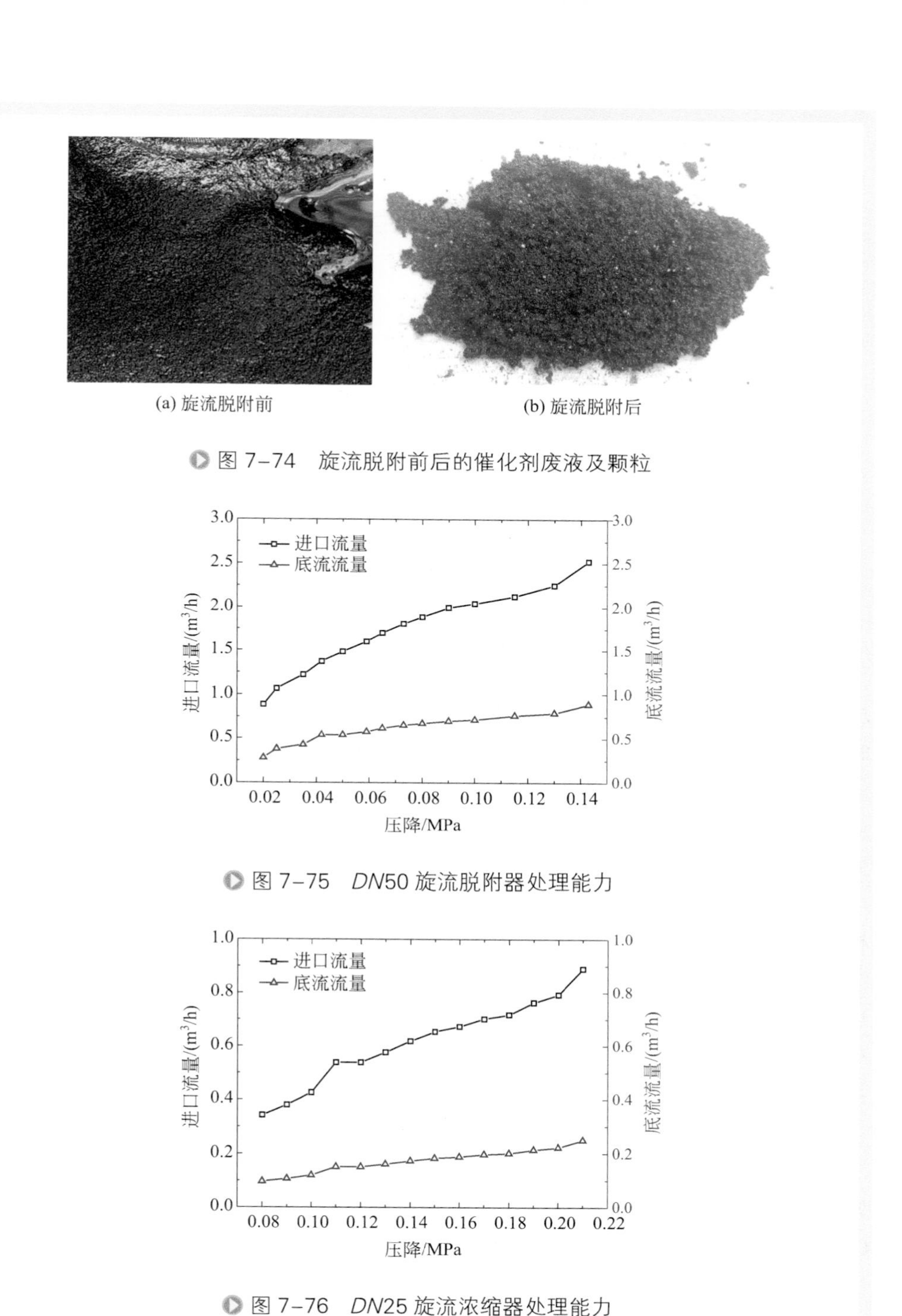


图 7-74　旋流脱附前后的催化剂废液及颗粒

图 7-75　*DN*50 旋流脱附器处理能力

图 7-76　*DN*25 旋流浓缩器处理能力

压降不大于 0.2MPa。工业示范试验装置实际运行过程中，*DN*50 旋流脱附器额定处理能力为 2m³/h 时，对应实际操作压降为 0.1MPa，达到攻关目标要求。图 7-77 为

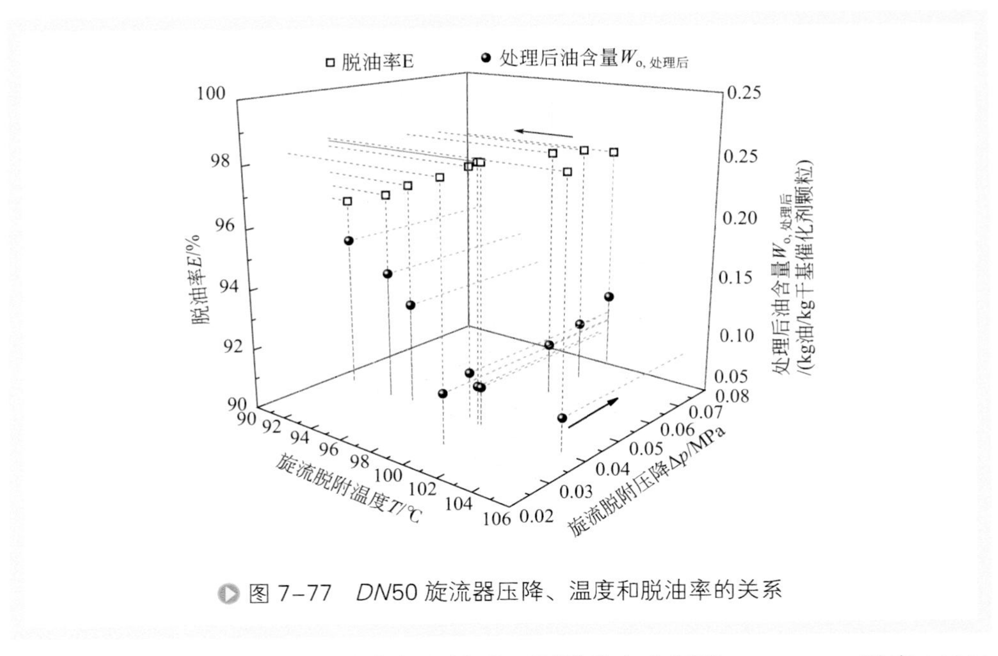


图 7-77 *DN*50 旋流器压降、温度和脱油率的关系

*DN*50 旋流器温度、压降和脱油率的关系。可以看出在压降 0.04MPa，温度 100℃时，脱油率最高为 98.35%。脱油率随压降增加而减小，其原因为压降增加后，旋流器中的湍流强度增加，导致流场紊乱，颗粒自转强度减弱无法对脱附过程起到强化的效果。虽然在较低的脱附压降下，旋流器的处理能力降低，但是更好的脱附效果和较低的能耗对于工业应用过程更为有利。

在压降相同的操作条件下，因颗粒获得的自转能量相同，所以颗粒的自转速度相同，产生施加于孔道中烃类污染物的离心力也相同。但随温度上升，烃类污染物的表面张力降低，促使脱除阻力减小，因此随温度上升，脱油率上升。而温度高于 100℃后，烃类污染物的表面张力不再显著降低，同时其密度也因为温度上升而变小，降低了离心力，这使得脱油率变化平缓。温度越高，意味着系统能耗越高。通过对 91.3 ～ 104.7℃温度考察，可以看出 100℃为该体系下的优选操作条件。

试验期间的循环水水质监测，见表 7-10。其中 Cu、Fe、P、Mo、Ni 含量为仪器未检出，表明催化剂上负载的活性金属以及加氢过程中沉积的金属，在旋流脱附处理过程中仍固定于催化剂上，并没有迁移进入水体中，降低了安全风险。其中 Ca、Na 无变化，为新鲜水背景指标；S、V 具有从催化剂向循环水迁移的倾向，运行 278.5h 后 S 平均含量为 13mg/L，V 平均含量为 0.028mg/L。

系统对催化剂处理过程中对于催化剂的磨损较小，见表 7-10，工业试验运行 278.5h 后，循环水中的平均固含量为 43.01mg/L。随着系统的运行，循环水中的油含率呈现上升的趋势，而 COD 平均值为 54mg/L。工业试验运行 278.5h 后，循环水仍然可以直接进入全厂污水处理系统进行集中处理。

表7-10　循环水水质监测

| 序号 | 运行时间 /h | Ca/(mg/L) | Cu/(mg/L) | Fe/(mg/L) | Mo/(mg/L) | Na/(mg/L) | Ni/(mg/L) | P/(mg/L) | S/(mg/L) | V/(mg/L) | COD/(mg/L) | SS/(mg/L) | 油含率/(mg/L) |
|---|---|---|---|---|---|---|---|---|---|---|---|---|---|
| 1 | 137 | 21 | <0.01 | <0.01 | <0.01 | 10 | <0.01 | <0.01 | 12 | 0.019 | 60 | 13.83 | 9.39 |
| 2 | 153.5 | 21 | <0.01 | <0.01 | <0.01 | 10 | <0.01 | <0.01 | 12 | 0.01 | 56 | 40 | 85.03 |
| 3 | 158.5 | 21 | <0.01 | <0.01 | <0.01 | 11 | <0.01 | <0.01 | 14 | 0.024 | 68 | 12.34 | 3.317 |
| 4 | 256 | 21 | <0.01 | <0.01 | <0.01 | 9.8 | <0.01 | <0.01 | 13 | 0.018 | 54 | 57.32 | 142.29 |
| 5 | 276 | 21 | <0.01 | <0.01 | <0.01 | 11 | <0.01 | <0.01 | 14 | 0.024 | 58 | 31.58 | 168.49 |
| 6 | 278.5 | 21 | <0.01 | <0.01 | <0.01 | 10.8 | <0.01 | <0.01 | 13 | 0.028 | 54 | 43.01 | 172.34 |

### 6. 技术对比

2008 年，中国石化镇海炼化分公司从美国 Syntroleum 公司引进一套 8.67t/d 浆态床 F-T 合成油装置，该装置内设计一套催化剂废液处理系统，其基本原理为：采用沉降 - 干燥 - 气提对含油废催化剂进行逐级处理。具体工艺流程为，通过反应器和废催化剂沉降罐之间的压力差，反应器的外排含油废催化剂（油含率 70% ～ 80%）进入废催化剂沉降罐；含油废催化剂在废催化剂沉降罐中进行重力沉降，经过 5min 沉降后，浓缩含油废催化剂油含率 30% ～ 40%，并将含油废催化剂的浓缩相推入废催化剂干燥器；废催化剂干燥器采用导热油加热，热量使得含油废催化剂中包含的油分汽化，并在废催化剂干燥器中通入 343℃的高温氮气进行吹扫，气相经过冷凝后回收油分，干燥后的废催化剂粉体的油含率为 12% ～ 15%。

表 7-11 对比了采用旋流脱附原理的 Sinopec-ECUST 技术和 Syntroleum 技术，两者处理的催化剂含率几乎在同一水平上，但 Syntroleum 技术通过对催化剂废液实施加热以将烃类污染物进行蒸发回收，每千克催化剂废液处理能耗为 Sinopec-ECUST 技术的 22.8 倍，同时 Sinopec-ECUST 技术还具有处理能力大、操作连续的优点。

表7-11　Sinopec-ECUST技术同Syntroleum技术对比

| 对比项目 | Sinopec-ECUST 技术 | Syntroleum 技术 |
|---|---|---|
| 能力 | 每周处理 4032kg | 每周处理 545kg |
| 操作方式 | 连续 | 间歇 |
| 技术原理 | 95℃水热旋流脱附 | 343℃加热蒸发 |
| 装机容量 | 系统用电 28.55kW，0.4MPa 蒸汽 100kg/h（折合电力 40kW） | 系统总功率 212kW，其中电加热 95kW |
| 处理后油含率指标 | ≤ 13.5% | 12% ～ 15% |
| 每千克催化剂废液处理能耗 | 2.86kW•h | 65.35kW•h |

# 四、工业应用

## 1. 应用背景

沸腾床渣油加氢通过对催化剂实施在线加排，保证沸腾床反应器中的催化剂维持一定的反应活性，实现对高金属、高硫、高残炭减压渣油的长周期加工。沸腾床渣油加氢过程中催化剂失活的主要原因为积碳、金属、重烃对催化剂孔道的阻塞，因此催化剂的孔体积和催化剂的活性成正比。但是，作为沸腾床渣油加氢的技术优势和技术特征的催化剂在线加排，也伴生带来系列问题，降低了该技术的环境友好性、资源节约性，阻碍了该技术的大规模工业推广。

以镇海炼化 AXENS 260 万吨 / 年沸腾床渣油加氢装置为例，突出的问题可以归结如下。

（1）催化剂耗量大　日消耗新鲜催化剂 7354kg，年运行 350d，合计 2573.9t/a。但是由于沸腾床反应器内全返混的流型，造成外排的催化剂中高活性和低活性的催化剂混杂，难以分选，只能将外排的高低活性催化剂一并舍弃。同时为了维持反应器中催化剂的一定平衡活性，必须不断地加入同外排催化剂等量的新鲜催化剂，因此造成沸腾床装置较大的催化剂物耗。

（2）石油资源浪费　外排催化剂携带大量的石油烃污染物如果不回收，仅仅做焚烧处理，是对石油资源的浪费。而由于反应器中存在较多的胶质、沥青质等重质烃类，在高温高压条件下，在催化剂孔道中吸附的烃类主要是这些重质烃类。随着催化剂的外排，这部分的胶质、沥青质等重质烃类也排出反应器。当沸腾床反应器处于较高转化率下运行的时候，反应器中大多数的重油转化，被深拔出，造成反应器中重质烃类减少，引起较重的沥青质的快速析出，成为焦核。这部分析出的焦核附着在反应器内构件和催化剂上，造成内构件和催化剂的结焦失活。同时，随着外排催化剂中吸附的重质烃类的排出不回用，更加加剧了这种结焦倾向（类似催化裂化的油浆回炼）。因此，对于这部分外排催化剂吸附重质烃的外排更显资源的浪费。

（3）外排催化剂成为危废　外排催化剂携带大量的石油烃污染物、重金属，使其成为危废。在 AXENS 的 260 万吨 / 年沸腾床渣油加氢工艺包数据显示，外排催化剂中含柴油 26%、吸附的硫化镍 10%、吸附的硫化钒 0.4%。如果对其处理不当，极易导致外排催化剂中的烃类转移至环境中，危害生态环境和人体健康。

针对沸腾床渣油加氢外排催化剂的处理问题，华东理工大学、中国石油化工股份有限公司和上海华畅环保设备发展有限公司联合开发的一种沸腾床渣油加氢外排催化剂的处理方法和装置：外排催化剂高速自转和公转耦合分离 - 加速度活性分选方法及装置，以低能耗实现了外排催化剂中油回收、高活性催化剂回用和废催化剂减量。在金陵石化 5 万吨 / 年 STRONG 沸腾床渣油加氢工业示范装置中的示范试验显示：旋流除油效率 88% ～ 96.2%，处理能耗为 17kg 标油 /t 外排催化剂。

依托工业示范试验的基础，针对镇海炼化 260 万吨 / 年沸腾床渣油加氢装置的外排催化剂处理系统进行工艺包设计。工艺包中，260 万吨 / 年沸腾床渣油加氢装置外排催化剂处理系统设计规模按单个系列日额定处理量 $24m^3$，日最大处理量 $36m^3$，实现外排催化剂中携带油相的回收、按活性高低分选以备回用、催化剂外排总量减量及安全运输。系统操作周期为 24h，即 24h 内完成对单个反应器单日外排催化剂的全部处理及切换操作。系统额定处理能力 1000 L/h，保证 24h 内完成单个反应器单日外排催化剂的全部处理。系统处理后，外排催化剂油含率由 66.286%（质量分数）下降至 2%（质量分数）以下，回收高活性催化剂颗粒 2206kg［油含率 2%（质量分数）］。系统平面面积 $72m^2$（6m × 12m）。

## 2. 设计规模

260 万吨 / 年沸腾床渣油加氢装置的条形外排催化剂处理系统设计规模按单个系列日额定处理量 $24m^3$，日最大处理量 $36m^3$，系统 24h 内完成对单日单反应器外排催化剂的处理，系统各部分的建设规模及最大承受冲击能力，见表 7-12。

表7-12 系统各部分的建设规模及最大承受冲击能力

| 各部分名称 | 额定处理能力 | 最大承受冲击能力 |
| --- | --- | --- |
| 旋流活化 | 23t/h | 35t/h |
| 旋流除油 | 650kg/h | 1000kg/h |
| 气流加速度分选 | 500kg/h | 750kg/h |
| 油气冷凝回收（标准状态） | $1500m^3/h$ | $2250m^3/h$ |

注：装置内各单元年开工时间按 8300h 计。

## 3. 处理物料和产品

处理物料来自 260 万吨 / 年沸腾床渣油加氢装置反应器外排催化剂。每日完成一台反应器的催化剂在线加入，每次加入量为 7354kg 新鲜催化剂。每日单台反应器外排催化剂总量为 24.863t（$24m^3$）；外排催化剂呈浆料状态，油含率为 44.460%（质量分数），携带大量油相，组分包括柴油、蜡油、渣油馏分。

① 外排催化剂中的携带油性质见表 7-13。

表7-13 催化剂中的携带油性质

| 项　　目 | 指　　标 |
| --- | --- |
| 正常操作温度 /℃ | 235 |
| 正常操作压力 /MPaG | ～ 1.0 |
| 操作条件下的密度 /$(kg/m^3)$ | 723.965 |
| 操作条件下的黏度 /mPa • s | 0.2893 |

续表

| 项　目 | 指　标 |
| --- | --- |
| 操作条件下的表面张力 /( $\times 10^{-3}$N/m) | 15.0419 |
| SPGR/(g/cm$^3$) | 0.8739 |
| $H_2S$ 含量 ( 摩尔分数 )/% | 0.25 |
| $H_2$ 含量 ( 摩尔分数 )/% | 0.75 |
| 馏程 (D86)/℃ | |
| 10%/30% | 221.5/260.4 |
| 50%/70% | 289.4/325.1 |
| 90%/95% | 344.7/351.8 |
| 98% | 361.9 |

注：存在浓度为 98.35%（摩尔分数）的 $H_2$ 窜入废催化剂处理系统的可能。

② 外排催化剂中的催化剂颗粒性质见表 7-14。

③ 产品规格和产品去向。外排催化剂处理系统是 260 万吨 / 年沸腾床渣油加氢装置反应器外排的催化剂在厂区内的最终处理手段，目的是完成对外排催化剂的油相回收、高活性催化剂分选回用、外排危废减量。

外排催化剂处理系统的最终产品为脱油后的高活性催化剂颗粒、低活性催化剂颗粒以及回收油相。

**表7-14　催化剂颗粒性质**

| 项目 | 指标 | 项目 | 指标 |
| --- | --- | --- | --- |
| 外观性质 | 条形 | 孔体积 /(mL/g) | ≥ 0.81 |
| 颗粒直径 /mm | 0.97 | 比表面积 /(m$^2$/g) | ≥ 310 |
| 堆积密度 /(g/mL) | 0.56 | 化学组成 | Mo-Ni-$Al_2O_3$ |
| 磨损指数 /% | ≤ 2 | | |

注：表中为新鲜催化剂颗粒性质，废催化剂密度变大，颗粒粒径范围变宽。

脱油高活性催化剂的产量和性质见表 7-15。

**表7-15　脱油高活性催化剂的产量和性质**

| 项目 | 指标 | 项目 | 指标 |
| --- | --- | --- | --- |
| 质量 /(t/d) | 2.347 | 温度 /℃ | ≤ 50 |
| 堆体积 /(m$^3$/d) | 3.107 | 油含率 ( 质量分数 )/% | <2 |

脱油低活性催化剂的产量和性质见表 7-16。

表7-16 脱油低活性催化剂的产量和性质

| 项目 | 指标 | 项目 | 指标 |
| --- | --- | --- | --- |
| 质量 /(t/d) | 8.080 | 温度 /℃ | ≤ 50 |
| 堆体积 /($m^3$/d) | 10.979 | 油含率 ( 质量分数 )/% | 小于 2 |

回收油的产量和性质见表 7-17。

表7-17 回收油的产量和性质

| 项目 | 指标 |
| --- | --- |
| 质量 /(t/d) | 13.626 |
| 体积 /($m^3$/d) | 17.033 |
| 温度 /℃ | ≤ 95 |

### 4. 工艺流程说明

（1）旋流活化浓缩　如图 7-78 所示，外排催化剂在废剂罐中经过蜡油、柴油置换渣油后，采用输送油输送至旋流活化浓缩器（SD401）。外排催化剂（压力 0.2MPa，温度 50℃、流量 22252.94kg/h）进入旋流活化浓缩器（SD401），通过催化剂颗粒在旋流活化浓缩器（SD401）的高速自转和公转，促使柴油对催化剂表面和孔道中的重烃的驱替，实现外排催化剂表面被重烃、沥青质、胶质覆盖的活性位重现。外排催化剂中携带的游离油（0.2MPa，温度 50℃、流量 630.12kg/h）从旋流活化浓缩器（SD401）顶部撇出，催化剂颗粒在旋流活化浓缩器（SD401）底部浓缩。进料星形阀（X403A/B）为 1 开 1 备设计；其中 X403A、X404A、SD402A、C401A 构成一个单独系列；X403B、X404B、SD402B、C401B 构成一个单独系列。浓缩后的催化剂颗粒（压力 0.1MPa，温度 50℃、流量 630.12kg/h）通过进料星形阀（X403A/B）和桨叶提升机（X404A/B）排出去往旋流除油器（SD402 A/B）。

（2）旋流除油　浓缩后的催化剂颗粒（压力 0.1MPa，温度 50℃、流量 630.12kg/h）通过进料星形阀（X403A/B）和桨叶提升机（X404A/B）推料由脉动气流输送进入旋流除油器（SD402 A/B）；脉动气流为氮气（压力 0.002MPa，温度 50℃、流量 1796.86kg/h）在循环风机（B401）的作用下经过脉动气流发生器（VA401）产生正余弦波形的气流；脉动气流通过管道加热器（E401）加热到 250℃，加热后的脉动气流最大气量 2500$m^3$/h，脉动频率 2Hz。加热后的脉动气流将外排催化剂颗粒输送进入旋流除油器（SD402）进行脱烃处理。脱油后的催化剂颗粒（压力 0.008MPa，温度 300℃、流量 472.02kg/h）由高位差进入气流加速度分选器（C401A/B）；旋流除油器（SD402 A/B）中脱出的油相迁移到高温脉动气流中（压力 0.008MPa，温度 250℃、流量 1500$m^3$/h，标准状态），高温脉动气流去往气流加速度分选器（C401A/B）底部。

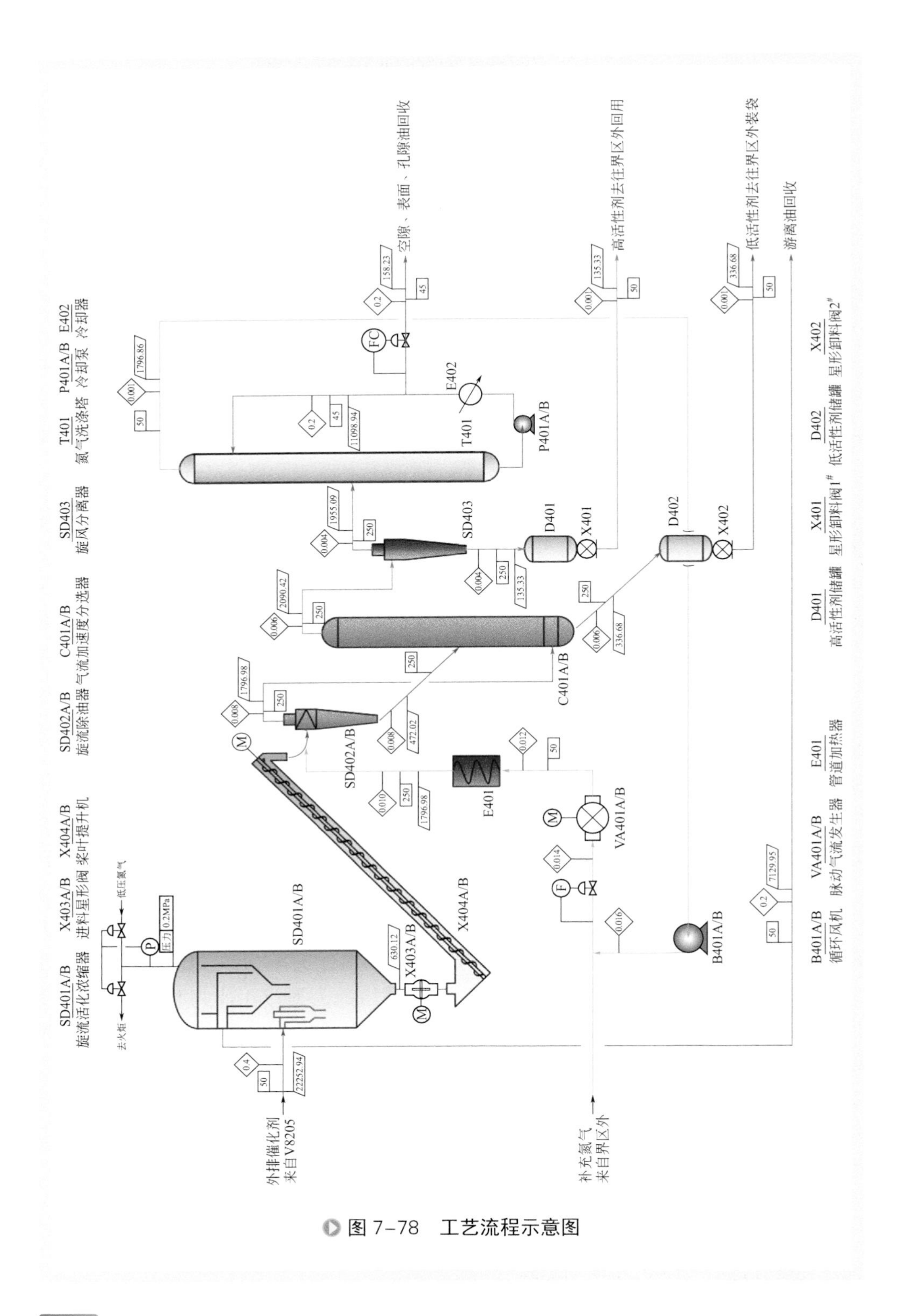

图 7-78 工艺流程示意图

（3）气流加速度分选　来自旋流除油器（SD402 A/B）的高温脉动气流（压力 0.008MPa，温度 250℃、流量 1500m³/h，标准状态）进入气流加速度分选器（C401A/B）后，经过气流加速度分选器（C401A/B）底部的气流分布板对进入气流加速度分选器（C401A/B）的脱油催化剂颗粒（压力 0.008MPa，温度 300℃、流量 472.02kg/h）按密度差异在纵向位置上进行振荡，实现脱油催化剂颗粒按密度差异分级。密度较小的为高活性催化剂颗粒；密度较大的为低活性催化剂颗粒。

高活性催化剂颗粒（压力 0.002MPa，温度 250℃、流量 135.33kg/h）由于颗粒密度小，在脉动气流的作用下从气流加速度分选器（C401 A/B）顶部经过旋风分离器（SD403）捕集后进入高活性剂储罐（D401）。其中 D401 用于储存高活性催化剂。低活性催化剂颗粒（压力 0.004MPa，温度 300℃、流量 336.68kg/h）由于颗粒密度大，在脉动气流的作用下从气流加速度分选器（C401A/B）底部直接进入低活性剂储罐（D402）。其中 D402 用于储存低活性催化剂。

（4）油气冷凝回收　旋流脱油脱出的油气经过旋风分离器（SD403）脱出固体后，进入氮气洗涤塔（T401）中进行冷凝，得到油相（压力 0.2MPa，温度 45℃、流量 158.23kg/h）去装置回炼。

### 5. 技术效果

通过调控催化剂在湍流场中的高速自转、公转和振荡，实现外排催化剂孔道中的油回收和高活性催化剂分选，工艺流程见图 7-78。针对镇海炼化 260 万吨 / 年沸腾床渣油加氢装置，年外排催化剂废液 8000t，可回收油 3900t/a，油回收率＞96%；可控制外排催化剂颗粒油含率＜ 2%，回收高活性催化剂 1100t/a，实现装置外排危险废弃物减量＞ 50%；该工艺包技术处理能耗是热氮固定床气提分离技术的 1/20，并首创集成了催化剂活性分选功能，整体技术国际领先。

## 参考文献

[1] 赵庆国，张明贤 . 水力旋流器分离技术 [M]. 北京：化学工业出版社，2003.

[2] Wang H. Removal of catalyst particles from oil slurry by hydrocyclone[J]. Separation Science & Technology, 2009, 44(9): 2067-2077.

[3] 刘晋玮 . 新型水力分级旋流器的结构设计与原理分析 [J]. 煤矿现代化，2018 (1): 29-31.

[4] Dyakowski T, Williams R A. Modelling turbulent flow within a small-diameter hydrocyclone[J]. Chemical Engineering Science, 1993, 48(6): 1143-1152.

[5] Ardern E, Lockett W T. Experiments on the oxidation of sewage without the aid of filters[J]. J Soc Chem Ind, London, 1914, 33: 523-39.

[6] Wuhrmann K. Microbial aspects of water pollution control[J]. Advances in Applied Microbiology, 1964, 6(11): 119-151.

[7] Rittmann B E, Mccarty P L. Environmental biotechnology : principles and applications[M]. New York: McGraw-Hill, 2001.

[8] Metcalf, Eddy B B. Wastewater engineering: treatment, disposal and reuse, fourth rev. edition[M]. New Delhi: Tata McGraw-Hill, 2003.

[9] Mowla A, Mehrvar M, Dhib R. Combination of sonophotolysis and aerobic activated sludge processes for treatment of synthetic pharmaceutical wastewater[J]. Chemical Engineering Journal, 2014, 255(7): 411-423.

[10] Abu-Alhail S, Lu X W. Experimental investigation and modeling of innovative five-tank anaerobic-anoxic/oxic process[J]. Applied Mathematical Modelling, 2014, 38(1): 278-290.

[11] Zhang S, Huang Z, Lu S, et al. Nutrients removal and bacterial community structure for low C/N municipal wastewater using a modified anaerobic/anoxic/oxic (mA2/O) process in North China[J]. Bioresource Technology, 2017, 243: 975.

[12] Yu G H, He P J, Shao L M, et al. Stratification structure of sludge flocs with implications to dewaterability[J]. Environmental Science & Technology, 2008, 42(21): 7944-7949.

[13] Yang Q, Wang H L, Wang J G, et al. The coordinated relationship between vortex finder parameters and performance of hydrocyclones for separating light dispersed phase[J]. Separation & Purification Technology, 2011, 79(3): 310-320.

[14] Xu J, Sheng G P, Ma Y, et al. Roles of extracellular polymeric substances (EPS) in the migration and removal of sulfamethazine in activated sludge system[J]. Water Research, 2013, 47(14): 5298-5306.

[15] Zubrowska-Sudol M, Walczak J. Effects of mechanical disintegration of activated sludge on the activity of nitrifying and denitrifying bacteria and phosphorus accumulating organisms[J]. Water Research, 2014, 61(18): 200-209.

[16] Wang J. Pressure drop and flow distribution in parallel-channel configurations of fuel cells: Z-type arrangement[J]. International Journal of Hydrogen Energy, 2010, 35(11): 5498-5509.

[17] Li J, Wang J, Wang H, et al. Process and device for treating catalyst discharged from bubbling bed hydrogenation of residual oil[P]. US 10041010B2, 2013.

[18] Xu Y-X, Liu Y, Zhang Y-H, et al. Effect of shear stress on deoiling of oil-contaminated catalysts in a hydrocyclone[J]. Chemical Engineering & Technology, 2016, 39(3): 567-575.

[19] Huang Y, Li J-P, Zhang Y-H, et al. High-speed particle rotation for coating oil removal by hydrocyclone[J]. Separation and Purification Technology, 2017, 177: 263-271.

[20] 黄渊，汪华林，邱阳等．液体旋流场中微粒自转的同步高速摄像方法及装置 [P]. CN 104062091B, 2016.

[21] 邹立壮，王晓玲，王国健等．正链烷烃的表面张力与碳原子数之间的定量关系 [J]. 河北师范大学学报：自然科学版，1996 (2): 81-84.

# 索　引


**B**

胞外聚合物　408
比耗氧速率　413
边界层　52, 102
边界条件　216
边界效应　148
变形运输　314
表面性质　308
表面增强拉曼光谱　151, 154
并联方式对比　298
并联放大　420
并联应用实例　300
布朗扩散运输　313

**C**

操作参数　23
层流萃取动力学　175
常规微旋流器　221
场力　181, 184
沉淀运输　312
出口粒度　194
传质双膜理论　28
传质速率　26
床层膨胀率　330
床层压力降　328
催化剂废液　427, 432

**D**

单分支流理论 20
单个收集器效率 310
单位收集器 315
单相实验　264
低速自转微球　145
底流管结构尺寸　199
底流汇管　246
电场、磁场旋流器　24
电荷耦合元件　107, 140
动量方程　56
动量守恒　243
动态层流萃取　171
动态旋流吸附　157
短流程循环氢脱硫　21
短路流　39, 43, 54, 121, 135
多尺度　3
多孔功能微球　155
多孔介质模型　316
多普勒粒子分析仪　11
多普勒频移　93

**E**

二次涡流　39, 132, 137, 138

F


反硝化　407
非惯性颗粒　50
非接触式测量　9
非热分离　2
废催化剂　427
沸腾床　325
沸腾床分离　306
沸腾床分离器　326, 343
沸腾床渣油加氢　429
分布不均匀度　255
分叉型分支管　240
分级效率　15, 232, 390, 401
分离精度　7, 303
分离效率　15, 230,　398
分离性能　8, 389
分离压降　401
分流比　230, 389
分腔沉降　340
分散相　220
分散相颗粒运动轨迹　223
分散相控制方程　215
分散相浓度分布　222, 224
分支管的数量　257
分支管与分配源管的直径比　257
分支管中通道流速　251
分支流计算方法　241
分支流模型　302
附着机制　314


G


高速摄像　20
高速相机成像方法　140
高速运动分析系统　141
高速自转　145
高速自转微球　145
高效分离区　390
公转　352
公转半径　144
公转速度　52, 66, 145
固含率　331
惯性分离　342
惯性运输　311
过滤分离　17
过滤机制　310
过滤速率　320
过滤系数　321


H


海洋微塑料　4
活性污泥法　406


J


激光多普勒测速 335
激光多普勒测速仪　10, 39, 93
急冷水　357, 378
计算流体力学　14, 47, 202, 241
甲醇制烯烃　5, 262, 357, 377
甲醇制烯烃废水液固分离微旋流器并联设计　300
剪切流场 50
搅拌水热脱附　435
接触式测量　9
结构调整　22
结构优化　404

解析模型　241
进口 - 底流数学模型　245
进口分配源管　247, 271
进口分配源管与底流汇管间的压降
　251
进口固含量　231
进口角度　115
进口颗粒排序　19, 220, 226
进口颗粒调控　225
进口颗粒位置　218
进口雷诺数　115
进口流量　230
进口位置　182
进料口结构尺寸　197
径向速度　42, 118, 131
径向速度分布　206
径向速度分量　56
静电力运输　312
均方根速度　92, 103

**K**

颗粒材料运动学　25
颗粒二维识别　130
颗粒公转　45, 68, 77, 83
颗粒孔道污染物　29
颗粒雷诺数　141, 345
颗粒粒度　188
颗粒浓度　191
颗粒排序　25, 31, 180
颗粒排序器　188
颗粒群　182
颗粒三维识别　130
颗粒三维追踪　130
颗粒物料的堆积休止角　262
颗粒形态　400
颗粒自转　19, 45, 65, 68, 77, 83
空气柱　39, 44, 52
空塔沉降　339
库埃特流　45

**L**

拦截运输　311
雷诺数　389
冷切焦水封闭循环处理工艺　18
离散模型　241
离心沉降　187
离心分离因数　70, 149, 187
离心力　185
离心力场 186
理论模型的统一性　298
粒径分布　399
粒子动态分析仪　10
粒子图像测速　335
粒子图像测速仪　11, 39, 91, 105
粒子运动轨迹　217
连续相　220
连续相控制方程　214
连续相速度　205
连续型分支管　241
连续性方程　55
两相流动　214
零轴速包络面　44, 99, 102, 113, 117,
　122, 134, 207, 211
零轴速波动面　99
流场测试　9
流场分布　277

流函数　56, 58, 59, 72, 74
流量和压降分布相对误差　268
流体动力运输　314
流体均匀分布理论　243
流型　327
螺旋进口　16

**M**

毛细管模型　316

**N**

内旋流　39, 52
逆旋微旋流器　183, 205, 221

**O**

耦合离心分离因数　71, 150
耦合离心分离因数的振荡周期　150
耦合离心力振荡周期　71

**P**

排序方式　183
判定三角　122, 130
泊肃叶流　45

**Q**

歧管单分支流系统　244
歧管双分支流系统　261
气流加速度分选　449
气泡强化　24
气泡强化废水旋流脱油　18
气泡特性　333
气 - 液 - 固分离　339, 355
迁移性　181
强湍流流场　26
强制涡　52, 102, 134
切割粒径　15, 232, 303
切向速度　40, 92, 101, 134, 352
切向速度分布　205
切向速度分量　56
切向速度指数　41
切向应变　52
切向自转速度分量　53
轻质旋流器　71
球形模型　316
球坐标系　55

**R**

燃料电池堆 U 型、Z 型配置　244
容器式 U-U 型并联配置模型　263

**S**

三维查询空间　130
三维成像原理　125
三维运动图像　122
三相分离器　309, 344
散焦原理　123
深层过滤　306
深度生物脱氮　418
生化单元　418
生物降解　407
石油烃污染物　430
示踪粒子　96, 129
示踪微球　139
释碳　411
收集器　310
收集效率　310
收缩管模型　318
数学模型　270

双分支流理论　239
双锥轻质旋流器　78
水处理滤料　307
水力旋流器　39
水热脱附除油　428
水热旋流分离　435
水热旋流脱附　19, 434
水洗水　378
水质波动　382
斯托克斯数　141, 311
斯维尔伯格数　7

**T**

体三维测速仪　12, 122
天然气水合物　6
通用控制方程　248
同步高速摄像技术　26
湍流动力学　25
湍流模型　13

**W**

外旋流　39, 52
网格模型　203
微流控　139, 151, 167
微流控造粒　26
微通道　169
微细颗粒分级　185
微旋流分离　8
微旋流分离设备　397
微旋流分离系统　395
微旋流器　386
微旋流器并联方法　20
微旋流器并联形式　239
微旋流器设计　252
微旋流器组　391
尾矿库环境风险控制　4
涡核　133
涡流扩散作用　26
污泥破解脱水　21
污染物传递　25
无机催化剂　380
无量纲化　58
无量纲径向速度　118
无量纲流函数　60, 79
无量纲速度分量　62
无量纲轴向速度　117, 277

**X**

现象学建模　319
相对旋转松弛时间　141
相位多普勒粒子分析仪　91
硝化　407
修正 B & I 模型　63
旋度分量　56
旋流　411
旋流场　52
旋流除油　447
旋流萃取　28
旋流分离　39, 308, 347
旋流分离器　54
旋流活化浓缩　447
旋流拦截　25
旋流破散　418
旋流器综合性能指标　227
旋流释碳　408
旋流释碳器　301

旋流再生器 343
旋流自转除油 29
旋流自转分离 428
旋流自转强化液液萃取 26
旋转流动方向 200
循环杯 340
循环流 39, 43, 54, 138


**Y**


压降分布 254, 258
压降 - 流量拟合曲线 266
压力分布 213
仰角速度分量 56
液滴自转 25
液固分离 1
液固两相分离实验 264
一级澄清 394
一级浓缩 394
移动膜 31
溢流管插入深度 199
溢流管结构尺寸 198
溢流管轴向速度 277
溢流汇管 246, 271
溢流压降 228
油气开采 4
铀分离与浓缩 3
有机废液 429
有机污染物 380
有序排序 181
鱼钩效应 15, 22
运输机制 310


**Z**


正旋微旋流器 205, 221
正旋旋流器 183
直线型并联 240
质量流率 191
中轴线流线图 121
重力分离 350
重质旋流器 54
周对称 265
周向 265
周向压降波动 267
轴向速度 41, 92, 99, 116, 134, 207, 352
轴向速度分布 258
轴向速度分量的修正系数 299
轴向压降波动 267
轴向自转速度分量 52
柱段结构尺寸 197
柱坐标系 62
锥段 196
锥角 196
准自由涡 40, 52, 102, 134, 352
自转 352
自转测量精度 145
自转和公转 20
自转角度 70
自转速度 51, 53, 65, 140, 141, 144
自转调控 66
自转与公转耦合 149
自转运动 145
总水力损失系数 260
组合涡 352
最小分离功 2
最小检测角 145
最小流化速度 329, 336

## 其他


A/O　418
B & I 模型　55,63
BJH 孔体积　431
Bloor & Ingham 模型　55
Born 斥力　315
c-B & I 模型　63, 75
CCD　107, 140
CFD　14, 47, 202
Comsol 模拟　175
D-HSMA　26
DMTO　382
EPS　408
Fluent 软件　14
$H_2S$ 选择性吸收　20
HAO 工艺　418, 420
*k*-*ε* 模型　201
LDV　10, 39, 93, 335
LZVV　99, 113, 117, 135
MTO　5, 377, 392
PDA　10
PDPA　11, 91
PIV　11, 39, 91, 105, 335
PIV 层摄分析法　115
QUICK 差分格式　204
RMS　92, 103
SEM　433
SERS　151
SERS 活性　151, 158
SERS 检测　151, 156, 171
SHMTO　262, 384
SIMPLE 算法　204
SMTO　384
U 型分布理论数学模型　243
U-U 型并联 300 倍放大案例　262
U-U 型并联设计准则　256, 262
U-U 型微旋流器并联理论　245
U-Z 型并联设计准则　295
U-Z 型解析解　293
U-Z 型微旋流器并联理论　292
V3V　12, 122
Wang 的 Z 型分布数学模型　275
Wang 的模型　242
ZAVWZ　99
Z-Z 型并联配置　270
Z-Z 型并联设计准则　283
Z-Z 型分布控制方程　272
Z-Z 型分布微旋流器组的通用控制方程　274
Z-Z 型微旋流器并联理论　269
*ζ* 电位　308, 314